## 책 구입 시 드리는 혜택

❶ 전 과목 실기 이론 동영상 강의 평생 제공
❷ 최근 기출문제 동영상 강의 평생 제공
❸ 우수회원 인증 후 2011년 ~ 2013년 3개년
　추가 기출문제(해설 포함) 제공

**2025 개정 15판**

**평생무료** 평생 무료 동영상과 함께하는 ▶ YouTube Daum

# 위험물산업기사 실기

**평생무료**

강석민　　정진홍　공저

전 과목 실기 이론 및 최근 기출문제 동영상 강의 평생 제공
전 과목 실기 이론 상세 해설 / 최근 11개년 기출문제 수록 및 완벽 해설
빠른 합격을 위한 상세한 이론 구성 / 문제 해설을 이해하기 쉽도록 자세히 설명
저자 1대1 질의응답 카페 운영

## 무료 동영상 강의

▶ YouTube 정진홍 🔍
Daum 정진홍위험물세상 🔍 http://cafe.daum.net/dangerouspass

www.sejinbooks.kr

# 머리말

인류문명의 발전으로 우리의 삶은 풍요롭고 안락한 생활을 할 수 있게 되었으나 경제발전의 속도보다 안전관리에 대한 피해의 증가속도는 빠르게 진행되고 있습니다.

따라서 그 어느 때 보다도 위험물의 안전관리와 화재예방 및 화재진압에 대한 체계적이고 전문적인 지식을 갖춘 위험물에 관한 전문 인력의 필요성이 크게 대두되고 있는 현실입니다.

이에 본인은 금호석유화학(주) 여천공장 및 (주)오씨아이다스(동양화학 계열사) 인천공장에서 오랫동안 위험물에 대한 생산관리 및 안전관리업무 실무경력과 한국산업인력관리공단의 출제기준을 토대로 위험물에 대한 전문 인력이 되기 위한 위험물기능사 및 위험물산업기사, 위험물기능장 등 각종 위험물 및 소방 분야의 자격시험에 응시하고자 하는 많은 수험생들을 위하여 본서를 집필하게 되었습니다.

## 이 책의 특징은

1. 오랜 실무 경험과 학원 강의 경력을 기본으로 하여 집필하였으며
2. 위험물의 취급실무에 대한 핵심 요약정리를 통하여 학습시간을 단축할 수 있으며
3. 최근 기출문제를 총정리하여 초보자 입장에서 상세한 해설을 하였으며
4. 한국 산업인력공단의 출제기준을 토대로 최근 출제경향을 완전 분석할 수 있습니다.

부족한 부분은 신속히 수정·보완하여 위험물분야 수험서로서 최고가 되도록 열심히 노력할 것을 약속드리며 이 수험서를 출간하기까지 애써주신 세진북스 편집부 직원과 홍세진 사장님께 감사드리며 수험생 여러분의 합격을 진심으로 기원합니다.

저자 정 진 홍(119sbsb@hanmail.net )드림

## 출제기준

# 실 기

| 직무분야 | 화학 | 중직무분야 | 위험물 | 자격종목 | 위험물산업기사 | 적용기간 | 2025.1.1 ~ 2029.12.31 |

- **직무내용**: 위험물제조소등에서 위험물을 제조·저장·취급하고 작업자를 교육·지시·감독하며, 각 설비에 대한 점검과 재해 발생 시 사고대응 등의 안전관리 업무를 수행하는 직무이다.
- **수행준거**: 1. 위험물을 안전하게 관리하기 위하여 성상·위험성·유해성 조사, 운송·운반 방법, 저장·취급 방법, 소화 방법을 수립할 수 있다.
  2. 사고예방을 위하여 운송·운반 기준과 시설을 파악할 수 있다.
  3. 위험물의 저장취급과 위험물시설에 대한 유지관리, 교육훈련 및 안전감독 등에 대한 계획을 수립하고 사고대응 매뉴얼을 작성할 수 있다.
  4. 사업장 내의 위험물로 인한 화재의 예방과 소화방법에 대한 계획을 수립할 수 있다.
  5. 관련 물질자료를 수집하여 성상을 파악하고, 유별로 분류하여 위험성을 표시할 수 있다.
  6. 위험물 제조소의 위치·구조·설비기준을 파악하고 시설을 점검할 수 있다.
  7. 위험물 저장소의 위치·구조·설비기준을 파악하고 시설을 점검할 수 있다.
  8. 위험물 취급소의 위치·구조·설비기준을 파악하고 시설을 점검할 수 있다.
  9. 사업장의 법적기준을 준수하기 위하여 허가신청서류, 예방규정, 신고서류에 대한 작성과 안전관리 인력을 관리할 수 있다.

| 실기검정방법 | 필답형 | 시험시간 | 2시간 정도 |

| 과목명 | 주요항목 | 세부항목 | 세세항목 |
|---|---|---|---|
| 위험물 취급 실무 | 1. 제4류 위험물 취급 | 1. 성상·유해성 조사하기 | 1. 제4류 위험물의 품목을 구별하여 성상을 조사할 수 있다.<br>2. 제4류 위험물의 일반적인 물리·화학적 성질을 검토하여 성상을 조사할 수 있다.<br>3. 제4류 위험물의 관련 기준을 검토하여 환경 유해성을 조사할 수 있다.<br>4. 제4류 위험물의 관련 기준을 검토하여 인체 유해성을 조사할 수 있다. |
| | | 2. 저장방법 확인하기 | 1. 제4류 위험물 기준을 확인하여 안전하게 저장할 수 있다.<br>2. 제4류 위험물 품목별 수납 방법을 확인하여 안전하게 저장할 수 있다.<br>3. 제4류 위험물 품목별 저장 장소를 확인하여 안전하게 저장할 수 있다.<br>4. 제4류 위험물을 보관 기준을 확인하여 안전하게 저장할 수 있다. |
| | | 3. 취급방법 파악하기 | 1. 제4류 위험물을 기준을 검토하여 안전하게 취급할 수 있다.<br>2. 제4류 위험물의 물리·화학적 성질을 검토하여 위험물을 안전하게 취급할 수 있다.<br>3. 환경조건을 검토하여 제4류 위험물을 안전하게 취급할 수 있다.<br>4. 제4류 위험물 운송·운반 관련 하역절차·설비를 파악하여 안전하게 취급할 수 있다. |
| | | 4. 소화방법 수립하기 | 1. 제4류 위험물 기준을 검토하여 안전하게 소화할 수 있다.<br>2. 제4류 위험물 소화 원리를 검토하여 안전하게 소화할 수 있다.<br>3. 제4류 위험물 소화설비 설치 기준을 검토하여 안전하게 소화할 수 있다.<br>4. 제4류 위험물의 소화기구 적응성을 검토하여 안전하게 소화할 수 있다. |
| | 2. 제1류, 제6류 위험물 취급 | 1. 성상·유해성 조사하기 | 1. 제1류, 제6류 위험물의 품목을 구별하여 성상을 조사할 수 있다.<br>2. 제1류, 제6류 위험물의 일반적인 물리·화학적 성질을 검토하여 성상을 조사할 수 있다.<br>3. 제1류, 제6류 위험물의 관련 기준을 검토하여 환경 유해성을 조사할 수 있다.<br>4. 제1류, 제6류 위험물의 관련 기준을 검토하여 인체 유해성을 조사할 수 있다. |
| | | 2. 저장방법 확인하기 | 1. 제1류, 제6류 위험물 기준을 검토하여 안전하게 저장할 수 있다.<br>2. 제1류, 제6류 위험물의 품목별 수납 방법을 확인하여 안전하게 저장할 수 있다.<br>3. 제1류, 제6류 위험물의 품목별 저장 장소를 확인하여 안전하게 저장할 수 있다.<br>4. 제1류, 제6류 위험물을 유별 위험물 보관 기준을 확인하여 안전하게 저장할 수 있다. |
| | | 3. 취급방법 파악하기 | 1. 제1류, 제6류 위험물을 기준을 검토하여 안전하게 취급할 수 있다.<br>2. 제1류, 제6류 위험물의 물리·화학적 성질을 검토하여 위험물을 안전하 |

| 과목명 | 주요항목 | 세부항목 | 세세항목 |
|---|---|---|---|
| | | | 게 취급할 수 있다.<br>3. 제1류, 제6류 위험물의 환경조건을 검토하여 안전하게 취급할 수 있다.<br>4. 제1류, 제6류 위험물의 운송·운반 관련 하역절차·설비를 파악하여 안전하게 취급할 수 있다. |
| | | 4. 소화방법<br>수립하기 | 1. 제1류, 제6류 위험물 기준을 검토하여 안전하게 소화할 수 있다.<br>2. 제1류, 제6류 위험물 소화 원리를 검토하여 안전하게 소화할 수 있다.<br>3. 제1류, 제6류 위험물 소화설비 설치 기준을 검토하여 안전하게 소화할 수 있다.<br>4. 제1류, 제6류 위험물 소화기구 적응성을 검토하여 안전하게 소화할 수 있다. |
| | 3. 제2류,<br>제5류<br>위험물 취급 | 1. 성상·유해성<br>조사하기 | 1. 제2류, 제5류 위험물 품목을 구별하여 성상을 조사할 수 있다.<br>2. 제2류, 제5류 위험물 일반적인 물리·화학적 성질을 검토하여 성상을 조사할 수 있다.<br>3. 제2류, 제5류 위험물 관련 기준을 검토하여 환경 유해성을 조사할 수 있다.<br>4. 제2류, 제5류 위험물 관련 기준을 검토하여 인체 유해성을 조사할 수 있다. |
| | | 2. 저장방법<br>확인하기 | 1. 제2류, 제5류 위험물을 안전하게 저장하기 위해서 기준을 검토할 수 있다.<br>2. 제2류, 제5류 위험물의 품목별 수납 방법을 확인하여 안전하게 저장할 수 있다.<br>3. 제2류, 제5류 위험물의 품목별 저장 장소를 확인하여 안전하게 저장할 수 있다.<br>4. 제2류, 제5류 위험물의 유별 위험물 보관 기준을 확인하여 안전하게 저장할 수 있다. |
| | | 3. 취급방법<br>파악하기 | 1. 제2류, 제5류 위험물 기준을 검토하여 안전하게 취급할 수 있다.<br>2 제2류, 제5류 위험물의 물리·화학적 성질을 검토하여 안전하게 취급할 수 있다.<br>3. 제2류, 제5류 위험물의 환경조건을 검토하여 안전하게 취급할 수 있다.<br>4. 제2류, 제5류 위험물의 운송·운반 관련 하역절차·설비를 파악하여 안전하게 취급할 수 있다. |
| | | 4. 소화방법<br>수립하기 | 1. 제2류, 제5류 위험물 기준을 검토하여 안전하게 소화할 수 있다.<br>2. 제2류, 제5류 위험물 소화 원리를 검토하여 안전하게 소화할 수 있다.<br>3. 제2류, 제5류 위험물 소화설비 설치 기준을 검토하여 안전하게 소화할 수 있다.<br>4. 제2류, 제5류 위험물 소화기구 적응성을 검토하여 안전하게 소화할 수 있다. |
| | 4. 제3류<br>위험물 취급 | 1. 성상·유해성<br>조사하기 | 1. 제3류 위험물 품목을 구별하여 성상을 조사할 수 있다.<br>2. 제3류 위험물 일반적인 물리·화학적 성질을 검토하여 성상을 조사할 수 있다.<br>3. 제3류 위험물 관련 기준을 검토하여 환경 유해성을 조사할 수 있다.<br>4. 제3류 위험물 관련 기준을 검토하여 인체 유해성을 조사할 수 있다. |
| | | 2. 저장방법<br>확인하기 | 1. 제3류 위험물을 안전하게 저장하기 위해서 기준을 검토할 수 있다.<br>2. 제3류 위험물의 품목별 수납 방법을 확인하여 안전하게 저장할 수 있다.<br>3. 제3류 위험물의 품목별 저장 장소를 확인하여 안전하게 저장할 수 있다.<br>4. 제3류 위험물의 유별 위험물 보관 기준을 확인하여 안전하게 저장할 수 있다. |
| | | 3. 취급방법<br>파악하기 | 1. 제3류 위험물 기준을 검토하여 안전하게 취급할 수 있다.<br>2. 제3류 위험물의 물리·화학적 성질을 검토하여 안전하게 취급할 수 있다.<br>3. 제3류 위험물의 환경조건을 검토하여 안전하게 취급할 수 있다.<br>4. 제3류 위험물의 운송·운반 관련 하역절차·설비를 파악하여 안전하게 취급할 수 있다. |
| | | 4. 소화방법<br>수립하기 | 1. 제3류 위험물 기준을 검토하여 안전하게 소화할 수 있다.<br>2. 제3류 위험물 소화 원리를 검토하여 안전하게 소화할 수 있다. |

# 출제기준

| 과목명 | 주요항목 | 세부항목 | 세세항목 |
|---|---|---|---|
| | | | 3. 제3류 위험물 소화설비 설치 기준을 검토하여 안전하게 소화할 수 있다.<br>4. 제3류 위험물 소화기구 적응성을 검토하여 안전하게 소화할 수 있다. |
| | 5. 위험물 운송·운반시설 기준 파악 | 1. 운송기준 파악하기 | 1. 위험물의 안전한 운송을 위하여 이동탱크저장소의 위치 기준을 파악할 수 있다.<br>2. 위험물의 안전한 운송을 위하여 이동탱크저장소의 구조 기준을 파악할 수 있다.<br>3. 위험물의 안전한 운송을 위하여 이동탱크저장소의 설비 기준을 파악할 수 있다.<br>4. 위험물의 안전한 운송을 위하여 이동탱크저장소의 특례 기준을 파악할 수 있다. |
| | | 2. 운송시설 파악하기 | 1. 위험물 운송시설의 종류별 특징에 따라 안전한 운송을 할 수 있다.<br>2. 위험물 이동탱크저장소 구조를 파악하여 안전한 운송을 할 수 있다.<br>3. 위험물 컨테이너식 이동탱크저장소 구조를 파악하여 안전한 운송을 할 수 있다.<br>4. 위험물 주유탱크차 구조를 파악하여 안전한 운송을 할 수 있다. |
| | | 3. 운반기준 파악하기 | 1. 운반기준에 따라 적합한 운반용기를 선정할 수 있다.<br>2. 운반기준에 따라 적합한 적재방법을 선정할 수 있다.<br>3. 운반기준에 따라 적합한 운반방법을 선정할 수 있다. |
| | | 4. 운반시설 파악하기 | 1. 위험물 운반시설의 종류를 분류하여 안전한 운반을 할 수 있다.<br>2. 위험물 육상 운반시설의 구조를 검토하여 안전한 운반을 할 수 있다.<br>3. 위험물 해상 운반시설의 구조를 검토하여 안전한 운반을 할 수 있다.<br>4. 위험물 항공 운반시설의 구조를 검토하여 안전한 운반을 할 수 있다. |
| | 6. 위험물 안전계획 수립 | 1. 위험물 저장·취급계획 수립하기 | 1. 과년도 위험물 저장·취급의 실적과 성과를 평가할 수 있다.<br>2. 사업장 내 위험물 저장·취급의 실태와 문제점을 진단할 수 있다.<br>3. 위험물안전관리법령을 고려하여 위험물 저장·취급의 계획을 수립할 수 있다.<br>4. 위험물 저장·취급의 추진과제와 실행계획을 수립할 수 있다. |
| | | 2. 시설 유지관리 계획 수립하기 | 1. 과년도 위험물 시설의 유지관리 실적을 평가할 수 있다.<br>2. 사업장 내 위험물 시설의 유지관리 실태와 문제점을 진단할 수 있다.<br>3. 가용자원과 공정을 고려하여 위험물 시설의 정기·수시 유지관리 계획을 수립할 수 있다.<br>4. 위험물안전관리법령에 근거하여 위험물 시설의 점검 결과를 작성할 수 있다.<br>5. 위험물 시설의 유지관리와 보수에 소요되는 비용을 산출할 수 있다. |
| | | 3. 교육훈련계획 수립하기 | 1. 과년도 교육훈련의 실적과 성과를 평가할 수 있다.<br>2. 교육훈련 대상자의 수준을 고려하여 교육훈련과정을 편성할 수 있다.<br>3. 교육훈련과정별 목표에 부합하는 교육훈련 방향을 제시할 수 있다.<br>4. 교육여건과 교육인원을 고려하여 연간 교육훈련 일정을 수립할 수 있다.<br>5. 교육훈련의 개선을 위한 교육훈련평가기준을 작성할 수 있다. |
| | | 4. 위험물 안전감독계획 수립하기 | 1. 위험물 저장취급기준에 근거하여 감독계획을 수립할 수 있다.<br>2. 위험물시설 기준에 근거하여 유지관리 감독계획을 수립할 수 있다.<br>3. 위험물시설 보수에 대한 감독계획을 수립할 수 있다.<br>4. 위험물 운반기준에 근거하여 운반 전 감독계획을 수립할 수 있다. |
| | | 5. 사고대응 매뉴얼 작성하기 | 1. 매뉴얼 운영·관리의 기본방향을 수립할 수 있다.<br>2. 사고대응의 업무수행 체계를 수립할 수 있다.<br>3. 사고대응 조직을 구성할 수 있다.<br>4. 상황별 사고대응 조치계획을 수립할 수 있다.<br>5. 사고대응 조치 후 복구방안을 수립할 수 있다. |
| | 7. 위험물 화재예방·소화방법 | 1. 위험물 화재예방 방법 파악하기 | 1. 취급물질자료와 시설 주변에 잠재된 위험요소를 파악할 수 있다.<br>2. 화재예방을 위하여 시설별 점검 사항을 파악할 수 있다.<br>3. 적응성에 따른 화재예방 방법을 파악할 수 있다.<br>4. 사업장의 특수성 또는 중점관리 물질을 반영하여 화재예방 방법을 적용할 수 있다. |

| 과목명 | 주요항목 | 세부항목 | 세세항목 |
|---|---|---|---|
| | | 2. 위험물 화재예방 계획 수립하기 | 1. 위험성을 바탕으로 화재예방 및 점검 기준을 파악할 수 있다.<br>2. 위험물시설의 점검 계획을 수립할 수 있다.<br>3. 관련법령, 기준, 지침에 따라 화재예방 세부계획을 수립할 수 있다.<br>4. 수립된 화재예방 방법을 검토하고 개선사항을 도출할 수 있다. |
| | | 3. 위험물 소화방법 파악하기 | 1. 위험물의 연소 및 소화이론을 파악할 수 있다.<br>2. 위험물 화재 시 조치방법을 파악할 수 있다.<br>3. 발화요인에 따라 적응성 높은 소화방법을 파악할 수 있다.<br>4. 소화기구 및 소화약제의 종류 및 특성을 파악할 수 있다.<br>5. 소방시설 작동방법을 파악할 수 있다. |
| | | 4. 위험물 소화방법 수립하기 | 1. 화재의 종류 및 규모별 대응조치 방안을 수립할 수 있다.<br>2. 발화요인에 따라 적응성 높은 소화방법을 수립할 수 있다.<br>3. 위험물 화재별 확산방지, 추가사고예방 등의 방안을 수립할 수 있다.<br>4. 적응성 있는 소화기구 및 소화약제를 선정할 수 있다.<br>5. 소방시설 작동방법을 수립할 수 있다. |
| | 8. 위험물 제조소 유지관리 | 1. 제조소의 시설기술기준 조사하기 | 1. 사업장에 설치된 제조소의 위치기준을 조사할 수 있다.<br>2. 사업장에 설치된 제조소의 구조기준을 조사할 수 있다.<br>3. 사업장에 설치된 제조소의 설비기준을 조사할 수 있다.<br>4. 사업장에 설치된 제조소의 특례기준을 조사할 수 있다. |
| | | 2. 제조소의 위치 점검하기 | 1. 위치와 관련된 최종 허가도면을 찾아 위치에 관한 사항을 확인할 수 있다.<br>2. 위치와 관련된 최종 허가도면에 존재하지 않는 건축물, 공작물의 존부를 확인할 수 있다.<br>3. 설치허가 당시의 안전거리 및 보유공지에 관한 기술기준을 파악하고, 이에 저촉되는 건축물, 공작물의 존부를 확인할 수 있다.<br>4. 현행의 안전거리 및 보유공지의 기술기준에 저촉되는 새로이 설치된 건물, 공작물의 존부를 확인할 수 있다.<br>5. 위치에 관한 기술기준 또는 허가도면에 저촉되는 건축물 또는 공작물의 제거 또는 법적·안전상 해결방안을 강구할 수 있다.<br>6. 제조소의 일반점검표에 위치 점검결과를 기록할 수 있다. |
| | | 3. 제조소의 구조 점검하기 | 1. 제조소의 일반점검표에 정해진 점검항목 중 사업장에 해당하는 것을 확인하고, 점검취지와 방법을 조사할 수 있다.<br>2. 제조소의 구조 점검대상물 및 점검기기를 작동하고 그 결과를 판정할 수 있다.<br>3. 기술기준과 상이한 것은 허가도면을 색인하여 허가 시 적용된 기준을 확인할 수 있다.<br>4. 구조에 관한 기술기준 또는 허가도면에 저촉되는 사항의 법적·안전상 해결방안을 강구할 수 있다.<br>5. 제조소의 일반점검표에 구조 점검결과를 기록할 수 있다. |
| | | 4. 제조소의 설비 점검하기 | 1. 제조소의 일반점검표에 정해진 점검항목 중 사업장에 해당하는 것을 확인하고, 점검취지와 방법을 조사할 수 있다.<br>2. 제조소의 설비 점검대상물 및 점검기기를 작동하고 그 결과를 판정할 수 있다.<br>3. 기술기준과 상이한 것은 허가도면을 색인하여 허가 시 적용된 기준을 확인할 수 있다.<br>4. 설비에 관한 기술기준 또는 허가도면에 저촉되는 사항의 법적·안전상 해결방안을 강구할 수 있다.<br>5. 제조소의 일반점검표에 설비 점검결과를 기록할 수 있다. |
| | | 5. 제조소의 소방시설 점검하기 | 1. 제조소의 일반점검표에 정해진 점검항목 중 사업장에 해당하는 것을 확인하고, 점검취지와 방법을 조사할 수 있다.<br>2. 제조소의 소화설비·경보설비·피난설비 점검대상물 및 점검기기를 작동하고 그 결과를 판정할 수 있다.<br>3. 기술기준과 상이한 것은 허가도면을 찾아서 허가 시 적용된 기준을 확인할 수 있다.<br>4. 소화설비·경보설비·피난설비에 관한 기술기준 또는 허가도면에 저촉되는 사항의 법적·안전상 해결방안을 강구할 수 있다. |

# 출제기준

| 과목명 | 주요항목 | 세부항목 | 세세항목 |
|---|---|---|---|
| | | | 5. 제조소의 일반점검표에 제조소의 소화설비·경보설비·피난설비 점검결과를 기록할 수 있다. |
| | 9. 위험물 저장소 유지관리 | 1. 저장소의 시설기술기준 조사하기 | 1. 사업장에 설치된 저장소의 위치기준을 조사할 수 있다.<br>2. 사업장에 설치된 저장소의 구조기준을 조사할 수 있다.<br>3. 사업장에 설치된 저장소의 설비기준을 조사할 수 있다.<br>4. 사업장에 설치된 저장소의 특례기준을 조사할 수 있다. |
| | | 2. 저장소의 위치 점검하기 | 1. 위치와 관련된 최종 허가도면을 찾아 위치에 관한 사항을 확인할 수 있다.<br>2. 위치와 관련된 최종 허가도면에 존재하지 않는 건축물, 공작물의 존부를 확인할 수 있다.<br>3. 설치허가 당시의 안전거리 및 보유공지에 관한 기술기준을 파악하고, 이에 저촉되는 건축물, 공작물의 존부를 확인할 수 있다.<br>4. 현행의 안전거리 및 보유공지의 기술기준에 저촉되는 새로이 설치된 건물, 공작물의 존부를 확인할 수 있다.<br>5. 위치에 관한 기술기준 또는 허가도면에 저촉되는 건축물 또는 공작물의 제거 또는 법적·안전상 해결방안을 강구할 수 있다.<br>6. 저장소의 일반점검표에 위치 점검결과를 기록할 수 있다. |
| | | 3. 저장소의 구조 점검하기 | 1. 저장소의 일반점검표에 정해진 점검항목 중 사업장에 해당하는 것을 확인하고, 점검취지와 방법을 조사할 수 있다.<br>2. 저장소의 구조 점검대상물 및 점검기기를 작동하고 그 결과를 판정할 수 있다.<br>3. 기술기준과 상이한 것은 허가도면을 색인하여 허가 시 적용된 기준을 확인할 수 있다.<br>4. 구조에 관한 기술기준 또는 허가도면에 저촉되는 사항의 법적·안전상 해결방안을 강구할 수 있다.<br>5. 저장소의 일반점검표에 구조 점검결과를 기록할 수 있다. |
| | | 4. 저장소의 설비 점검하기 | 1. 저장소의 일반점검표에 정해진 점검항목 중 사업장에 해당하는 것을 확인하고, 점검취지와 방법을 조사할 수 있다.<br>2. 저장소의 설비 점검대상물 및 점검기기를 작동하고 그 결과를 판정할 수 있다.<br>3. 기술기준과 상이한 것은 허가도면을 색인하여 허가 시 적용된 기준을 확인할 수 있다.<br>4. 설비에 관한 기술기준 또는 허가도면에 저촉되는 사항의 법적·안전상 해결방안을 강구할 수 있다.<br>5. 저장소의 일반점검표에 설비 점검결과를 기록할 수 있다. |
| | | 5. 저장소의 소방시설 점검하기 | 1. 저장소의 일반점검표에 정해진 점검항목 중 사업장에 해당하는 것을 확인하고, 점검취지와 방법을 조사할 수 있다.<br>2. 저장소의 소화설비·경보설비·피난설비 점검대상물 및 점검기기를 작동하고 그 결과를 판정할 수 있다.<br>3. 기술기준과 상이한 것은 허가도면을 찾아서 허가 시 적용된 기준을 확인할 수 있다.<br>4. 소화설비·경보설비·피난설비에 관한 기술기준 또는 허가도면에 저촉되는 사항의 법적·안전상 해결방안을 강구할 수 있다.<br>5. 저장소의 일반점검표에 저장소의 소화설비·경보설비·피난설비 점검결과를 기록할 수 있다. |
| | 10. 위험물 취급소 유지관리 | 1. 취급소의 시설기술기준 조사하기 | 1. 사업장에 설치된 취급소의 위치기준을 조사할 수 있다.<br>2. 사업장에 설치된 취급소의 구조기준을 조사할 수 있다.<br>3. 사업장에 설치된 취급소의 설비기준을 조사할 수 있다.<br>4. 사업장에 설치된 취급소의 특례기준을 조사할 수 있다. |
| | | 2. 취급소의 위치 점검하기 | 1. 위치와 관련된 최종 허가도면을 찾아 위치에 관한 사항을 확인할 수 있다.<br>2. 위치와 관련된 최종 허가도면에 존재하지 않는 건축물, 공작물의 존부를 확인할 수 있다.<br>3. 설치허가 당시의 안전거리 및 보유공지에 관한 기술기준을 파악하고, 이에 저촉되는 건축물, 공작물의 존부를 확인할 수 있다.<br>4. 현행의 안전거리 및 보유공지의 기술기준에 저촉되는 새로이 설치된 건물, |

| 과목명 | 주요항목 | 세부항목 | 세세항목 |
|---|---|---|---|
| | | | 공작물의 존부를 확인할 수 있다.<br>5. 위치에 관한 기술기준 또는 허가도면에 저촉되는 건축물 또는 공작물의 제거 또는 법적·안전상 해결방안을 강구할 수 있다.<br>6. 취급소의 일반점검표에 위치 점검결과를 기록할 수 있다. |
| | | 3. 취급소의 구조 점검하기 | 1. 취급소의 일반점검표에 정해진 점검항목 중 사업장에 해당하는 것을 확인하고, 점검취지와 방법을 조사할 수 있다.<br>2. 취급소의 구조 점검대상물 및 점검기기를 작동하고 그 결과를 판정할 수 있다.<br>3. 기술기준과 상이한 것은 허가도면을 색인하여 허가 시 적용된 기준을 확인할 수 있다.<br>4. 구조에 관한 기술기준 또는 허가도면에 저촉되는 사항의 법적·안전상 해결방안을 강구할 수 있다.<br>5. 취급소의 일반점검표에 구조 점검결과를 기록할 수 있다. |
| | | 4. 취급소의 설비 점검하기 | 1. 취급소의 일반점검표에 정해진 점검항목 중 사업장에 해당하는 것을 확인하고, 점검취지와 방법을 조사할 수 있다.<br>2. 취급소의 설비 점검대상물 및 점검기기를 작동하고 그 결과를 판정할 수 있다.<br>3. 기술기준과 상이한 것은 허가도면을 색인하여 허가 시 적용된 기준을 확인할 수 있다.<br>4. 설비에 관한 기술기준 또는 허가도면에 저촉되는 사항의 법적·안전상 해결방안을 강구할 수 있다.<br>5. 취급소의 일반점검표에 설비 점검결과를 기록할 수 있다. |
| | | 5. 취급소의 소방시설 점검하기 | 1. 취급소의 일반점검표에 정해진 점검항목 중 사업장에 해당하는 것을 확인하고, 점검취지와 방법을 이해할 수 있다.<br>2. 취급소의 소화설비·경보설비·피난설비 점검대상물 및 점검기기를 작동하고 그 결과를 판정할 수 있다.<br>3. 기술기준과 상이한 것은 허가도면을 찾아서 허가 시 적용된 기준을 확인할 수 있다.<br>4. 소화설비·경보설비·피난설비에 관한 기술기준 또는 허가도면에 저촉되는 사항의 법적·안전상 해결방안을 강구할 수 있다.<br>5. 취급소의 일반점검표에 취급소의 소화설비·경보설비·피난설비 점검결과를 기록할 수 있다. |
| | 11. 위험물 행정처리 | 1. 예방규정 작성하기 | 1. 사업장 내의 위험물 시설현황을 조사할 수 있다.<br>2. 예방규정 작성기준에 따라 예방규정을 작성할 수 있다.<br>3. 예방규정 변경사유 발생 시 변경하여 작성할 수 있다.<br>4. 예방규정을 제출하고 변경명령 시 변경제출할 수 있다. |
| | | 2. 허가신청하기 | 1. 제조소등의 설치 또는 변경 허가대상 여부를 조사할 수 있다.<br>2. 제조소등의 설치 또는 변경 허가 신청 시 제출서류를 조사할 수 있다.<br>3. 제조소등의 설치 또는 변경 허가 시 제출서류에 대한 적정성을 검토할 수 있다.<br>4. 제조소등의 설치 또는 변경 허가 신청서를 작성하고 제출할 수 있다. |
| | | 3. 신고서류 작성하기 | 1. 지위승계, 선·해임, 용도폐지, 품명·수량·지정수량배수의 변경신고 대상여부를 조사할 수 있다.<br>2. 신고대상의 원인행위 발생시점과 신고기한을 조사할 수 있다.<br>3. 신고대상별 신고서류를 작성할 수 있다.<br>4. 작성된 신고서류를 제출할 수 있다. |
| | | 4. 안전관리 인력관리하기 | 1. 위험물안전관리에 필요한 수요인력을 조사할 수 있다.<br>2. 필요 인력의 자격기준을 조사할 수 있다.<br>3. 인력배치 기준을 수립할 수 있다.<br>4. 인력을 명부에 기록하여 유지관리할 수 있다. |

# 차례 Contents

## 제 1 부  핵심요점정리  13

### 제 1 장  화재예방과 소화방법  15
- 1-1  화재예방  15
- 1-2  소화방법  20

### 제 2 장  위험물의 성상  26
- 2-1  제1류 위험물  26
- 2-2  제2류 위험물  32
- 2-3  제3류 위험물  37
- 2-4  제4류 위험물  43
- 2-5  제5류 위험물  56
- 2-6  제6류 위험물  61

### 제 3 장  위험물의 시설기준  65
- 3-1  제조소의 위치, 구조 및 설비의 기준  65
- 3-2  옥내저장소의 위치·구조 및 설비의 기준  74
- 3-3  옥외탱크저장소의 위치·구조 및 설비의 기준  79
- 3-4  옥내탱크저장소의 위치·구조 및 설비의 기준  84
- 3-5  지하탱크저장소의 위치·구조 및 설비의 기준  84
- 3-6  간이탱크저장소의 위치·구조 및 설비의 기준  86
- 3-7  이동탱크저장소의 위치·구조 및 설비의 기준  87
- 3-8  옥외저장소의 위치 및 설비의 기준  89
- 3-9  암반탱크저장소의 위치·구조 및 설비의 기준  92
- 3-10  주유취급소의 위치·구조 및 설비의 기준  92
- 3-11  판매취급소의 위치·구조 및 설비의 기준  96
- 3-12  소화설비, 경보설비 및 피난설비의 기준  97
- 3-13  제조소등에서의 위험물의 저장 및 취급에 관한 기준 - 101
- 3-14  위험물의 운반에 관한 기준  101
- 3-15  탱크의 내용적 및 공간용적  103

### 제 4 장  위험물 안전관리 법령  105

### 제 5 장  연소의 계산  108
- 5-1  연소의 일반적인 기초사항  108
- 5-2  일반화학의 기초  111
- 5-3  유기화합물  114

## 제2부 최근 기출문제　　　　　　　　　　　　　　　　　　　　　119

**2014년도**
- 2014년　4월　19일 시행 ······················ 121
- 2014년　7월　5일 시행 ······················ 129
- 2014년　11월　1일 시행 ······················ 137

**2015년도**
- 2015년　5월　31일 시행 ······················ 147
- 2015년　7월　11일 시행 ······················ 157
- 2015년　11월　8일 시행 ······················ 166

**2016년도**
- 2016년　4월　16일 시행 ······················ 176
- 2016년　6월　26일 시행 ······················ 186
- 2016년　10월　12일 시행 ······················ 194

**2017년도**
- 2017년　4월　16일 시행 ······················ 202
- 2017년　6월　24일 시행 ······················ 211
- 2017년　11월　12일 시행 ······················ 220

**2018년도**
- 2018년　4월　15일 시행 ······················ 230
- 2018년　7월　1일 시행 ······················ 240
- 2018년　11월　10일 시행 ······················ 250

**2019년도**
- 2019년　4월　13일 시행 ······················ 259
- 2019년　6월　29일 시행 ······················ 268
- 2019년　11월　9일 시행 ······················ 278

**2020년도**
- 2020년　5월　24일 시행 ······················ 287
- 2020년　7월　26일 시행 ······················ 303
- 2020년　10월　18일 시행 ······················ 321
- 2020년　11월　15일 시행 ······················ 337

# Contents

**2021년도**
- 2021년 4월 24일 시행 ········· 355
- 2021년 7월 10일 시행 ········· 369
- 2021년 11월 14일 시행 ········· 385

**2022년도**
- 2022년 5월 7일 시행 ········· 400
- 2022년 7월 24일 시행 ········· 417
- 2022년 11월 19일 시행 ········· 432

**2023년도**
- 2023년 4월 23일 시행 ········· 449
- 2023년 7월 22일 시행 ········· 466
- 2023년 11월 5일 시행 ········· 482

**2024년도**
- 2024년 4월 27일 시행 ········· 496
- 2024년 7월 28일 시행 ········· 511
- 2024년 11월 2일 시행 ········· 527

# 제 1 부

# 핵심요점정리

- 제 1 장     화재예방과 소화방법
- 제 2 장     위험물의 성상
- 제 3 장     위험물의 시설기준
- 제 4 장     위험물 안전관리 법령
- 제 5 장     연소의 계산

제 1 장 화재예방과 소화방법

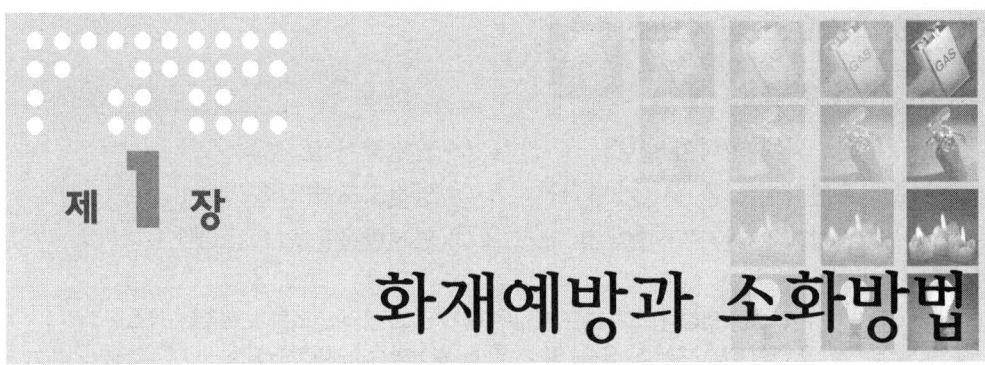

# 제 1 장 화재예방과 소화방법

 **1-1 화재예방**

## 1. 화재의 분류 ★★★★★

| 종류 | 등급 | 색 표 시 | 주된 소화 방법 |
|---|---|---|---|
| 일반화재 | A급 | 백색 | 냉각소화 |
| 유류 및 가스화재 | B급 | 황색 | 질식소화 |
| 전기화재 | C급 | 청색 | 질식소화 |
| 금속화재 | D급 | – | 피복소화 |
| 주방화재 | K급 | – | 냉각 및 질식소화 |

## 2. 폭굉과 폭연의 차이점 ★★★

- 폭굉(디토네이션 : Detonation) : 연소속도가 **음속보다 빠르다**.(초음속)
- 폭연(디플러그레이션 : Deflagration) : 연소속도가 **음속보다 느리다**.(아음속)

 **폭굉유도거리(DID)가 짧아지는 경우**
❶ 압력이 상승하는 경우
❷ 관속에 방해물이 있거나 관경이 작아지는 경우
❸ 점화원 에너지가 증가하는 경우

### 3. 연소의 3요소 및 4요소 ★★★★

(1) 가연물의 조건

① 산소와 **친화력**이 클 것
② **발열량**이 클 것
③ **표면적**이 넓을 것
④ **열전도도**가 작을 것
⑤ **활성화 에너지**가 적을 것
⑥ **연쇄반응**을 일으킬 것

 **지연성(조연성)가스** : 자기 자신은 타지 않고 남의 연소를 도와주는 가스
**조연성 가스** : 산소, 오존, 불소, 염소, 일산화질소, 이산화질소

(2) 가연물이 될 수 없는 조건

① 산화반응이 완전히 끝난 물질
② 질소 또는 질소산화물(흡열반응하기 때문)
③ 주기율표상 **18족 원소**(불활성 기체)
   He(헬륨), Ne(네온), Ar(아르곤), Kr(크립톤), Xe(크세논), Rn(라돈)

- **연소의 3요소** : 가연물+산소+점화원
- **연소의 4요소** : 가연물+산소+점화원+순조로운 연쇄반응

※ 기화열(기화잠열)은 점화원이 될 수 없다.

### 4. 열 에너지원의 종류 ★

| 에너지의 종류 | 종류 |
|---|---|
| 화학적 에너지 | 연소열, 분해열, **용해열**, 반응열, **자연발화**, 중합열 |
| 전기적 에너지 | **저항가열**, 유도가열, **유전가열**, 아크가열, 정전스파크, **낙뢰** |
| 기계적 에너지 | **마찰열, 압축열, 충격(마찰)스파크** |
| 원자력 에너지 | 핵분열, 핵융합 |

## 5. 연소의 형태 ★★★★★

**필수정리 ★★★★**

> **연소의 종류**
> ❶ 표면연소(surface reaction) : 숯, 코크스, 목탄, 금속분
> ❷ 증발 연소(evaporating combustion) : 파라핀(양초), 황, 나프탈렌, 왁스, 휘발유, 등유, 경유, 아세톤 등 제4류 위험물
> ❸ 분해연소(decomposing combustion) : 석탄, 목재, 플라스틱, 종이, 합성수지(고분자), 중유
> ❹ 자기연소(내부연소) : 질화면(나이트로 셀룰로오스), 셀룰로이드, 나이트로글리세린등 제5류 위험물
> ❺ 확산연소(diffusive burning) : 아세틸렌, LPG, LNG 등 **가연성 기체**
> ❻ 불꽃연소+표면연소 : 목재, 종이, 셀룰로오스, 열경화성 합성수지

## 6. 불꽃연소와 표면연소(응축연소, 작열연소) ★

| | 가연물 | |
|---|---|---|
| 산소 | **불꽃연소** | 점화원 |
| | 연쇄반응 | |

[불꽃연소의 4요소]

| | 가연물 | |
|---|---|---|
| 산소 | **표면연소** | 점화원 |

[표면연소의 3요소]

## 7. 블로우 오프(Blow-off) 현상 ★

화염이 노즐에 정착하지 못하고 떨어지게 되어 **화염이 꺼지는 현상**

## 8. 역화(back fire)현상 ★

가스분출속도가 연소속도보다 느려 화염이 버너 내부로 들어가 착화하는 현상

## 9. 자연발화 ★★★★★

### (1) 자연발화의 형태

| 자연발화 형태 | 자연발화 물질 |
|---|---|
| • 산화열 | 석탄, 건성유, 고무분말, 금속분, 기름걸레 |
| • 분해열 | 셀룰로이드, 나이트로셀룰로오스, 나이트로글리세린 |
| • 흡착열 | 활성탄, 목탄분말 |
| • 미생물열 | 퇴비, 먼지 |

### (2) 자연발화의 방지대책

① 저장실 주위온도를 낮춘다.
② 물질을 **건조하게 유지**
③ 통풍하여 열의 축적을 방지
④ 저장용기에 불활성기체 봉입하여 공기접촉 차단
⑤ 물질의 **표면적을 최소화**

### (3) 자연발화에 영향을 미치는 것

① 주위온도 ② 습도 ③ 발열량 ④ 표면적 ⑤ 열전도율 ⑥ 퇴적방법

## 10. 유류저장탱크 및 가스저장탱크의 화재발생 현상 ★★

① 보일 오버(boil over)
　탱크 바닥의 물이 비등하여 유류가 연소하면서 분출
② 슬롭 오버(slop over)
　물이 연소유 표면으로 들어갈 때 유류가 연소하면서 분출
③ 프로스 오버(froth over)
　탱크 바닥의 물이 비등하여 유류가 연소하지 않고 분출
④ 블레비(BLEVE)
　액체 저장탱크 주위에 화재가 발생하여 저장탱크 벽면이 장시간 화염에 노출되면 윗부분의 온도가 상승하여 재질의 인장력이 저하되고 내부의 비등현상으로 인한 압력상승으로 저장탱크 벽면이 파열되는 현상
⑤ 화이어볼(Fire ball)
　분출된 액화가스의 증기가 공기와 혼합하여 연소범위가 형성되어서 공 모양의 대형화염이 상승하는 현상

## 11. 인화점, 발화점, 연소점 ★

① **인화점**(flash point) : 점화원에 의하여 점화되는 **최저온도**
② **발화점**(ignition point) : **점화원 없이** 점화되는 **최저온도**
③ **연소점**(fire point) : 가연성 물질이 발화한 후 연속적으로 연소할 수 있는 최저온도

• 발화점 : 압력이 증가하면 발화점은 낮아진다.

## 12. 공기 중 산소의 농도를 증가시켰을 때 ★

① 발화온도가 낮아진다.　　② 연소범위가 넓어진다.
③ 화염의 온도가 높아진다.　④ 점화에너지가 감소한다.

## 13. 탄화수소화합물 중 탄소수가 증가할수록 나타나는 현상 ★

① 연소속도가 늦어진다.　　② 발화온도가 낮아진다.
③ 발열량이 커진다.　　　　④ 인화점, 비점이 높아진다.
⑤ 수용성, 휘발성, 연소범위, 비중이 감소한다.
⑥ 이성질체가 많아진다.

## 14. 착화점이 낮아지는 경우 ★

① 압력이 클 때　　　　　　② 발열량이 클 때
③ 산소농도가 클 때　　　　④ 산소와 친화력이 클 때
⑤ 화학적 활성도가 클 때　⑥ 습도 및 가스압력이 낮을 때

## 15. 플래쉬 오버(flash over) 현상 ★★

폭발적인 착화현상 및 급격한 화염의 확대현상

- 플래쉬 오버 발생시기 : 성장기　　・주요발생원인 : 열의 공급

## 16. 플래쉬 오버의 발생시각 ★

① 개구율(개구부 크기) : 클수록 빠르다.　② 내장재료 : 가연성일수록 빠르다
③ 화원의 크기 : 클수록 빠르다.　　　　　④ 열전도율 : 작을수록 빠르다.
⑤ 내장재료의 두께 : 얇을수록 빠르다.　　⑥ 가연물의 표면적 : 넓을수록 빠르다.
⑦ 화재하중 : 클수록 빠르다.

## 17. 플래쉬 오버의 지연대책 ★★

① 열전도율이 큰 내장재를 사용　　② 주요 구조부를 내화구조로 한다.
③ 개구부를 크게 설치(배연창 설치)　④ 두께가 두꺼운 내장재를 사용
⑤ 실내 가연물은 소량씩 분산 저장　⑥ 내장재 불연화

## 18. 백 드래프트(Back Draft) 현상 ★★

폭발적 연소와 함께 폭풍을 동반하여 화염이 외부로 분출되는 현상

- 백드래프트의 발생 시기 : 감쇠기
- 주요 발생원인 : 산소의 공급
- 백드래프트 현상 발생 시 폭풍 또는 충격파 있음

## 19. 증기 비중 ★★★★

### (1) 공기의 조성

질소($N_2$) 78.03%, 산소($O_2$) 20.99%, 아르곤(Ar) 0.94%, 이산화탄소($CO_2$) 0.03% 등으로 구성

- 공기 중 산소의 **부피**(%) = 21%
- 공기 중 산소의 **중량(무게)**(%) = 23%

### (2) 공기의 평균 분자량

$28(N_2) \times 0.7803 + 32(O_2) \times 0.2099 + 40(Ar) \times 0.0094 + 44(CO_2) \times 0.0003$
$= 28.95 ≒ 29$

- 공기의 평균 분자량 = 29
- 증기비중 = $\dfrac{M(분자량)}{29(공기평균분자량)}$

# 1-2 소화방법

## 1. 소화방법 ★★★

### (1) 냉각소화

가연성 물질을 발화점 이하로 온도를 냉각시키는 방법

**물이 소화제로 이용되는 이유**

❶ 물의 기화열(539kcal/kg)이 크기 때문
❷ 물의 비열(1kcal/kg℃)이 크기 때문

### (2) 질식소화

산소농도를 21%에서 15% 이하로 감소시켜 소화

- 질식소화 시 산소의 유지농도 : 10~15%

### (3) 억제소화(부촉매소화, 화학적소화)

연쇄반응을 억제시켜 소화

① 부촉매 : 화학적 반응의 속도를 느리게 하는 것
② 부촉매 효과 : 할로젠화합물 소화약제
 (할로젠족 원소 : 불소(F), 염소(Cl), 브로민(취소)(Br), 아이오딘(I))
③ 부촉매(소화효과)의 크기 순서
 불소(F) < 염소(Cl) < 브로민(취소)(Br) < 아이오딘(I)
④ 반응력(친화력)의 크기 순서
 불소(F) > 염소(Cl) > 브로민(취소)(Br) > 아이오딘(I)

### (4) 제거소화

화재구역에서 가연성물질을 제거시켜 소화

**제거소화의 예**
❶ 산불이 발생하면 화재의 진행방향을 앞질러 벌목한다.
❷ 화학반응기의 화재시 원료공급관의 밸브를 잠근다.
❸ 유전화재시 폭약으로 폭풍을 일으켜 화염을 제거한다.
❹ 촛불을 입김으로 불어 화염을 제거한다.

### (5) 피복소화

가연물 주위를 공기와 차단시켜 소화

(예) 방안에서 화재가 발생시 이불이나 담요로 덮는다.

### (6) 희석소화

수용성액체 화재시 물을 방사하여 연소농도를 희석하여 소화

(예) 아세톤에 물을 다량으로 섞는다.

### (7) 유화소화(에멀전소화)

비수용성 인화성액체의 유류화재 시 물분무로 방사하여 액체표면에 불연성의

유막을 형성하여 소화

물의 유화효과 (에멀젼 효과)를 이용한 방호대상설비 : 기름탱크

## 2. 물의 소화능력 향상 첨가제 ★★

### (1) 부동액(Anti-freeze agent)
① 물의 빙점(어는점) 낮추는 첨가제
② 한랭지역에서 사용

### (2) 침윤제(Wetting agent)
① 물의 표면장력 감소 위한 첨가제
② 심부화재에 적합

### (3) 농축제(Viscosity agent)
① 물의 점도향상 첨가제
② 산불화재에 적합

### (4) 밀도 개질제(Density modifier)
물의 밀도를 개질하기 위한 첨가제로 수용성 폼이 있다.

## 3. $CO_2$ 또는 할로젠화합물 소화기 설치금지 장소 ★★★
   (할론1301 및 청정소화약제 제외)

① 지하층   ② 무창층   ③ 밀폐된 거실로서 바닥면적 $20m^2$ 미만인 장소

## 4. 분말약제의 주성분 및 착색 ★★★★★

| 종별 | 주성분 | 약제명 | 착색 | 적응 화재 |
|---|---|---|---|---|
| 제1종 | $NaHCO_3$ | 탄산수소나트륨, 중탄산나트륨, 중조 | 백색 | B, C 급 |
| 제2종 | $KHCO_3$ | 탄산수소칼륨, 중탄산칼륨 | 담회색 | B, C 급 |
| 제3종 | $NH_4H_2PO_4$ | 제1인산암모늄 | 담홍색(핑크색) | A, B, C 급 |
| 제4종 | $KHCO_3+(NH_2)_2CO$ | 중탄산칼륨+요소 | 회색(쥐색) | B, C 급 |

## 5. 분말약제의 열분해 ★★★★★

| 종 별 | 약제명 | 착색 | 열분해 반응식 |
|---|---|---|---|
| 제1종 | 중탄산나트륨 | 백색 | $2NaHCO_3 \rightarrow Na_2CO_3 + CO_2 + H_2O$ |
| 제2종 | 중탄산칼륨 | 담회색 | $2KHCO_3 \rightarrow K_2CO_3 + CO_2 + H_2O$ |
| 제3종 | 제1인산암모늄 | 담홍색 | $NH_4H_2PO_4 \rightarrow HPO_3 + NH_3 + H_2O$ |
| 제4종 | 중탄산칼륨+요소 | 회(백)색 | $2KHCO_3 + (NH_2)_2CO \rightarrow K_2CO_3 + 2NH_3 + 2CO_2$ |

## 6. 소화약제별 소화능력 ★★

| 소화약제명 | 화학식 | 소화능력 |
|---|---|---|
| 이산화탄소 | $CO_2$ | 1.0(기준) |
| 분말약제 | - | 2.0 |
| 할론 2402 | $C_2F_4Br_2$ | 1.7 |
| 할론 1211 | $CF_2ClBr$ | 1.4 |
| 할론 1301 | $CF_3Br$ | 3.0 |

## 7. 소화기의 올바른 사용방법 ★★

① 적응화재에만 사용할 것
② 불과 가까이 가서 사용할 것
③ 바람을 등지고 풍상에서 풍하의 방향으로 사용 할 것
④ 양옆으로 비로 쓸 듯이 골고루 사용할 것

## 8. 강화액 소화기 ★

① 물의 빙점(어는점)이 낮은 단점을 강화시킨 **탄산칼륨**($K_2CO_3$) **수용액**
② 반응식은 내부에 황산($H_2SO_4$)이 있어 탄산칼륨과 화학반응에 의한 $CO_2$가 압력원이 된다.

$$H_2SO_4 + K_2CO_3 \rightarrow K_2SO_4 + H_2O + CO_2 \uparrow$$

③ 무상인 경우 A, B, C 급 화재에 모두 적응한다.
④ 소화약제의 pH는 12이다.(알카리성을 나타낸다.)
⑤ 어는점(빙점)이 약 $-30°C \sim -25°C$, 비중이 $1.3 \sim 1.4$이다.
⑥ 빙점이 매우 낮아 추운 지방에서 사용
⑦ 강화액소화제는 알카리성을 나타낸다.

## 9. 산·알칼리 소화기 ★★

① 내통 : 황산($H_2SO_4$)
② 외통 : 탄산수소나트륨($NaHCO_3$)

- 산·알칼리 소화기의 화학반응식
  $H_2SO_4$ + $2NaHCO_3$ → $Na_2SO_4$ + $2H_2O$ + $2CO_2\uparrow$
  (황산)　　(탄산수소나트륨)　　(황산나트륨)　(물)　(이산화탄소)

## 10. 할로젠화합물 소화약제 ★★★

### (1) 할로젠화합물 소화약제

| 구분 \ 종류 | 할론 2402 | 할론 1211 | 할론 1301 | 할론 1011 |
|---|---|---|---|---|
| 화학식 | $C_2F_4Br_2$ | $CF_2ClBr$ | $CF_3Br$ | $CH_2ClBr$ |

할로젠화합물 소화약제 명명법 : 할론 ⓐ ⓑ ⓒ ⓓ
ⓐ : C 원자수　　ⓑ : F 원자수　　ⓒ : Cl 원자수　　ⓓ : Br 원자수

할로젠화합물 소화약제

| 구분 \ 종류 | 할론 2402 | 할론 1211 | 할론 1301 | 할론 1011 |
|---|---|---|---|---|
| 분자식 | $C_2F_4Br_2$ | $CF_2ClBr$ | $CF_3Br$ | $CH_2ClBr$ |

### (2) CTC(Carbon Tetra Chloride, 사염화탄소)

① 할로젠화합물 소화약제
② 방사 시 포스젠의 맹독성가스 발생으로 현재는 사용 금지된 소화약제
③ 화학식은 $CCl_4$이다.

**사염화탄소와 이산화탄소의 반응**
$CCl_4 + CO_2$ → $2COCl_2$ (포스젠가스)

## 11. 화학포(공기포) 소화약제 ★★★

① 내약제(B제) : 황산알루미늄($Al_2(SO_4)_3$)
② 외약제(A제) : 중탄산나트륨($NaHCO_3$), 기포안정제

**화학포의 기포안정제**
- 사포닝　• 계면활성제　• 소다회　• 가수분해단백질

③ 반응식

$$6NaHCO_3 + Al_2(SO_4)_3 \cdot 18H_2O \rightarrow 3Na_2SO_4 + 2Al(OH)_3 + 6CO_2 + 18H_2O$$
(탄산수소나트륨)   (황산알루미늄)      (황산나트륨) (수산화알루미늄) (이산화탄소)  (물)

## 12. 오존파괴지수(ODP) 및 지구온난화지수(GWP) ★★

① 오존파괴지수(ODP : Ozone Depletion Potential)
어떤 물질의 **오존 파괴능력**을 상대적으로 나타내는 지표의 정의

$$ODP = \frac{어떤 물질 1kg이 파괴하는 오존량}{CFC-11 \ 1kg이 파괴하는 오존량}$$

[참고] CFC [Chloro(Cl), Fluoro(F), Carbon(C)]

[할론 약제별 오존파괴지수]

| 할론 소화약제 | 오존파괴지수(ODP) |
|---|---|
| 할론 1301 | 14.1 |
| 할론 2402 | 6.6 |
| 할론 1211 | 2.4 |

② 지구 온난화지수(GWP : Global Warming Potential)
어떤 물질이 기여하는 **온난화 정도**를 상대적으로 나타내는 지표의 정의

$$GWP = \frac{어떤 \ 물질 1kg이 \ 기여하는 \ 온난화 \ 정도}{CO_2 - 1kg이 \ 기여하는 \ 온난화 \ 정도}$$

③ NOAEL(No Observed Adverse Effect Level)
심장 독성시험에서 심장에 영향을 **미치지 않는 농도**

④ LOAEL(Lowest Observed Adverse Effect Level)
심장 독성시험에서 심장에 영향을 **미칠 수 있는 최소농도**

# 제2장 위험물의 성상

## 2-1 제1류 위험물

### 1. 품명 및 지정수량 ★★★★

| 성 질 | 품 명 | 지정수량 | 위험등급 |
|---|---|---|---|
| 산화성 고체 | 1. 아염소산염류 | 50kg | I |
| | 2. 염소산염류 | | |
| | 3. 과염소산염류 | | |
| | 4. 무기과산화물 | | |
| | 5. 브로민산염류 | 300kg | II |
| | 6. 질산염류 | | |
| | 7. 아이오딘산염류 | | |
| | 8. 과망가니즈산염류 | 1000kg | III |
| | 9. 다이크로뮴산염류 | | |

### 2. 공통적 성질 ★★

① 산화성 고체이며 대부분 **수용성**이다.
② **불연성**이지만 다량의 **산소를 함유**하고 있다.
③ 분해시 산소를 방출하여 남의 연소를 돕는다.(**조연성**)
④ 열·타격·충격, 마찰 및 다른 화학물질과 접촉시 쉽게 분해된다.
⑤ 분해속도가 대단히 빠르고, **조해성**이 있는 것도 포함한다.

**무기과산화물**
① 물에 의한 주수소화는 금한다.(산소발생)
② 물과 접촉 시 산소방출
③ 열분해 시 산소방출

## 3. 저장 및 취급방법 ★★

① 무기과산화물은 물과 접촉 시 반응하여 **산소를 방출**하므로 **습기와 접촉금지**(금수성 물질)
② 조해성물질은 저장용기를 밀폐시킨다.
③ 가열, 충격, 마찰을 금지한다.

## 4. 소화방법 ★★

① **다량의 물**을 방사하여 **냉각 소화**한다.
② 무기(알칼리금속)과산화물은 금수성 물질로 물에 의한 소화는 절대금지하고 **마른 모래**로 소화한다.
③ 자체적으로 산소를 함유하고 있어 질식소화는 효과가 없고 **물을 대량 사용하여 냉각소화가 효과적**이다.

## 5. 품명에 따른 특성 ★★★★

### (1) 아염소산염류

① **아염소산나트륨**($NaClO_2$)
  ㉮ 조해성이 있고 무색의 결정성 분말이다.
  ㉯ 보통 수분을 약간 함유하기 때문에 130~140℃에서 분해 된다.
  ㉰ 무수물(수분을 함유하지 않은 것) 350℃에서 분해시작
  ㉱ 산과 반응하여 이산화염소($ClO_2$)가 발생된다.
  ㉲ 수용액 상태에서도 강력한 산화력을 가지고 있다.

  $$3NaClO_2 + 2HCl \rightarrow 3NaCl + 2ClO_2 + H_2O_2$$
  (아염소산나트륨)  (염산)      (염화나트륨)  (이산화염소)  (과산화수소)

② **아염소산칼륨**($KClO_2$)
  ㉮ 조해성이 있고 무색의 결정성 분말이다.
  ㉯ 가열, 충격에 의한 폭발가능성이 있다.

**(2) 염소산염류**

① 염소산칼륨(KClO₃) ★★★
㉮ 무색 또는 백색분말
㉯ 비중 : 2.34
㉰ 온수, 글리세린에 용해
㉱ 냉수, 알코올에는 용해하기 어렵다.
㉲ 400℃ 부근에서 분해가 시작

$$2KClO_3 \text{(염소산칼륨)} \rightarrow KCl\text{(염화칼륨)} + KClO_4\text{(과염소산칼륨)} + O_2\uparrow \text{(산소)}$$

㉳ 540℃~560℃ 정도에서 완전 열분해되어 염화칼륨과 산소를 방출

$$2KClO_3\text{(염소산칼륨)} \rightarrow 2KCl\text{(염화칼륨)} + 3O_2\text{(산소)}$$

㉴ 유기물 등과 접촉 시 충격을 가하면 폭발하는 수가 있다.

② 염소산나트륨(NaClO₃) ★★
㉮ 조해성이 크고, 알코올, 에테르, 물에 녹는다.
㉯ 철제를 부식시키므로 철제용기 사용금지
㉰ 산과 반응하여 유독한 이산화염소($ClO_2$)를 발생시키며 이산화염소는 폭발성이다.
㉱ 열분해하여 염화나트륨과 산소를 발생한다.

$$2NaClO_3\text{(염소산나트륨)} \rightarrow 2NaCl\text{(염화나트륨 : 소금)} + 3O_2\uparrow \text{(산소)}$$

③ 염소산암모늄(NH₄ClO₃)
㉮ 대단히 폭발성이고 조해성이 있다.
㉯ 산화성이고 금속부식성이 강하다.

**(3) 과염소산염류** ★★★

① 과염소산칼륨(KClO₄)
㉮ 물에 녹기 어렵고 알코올, 에테르에 불용
㉯ 진한 황산과 접촉 시 폭발성이 있다.
㉰ 황, 탄소, 유기물등과 혼합 시 가열, 충격, 마찰에 의하여 폭발한다.
㉱ 400℃에서 분해가 시작되어 600℃에서 완전 분해하여 산소를 발생 한다.

$$KClO_4 \rightarrow KCl\text{(염화칼륨)} + 2O_2\uparrow \text{(산소)}$$

② 과염소산나트륨(NaClO₄)
㉮ 물에 잘 녹고 알코올, 에테르에 불용
㉯ 유기물등과 혼합 시 가열, 충격, 마찰에 의하여 폭발한다.
㉰ 400℃ 이상에서 분해되면서 산소를 방출한다.

③ 과염소산암모늄($NH_4ClO_4$) ★★
  ㉮ 물, 아세톤, 알코올에는 녹고 에테르에는 잘 녹지 않는다.
  ㉯ 조해성이므로 밀폐용기에 저장
  ㉰ 130℃에서 분해가 시작되어 산소를 방출하고 300℃에서 분해가 급격히 진행된다.

  - 130℃에서 분해  $NH_4ClO_4 \rightarrow NH_4Cl + 2O_2 \uparrow$
  - 300℃에서 분해  $2NH_4ClO_4 \rightarrow N_2 + Cl_2 + 2O_2 + 4H_2O$

  ㉱ 충격 및 분해온도 이상에서 폭발성이 있다.

### (4) 무기과산화물 ★★★★★

① 과산화나트륨($Na_2O_2$)
  ㉮ 상온에서 물과 격렬히 반응하여 산소($O_2$)를 방출하고 폭발하기도 한다.

  $2Na_2O_2$(과산화나트륨) $+ 2H_2O$(물) $\rightarrow 4NaOH$(수산화나트륨) $+ O_2 \uparrow$ (산소)

  ㉯ 공기 중 이산화탄소($CO_2$)와 반응하여 산소($O_2$)를 방출한다.

  $2Na_2O_2 + 2CO_2 \rightarrow 2Na_2CO_3 + O_2 \uparrow$

  ㉰ 산과 반응하여 과산화수소($H_2O_2$)를 생성시킨다.

  $Na_2O_2 + 2CH_3COOH \rightarrow 2CH_3COONa + H_2O_2$

  ㉱ 열분해 시 산소($O_2$)를 방출한다.

  $2Na_2O_2 \rightarrow 2Na_2O + O_2 \uparrow$

  ㉲ 주수소화는 금물이고 마른모래(건조사)등으로 소화한다.

② 과산화칼륨($K_2O_2$)
  ㉮ 무색 또는 오렌지색 분말상태
  ㉯ 상온에서 물과 격렬히 반응하여 산소($O_2$)를 방출하고 폭발하기도 한다.

  $2K_2O_2 + 2H_2O \rightarrow 4KOH + O_2 \uparrow$

  ㉰ 공기 중 이산화탄소($CO_2$)와 반응하여 산소($O_2$)를 방출한다.

  $2K_2O_2 + 2CO_2 \rightarrow 2K_2CO_3 + O_2 \uparrow$

  ㉱ 산과 반응하여 과산화수소($H_2O_2$)를 생성시킨다.

  $K_2O_2 + 2CH_3COOH \rightarrow 2CH_3COOK + H_2O_2$

  ㉲ 열분해 시 산소($O_2$)를 방출한다.

  $2K_2O_2 \rightarrow 2K_2O + O_2 \uparrow$

  ㉳ 주수소화는 금물이고 마른모래(건조사) 등으로 소화한다.

③ 과산화마그네슘($MgO_2$)
　㉮ 백색 분말이다.
　㉯ 습기 또는 물과 접촉 시 산소를 방출한다.
　㉰ 가연성유기물과 혼합되어 있을 때 가열, 충격에 의해 폭발 위험이 있다.
　㉱ 물과 접촉하여 수산화마그네슘 및 산소를 발생한다.

$$2MgO_2 + 2H_2O \rightarrow 2Mg(OH)_2(수산화마그네슘) + O_2\uparrow(산소)$$

　㉲ 산과 접촉하여 과산화수소를 발생한다.

$$MgO_2 + 2HCl(염산) \rightarrow MgCl_2 + H_2O_2(과산화수소)$$

④ 과산화바륨($BaO_2$)
　㉮ 탄산가스와 반응하여 탄산염과 산소 발생

$$2BaO_2 + 2CO_2 \rightarrow 2BaCO_3(탄산바륨) + O_2\uparrow(산소)$$

　㉯ 염산과 반응하여 염화바륨과 과산화수소 생성

$$BaO_2 + 2HCl \rightarrow BaCl_2(염화바륨) + H_2O_2(과산화수소)$$

　㉰ 가열 또는 온수와 접촉하면 산소가스를 발생

　• 가열　　　$2BaO_2 \rightarrow 2BaO(산화바륨) + O_2\uparrow(산소)$
　• 온수와 반응　$2BaO_2 + 2H_2O \rightarrow 2Ba(OH)_2(수산화바륨) + O_2\uparrow(산소)$

### (5) 브로민산염류

• 종류 : $KBrO_3$, $NaBrO_3$, $Ba(BrO_3)_2 \cdot 6H_2O$ 등

### (6) 질산염류

① 질산칼륨($KNO_3$)
　㉮ 질산칼륨에 숯가루, 황가루를 혼합하여 흑색화약제조에 사용한다.
　㉯ 열분해하여 산소를 방출한다.

$$2KNO_3 \rightarrow 2KNO_2 + O_2\uparrow$$

　㉰ 물, 글리세린에는 잘 녹으나 알코올, 에테르에는 잘 녹지 않는다.
　㉱ 유기물 및 강산과 접촉 시 매우 위험하다.
　㉲ 소화는 주수소화방법이 가장 적당하다.

**흑색화약(Black Power)**
❶ 원료 : 질산칼륨, 숯, 황
❷ 조성 : 75%$KNO_3$ + 15%C + 10%S
❸ 폭발반응식 : $38KNO_3+64C+16S \rightarrow 3K_2CO_3+16K_2S+19N_2+44CO_2+17CO$

② 질산나트륨($NaNO_3$)
  ㉮ 무색, 무취의 백색 분말
  ㉯ 조해성이 강하다.
  ㉰ 물, 글리세린에 녹고 알코올, 에테르에는 녹지 않는다.
  ㉱ 가열시 약 380℃에서 열분해 하여 아질산나트륨과 산소를 발생 시킨다.

$$2NaNO_3 \rightarrow 2NaNO_2 + O_2 \uparrow$$

  ㉲ 충격, 마찰, 타격을 피한다.
  ㉳ 유기물과 혼합을 피한다.
  ㉴ 화재 시 다량의 물로 냉각소화 한다.

③ 질산암모늄($NH_4NO_3$)
  ㉮ 단독으로 가열, 충격 시 분해 폭발할 수 있다.
  ㉯ 화약원료로 쓰이며 유기물과 접촉 시 폭발우려가 있다.
  ㉰ 무색, 무취의 결정이다.
  ㉱ 조해성 및 흡습성이 매우 강하다.
  ㉲ 물에 용해 시 흡열반응을 나타낸다.
  ㉳ 급격한 가열충격에 따라 폭발의 위험이 있다.

  • 질산암모늄의 열분해 반응식 : $2NH_4NO_3 \rightarrow 2N_2 + O_2 + 4H_2O$

### (7) 아이오딘산염류

$NaIO_3$, $KIO_3$, $NH_4IO_3$

### (8) 과망가니즈산염류

① 과망가니즈산칼륨($KMnO_4$) ★★★
  ㉮ 흑자색의 주상결정으로 물에 녹아 진한보라색을 띠고 강한 산화력과 살균력이 있다.
  ㉯ 염산과 반응시 염소($Cl_2$)를 발생시킨다.
  ㉰ 240℃에서 산소를 방출한다.

$$2KMnO_4 \rightarrow K_2MnO_4(망가니즈산칼륨) + MnO_2(이산화망가니즈) + O_2 \uparrow (산소)$$

  ㉱ 알코올, 에테르, 글리세린, 황산과 접촉시 폭발우려가 있다.
  ㉲ 주수소화 또는 마른모래로 피복소화한다.
  ㉳ 강알칼리와 반응하여 산소를 방출한다.

② 과망가니즈산나트륨($NaMnO_4 \cdot 3H_2O$), 과망가니즈산칼슘($Ca(MnO_4)_2 \cdot 4H_2O$) 과망가니즈산칼륨과 비슷한 성질을 갖는다.

### (9) 다이크로뮴산염류

$$K_2Cr_2O_7,\ Na_2Cr_2O_7 \cdot 2H_2O,\ (NH_4)_2Cr_2O_7$$

① 다이크로뮴산칼륨($K_2Cr_2O_7$)
  ㉮ 밝은 오렌지색 결정으로 녹는점 398℃, 비중 2.61이다.
  ㉯ 500℃ 이상으로 가열하면 산소를 방출하면서 분해한다.
  ㉰ 알코올에는 녹지 않지만 물에는 잘 녹는다.

② 다이크로뮴산나트륨($Na_2Cr_2O_7$)
  ㉮ 녹는점 356 ℃. 비중 2.35이다.
  ㉯ 400℃ 이상에서는 산소를 방출하면서 분해한다.
  ㉰ 물에는 잘 녹지만 알코올에는 녹지 않는다.

## 2-2 제2류 위험물

### 1. 품명 및 지정수량 ★★★

| 성 질 | 품 명 | 지정수량 | 위험등급 | 비 고 |
|---|---|---|---|---|
| 가연성 고체 | 1. 황화인 | 100kg | Ⅱ | |
| | 2. 적린 | | | |
| | 3. 황 | | | • 순도가 60중량% 이상인 것 |
| | 4. 철분 | 500kg | Ⅲ | • 53μm의 표준체 통과 50중량% 미만인 것 제외 |
| | 5. 금속분 | | | • 알칼리금속, 알칼리토금속, 철, 마그네슘 제외<br>• 구리분, 니켈분 및 150μm의 표준체를 통과하는 것이 50중량% 미만인 것 제외 |
| | 6. 마그네슘 | | | • 2mm체 통과 못하는 덩어리 제외<br>• 직경 2mm 이상 막대모양 제외 |
| | 7. 인화성고체 | 1000kg | | • 고형알코올 및 1기압에서 인화점이 40℃ 미만 고체 |

### 2. 제2류 위험물의 판단기준 ★★★★★

① 황
  순도가 60중량% 이상인 것을 말한다. 이 경우 순도측정에 있어서 불순물은 활석등 불연성물질과 수분에 한한다.

② 철분
철의 분말로서 53μm의 표준체를 통과하는 것이 50중량% 미만인 것은 제외
③ 금속분
알칼리금속·알칼리토금속·철 및 마그네슘 외의 금속의 분말을 말하고, 구리분·니켈분 및 150μm의 체를 통과하는 것이 50중량% 미만인 것은 제외
④ 마그네슘은 다음 각목의 1에 해당하는 것은 제외한다.
㉮ 2mm의 체를 통과하지 아니하는 덩어리 상태의 것
㉯ 직경 2mm 이상의 막대 모양의 것
⑤ 인화성고체
고형알코올 그 밖에 1기압에서 인화점이 섭씨 40도 미만인 고체

## 3. 공통적 성질 ★★

① 낮은 온도에서 착화가 쉬운 **가연성 고체**
② **연소속도가 빠른 고체**
③ 연소 시 **유독가스**를 발생하는 것도 있다.
④ 금속분은 물 또는 산과 접촉시 발열된다.

## 4. 저장 및 취급방법 ★★

① **산화제와 접촉을 피한다.**
② 점화원, 고온물체, 가열을 피한다.
③ 금속분은 물 또는 산과 접촉을 피한다.

## 5. 소화방법 ★★★

① 금속분을 **제외**하고 주수에 의한 **냉각소화**를 한다.
② 금속분은 마른모래로 소화한다.

## 6. 품명에 따른 특성 ★★★

(1) 황화인(제2류 위험물) : 황과 인의 화합물

① 삼황화인($P_4S_3$)
㉮ 황색결정으로 물, 염산, 황산에 녹지 않으며 질산, 알칼리, 이황화탄소에 녹는다.
㉯ 조해성이 없다.

㉰ 연소하면 오산화인과 이산화황이 생긴다.

$$P_4S_3 + 8O_2 \rightarrow 2P_2O_5 + 3SO_2 \uparrow$$

② 오황화인($P_2S_5$)
  ㉮ 담황색 결정이고 조해성이 있다.
  ㉯ 수분을 흡수하면 분해된다.
  ㉰ 이황화탄소($CS_2$)에 잘 녹는다.
  ㉱ 물, 알칼리와 반응하여 인산과 황화수소를 발생한다.

$$P_2S_5 + 8H_2O \rightarrow 2H_3PO_4 + 5H_2S \uparrow$$

③ 칠황화인($P_4S_7$)
  ㉮ 담황색 결정이고 조해성이 있다.
  ㉯ 수분을 흡수하면 분해 된다.
  ㉰ 이황화탄소($CS_2$)에 약간 녹는다.
  ㉱ 냉수에는 서서히 분해가 되고 더운물에는 급격히 분해 된다.

### (2) 적린(P) ★★★

① 황린의 동소체이며 황린보다 안정하다.
② 공기 중에서 자연발화하지 않는다.(**발화점 : 260℃, 승화점 : 460℃**)
③ **황린을 공기차단상태**에서 가열, 냉각 시 **적린으로 변한다.**

$$황린(P_4) \xrightarrow{공기차단(250℃가열, 냉각)} 적린(P)$$

④ 성냥, 불꽃놀이 등에 이용된다.
⑤ **연소 시 오산화인**($P_2O_5$)**이 생성**된다.

$$4P + 5O_2 \rightarrow 2P_2O_5(오산화인)$$

⑥ 다량의 물을 주수하여 **냉각 소화**한다.

**동소체** : 같은 원소로 구성되어 있으나 성질이 다른 단체
**동소체의 종류**
❶ 산소($O_2$)와 오존($O_3$)    ❷ 적린(P)과 황린($P_4$)
❸ 사방황(S), 단사황(S), 고무상황(S)    ❹ 다이아몬드(C)와 흑연(C)

**동소체의 확인방법**
연소 시 같은 물질이 생성되는 것을 확인한다.
  적린 $4P + 5O_2 \rightarrow 2P_2O_5$(오산화인)
  황린 $P_4 + 5O_2 \rightarrow 2P_2O_5$(오산화인)
• 적린(가연성고체)은 제2류 위험물이고 황린(자연발화성)은 제3류 위험물이다.

### (3) 황(S)

① 동소체로 사방황, 단사황, 고무상황이 있다.
② 황색의 고체 또는 분말상태이다.
③ **물에 녹지 않고 이황화탄소**($CS_2$)**에는 잘 녹는다.**
④ 공기 중에서 연소 시 푸른 불꽃을 내며 이산화황이 생성된다.

$$S + O_2 \rightarrow SO_2 \text{ (이산화황 또는 아황산가스)}$$

⑤ 산화제와 접촉 시 위험하다.
⑥ 분진폭발의 위험성이 있고 목탄가루와 혼합시 가열, 충격, 마찰에 의하여 폭발 위험성이 있다.
⑦ 다량의 물로 주수소화 또는 질식 소화한다.

### (4) 철분(Fe)

① 회백색 금속광택을 가진 비교적 연한금속분말이다.
② 철을 **염산에 용해시키면 수소가 발생**한다.

$$Fe + 2HCl \rightarrow FeCl_2 + H_2\uparrow$$

③ 가열된 철은 수증기와 반응하여 수소를 발생시킨다.(주수소화금지)

$$3Fe + 4H_2O \rightarrow Fe_3O_4 + 4H_2\uparrow$$

④ **주수소화는 엄금**이며 **마른모래** 등으로 피복 소화한다.

### (5) 금속분(금속분말)

① 알루미늄분(Al) ★★★
  ㉮ 산화제와 혼합시 가열, 충격, 마찰 등에 의하여 착화위험이 있다.
  ㉯ 할로젠원소(F, Cl, Br, I)와 접촉 시 자연발화 위험이 있다.
  ㉰ **분진폭발** 위험성이 있다.
  ㉱ 가열된 알루미늄은 **수증기와 반응하여 수소를 발생**시킨다.(주수소화금지)

$$2Al + 6H_2O \rightarrow 2Al(OH)_3 + 3H_2\uparrow$$

  ㉲ **주수소화는 엄금**이며 마른모래 등으로 피복 소화한다.

② 아연분(Zn)
  ㉮ 은백색의 분말이다.
  ㉯ 공기 중 가열 시 쉽게 연소된다.
  ㉰ **산, 알칼리에 녹아 수소**($H_2$)**를 발생**시킨다.
  ㉱ **주수소화는 엄금**이며 마른모래 등으로 피복 소화한다.

### (6) 마그네슘(Mg) ★★★

① 2mm체 통과 못하는 덩어리는 위험물에서 제외 한다.
② 직경 2mm 이상 막대모양은 위험물에서 제외한다.
③ 은백색의 광택이 나는 가벼운 금속이다.
④ 물과 반응하여 수소기체 발생

$$Mg + 2H_2O \rightarrow Mg(OH)_2(수산화마그네슘) + H_2\uparrow (수소발생)$$

⑤ 이산화탄소약제를 방사하면 폭발적으로 반응하기 때문에 위험하다.
- 마그네슘과 $CO_2$의 반응식 : $2Mg + CO_2 \rightarrow 2MgO + C$

⑥ 산과 작용하여 수소를 발생시킨다.
- 마그네슘과 황산의 반응식 : $Mg + H_2SO_4 \rightarrow MgSO_4 + H_2$
- 마그네슘과 염산의 반응식 : $Mg + 2HCl \rightarrow MgCl_2 + H_2\uparrow$

⑦ 공기 중 습기에 발열되어 자연발화 위험이 있다.
- 마그네슘의 연소식 : $2Mg + O_2 \rightarrow 2MgO + Q Kcal$

⑧ 주수소화는 엄금이며 마른모래 등으로 피복 소화한다.

### (7) 인화성고체

고형알코올 또는 1기압에서 인화점이 40℃ 미만인 고체를 말한다.

**고형알코올**

합성수지와 메틸알코올로 고체화시킨 것으로 인화점은 30℃이다.
❶ 비누류에 알코올을 흡수시킨 것과 아세트산 셀룰로스를 빙초산 또는 아세톤에 녹여서 알코올을 흡수시켜 겔 상태로 만든 것
❷ 깡통에 넣어 휴대용 연료로 등산·캠핑 등을 할 때 사용하며, 점화하면 불꽃을 내며 서서히 연소
❸ 안개 속에서나 비가 올 때도 타며, 특히 연료를 구하기 어려운 겨울등산 등에는 편리한 연료로 사용

## 2-3 제3류 위험물

### 1. 품명 및 지정수량 ★★★

| 성 질 | 품 명 | 지정수량 | 위험등급 |
|---|---|---|---|
| 자연발화성 및 금수성 물질 | 1. 칼륨 | 10kg | I |
| | 2. 나트륨 | | |
| | 3. 알킬알루미늄 | | |
| | 4. 알킬리튬 | | |
| | 5. 황린 | 20kg | |
| | 6. 알칼리금속(칼륨 및 나트륨 제외)및 알칼리토금속 | 50kg | II |
| | 7. 유기금속화합물(알킬알루미늄 및 알킬리튬 제외) | | |
| | 8. 금속의 수소화물 | 300kg | III |
| | 9. 금속의 인화물 | | |
| | 10. 칼슘 또는 알루미늄의 탄화물 | | |

### 2. 공통적 성질 ★★

① 물과 접촉 시 발열반응 및 가연성 가스를 발생한다.
② 대부분 금수성 및 불연성 물질(황린, 칼륨, 나트륨, 알킬알루미늄제외)이다.
③ 대부분 무기물이며 고체상태이다.

### 3. 저장 및 취급방법 ★★

① 물과 접촉을 피한다.
② 보호액속에 저장 시 보호액 표면의 노출에 주의한다.
③ 화재 시 소화가 어려우므로 **소분(소량씩 분리함)**하여 저장한다.

### 4. 소화방법

① 물에 의한 **주수소화는 절대 금**한다.
② 마른모래 또는 금속화재용 분말약제로 소화한다.
③ **알킬알루미늄**화재는 **팽창질석** 또는 **팽창진주암**으로 소화한다.

## 5. 품명에 따른 특성

### (1) 칼륨(K) ★★★★★

① 가열시 **보라색 불꽃**을 내면서 연소한다.
② 물과 반응하여 수소 및 열을 발생한다.(금수성 물질)

$$2K + 2H_2O \rightarrow 2KOH + H_2\uparrow + 92.8kcal$$

③ **보호액으로 파라핀, 경유, 등유**를 사용한다.
④ 피부와 접촉 시 화상을 입는다.
⑤ 마른모래 등으로 질식 소화한다.
⑥ 화학적으로 활성이 대단히 크고 **알코올과 반응하여 수소를 발생**시킨다.

$$2K + 2C_2H_5OH \rightarrow 2C_2H_5OK + H_2\uparrow$$

**석유란 무엇인가?**
석유를 지하에서 지상으로 올렸을 때 그 기름을 '원유'라고 합니다. 원유를 분별증류하면 휘발유(가솔린), 등유, 경유, 중유의 4가지, 그리고 기체인 석유가스와 찌꺼기 아스팔트까지 총 6가지로 분류됩니다.

### (2) 나트륨(Na) ★★★★★

① 가열시 **노란색 불꽃**을 내면서 연소한다.
② 물과 반응하여 수소 및 열을 발생한다.(금수성 물질)

$$2Na + 2H_2O \rightarrow 2NaOH + H_2\uparrow + 88.2kcal$$

③ **보호액으로 파라핀, 경유, 등유**를 사용한다.
④ 피부와 접촉 시 화상을 입는다.
⑤ 마른모래 등으로 질식 소화한다.

**금속나트륨 화재 시 $CO_2$소화기 사용금지 이유**
(금속나트륨과 이산화탄소는 폭발적으로 반응하기 때문에 위험)
$4Na + 3CO_2 \rightarrow 2Na_2CO_3 + C$

### (3) 알킬알루미늄[($C_nH_{2n+1}$)·Al] ★★★

① 알킬기($C_nH_{2n+1}$)에 알루미늄(Al)이 결합된 화합물이다.
② $C_1 \sim C_4$는 자연발화의 위험성이 있다.
③ 물과 접촉시 가연성 가스 발생하므로 **주수소화는 절대 금지**한다.

㉮ 트라이메틸알루미늄(TMA : Tri Methyl Aluminium)

$$(CH_3)_3Al + 3H_2O \rightarrow Al(OH)_3 + 3CH_4 \uparrow \text{(메탄)}$$

㉯ 트라이에틸알루미늄(TEA : Tri Eethyl Aluminium)

$$(C_2H_5)_3Al + 3H_2O \rightarrow Al(OH)_3 + 3C_2H_6 \uparrow \text{(에탄)}$$

$$(C_2H_5)_3Al + 3CH_3OH \rightarrow Al(CH_3O)_3\text{(트라이메톡시알루미늄)} + 3C_2H_6\text{(에탄)}$$

④ 알킬알루미늄의 희석제

㉮ 벤젠  ㉯ 헥산  ㉰ 톨루엔  ㉱ 펜탄  ㉲ 헵탄

⑤ 알킬알루미늄의 종류

㉮ 트라이메틸알루미늄(TMA)[$(CH_3)_3Al$]

㉯ 트라이에틸알루미늄(TEA)[$(C_2H_5)_3Al$]

⑥ 저장용기에 **불활성기체**($N_2$)를 **봉입**한다.

⑦ 피부접촉 시 화상을 입히고 연소시 흰연기가 발생한다.

⑧ 소화 시 주수소화는 절대 금하고 **팽창질석, 팽창진주암** 등으로 **피복 소화**한다.

### (4) 알킬리튬[$(C_nH_{2n+1})Li$]

① 알킬기($C_nH_{2n+1}$)에 Li이 결합된 화합물이다.

② **물과 접촉 시 가연성 가스 발생**한다.

③ 주수소화 절대 금하고 팽창질석, 팽창진주암 등으로 피복 소화한다.

**메틸리튬($CH_3Li$), 에틸리튬($C_2H_5Li$)**
❶ 제3류위험물의 알킬리튬에 해당
❷ 금수성이고 또한 자연발화성 물질
❸ 은백색의 연한 금속으로서 공기 중에 노출되면 자연발화위험
❹ 저장용기에는 벤젠, 헥산, 톨루엔, 펜탄, 헵탄 등의 안전 희석용 용제를 넣는다.
❺ 질소($N_2$) 아르곤(Ar) 등의 불활성가스를 봉입
❻ 취급 중에는 불활성가스 중에서 취급

### (5) 황린($P_4$)[별명 : 백린] ★★★★★

① 백색 또는 담황색의 고체이다.

② 공기 중 약 **40~50℃**에서 **자연발화**한다.

③ 저장시 자연발화성이므로 반드시 **물속**에 **저장**한다.

④ **인화수소**($PH_3$)**의 생성을 방지**하기 위하여 물의 **pH=9**가 안전한계이다.

⑤ 물의 온도가 상승시 황린의 용해도가 증가되어 산성화속도가 빨라진다.

⑥ **연소 시 오산화인**($P_2O_5$)**의 흰 연기가 발생**한다.

$$P_4 + 5O_2 \rightarrow 2P_2O_5$$

⑦ **강알칼리의 용액**에서는 유독기체인 **포스핀**($PH_3$) **발생**한다. 따라서 저장시 물의 pH(수소이온농도)는 9를 넘어서는 안된다.
(• 물은 약알칼리의 석회 또는 소다회로 중화하는 것이 좋다.)

$$P_4 + 3NaOH + 3H_2O \rightarrow 3NaH_2PO_2 + PH_3 \uparrow$$

⑧ 약 260℃로 가열(공기차단)시 적린이 된다.
⑨ 피부 접촉 시 화상을 입는다.
⑩ 소화는 물분무, 마른모래 등으로 질식 소화한다.
⑪ 고압의 주수소화는 황린을 비산시켜 연소면이 확대될 우려가 있다.

[황린과 적린의 비교]

| 구 분 | 황 린 | 적 린 |
|---|---|---|
| • 외관 | 백색 또는 담황색 고체 | 검붉은 분말 |
| • 냄새 | 마늘냄새 | 없음 |
| • 용해성 | 이황화탄소($CS_2$)에 잘 녹는다. | 이황화탄소($CS_2$)에 녹지 않는다. |
| • 공기중 자연발화 | 자연발화(40℃~50℃) | 자연발화 없음 |
| • 발화점 | 약 34℃ | 약 260℃ |
| • 연소시 생성물 | 오산화인($P_2O_5$) | 오산화인($P_2O_5$) |
| • 독 성 | 맹독성 | 독성 없음 |
| • 사용 용도 | 적린제조, 농약 | 성냥 껍질 |

### (6) 알칼리금속(K, Na 제외) 및 알칼리토금속

① 리튬(Li)
  ㉮ 은백색의 가벼운 알칼리금속으로 칼륨(K), 나트륨(Na)과 성질이 비슷하다.
  ㉯ 물과 극렬히 반응하여 수소($H_2$)를 발생한다.

$$2Li + 2H_2O \rightarrow 2LiOH + H_2 \uparrow$$

  ㉰ 주기율표 1족에 속하는 알칼리금속원소
  ㉱ 2차 전지 생산의 원료로 사용
  ㉲ 원자번호 3, 원자량 6.9, 녹는점 180.54℃, 끓는점 1347℃, 비중 0.534

② 칼슘(Ca)
  ㉮ 은백색의 알칼리토금속이며 결합력이 강하다.
  ㉯ 물과 작용하여 수소($H_2$)를 발생한다.

$$Ca + 2H_2O \rightarrow Ca(OH)_2 + H_2 \uparrow$$

③ 알칼리금속 및 알칼리토금속의 소화
물 및 포약제의 소화는 절대 금하고 마른모래 등으로 피복소화한다.

## (7) 금속의 수소화물

① 수소화리튬(LiH)
㉮ 알칼리 금속의 수소화물중 가장 안정된 화합물이다.
㉯ 물과 반응하여 **수소($H_2$)를 발생**한다.

$$LiH + H_2O \rightarrow LiOH + H_2 \uparrow$$

㉰ 알코올에는 용해되지 않는다.
㉱ 물 및 포약제의 소화는 절대 금하고 마른모래 등으로 피복소화한다.

② 수소화나트륨(NaH)
㉮ 습기가 많은 공기중 분해한다.
㉯ 물과 격렬히 반응하여 **수소($H_2$)를 발생**한다.

$$NaH + H_2O \rightarrow NaOH + H_2 \uparrow + 21kcal$$

㉰ 물 및 포약제의 소화는 절대 금하고 마른모래 등으로 피복소화한다.

③ 수소화칼슘($CaH_2$)
㉮ 물과 반응하여 수소를 발생한다.

$$CaH_2 + 2H_2O \rightarrow Ca(OH)_2 + 2H_2 + 48kcal$$

㉯ 물 및 포약제 소화는 절대 금하고 마른모래 등으로 피복소화한다.

**금속의 수소화물 : 위험물 제3류**
① 수소화바륨($BaH_2$)  ② 리튬알루미늄하이드라이드($LiAlH_4$)
③ 수소화나트륨(NaH)  ④ 수소화칼슘($CaH_2$)

## (8) 금속의 인화물

① 인화칼슘($Ca_3P_2$)[별명 : 인화석회] ★★★★
㉮ 적갈색의 괴상고체
㉯ 물 및 약산과 격렬히 반응, 분해하여 **인화수소(포스핀)($PH_3$)을 생성**한다.

$$Ca_3P_2 + 6H_2O \rightarrow 3Ca(OH)_2 + 2PH_3 \text{(인화수소=포스핀)}$$
$$Ca_3P_2 + 6HCl \rightarrow 3CaCl_2 + 2PH_3 \text{(인화수소=포스핀)}$$

㉰ **포스핀은 맹독성가스**이므로 취급시 방독마스크를 착용한다.
㉱ 물 및 포약제의 의한 소화는 절대 금하고 마른모래 등으로 피복하여 자연진

화되도록 기다린다.
② **인화알루미늄**(AlP)
㉮ 황색 또는 암회색 분말
㉯ 물과 작용하여 포스핀($PH_3$)의 유독성 가스를 발생.

$$AlP + 3H_2O \rightarrow Al(OH)_3 \text{(수산화알루미늄)} + PH_3 \uparrow \text{(포스핀)}$$

### (9) 칼슘 또는 알루미늄의 탄화물

① **탄화칼슘**($CaC_2$) : 제 3류 위험물 중 칼슘탄화물
㉮ 물과 접촉 시 아세틸렌을 생성하고 열을 발생시킨다.

$$CaC_2 + 2H_2O \rightarrow Ca(OH)_2 \text{(수산화칼슘)} + C_2H_2 \uparrow \text{(아세틸렌)}$$

㉯ 아세틸렌의 폭발범위는 2.5~81%로 대단히 넓어서 폭발위험성이 크다.
㉰ 장기 보관 시 불활성기체($N_2$ 등)를 봉입하여 저장한다.
㉱ 고온(700℃)에서 질화되어 석회질소($CaCN_2$)가 생성된다.

$$CaC_2 + N_2 \rightarrow CaCN_2 \text{(석회질소)} + C \text{(탄소)}$$

㉲ 물 및 포 약제에 의한 소화는 절대 금하고 마른모래 등으로 피복 소화한다.
② **탄화알루미늄**($Al_4C_3$) ★★★
㉮ 물과 접촉시 **메탄가스를 생성**하고 발열반응을 한다.

$$Al_4C_3 + 12H_2O \rightarrow 4Al(OH)_3 + 3CH_4 \text{(메탄)} + 360kcal$$

㉯ 황색 결정 또는 백색분말로 1400℃ **이상에서는 분해**가 된다.
㉰ 물 및 포약제에 의한 소화는 절대 금하고 마른모래 등으로 피복소화한다.
③ **탄화망가니즈**

• **물과의 반응식**
$Mn_3C + 6H_2O \rightarrow 3Mn(OH)_2 \text{(수산화망가니즈)} + CH_4 \text{(메탄)} + H_2 \uparrow \text{(수소)}$

## 2-4 제4류 위험물

### 1. 품명 및 지정수량 ★★★★★

| 성질 | 품 명 | | 지정수량 | 위험등급 | 비 고 |
|---|---|---|---|---|---|
| 인화성 액체 | 특수인화물 | | 50L | I | • 발화점 100℃ 이하<br>• 인화점 -20℃ 이하 & 비점 40℃ 이하<br>• 이황화탄소, 다이에틸에터 |
| | 제1석유류 | 비수용성 | 200L | II | • 인화점 21℃ 미만<br>• 아세톤, 휘발유 |
| | | 수용성 | 400L | | |
| | 알코올류 | | 400L | | • $C_1$~$C_3$ 포화1가 알코올<br>(변성알코올 포함) |
| | 제2석유류 | 비수용성 | 1000L | III | • 인화점 21℃ 이상 70℃ 미만<br>• 등유, 경유 |
| | | 수용성 | 2000L | | |
| | 제3석유류 | 비수용성 | 2000L | | • 인화점 70℃ 이상 200℃ 미만<br>• 중유, 크레오소트유 |
| | | 수용성 | 4000L | | |
| | 제4석유류 | | 6000L | | • 인화점이 200℃ 이상 250℃ 미만인 것 |
| | 동식물유류 | | 10000L | | • 동물의 지육 또는 식물의 종자나 과육으로부터 추출한 것으로 1기압에서 인화점이 250℃ 미만인 것 |

**[제4류 위험물의 지정품목과 기타조건에 의한 분류]**

| 구 분 | 지정품목 | 기타 조건 (1atm에서) |
|---|---|---|
| 특수인화물 | • 이황화탄소<br>• 다이에틸에터 | • 발화점이 100℃ 이하<br>• 인화점 -20℃ 이하 이고 비점이 40℃ 이하 |
| 제1석유류 | • 아세톤　• 휘발유 | • 인화점 21℃ 미만. |
| 알코올류 | $C_1$ ~ $C_3$ 까지 포화 1가 알코올 (변성알코올 포함)<br>• 메틸알코올　• 에틸알코올　• 프로필알코올 | |
| 제2석유류 | • 등유　• 경유 | • 인화점 21℃ 이상 70℃ 미만 |
| 제3석유류 | • 중유　• 크레오소트유 | • 인화점 70℃ 이상 200℃ 미만 |
| 제4석유류 | • 기어유　• 실린더유 | • 인화점 200℃ 이상 250℃ 미만 |
| 동식물유류 | • 동물의 지육 등 또는 식물의 종자나 과육으로부터 추출한 것으로서 인화점이 250℃ 미만인 것 | |

## 2. 공통적 성질 ★★★

① 대단히 인화되기 쉬운 인화성액체이다.
② 증기는 공기보다 무겁다.(증기비중＝분자량/공기평균분자량(28.84))
③ 증기는 공기와 약간 혼합되어도 연소한다.
④ 일반적으로 물보다 가볍고 물에 잘 안 녹는다.

## 3. 저장 및 취급방법 ★★★

① 화기의 접근은 절대로 금한다.
② 증기 및 액체의 누출을 피한다.
③ 액체의 이송 및 혼합시 정전기 방지 위한 접지를 한다.
④ 증기의 축적을 방지하기 위하여 통풍장치를 한다.

## 4. 소화방법 ★★★

① 봉상의 주수소화는 연소면 확대로 절대 금한다.
   (단, 수용성 위험물은 주수소화도 가능하다)

**봉상주수**
물 방사형태가 막대모양으로 옥내 및 옥외소화전설비가 여기에 해당 된다.

② 일반적으로 포약제에 의한 소화방법이 가장 적당하다.
③ 수용성인 알코올화재는 포약제 중 알코올포를 사용한다.
④ 물에 의한 분무소화도 효과적이다.

## 5. 품명에 따른 특성

### (1) 특수인화물(이다아산) ★★★★

이황화탄소, 다이에틸에터 그 밖에 1기압에서 발화점이 100℃ 이하 또는 인화점이 －20℃ 이하이고 비점이 40℃ 이하인 것

**특수인화물(이다아산)**
① 이황화탄소($CS_2$)
② 다이에틸에터($C_2H_5OC_2H_5$)
③ 아세트알데하이드($CH_3CHO$)
④ 산화프로필렌($CH_3CH_2CHO$)

① 이황화탄소($CS_2$) ★★★★★
　㉮ 무색투명한 액체이다.
　㉯ 물에는 녹지 않고 알코올, 에테르, 벤젠 등 유기용제에 녹는다.
　㉰ 햇빛에 방치하면 황색을 띤다.
　㉱ 연소 시 아황산가스($SO_2$) 및 $CO_2$를 생성한다.

$$CS_2 + 3O_2 \rightarrow CO_2 + 2SO_2$$

　㉲ 물과 반응하여 황화수소와 이산화탄소를 발생한다.

$$CS_2(이황화탄소) + 2H_2O(물) \rightarrow 2H_2S(황화수소) + CO_2(이산화탄소)$$

　㉳ 저장 시 저장탱크를 물속에 넣어 저장한다.
　㉴ 4류 위험물중 착화온도(100℃)가 가장 낮다.
　㉵ 화재 시 다량의 포를 방사하여 질식 및 냉각 소화한다.

② 다이에틸에터($C_2H_5OC_2H_5$) ★★★
　㉮ 증기비중 = 2.55(증기비중 = 분자량/공기평균분자량 = 74/29 = 2.55)
　㉯ 연소범위(폭발범위)는 1.7~48%이다.
　㉰ 직사광선에 장시간 노출 시 과산화물 생성

**과산화물 생성 확인방법**
다이에틸에터 + KI용액(10%) → 황색변화(1분 이내)

　㉱ 용기에는 5% 이상 10% 이하의 안전공간 확보할 것
　㉲ 용기는 갈색 병을 사용하며 냉암소에 보관.
　㉳ 정전기 방지를 위하여 약간의 $CaCl_2$를 넣어준다
　㉴ 폭발성의 과산화물 생성방지를 위해 용기 내에 40mesh 구리 망을 넣어준다.

**다이에틸에터 제조방법**

$$C_2H_5OH + C_2H_5OH \xrightarrow{C-H_2SO_4} C_2H_5OC_2H_5 + H_2O$$

③ 메틸에틸에테르($CH_3OC_2H_5$)
　㉮ 무색의 휘발성 액체이다.
　㉯ 증기는 달콤한 냄새를 가진다.
　㉰ 물, 알코올, 아세톤, 클로로포름에 녹는다.
　㉱ 직사광선에 노출시 과산화물을 생성한다.
　㉲ 인화점 −37℃, 비점 10℃, 연소범위 2.0~10.1%이다.

④ 아세트알데하이드($CH_3CHO$) ★★★
  ㉮ 휘발성이 강하고 과일냄새가 있는 무색 액체
  ㉯ 물, 에탄올에 잘 녹는다.
  ㉰ 산화되어 초산($CH_3COOH$)이 된다.

  $$2CH_3CHO + O_2 \rightarrow 2CH_3COOH(초산)$$

  ㉱ 연소범위는 약 4~60%이다.
  ㉲ 저장용기 사용 시 구리, 마그네슘, 은, 수은 및 합금용기는 사용금지.(중합 반응 때문)
  ㉳ 다량의 물로 주수 소화한다.
  ㉴ 아세트알데하이드 등을 취급하는 설비에는 연소성 혼합기체의 생성에 의한 폭발을 방지하기 위한 불활성기체 또는 수증기를 봉입하는 장치를 갖출 것

⑤ 산화프로필렌($CH_3CH_2CHO$) ★★★
  ㉮ 휘발성이 강하고 에테르냄새가 나는 액체이다.
  ㉯ 물, 알코올, 벤젠 등 유기용제에는 잘 녹는다.
  ㉰ 연소범위는 2.8~37%이다.
  ㉱ 저장용기 사용 시 구리, 마그네슘, 은, 수은 및 합금용기 사용금지(아세틸라이트 생성)
  ㉲ 저장 용기 내에 질소($N_2$) 등 불연성가스를 채워둔다.
  ㉳ 소화는 포 약제로 질식 소화한다.

(2) 제1석유류(아가 BTCM PH 초개) ★★★

아세톤, 휘발유 그 밖에 1기압에서 인화점이 21℃ 미만인 것

**제1석유류(아가콜 BTM PH 초개)**
여기서 B : Benzene, T : Toluene, M : MEK, P : Pyridine, H : Hexane
❶ 아세톤($CH_3COCH_3$)　　　　　❷ 휘발유(가솔린)
❸ 벤젠($C_6H_6$)　　　　　　　　❹ 톨루엔($C_6H_5CH_3$)
❺ 콜로디온(질화면+알코올(3)+에테르(1))
❻ 메틸에틸케톤(Methyl Ethyl Keton, MEK)[$CH_3COC_2H_5$]
❼ 피리딘($C_5H_5N$)　　　　　　　❽ 헥산($C_6H_{14}$)
❾ 초산에스터류　　　　　　　　❿ 의산(개미산)에스터류

① 아세톤($CH_3COCH_3$) ★★
  ㉮ 무색의 휘발성 액체이다.
  ㉯ 물 및 유기용제에 잘 녹는다.

㈐ 아이오딘포름 반응을 한다.

**아이오딘포름 반응**
- 아세톤, 아세트알데하이드, 에틸알코올에 수산화칼륨(KOH)과 아이오딘을 반응시키면 노란색의 아이오딘포름($CHI_3$)의 침전물이 생성된다.
- 분자 중에 $CH_3CH(OH)-$나 $CH_3CO-$(아세틸기)를 가진 물질은 $I_2$와 KOH나 NaOH를 넣고 60℃~80℃로 가열하면, 황색의 아이오딘포름($CHI_3$) 침전이 생김

$$\text{아세톤, 아세트알데하이드, 에틸알코올} \xrightarrow{KOH + I_2} \text{아이오딘포름}(CHI_3)(\text{노란색})$$

- 아세톤 : $CH_3COCH_3 + 3I_2 + 4NaOH \rightarrow CH_3COONa + 3NaI + CHI_3\downarrow + 3H_2O$
- 아세트알데하이드 : $CH_3CHO + 3I_2 + 4NaOH \rightarrow HCOONa + 3NaI + CHI_3\downarrow + 3H_2O$
- 에틸알코올 : $C_2H_5OH + 4I_2 + 6NaOH \rightarrow HCOONa + 5NaI + CHI_3\downarrow + 5H_2O$

㈑ 아세틸렌을 잘 녹이므로 아세틸렌(용해가스) 저장시 아세톤에 용해시켜 저장한다.
㈒ 보관 중 황색으로 변색되며 햇빛에 분해가 된다.
㈓ 피부 접촉 시 탈지작용을 한다.
㈔ 다량의 물 또는 알코올포로 소화한다.

② 휘발유(가솔린) ★★
㉮ $C_5$~$C_9$까지의 포화, 불포화 탄화수소의 혼합물
㉯ 연소범위 : 1.2~7.6%
㉰ 발화점 : 300℃, 인화점이 -20~-43℃로 낮아 상온에서도 매우 위험하다.
㉱ 전기의 부도체이며 정전기발생에 주의하여야 한다.
㉲ 연소성 향상을 위하여 4-에틸납(($C_2H_5$)$_4$Pb)을 첨가하여 오렌지색 또는 청색으로 착색되어 있다.(옥탄가 향상 때문)
㉳ 자동차에 사용하는 휘발유에는 배기가스 유해성 때문에 4-에틸납을 첨가하지 않는다.(무연휘발유 사용)
㉴ 이소옥탄(ISO octane)의 옥탄가를 100 헵탄(heptane)의 옥탄가를 0으로 하여 옥탄가를 측정한다.

$$\text{옥탄가} = \frac{\text{이소옥탄}(ISO-octane)}{\text{이소옥탄}(ISO-octane) + \text{헵탄}(Heptane)} \times 100$$

㉵ 포에 의한 소화가 가장 효과적이다.

**가솔린 제조방법**
❶ 직류법  ❷ 열분해법  ❸ 접촉개질법

③ 벤젠($C_6H_6$)
  ㉮ 무색 투명한 휘발성 액체이다.
  ㉯ 착화온도 : 562℃ (이황화탄소의 착화온도 100℃)
  ㉰ 방향성이 있으며 증기는 마취성 및 독성이 강하다.
  ㉱ 물에는 용해되지 않고 아세톤, 알코올, 에테르 등 유기용제에 용해된다.
  ㉲ 취급 시 정전기에 유의해야 한다.
  ㉳ 소화는 다량 포약제로 질식 및 냉각소화한다.

④ 톨루엔($C_6H_5CH_3$) ★★★★★
  ㉮ 무색 투명한 휘발성 액체이다.
  ㉯ 물에는 용해되지 않고 유기용제에 용해된다.
  ㉰ 독성은 벤젠의 $\frac{1}{10}$ 정도이다.
  ㉱ 소화는 다량의 포약제로 질식 및 냉각소화한다.

⑤ 콜로디온(질화면+알코올(3)+에테르(1)) ★★★
  ㉮ 무색의 점성이 있는 액체
  ㉯ 연소시 용제가 휘발한 후에 폭발적으로 연소한다.
  ㉰ 질화도가 낮은 질화면에 알코올(3), 에테르(1), 혼합액에 녹인 것이다.
  ㉱ 얇게 늘이면 무색 투명한 필름
  ㉲ 포약제중 알코올포로 소화한다.

⑥ 메틸에틸케톤(Methyl Ethyl Keton, MEK)[$CH_3COC_2H_5$]
  ㉮ 무색의 액체이며 물, 알코올, 에테르에 잘 녹는다.
  ㉯ 탈지작용이 있으므로 직접 피부에 닿지 않도록 한다.
  ㉰ 화재 시 물분무 또는 알코올포로 질식소화를 한다.
  ㉱ 저장 시 용기는 밀폐하여 통풍이 양호하고 찬 곳에 저장한다.
  ㉲ 융점은 약 -86.4℃이다

⑦ 피리딘($C_5H_5N$)
  ㉮ 물, 알코올, 에테르에 잘 녹는다.
  ㉯ 약알칼리성을 나타낸다.
  ㉰ 순수한 것은 무색 투명액체이며 악취와 독성을 갖고 있다.
  ㉱ 발화점 : 482℃
  ㉲ 인화점은 20℃로 상온(20℃)과 거의 비슷하다.
  ㉳ 흡습성이 강하고 질산과 가열해도 폭발하지 않는다.

⑧ 헥산($C_6H_{14}$)
  ㉮ 무색투명한 휘발성액체

㉯ 물에 녹지 않고 알코올, 에테르에 녹는다.
⑨ 초산에스터류
　㉮ 아세트산메틸(초산메틸)[CH₃COOCH₃]
　　㉠ 과일 냄새를 가진 무색투명한 액체이다.
　　㉡ 수용액상태에서도 인화의 위험이 있다.
　　㉢ 물에 녹으며 수지, 유기물을 잘 녹인다.
　　㉣ 인화성물질로서 인화점은 $-4℃$ 이하이다.
　　㉤ 강산화제와 접촉을 피할 것
　　㉥ 피부에 닿으면 탈지작용을 한다.
　　㉦ 화재 시 알코올포로 소화한다.
　　㉧ 공업용 메탄올을 함유하므로 독성이 있다.
　㉯ 아세트산에틸(초산에틸)[CH₃COOC₂H₅]
　　㉠ 파인애플, 딸기, 간장 등의 휘발성방향성분으로 무색 투명한 액체
　　㉡ 물, 알코올, 유기용매에 녹는다.
　　㉢ 연소범위 2.0~11.5%, 비중 0.897~0.906, 녹는점 $-83.6℃$, 끓는점 $77.15℃$.
⑩ 의산(개미산)에스터류
　㉮ 의산(개미산)메틸(HCOOCH₃) - 수용성
　　㉠ 무색 투명한 액체
　　㉡ 증기는 마취성이 있고 독성이 강하다.
　　㉢ 물에 잘 녹는다.
　㉯ 의산(개미산)에틸(HCOOC₂H₅)
　　㉠ 무색 투명한 액체
　　㉡ 에테르, 벤젠에 잘 녹으며 물에는 약간 녹는다.
⑪ 사이클로헥산(Cyclohexane) $C_6H_{12}$
　㉮ 무색의 액체이며 자극성이 있고 변질되기 쉽다.
　㉯ 발화점 260℃, 비중 0.78(20℃), 비점 81.4℃, 인화점 $-20℃$, 연소범위 1.3%~8%
　㉰ 알코올, 에테르에 쉽게 녹고 물에는 녹지 않는다.
　㉱ 제품의 주요한 불순물은 벤젠, 사이클로헥센이다.

## (3) 알코올류 ★★★★

1분자를 구성하는 탄소원자의 수가 1개부터 3개까지인 포화1가 알코올(변성알코올 포함)

 **알코올류(메 에 프 변 퓨)**
❶ 메틸알코올($CH_3OH$)   ❷ 에틸알코올($C_2H_5OH$)
❸ 프로필알코올($C_3H_7OH$)   ❹ 변성알코올   ❺ 퓨젤유

① 메틸알코올($CH_3OH$)
  ㉮ 무색, 투명한 술 냄새가 나는 휘발성 액체로 목정 또는 메탄올이라고도 한다.
  ㉯ 물에 아주 잘 녹으며, 먹으면 실명 또는 사망할 수 있다.
  ㉰ 연소 시 주간에는 불꽃이 잘 보이지 않는다.
  ㉱ 공기 중에서 연소 시 연한 불꽃을 낸다.

$$2CH_3OH + 3O_2 \rightarrow 2CO_2 + 4H_2O$$

  ㉲ 비중이 물보다 작다.
  ㉳ 연소범위 : 7.3~36%, 인화점 : 11℃
  ㉴ Me-OH는 현장에서 많이 사용하는 약어로서 Methanol 또는 Methyl alcohol을 의미한다.

② 에틸알코올($C_2H_5OH$)
  ㉮ 술속에 포함되어 있어 주정이라고 한다.
  ㉯ 무색투명한 액체이다.
  ㉰ 물에 아주 잘 녹으며 유기용제이다.
  ㉱ 연소시 주간에는 불꽃이 잘 보이지 않는다.

$$C_2H_5OH + 3O_2 \rightarrow 2CO_2 + 3H_2O$$

  ㉲ 금속나트륨, 금속칼륨을 가하면 수소($H_2$)가 발생한다.

$$2C_2H_5OH + 2Na \rightarrow 2C_2H_5ONa + H_2 \uparrow$$

  ㉳ 아이오딘포름 반응을 하므로 에탄올검출에 이용된다.

[메탄올과 에탄올의 비교표]

| 항목 \ 종류 | 메탄올 | 에탄올 |
|---|---|---|
| 화학식 | $CH_3OH$ | $C_2H_5OH$ |
| 외관 | 무색 투명한 액체 | 무색 투명한 액체 |
| 액체비중 | 0.8 | 0.8 |
| 증기비중 | 1.1 | 1.6 |
| 인화점 | 11℃ | 13℃ |
| 수용성 | 물에 잘 녹음 | 물에 잘 녹음 |
| 연소범위 | 7.3~36% | 4.3~19% |

③ 이소프로필알코올($C_3H_7OH$)
  ㉮ 물에 아주 잘 섞이며 아세톤, 에테르 유기용제에 잘 녹는다.
  ㉯ 산화되면 아세톤이 생성되고 탈수하면 프로필렌이 생성된다.
④ 변성알코올 : 에탄올에 메탄올 또는 석유 등이 혼합되어 음료에는 부적당하며 공업용으로 사용되는 값이 싼 알코올이다.
⑤ 퓨젤유 : 이소아밀알코올이 주성분이며 알코올을 발효할 때 발생되며 이용가치가 별로 없다.

### (4) 제2석유류

등유, 경유 그밖에 1기압에서 인화점이 21℃ 이상 70℃ 미만인 것(다만, 도료류 그 밖의 물품에 있어서 가연성 액체량이 40중량% 이하이면서 인화점이 40℃ 이상인 동시에 연소점이 60℃ 이상인 것은 제외)

**제2석유류 (개초장에 송등 테스경 크클메하)**
❶ 등유(케로신)   ❷ 경유(디젤유)
❸ 크실렌(자이렌)($C_6H_4(CH_3)_2$)   ❹ 의산(개미산)(HCOOH)
❺ 초산(아세트산)($CH_3COOH$)   ❻ 테레핀유(타펜유, 송정유)
❼ 클로로벤젠($C_6H_5Cl$)   ❽ 장뇌유
❾ 스티렌($C_6H_5CHCH_2$)   ❿ 송근유
⓫ 에틸셀로솔브($C_2H_5OCH_2CH_2OH$)   ⓬ 메틸셀로솔브($CH_3OCH_2CH_2OH$)
⓭ 하이드라진(Hydrazine)

① 등유(케로신)
  ㉮ 포화, 불포화 탄화수소의 혼합물이다.
  ㉯ 물에 녹지 않고, 유기용제에 잘 녹는다.
  ㉰ 폭발범위는 1.1~6%, 발화점은 254℃이다.
② 경유(디젤유)
  ㉮ 각종 탄화수소의 혼합물이다.
  ㉯ 물에 녹지 않고 유기용제에 잘 녹는다.
  ㉰ 폭발범위는 1~6%, 착화점은 257℃이다.
③ 크실렌(자이렌)($C_6H_4(CH_3)_2$) ★★★★★
  ㉮ 3가지의 이성질체가 있다.

**크실렌(자이렌)($C_6H_4(CH_3)_2$)의 이성질체**
❶ 오르토(ortho) - 크실렌(인화점 : 32℃) : 제2석유류
❷ 메타(meta) - 크실렌(인화점 : 27.5℃) : 제2석유류
❸ 파라(para) - 크실렌(인화점 : 27.2℃) : 제2석유류

㈏ 벤젠의 수소원자 2개가 메틸기($CH_3$)로 치환된 것이다.

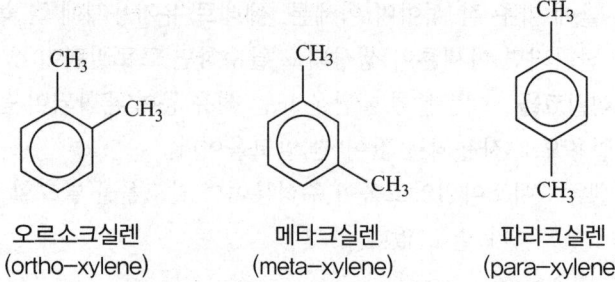

오르소크실렌　　　메타크실렌　　　파라크실렌
(ortho-xylene)　　(meta-xylene)　　(para-xylene)

㈐ 물에는 용해되지 않고 알코올, 에테르 등 유기용제에 용해된다.
③ 의산(개미산)(HCOOH)
　㈎ 무색 투명한 자극성을 갖는 액체이다.
　㈏ 물에 아주 잘녹고 피부접촉시 수포가 발생한다.
　㈐ 연소시 푸른불꽃을 내면서 연소한다.
　㈑ 은거울 반응을 하며 페엘링용액을 환원시킨다.
④ 초산(아세트산)($CH_3COOH$)
　㈎ 16.7℃ 이하에서 얼음과 같이 되어 빙초산이라고도 한다.
　㈏ 3~4%의 수용액이 식초이다.
　㈐ 물에 잘 혼합되고 피부접촉시 수포가 발생한다.

> • 초산과 에틸알코올의 반응식
> 
> $$CH_3COOH + C_2H_5OH \xrightarrow{C-H_2SO_4} CH_3COOC_2H_5 + H_2O$$
> 　(초산)　　　(에틸알코올)　　　　　(초산에틸)　　(물)

 **C-$H_2SO_4$(진한 황산)의 역할**
탈수작용

⑤ 테레핀유(타펜유, 송정유)
　㈎ 무색 또는 담황색의 액체이다.
　㈏ 물에는 녹지 않으나 유기용제(알코올, 에테르)에 녹는다.
　㈐ 공기중 산화가 쉽고 독성이 있다.
⑥ 클로로벤젠($C_6H_5Cl$)
　㈎ 무색의액체로 물보다 무겁다.
　㈏ 물에는 녹지 않고 유기용제에 녹는다.
　㈐ 증기는 공기보다 무겁고 마취성이 있다.

⑦ 장뇌유

㉮ 장뇌를 분리한 후 기름이고, 방향성 액체이다.

㉯ 정제분류에 따라 백유, 적유, 감색유로 구분한다.

㉰ 물에는 녹지 않고 유기용제에 녹는다.

⑧ 스티렌($C_6H_5CHCH_2$)

㉮ 가열 또는 과산화물과 중합반응을 한다.

㉯ 중합반응이 되면 고상물질(수지)로 변한다.

㉰ 무색 액체이며 물에 녹지 않고 유기용제에 녹는다.

⑨ 송근유

㉮ 소나무의 뿌리를 건류하여 만든다.

㉯ 황갈색 액체이며 물에는 녹지 않고 유기용제에 녹는다.

㉰ 테렌핀유와 성질이 비슷하다.

⑩ 에틸셀로솔브($C_2H_5OCH_2CH_2OH$)

㉮ 무색의 액체이다.

㉯ 발화점 238℃, 인화점 40℃이다.

㉰ 가수분해하여 에틸알코올 및 에틸렌글리콜을 만든다.

⑪ 메틸셀로솔브($CH_3OCH_2CH_2OH$)

㉮ 무색의 휘발성 액체

㉯ 아세톤, 물, 에테르에 용해한다.

㉰ 저장용기는 철제용기 사용을 금하고 스테인레스용기를 사용한다.

⑫ 하이드라진(Hydrazine)[$NH_2 \cdot NH_2$]

㉮ 무색의 맹독성 발연성 액체이며 물에 잘 녹는다.

㉯ 고압보일러의 탈산소제로 이용된다.

㉰ 물, 알코올에 잘 용해되고 에테르에는 불용

㉱ 약알칼리성으로 180℃에서 암모니아와 질소로 분해된다.

$$2N_2H_4(\text{하이드라진}) \rightarrow 2NH_3(\text{암모니아}) + N_2(\text{질소}) + H_2(\text{수소})$$

㉲ 과산화수소($H_2O_2$)와 접촉 시 폭발 우려가 있다.

$$N_2H_4 + 2H_2O_2 \rightarrow 4H_2O + N_2 \uparrow$$

㉳ 고농도의 과산화수소와 반응시켜 로켓의 추진체로 이용된다.

㉴ 발화점 270℃, 인화점 37.8℃이다.

### (5) 제3석유류 ★★★

중유, 크레오소트유 그밖에 1기압에서 인화점이 70℃ 이상 200℃ 미만인 것(도료류 및 가연성 액체 40%w/w 이하 제외)

**제3석유류(아담중 클에 니글메)**
❶ 중유                                    ❷ 크레오소트유(타르유, 액체핏치유)
❸ 에틸렌글리콜($C_2H_4(OH)_2$)           ❹ 글리세린($C_3H_5(OH)_3$)
❺ 나이트로벤젠($C_6H_5NO_2$)             ❻ 아닐린($C_6H_5NH_2$)
❼ 메타크레졸($C_6H_4CH_3OH$)

① 중유 ★★★
  ㉮ 갈색 또는 암갈색의 액체이며 벙커유라고도 한다.
  ㉯ 점도에 따라 벙커A유, 벙커B유, 벙커C유로 구분한다.
  ㉰ 화재시 보일오버 현상이 발생한다.
  ㉱ 사용시 약 80℃로 예열하여 사용하기 때문에 인화위험성이 크다.

② 크레오소트유(타르유, 액체핏치유)
  ㉮ 황색 내지 암록색 기름모양의 액체이다.
  ㉯ 타르의 증류에 의하여 얻어지는 혼합유이다.
  ㉰ 물에는 녹지 않고 알코올, 에테르, 벤젠에는 잘 녹는다.

③ 에틸렌글리콜($C_2H_4(OH)_2$)-수용성 ★★
  ㉮ 물과 혼합하여 부동액으로 이용된다.
  ㉯ 물, 알코올, 아세톤 등에 잘 녹는다.
  ㉰ 흡습성이 있고 단맛이 있는 액체이다.
  ㉱ 독성이 있는 2가 알코올이다.

④ 글리세린($C_3H_5(OH)_3$)-수용성 ★★
  ㉮ 무색의 점성이 있는 액체이다.
  ㉯ 단맛이 있어 감유라고도 한다.
  ㉰ 물, 알코올에는 잘 녹는다.
  ㉱ 인체에는 독성이 없고, 화장품의 제조에 이용된다.

⑤ 나이트로벤젠($C_6H_5NO_2$)
  ㉮ 비수용성이며 물보다 무겁다.
  ㉯ 알코올, 에테르, 벤젠에 녹으며 증기는 독성이 있다.
  ㉰ 나이트로화합물이지만 폭발성은 없다.

⑥ 아닐린($C_6H_5NH_2$)

㉮ 햇빛 또는 공기에 접촉시 적갈색으로 변색된다.

㉯ 물에는 약간 녹고(용해도 3.6%) 유기용제에 녹는다.

㉰ 금속과 반응하여 수소를 발생시킨다.

⑦ 메타크레졸($C_6H_4CH_3OH$)

㉮ 페놀냄새가 나는 무색 액체이다.

㉯ 물에 녹지않으며 에테르, 클로로포름에 녹는다.

㉰ 3가지 이성질체가 존재한다.

**크레졸($C_6H_4CH_3OH$)의 3가지 이성질체**
- 오르소-크레졸(Ortho-Cresol)
- 메타-크레졸(Meta-Cresol)
- 파라-크레졸(Para-Cresol)

### (6) 제4석유류 ★★

기어유, 실린더유 그밖에 1기압에서 인화점이 200℃ 이상 250℃ 미만인 것 (다만, 도료류 그 밖의 물품은 가연성 액체량이 40중량% 이하인 것은 제외)

**제4석유류(실 기 가)**
❶ 기어유  ❷ 실린더유  ❸ 가소제

① 기어유

㉮ 인화점이 220℃이며 상온에서 인화위험은 적다.

㉯ 점성이 있는 액체로 물에는 녹지 않는다.

㉰ 기계장치의 윤활유 또는 냉각기밀유지에 쓰인다.

② 실린더유

㉮ 인화점이 250℃이며 상온에서 인화위험은 적다.

㉯ 점성이 있는 액체로 물에는 녹지 않는다.

㉰ 기계장치의 윤활유 등으로 쓰인다.

③ 가소제

㉮ 비교적 휘발성이 적은 용제이다.

㉯ 합성수지, 합성고무 등의 가소성 향상에 쓰인다.

### (7) 동식물유류 ★★★★

동물의 지육 또는 식물의 종자나 과육으로부터 추출한 것으로 1기압에서 인화점이 250℃ 미만인 것
① 돈지(돼지기름), 우지(소기름) 등이 있다.
② 아이오딘값이 130 이상인 건성유는 자연발화위험이 있다.
③ 인화점이 46℃인 개자유는 저장, 취급 시 특별히 주의한다.

**[아이오딘값에 따른 동식물유류의 분류]**

| 구 분 | 아이오딘값 | 종 류 |
|---|---|---|
| 건성유 | 130 이상 | 해바라기기름, 동유, 정어리기름, 아마인유, 들기름 |
| 반건성유 | 100~130 | 채종유, 쌀겨기름, 참기름, 면실유, 옥수수기름, 청어기름, 콩기름 |
| 불건성유 | 100 이하 | 야자유, 팜유, 올리브유, 피마자기름, 낙화생기름, 돈지, 우지, 고래기름 |

**아이오딘값**
- 옥소가(沃素價)라고도 하며 100g의 유지에 의해서 흡수되는 아이오딘의 g수
- 비누화 값의 정의 : 유지 1g을 비누화하는데 필요한 KOH mg수

## 2-5 제5류 위험물

### 1. 품명 및 지정수량 ★★★★★★

| 성질 | 품명 | | 지정수량 | 위험등급 |
|---|---|---|---|---|
| 자기<br>반응성물질 | • 유기과산화물<br>• 나이트로화합물<br>• 아조화합물<br>• 하이드라진 유도체<br>• 하이드록실아민염류 | • 질산에스터류<br>• 나이트로소화합물<br>• 다이아조화합물<br>• 하이드록실아민 | 1종 : 10kg<br>2종 : 100kg | 1종 : Ⅰ<br>2종 : Ⅱ |
| 종판단 완료 | • 질산에스터류(대부분)(1종)<br>• 셀룰로이드(2종)<br>• 트라이나이트로톨루엔(1종)<br>• 트라이나이트로페놀(1종)<br>• 테트릴(1종)<br>• 유기과산화물(대부분)(2종) | | | |

## 2. 공통적 성질 ★★

① 자기연소(내부연소)성 물질이다.
② 연소속도가 대단히 빠르고 폭발적 연소한다.
③ 가열, 마찰, 충격에 의하여 폭발한다.
④ 물질자체가 산소를 함유하고 있다.
⑤ 연소 시 소화가 어렵다.

## 3. 저장 및 취급방법 ★

① 가열, 마찰, 충격을 피한다.
② 저장 시 소량씩 분산하여 저장한다.
③ 화기 및 점화원의 접근을 피한다.
④ 운반용기 및 저장용기에 "화기엄금 및 충격주의" 등의 표시를 한다.

## 4. 소화방법 ★★★

① 화재초기 또는 소형화재 이외에는 소화가 어렵다.
② 다량의 물로 주수 소화한다.
③ 물질자체가 산소를 함유하고 있어 질식효과의 소화방법은 효과가 없다.
④ 화재초기에는 소화가 가능하지만 별다른 소화방법이 없어 주위의 위험물을 제거한다.

## 5. 품명에 따른 특성

### (1) 유기과산화물 ★★★

일반적으로 과산화수소의 유도체 물질로 H-O-O-H중의 수소원자 한 개 또는 두 개가 유기기로 치환된 것이다.

① 과산화벤조일=벤조일퍼옥사이드(BPO)[$(C_6H_5CO)_2O_2$]
  ㉮ 무색 무취의 백색분말 또는 결정이다.
  ㉯ 물에 녹지 않고 알코올에 약간 녹으며 에테르 등 유기용제에 잘 녹는다.
  ㉰ 상온에서는 안정하지만 가열하면 100℃에서 흰 연기를 내고 심하게 분해한다.
  ㉱ 폭발성이 매우 강한 강산화제이다.
  ㉲ 희석제로는 프탈산다이메틸, 프탈산다이부틸이 있다.
  ㉳ 직사광선을 피하고 냉암소에 보관한다.

② 메틸에틸케톤퍼옥사이드(MEKPO)[$(CH_3COC_2H_5)_2O_2$] ★★
  ㉮ 무색의 기름모양 액체이며 물에 약간 녹는다.
  ㉯ 알칼리금속과 접촉시 분해가 더 촉진된다.
  ㉰ 시중에 판매되는 것은 프탈산다이메틸, 프탈산다이부틸 등으로 희석하여 순도가 50~60% 정도가 된다.
  ㉱ 110℃ 정도에서 급격히 분해되면서 흰연기를 낸다.

$$\begin{array}{c} CH_3 \quad\quad O—O \quad\quad CH_3 \\ \diagdown\;\diagup \quad\quad\quad \diagdown\;\diagup \\ C \quad\quad\quad\quad\quad C \\ \diagup\;\diagdown \quad\quad\quad \diagup\;\diagdown \\ C_2H_5 \quad\quad O—O \quad\quad C_2H_5 \end{array}$$

**(2) 질산에스터류 ★★★**

① **질산메틸($CH_3ONO_2$)** ★★
  ㉮ 무색 · 투명한 액체이고 방향성이 있다.
  ㉯ 비수용성이며 알코올에 녹는다.
  ㉰ 용제, 폭약 등에 이용된다.

② **질산에틸($C_2H_5ONO_2$)** ★★
  ㉮ 무색 투명한 액체이고 비수용성(물에 녹지 않음)이다.
  ㉯ 단맛이 있고 알코올, 에테르에 녹는다.
  ㉰ 에탄올을 진한 질산에 작용시켜서 얻는다.

  $$C_2H_5OH \;+\; HNO_3 \;\rightarrow\; C_2H_5ONO_2 \;+\; H_2O$$

  ㉱ 비중 1.11, 끓는점 88℃을 가진다.
  ㉲ 인화점(10℃)이 낮아서 인화의 위험이 매우 크다.
  ㉳ 아질산($HNO_2$)과 접촉 또는 비점 이상 가열시 폭발한다.
  ㉴ 용제, 폭약 등에 이용된다.

③ **나이트로셀룰로오스(Nitro Cellulose) : NC[$(C_6H_7O_2(ONO_2)_3)$]n** ★★★★
  셀룰로오스(섬유소)에 진한질산과 진한 황산의 혼합액을 작용시켜서 만든 것이다.
  ㉮ 비수용성이며 초산에틸, 초산아밀, 아세톤에 잘 녹는다.
  ㉯ 130℃에서 분해가 시작되고, 180℃에서는 급격하게 연소한다.
  ㉰ 직사광선, 산 접촉 시 분해 및 자연 발화한다.
  ㉱ 건조상태에서는 폭발위험이 크나 수분함유 시 폭발위험성이 없어 저장 · 운반이 용이
  ㉲ 질산섬유소라고도 하며 화약에 이용 시 면약(면화약)이라 한다.

⑭ 셀룰로이드, 콜로디온에 이용 시 질화면이라 한다.
⑮ 질소함유율(질화도)이 높을수록 폭발성이 크다.
⑯ 저장, 운반 시 물(20%) 또는 알코올(30%)을 첨가 습윤 시킨다.

- 나이트로셀룰로오스의 열분해 반응식
$$2C_{24}H_{29}O_9(ONO_2)_{11} \rightarrow 24CO_2\uparrow + 24CO\uparrow + 12H_2O + 17H_2 + 11N_2$$

[질화도에 따른 분류]

| 구 분 | 강면약(강질화면) | 취 면 | 약면약(약질화면) |
|---|---|---|---|
| 질화도(질소함량) | 12.5~13.5% | 10.7~11.2% | 11.2~12.3% |

④ **나이트로글리세린**(Nitro Glycerine) : NG [$(C_3H_5(ONO_2)_3)$] ★★★★★
  ㉮ 상온에서는 액체이지만 겨울철에는 동결한다.
  ㉯ 글리세린에 진한질산과 진한 황산을 가하면 나이트로화하여 나이트로글리세린으로 된다.

- 글리세린의 나이트로화반응
$$\underset{(글리세린)}{C_3H_5(OH)_3} + \underset{(질산)}{3HONO_2} \xrightarrow{H_2SO_4} \underset{(나이트로글리세린)}{C_3H_5(ONO_2)_3} + \underset{(물)}{3H_2O}$$

  ㉰ 비수용성이며 메탄올, 아세톤 등에 녹는다.
  ㉱ 가열, 마찰, 충격에 예민하여 대단히 위험하다.
  ㉲ 화재 시 폭굉 우려가 있다.
  ㉳ 산과 접촉 시 분해가 촉진되고 폭발우려가 있다.

- 나이트로글리세린의 열분해 반응식
$$4C_3H_5(ONO_2)_3 \rightarrow 12CO_2\uparrow + 6N_2\uparrow + O_2\uparrow + 10H_2O$$

  ㉴ 다이너마이트(규조토+나이트로글리세린), 무연화약 제조에 이용된다.

## (4) 나이트로화합물

유기화합물의 수소원자가 나이트로기($NO_2$)로 치환된 것으로 나이트로기가 2개 이상인 화합물

① **피크르산**[$C_6H_2(NO_2)_3OH$](TNP : Tri Nitro Phenol) ★★★★★
  ㉮ 페놀에 황산을 작용시켜 다시 진한 질산으로 나이트로화 하여 만든 노란색 결정
  ㉯ 침상결정이며 냉수에는 약간 녹고 더운물, 알코올, 벤젠 등에 잘 녹는다.
  ㉰ 쓴맛과 독성이 있다.
  ㉱ 피크르산[picric acid] 또는 트라이나이트로페놀(Tri Nitro phenol)의 약자로 TNP라고도 한다.

㉮ 단독으로 타격, 마찰에 비교적 둔감하다.
㉯ 연소 시 검은 연기를 내고 폭발성은 없다.
㉰ 휘발유, 알코올, 황과 혼합된 것은 마찰, 충격에 폭발한다.
㉱ 화약, 불꽃놀이에 이용된다.

**피크르산(트라이나이트로페놀)의 구조식**

$$\underset{\substack{\\ NO_2}}{\underset{O_2N}{\bigcirc}}\!\!\!\!\!\!\!\!\!\!\!\!\!\!\!\!\!\!\!\!\!\!\!\!\!\!\!OH\;\;NO_2$$

**피크르산의 열분해 반응식**

$2C_6H_2OH(NO_2)_3 \rightarrow 2C + 3N_2\uparrow + 3H_2\uparrow + 4CO_2\uparrow + 6CO\uparrow$

② 트라이나이트로톨루엔[$C_6H_2CH_3(NO_2)_3$](TNT : Tri Nitro Toluene) ★★★★★
㉮ 물에는 녹지 않고 알코올, 아세톤, 벤젠에 녹는다.
㉯ Tri Nitro Toluene의 약자로 TNT라고도 한다.
㉰ 담황색의 주상결정이며 햇빛에 다갈색으로 변색된다.
㉱ 톨루엔과 질산을 반응시켜 얻는다.

$$\underset{(톨루엔)}{C_6H_5CH_3} + \underset{(질산)}{3HNO_3} \xrightarrow[\text{(나이트로화)}]{C-H_2SO_4} \underset{(트라이나이트로톨루엔)}{C_6H_2CH_3(NO_2)_3} + \underset{(물)}{3H_2O}$$

㉲ 강력한 폭약이며 급격한 타격에 폭발한다.

$$2C_6H_2CH_3(NO_2)_3 \rightarrow 2C + 12CO + 3N_2\uparrow + 5H_2\uparrow$$

㉳ 연소 시 연소속도가 너무 빠르므로 소화가 곤란하다.
㉴ 무기 및 다이나마이트, 질산폭약제 제조에 이용된다.

**트라이나이트로톨루엔의 구조식**

$$\underset{\substack{\\ NO_2}}{\underset{O_2N}{\bigcirc}}\!\!\!\!\!\!\!\!\!\!\!\!\!\!\!\!\!\!\!\!\!\!\!\!\!\!\!CH_3\;\;NO_2$$

**트라이나이트로톨루엔의 열분해 반응식**

$2C_6H_2CH_3(NO_2)_3 \rightarrow 2C + 3N_2\uparrow + 5H_2\uparrow + 12CO\uparrow$

### (5) 나이트로소화합물

벤젠($C_6H_6$)핵의 수소원자가 나이트로소기(-NO)로 치환된 것으로 나이트로소기가 2개 이상인 화합물

① 파라나이트로소벤젠($C_6H_4(NO)_2$)
② 다이나이트로소레졸신올($C_6H_4(NO)_2(OH)_2$)

### (6) 아조화합물

① 아조기(-N=N-)를 갖고 있는 화합물의 총칭이다.
② 아조기는 발색단(염료나 색소의 발색원인)이다.

### (7) 다이아조화합물

① 다이아조기(-N=N-)를 갖고 있는 화합물의 총칭이다.
② 다이아조늄염은 햇빛에 분해되기 쉽다.
③ 가열, 충격에 격렬하게 폭발한다.

### (8) 하이드라진 유도체

① 다이메틸하이드라진[$CH_3NHNHCH_3$]
  ㉮ 암모니아 냄새가 나고 독성이 강한 액체이다.
  ㉯ 물, 에탄올, 에테르에 잘 녹는다.
  ㉰ 로켓의 연료, 유기합성에 이용된다.

## 2-6 제6류 위험물

### 1. 품명 및 지정수량 ★★★★★★

| 성 질 | 품 명 | 지정수량 | 위험등급 | 비 고 |
|---|---|---|---|---|
| 산화성 액체 | 1. 과염소산 | 300kg | I |  |
|  | 2. 과산화수소 |  |  | 농도가 36중량% 이상인 것 |
|  | 3. 질산 |  |  | 비중이 1.49 이상인 것 |

## 2. 공통적 성질 ★★

① 자신은 불연성이고 산소를 함유한 강산화제이다.
② 분해에 의한 산소발생으로 다른 물질의 연소를 돕는다.
③ 액체의 비중은 1보다 크고 물에 잘 녹는다.
④ 물과 접촉 시 발열한다.
⑤ 증기는 유독하고 부식성이 강하다.

## 3. 저장 및 취급방법 ★★

① 용기재질은 내산성이어야 한다.
② 산화성고체(1류)와 접촉을 피해야 한다.
③ 용기는 밀봉하고 파손 및 누설에 주의한다.
④ 액체 누출 시 중화제로 중화한다.

## 4. 소화방법

① 마른모래 및 $CO_2$로 소화한다.
② 무상(안개모양)주수도 효과적일 수 있다.
③ 위급시에는 다량의 물로 냉각 소화한다.

## 5. 품명에 따른 특성

### (1) 과염소산($HClO_4$) ★★★

① 물과 혼합하면 다량의 열을 발생한다.
② 산화력이 강하여 종이, 나무조각 또는 유기물 등과 접촉 시 폭발한다.
③ 비중 1.768(22℃), 녹는점 -112℃, 끓는점 39℃(56mmHg)
④ 무수물은 자연히 분해하여 폭발하므로 60~70%의 수용액(비중 1.5~1.6)으로 시판된다.
⑤ 수용액도 부식력이 강하고, 유기물 등과 접촉하면 폭발하는 경우가 있다.
⑥ 산(酸) 중에서도 가장 강한 산이다.

**산소산 중 산의 세기**
차아염소산($HClO$) < 아염소산($HClO_2$) < 염소산($HClO_3$) < 과염소산($HClO_4$)

### (2) 과산화수소($H_2O_2$) ★★★★★

① 분해 시 산소($O_2$)를 발생시킨다.

$$2H_2O_2 \xrightarrow{MnO_2(정촉매)} 2H_2O + O_2 \uparrow (산소)$$

② 분해안정제로 인산($H_3PO_4$) 또는 요산($C_5H_4N_4O_3$)을 첨가한다.
③ 시판품은 일반적으로 30~40% 수용액이다.
④ 저장용기는 밀폐하지 말고 **구멍**이 있는 **마개**를 사용한다.
⑤ 강산화제이면서 환원제로도 사용한다.
⑥ 60% 이상의 고농도에서는 단독으로 폭발위험이 있다.
⑦ 하이드라진($NH_2 \cdot NH_2$)과 접촉 시 분해 작용으로 폭발위험이 있다.

$$NH_2 \cdot NH_2 + 2H_2O_2 \rightarrow 4H_2O + N_2 \uparrow$$

⑧ 3%용액은 옥시풀이라 하며 표백제 또는 살균제로 이용한다.
⑨ 무색인 아이오딘칼륨 녹말종이와 반응하여 청색으로 변화시킨다.

- 과산화수소는 농도가 36중량% 이상인 경우에 위험물에 해당된다.
- 과산화수소는 표백제 및 살균제로 이용된다.

⑩ 다량의 물로 주수 소화한다.

### (3) 질산($HNO_3$) ★★★★★

① 무색의 발연성 액체이다.
② 시판품은 일반적으로 68%이다.
③ 빛에 의하여 일부 분해되어 생긴 $NO_2$ 때문에 황갈색으로 된다.

$$4HNO_3 \rightarrow 2H_2O + 4NO_2 \uparrow (이산화질소) + O_2 \uparrow (산소)$$

④ 저장용기는 직사광선을 피하고 찬 곳에 저장한다.
⑤ 실험실에서는 갈색병에 넣어 햇빛을 차단시킨다.
⑥ 환원성물질과 혼합하면 발화 또는 폭발한다.

**크산토프로테인반응(xanthoprotenic reaction)**
단백질에 진한질산을 가하면 노란색으로 변하고 알칼리를 작용시키면 오렌지색으로 변하며, 단백질 검출에 이용된다.

⑦ 다량의 질산화재에 소량의 주수소화는 위험하다.
⑧ 마른모래 및 $CO_2$로 소화한다.
⑨ 위급한 경우에는 다량의 물로 냉각 소화한다.

⑩ 진한질산에 의하여 부동태가 되는 금속
　Fe(철), Al(알루미늄), Cr(크로뮴), Co(코발트), Ni(니켈)
⑪ 진한질산에 녹지 않는 금속 : Au(금), Pt(백금)

> **부동태란?**
> 금속이 보통상태에서 나타내는 반응성을 잃은 상태
>
> **왕수란 무엇인가?**
> ❶ 진한염산과 진한질산을 3대 1 정도의 비율로 혼합한 액체이다
> ❷ 강한 산화제로, 산에 잘 녹지 않는 금과 백금 등을 녹일 수 있다.

# 제 3 장

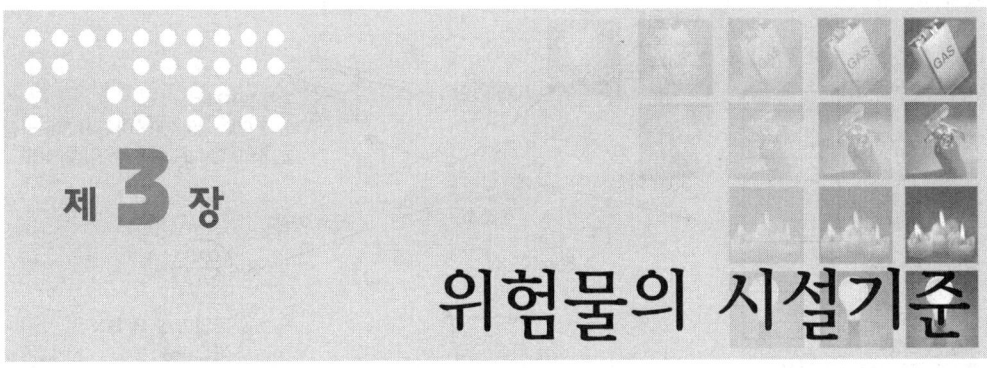

## 위험물의 시설기준

### 3-1 제조소의 위치, 구조 및 설비의 기준

#### 1. 제조소의 안전거리 ★★★★★

| 구 분 | 안전거리 |
|---|---|
| ① 사용전압이 7,000V 초과 35,000V 이하 | 3m 이상 |
| ② 사용전압이 35,000V를 초과 | 5m 이상 |
| ③ 주거용 | 10m 이상 |
| ④ 고압가스, 액화석유가스, 도시가스 | 20m 이상 |
| ⑤ 학교 · 병원 · 공연장, 영화상영관, 노유자시설 | 30m 이상 |
| ⑥ 지정문화유산 및 천연기념물 등 | 50m 이상 |

• 안전거리 : 건축물의 외벽으로부터 당해 제조소의 외벽까지의 수평거리

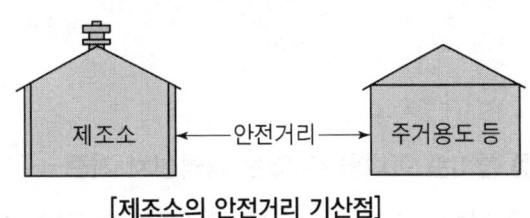

[제조소의 안전거리 기산점]

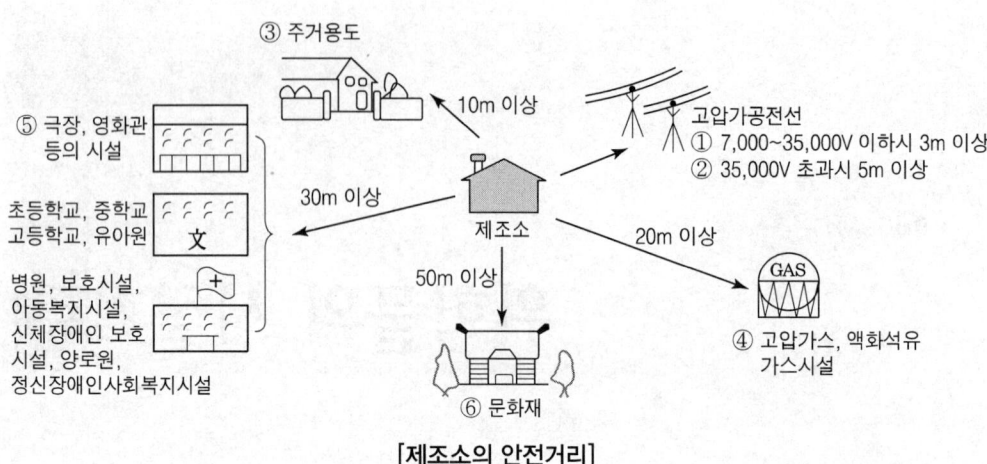

[제조소의 안전거리]

## 2. 제조소의 보유공지 ★★★

### (1) 취급 위험물의 최대수량에 따른 너비의 공지

| 취급 위험물의 최대수량 | 공지의 너비 |
|---|---|
| 지정수량의 10배 이하 | 3m 이상 |
| 지정수량의 10배 초과 | 5m 이상 |

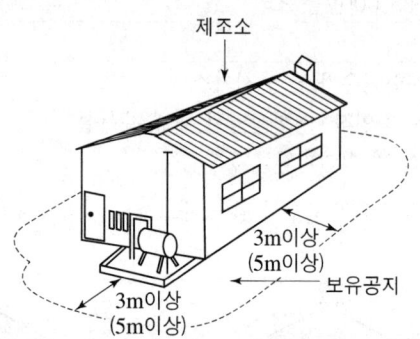

### (2) 보유공지를 설치를 아니할 수 있는 격벽설치 기준

① 방화벽은 **내화구조**로 할 것. (제6류 위험물인 경우 **불연재료**)
② 방화벽에 설치하는 출입구 및 창 등의 개구부는 가능한 한 최소로 할 것
③ 출입구 및 창에는 **자동폐쇄식의 60분+방화문 또는 60분방화문**을 설치할 것
④ 방화벽의 양단 및 상단이 외벽 또는 지붕으로부터 **50cm 이상 돌출**하도록 할 것

## 3. 제조소의 표지 및 게시판

### (1) 표지의 설치기준 ★★

① 보기 쉬운 곳에 "**위험물 제조소**"라는 표시를 한 표지를 설치
② 표지는 한변의 길이가 **0.3m 이상**, 다른 한변의 길이가 **0.6m 이상**인 **직사각형**으로 할 것
③ 표지의 **바탕은 백색**으로, **문자는 흑색**으로 할 것

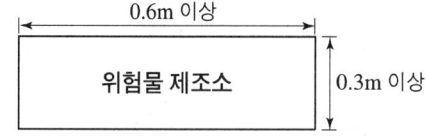

### (2) 게시판의 설치기준 ★★★★★

① 한변의 길이가 **0.3m 이상**, 다른 한변의 길이가 **0.6m 이상**인 **직사각형**으로 할 것
② 위험물의 **유별·품명** 및 **저장최대수량** 또는 **취급최대수량**, 지정수량의 **배수 및 안전관리자의 성명** 또는 **직명**을 기재할 것
③ 게시판의 **바탕은 백색**으로, **문자는 흑색**으로 할 것
④ 저장 또는 취급하는 위험물에 따라 **주의사항 게시판**을 설치할 것

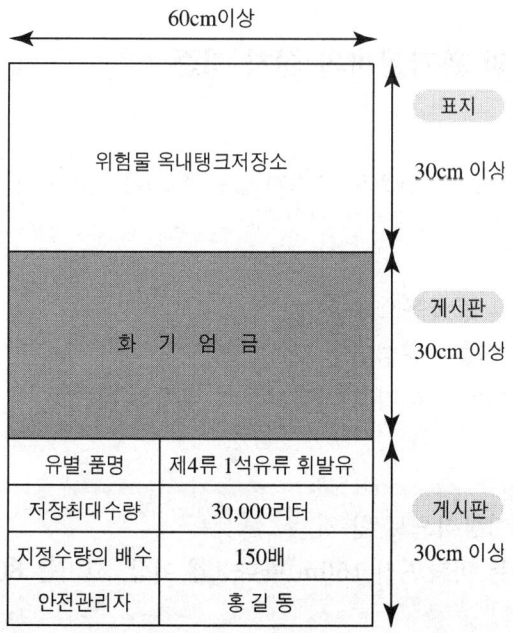

| 위험물의 종류 | 주의사항 표시 | 게시판의 색 |
|---|---|---|
| • 제1류(알칼리금속 과산화물)<br>• 제3류(금수성 물품) | 물기 엄금 | 청색바탕에 백색문자 |
| • 제2류(인화성 고체 제외) | 화기 주의 | 적색바탕에 백색문자 |
| • 제2류(인화성 고체)<br>• 제3류(자연발화성 물품)<br>• 제4류<br>• 제5류 | 화기 엄금 | |

## 4. 건축물의 구조 ★★

① 지하층이 없도록 할 것.
② 벽·기둥·바닥·보·서까래 및 **계단은 불연재료**로, **외벽**은 개구부가 없는 **내화구조의 벽**으로 할 것
③ **지붕**은 가벼운 **불연재료**로 덮을 것
④ **출입구와 비상구**에는 **60분+방화문·60분방화문 또는 30분방화문**을 설치하되, 연소의 우려가 있는 외벽에 설치하는 출입구에는 수시로 열 수 있는 **자동폐쇄식의 60분+방화문 또는 60분방화문**을 설치할 것
⑤ 창 및 출입구에 유리를 이용하는 경우에는 **망입유리**로 할 것
⑥ 건축물의 **바닥**은 적당한 경사를 두어 그 최저부에 **집유설비**를 할 것

## 5. 채광·조명 및 환기설비의 설치 기준 ★★★

### (1) 채광설비

**불연재료**로 하고, 연소의 우려가 없는 장소에 설치하되 **채광면적**을 **최소**로 할 것

### (2) 조명설비

① 조명등은 **방폭등**으로 할 것
② 전선은 **내화·내열전선**으로 할 것
③ **점멸스위치**는 출입구 **바깥부분**에 설치할 것.

### (3) 환기설비

① 자연배기방식으로 할 것
② 급기구는 바닥면적 $150m^2$마다 1개 이상, 크기는 $800cm^2$ 이상으로 할 것.

[바닥면적이 150m² 미만인 경우 급기구의 면적]

| 바닥면적 | 급기구의 면적 |
| --- | --- |
| 60m² 미만 | 150cm² 이상 |
| 60m² 이상 90m² 미만 | 300cm² 이상 |
| 90m² 이상 120m² 미만 | 450cm² 이상 |
| 120m² 이상 150m² 미만 | 600cm² 이상 |

③ **급기구**는 낮은 곳에 설치하고 가는 눈의 구리망 등으로 **인화방지망**을 설치할 것
④ **환기구**는 **지붕위** 또는 **지상 2m 이상**의 높이에 **회전식 고정 벤티레이터** 또는 **루푸팬 방식**으로 설치할 것

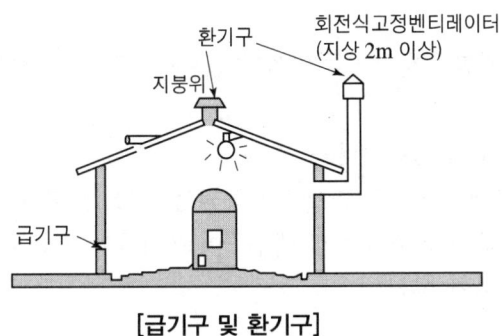

[급기구 및 환기구]

## 6. 배출설비의 설치기준 ★★

(1) 배출설비는 **국소방식**으로 할 것
(2) 배출설비는 배풍기, 배출닥트, 후드 등을 이용한 **강제배출방식**으로 할 것
(3) 배출능력은 1시간당 배출장소 **용적의 20배 이상**인 것으로 할 것
  (단, **전역방식**의 경우에는 바닥면적 **1m²당 18m³ 이상**으로 할 수 있다)
(4) 배출설비의 급기구 및 배출구 설치 기준
  ① **급기구**는 높은 곳에 설치하고, 가는 눈의 구리망 등으로 **인화방지망**을 설치
  ② **배출구**는 **지상 2m 이상**으로서 연소의 우려가 없는 장소에 설치하고, 배출 닥트가 관통하는 벽부분의 바로 가까이에 화재시 자동으로 폐쇄되는 **방화댐퍼를 설치할 것**
(5) **배풍기**는 **강제배기방식**으로 하고, 옥내닥트의 내압이 대기압 이상이 되지 아니하는 위치에 설치할 것

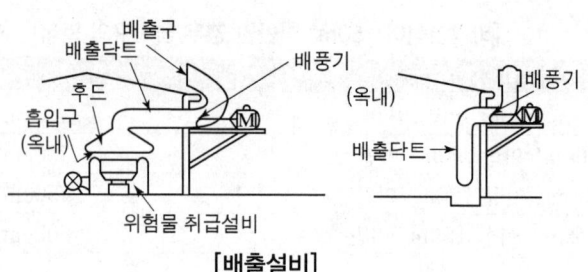

[배출설비]

## 7. 옥외설비의 바닥 설치기준 ★

① 둘레에 높이 0.15m 이상의 턱을 설치하는 등 위험물이 외부로 흘러나가지 않도록 할 것.
② 콘크리트등 위험물이 스며들지 아니하는 재료로 하고, 턱이 있는 쪽이 낮게 경사지게 할 것.
③ 바닥의 최저부에 집유설비를 할 것.
④ 위험물(온도 20℃의 물 100g에 용해되는 양이 1g 미만인 것)을 취급하는 설비에 있어서는 당해 위험물이 직접 배수구에 흘러들어가지 아니하도록 집유설비 등 유분리장치를 설치한다.

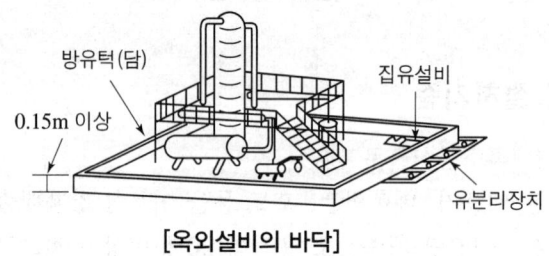

[옥외설비의 바닥]

## 8. 기타 설비

① 정전기 제거설비 ★★★★★

**정전기의 정의** : 정전기는 마찰전기처럼 물체 위에 정지하고 있는 전기를 말한다. 예를 들면 유리막대를 비단 천으로 문지르면 유리막대에 양전기가 생기고, 에보나이트막대를 털로 문지르면 에보나이트막대에 음전기가 생기는데, 전기적 힘으로는 쿨롱 힘만이 문제가 된다.

㉠ 접지에 의한 방법
㉡ 공기 중의 **상대습도를 70% 이상**으로 하는 방법
㉢ 공기를 **이온화**하는 방법

② 피뢰설비 ★★

지정수량의 **10배 이상**의 위험물을 취급하는 제조소(**제6류 위험물**을 취급하는 위험물제조소를 **제외**)에는 피뢰침을 설치할 것.

## 9. 위험물 취급탱크 ★★★

① **옥외** 위험물취급탱크의 **방유제 설치기준** ★★

| 구 분 | 방유제의 용량 |
|---|---|
| 하나의 탱크 주위에 설치하는 경우 | 탱크용량의 50% 이상 |
| 2 이상의 탱크 주위에 설치하는 경우 | 탱크 중 용량이 최대인 것의 50% + 나머지 탱크용량 합계의 10% 이상 |

② **옥내** 위험물취급탱크의 **방유턱 설치기준**

탱크에 수납하는 위험물의 양(하나의 방유턱 안에 **2 이상의 탱크가 있는 경우**는 당해 탱크 중 실제로 수납하는 위험물의 **양이 최대인 탱크의 양**)을 전부 수용할 수 있도록 할 것.

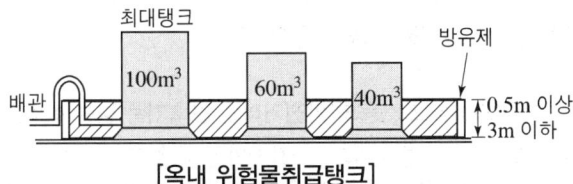

[옥내 위험물취급탱크]

## 10. 위험물의 성질에 따른 제조소의 특례 ★

### (1) 알킬알루미늄등을 취급하는 제조소의 특례

알킬알루미늄 등을 취급하는 설비에는 **불활성기체를 봉입**하는 장치를 갖출 것

### (2) 아세트알데하이드등을 취급하는 제조소의 특례

① 취급하는 설비는 **은 · 수은 · 동 · 마그네슘** 또는 이들을 성분으로 하는 **합금**으로 만들지 아니할 것

② 취급하는 설비에는 연소성 혼합기체의 생성에 의한 폭발을 방지하기 위한 **불활성 기체 또는 수증기를 봉입**하는 장치를 갖출 것

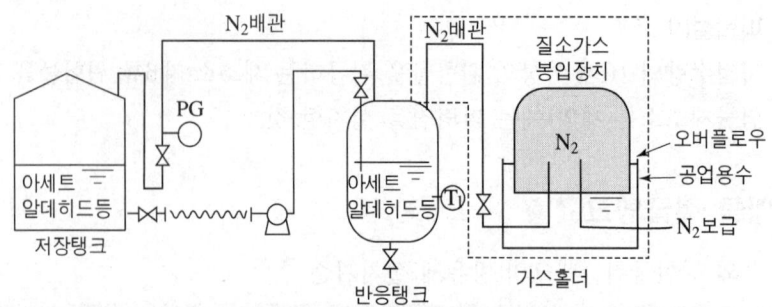

[불활성기체 또는 수증기를 봉입하는 장치]

### (3) 하이드록실아민등을 취급하는 제조소의 특례 ★★

① 안전거리의 계산

$$D = 51.1 \sqrt[3]{N}$$

여기서, $D$ : 거리(m)
$N$ : 당해 제조소에서 취급하는 하이드록실아민 등의 지정수량의 배수

② **하이드록실아민** 등을 취급하는 설비에는 **철이온** 등의 **혼입**에 의한 위험한 반응을 **방지**하기 위한 **조치를 강구할 것**

[부표] 제조소등의 안전거리의 단축기준(별표 4관련)

(1) 방화상 유효한 담을 설치한 경우의 안전거리는 다음 표와 같다.                    (단위 : m)

| 구 분 | 취급하는 위험물의 최대 수량(지정수량의 배수) | 안 전 거 리 (이상) | | |
|---|---|---|---|---|
| | | 주거용 건축물 | 학교·유치원 등 | 국가 유산 |
| 제조소·일반취급소(취급하는 위험물의 양이 주거지역에 있어서는 30배, 상업지역에 있어서는 35배, 공업지역에 있어서는 50배 이상인 것을 제외한다) | 10배 미만 | 6.5 | 20 | 35 |
| | 10배 이상 | 7.0 | 22 | 38 |
| 옥내저장소(취급하는 위험물의 양이 주거지역에 있어서는 지정수량의 120배, 상업지역에 있어서는 150배, 공업지역에 있어서는 200배 이상인 것을 제외한다) | 5배 미만 | 4.0 | 12.0 | 23.0 |
| | 5배 이상 10배 미만 | 4.5 | 12.0 | 23.0 |
| | 10배 이상 20배 미만 | 5.0 | 14.0 | 26.0 |
| | 20배 이상 50배 미만 | 6.0 | 18.0 | 32.0 |
| | 50배 이상 200배 미만 | 7.0 | 22.0 | 38.0 |
| 옥외탱크저장소(취급하는 위험물의 양이 주거지역에 있어서는 지정수량의 600배, 상업지역에 있어서는 700배, 공업지역에 있어서는 1,000배 이상인 것을 제외한다) | 500배 미만 | 6.0 | 18.0 | 32.0 |
| | 500배 이상 1,000배 미만 | 7.0 | 22.0 | 38.0 |

| 구 분 | 취급하는 위험물의 최대 수량(지정수량의 배수) | 안 전 거 리 (이상) | | |
|---|---|---|---|---|
| | | 주거용 건축물 | 학교·유치원 등 | 국가 유산 |
| 옥외저장소(취급하는 위험물의 양이 주거지역에 있어서는 지정수량의 10배, 상업지역에 있어서는 15배, 공업지역에 있어서는 20배 이상인 것을 제외한다) | 10배 미만 | 6.0 | 18.0 | 32.0 |
| | 10배 이상 20배 미만 | 8.5 | 25.0 | 44.0 |

(2) 방화상 유효한 담의 높이 ★★★★★

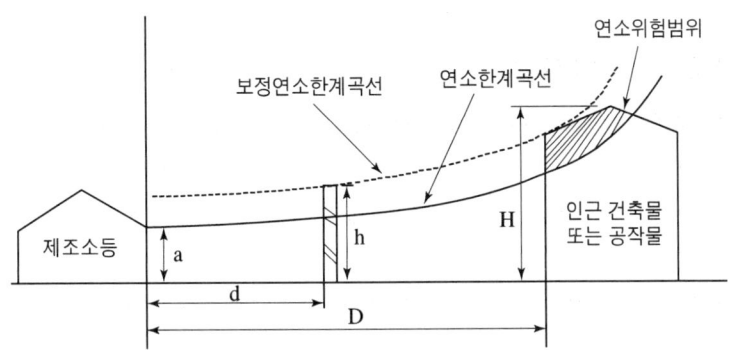

① $H \leq pD^2 + a$ 인 경우     $h = 2$
② $H > pD^2 + a$ 인 경우     $h = H - p(D^2 - d^2)$

   여기서, $D$ : 제조소등과 인근 건축물 또는 공작물과의 거리(m)
           $H$ : 인근 건축물 또는 공작물의 높이(m)
           $a$ : 제조소등의 외벽의 높이(m)
           $d$ : 제조소등과 방화상 유효한 담과의 거리(m)
           $h$ : 방화상 유효한 담의 높이(m)
           $p$ : 상수

(3) 인근 건축물 또는 공작물의 구분에 따른 P의 값

| 인근 건축물 또는 공작물의 구분 | P의 값 |
|---|---|
| • 학교·주택·국가유산 등의 건축물 또는 공작물이 목조인 경우<br>• 학교·주택·국가유산 등의 건축물 또는 공작물이 방화구조 또는 내화구조이고, 제조소 등에 면한 부분의 개구부에 60분+방화문·60분방화문 또는 30분방화문이 설치되지 아니한 경우 | 0.04 |
| • 학교·주택·국가유산 등의 건축물 또는 공작물이 방화구조인 경우<br>• 학교·주택·국가유산 등의 건축물 또는 공작물이 방화구조 또는 내화구조이고, 제조소 등에 면한 부분의 개구부에 30분방화문이 설치된 경우 | 0.15 |
| • 학교·주택·국가유산 등의 건축물 또는 공작물이 내화구조이고, 제조소 등에 면한 개구부에 60분+방화문 또는 60분방화문이 설치된 경우 | ∞ |

### 11. 위험물제조소내의 위험물을 취급하는 배관설치기준 ★★

**(1) 내압시험기준**

① **불연성 액체**를 이용하는 경우 : 최대상용압력의 1.5배 이상
② **불연성 기체**를 이용하는 경우 : 최대상용압력의 1.1배 이상

**(2) 배관을 지상에 설치하는 경우**

① 지진 · 풍압 · 지반침하 및 온도변화에 안전한 구조의 지지물에 설치
② 지면에 닿지 아니하도록 할 것
③ 배관의 외면에 부식방지를 위한 도장을 할 것

**(3) 배관을 지하에 매설하는 경우**

① 외면에는 부식방지를 위하여 도복장 · 코팅 또는 전기방식 등의 필요한 조치를 할 것
② 배관의 접합부분(용접 접합부 제외)에는 누설여부를 점검할 수 있는 점검구를 설치
③ 지면에 미치는 중량이 당해 배관에 미치지 아니하도록 보호할 것

## 3-2 옥내저장소의 위치 · 구조 및 설비의 기준

### 1. 옥내저장소의 보유공지 ★★

| 저장 또는 취급하는 위험물의 최대수량 | 공지의 너비 | |
|---|---|---|
| | 벽 · 기둥 및 바닥이 내화구조로 된 건축물 | 그 밖의 건축물 |
| 지정수량의 5배 이하 | | 0.5m 이상 |
| 지정수량의 5배 초과 10배 이하 | 1m 이상 | 1.5m 이상 |
| 지정수량의 10배 초과 20배 이하 | 2m 이상 | 3m 이상 |
| 지정수량의 20배 초과 50배 이하 | 3m 이상 | 5m 이상 |
| 지정수량의 50배 초과 200배 이하 | 5m 이상 | 10m 이상 |
| 지정수량의 200배 초과 | 10m 이상 | 15m 이상 |

(단, **지정수량의 20배를 초과**하는 옥내저장소와 동일한 부지내에 있는 다른 옥내저장소와의 사이에는 동표에 정하는 **공지의 너비의 3분의 1(3m 미만인 경우에는 3m)**의 공지를 보유할 수 있다.

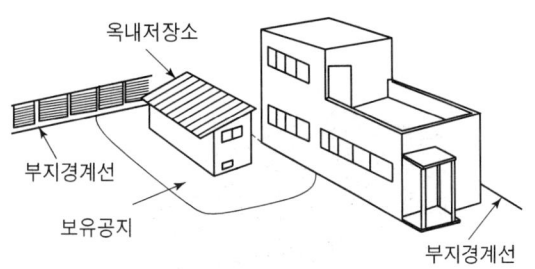

## 2. 옥내저장소의 표시와 게시판 ★★★

보기 쉬운 곳에 "위험물 옥내저장소"라는 표시를 한 표지와 기준에 따라 **방화에 관하여 필요한 사항**을 게시한 게시판을 설치할 것.

## 3. 옥내저장소의 저장창고 ★

(1) **독립된 건축물**로 할 것.
(2) 처마높이가 **6m 미만인 단층건물**로 하고 그 **바닥을 지반면보다 높게** 할 것.
(3) 제2류 또는 제4류 위험물만을 저장하는 창고로서 다음의 경우에는 20m 이하로 할 수 있다.
   ① 벽·기둥·보 및 바닥을 내화구조로 할 것
   ② 출입구에 60분+방화문 또는 60분방화문을 설치할 것
   ③ 피뢰침을 설치할 것
(3) 벽·기둥 및 바닥은 내화구조로 하고, 보와 서까래는 불연재료로 할 것
(4) **지붕은 가벼운 불연재료**로 하고, 반자를 만들지 말 것
(5) 출입구에는 **60분+방화문·60분방화문** 또는 **30분방화문**을 설치하되, 연소의 우려가 있는 외벽에 있는 출입구에는 수시로 열 수 있는 **자동폐쇄식의 60분+방화문 또는 60분방화문**을 설치할 것
(6) 창 또는 출입구에 유리를 이용하는 경우에는 **망입유리**로 할 것
(7) 저장창고에는 **인화점이 70℃ 미만**인 위험물의 저장창고에 있어서는 내부에 체류한 **가연성의 증기**를 지붕 위로 **배출하는 설비**를 갖추어야 한다.

## 4. 옥내저장소에서 위험물을 저장하는 경우 높이 제한.

① 기계에 의하여 하역하는 구조로 된 용기만을 겹쳐 쌓는 경우 : 6m
② 제4류 위험물 중 제3석유류, 제4석유류 및 동식물유류를 수납하는 용기만을 겹쳐 쌓는 경우 : 4m

③ 그 밖의 경우 : 3m

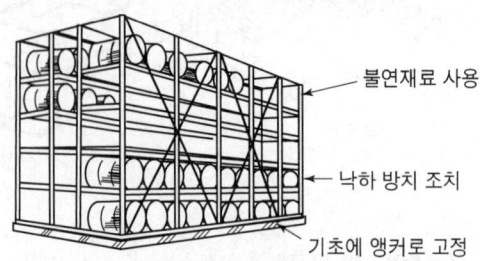

## 5. 옥내저장소의 저장창고 바닥면적 설치기준 ★★

| 위험물의 종류 | 바닥면적 |
|---|---|
| • 제1류 위험물 중 아염소산염류, 염소산염류, 과염소산염류, 무기과산화물, 지정수량 50kg인 것<br>• 제3류위험물 중 칼륨, 나트륨, 알킬알루미늄, 알킬리튬, 지정수량 10kg인 것 및 황린<br>• 제4류위험물 중 특수인화물, 제1석유류 및 알코올류<br>• 제5류위험물 중 유기과산화물, 질산에스터류, 지정수량 10kg인 것<br>• 제6류위험물 | $1000m^2$ 이하 |
| • 위 이외의 위험물 | $2000m^2$ 이하 |
| • 내화구조의 격벽으로 완전히 구획된 실 | $1500m^2$ 이하 |

## 6. 저장창고 바닥을 물이 침투 되지 않는 구조로 하여야 하는 경우

① 제1류 위험물 중 알칼리금속의 과산화물 또는 이를 함유하는 것.
② 제2류 위험물 중 철분·금속분·마그네슘 또는 이중 어느 하나 이상을 함유하는 것.
③ 제3류 위험물 중 금수성 물질
④ 제4류 위험물

## 7. 다층건물의 옥내저장소의 기준

① 각층의 바닥을 지면보다 높게 하고 **층고를 6m 미만**으로 할 것.
② 바닥면적 합계는 $1,000m^2$ **이하**로 할 것.
③ 저장창고의 **벽·기둥·바닥** 및 **보**를 **내화구조**로 하고, 계단을 불연재료로 하며, 연소의 우려가 있는 외벽은 출입구 외의 개구부를 갖지 아니하는 벽으로 할 것.
④ 2층 이상의 층의 바닥에는 개구부를 두지 않을 것.

## 8. 복합용도 건축물의 옥내저장소의 기준

① 벽·기둥·바닥 및 보가 **내화구조**인 건축물의 **1층** 또는 **2층**의 어느 하나의 층에 설치할 것
② 바닥은 지면보다 높게 설치하고 그 층고를 **6m 미만**으로 할 것
③ **바닥면적은 75m$^2$ 이하**로 할 것
④ 벽·기둥·바닥·보 및 지붕을 내화구조로 하고, 출입구 외의 개구부가 없는 **두께 70mm 이상**의 **철근콘크리트조** 또는 이와 동등 이상의 강도가 있는 구조의 바닥 또는 벽으로 당해 건축물의 다른 부분과 구획되도록 할 것
⑤ 출입구에는 수시로 열 수 있는 **자동폐쇄방식의 60분+방화문 또는 60분방화문**을 설치할 것
⑥ 창을 설치하지 아니할 것
⑦ **환기설비** 및 **배출설비**에는 방화상 유효한 **댐퍼** 등을 설치할 것

## 9. 지정과산화물 옥내저장소의 저장창고의 기준 ★★★

(1) 저장창고는 150m$^2$ 이내마다 격벽으로 완전하게 구획할 것. 이 경우 당해 격벽은 두께 30cm 이상의 철근콘크리트조 또는 철골철근콘크리트조로 하거나 두께 40cm 이상의 보강콘크리트블록조로 하고, 당해 저장창고의 양측의 외벽으로부터 1m 이상, 상부의 지붕으로부터 50cm 이상 돌출하게 하여야 한다.
(2) 저장창고의 외벽은 두께 20cm 이상의 철근콘크리트조나 철골철근콘크리트조 또는 두께 30cm 이상의 보강콘크리트블록조로 할 것
(3) 저장창고의 지붕은 다음 각목의 1에 적합할 것
　① 중도리 또는 서까래의 간격은 30cm 이하로 할 것
　② 지붕의 아래쪽 면에는 한 변의 길이가 45cm 이하의 환강(丸鋼)·경량형강(輕量型鋼) 등으로 된 강제(鋼製)의 격자를 설치할 것
　③ 지붕의 아래쪽 면에 철망을 쳐서 불연재료의 도리·보 또는 서까래에 단단히 결합할 것
　④ 두께 5cm 이상, 너비 30cm 이상의 목재로 만든 받침대를 설치할 것
(4) 저장창고의 출입구에는 60분+방화문 또는 60분방화문을 설치할 것
(5) 저장창고의 창은 바닥면으로부터 2m 이상의 높이에 두되, 하나의 벽면에 두는 창의 면적의 합계를 당해 벽면의 면적의 80분의 1 이내로 하고, 하나의 창의 면적을 0.4m$^2$ 이내로 할 것

## 10. 지정과산화물의 옥내저장소의 보유공지

옥내저장소의 저장창고 주위에는 부표 2에 정하는 너비의 공지를 보유하여야 한다. 다만, 2 이상의 옥내저장소를 동일한 부지내에 인접하여 설치하는 때에는 당해 옥내저장소의 상호간 공지의 너비를 동표에 정하는 공지 너비의 3분의 2로 할 수 있다.

[부표 2] 지정과산화물의 옥내저장소의 보유공지

| 저장 또는 취급하는 위험물의 최대수량 | 공지의 너비 ||
|---|---|---|
| | 저장창고의 주위에 담 또는 토제를 설치하는 경우 | 왼쪽란에 정하는 경우 외의 경우 |
| 5배 이하 | 3.0m 이상 | 10m 이상 |
| 5배 초과 10배 이하 | 5.0m 이상 | 15m 이상 |
| 10배 초과 20배 이하 | 6.5m 이상 | 20m 이상 |
| 20배 초과 40배 이하 | 8.0m 이상 | 25m 이상 |
| 40배 초과 60배 이하 | 10.0m 이상 | 30m 이상 |
| 60배 초과 90배 이하 | 11.5m 이상 | 35m 이상 |
| 90배 초과 150배 이하 | 13.0m 이상 | 40m 이상 |
| 150배 초과 300배 이하 | 15.0m 이상 | 45m 이상 |
| 300배 초과 | 16.5m 이상 | 50m 이상 |

## 11. 자연발화 할 우려가 있는 위험물을 다량 저장하는 경우

• 지정수량 10배 이하마다 구분하여 상호간 0.3m 이상 간격을 두고 저장

# 3-3 옥외탱크저장소의 위치·구조 및 설비의 기준 ★★★

## 1. 보유공지 ★★★

### (1) 옥외저장탱크의 보유공지

| 저장 또는 취급하는 위험물의 최대수량 | 공지의 너비 |
|---|---|
| • 지정수량의 500배 이하 | 3m 이상 |
| • 지정수량의 500배 초과 1000배 이하 | 5m 이상 |
| • 지정수량의 1000배 초과 2000배 이하 | 9m 이상 |
| • 지정수량의 2000배 초과 3000배 이하 | 12m 이상 |
| • 지정수량의 3000배 초과 4000배 이하 | 15m 이상 |
| • 지정수량의 4000배 초과 | 당해 탱크의 수평단면의 최대지름(횡형인 경우에는 긴변)과 높이 중 큰 것과 지정수량의 4,000배 초과 같은 거리 이상. 다만, 30m 초과의 경우에는 30m 이상으로 할 수 있고, 15m 미만의 경우에는 15m 이상으로 하여야 한다. |

(2) **제6류 위험물외의** 옥외저장탱크(4,000배 초과 옥외저장탱크를 제외)를 동일한 방유제안에 **2개 이상** 인접하여 설치하는 경우 그 인접하는 방향의 보유공지는 규정에 의한 **보유공지의 3분의 1 이상**의 너비로 할 수 있다. 이 경우 보유공지의 너비는 **3m 이상**이 되어야 한다. ★★

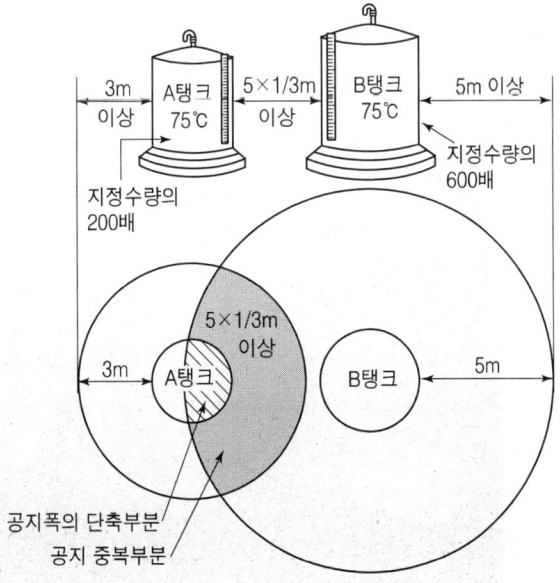

(3) **제6류 위험물의 옥외저장탱크**는 규정에 의한 **보유공지의 3분의 1 이상의 너비**로 할 수 있다. 이 경우 보유공지의 너비는 **1.5m 이상**이 되어야 한다. ★★★
(4) **제6류 위험물의 옥외저장탱크**를 동일구내에 2개 이상 인접하여 설치하는 경우 그 인접하는 방향의 보유공지는 산출된 너비의 **3분의 1 이상의 너비로 할 수 있다.** 이 경우 보유공지의 너비는 **1.5m 이상**이 될 것.
(5) **지정수량의 4,000배 초과 옥외저장탱크**는 물분무설비로 방호 조치한 경우 **보유공지의 1/2 이상의 너비**로 할 수 있다. 이 경우 공지단축 옥외저장탱크의 화재시 $1m^2$당 **20kW 이상의 복사열**에 노출되는 표면을 갖는 인접한 옥외저장탱크가 있으면 당해 표면에도 다음 각목의 기준에 적합한 **물분무설비로 방호조치**를 함께 할 것.
① 탱크의 표면에 **방사하는 물의 양**은 **탱크의 높이**(기초의 높이를 제외한 높이) 15m 이하마다 원주길이 1m에 대하여 37L/분 이상으로 할 것
② **수원의 양**은 20분 이상 방사할 수 있는 수량으로 할 것
③ 탱크의 **높이**가 15m를 **초과**하는 경우 15m 이하마다 분무헤드를 설치할 것

## 2. 옥외저장탱크의 외부구조 및 설비 ★★

① 옥외저장탱크는 특정옥외저장탱크 및 준특정옥외저장탱크 외에는 **두께 3.2mm 이상의 강철판**으로 할 것
② 압력탱크(최대상용압력이 대기압을 초과하는 탱크)외의 탱크는 충수시험, 압력탱크는 최대상용압력의 1.5배의 압력으로 10분간 실시하는 수압시험에서 각각 새거나 변형되지 아니하여야 한다.

## 3. 방유제 설치기준 ★★★★★

인화성액체위험물(이황화탄소를 제외)의 옥외탱크저장소의 방유제

(1) **방유제의 용량**

| 방유제안에 탱크가 하나인 때 | 방유제안에 탱크가 2기 이상인 때 |
|---|---|
| 탱크 용량의 110% 이상 | 용량이 최대인 것의 용량의 110% 이상 |

★ 인화성이 없는 액체위험물의 옥외저장탱크 방유제의 용량은 탱크용량의 100%로 한다.

(2) **방유제의 높이는 0.5m 이상 3m 이하**, 두께 0.2m 이상, 지하매설깊이 1m 이상으로 할 것

(3) **방유제 내의 면적은 8만m² 이하로 할 것**

(4) 방유제 내에 설치하는 **옥외저장탱크의 수**는 10(방유제 내에 설치하는 모든 옥외저장탱크의 **용량이 20만L 이하**이고, 당해 옥외저장탱크에 저장 또는 취급하는 위험물의 **인화점이 70℃ 이상 200℃ 미만인 경우에는 20) 이하로 할 것**.

(5) 방유제 외면의 **2분의 1 이상**은 3m 이상의 노면 폭을 확보한 **구내도로**에 직접 접하도록 할 것.

(6) 방유제는 옥외저장탱크의 지름에 따라 그 탱크의 **옆판으로부터** 다음에 정하는 **거리**를 유지할 것.

| • 지름이 15m 미만인 경우 | 탱크 높이의 3분의 1 이상 |
|---|---|
| • 지름이 15m 이상인 경우 | 탱크 높이의 2분의 1 이상 |

(7) 방유제는 철근콘크리트 또는 흙으로 만들고, 위험물이 방유제의 외부로 유출되지 아니하는 구조로 할 것

(8) 용량이 **1,000만L 이상**인 옥외저장탱크의 **방유제**에는 **탱크마다 간막이 둑을 설치**할 것

　① 간막이 **둑의 높이는 0.3m**(방유제내 옥외저장탱크의 용량의 합계가 2억L를 넘는 방유제는 1m) 이상으로 하되, 방유제의 높이보다 0.2m **이상 낮게** 할 것

　② 간막이 둑은 **흙** 또는 **철근콘크리트로 할 것**

　③ 간막이 **둑의 용량**은 간막이 둑안에 설치된 **탱크의 용량의 10% 이상** 일 것

(9) 방유제에는 **배수구를 설치**하고 이를 **개폐하는 밸브** 등을 방유제 **외부에 설치**할 것

(10) 용량이 100만L 이상인 옥외저장탱크에 있어서는 밸브 등에는 **개폐상황**을 쉽게 **확인할 수 있는 장치를 설치할 것**

(11) **높이가 1m를 넘는 방유제** 및 간막이 둑의 안팎에는 방유제내에 출입하기 위한 **계단 또는 경사로를 약 50m마다 설치할 것**

## 4. 옥외저장탱크의 외부구조 및 설비 ★★★

### (1) 밸브 없는 통기관 ★★★★★

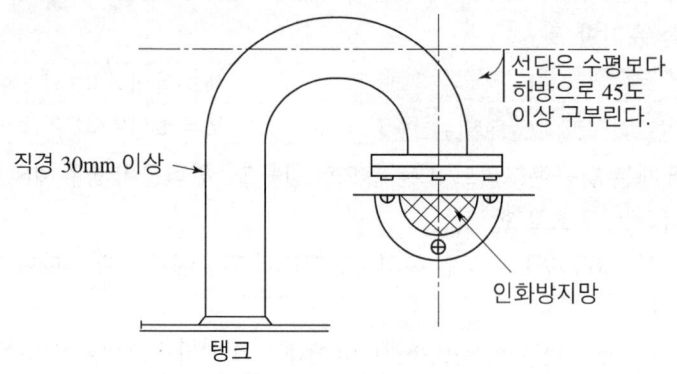

[밸브 없는 통기관]

① 직경은 30mm **이상**일 것
② 끝부분은 수평면보다 45도 이상 구부려 빗물 등의 침투를 막는 구조로 할 것
③ **인화점이 38℃ 미만인 위험물만**을 저장, 취급 탱크의 통기관에는 **화염방지장치**를 설치하고, 그 외의 탱크 통기관에는 **40메쉬**(mesh) **이상**의 **구리망** 또는 **인화방지장치**를 설치할 것
④ 가연성의 증기를 회수하기 위한 밸브를 통기관에 설치하는 경우에 있어서는 당해 통기관의 밸브는 저장탱크에 위험물을 주입하는 경우를 제외하고는 항상 개방되어 있는 구조로 하는 한편, 폐쇄하였을 경우에 있어서는 **10kPa 이하**의 압력에서 개방되는 구조로 할 것. 이 경우 개방된 부분의 유효단면적은 777.15mm$^2$ **이상**이어야 한다.

### (2) 대기밸브부착 통기관

5kPa 이하의 압력차이로 작동할 수 있을 것

## 5. 탱크전용실에 옥내저장탱크의 용량 ★★★

① 1층 이하의 층 : 지정수량의 40배 이하
② 2층 이상의 층 : 지정수량의 10배 이하

## 6. 알킬알루미늄 등, 아세트알데하이드 등 및 하이드록실아민 등을 저장, 취급하는 옥외탱크저장소

### (1) 알킬알루미늄 등의 옥외탱크저장소

① 옥외저장탱크의 주위에는 누설범위를 국한하기 위한 설비 및 누설된 알킬알루미늄 등을 안전한 장소에 설치된 조에 이끌어 들일 수 있는 설비를 설치할 것
② 옥외저장탱크에는 불활성의 기체를 봉입하는 장치를 설치할 것

### (2) 아세트알데하이드 등의 옥외탱크저장소

① 옥외저장탱크의 설비는 동·마그네슘·은·수은 또는 이들을 성분으로 하는 합금으로 만들지 아니할 것
② 옥외저장탱크에는 냉각장치 또는 보냉장치, 그리고 연소성 혼합기체의 생성에 의한 폭발을 방지하기 위한 불활성의 기체를 봉입하는 장치를 설치할 것

### (3) 하이드록실아민 등의 옥외탱크저장소

① 옥외탱크저장소에는 하이드록실아민 등의 온도의 상승에 의한 위험한 반응을 방지하기 위한 조치를 강구할 것
② 옥외탱크저장소에는 철이온 등의 혼입에 의한 위험한 반응을 방지하기 위한 조치를 강구할 것

## 3-4 옥내탱크저장소의 위치·구조 및 설비의 기준

### 1. 옥내탱크저장소의 기준 ★★★

① 옥내저장탱크는 **단층건축물**에 설치된 탱크전용실에 설치할 것
② 옥내저장**탱크와** 탱크전용실의 **벽과의 사이** 및 **옥내저장탱크의 상호간**에는 0.5m **이상의 간격을 유지할 것**
③ 옥내저장탱크의 용량(동일한 탱크전용실에 옥내저장탱크를 2 이상 설치하는 경우에는 각 탱크의 용량의 합계)은 **지정수량의 40배**(제4석유류 및 동식물유류 외의 제4류 위험물에 있어서 당해 수량이 20,000L를 초과할 때에는 20,000L) 이하일 것

### 2. 제4류 위험물의 옥내저장탱크 중 밸브 없는 통기관 설치기준 ★★

① 통기관의 끝부분은 건축물의 창·출입구 등의 개구부로부터 1m 이상 떨어진 옥외의 장소에 지면으로부터 4m 이상의 높이로 설치
② 인화점이 40℃ 미만인 위험물의 탱크에 설치하는 통기관은 부지경계선으로부터 1.5m 이상 이격할 것. 다만, 고인화점 위험물만을 100℃ 미만의 온도로 저장 또는 취급하는 탱크에 설치하는 통기관은 그 끝부분을 탱크전용실 내에 설치할 수 있다.

## 3-5 지하탱크저장소의 위치·구조 및 설비의 기준 ★★

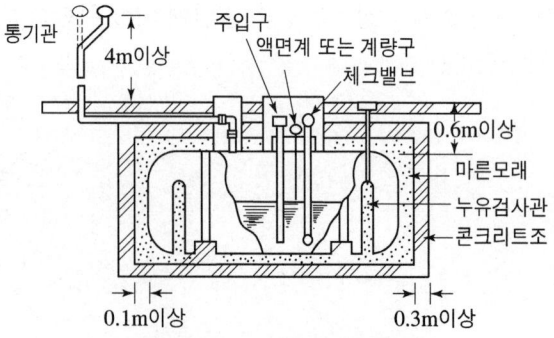

[탱크전용실에 설치된 지하저장탱크]

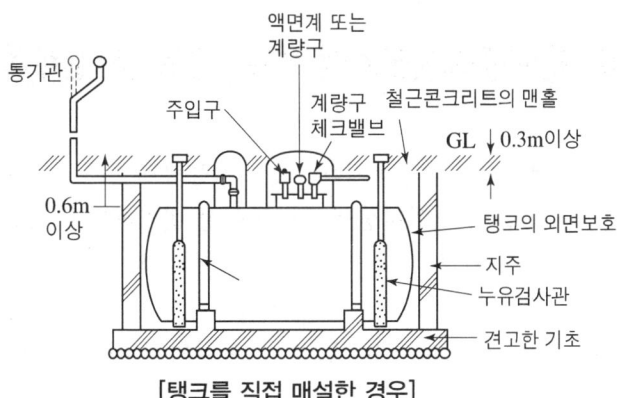

[탱크를 직접 매설한 경우]

① 지하탱크를 지하의 가장 가까운 벽, 피트, 가스관 등 시설물 및 대지경계선으로부터 0.6m 이상 떨어진 곳에 매설할 것 ★★★
② **탱크전용실**은 지하의 가장 가까운 벽·피트·가스관 등의 시설물 및 대지경 계선으로부터 **0.1m 이상** 떨어진 곳에 설치하고, 지하저장탱크와 탱크전용실의 안쪽과의 사이는 **0.1m 이상의 간격**을 유지하도록 하며, 당해 탱크의 주위에 마른 모래 또는 습기 등에 의하여 응고되지 아니하는 **입자지름 5mm 이하의 마른 자갈분**을 채울 것
③ 지하저장탱크의 **윗 부분**은 지면으로부터 **0.6m 이상 아래**에 있을 것. ★★
④ 지하저장탱크를 2 이상 인접해 설치하는 경우에는 그 **상호간에 1m**(당해 2 이상의 지하저장탱크의 용량의 합계가 **지정수량의 100배 이하인 때에는 0.5m**) 이상의 간격을 유지 할 것.

[지하저장탱크를 2 이상 인접해 설치하는 경우]

| 2 이상의 지하저장탱크의 용량의 합계 | 지정수량의 100배 초과 | 지정수량의 100배 이하 |
|---|---|---|
| 탱크상호간 간격 | 1m 이상 | 0.5m 이상 |

⑤ 지하저장탱크의 재질은 **두께 3.2mm 이상의 강철판**으로 하여 완전용입용접 또는 양면겹침 이음용접으로 틈이 없도록 만드는 동시에, **압력탱크(최대상용압력이 46.7kPa 이상인 탱크) 외의 탱크**에 있어서는 70kPa의 압력으로, 압력탱크에 있어서는 **최대상용압력의 1.5배의 압력**으로 각각 **10분간 수압시험**을 실시하여 새거나 변형되지 아니할 것.

## 3-6 간이탱크저장소의 위치·구조 및 설비의 기준 ★★★★★

(1) 하나의 간이탱크저장소에 설치하는 **간이저장탱크는 그 수를 3 이하**로 하고, 동일한 품질의 위험물의 간이저장탱크를 **2 이상 설치하지 아니할 것**
(2) 간이저장탱크는 움직이거나 넘어지지 아니하도록 지면 또는 가설대에 고정시키되, **옥외**에 설치하는 경우에는 그 탱크의 주위에 **너비 1m 이상의 공지**를 두고, 전용실 안에 설치하는 경우에는 **탱크와 전용실의 벽과의 사이에 0.5m 이상의 간격을 유지** 할 것
(3) 간이저장탱크의 **용량은 600L 이하**일 것
(4) 간이저장탱크는 **두께 3.2mm 이상의 강판**으로 흠이 없도록 제작하여야 하며, **70kPa의 압력으로 10분간의 수압시험**을 실시하여 새거나 변형되지 아니할 것.
(5) 간이저장탱크에는 다음 각목의 기준에 적합한 밸브 없는 통기관을 설치할 것
   ① 통기관의 지름은 **25mm 이상**으로 할 것
   ② 통기관은 옥외에 설치하되, 그 **끝부분의 높이는 지상 1.5m 이상**으로 할 것
   ③ 통기관의 끝부분은 수평면에 대하여 아래로 **45도 이상** 구부려 빗물 등이 침투하지 아니하도록 할 것
   ④ 가는 눈의 구리망 등으로 **인화방지장치**를 할 것

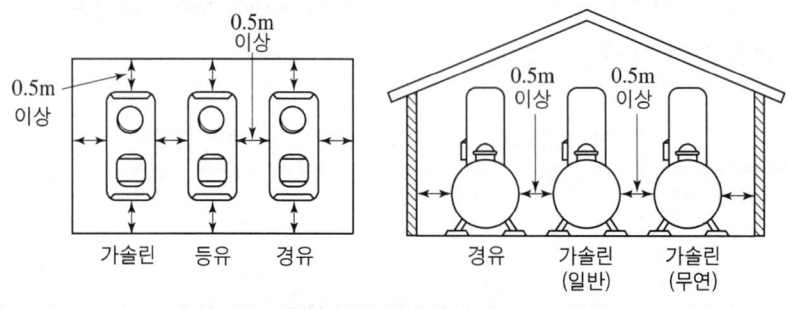

[간이탱크저장소]

## 3-7 이동탱크저장소의 위치·구조 및 설비의 기준 ★★★

### 1. 이동저장탱크의 구조 기준

① 10분간의 수압시험을 실시하여 새거나 변형되지 아니할 것.

| 압력탱크 | 압력탱크(최대상용압력이 46.7kPa 이상인 탱크)외 |
|---|---|
| 최대상용압력의 1.5배의 압력 | 70kPa의 압력 |

② 이동저장탱크는 그 내부에 4,000L 이하마다 3.2mm 이상의 강철판 또는 이와 동등 이상의 강도·내열성 및 내식성이 있는 금속성의 것으로 **칸막이**를 설치할 것.
③ 칸막이로 구획된 각 부분마다 맨홀과 다음 각목의 기준에 의한 안전장치 및 방파판을 설치할 것(단, 칸막이로 구획된 부분의 용량이 2,000L 미만인 부분에는 **방파판**을 설치하지 아니할 수 있다.

### 2. 안전장치의 설치기준

| 탱크의 압력 | 안전장치 작동압력 |
|---|---|
| 상용압력이 20kPa 이하 | 20kPa 이상 24kPa 이하 |
| 상용압력이 20kPa 초과 | 상용압력의 1.1배 이하 |

### 3. 방파판의 설치기준 ★★★★★

① 두께 1.6mm **이상의 강철판** 또는 이와 동등 이상의 강도·내열성 및 내식성이 있는 금속성의 것으로 할 것
② 하나의 구획부분에 **2개 이상의 방파판**을 이동탱크저장소의 **진행방향과 평행**으로 설치하되, 각 방파판은 그 높이 및 칸막이로부터의 거리를 다르게 할 것
③ 하나의 구획부분에 설치하는 각 방파판의 면적의 합계는 당해 구획부분의 **최대 수직단면적의 50% 이상**으로 할 것. 다만, **수직단면이 원형**이거나 **짧은 지름이 1m 이하**의 타원형일 경우에는 **40% 이상**으로 할 수 있다.
④ 맨홀·주입구 및 안전장치 등이 탱크의 상부에 돌출되어 있는 탱크에 있어서 부속장치의 손상을 방지하기 위한 측면틀 및 방호틀을 설치

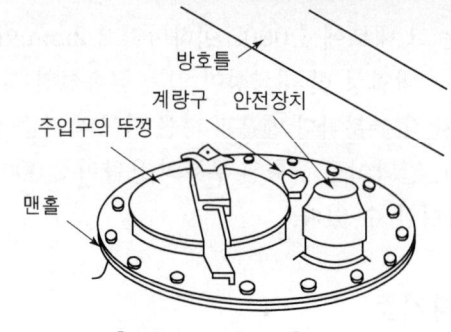

[맨홀 및 안전장치]

- 측면틀
① 최외측선의 수평면에 대한 내각이 75도 이상이 되도록 할 것.
② 최외측선과 직각을 이루는 직선과의 내각이 35도 이상이 되도록 할 것
③ 탱크상부의 네 모퉁이에 당해 탱크의 전단 또는 후단으로부터 각각 1m 이내의 위치에 설치할 것

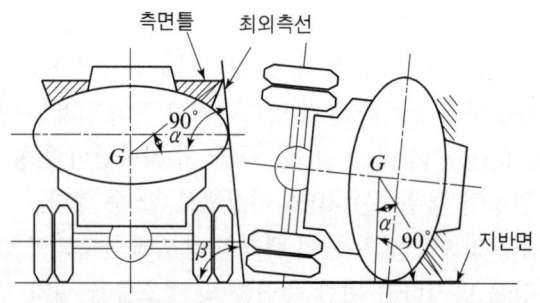

- 방호틀
① 두께 2.3mm 이상의 강철판
② 정상부분은 부속장치보다 50mm 이상 높게 할 것

[주유탱크차 예]

### 4. 측면틀 및 방호틀의 설치기준

(1) 측면틀
   ① 최외측선의 수평면에 대한 **내각이 75도 이상**이 되도록 하고, 최외측선과 직각을 이루는 직선과의 **내각이 35도 이상**이 되도록 할 것
   ② 외부로부터 하중에 견딜 수 있는 구조로 할 것
   ③ 탱크상부의 네 모퉁이에 당해 탱크의 전단 또는 후단으로부터 각각 **1m 이내**의 위치에 설치할 것
   ④ 측면틀에 걸리는 하중에 의하여 탱크가 손상되지 아니하도록 측면틀의 부착부분에 **받침판**을 설치할 것

(2) 방호틀
   ① 두께 **2.3mm 이상**의 강철판 또는 이와 동등 이상의 기계적 성질이 있는 재료로써 산모양의 형상으로 하거나 이와 동등 이상의 강도가 있는 형상으로 할 것
   ② 정상부분은 부속장치보다 **50mm 이상** 높게 하거나 이와 동등 이상의 성능이 있는 것으로 할 것

## 3-8 옥외저장소의 위치 및 설비의 기준

### 1. 옥외저장소의 공지의 너비 ★★★

경계표시의 주위에는 그 저장 또는 취급하는 위험물의 최대수량에 따라 다음 표에 의한 너비의 공지를 보유할 것. 다만, 제4류 위험물 중 **제4석유류와 제6류 위험물**을 저장 또는 취급하는 옥외저장소의 보유공지는 다음 표에 의한 공지의 너비의 **3분의 1**

이상의 너비로 할 수 있다.

| 저장 또는 취급하는 위험물의 최대수량 | 공지의 너비 |
| --- | --- |
| 지정수량의 10배 이하 | 3m 이상 |
| 지정수량의 10배 초과 20배 이하 | 5m 이상 |
| 지정수량의 20배 초과 50배 이하 | 9m 이상 |
| 지정수량의 50배 초과 200배 이하 | 12m 이상 |
| 지정수량의 200배 초과 | 15m 이상 |

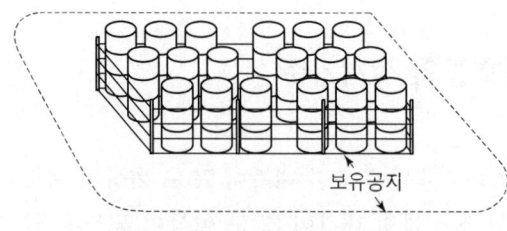

[옥외저장소의 울타리]

## 2. 옥외저장소의 선반 설치기준 ★★★★

① 선반은 불연재료로 만들고 견고한 지반면에 고정할 것
② 선반은 당해 선반 및 그 부속설비의 자중·저장하는 위험물의 중량·풍하중·지진의 영향 등에 의하여 생기는 응력에 대하여 안전할 것
③ 선반의 높이는 6m를 초과하지 아니할 것
④ 선반에는 위험물을 수납한 용기가 쉽게 낙하하지 아니하는 조치를 강구할 것

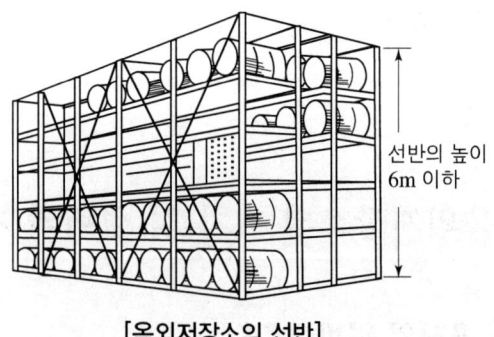

[옥외저장소의 선반]

## 3. 옥외저장소에서 위험물을 저장하는 경우 높이 제한. ★★★★★

① 기계에 의하여 하역하는 구조로 된 용기만을 겹쳐 쌓는 경우 : 6m
② 제4류 위험물 중 제3석유류, 제4석유류 및 동식물유류를 수납하는 용기만을 겹쳐 쌓는 경우 : 4m
③ 그 밖의 경우 : 3m

## 4. 건축물의 구조 ★★

① 지하층이 없도록 할 것.
② 벽·기둥·바닥·보·서까래 및 계단은 불연재료로, 외벽은 개구부가 없는 내화구조의 벽으로 할 것.
③ 지붕은 가벼운 불연재료로 덮을 것
④ 출입구와 비상구에는 60분+방화문·60분방화문 또는 30분방화문을 설치하되, 연소의 우려가 있는 외벽에 설치하는 출입구에는 수시로 열 수 있는 자동폐쇄식의 60분+방화문 또는 60분방화문을 설치할 것.
⑤ 창 및 출입구에 유리를 이용하는 경우에는 망입유리로 할 것.
⑥ 건축물의 바닥은 적당한 경사를 두어 그 최저부에 집유설비를 할 것.

## 5. 옥외저장소 중 덩어리 상태의 황만을 지반면에 설치한 경계표시의 안쪽에서 저장 또는 취급하는 것의 위치·구조 및 설비의 기술기준

① 하나의 경계표시의 내부의 **면적은 $100m^2$ 이하일 것**
② 2 이상의 경계표시를 설치하는 경우에 있어서는 각각의 경계표시 내부의 면적을 합산한 면적은 $1,000m^2$ 이하로 하고, 인접하는 경계표시와 경계표시와의 간격을 규정에 의한 공지의 너비의 2분의 1 이상으로 할 것. 다만, 저장 또는 취급하는 위험물의 최대수량이 지정수량의 200배 이상인 경우에는 10m 이상으로 하여야 한다.
③ 경계표시는 불연재료로 만드는 동시에 황이 새지 아니하는 구조로 할 것
④ 경계표시의 높이는 **1.5m 이하로 할 것**
⑤ 경계표시에는 황이 넘치거나 비산하는 것을 방지하기 위한 천막 등을 고정하는 장치를 설치하되, 천막 등을 고정하는 장치는 경계표시의 길이 2m마다 한 개 이상 설치할 것
⑥ 황을 저장 또는 취급하는 장소의 주위에는 배수구와 분리장치를 설치할 것

### 6. 옥외저장소에 저장할 수 있는 위험물

① 제2류 위험물 : 황, 인화성고체(인화점이 0℃ 이상)
② 제4류 위험물 : 제1석유류(인화점이 0℃ 이상), 제2석유류, 제3석유류, 제4석유류, 알코올류, 동식물유류
③ 제6류 위험물

## 3-9 암반탱크저장소의 위치·구조 및 설비의 기준

① **암반투수계수가** $10^{-5}$**m/sec 이하인** 천연암반내에 설치할 것 ★★★
② 저장할 위험물의 증기압을 억제할 수 있는 **지하수면하에 설치할 것**
③ 암반탱크의 **내벽**은 암반균열에 의한 **낙반을 방지**할 수 있도록 **볼트·콘크리트** 등으로 보강할 것

## 3-10 주유취급소의 위치·구조 및 설비의 기준

### 1. 주유공지 및 급유공지 ★★★

| 주유공지 | 급유공지 |
|---|---|
| 너비 15m 이상, 길이 6m 이상의 콘크리트 등으로 포장한 공지 | 고정급유설비의 호스기기의 주위에 필요한 공지 |

• 공지의 바닥은 주위 지면보다 높게 하고, **배수구·집유설비** 및 **유분리장치**를 할 것

## 2. 표지 및 게시판 ★★★★★

| 표 지 | 게 시 판 |
|---|---|
| 위험물 주유취급소 | 1. 방화에 관하여 필요한 사항<br>2. 황색바탕에 흑색문자로 "주유중엔진정지" ★★ |

## 3. 주유취급소에 설치할 수 있는 부대시설

① 주유 또는 등유 · 경유를 채우기 위한 **작업장**
② 주유취급소의 업무를 행하기 위한 **사무소**
③ 자동차 등의 **점검 및 간이정비**를 위한 작업장
④ 자동차 등의 **세정**을 위한 작업장
⑤ 주유취급소에 출입하는 사람을 대상으로 한 **점포 · 휴게음식점** 또는 **전시장**
⑥ 주유취급소의 **관계자**가 거주하는 **주거시설**

## 4. 담 또는 벽

자동차 등이 출입하는 쪽 외의 부분에 높이 2m 이상의 내화구조 또는 불연재료의 담 또는 벽을 설치할 것

## 5. 고객이 직접 주유하는 주유취급소의 특례기준

| 구분 | | 연속 주유량의 상한 | 주유시간의 상한 |
|---|---|---|---|
| 셀프용고정주유설비 | 휘발유 | 100L 이하 | 4분 이하 |
| | 경유 | 600L 이하 | 12분 이하 |

| 구분 | 연속 급유량의 상한 | 급유시간의 상한 |
|---|---|---|
| 셀프용고정급유설비 | 100L 이하 | 6분 이하 |

## 6. 고속국도의 도로변의 주유취급소 탱크최대 용량

60,000L ★★

## 7. 고정주유설비 또는 고정급유설비 ★★★

(1) 주유관의 길이는 5m(현수식의 경우에는 지면 위 0.5m의 수평면에 반경 3m) 이내

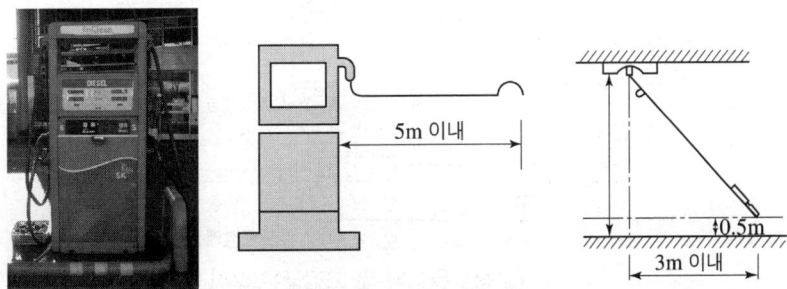

[고정식 및 현수식 주유관]

(2) 끝부분에는 축적된 정전기를 유효하게 제거할 수 있는 장치를 설치
(3) 고정주유설비 또는 고정급유설비의 설치위치
　① 고정주유설비의 중심선을 기점으로 하여
　　• 도로경계선까지 4m 이상
　　• 부지경계선·담 및 건축물의 벽까지 2m(개구부가 없는 벽까지는 1m) 이상
　② 고정급유설비의 중심선을 기점으로 하여
　　• 도로경계선까지 4m 이상
　　• 부지경계선 및 담까지 1m 이상
　　• 건축물의 벽까지 2m(개구부가 없는 벽까지는 1m) 이상
(4) 고정주유설비와 고정급유설비의 사이에는 4m 이상

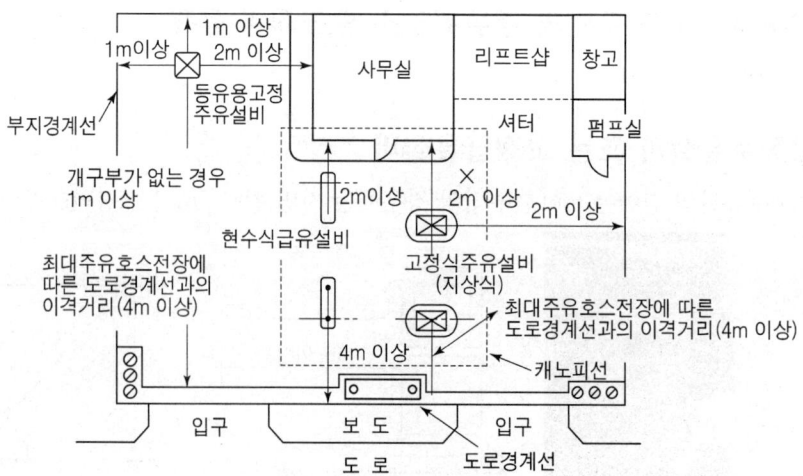

[고정주유설비 및 고정급유설비]

## 8. 주유취급소의 탱크

① 자동차 등에 주유하기 위한 고정주유설비에 직접 접속하는 전용탱크 : 50,000L 이하
② 고정급유설비에 직접 접속하는 전용탱크 : 50,000L 이하
③ 보일러 등에 직접 접속하는 전용탱크 : 10,000L 이하
④ 폐유탱크로서 용량(2 이상 설치하는 경우에는 각 용량의 합계)이 2,000L 이하인 탱크
⑤ 고정주유설비 또는 고정급유설비에 직접 접속하는 3기 이하의 간이탱크

## 9. 캐노피의 설치기준

① 배관이 캐노피 내부를 통과할 경우에는 1개 이상의 점검구를 설치할 것
② 캐노피 외부의 점검이 곤란한 장소에 배관을 설치하는 경우에는 용접이음으로 할 것
③ 캐노피 외부의 배관이 일광열의 영향을 받을 우려가 있는 경우에는 단열재로 피복할 것

## 3-11 판매취급소의 위치·구조 및 설비의 기준

[판매취급소의 구분 ★★★]

| 취급소의 구분 | 저장 또는 취급하는 위험물의 수량 |
|---|---|
| 제1종 판매취급소 | 지정수량의 20배 이하 |
| 제2종 판매취급소 | 지정수량의 40배 이하 |

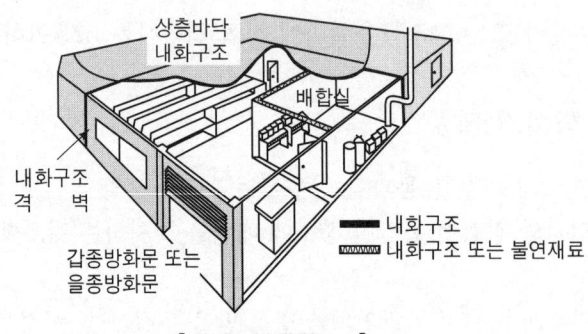

[제1종 판매취급소]

1. **제1종 판매취급소의 위치·구조 및 설비의 기준 :**
   **(제1종판매취급소 : 지정수량의 20배 이하인 판매취급소)**

   (1) 건축물의 **1층**에 설치할 것
   (2) 건축물의 부분은 **내화구조 또는 불연재료**로 하고, 판매취급소로 사용되는 부분과 다른 부분과의 **격벽은 내화구조**로 할 것
   (3) 건축물의 부분은 **보를 불연재료**로 하고, 반자를 설치하는 경우에는 **반자를 불연재료**로 할 것
   (4) 상층이 있는 경우에 있어서는 그 **상층의 바닥을 내화구조**로 하고, 상층이 없는 경우에 있어서는 **지붕을 내화구조**로 또는 불연재료로 할 것
   (5) **창 및 출입구**에는 **60분+방화문·60분방화문 또는 30분방화문**을 설치할 것
   (6) **창 또는 출입구**에 유리를 이용하는 경우에는 **망입유리**로 할 것
   (7) 위험물을 **배합하는** 실은 다음에 의할 것
   ① 바닥면적은 $6m^2$ **이상** $15m^2$ **이하**일 것
   ② **내화구조 또는 불연재료로 된 벽**으로 구획할 것
   ③ 바닥은 위험물이 침투하지 아니하는 구조로 하여 적당한 경사를 두고 **집유설비**를 할 것
   ④ **출입구**에는 수시로 열 수 있는 자동폐쇄식의 **60분+방화문 또는 60분방화문**을

설치할 것
⑤ 출입구 문턱의 높이는 바닥면으로부터 0.1m 이상으로 할 것
⑥ 내부에 체류한 가연성의 증기 또는 가연성의 미분을 지붕위로 방출하는 설비를 할 것

## 2. 제2종 판매취급소의 위치 · 구조 및 설비의 기준 ★★★
### (제2종 판매취급소 : 지정수량의 40배 이하인 판매취급소)

(1) 벽 · 기둥 · 바닥 및 보를 **내화구조** 하고, 천장이 있는 경우에는 이를 **불연재료**로 하며, 판매취급소로 사용되는 부분과 다른 부분과의 **격벽은 내화구조**로 할 것
(2) 상층이 있는 경우에는 상층의 바닥을 내화구조로 하는 동시에 상층으로의 연소를 방지하기 위한 조치를 강구하고, 상층이 없는 경우에는 지붕을 내화구조로 할 것
(3) 연소의 우려가 없는 부분에 한하여 창을 두되, 당해 **창에는 60분+방화문 · 60분방화문** 또는 30분방화문을 설치할 것
(4) **출입구**에는 60분+방화문 · 60분방화문 또는 30분방화문을 설치할 것. 다만, 당해 부분 중 연소의 우려가 있는 벽 또는 창의 부분에 설치하는 출입구에는 수시로 열 수 있는 **자동폐쇄식의 60분+방화문** 또는 60분방화문을 설치하여야 한다.

# 3-12 소화설비, 경보설비 및 피난설비의 기준 ★★★★

## 1. 소화설비의 설치기준

### (1) 전기설비의 소화설비
당해 장소의 **면적 100m²마다** 소형수동식소화기를 1개 이상 설치할 것

### (2) 소요단위의 계산방법
① 제조소 또는 취급소의 건축물

| 외벽이 내화구조인 것 | 외벽이 내화구조가 아닌것 |
|---|---|
| 연면적 100m²를 1소요단위 | 연면적 50m²를 1소요단위 |

② 저장소의 건축물

| 외벽이 내화구조인 것 | 외벽이 내화구조가 아닌것 |
|---|---|
| 연면적 150m² : 1소요단위 | 연면적 75m² : 1소요단위 |

③ 위험물은 **지정수량의 10배를 1소요단위**로 할 것

### (3) 간이 소화용구의 능력단위

| 소화설비 | 용량 | 능력단위 |
|---|---|---|
| • 소화전용(專用)물통 | 8L | 0.3 |
| • 수조(소화전용물통 3개 포함) | 80L | 1.5 |
| • 수조(소화전용물통 6개 포함) | 190L | 2.5 |
| • 마른 모래(삽 1개 포함) | 50L | 0.5 |
| • 팽창질석 또는 팽창진주암(삽 1개 포함) | 80L | 0.5 |

## 2. 옥내소화전설비의 설치기준 ★★★

① 옥내소화전은 **수평거리가 25m 이하**가 되도록 설치할 것. 이 경우 옥내소화전은 각 층의 **출입구 부근에 1개 이상** 설치할 것.

② **수원의 수량**은 옥내소화전이 **가장 많이 설치된 층의 옥내소화전 설치개수(5개 이상인 경우 5개)**에 $7.8m^3$를 곱한 양 이상이 되도록 설치할 것

$$수원의 \ 양 \ Q(m^3) = N \times 7.8m^3 \ (260L/분 \times 30분)$$

여기서, $N$ : 가장 많이 설치된 층의 옥내소화전 설치개수 (최대5개)

③ 옥내소화전설비는 각층을 기준으로 하여 당해 층의 모든 옥내소화전(개수가 **5개 이상인 경우는 5개**)을 동시에 사용할 경우에 각 **노즐 끝부분의 방수압력이 350kPa 이상**이고 **방수량이 260L/분 이상**의 성능이 되도록 할 것

| 노즐 끝부분의 방수압력 | 방 수 량 |
|---|---|
| 350kPa | 260L/분 |

## 3. 옥외소화전설비의 설치기준 ★★★

① 옥외소화전은 **수평거리가 40m 이하**가 되도록 설치할 것. 이 경우 그 **설치개수가 1개일 때는 2개**로 할 것.

② 수원의 수량은 **옥외소화전의 설치개수(4개 이상인 경우는 4개)**에 $13.5m^3$를 곱한 양 이상이 되도록 설치할 것

$$수원의 \ 양 \ Q(m^3) = N \times 13.5m^3 \ (450L/분 \times 30분)$$

여기서, $N$ : 가장 많이 설치된 층의 옥외소화전 설치개수 (최대4개)

③ 옥외소화전설비는 모든 옥외소화전(설치개수가 4개 이상인 경우는 4개)을 동시에 사용할 경우에 각 노즐 끝부분의 **방수압력이 350kPa** 이상이고, **방수량이 450L/분 이상**의 성능이 되도록 할 것

| 노즐 끝부분의 방수압력 | 방 수 량 |
|---|---|
| 350kPa | 450L/분 |

## 4. 스프링클러설비의 설치기준 ★★★

[위험물제조소등의 소화설비 설치기준]

| 소화설비 | 수평거리 | 방사량 (L/min) | 방사압력 (kPa) | 수 원의 양 |
|---|---|---|---|---|
| 옥내 | 25m 이하 | 260 | 350 | $Q = N(\text{소화전개수 : 최대 5개}) \times 7.8\text{m}^3$ $(260\text{L/min} \times 30\text{min})$ |
| 옥외 | 40m 이하 | 450 | 350 | $Q = N(\text{소화전개수 : 최대 4개}) \times 13.5\text{m}^3$ $(450\text{L/min} \times 30\text{min})$ |
| 스프링클러 | 1.7m 이하 | 80 | 100 | $Q = N(\text{헤드수 : 최대 30개}) \times 2.4\text{m}^3$ $(80\text{L/min} \times 30\text{min})$ |
| 물분무 | | 20(m²당) | 350 | $Q = A(\text{표면적 m}^2) \times 0.6\text{m}^3/\text{m}^2$ $(20\text{L/m}^2 \cdot \text{min} \times 30\text{min})$ |

(1) 스프링클러헤드는 **수평거리가 1.7m 이하**가 되도록 설치할 것
(2) **개방형 스프링클러헤드**를 이용한 스프링클러설비의 **방사구역은 150m² 이상**(바닥면적이 150m² 미만인 경우 **바닥면적**)으로 할 것
(3) **수원의 수량**
  ① **폐쇄형** 헤드를 사용하는 것은 30(설치개수가 30 미만인 경우 **설치개수**)
  ② **개방형** 헤드를 사용하는 것은 헤드가 **가장 많이 설치된 방사구역**의 헤드 설치개수에 **2.4m³를 곱한 양 이상**이 되도록 설치할 것

**폐쇄형 스프링클러헤드 사용하는 경우**
수원의 양 $Q(\text{m}^3) = N \times 2.4\text{m}^3$ (80L/분 × 30분)
• $N$ : 30 (설치개수가 30 미만인 경우는 설치개수)

**개쇄형 스프링클러헤드 사용하는 경우**
수원의 양 $Q(\text{m}^3) = N \times 2.4\text{m}^3$ (80L/분 × 30분)
• $N$ : 가장 많이 설치된 방사구역의 스프링클러헤드 설치개수

(4) 헤드의 **방사압력이 100kPa** 이상이고, **방수량이 80L/분 이상**의 성능이 되도록 할 것

| 헤드의 방수압력 | 헤드의 방수량 |
|---|---|
| 100kPa | 80L/분 |

## 5. 물분무소화설비의 설치기준 ★★★

① 물분무소화설비의 **방사구역**은 150m² **이상**(방호대상물의 **표면적**이 150m² 미만인 경우에는 **당해 표면적**)으로 할 것
② 수원의 수량은 분무헤드가 가장 많이 설치된 방사구역의 모든 분무헤드를 동시에 사용할 경우에 당해 방사구역의 **표면적 1m²당 1분당 20L**의 비율로 계산한 양으로 **30분간 방사**할 수 있는 양 이상이 되도록 설치할 것
③ 물분무소화설비는 분무헤드를 동시에 사용할 경우에 각 끝부분의 방사압력이 **350kPa 이상**으로 **표준방사량**을 방사할 수 있는 성능이 되도록 할 것

| 물분무 헤드의 방수압력 | 헤드의 방수량 |
|---|---|
| 350kPa | 헤드의 설계압력에 의한 방사량 |

## 6. 위험물 제조소에 설치하는 소화설비의 비상전원 용량

| 소화설비 | 용도구분 | 비상전원 |
|---|---|---|
| • 옥내소화전설비<br>• 옥외소화전설비<br>• 스프링클러설비 | 위험물제조소등 | 45분 |

## 7. 폐쇄형 스프링클러 헤드의 표시온도

| 부착장소의 최고주위온도 (℃) | 표시온도 (℃) |
|---|---|
| 28 미만 | 58 미만 |
| 28 이상 39 미만 | 58 이상 79 미만 |
| 39 이상 64 미만 | 79 이상 121 미만 |
| 64 이상 106 미만 | 121 이상 162 미만 |
| 106 이상 | 162 이상 |

## 8. 피난설비

① 주유취급소 중 건축물의 2층의 부분을 점포·휴게음식점 또는 전시장의 용도로 사용하는 것에 있어서는 당해 건축물의 2층으로부터 직접 주유취급소의 부지 밖으로 통하는 출입구와 당해 출입구로 통하는 통로·계단 및 출입구에 유도등을 설치
② 옥내주유취급소에 있어서는 당해 사무소 등의 출입구 및 피난구와 당해 피난구로 통하는 통로·계단 및 출입구에 유도등을 설치
③ 유도등에는 비상전원을 설치

## 3-13 제조소등에서의 위험물의 저장 및 취급에 관한 기준

### 1. 알킬알루미늄, 아세트알데하이드등 및 다이에틸에터등의 저장기준 ★★

| 탱크의 종류 | 물질명 | 저장기준 |
|---|---|---|
| • 이동저장탱크 | 알킬알루미늄 | 20kPa 이하의 압력으로 불활성의 기체를 봉입 |
| | 아세트알데하이드 | 불활성의 기체를 봉입 |
| • 옥외·옥내, 지하 저장탱크 중 압력탱크 외의 탱크 | 산화프로필렌과 이를 함유한 것 또는 다이에틸에터 | 30℃ 이하 |
| | 아세트알데하이드 또는 이를 함유한 것 | 15℃ 이하 |
| • 옥외·옥내 또는 지하 저장탱크 중 압력 탱크에 저장하는 경우 | 아세트알데하이드등 또는 다이에틸에터 | 40℃ 이하 |
| • 보냉장치가 있는 이동 저장탱크 | 아세트알데하이드등 또는 다이에틸에터 | 비점 이하 |
| • 보냉장치가 없는 이동 저장탱크 | 아세트알데하이드등 또는 다이에틸에터 | 40℃ 이하 |

## 3-14 위험물의 운반에 관한 기준

### 1. 위험물 운반용기의 외부 표시 사항 ★★★★★

① 위험물의 품명, 위험등급, 화학명 및 수용성(제4류 위험물의 수용성인 것에 한함)
② 위험물의 수량
③ 수납하는 위험물에 따른 주의사항

| 종류별 | 성질에 따른 구분 | 표시사항 |
|---|---|---|
| • 제1류 위험물 | 알칼리금속의 과산화물 | 화기·충격주의, 물기엄금 및 가연물접촉주의 |
| | 그 밖의 것 | 화기·충격주의 및 가연물접촉주의 |
| • 제2류 위험물 | 철분·금속분·마그네슘 | 화기주의 및 물기엄금 |
| | 인화성고체 | 화기엄금 |
| | 그 밖의 것 | 화기주의 |
| • 제3류 위험물 | 자연발화성 물질 | 화기엄금 및 공기접촉엄금 |
| | 금수성 물질 | 물기엄금 |
| • 제4류 위험물 | 인화성 액체 | 화기엄금 |
| • 제5류 위험물 | 자기반응성 물질 | 화기엄금 및 충격주의 |
| • 제6류 위험물 | 산화성 액체 | 가연물 접촉주의 |

## 2. 유별을 달리하는 위험물의 혼재기준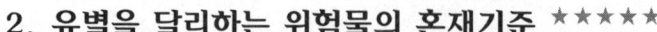

| 구 분 | 제1류 | 제2류 | 제3류 | 제4류 | 제5류 | 제6류 |
|---|---|---|---|---|---|---|
| 제1류 |  | × | × | × | × | ○ |
| 제2류 | × |  | × | ○ | ○ | × |
| 제3류 | × | × |  | ○ | × | × |
| 제4류 | × | ○ | ○ |  | ○ | × |
| 제5류 | × | ○ | × | ○ |  | × |
| 제6류 | ○ | × | × | × | × |  |

[비고]
1. "×"표시는 혼재할 수 없음을 표시
2. "○"표시는 혼재할 수 있음을 표시
3. 이 표는 지정수량의 $\frac{1}{10}$ 이하의 위험물에 대하여는 적용하지 아니한다.

## 3. 적재위험물의 성질에 따른 조치 ★★★★★

(1) 차광성이 있는 피복으로 가려야하는 위험물

① 제1류 위험물
② 제3류위험물 중 자연발화성물질
③ 제4류 위험물 중 특수인화물
④ 제5류 위험물
⑤ 제6류 위험물

(2) 방수성이 있는 피복으로 덮어야 하는 것

① 제1류 위험물 중 알칼리금속의 과산화물
② 제2류 위험물 중 철분·금속분·마그네슘 또는 이들 중 어느 하나 이상을 함유한 것
③ 제3류 위험물 중 금수성 물질

## 4. 운반용기의 내용적에 대한 수납율 ★★★★★

① 액체위험물 : 내용적의 98% 이하
② 고체위험물 : 내용적의 95% 이하
③ 알킬알루미늄 : 내용적의 90% 이하(50℃ 온도에서 5% 이상의 공간 용적 유지)

## 5. 위험물의 등급 분류 ★★★

| 위험등급 | 해당 위험물 |
|---|---|
| 위험등급 I | ① 제1류 위험물 중 아염소산염류, 염소산염류, 과염소산염류, 무기과산화물 그 밖에 지정수량이 50kg인 위험물<br>② 제3류 위험물 중 칼륨, 나트륨, 알킬알루미늄, 알킬리튬, 황린 그 밖에 지정수량이 10kg 또는 20kg인 위험물<br>③ 제4류 위험물 중 특수인화물<br>④ 제5류 위험물 중 유기과산화물, 질산에스터류 그 밖에 지정수량이 10kg인 위험물<br>⑤ 제6류 위험물 |
| 위험등급 II | ① 제1류 위험물 중 브로민산염류, 질산염류, 아이오딘산염류 그 밖에 지정수량이 300kg인 위험물<br>② 제2류 위험물 중 황화인, 적린, 황 그 밖에 지정수량이 100kg인 위험물<br>③ 제3류 위험물 중 알칼리금속(칼륨, 나트륨 제외) 및 알칼리토금속, 유기금속화합물(알킬알루미늄 및 알킬리튬은 제외) 그 밖에 지정수량이 50kg인 위험물<br>④ 제4류 위험물 중 제1석유류, 알코올류<br>⑤ 제5류 위험물 중 위험등급 I 위험물 외의 것 |
| 위험등급 III | 위험등급 I, II 이외의 위험물 |

# 3-15 탱크의 내용적 및 공간용적

## 1. 탱크용적의 산출기준 ★★★★★

탱크의 내용적에서 공간용적을 뺀 용적

> 탱크의 용적 = 탱크의 내용적 − 탱크의 공간용적

## 2. 탱크의 공간용적 ★★★

탱크내용적의 $\frac{5}{100}$ 이상 $\frac{10}{100}$ 이하의 용적

(다만, 소화설비(소화약제 방출구를 탱크안의 윗부분에 설치하는 것)를 설치하는 탱크의 공간용적은 당해 소화설비의 소화약제방출구 아래의 0.3m 이상 1m 미만 사이의 면으로부터 윗부분의 용적으로 한다.)

## 3. 암반탱크의 공간용적

탱크내에 용출하는 7일간의 **지하수의 양**에 상당하는 용적과 당해 탱크의 **내용적**의 1/100의 용적 중에서 **보다 큰 용적**.

## 4. 탱크의 내용적 계산방법 ★★★★★

### (1) 타원형 탱크의 내용적

① 양쪽이 볼록한 것

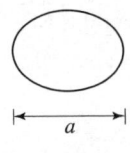 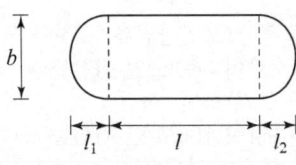 

$$내용적 = \frac{\pi ab}{4}\left(l + \frac{l_1 + l_2}{3}\right)$$

② 한쪽은 볼록하고 다른 한쪽은 오목한 것

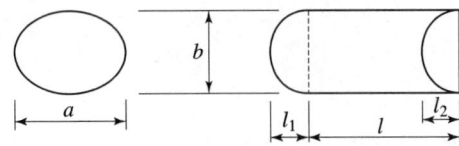

$$내용적 = \frac{\pi ab}{4}\left(l + \frac{l_1 - l_2}{3}\right)$$

### (2) 원통형 탱크의 내용적

① 횡으로 설치한 것

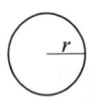 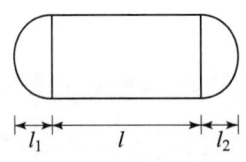

$$내용적 = \pi r^2\left(l + \frac{l_1 + l_2}{3}\right)$$

② 종으로 설치한 것

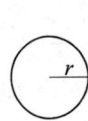 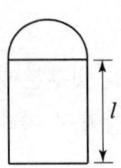

$$내용적 = \pi r^2 l$$

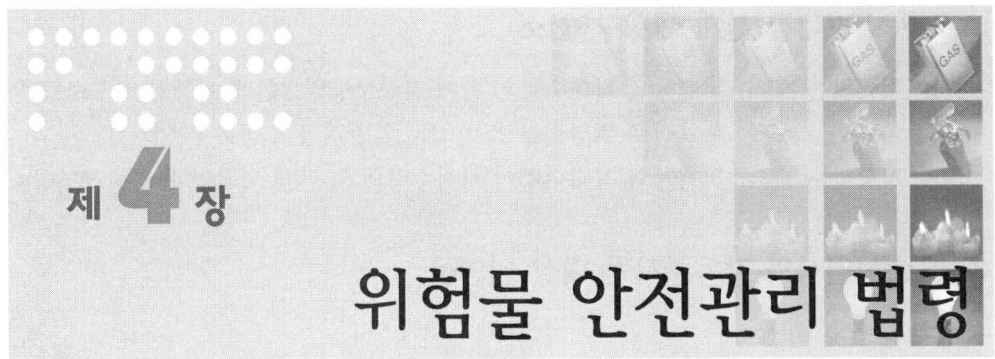

# 제 4 장 위험물 안전관리 법령

## 1. 용어의 정의 ★
① 위험물 : 인화성 또는 발화성 등의 성질을 가지는 것으로 대통령령이 정하는 물품
② 제조소등 : 제조소 · 저장소 및 취급소

## 2. 적용제외
① 항공기
② 선박
③ 철도 및 궤도에 의한 위험물의 저장 · 취급 및 운반

## 3. 위험물의 저장 및 취급의 제한 ★
★ 제조소등이 아닌 장소에서 위험물을 취급할 수 있는 경우 ★

① 관할소방서장의 승인을 받아 지정수량 이상의 위험물을 90일 이내의 기간 동안 임시로 저장 또는 취급하는 경우
② 군부대가 위험물을 군사목적으로 임시로 저장 또는 취급하는 경우

## 4. 예방규정을 정하여야 하는 제조소등 ★★★
① 지정수량의 10배 이상의 위험물을 취급하는 제조소
② 지정수량의 100배 이상의 위험물을 저장하는 옥외저장소
③ 지정수량의 150배 이상의 위험물을 저장하는 옥내저장소
④ 지정수량의 200배 이상의 위험물을 저장하는 옥외탱크저장소
⑤ 암반탱크저장소
⑥ 이송취급소
⑦ 지정수량의 10배 이상의 위험물을 취급하는 일반취급소

## 5. 자체소방대를 설치 대상 사업소

① 취급하는 제4류 위험물의 최대수량의 합이 지정수량의 3천배 이상인 제조소 또는 일반취급소(단, 보일러로 위험물을 소비하는 일반취급소 등은 제외)
② 저장하는 제4류 위험물의 최대수량이 지정수량의 50만배 이상인 옥외탱크저장소

## 6. 운송책임자의 감독·지원 대상 위험물

① 알킬알루미늄
② 알킬리튬
③ 알킬알루미늄, 알킬리튬의 물질을 함유하는 위험물

## 7. 특정옥외탱크저장소

액체위험물의 최대수량이 100만L 이상

## 8. 소방시설의 종류 ★★

| 소방시설 | 종 류 | |
|---|---|---|
| 1. 소화설비 | ① 소화기구<br>③ 옥내소화전설비<br>⑤ 스프링클러설비 등 | ② 자동소화장치<br>④ 옥외소화전설비<br>⑥ 물분무등소화설비 |
| 2. 경보설비 | ① 비상경보설비<br>③ 비상방송설비<br>⑤ 자동화재탐지설비<br>⑦ 자동화재속보설비<br>⑨ 통합감시시설 | ② 단독경보형감지기<br>④ 누전경보기<br>⑥ 시각경보기<br>⑧ 가스누설경보기 |
| 3. 피난설비 | ① 피난기구(피난사다리, 구조대, 완강기)<br>② 인명구조기구(방열복, 공기호흡기, 인공소생기)<br>③ 유도등(피난유도선, 피난구유도등, 통로유도등, 객석유도등, 유도표지)<br>④ 비상조명등 및 휴대용 비상조명등 | |
| 4. 소화용수설비 | ① 상수도소화용수설비<br>② 소화수조·저수조 그 밖의 소화용수설비 | |
| 5. 소화활동설비 | ① 제연설비<br>③ 연결살수설비<br>⑤ 무선통신보조설비 | ② 연결송수관설비<br>④ 비상콘센트설비<br>⑥ 연소방지설비 |

## 9. 자체소방대에 두는 화학소방자동차 및 인원 ★★

| 사업소의 구분 | 화학소방자동차 | 자체소방대원의 수 |
|---|---|---|
| 1. **제조소** 또는 **일반취급소**에서 취급하는 제4류 위험물의 최대수량의 합이 지정수량의 **3천배 이상 12만배 미만**인 사업소 | 1대 | 5인 |
| 2. 제조소 또는 일반취급소에서 취급하는 제4류 위험물의 최대수량의 합이 지정수량의 12만배 이상 24만배 미만인 사업소 | 2대 | 10인 |
| 3. 제조소 또는 일반취급소에서 취급하는 제4류 위험물의 최대수량의 합이 지정수량의 24만배 이상 48만배 미만인 사업소 | 3대 | 15인 |
| 4. 제조소 또는 일반취급소에서 취급하는 제4류 위험물의 최대수량의 합이 지정수량의 48만배 이상인 사업소 | 4대 | 20인 |
| 5. 옥외탱크저장소에 저장하는 제4류 위험물의 최대수량이 지정수량의 50만배 이상인 사업소 | 2대 | 10인 |

[비고]
화학소방자동차에는 행정안전부령이 정하는 소화능력 및 설비를 갖추어야 하고, 소화활동에 필요한 소화약제 및 기구(방열복 등 개인장구를 포함한다)를 비치하여야 한다.

# 제5장 연소의 계산

## 5-1 연소의 일반적인 기초사항

### 1. 보일의 법칙 ★★★

$$T(온도) = 일정 \qquad P_1V_1 = P_2V_2$$

온도가 일정할 때 일정량의 기체가 차지하는 부피는 절대압력에 반비례한다.

### 2. 샤를의 법칙 ★★★

$$P(압력) = 일정 \qquad \frac{V_1}{T_1} = \frac{V_2}{T_2}$$

압력이 일정할 때 일정량의 기체가 차지하는 부피는 절대온도에 비례한다.

### 3. 보일-샤를의 법칙 ★★★

$$\frac{P_1V_1}{T_1} = \frac{P_2V_2}{T_2}$$

일정량의 기체가 차지하는 부피는 절대압력에 반비례하고 절대온도에 비례한다.

### 4. 이상기체 상태방정식 ★★★★★

$$PV = \frac{W}{M}RT = nRT$$

여기서, $P$ : 압력(atm), $V$ : 부피($m^3$), $W$ : 무게(kg), $M$ : 분자량
$R$ : 기체상수(0.082atm · $m^3$/kmol · K), $T$ : 절대온도($273+t°C$)K

**이상기체(Ideal gas) 또는 완전기체(perfect gas)**
실제로는 존재할 수 없는 기체이며 분자 상호간의 인력도 무시되고 분자가 차지하는 부피도 무시되는 즉 완전탄성체로 가정한 기체

**이상기체 또는 완전기체의 성질**
❶ 보일-샤를의 법칙을 만족
❷ 아보가드로의 법칙을 따른다.
❸ 분자 상호간의 인력 및 분자가 차지하는 부피는 무시
❹ 내부에너지는 체적과 무관하고 오직 온도에 의하여 결정
❺ 비열비(정압비열($C_p$)/정적비열($C_v$))는 온도와 무관하며 일정.
❻ 분자간의 충돌은 완전탄성체로 이루어진다.
• 실제기체가 이상기체에 가까우려면 : 온도가 높고 압력이 낮은 경우

## 5. 공기의 조성과 평균분자량 ★★★★

① 공기의 조성
질소($N_2$) 78.03%, 산소($O_2$) 20.99%, 아르곤(Ar) 0.94%, 이산화탄소($CO_2$) 0.03% 등으로 구성

• 공기 중 산소의 부피(%)=21%    • 공기 중 산소의 중량(무게)(%)=23%

② 공기의 평균 분자량
$28(N_2) \times 0.7803 + 32(O_2) \times 0.2099 + 40(Ar) \times 0.0094 + 44(CO_2) \times 0.0003$
$= 28.95 ≒ 29$

• 공기의 평균 분자량=29    • 증기비중 = $\dfrac{M(분자량)}{29(공기평균분자량)}$

## 6. 이론산소량과 이론공기량 ★★★★★

(1) **이론 산소량** : 연료를 완전 연소시키는데 필요한 최소 산소량
(2) **이론 공기량** : 연료를 완전 연소시키는데 필요한 최소 공기량
〈방법1〉

(예) 에틸알코올의 완전연소 반응식
$C_2H_5OH$ + $3O_2$ → $2CO_2$ + $3H_2O$
46g ──────→ 3×22.4L
230g ──────→ $X$

① 필요한 이론 산소량 계산

$$\therefore X_1 = \frac{230 \times 3 \times 22.4}{46} = 336\text{L}$$

② 필요한 이론 공기량 계산

$$\therefore X_2 = \frac{336}{0.21} = 1600\text{L}$$

〈방법2〉

(예) 에틸알코올의 완전연소 반응식

$C_2H_5OH + 3O_2 \rightarrow 2CO_2 + 3H_2O$

• 이상기체 상태방정식

$$PV = \frac{W}{M}RT = nRT$$

여기서, $P$ : 압력(atm), $V$ : 부피($m^3$), $\frac{W}{M}(n)$ : mol, $W$ : 무게(kg), $M$ : 분자량
$R$ : 기체상수(0.082atm · $m^3$/kmol · K), $T$ : 절대온도(273+$t$℃)K

• 에틸알코올($C_2H_5OH$) 분자량 = $12 \times 2 + 1 \times 6 + 16 = 46$

① 필요한 이론 산소량 계산

$$\therefore V_1 = \frac{WRT}{PM} \times 3 = \frac{230 \times 0.082 \times (273+0)}{1 \times 46} \times 3 = 335.79\text{L}$$

② 필요한 이론 공기량 계산

$$\therefore V_2 = \frac{335.79}{0.21} = 1599\text{L}$$

## 7. 아보가드로의 법칙 ★★

모든 기체 1g 분자(1Mol)는 표준상태(0℃, 1기압)에서 22.4L의 부피를 차지하며 이 속에는 $6.02 \times 10^{23}$ 개의 분자가 들어 있다

 아보가드로의 법칙에서 기체의 분자수가 같기 위한 조건
❶ 압력   ❷ 온도   ❸ 부피

## 5-2 일반화학의 기초

### 1. 화학식 ★★★

① 실험식 : 분자 속에 포함된 원자의 종류와 그 수를 가장 간단한 비로 표시한 식

| 구 분 | 아세틸렌 | 벤젠 | 물 |
|---|---|---|---|
| 분자식 | $C_2H_2$ | $C_6H_6$ | $H_2O$ |
| 실험식 | CH | CH | $H_2O$ |

② 분자식 : 한 분자 속에 들어 있는 원자의 종류와 그 수로 나타낸 것.

| 구 분 | 에탄올 | 다이메틸에터 |
|---|---|---|
| 시성식 | $C_2H_5OH$ | $CH_3OCH_3$ |
| 분자식 | $C_2H_6O$ | $C_2H_6O$ |

③ 시성식 : 분자 속에 들어 있는 기(Radical)의 결합 상태를 나타낸 식

| 구 분 | 에탄올 | 다이메틸에터 |
|---|---|---|
| 분자식 | $C_2H_6O$ | $C_2H_6O$ |
| 시성식 | $C_2H_5OH$ | $CH_3OCH_3$ |

④ 구조식 : 분자를 구성하고 있는 원자의 결합상태를 원자가와 같은 수의 결합선으로 나타낸 것

### 2. 분자량 측정방법

(1) 기체의 확산속도에 의한 분자량의 측정(그레이엄의 법칙)

두 가지 기체가 퍼지는 확산속도는 그 기체의 밀도(분자량)의 제곱근에 반비례 한다.

$$\frac{U_1}{U_2} = \sqrt{\frac{M_2}{M_1}} = \sqrt{\frac{d_2}{d_1}}$$

여기서, $U_1$ : 기체1의 확산속도, $U_2$ : 기체2의 확산속도, $M_1$ : 기체1의 분자량
$M_2$ : 기체2의 분자량, $d_1$ : 기체1의 밀도, $d_2$ : 기체2의 밀도

- 기체의 확산속도는 분자량이 작을수록 빠르다.

(2) 증기밀도(g/L) [0℃, 1기압상태] 계산공식 ★★★★★

$$증기밀도(\rho) = \frac{분자량(g)}{22.4L}$$

- 분자량이 크면 증기밀도 및 증기비중이 크다.

① 산소($O_2$)  $\rho = \dfrac{32g}{22.4L} = 1.43 g/L$

② 질소($N_2$)  $\rho = \dfrac{28g}{22.4L} = 1.25 g/L$

③ 이산화탄소($CO_2$)  $\rho = \dfrac{44g}{22.4L} = 1.96 g/L$

④ 수소($H_2$)  $\rho = \dfrac{2g}{22.4L} = 0.09 g/L$

### 3. 수소이온지수(pH)

수소이온농도

- $pH = \log \dfrac{1}{[H^+]} = -\log[H^+]$
- $pOH = -\log[OH^-]$
- $pH = 14 - pOH$

### 4. 용해도

① 용매(녹이는 물질) 100g에 용해하는 용질(녹는 물질)의 최대량을 g수로 표시 한 것

② 용해도 = $\dfrac{\text{용질의 g수}}{\text{용매의 g수}} \times 100$   (용해도는 단위가 없는 무차원이다)

③ 용매 : 녹이는 물질, 용질 : 녹는 물질, 용액 : 용매+용질

### 5. 용액의 농도

① 중량 퍼센트(%)농도 [%로 표시]
  용액 100g속에 포함된 용질의 g수로 표시한 농도

② 몰농도(molar concentration) [M으로 표시]
  - 용액 1L속에 포함된 용질의 몰(mol)수로 표시한 농도
  - mol/L 또는 M으로 표시

$$M(\text{몰농도}) = \dfrac{10SC}{\text{분자량}}$$

여기서, $S$ : 비중, $C$ : %농도

③ 규정농도(normal concentration)[N으로 표시]
용액 1L 속에 포함된 용질의 g 당량수로 표시한 농도

- **당량** : 수소 1량(무게) 또는 산소 8량(무게)과 결합 또는 치환하는 양
- **g당량** : 수소 1.008g(11.2L) 또는 산소 8g(5.6L)과 결합 또는 치환하는 양
- 당량 = $\dfrac{원자량}{원자가}$

$$N \text{ 농도} = \dfrac{\dfrac{용질의\ 질량(g)}{1g-당량}}{\dfrac{용액의\ 부피(mL)}{1000mL}}$$

④ N(규정농도)와 %농도의 관계공식

$$N = \dfrac{10 \times S \times C}{당량}$$

여기서, $N$ : 규정농도, $S$ : 비중, $C$ : %농도

⑤ 몰랄농도[molality]
용매 1kg(1000g)에 녹아 있는 용질의 몰수로 나타낸 농도(mol/kg)

## 6. 금속의 이온화 경향 서열 (필수암기) ★★★★★

K - Ca - Na - Mg - Al - Zn - Fe - Ni - Sn - Pb - (H) - Cu - Hg - Ag - Pt - Au
가 - 카 - 나 - 마 - 알 - 아 - 철 - 니 - 주 - 납 - 수 - 구 - 수 - 은 - 백 - 금

## 7. 불꽃반응 시 색상 ★★

| 구 분 | 칼륨(K) | 나트륨(Na) | 칼슘(Ca) | 리튬(Li) | 바륨(Ba) |
|---|---|---|---|---|---|
| 불꽃 색상 | 보라색 | 노란색 | 주홍색 | 적색 | 황록색 |

## 5-3 유기화합물

### 1. 이성질체(ISOMER)

같은 분자식을 가지나 원자의 결합상태가 달라서 다른 구조를 가지며 그 결과 성질이 서로 다른 화합물

| 구 분 | 에탄올 | 다이메틸에터 |
|---|---|---|
| 분자식 | $C_2H_6O$ | $C_2H_6O$ |
| 시성식 | $C_2H_5OH$ | $CH_3OCH_3$ |

### 2. 관능기에 의한 분류 ★★★★★

| 원자단의 명칭 | 원자단 | 화합물의 일반명 | 보 기 |
|---|---|---|---|
| • 수산기(하이드록시기) | $-OH$ | 알코올, 페놀 | 메탄올, 에탄올, 페놀 |
| • 알데하이드기 | $-CHO$ | 알데하이드 | 포름알데하이드 |
| • 카르보닐기(케톤기) | $>CO$ | 케톤 | 아세톤 |
| • 카복실기 | $-COOH$ | 카복실산 | 초산, 안식향산 |
| • 아세틸기 | $-COCH_3$ | 아세틸화합물 | 아세틸살리실산 |
| • 슬폰산기 | $-SO_3H$ | 슬폰산 | 벤젠슬폰산 |
| • 나이트로기 | $-NO_2$ | 나이트로화합물 | 트라이나이트로톨루엔, 트라이나이트로페놀 |
| • 아미노기 | $-NH_2$ | 아미노화합물 | 아닐린 |

### 3. 알킬기($C_nH_{2n+2}$)의 명칭

| n의 개수 | 원자단의 명칭 | 원자단 |
|---|---|---|
| 1 | • 메틸기 | $CH_3$ |
| 2 | • 에틸기 | $C_2H_5$ |
| 3 | • 프로필기 | $C_3H_7$ |
| 4 | • 부틸기 | $C_4H_9$ |
| 5 | • 아밀기 | $C_5H_{11}$ |

**동족체**

성질이 비슷하고 어떤 일반식으로 나타낼 수 있는 화합물의 계열
❶ 알칸계 탄화수소=메탄계 탄화수소= 파라핀계 탄화수소의 일반식 : $C_nH_{2n+2}$
　• n=1~4 : 기체　• n=5~16 : 액체　• n=17 이상 : 고체
❷ 알킬기(alkyl radical) : $C_nH_{2n+1}$
❸ 사이클로 파라핀계 탄화수소 : $C_nH_{2n}$

## 4. 은거울 반응 ★★★★★

페엘링 용액을 환원하여 산화제1구리의 붉은 침전($Cu_2O$)을 만들거나 암모니아성 질산은 용액을 환원하여 은을 유리시키는 것

$$R-CHO + 2Ag(NH_3)_2OH \rightarrow RCOOH + 2Ag + 4NH_3 + H_2O$$
(알데하이드기)　(암모니아성 질산은)　　(카복실기)　(은)　(암모니아)　(물)

은거울반응을 하는 물질 : 알데하이드(aldehyde) R-CHO
❶ 포름알데하이드 : HCHO　　❷ 아세트알데하이드 : $CH_3CHO$

## 5. 포르마린(포름알데하이드)의 제조방법 ★★

$$CH_3OH \xrightarrow[\text{(산화)}]{+O} HCHO + H_2O$$
(메틸알코올)　　　(포르마린)　(물)

## 6. 초산과 에틸알코올의 반응식

$$CH_3COOH + C_2H_5OH \rightarrow CH_3COOC_2H_5 + H_2O$$
(초산)　(에틸알코올)　　(초산에틸)　(물)

## 7. 알코올의 산화 시 생성물 ★★★

① 1차 알코올 → 알데하이드 → 카복실산

- $C_2H_5OH$(에틸알코올) $\xrightarrow[-H_2]{CuO}$ $CH_3CHO$(아세트알데하이드) $\xrightarrow{+O}$ $CH_3COOH$(초산)
- $CH_3OH$(메틸알코올) $\xrightarrow[-H_2]{+O}$ HCHO(포름알데하이드) $\xrightarrow{+O}$ HCOOH(포름산)

② 2차 알코올 → 케톤

- $CH_3-\underset{\underset{OH}{|}}{CH}-CH_3$ (이소프로필 알코올) $\xrightarrow{+O}$ $CH_3-CO-CH_3$(아세톤) + $H_2O$(물)

## 8. 아이오딘포름 반응 ★★★★★

어떤 물질에 수산화칼륨(KOH)와 아이오딘($I_2$)을 작용시키면 노란색 가루인 아이오딘포름($CHI_3$)의 침전이 생기는 반응

$$C_2H_5OH \xrightarrow{KOH + I_2} CHI_3 \text{(아이오딘포름)}$$

아이오딘포름 반응하는 물질
① 에틸알코올 : $C_2H_5OH$
② 아세트알데하이드 : $CH_3CHO$
③ 아세톤 : $CH_3COCH_3$

> 참고: 아세톤, 아세트알데하이드, 에틸알코올에 수산화칼륨(KOH)과 아이오딘을 반응시키면 노란색의 아이오딘포름($CHI_3$)의 침전물이 생성된다.
>
> $$\text{아세톤} \xrightarrow{KOH + I_2} \text{아이오딘포름}(CHI_3)(\text{노란색})$$

## 9. 에스터화 반응 ★★★

에스터에 알코올, 산 또는 다른 에스터를 작용시켜서 에스터를 구성하는 산기(酸基)나 알킬기를 교환하는 반응

- 에스터화 반응의 예

$$\underset{(\text{아세트산=초산})}{CH_3COOH} + \underset{(\text{에틸알코올})}{C_2H_5OH} \rightarrow \underset{(\text{초산에틸})}{CH_3COOC_2H_5} + \underset{(\text{물})}{H_2O}$$

## 10. 아세트알데하이드의 제조방법 ★★

$$\underset{(\text{에틸렌})}{2CH_2CH_2} + \underset{(\text{물})}{O_2} \xrightarrow{\text{촉매}: PdCl_2(\text{염화팔라듐})} \underset{(\text{아세트알데하이드})}{2CH_3CHO}$$

아세트알데하이드($CH_3CHO$) : 은거울 반응 + 아이오딘포름 반응 + 페엘링 용액 환원

## 11. 아세트산과 에틸알코올의 반응식

$$\underset{(\text{초산})}{CH_3COOH} + \underset{(\text{에틸알코올})}{C_2H_5OH} \xrightarrow{H_2SO_4} \underset{(\text{초산에틸})}{CH_3COOC_2H_5} + \underset{(\text{물})}{H_2O}$$

## 12. 다이에틸에터($C_2H_5OC_2H_5$) : 제4류 위험물 중 특수인화물 ★★★★★

① 알코올에는 녹지만 물에는 녹지 않는다.
② 직사광선에 장시간 노출 시 과산화물 생성

**과산화물 생성 확인방법**
다이에틸에터 + KI용액(10%) → 황색변화(1분 이내)

③ 에탄올 2분자에 진한 황산 소량을 가하여 탈수시켜 만든다.

$$C_2H_5OH + C_2H_5OH \xrightarrow{H_2SO_4} C_2H_5OC_2H_5 + H_2O$$
(에틸알코올)　　(에틸알코올)　　　　(다이에틸에터)　　(물)

④ 용기에는 5% 이상 10% 이하의 안전공간 확보할 것
⑤ 용기는 갈색병을 사용하며 냉암소에 보관.
⑥ 용기는 밀폐하여 증기의 누출방지.

## 13. 크레졸($C_6H_4CH_3OH$) : 위험물 제4류 제3석유류

① 무색 또는 황색의 페놀냄새가 나는 액체
② 페놀의 한 종류인 방향족 유기화합물이다.
③ 소독제와 방부제로 널리 사용된다.
④ 3가지 이성질체가 있다.

- ortho(올소)-cresol　　• meta(메타)-cresol　　• para(파라)-cresol

## 14. 아닐린의 제조방법 ★★★

나이트로벤젠을 수소로서 환원(수소와 결합)하여 아닐린을 만든다.

$$C_6H_5NO_2 + 3H_2 \rightarrow C_6H_5NH_2 + 2H_2O$$
(나이트로벤젠)　(수소)　　(아닐린)　　(물)

## 15. 페놀성 수산기의 특성(페놀 : $C_6H_5OH$) ★★

① 수용액은 약한 산성이다.
② NaOH와 반응하여 나트륨페놀레이트($C_6H_5ONa$)와 물을 생성한다.
③ 할로젠과 반응한다.
④ $FeCl_3$(염화제2철)용액과 특유한 정색반응을 한다.

 **정색반응(呈色反應)이란?**
페놀의 수용액에 $FeCl_3$ 용액 1방울을 가하면 보라색으로 되는 반응
- $FeCl_2$(염화제1철)
- $FeCl_3$(염화제2철)

 **소금(염화나트륨)과 질산은용액**
$NaCl$(염화나트륨) + $AgNO_3$(질산은) → $NaNO_3$(질산나트륨) + $AgCl↓$(염화은)

## 16. 필요한 열량 ★★★

$$Q = mC\Delta t + rm$$

여기서, $Q$ : 필요한 열량(kcal), $m$ : 질량(kg), $C$ : 비열(kcal/kg·℃)
$\Delta t$ : 온도차(℃), $r$ : 기화잠열(kcal/kg)

- 물의 기화열 (539kcal/kg)
- 물의 비열 (1kcal/kg℃)

제 2 부

# 최근 기출문제

# 위험물산업기사 실기

## 2014년 4월 19일 시행

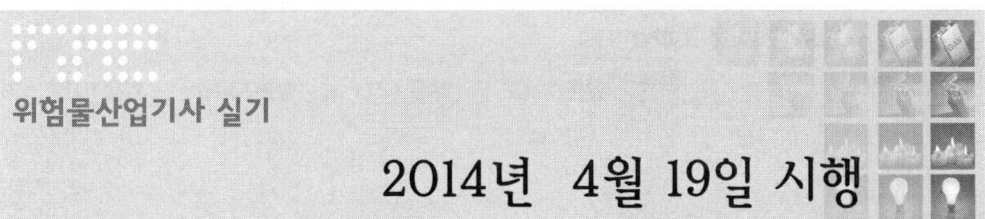

**01** 알루미늄의 완전연소 반응식을 쓰고, 염산과의 반응시 생성되는 기체의 명칭을 쓰시오. (5점)

**해답** ① 완전연소 반응식 : $4Al + 3O_2 \rightarrow 2Al_2O_3$
② 기체의 명칭 : 수소($H_2$)

**상세해설**
- 알루미늄의 완전연소
  $4Al(알루미늄) + 3O_2(산소) \rightarrow 2Al_2O_3(산화알루미늄)$
- 알루미늄과 염산의 반응식
  $2Al(알루미늄) + 6HCl(염산) \rightarrow 2AlCl_3(염화알루미늄) + 3H_2(수소)$
- 알루미늄분(Al) : 제2류 위험물
  ① 산화제와 혼합시 가열, 충격, 마찰 등에 의하여 착화위험이 있다.
  ② 할로젠원소(F, Cl, Br, I)와 접촉 시 자연발화 위험이 있다.
  ③ 분진폭발 위험성이 있다.
  ④ 가열된 알루미늄은 수증기와 반응하여 수소를 발생시킨다.(주수소화금지)
  $$2Al + 6H_2O \rightarrow 2Al(OH)_3 + 3H_2 \uparrow$$
  ⑤ 주수소화는 엄금이며 마른모래 등으로 피복 소화한다.

**02** 아래 보기를 보고 할론소화약제의 화학식을 쓰시오. (3점)

① 할론 2402   ② 할론 1211   ③ 할론 1301

**해답** ① 할론 2402 : $C_2F_4Br_2$,  ② 할론 1211 : $CF_2ClBr$,  ③ 할론 1301 : $CF_3Br$

**상세해설**
- 할로젠화합물 소화약제 명명법 : 할론 ⓐ ⓑ ⓒ ⓓ
  ⓐ : C 원자수   ⓑ : F 원자수   ⓒ : Cl 원자수   ⓓ : Br 원자수

- 할로젠화합물 소화약제

| 구분 \ 종류 | 할론 2402 | 할론 1211 | 할론1301 | 할론1011 |
|---|---|---|---|---|
| 화학식 | $C_2F_4Br_2$ | $CF_2ClBr$ | $CF_3Br$ | $CH_2ClBr$ |

## 03 제4류 위험물인 에틸알코올에 대한 다음 각 물음에 답하시오. (6점)

(물음 1) 에틸알코올의 완전연소 반응식을 쓰시오.
(물음 2) 에틸알코올과 칼륨이 반응하는 경우 생성기체의 명칭을 쓰시오.
(물음 3) 에틸알코올과 구조이성질체인 다이메틸에테르의 시성식을 쓰시오.

**해답** (물음 1) $C_2H_5OH + 3O_2 \rightarrow 2CO_2 + 3H_2O$
(물음 2) 수소($H_2$)
(물음 3) $CH_3OCH_3$

**상세해설** 에틸알코올($C_2H_5OH$) : 제4류 위험물 중 알코올류
① 술 속에 포함되어 있어 주정이라고 한다.
② 무색투명한 액체이다.
③ 물에 아주 잘 녹으며 유기용제이다.
④ 연소 시 주간에는 불꽃이 잘 보이지 않는다.

$$C_2H_5OH + 3O_2 \rightarrow 2CO_2 + 3H_2O$$

⑥ 금속나트륨, 금속칼륨을 가하면 수소($H_2$)가 발생한다.

$$2C_2H_5OH + 2Na \rightarrow 2C_2H_5ONa + H_2 \uparrow$$
$$2C_2H_5OH + 2K \rightarrow 2C_2H_5OK + H_2 \uparrow$$

⑦ 아이오딘포름 반응을 하므로 에탄올검출에 이용된다.

$$에탄올 \xrightarrow{KOH+I_2} 아이오딘포름(CHI_3)(노란색)$$

## 04 제3류 위험물인 인화칼슘의 지정수량과 물과 반응하는 경우 생성되는 기체의 화학식을 쓰시오. (5점)

**해답** ① 지정수량 : 300kg
② $PH_3$

**상세해설**

• 제3류 위험물 및 지정수량

| 유별 | 성질 | 위험물 품명 | 지정수량 |
|---|---|---|---|
| 제3류 | 자연발화성 및 금수성물질 | 1. 칼륨<br>2. 나트륨<br>3. 알킬알루미늄<br>4. 알킬리튬 | 10kg |
| | | 5. 황린 | 20kg |
| | | 6. 알칼리금속(칼륨 및 나트륨 제외) 및 알칼리토금속<br>7. 유기금속화합물(알킬알루미늄 및 알킬리튬 제외) | 50kg |
| | | 8. 금속의 수소화물<br>9. 금속의 인화물<br>10. 칼슘 또는 알루미늄의 탄화물 | 300kg |

• 인화칼슘($Ca_3P_2$)[별명 : 인화석회] : 제3류 위험물(금수성 물질)
  ① 적갈색의 괴상고체
  ② 물 및 약산과 격렬히 반응, 분해하여 인화수소(포스핀)($PH_3$)을 생성한다.

  - $Ca_3P_2 + 6H_2O \rightarrow 3Ca(OH)_2 + 2PH_3$(포스핀 = 인화수소)
  - $Ca_3P_2 + 6HCl \rightarrow 3CaCl_2 + 2PH_3$(포스핀 = 인화수소)

  ③ 포스핀은 맹독성가스이므로 취급 시 방독마스크를 착용한다.
  ④ 물 및 포 약제에 의한 소화는 절대 금하고 마른모래 등으로 피복하여 자연 진화되도록 기다린다.

---

**05** 이황화탄소 5kg이 완전연소하는 경우 발생되는 모든 기체는 25℃, 1atm 상태에서 부피는 몇 L가 되겠는가? (5점)

**해답** [방법 1]

① $CS_2$의 분자량 = $12+32\times 2 = 76$
② $CS_2$의 완전연소 반응식

$CS_2 + 3O_2 \rightarrow 2SO_2 + CO_2$

76g ────────→ $2\times 22.4L + 1\times 22.4L = 3\times 22.4L$(0℃, 1atm)
5000g ──────────────────→ $X$

$X = \dfrac{5000 \times 3 \times 22.4}{76} = 4421.05L$(표준상태 : 0℃, 1atm)

③ 25℃, 1atm 상태로 환산 (보일-샤를의 법칙 적용)

$\dfrac{P_1V_1}{T_1} = \dfrac{P_2V_2}{T_2} = \dfrac{1\times 4421.05}{273+0} = \dfrac{1\times V_2}{273+25}$

④ $V_2 = \dfrac{4421.05 \times 298}{273} = 4825.91\text{L}$

[답] 4825.91L

[방법 2]
① $CS_2$의 완전연소 반응식

$CS_2 + 3O_2 \rightarrow 2SO_2 + CO_2$

이황화탄소 1몰이 연소시 2몰의 이산화황과 1몰의 이산화탄소가 발생한다.
1몰$CS_2$ + 3몰$O_2$ → 2몰$SO_2$ + 1몰$CO_2$ (생성기체의 합＝2몰+1몰＝3몰)

② 이상기체 상태방정식

$$PV = \dfrac{W}{M}RT = nRT$$

여기서, $P$ : 압력(atm), $V$ : 부피($l$), $W$ : 무게(g), $M$ : 분자량
$R$ : 기체상수(0.082atm · L/mol · K))
$T$ : 절대온도(273+$t$℃)K

$V = \dfrac{WRT}{PM} \times 3 = \dfrac{5000 \times 0.082 \times (273+25)}{1 \times 76} \times 3 = 4822.89\text{L}$

[답] 4822.89L

**이황화탄소($CS_2$) : 제4류 위험물 중 특수인화물**
① 연소 시 아황산가스($SO_2$) 및 $CO_2$를 생성한다.

$CS_2 + 3O_2 \rightarrow 2SO_2$(이산화황) + $CO_2$(이산화탄소)

② 저장 시 저장탱크를 물속에 넣어 저장한다.
③ 4류 위험물중 착화온도(100℃)가 가장 낮다.
④ 화재 시 다량의 포를 방사하여 질식 및 냉각 소화한다.

**06** 무색의 발연성 액체로 분자량이 63이고 갈색증기를 발생시키며 또한 염산과 혼합되어 금과 백금 등을 녹일 수 있는 위험물은 무엇인지 화학식과 지정수량을 쓰시오. **(4점)**

① 화학식 : $HNO_3$　　② 지정수량 : 300kg

• 왕수란 무엇인가?
① 진한염산과 진한질산을 3대 1 정도의 비율로 혼합한 액체이다
② 강한 산화제로, 산에 잘 녹지 않는 금과 백금 등을 녹일 수 있다.

- 질산($HNO_3$) : 제6류 위험물(산화성 액체)
  ① 무색의 발연성 액체이다.
  ② 시판품은 일반적으로 68%이다.
  ③ 빛에 의하여 일부 분해되어 생긴 $NO_2$ 때문에 황갈색으로 된다.

  $$4HNO_3 \rightarrow 2H_2O + 4NO_2\uparrow(\text{이산화질소}) + O_2\uparrow(\text{산소})$$

  ④ 질산을 오산화인($P_2O_5$)과 작용시키면 오산화질소($N_2O_5$)가 된다.

  크산토프로테인반응(xanthoprotenic reaction)
  단백질에 진한질산을 가하면 노란색으로 변하고 알칼리를 작용시키면 오렌지색으로 변하며, 단백질 검출에 이용된다.

**07** 과산화나트륨 1kg이 물과 반응 할 때 생성된 기체는 350℃, 1기압 상태에서 체적은 몇 L가 되겠는가? (단, Na의 원자량은 23이다) (4점)

**해답** [방법1]
① $Na_2O_2$와 물의 반응식

$$2Na_2O_2 + 2H_2O \rightarrow 4NaOH + O_2$$

  $2 \times 78g \longrightarrow 1 \times 22.4L$
  $1000g \longrightarrow X$

($Na_2O_2$ $2 \times 78g$(2mol)이 물과 반응하여 0℃, 1atm 상태에서 $1 \times 22.4L$의 $O_2$를 발생한다)

$$X = \frac{1000 \times 1 \times 22.4}{2 \times 78} = 143.59L \ (0℃, 1atm \ \text{상태})$$

② 350℃, 1atm상태로 변환하면
  압력이 일정하므로 샤를의 법칙을 적용

  ① $\dfrac{V_1}{T_1} = \dfrac{V_2}{T_2} = \dfrac{143.59}{273+0} = \dfrac{V_2}{273+350}$

  ② $V_2 = \dfrac{143.59 \times (273+350)}{273+0} = 327.68L$

[방법 2]
① $Na_2O_2$와 물의 반응식

$$2Na_2O_2 + 2H_2O \rightarrow 4NaOH + O_2$$
$$Na_2O_2 + H_2O \rightarrow 2NaOH + 0.5O_2$$

  $78g \longrightarrow 0.5 \times 22.4L$

($Na_2O_2$ 78g(1mol)이 물과 반응하여 0℃, 1atm 상태에서 $0.5 \times 22.4L$의 $O_2$를

발생한다)

② 이상기체 상태방정식

$$PV = \frac{W}{M}RT = nRT$$

여기서, $P$ : 압력(atm), $V$ : 부피(L), $W$ : 무게(g), $M$ : 분자량
$R$ : 기체상수(0.082atm · L/mol · K), $T$ : 절대온도(273+$t$℃)K

③ ∴ $V = \frac{WRT}{PM} \times 0.5 = \frac{1000 \times 0.082 \times (273+350)}{1 \times 78} \times 0.5 = 327.47\text{L}$

[답] 327.47L

**상세해설**

과산화나트륨($Na_2O_2$) : 제1류위험물 중 무기과산화물(금수성)
① 상온에서 물과 격렬히 반응하여 산소($O_2$)를 방출하고 폭발하기도 한다.

$$2Na_2O_2 + 2H_2O \rightarrow 4NaOH + O_2\uparrow$$

② 공기 중 이산화탄소($CO_2$)와 반응하여 산소($O_2$)를 방출한다.

$$2Na_2O_2 + 2CO_2 \rightarrow 2Na_2CO_3 + O_2\uparrow$$

③ 산과 반응하여 과산화수소($H_2O_2$)를 생성시킨다.

$$Na_2O_2 + 2CH_3COOH \rightarrow 2CH_3COONa + H_2O_2$$

④ 열분해 시 산소($O_2$)를 방출한다.

$$2Na_2O_2 \rightarrow 2Na_2O + O_2\uparrow$$

⑤ 주수소화는 금물이고 마른모래(건조사), 팽창질석, 팽창진주암, 탄산수소염류 등으로 소화한다.

---

**08** 제5류 위험물인 과산화벤조일의 구조식을 그리시오. (3점)

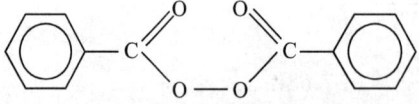

- 과산화벤조일=벤조일퍼옥사이드(BPO)[$(C_6H_5CO)_2O_2$] : 제5류(자기반응성 물질)
  ① 무색 무취의 백색분말 또는 결정이다.
  ② 물에 녹지 않고 알코올에 약간 녹는다.
  ③ 에테르 등 유기용제에 잘 녹는다.
  ④ 폭발성이 매우 강한 강산화제이다.
  ⑤ 직사광선을 피하고 냉암소에 보관한다.

**09** 제1류 위험물과 혼재 할 수 없는 위험물의 류별을 모두 적으시오.
(단, 지정수량의 $\frac{1}{10}$ 이상을 저장하는 경우이다.) (5점)

**해답** 제2류 위험물, 제3류 위험물, 제4류 위험물, 제5류 위험물

**상세해설**
- 유별을 달리하는 위험물의 혼재기준

| 구 분 | 제1류 | 제2류 | 제3류 | 제4류 | 제5류 | 제6류 |
|---|---|---|---|---|---|---|
| 제1류 |  | × | × | × | × | ○ |
| 제2류 | × |  | × | ○ | ○ | × |
| 제3류 | × | × |  | ○ | × | × |
| 제4류 | × | ○ | ○ |  | ○ | × |
| 제5류 | × | ○ | × | ○ |  | × |
| 제6류 | ○ | × | × | × | × |  |

[비고]
1. "×" 표시는 혼재할 수 없음을 표시
2. "○" 표시는 혼재할 수 있음을 표시
3. 이 표는 지정수량의 $\frac{1}{10}$ 이하의 위험물에 대하여는 적용하지 아니한다.

- 쉬운 암기법
  1 + 6    2 + 4
  2 + 5    5 + 4
  3 + 4

**10** 벤젠 16g이 증기로 증발하는 경우 70℃, 1atm 상태에서 부피는 몇 L가 되겠는가? (4점)

**해답** ① 벤젠($C_6H_6$)의 분자량 = 12×6+1×6 = 78
② 이상기체 상태방정식을 적용

$$PV = \frac{W}{M}RT = nRT$$

여기서, $P$ : 압력(atm), $V$ : 부피(L), $W$ : 무게(g), $M$ : 분자량
$R$ : 기체상수(0.082atm·L/mol·K), $T$ : 절대온도(273+$t$℃)K

$$V = \frac{WRT}{PM} = \frac{16 \times 0.082 \times (273+70)}{1 \times 78} = 5.77L$$

[답] 5.77L

## 11 황린이 완전 연소하는 경우 반응식을 쓰시오. (4점)

**해답** $P_4 + 5O_2 \rightarrow 2P_2O_5$

**상세해설**
황린($P_4$)[별명 : 백린] : 제3류 위험물(자연발화성물질)
① 공기 중 약 40~50℃에서 자연 발화한다.
② 저장 시 자연 발화성이므로 반드시 물속에 저장한다.
③ 인화수소($PH_3$)의 생성을 방지하기 위하여 물의 pH=9(약알칼리)가 안전한계이다.
④ 연소 시 오산화인($P_2O_5$)의 흰 연기가 발생한다.

$$P_4 + 5O_2 \rightarrow 2P_2O_5(오산화인)$$

⑤ 강알칼리의 용액에서는 유독기체인 포스핀($PH_3$) 발생한다.

$$P_4 + 3NaOH + 3H_2O \rightarrow 3NaH_2PO_2 + PH_3\uparrow (인화수소=포스핀)$$

## 12 다음은 제4류 위험물의 인화점에 관한 내용이다. ( )안에 알맞은 답을 쓰시오. (4점)

제1석유류 : 인화점이 섭씨 ( ① )도 미만인 것
제2석유류 : 인화점이 섭씨 ( ② )도 이상 ( ③ )도 미만인 것

**해답** ① 21  ② 21  ③ 70

**상세해설**

### 제4류 위험물의 품명 및 지정수량 ★★★★★

| 성질 | 품 명 | | 지정수량 | 위험등급 | 비 고 |
|---|---|---|---|---|---|
| 인화성액체 | 특수인화물 | | 50L | I | • 발화점 100℃ 이하<br>• 인화점 −20℃ 이하 & 비점 40℃ 이하<br>• 이황화탄소, 다이에틸에터 |
| | 제1석유류 | 비수용성 | 200L | II | • 인화점 21℃ 미만<br>• 아세톤, 휘발유 |
| | | 수용성 | 400L | | |
| | 알코올류 | | 400L | | • $C_1$~$C_3$ 포화1가 알코올<br>(변성알코올포함) |
| | 제2석유류 | 비수용성 | 1000L | III | • 인화점 21℃ 이상 70℃ 미만<br>• 등유, 경유 |
| | | 수용성 | 2000L | | |
| | 제3석유류 | 비수용성 | 2000L | | • 인화점 70℃ 이상 200℃ 미만<br>• 중유, 크레오소트유 |
| | | 수용성 | 4000L | | |
| | 제4석유류 | | 6000L | | • 인화점이 200℃이상 250℃미만인 것 |
| | 동식물유류 | | 10000L | | • 동물의 지육 또는 식물의 종자나 과육으로부터 추출한 것으로 1기압에서 인화점이 250℃ 미만인 것 |

# 위험물산업기사 실기

## 2014년 7월 5일 시행

**01** 제조소 또는 일반취급소에서 취급하는 제4류 위험물의 최대수량의 합이 지정수량의 48만배 이상인 사업소에 두는 자체소방대원의 수와 화학소방자동차의 대수를 쓰시오.(단, 상호응원협정을 체결한 경우는 제외한다) (4점)

**해답**
① 자체소방대원의 수 : 20인
② 화학소방자동차 : 4대

**상세해설**

자체소방대에 두는 화학소방자동차 및 인원

| 사업소의 구분 | 화학소방자동차 | 자체소방대원의 수 |
|---|---|---|
| 1. 제조소 또는 일반취급소에서 취급하는 제4류 위험물의 최대수량의 합이 지정수량의 3천배 이상 12만배 미만인 사업소 | 1대 | 5인 |
| 2. 제조소 또는 일반취급소에서 취급하는 제4류 위험물의 최대수량의 합이 지정수량의 12만배 이상 24만배 미만인 사업소 | 2대 | 10인 |
| 3. 제조소 또는 일반취급소에서 취급하는 제4류 위험물의 최대수량의 합이 지정수량의 24만배 이상 48만배 미만인 사업소 | 3대 | 15인 |
| 4. 제조소 또는 일반취급소에서 취급하는 제4류 위험물의 최대수량의 합이 지정수량의 48만배 이상인 사업소 | 4대 | 20인 |
| 5. 옥외탱크저장소에 저장하는 제4류 위험물의 최대수량이 지정수량의 50만배 이상인 사업소 | 2대 | 10인 |

※ 비고 : 화학소방자동차에는 행정안전부령이 정하는 소화능력 및 설비를 갖추어야 하고, 소화활동에 필요한 소화약제 및 기구(방열복 등 개인장구를 포함한다)를 비치하여야 한다.

## 02 트라이에틸알루미늄과 물의 반응식을 쓰시오. (5점)

**해답** $(C_2H_5)_3Al + 3H_2O \rightarrow Al(OH)_3 + 3C_2H_6$

**상세해설**
- 알킬알루미늄[$(C_nH_{2n+1}) \cdot Al$] : 제3류 위험물(금수성 물질)
  ① 알킬기($C_nH_{2n+1}$)에 알루미늄(Al)이 결합된 화합물이다.
  ② $C_1 \sim C_4$는 자연발화의 위험성이 있다.
  ③ 물과 접촉 시 가연성 가스 발생하므로 주수소화는 절대 금지한다.
  ④ 트라이메틸알루미늄(TMA : Tri Methyl Aluminium)

  $(CH_3)_3Al + 3H_2O \rightarrow Al(OH)_3$(수산화알루미늄) $+ 3CH_4 \uparrow$(메탄)

  ⑤ 트라이에틸알루미늄(TEA : Tri Eethyl Aluminium)

  $(C_2H_5)_3Al + 3CH_3OH \rightarrow Al(CH_3O)_3$(트라이메톡시알루미늄) $+ 3C_2H_6 \uparrow$(에탄)

  $(C_2H_5)_3Al + 3H_2O \rightarrow Al(OH)_3$(수산화알루미늄) $+ 3C_2H_6 \uparrow$(에탄)

  ⑥ 저장용기에 불활성기체($N_2$)를 봉입한다.
  ⑦ 피부접촉 시 화상을 입히고 연소 시 흰 연기가 발생한다.
  ⑧ 소화 시 주수소화는 절대 금하고 팽창질석, 팽창진주암 등으로 피복 소화한다.

## 03 크실렌의 이성질체 3가지에 대한 명칭과 구조식을 쓰시오. (6점)

**해답** ① 오르토(ortho)-크실렌   ② 메타(meta)-크실렌   ③ 파라(para)-크실렌

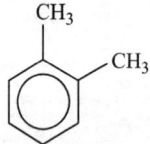  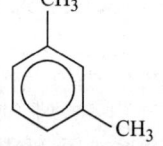  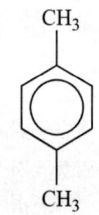

**상세해설**
- 크실렌(자이렌)($C_6H_4(CH_3)_2$)의 이성질체
  ① 오르토(ortho)-크실렌(인화점 : 32℃) : 제2석유류
  ② 메타(meta)-크실렌(인화점 : 27.5℃) : 제2석유류
  ③ 파라(para)-크실렌(인화점 : 27.2℃) : 제2석유류

**04** 소화난이도등급 Ⅰ의 제조소등에 설치하여야 하는 소화설비를 3가지만 쓰시오. (4점)

해답: ① 옥내소화전설비  ② 옥외소화전설비  ③ 스프링클러 설비

[별표 17] 소화설비, 경보설비 및 피난설비의 기준
• 소화난이도등급 Ⅰ의 제조소등에 설치하여야 하는 소화설비

| 제조소등의 구분 | 소화설비 |
|---|---|
| 제 조 소<br>일반취급소 | **옥내소화전설비**, **옥외소화전설비**, **스프링클러**설비 또는 **물분무등**소화설비(화재발생시 연기가 충만할 우려가 있는 장소에는 스프링클러설비 또는 이동식 외의 물분무등소화설비에 한한다) |

**05** 주유취급소에는 "주유 중 엔진정지"라는 표지를 한 게시판을 설치하여야한다. "주유 중 엔진정지"의 바탕 및 문자의 색과 규격을 쓰시오. (5점)

해답:
① 바탕 및 문자 : 황색바탕에 흑색 문자
② 규격 : 한 변의 길이가 0.3m 이상, 다른 한 변의 길이가 0.6m 이상인 직사각형

• 표지 사항의 설치 기준
① 위험물을 차량으로 운반하는 경우 표지
  ㉠ 한 변의 길이가 0.3m 이상, 다른 한 변의 길이가 0.6m 이상인 직사각형
  ㉡ 바탕은 흑색으로 하고 황색의 반사도료 그 밖의 반사성이 있는 재료로 "위험물"이라고 표시
② **주유 중 엔진정지 : 황색바탕에 흑색문자**
③ 화기엄금 및 화기주의 : 적색바탕에 백색문자
④ 물기엄금 : 청색바탕에 백색문자

**06** 옥외저장소에 중유가 들어있는 드럼용기를 겹쳐 쌓는 경우 다음 각 물음에 답을 쓰시오. (6점)

(물음 1) 기계에 의하여 하역하는 구조로 된 용기만을 겹쳐 쌓는 경우 저장높이는 몇 m를 초과할 수 없는가?
(물음 2) 위험물을 수납한 용기를 선반에 저장하는 경우 저장높이는 몇 m를 초과할 수 없는가?
(물음 3) 드럼용기만을 겹쳐 쌓는 경우 저장높이는 몇 m를 초과할 수 없는가?

 **(물음 1)** 6m
**(물음 2)** 6m
**(물음 3)** 4m

- 옥외저장소에서 위험물을 저장하는 경우 높이 제한
  ① 기계에 의하여 하역하는 구조로 된 용기만을 겹쳐 쌓는 경우 : 6m
  ② 제4류 위험물 중 제3석유류, 제4석유류 및 동식물유류를 수납하는 용기만을 겹쳐 쌓는 경우 : 4m
  ③ 그 밖의 경우 : 3m
  ④ 위험물을 수납한 용기를 선반에 저장하는 경우 : 6m

**07** 다음은 제4류 위험물인 특수인화물에 대한 정의이다. ( )안에 알맞은 답을 쓰시오. (3점)

"특수인화물"이라 함은 이황화탄소, 다이에틸에터 그 밖에 1기압에서 발화점이 섭씨 ( ① )도 이하인 것 또는 인화점이 섭씨 영하 ( ② )도 이하이고 비점이 섭씨 ( ③ )도 이하인 것을 말한다.

 ① 100   ② 20   ③ 40

- 제4류 위험물 (인화성 액체)

| 구 분 | 지정품목 | 기타 조건 (1atm에서) |
|---|---|---|
| 특수인화물 | • 이황화탄소<br>• 다이에틸에터 | • 발화점이 100℃ 이하<br>• 인화점 −20℃ 이하 이고 비점이 40℃ 이하 |
| 제1석유류 | • 아세톤  • 휘발유 | • 인화점 21℃ 미만. |

| 구 분 | 지정품목 | 기타 조건 (1atm에서) |
|---|---|---|
| 알코올류 | $C_1 \sim C_3$까지 포화 1가 알코올(변성알코올 포함) • 메틸알코올 • 에틸알코올 • 프로필알코올 | |
| 제2석유류 | • 등유 • 경유 | • 인화점 21℃ 이상 70℃ 미만 |
| 제3석유류 | • 중유 • 크레오소트유 | • 인화점 70℃ 이상 200℃ 미만 |
| 제4석유류 | • 기어유 • 실린더유 | • 인화점 200℃ 이상 250℃ 미만 |
| 동식물유류 | • 동물의 지육 등 또는 식물의 종자나 과육으로부터 추출한 것으로서 인화점이 250℃ 미만인 것 | |

**08** 마그네슘과 물이 접촉하는 경우 반응식과 주수소화를 하면 안 되는 이유를 쓰시오. (4점)

 ① 반응식 : $Mg + 2H_2O \rightarrow Mg(OH)_2 + H_2$
② 주수소화 안 되는 이유 : 수소기체가 발생하여 폭발의 위험이 있다

**상세해설** 마그네슘(Mg)
① 2mm체 통과 못하는 덩어리는 위험물에서 제외한다.
② 직경 2mm 이상 막대모양은 위험물에서 제외한다.
③ 은백색의 광택이 나는 가벼운 금속이다.
④ 수증기(물)와 작용하여 수소를 발생시킨다.(주수소화금지)

$$Mg + 2H_2O \rightarrow Mg(OH)_2(수산화마그네슘) + H_2 \uparrow (수소)$$

⑤ 이산화탄소 소화약제를 방사하면 주위의 공기 중 수분이 응축하여 위험하다.
⑥ 산과 작용하여 수소를 발생시킨다.

$$Mg + 2HCl \rightarrow MgCl_2(염화마그네슘) + H_2 \uparrow (수소)$$

⑦ 공기중 습기에 발열되어 자연발화 위험이 있다.
⑧ 주수소화는 엄금이며 마른모래 등으로 피복 소화한다.

**09** 과산화나트륨의 완전 열분해 반응식과 과산화나트륨 1kg이 열분해 하는 경우 표준상태에서 산소의 부피(L)를 구하시오. (6점)

**해답** (1) 완전분해 반응식 : $2Na_2O_2 \rightarrow 2Na_2O + O_2$

(2) 산소의 부피
① 과산화나트륨($Na_2O_2$)의 분자량 = $23 \times 2 + 16 \times 2 = 78$
② 0℃, 1기압(표준상태)에서 모든 기체 1mol은 22.4L의 부피를 차지한다.
③ 산소의 부피 계산

$2Na_2O_2 \rightarrow 2Na_2O + O_2$
$2 \times 78g \longrightarrow 1 \times 22.4L$
$1000g \longrightarrow X$

$X = \dfrac{1000 \times 1 \times 22.4}{2 \times 78} = 143.59L$

과산화나트륨($Na_2O_2$) : 제1류위험물 중 무기과산화물(금수성)
① 상온에서 물과 격렬히 반응하여 산소($O_2$)를 방출하고 폭발하기도 한다.

$2Na_2O_2 + 2H_2O \rightarrow 4NaOH + O_2 \uparrow$

② 공기 중 이산화탄소($CO_2$)와 반응하여 산소($O_2$)를 방출한다.

$2Na_2O_2 + 2CO_2 \rightarrow 2Na_2CO_3 + O_2 \uparrow$

③ 산과 반응하여 과산화수소($H_2O_2$)를 생성시킨다.

$Na_2O_2 + 2CH_3COOH \rightarrow 2CH_3COONa + H_2O_2$

④ 열분해 시 산소($O_2$)를 방출한다.

$2Na_2O_2 \rightarrow 2Na_2O + O_2 \uparrow$

⑤ 주수소화는 금물이고 마른모래(건조사), 팽창질석, 팽창진주암, 탄산수소염류 등으로 소화한다.

## 10
$CS_2$가 들어있는 드럼통은 화재 시 물을 방사하여 소화가 가능하다. 이 물질의 비중과 관련하여 소화효과를 설명하시오. (4점)

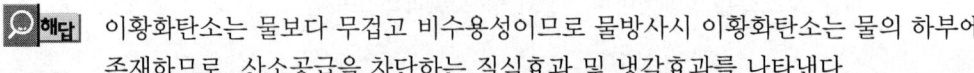

이황화탄소는 물보다 무겁고 비수용성이므로 물방사시 이황화탄소는 물의 하부에 존재하므로 산소공급을 차단하는 질식효과 및 냉각효과를 나타낸다.

이황화탄소($CS_2$) : 제4류 위험물 중 특수인화물
① 연소 시 아황산가스($SO_2$) 및 $CO_2$를 생성한다.

$CS_2 + 3O_2 \rightarrow 2SO_2$(이산화황) + $CO_2$(이산화탄소)

② 저장 시 저장탱크를 물속에 넣어 저장한다.
③ 4류 위험물중 착화온도(100℃)가 가장 낮다.
④ 화재 시 다량의 포를 방사하여 질식 및 냉각 소화한다.

**11** 제3류 위험물 중 물과 반응성이 없으며 공기 중에서 자연발화 하여 흰 연기를 발생시키는 물질의 명칭과 지정수량을 쓰시오. (4점)

**해답**
① 물질의 명칭 : 황린
② 지정수량 : 20kg

**상세해설**
• 황린($P_4$)[별명 : 백린] : 제3류 위험물(자연발화성물질)
① 공기 중 약 40~50℃에서 자연 발화한다.
② 저장 시 자연 발화성이므로 반드시 물속에 저장한다.
③ 인화수소($PH_3$)의 생성을 방지하기 위하여 물의 pH=9(약알칼리)가 안전한계이다.
④ 연소 시 오산화인($P_2O_5$)의 흰 연기가 발생한다.

$$P_4 + 5O_2 \rightarrow 2P_2O_5(오산화인)$$

⑤ 강알칼리의 용액에서는 유독기체인 포스핀($PH_3$) 발생한다.

$$P_4 + 3NaOH + 3H_2O \rightarrow 3NaH_2PO_2 + PH_3\uparrow (인화수소=포스핀)$$

• 제3류 위험물 및 지정수량

| 유별 | 성질 | 위험물 품명 | 지정수량 |
|---|---|---|---|
| 제3류 | 자연발화성 및 금수성물질 | 1. 칼륨 | 10kg |
| | | 2. 나트륨 | |
| | | 3. 알킬알루미늄 | |
| | | 4. 알킬리튬 | |
| | | 5. 황린 | 20kg |
| | | 6. 알칼리금속(칼륨 및 나트륨 제외) 및 알칼리토금속 | 50kg |
| | | 7. 유기금속화합물(알킬알루미늄 및 알킬리튬 제외) | |
| | | 8. 금속의 수소화물 | 300kg |
| | | 9. 금속의 인화물 | |
| | | 10. 칼슘 또는 알루미늄의 탄화물 | |

**12** 금속나트륨과 에탄올의 반응식과 반응 시 발생되는 기체의 명칭을 쓰시오. (4점)

**해답**
① 반응식 : $2Na + 2C_2H_5OH \rightarrow 2C_2H_5ONa + H_2\uparrow$
② 발생기체 : 수소

**상세해설**

- 금속칼륨 및 금속나트륨 : 제3류 위험물(금수성)
  ① 물과 반응하여 수소기체 발생
  $$2Na + 2H_2O \rightarrow 2NaOH(수산화나트륨) + H_2\uparrow (수소발생)$$
  $$2K + 2H_2O \rightarrow 2KOH(수산화칼륨) + H_2\uparrow (수소발생)$$
  ② 금속나트륨과 $CO_2$의 반응식
  $$4Na + 3CO_2 \rightarrow 2Na_2CO_3 + C$$
  (금속나트륨과 이산화탄소는 폭발적으로 반응하기 때문에 위험)

- 에틸알코올($C_2H_5OH$) : 제4류 위험물 중 알코올류
  ① 술 속에 포함되어 있어 주정이라고 한다.
  ② 물에 아주 잘 녹으며 유기용제이다.
  ③ 연소 시 주간에는 불꽃이 잘 보이지 않는다.
  $$C_2H_5OH + 3O_2 \rightarrow 2CO_2 + 3H_2O$$
  ④ 금속나트륨, 금속칼륨을 가하면 수소($H_2$)가 발생한다.
  $$2C_2H_5OH + 2Na \rightarrow 2C_2H_5ONa + H_2\uparrow$$
  $$2C_2H_5OH + 2K \rightarrow 2C_2H_5OK + H_2\uparrow$$
  ⑤ 아이오딘포름 반응을 하므로 에탄올검출에 이용된다.
  $$에탄올 \xrightarrow{KOH+I_2} 아이오딘포름(CHI_3)(노란색)$$

# 위험물산업기사 실기

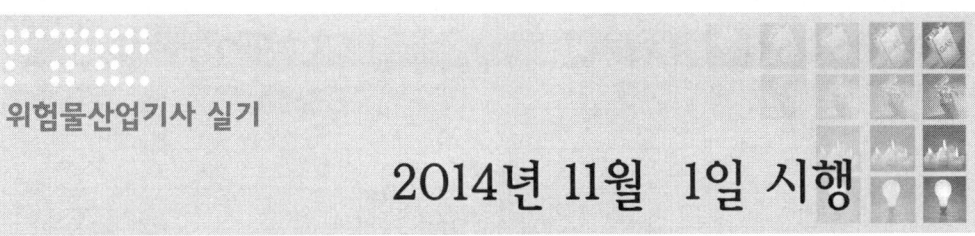

## 2014년 11월 1일 시행

**01** 금속칼슘과 물이 접촉하는 경우 화학반응식을 쓰시오. (4점)

 Ca + 2H$_2$O → Ca(OH)$_2$ + H$_2$

**상세해설** 칼슘(Ca) : 제3류 위험물 중 금수성물질
① 은백색의 알칼리토금속이며 결합력이 강하다.
② 물과 작용하여 수소(H$_2$)를 발생한다.

$$Ca + 2H_2O \rightarrow Ca(OH)_2 + H_2 \uparrow$$

③ 알칼리금속 및 알칼리토금속의 소화
물 및 포 약제의 소화는 절대 금하고 마른모래 등으로 피복 소화한다.

**02** 다음 표에 혼재가 가능한 위험물은 O, 혼재가 불가능한 위험물은 ×로 표시하시오.(단, 지정수량의 $\frac{1}{10}$을 초과하는 위험물에 적용하는 경우이다). (5점)

| 구 분 | 제1류 | 제2류 | 제3류 | 제4류 | 제5류 | 제6류 |
|---|---|---|---|---|---|---|
| 제1류 |  | × | × |  | × |  |
| 제2류 |  |  | × |  | O |  |
| 제3류 | × |  |  |  | × |  |
| 제4류 |  | O | O |  | O |  |
| 제5류 |  | O | × |  |  |  |
| 제6류 |  | × | × |  | × |  |

**해답**

| 구 분 | 제1류 | 제2류 | 제3류 | 제4류 | 제5류 | 제6류 |
|---|---|---|---|---|---|---|
| 제1류 |  | × | × | × | × | ○ |
| 제2류 | × |  | × | ○ | ○ | × |
| 제3류 | × | × |  | ○ | × | × |
| 제4류 | × | ○ | ○ |  | ○ | × |
| 제5류 | × | ○ | × | ○ |  | × |
| 제6류 | ○ | × | × | × | × |  |

**상세해설**

- 유별을 달리하는 위험물의 혼재기준

| 구 분 | 제1류 | 제2류 | 제3류 | 제4류 | 제5류 | 제6류 |
|---|---|---|---|---|---|---|
| 제1류 |  | × | × | × | × | ○ |
| 제2류 | × |  | × | ○ | ○ | × |
| 제3류 | × | × |  | ○ | × | × |
| 제4류 | × | ○ | ○ |  | ○ | × |
| 제5류 | × | ○ | × | ○ |  | × |
| 제6류 | ○ | × | × | × | × |  |

[비고]
1. "×" 표시는 혼재할 수 없음을 표시
2. "○" 표시는 혼재할 수 있음을 표시
3. 이 표는 지정수량의 $\frac{1}{10}$ 이하의 위험물에 대하여는 적용하지 아니한다.

- 쉬운 암기법
  1 + 6     2 + 4
  2 + 5     5 + 4
  3 + 4

---

**03** 트라이에틸알루미늄과 메탄올이 접촉하는 경우 폭발적으로 반응한다. 이 때의 화학반응식을 쓰시오. (3점)

 **해답** $(C_2H_5)_3Al + 3CH_3OH \rightarrow Al(CH_3O)_3 + 3C_2H_6$

 **상세해설**

- 알킬알루미늄[$(C_nH_{2n+1}) \cdot Al$] : 제3류 위험물(금수성 물질)
  ① 알킬기($C_nH_{2n+1}$)에 알루미늄(Al)이 결합된 화합물이다.
  ② $C_1 \sim C_4$는 자연발화의 위험성이 있다.
  ③ 물과 접촉 시 가연성 가스 발생하므로 주수소화는 절대 금지한다.

④ 트라이메틸알루미늄(TMA : Tri Methyl Aluminium)

$(CH_3)_3Al + 3H_2O \rightarrow Al(OH)_3$(수산화알루미늄) $+ 3CH_4\uparrow$(메탄)

⑤ 트라이에틸알루미늄(TEA : Tri Eethyl Aluminium)

$(C_2H_5)_3Al + 3CH_3OH \rightarrow Al(CH_3O)_3$(트라이메톡시알루미늄) $+ 3C_2H_6\uparrow$(에탄)

$(C_2H_5)_3Al + 3H_2O \rightarrow Al(OH)_3$(수산화알루미늄) $+ 3C_2H_6\uparrow$(에탄)

⑥ 저장용기에 불활성기체($N_2$)를 봉입한다.
⑦ 피부접촉 시 화상을 입히고 연소 시 흰 연기가 발생한다.
⑧ 소화 시 주수소화는 절대 금하고 팽창질석, 팽창진주암 등으로 피복 소화한다.

## 04 알칼리금속의 과산화물 운반용기에 표시하여야 하는 주의사항을 4가지 쓰시오. (4점)

**해답**
① 화기주의
② 충격주의
③ 물기엄금
④ 가연물접촉주의

• 위험물 운반용기의 외부 표시 사항
① 위험물의 품명, 위험등급, 화학명 및 수용성(제4류 위험물의 수용성인 것에 한함)
② 위험물의 수량
③ 수납하는 위험물에 따른 주의사항

| 류 별 | 성질에 따른 구분 | 표시사항 |
|---|---|---|
| • 제1류 위험물 | 알칼리금속의 과산화물 | 화기·충격주의, 물기엄금 및 가연물접촉주의 |
| | 그 밖의 것 | 화기·충격주의 및 가연물접촉주의 |
| • 제2류 위험물 | 철분·금속분·마그네슘 | 화기주의 및 물기엄금 |
| | 인화성고체 | 화기엄금 |
| | 그 밖의 것 | 화기주의 |
| • 제3류 위험물 | 자연발화성물질 | 화기엄금 및 공기접촉엄금 |
| | 금수성물질 | 물기엄금 |
| • 제4류 위험물 | 인화성 액체 | 화기엄금 |
| • 제5류 위험물 | 자기반응성 물질 | 화기엄금 및 충격주의 |
| • 제6류 위험물 | 산화성 액체 | 가연물접촉주의 |

**05** 제2류 위험물인 오황화인과 물의 화학반응식과 생성되는 기체의 명칭은 무엇인지 쓰시오. (4점)

① 화학반응식 : $P_2S_5 + 8H_2O \rightarrow 2H_3PO_4 + 5H_2S$
② 생성되는 기체 : 황화수소

- 오황화인($P_2S_5$)
  ① 담황색 결정이고 조해성이 있다.
  ② 수분을 흡수하면 분해된다.
  ③ 이황화탄소($CS_2$)에 잘 녹는다.
  ④ 물, 알칼리와 반응하여 인산과 황화수소를 발생한다.
  $$P_2S_5 + 8H_2O \rightarrow 2H_3PO_4 + 5H_2S \uparrow$$

**06** 에틸알코올의 완전 연소반응식을 쓰시오. (4점)

$C_2H_5OH + 3O_2 \rightarrow 2CO_2 + 3H_2O$

에틸알코올($C_2H_5OH$) : 제4류 위험물 중 알코올류
① 술 속에 포함되어 있어 주정이라고 한다.
② 무색투명한 액체이다.
③ 물에 아주 잘 녹으며 유기용제이다.
④ 연소 시 주간에는 불꽃이 잘 보이지 않는다.
$$C_2H_5OH + 3O_2 \rightarrow 2CO_2 + 3H_2O$$
⑥ 금속나트륨, 금속칼륨을 가하면 수소($H_2$)가 발생한다.
$$2C_2H_5OH + 2Na \rightarrow 2C_2H_5ONa + H_2 \uparrow$$
$$2C_2H_5OH + 2K \rightarrow 2C_2H_5OK + H_2 \uparrow$$
⑦ 아이오딘포름 반응을 하므로 에탄올검출에 이용된다.
$$에탄올 \xrightarrow{KOH+I_2} 아이오딘포름(CHI_3)(노란색)$$

**07** 이황화탄소, 산화프로필렌, 에탄올을 발화점이 낮은 순으로 쓰시오. (4점)

**해답** 이황화탄소, 에탄올, 산화프로필렌

**상세해설**

제4류 위험물의 물성

| 품 명 | 이황화탄소 | 산화프로필렌 | 에탄올(에틸알코올) |
|---|---|---|---|
| 류 별 | 특수인화물 | 특수인화물 | 알코올류 |
| 착화점(발화점) | 100℃ | 465℃ | 423℃ |

**08** "제1석유류"라 함은 아세톤, 휘발유 그 밖에 1기압에서 인화점이 (　)℃ 미만인 것을 말한다. 에서 (　)안에 알맞은 답을 쓰시오. (3점)

**해답** 21

**상세해설**

• 제4류 위험물 (인화성 액체)

| 구 분 | 지정품목 | 기타 조건 (1atm에서) |
|---|---|---|
| 특수인화물 | • 이황화탄소<br>• 다이에틸에터 | • 발화점이 100℃ 이하<br>• 인화점 −20℃ 이하이고 비점이 40℃ 이하 |
| 제1석유류 | • 아세톤  • 휘발유 | • 인화점 21℃ 미만. |
| 알코올류 | $C_1$~$C_3$까지 포화 1가 알코올(변성알코올 포함)<br>• 메틸알코올  • 에틸알코올  • 프로필알코올 ||
| 제2석유류 | • 등유  • 경유 | • 인화점 21℃ 이상 70℃ 미만 |
| 제3석유류 | • 중유  • 크레오소트유 | • 인화점 70℃ 이상 200℃ 미만 |
| 제4석유류 | • 기어유  • 실린더유 | • 인화점 200℃ 이상 250℃ 미만 |
| 동식물유류 | • 동물의 지육 등 또는 식물의 종자나 과육으로부터 추출한 것으로서 인화점이 250℃ 미만인 것 ||

**09** 제1종 분말소화약제에 대한 주성분의 약제명과 화학식을 쓰시오. (3점)

**해답** 약제명 : 탄산수소나트륨
화학식 : $NaHCO_3$

**상세해설**

• 분말약제의 종류

| 종별 | 약제명 | 화학식 | 착색 | 열분해 반응식 |
|---|---|---|---|---|
| 제1종 | 탄산수소나트륨<br>중탄산나트륨<br>중조 | $NaHCO_3$ | 백색 | 270℃ $2NaHCO_3 \rightarrow Na_2CO_3 + CO_2 + H_2O$<br>850℃ $2NaHCO_3 \rightarrow Na_2O + 2CO_2 + H_2O$ |
| 제2종 | 탄산수소칼륨<br>중탄산칼륨 | $KHCO_3$ | 담회색 | 190℃ $2KHCO_3 \rightarrow K_2CO_3 + CO_2 + H_2O$<br>590℃ $2KHCO_3 \rightarrow K_2O + 2CO_2 + H_2O$ |
| 제3종 | 제1인산암모늄 | $NH_4H_2PO_4$ | 담홍색 | $NH_4H_2PO_4 \rightarrow HPO_3 + NH_3 + H_2O$ |
| 제4종 | 중탄산칼륨+<br>요소 | $KHCO_3+$<br>$(NH_2)_2CO$ | 회(백)색 | $2KHCO_3+(NH_2)_2CO$<br>　$\rightarrow K_2CO_3+2NH_3+2CO_2$ |

**10** 다음은 위험물 이동저장탱크의 구조에 관한 기준이다. (　)안에 알맞은 답을 쓰시오.

(4점)

이동저장탱크는 그 내부에 ( ① )L 이하마다 ( ② )mm 이상의 강철판 또는 이와 동등 이상의 강도ㆍ내열성 및 내식성이 있는 금속성의 것으로 칸막이를 설치하여야 한다.

**해답** ① 4,000　② 3.2

**상세해설**

• 이동저장탱크의 구조
① 탱크(맨홀 및 주입관의 뚜껑을 포함)는 두께 3.2mm 이상의 강철판
② 압력탱크(최대상용압력이 46.7kPa 이상인 탱크) 외의 탱크는 70kPa의 압력으로, 압력탱크는 최대상용압력의 1.5배의 압력으로 각각 10분간의 수압시험을 실시하여 새거나 변형되지 아니할 것.
③ 이동저장탱크는 그 내부에 **4,000L 이하**마다 **3.2mm 이상**의 강철판 또는 이와 동등 이상의 강도ㆍ내열성 및 내식성이 있는 금속성의 것으로 칸막이를 설치

**11** 원자량 23, 비중 0.97, 불꽃반응 시 노란색을 띠는 물질에 대한 다음 각 물음에 답하시오. (4점)

(물음 1) 물질의 원소기호를 쓰시오.
(물음 2) 물질의 지정수량을 쓰시오.

**해답** (물음 1) Na
(물음 2) 10kg

**상세해설**

- 나트륨(Na) : 제3류 위험물(금수성)
  ① 가열시 노란색 불꽃을 내면서 연소한다.
  ② 물과 반응하여 수소 및 열을 발생한다.(금수성 물질)

  $$2Na + 2H_2O \rightarrow 2NaOH + H_2\uparrow + 88.2kcal$$

  ③ 보호액으로 파라핀, 경유, 등유를 사용한다.
  ④ 피부와 접촉 시 화상을 입는다.
  ⑤ 마른모래 등으로 질식 소화한다.

  금속나트륨 화재 시 $CO_2$소화기 사용금지 이유
  (금속나트륨과 이산화탄소는 폭발적으로 반응하기 때문에 위험)
  $4Na + 3CO_2 \rightarrow 2Na_2CO_3 + C$

- 불꽃반응 시 색상

| 구 분 | 칼륨(K) | 나트륨(Na) | 칼슘(Ca) | 리튬(Li) | 바륨(Ba) |
|---|---|---|---|---|---|
| 불꽃 색상 | 보라색 | 노란색 | 주홍색 | 적 색 | 황록색 |

- 제3류 위험물의 품명 및 지정수량 ★★★

| 성 질 | 품 명 | 지정수량 | 위험등급 |
|---|---|---|---|
| 자연발화성 및 금수성 물질 | 1. 칼륨 | 10kg | I |
| | 2. 나트륨 | | |
| | 3. 알킬알루미늄 | | |
| | 4. 알킬리튬 | | |
| | 5. 황린 | 20kg | |
| | 6. 알칼리금속(칼륨 및 나트륨 제외) 및 알칼리토금속 | 50kg | II |
| | 7. 유기금속화합물 (알킬알루미늄 및 알킬리튬 제외) | | |
| | 8. 금속의 수소화물 | 300kg | III |
| | 9. 금속의 인화물 | | |
| | 10. 칼슘 또는 알루미늄의 탄화물 | | |

**12** 다음은 주유취급소에 대한 탱크종류이다. 탱크의 종류에 따른 용량을 쓰시오.

① 고속국도의 도로변에 설치하지 않은 고정주유설비에 직접 접속하는 전용탱크로서 (   )L 이하의 것으로 할 것
② 고속국도의 도로변에 설치된 주유취급소에 있어서는 탱크의 용량을 (   )L 까지 할 수 있다.

**해답** ① 50,000  ② 60,000
① 주유취급소자동차등에 주유하기 위한 위험물 탱크 : 5만L 이하
② 고속국도의 도로변에 설치된 주유취급소의 탱크 : 6만L 이하

**상세해설**
- 주유취급소의 탱크
  ① 자동차 등에 주유하기 위한 고정주유설비에 직접 접속하는 전용탱크 : 50,000L 이하
  ② 고정급유설비에 직접 접속하는 전용탱크 : 50,000L 이하
  ③ 보일러 등에 직접 접속하는 전용탱크 : 10,000L 이하
  ④ 폐유탱크로서 용량(2 이상 설치하는 경우에는 각 용량의 합계)이 2,000L 이하인 탱크
  ⑤ 고정주유설비 또는 고정급유설비에 직접 접속하는 3기 이하의 간이탱크
- 고속국도주유취급소의 특례
  고속국도의 도로변에 설치된 주유취급소에 있어서는 탱크의 용량을 60,000L까지 할 수 있다.

**13** 제조소 또는 일반취급소에서 취급하는 제4류 위험물의 최대수량의 합이 지정수량의 12만배 이상 24만배 미만인 사업소에 두어야 할 자체소방대의 화학소방자동차와 자체소방대원의 수는 각각 얼마로 규정되어 있는가? (단, 상호 응원협정을 체결한 경우는 제외한다)  **(4점)**

**해답** ① 화학소방자동차 : 2대
② 자체소방대원의 수 : 10인

자체소방대에 두는 화학소방자동차 및 인원

| 사업소의 구분 | 화학 소방자동차 | 자체 소방대원의 수 |
|---|---|---|
| 1. 제조소 또는 일반취급소에서 취급하는 제4류 위험물의 최대수량의 합이 지정수량의 3천배 이상 12만배 미만인 사업소 | 1대 | 5인 |
| 2. 제조소 또는 일반취급소에서 취급하는 제4류 위험물의 최대수량의 합이 지정수량의 12만배 이상 24만배 미만인 사업소 | 2대 | 10인 |
| 3. 제조소 또는 일반취급소에서 취급하는 제4류 위험물의 최대수량의 합이 지정수량의 24만배 이상 48만배 미만인 사업소 | 3대 | 15인 |
| 4. 제조소 또는 일반취급소에서 취급하는 제4류 위험물의 최대수량의 합이 지정수량의 48만배 이상인 사업소 | 4대 | 20인 |
| 5. 옥외탱크저장소에 저장하는 제4류 위험물의 최대수량이 지정수량의 50만배 이상인 사업소 | 2대 | 10인 |

※ 비고 : 화학소방자동차에는 행정안전부령이 정하는 소화능력 및 설비를 갖추어야 하고, 소화활동에 필요한 소화약제 및 기구(방열복 등 개인장구를 포함한다)를 비치하여야 한다.

## 14 다음 표를 보고 빈칸에 알맞은 답을 쓰시오. (4점)

| 품명 | 유별 | 지정수량 |
|---|---|---|
| 칼륨 | ① | ② |
| 질산염류 | ③ | ④ |
| 하이드록실아민염류 | ⑤ | ⑥ |
| 질산 | ⑦ | ⑧ |

**해답**
① 제3류 위험물   ② 10kg
③ 제1류 위험물   ④ 300kg
⑤ 제5류 위험물   ⑥ 100kg
⑦ 제6류 위험물   ⑧ 300kg

**상세해설**

(1) 제1류 위험물의 품명 및 지정수량

| 성질 | 품명 | 지정수량 | 위험등급 |
|---|---|---|---|
| 산화성 고체 | 1. 아염소산염류<br>2. 염소산염류<br>3. 과염소산염류<br>4. 무기과산화물 | 50kg | I |
| | 5. 브로민산염류<br>6. 질산염류<br>7. 아이오딘산염류 | 300kg | II |
| | 8. 과망가니즈산염류<br>9. 다이크로뮴산염류 | 1000kg | III |

(2) 제3류 위험물의 품명 및 지정수량

| 성 질 | 품 명 | 지정수량 | 위험등급 |
|---|---|---|---|
| 자연발화성 및 금수성 물질 | 1. 칼륨<br>2. 나트륨<br>3. 알킬알루미늄<br>4. 알킬리튬 | 10kg | I |
| | 5. 황린 | 20kg | |
| | 6. 알칼리금속(칼륨 및 나트륨 제외) 및 알칼리토금속<br>7. 유기금속화합물<br>(알킬알루미늄 및 알킬리튬 제외) | 50kg | II |
| | 8. 금속의 수소화물<br>9. 금속의 인화물<br>10. 칼슘 또는 알루미늄의 탄화물 | 300kg | III |

(3) 제5류 위험물의 품명 및 지정수량

| 성질 | 품명 | 지정수량 | 위험등급 |
|---|---|---|---|
| 자기반응성 물질 | • 유기과산화물  • 질산에스터류<br>• 나이트로화합물  • 나이트로소화합물<br>• 아조화합물  • 다이아조화합물<br>• 하이드라진 유도체  • 하이드록실아민<br>• 하이드록실아민염류 | 1종 : 10kg<br>2종 : 100kg | 1종 : I<br>2종 : II |
| 종판단 완료 | • 질산에스터류(대부분)(1종)<br>• 셀룰로이드(2종)<br>• 트라이나이트로톨루엔(1종)<br>• 트라이나이트로페놀(1종)<br>• 테트릴(1종)<br>• 유기과산화물(대부분)(2종) | | |

(4) 제6류 위험물의 품명 및 지정수량

| 성 질 | 품 명 | 지정수량 | 위험등급 |
|---|---|---|---|
| 산화성 액체 | 1. 과염소산<br>2. 과산화수소<br>3. 질산 | 300kg | I |

# 위험물산업기사 실기

## 2015년 5월 31일 시행

**01** 위험물 중 크실렌의 이성질체 3가지의 명칭과 구조식을 쓰시오. (3점)

해답 (1) 오르토(ortho)-크실렌

(2) 메타(meta)-크실렌

(3) 파라(para)-크실렌

상세해설
- 크실렌(자이렌)($C_6H_4(CH_3)_2$)의 이성질체
  ① 오르토(ortho)-크실렌(인화점 : 32℃) : 제2석유류
  ② 메타(meta)-크실렌(인화점 : 27.5℃) : 제2석유류
  ③ 파라(para)-크실렌(인화점 : 27.2℃) : 제2석유류

**02** 제5류 위험물 중 트라이나이트로톨루엔의 구조식을 그리시오.

해답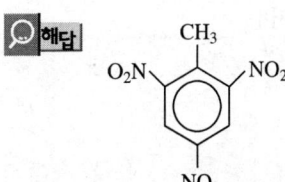

**상세해설**

- 트라이나이트로톨루엔[$C_6H_2CH_3(NO_2)_3$] : 제5류 위험물 중 나이트로화합물
  ① 물에는 녹지 않고 알코올, 아세톤, 벤젠에 녹는다.
  ② 톨루엔과 질산을 반응시켜 얻는다.

$$C_6H_5CH_3 + 3HNO_3 \xrightarrow[\text{(탈수작용)}]{C-H_2SO_4} C_6H_2CH_3(NO_2)_3 + 3H_2O$$
  (톨루엔)    (질산)                    (트라이나이트로톨루엔)   (물)

  ③ Tri Nitro Toluene의 약자로 TNT라고도 한다.
  ④ **담황색의 주상결정**이며 햇빛에 다갈색으로 변색된다.
  ⑤ 강력한 폭약이며 급격한 타격에 폭발한다.

  - 트라이나이트로톨루엔의 구조식

  - 트라이나이트로톨루엔의 열분해 반응식
    $2C_6H_2CH_3(NO_2)_3 \rightarrow 2C + 3N_2\uparrow + 5H_2\uparrow + 12CO\uparrow$

  ⑥ 연소 시 연소속도가 너무 빠르므로 소화가 곤란하다.
  ⑦ 무기 및 다이너마이트, 질산폭약제 제조에 이용된다.

---

## 03 금속칼륨이 주수소화하면 안 되는 이유를 쓰시오. (3점)

**해답**
① 물과 반응하여 가연성기체인 수소를 발생하므로
② 물과 반응하여 심한 열을 발생하므로

**상세해설**

- 금속칼륨 및 금속나트륨 : 제3류 위험물(금수성)
  ① 물과 반응하여 수소기체 발생

  $2Na + 2H_2O \rightarrow 2NaOH(\text{수산화나트륨}) + H_2\uparrow$ (수소 발생)
  $2K + 2H_2O \rightarrow 2KOH(\text{수산화칼륨}) + H_2\uparrow$ (수소 발생)

  ② 파라핀, 경유, 등유 속에 저장

  ★★자주출제(필수정리)★★
  ❶ 칼륨(K), 나트륨(Na)은 파라핀, 경유, 등유 속에 저장
  ❷ 황린(3류) 및 이황화탄소(4류)는 물속에 저장

**04** 다음 위험물 중 비중이 1보다 큰 것을 보기에서 모두 고르시오.

[보기] 이황화탄소, 글리세린, 산화프로필렌, 클로로벤젠, 피리딘

 이황화탄소, 글리세린, 클로로벤젠

| 구 분 | 이황화탄소 | 글리세린 | 산화프로필렌 | 클로로벤젠 | 피리딘 |
|---|---|---|---|---|---|
| 비중(액체) | 1.26 | 1.26 | 0.83 | 1.11 | 0.98 |

**05** 이황화탄소의 연소반응식을 쓰시오.

 $CS_2 + 3O_2 \rightarrow 2SO_2 + CO_2$

- 이황화탄소($CS_2$) : 제4류 위험물 중 특수인화물
  ① 연소 시 아황산가스($SO_2$) 및 $CO_2$를 생성한다.

  $$CS_2 + 3O_2 \rightarrow 2SO_2(이산화황) + CO_2(이산화탄소)$$

  ② 저장 시 저장탱크를 물속에 넣어 저장한다.
  ③ 4류 위험물중 착화온도(100℃)가 가장 낮다.
  ④ 화재 시 다량의 포를 방사하여 질식 및 냉각 소화한다.

**06** 질산메틸의 증기비중을 구하시오. (4점)

[계산과정]
① 질산메틸($CH_3NO_3$)의 분자량 = $12+1 \times 3+14+16 \times 3 = 77$
② $\dfrac{77}{29} = 2.66$

[답] 2.66

**상세해설**

- 증기비중 = $\dfrac{M(\text{분자량})}{29(\text{공기평균분자량})}$

- 원칙적인 공기의 조성과 평균분자량
  ① 산소($O_2$) : 20.99%     ② 질소($N_2$) : 78.03%
  ③ 아르곤(Ar) : 0.94%     ④ 이산화탄소($CO_2$) : 0.03%
  ※ 공기 중 산소의 부피(%) = 21%   ※ 공기 중 산소의 중량(무게)(%) = 23%

- 공기의 평균 분자량
  $28(N_2) \times 0.7803 + 32(O_2) \times 0.2099 + 40(Ar) \times 0.0094 + 44(CO_2) \times 0.0003$
  $= 28.95 ≒ 29$

## 07 인화칼슘에 대한 다음 각 물음에 답하시오. (6점)

(물음 1) 몇 류 위험물인지 쓰시오.
(물음 2) 지정수량을 쓰시오.
(물음 3) 물과의 반응식을 쓰시오.
(물음 4) 물과 반응 후 생성되는 가스의 명칭을 쓰시오.

**해답**
(물음 1) 제3류 위험물
(물음 2) 300kg
(물음 3) $Ca_3P_2 + 6H_2O \rightarrow 3Ca(OH)_2 + 2PH_3$
(물음 4) 포스핀(인화수소)

**상세해설**

- 제3류 위험물 및 지정수량

| 성 질 | 품 명 | 지정수량 | 위험등급 |
|---|---|---|---|
| 자연발화성 및 금수성 물질 | 1. 칼륨 | 10kg | I |
| | 2. 나트륨 | | |
| | 3. 알킬알루미늄 | | |
| | 4. 알킬리튬 | | |
| | 5. 황린 | 20kg | |
| | 6. 알칼리금속(칼륨 및 나트륨 제외) 및 알칼리토금속 | 50kg | II |
| | 7. 유기금속화합물 (알킬알루미늄 및 알킬리튬 제외) | | |
| | 8. 금속의 수소화물 | 300kg | III |
| | 9. 금속의 인화물 | | |
| | 10. 칼슘 또는 알루미늄의 탄화물 | | |

- 인화칼슘($Ca_3P_2$)[별명 : 인화석회] : 제3류 위험물(금수성 물질)
  ① 적갈색의 괴상고체
  ② 물 및 약산과 격렬히 반응, 분해하여 인화수소(포스핀)($PH_3$)를 생성한다.

  - $Ca_3P_2 + 6H_2O \rightarrow 3Ca(OH)_2 + 2PH_3$(포스핀 = 인화수소)
  - $Ca_3P_2 + 6HCl \rightarrow 3CaCl_2 + 2PH_3$(포스핀 = 인화수소)

  ③ 포스핀은 맹독성 가스이므로 취급 시 방독마스크를 착용한다.
  ④ 물 및 포 약제에 의한 소화는 절대 금하고 마른모래 등으로 피복하여 자연 진화 되도록 기다린다.

## 08 아세트알데하이드에 대한 다음 각 물음에 답을 쓰시오.

(물음 1) 아세트알데하이드의 시성식을 쓰시오.
(물음 2) 아세트알데하이드의 품명을 쓰시오.
(물음 3) 아세트알데하이드의 지정수량을 쓰시오.
(물음 4) 에틸렌의 직접 산화방식으로 반응시의 반응식을 쓰시오.

**해답**
(물음 1) $CH_3CHO$
(물음 2) 특수인화물
(물음 3) 50L
(물음 4) $C_2H_4 + PdCl_2 + H_2O \rightarrow CH_3CHO + Pd + 2HCl$

**상세해설**

- 제4류 위험물 및 지정수량

| 유별 | 성질 | 품명 | | 지정수량 | 위험등급 |
|---|---|---|---|---|---|
| 제4류 | 인화성액체 | 1. 특수인화물 | | 50L | I |
| | | 2. 제1석유류 | 비수용성액체 | 200L | II |
| | | | 수용성액체 | 400L | |
| | | 3. 알코올류 | | 400L | |
| | | 4. 제2석유류 | 비수용성액체 | 1,000L | III |
| | | | 수용성액체 | 2,000L | |
| | | 5. 제3석유류 | 비수용성액체 | 2,000L | |
| | | | 수용성액체 | 4,000L | |
| | | 6. 제4석유류 | | 6,000L | |
| | | 7. 동식물유류 | | 10,000L | |

- 아세트알데하이드($CH_3CHO$) : 제4류 위험물 중 특수인화물
  ① 휘발성이 강하고 과일냄새가 있는 무색 액체
  ② 물, 에탄올에 잘 녹는다.

③ 산화되어 초산($CH_3COOH$)이 된다.

$$CH_3CHO + \frac{1}{2}O_2 \rightarrow CH_3COOH(초산)$$

④ 연소범위는 약 4~60%이다.
⑤ 저장용기 사용 시 구리(Cu), 마그네슘(Mg), 은(Ag), 수은(Hg) 및 합금용기는 사용금지.(중합반응 때문)
⑥ 다량의 물로 주수 소화한다.
⑦ 아세트알데하이드 등을 취급하는 설비에는 연소성 혼합기체의 생성에 의한 폭발을 방지하기 위한 불활성기체 또는 수증기를 봉입하는 장치를 갖출 것

- 증기비중 계산식

$$S = \frac{M(분자량)}{29(공기평균분자량)}$$

## 09 다음은 위험물의 운반기준이다. 빈칸을 채우시오.

㈎ 고체위험물은 운반용기 내용적의 ( ① )% 이하의 수납율로 수납할 것
㈏ 액체위험물은 운반용기 내용적의 ( ② )% 이하의 수납율로 수납하되, ( ③ )℃의 온도에서 누설되지 아니하도록 충분한 공간용적을 유지하도록 할 것

**해답** ① 95  ② 98  ③ 55

**상세해설**

- 위험물의 운반에 관한 기준
  Ⅱ. 적재방법
  (1) 고체위험물은 운반용기 내용적의 95% 이하의 수납율로 수납할 것
  (2) 액체위험물은 운반용기 내용적의 98% 이하의 수납율로 수납하되, 55도의 온도에서 누설되지 아니하도록 충분한 공간용적을 유지하도록 할 것
  (3) 제3류 위험물은 다음의 기준에 따라 운반용기에 수납할 것
    ① 자연발화성물질에 있어서는 불활성 기체를 봉입하여 밀봉하는 등 공기와 접하지 아니하도록 할 것
    ② 자연발화성물질외의 물품에 있어서는 파라핀·경유·등유 등의 보호액으로 채워 밀봉하거나 불활성 기체를 봉입하여 밀봉하는 등 수분과 접하지 아니하도록 할 것
    ③ 자연발화성물질 중 알킬알루미늄 등은 운반용기의 내용적의 90% 이하의 수납율로 수납하되, 50℃의 온도에서 5% 이상의 공간용적을 유지하도록 할 것

**10** 다음 4류 위험물 저장소의 주의사항 게시판에 대한 각 물음에 답하시오.

(물음 1) 게시판의 크기를 쓰시오.
(물음 2) 주의사항 게시판의 색상을 쓰시오.
(물음 3) 게시판의 주의사항 표시를 쓰시오.

**해답** (물음 1) 한 변의 길이가 0.3m 이상, 다른 한 변의 길이가 0.6m 이상인 직사각형
(물음 2) 적색 바탕에 백색 문자
(물음 3) 화기엄금

**상세해설**

제조소의 표지 및 게시판
(1) 표지의 설치기준 ★★
  ① 보기 쉬운 곳에 "위험물 제조소"라는 표시를 한 표지를 설치
  ② 표지는 한 변의 길이가 0.3m 이상, 다른 한 변의 길이가 0.6m 이상인 직사각형으로 할 것
  ③ 표지의 바탕은 백색으로, 문자는 흑색으로 할 것

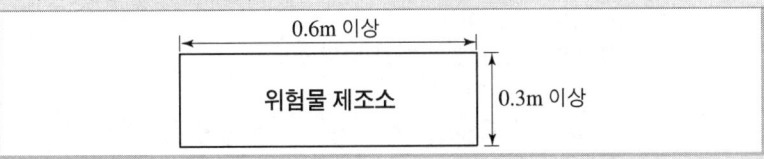

(2) 게시판의 설치기준 ★★★★★
  ① 한 변의 길이가 0.3m 이상, 다른 한 변의 길이가 0.6m 이상인 직사각형으로 할 것
  ② 위험물의 유별·품명 및 저장최대수량 또는 취급최대수량, 지정수량의 배수 및 안전관리자의 성명 또는 직명을 기재할 것
  ③ 게시판의 바탕은 백색으로, 문자는 흑색으로 할 것
  ④ 저장 또는 취급하는 위험물에 따라 주의사항 게시판을 설치 할 것

| 위험물의 종류 | 주의사항 표시 | 게시판의 색 |
|---|---|---|
| • 제1류(알칼리금속 과산화물)<br>• 제3류(금수성 물품) | 물기 엄금 | 청색바탕에 백색문자 |
| • 제2류(인화성 고체 제외) | 화기 주의 | 적색바탕에 백색문자 |
| • 제2류(인화성 고체)<br>• 제3류(자연발화성 물품)<br>• 제4류<br>• 제5류 | 화기 엄금 | |

**11** 황화인에 대하여 다음 각 물음에 답하시오.

(물음 1) 위험물 몇 류에 해당하는가?
(물음 2) 지정수량은 얼마인가?
(물음 3) 황화인의 종류 3가지를 화학식으로 쓰시오.

**해답** (물음 1) 제2류 위험물
(물음 2) 100kg
(물음 3) ① $P_4S_3$  ② $P_2S_5$  ③ $P_4S_7$

**상세해설**

황화인(제2류 위험물) : 황과 인의 화합물

- 삼황화인($P_4S_3$)
  ① 황색결정으로 물, 염산, 황산에 녹지 않으며 질산, 알칼리, 이황화탄소에 녹는다.
  ② 연소하면 오산화인과 이산화황이 생긴다.

$$P_4S_3 + 8O_2 \rightarrow 2P_2O_5 + 3SO_2 \uparrow$$

- 오황화인($P_2S_5$)
  ① 담황색 결정이고 조해성이 있다.
  ② 수분을 흡수하면 분해된다.
  ③ 이황화탄소($CS_2$)에 잘 녹는다.
  ④ 물, 알칼리와 반응하여 인산과 황화수소를 발생한다.

$$P_2S_5 + 8H_2O \rightarrow 2H_3PO_4 + 5H_2S \uparrow$$

- 칠황화인($P_4S_7$)
  ① 담황색 결정이고 조해성이 있다.
  ② 수분을 흡수하면 분해된다.
  ③ 이황화탄소($CS_2$)에 약간 녹는다.
  ④ 냉수에는 서서히 분해가 되고 더운물에는 급격히 분해된다.

**12** 제4류 위험물로 흡입 시 시신경마비, 인화점 11℃, 발화점 464℃인 위험물의 명칭과 지정수량을 쓰시오. (4점)

**해답** ① 명칭 : 메틸알코올  ② 지정수량 : 400L

**상세해설**

- 메틸알코올($CH_3OH$) : 제4류 위험물 중 알코올류
  ① 무색, 투명한 술냄새가 나는 휘발성 액체로 목정 또는 메탄올이라고도 한다.

② 흡입 시 실명 또는 사망할 수 있다.
③ 물에는 무제한으로 녹는다.
④ 비중이 물보다 작다.
⑤ 연소범위 : 7.3 ~ 36%, 인화점 : 11℃

• 제4류 위험물 및 지정수량

| 유별 | 성질 | 품 명 | | 지정수량 | 위험등급 |
|---|---|---|---|---|---|
| 제4류 | 인화성액체 | 1. 특수인화물 | | 50L | I |
| | | 2. 제1석유류 | 비수용성액체 | 200L | II |
| | | | 수용성액체 | 400L | |
| | | 3. 알코올류 | | 400L | |
| | | 4. 제2석유류 | 비수용성액체 | 1,000L | III |
| | | | 수용성액체 | 2,000L | |
| | | 5. 제3석유류 | 비수용성액체 | 2,000L | |
| | | | 수용성액체 | 4,000L | |
| | | 6. 제4석유류 | | 6,000L | |
| | | 7. 동식물유류 | | 10,000L | |

## 13 위험물안전관리법령에 따른 위험물저장.취급기준이다. 다음 빈칸을 채우시오. (3점)

① 제( )류 위험물은 가연물과의 접촉·혼합이나 분해를 촉진하는 물품과의 접근 또는 과열·충격·마찰 등을 피하는 한편, 알카리금속의 과산화물 및 이를 함유한 것에 있어서는 물과의 접촉을 피하여야 한다.
② 제( )류 위험물은 산화제와의 접촉·혼합이나 불티·불꽃·고온체와의 접근 또는 과열을 피하는 한편, 철분·금속분·마그네슘 및 이를 함유한 것에 있어서는 물이나 산과의 접촉을 피하고 인화성 고체에 있어서는 함부로 증기를 발생시키지 아니하여야 한다.
③ 제( )류 위험물은 불티·불꽃·고온체와의 접근이나 과열·충격 또는 마찰을 피 하여야 한다.

 ① 1  ② 2  ③ 5

• 위험물의 유별 저장 · 취급의 공통기준(중요기준)
① **제1류 위험물**은 가연물과의 접촉·혼합이나 분해를 촉진하는 물품과의 접근 또는 과열·충격·마찰 등을 피하는 한편, 알카리금속의 과산화물 및 이를 함유한 것에 있어서는 물과의 접촉을 피하여야 한다.

② **제2류 위험물**은 산화제와의 접촉·혼합이나 불티·불꽃·고온체와의 접근 또는 과열을 피하는 한편, 철분·금속분·마그네슘 및 이를 함유한 것에 있어서는 물이나 산과의 접촉을 피하고 인화성 고체에 있어서는 함부로 증기를 발생시키지 아니하여야 한다.
③ 제3류 위험물 중 자연발화성물질에 있어서는 불티·불꽃 또는 고온체와의 접근·과열 또는 공기와의 접촉을 피하고, 금수성물질에 있어서는 물과의 접촉을 피하여야 한다.
④ 제4류 위험물은 불티·불꽃·고온체와의 접근 또는 과열을 피하고, 함부로 증기를 발생시키지 아니하여야 한다.
⑤ **제5류 위험물**은 불티·불꽃·고온체와의 접근이나 과열·충격 또는 마찰을 피하여야 한다.
⑥ 제6류 위험물은 가연물과의 접촉·혼합이나 분해를 촉진하는 물품과의 접근 또는 과열을 피하여야 한다.
⑦ 제1호 내지 제6호의 기준은 위험물을 저장 또는 취급함에 있어서 당해 각호의 기준에 의하지 아니하는 것이 통상인 경우는 당해 각호를 적용하지 아니한다. 이 경우 당해 저장 또는 취급에 대하여는 재해의 발생을 방지하기 위한 충분한 조치를 강구하여야 한다.

# 위험물산업기사 실기

## 2015년 7월 11일 시행

**01** 분말소화약제 중 제1종 분말소화약제의 열분해 반응식을 270℃와 850℃로 구분하여 쓰시오. (4점)

**해답**
① 270℃ : $2NaHCO_3 \rightarrow Na_2CO_3 + CO_2 + H_2O$
② 850℃ : $2NaHCO_3 \rightarrow Na_2O + 2CO_2 + H_2O$

**상세해설**

• 분말약제의 주성분 및 열분해

| 종별 | 약제명 | 화학식 | 착색 | 열분해 반응식 |
|---|---|---|---|---|
| 제1종 | 탄산수소나트륨<br>중탄산나트륨<br>중조 | $NaHCO_3$ | 백색 | 270℃ $2NaHCO_3$<br>$\rightarrow Na_2CO_3+CO_2+H_2O$<br>850℃ $2NaHCO_3$<br>$\rightarrow Na_2O+2CO_2+H_2O$ |
| 제2종 | 탄산수소칼륨<br>중탄산칼륨 | $KHCO_3$ | 담회색 | 190℃ $2KHCO_3$<br>$\rightarrow K_2CO_3+CO_2+H_2O$<br>590℃ $2KHCO_3$<br>$\rightarrow K_2O+2CO_2+H_2O$ |
| 제3종 | 제1인산암모늄 | $NH_4H_2PO_4$ | 담홍색 | $NH_4H_2PO_4 \rightarrow HPO_3+NH_3+H_2O$ |
| 제4종 | 중탄산칼륨+<br>요소 | $KHCO_3+$<br>$(NH_2)_2CO$ | 회(백)색 | $2KHCO_3+(NH_2)_2CO$<br>$\rightarrow K_2CO_3+2NH_3+2CO_2$ |

**02** 탄화칼슘 32g이 물과 반응하여 생성되는 기체가 완전연소하기 위한 산소의 부피(L)를 계산하시오. (5점)

**해답** [계산과정]
① 탄화칼슘 32g이 물과 반응하여 생성되는 아세틸렌의 부피를 계산
$CaC_2$(탄화칼슘)의 물과 반응식

$$CaC_2 + 2H_2O \rightarrow Ca(OH)_2 + C_2H_2 \uparrow$$

64g ────────→ 1×22.4L
32g ────────→ $X$

$$\therefore X = \frac{32 \times 1 \times 22.4}{64} = 11.2L \text{ (생성 아세틸렌부피)}$$

② 아세틸렌의 완전연소 반응식

$$2C_2H_2 + 5O_2 \rightarrow 4CO_2 + 2H_2O$$

2×22.4L ────→ 5×22.4L
11.2L ──────→ $X$

$$\therefore X = \frac{11.2 \times 5 \times 22.4}{2 \times 22.4} = 28L \text{(완전연소를 위한 산소의 부피)}$$

[답] 28L

**상세해설** 탄화칼슘($CaC_2$) : 제3류 위험물 중 칼슘탄화물
① 물과 접촉 시 아세틸렌을 생성하고 열을 발생시킨다.

$$CaC_2 + 2H_2O \rightarrow Ca(OH)_2(\text{수산화칼슘}) + C_2H_2 \uparrow (\text{아세틸렌})$$

② 아세틸렌의 폭발범위는 2.5~81%로 대단히 넓어서 폭발위험성이 크다.
③ 장기 보관시 불활성기체($N_2$ 등)를 봉입하여 저장한다.
④ 별명은 카바이드, 탄화석회, 칼슘카바이드 등이다.
⑤ 고온(700℃)에서 질화되어 석회질소($CaCN_2$)가 생성된다.

$$CaC_2 + N_2 \rightarrow CaCN_2(\text{석회질소}) + C(\text{탄소})$$

⑥ 물 및 포 약제에 의한 소화는 절대 금하고 마른모래 등으로 피복 소화한다.

## 03 질산암모늄 800g이 완전 열분해 하는 경우 생성되는 기체의 부피(L)는 표준상태에서 전부 얼마가 되겠는가? (4점)

**해답** (방법1)

(1) $NH_4NO_3$(질산암모늄)의 열분해 반응식(표준상태 : 0℃, 1기압)
(2) $NH_4NO_3$(질산암모늄)의 분자량 = 14+(1×4)+14+(16×3) = 80
(3) $2NH_4NO_3 \rightarrow 2N_2 + O_2 + 4H_2O$

2×80g ────→ (2+1+4)7몰×22.4L
800g ─────→ $X$

(4) $\therefore X = \dfrac{800 \times 7 \times 22.4}{2 \times 80} = 784L$ (생성된 기체부피)

**(방법2)**

(1) 이상기체 상태방정식

$$PV = \frac{W}{M}RT = nRT$$

여기서, $P$ : 압력(atm), $V$ : 부피(L), $\frac{W}{M}$(n) : mol, $W$ : 무게(g)

$M$ : 분자량, $R$ : 기체상수(0.082atm · L/mol · K)

$T$ : 절대온도(273+$t$℃)K

(2) $NH_4NO_3$(질산암모늄)의 분자량 = 14+(1×4)+14+(16×3) = 80

(3) $NH_4NO_3$(질산암모늄)의 열분해 반응식(표준상태 : 0℃, 1기압)

$$2NH_4NO_3 \rightarrow 2N_2 + O_2 + 4H_2O$$

(4) $NH_4NO_3 \rightarrow N_2 + 0.5O_2 + 2H_2O$

- 이상기체상태방정식을 적용하려면
  반응식에서 열분해하는 물질의 몰수는 1몰을 기준으로 하여야한다

(5) ∴ $V = \frac{WRT}{PM} \times 3.5 = \frac{800 \times 0.082 \times (273+0)}{1 \times 80} \times 3.5 = 783.51L$

[답] 783.51L

- 질산암모늄($NH_4NO_3$) : 제1류 위험물 중 질산염류
  ① 단독으로 가열, 충격 시 분해 폭발할 수 있다.
  ② 화약원료로 쓰이며 유기물과 접촉 시 폭발우려가 있다.
  ③ 무색, 무취의 결정이다.
  ④ 조해성 및 흡습성이 매우 강하다.
  ⑤ 물에 용해 시 흡열반응을 나타낸다.

- 질산암모늄의 열분해 반응식

$$2NH_4NO_3 \rightarrow 2N_2 + O_2 + 4H_2O$$

## 04 다음의 보기 물질 중에서 인화점이 낮은 것부터 순서대로 나열하시오.

(3점)

[보기] ① 이황화탄소  ② 아세톤  ③ 메틸알코올  ④ 아닐린

**해답** ① 이황화탄소  ② 아세톤  ③ 메틸알코올  ④ 아닐린

**상세해설**

• 제4류 위험물의 물성

| 품 명 | 이황화탄소 | 아세톤 | 메틸알코올 | 아닐린 |
|---|---|---|---|---|
| 화학식 | $CS_2$ | $CH_3COCH_3$ | $CH_3OH$ | $C_6H_5NH_2$ |
| 류 별 | 특수인화물 | 제1석유류 | 알코올류 | 제3석유류 |
| 인화점 | −30℃ | −18℃ | 11℃ | 75℃ |

**05** 니켈의 촉매하에 300℃에서 수소첨가반응으로 사이클로 헥산을 제조하는 원료로 사용하며 분자량이 78이고 착화온도가 562℃인 위험물의 명칭과 구조식을 쓰시오. (4점)

**해답**
① 위험물의 명칭 : 벤젠
② 구조식 :

$$\begin{array}{c} H \\ | \\ C \\ H-C \quad C-H \\ \| \quad \| \\ H-C \quad C-H \\ C \\ | \\ H \end{array} \quad \text{또는} \quad \bigcirc$$

**상세해설**

• 벤젠(Benzene : $C_6H_6$) : 제4류 위험물 중 제1석유류
  ① 제4류 위험물 중 1석유류
  ② 착화온도 : 562℃(이황화탄소의 착화온도 100℃)
  ③ 벤젠증기는 마취성 및 독성이 강하다.
  ④ 비수용성이며 알코올, 아세톤, 에테르에는 용해
  ⑤ 취급 시 정전기에 유의해야 한다.
• 시클로헥산(Cyclohexane : $C_6H_{12}$) : 제4류 위험물 중 제1석유류
  ① 무색의 액체이며 자극성이 있고 변질되기 쉽다.
  ② 발화점 260℃, 비중 0.78(20℃), 비점 81.4℃, 인화점 −20℃, 연소범위 1.3%~8%
  ③ 알코올, 에테르에 쉽게 녹고 물에는 녹지 않는다.
  ④ 제품의 주요한 불순물은 벤젠, 시클로헥산이다.

$$\text{벤젠} + 3H_2 \xrightarrow[300℃]{Ni} \text{시클로헥산}$$

**06** 유기과산화물과 혼재할 수 없는 위험물의 유별을 모두 적으시오. (단, 지정수량의 $\frac{1}{10}$ 이상을 저장하는 경우이다.) (5점)

**해답** 제1류 위험물, 제3류 위험물, 제6류 위험물.

**상세해설**

※ 유기과산화물 : 제5류 위험물
- 유별을 달리하는 위험물의 혼재기준

| 구 분 | 제1류 | 제2류 | 제3류 | 제4류 | 제5류 | 제6류 |
|---|---|---|---|---|---|---|
| 제1류 |  | × | × | × | × | ○ |
| 제2류 | × |  | × | ○ | ○ | × |
| 제3류 | × | × |  | ○ | × | × |
| 제4류 | × | ○ | ○ |  | ○ | × |
| 제5류 | × | ○ | × | ○ |  | × |
| 제6류 | ○ | × | × | × | × |  |

[비고]
1. "×" 표시는 혼재할 수 없음을 표시
2. "○" 표시는 혼재할 수 있음을 표시
3. 이 표는 지정수량의 $\frac{1}{10}$ 이하의 위험물에 대하여는 적용하지 아니한다.

쉬운 암기법
↓1 + 6↑   2 + 4
↓2 + 5↑   5 + 4
↓3 + 4↑

**07** 위험물안전관리법령상 제4류 위험물 중 에틸렌글리콜, 사이안화수소, 글리세린은 몇 석유류인지 쓰시오.

- 에틸렌글리콜-제3석유류
- 사이안화수소-제1석유류
- 글리세린-제3석유류

**상세해설**

- 제4류 위험물(인화성 액체)

| 구 분 | 지정품목 | 기타 조건 (1atm에서) |
|---|---|---|
| 특수인화물 | • 이황화탄소<br>• 다이에틸에터 | • 발화점이 100℃ 이하<br>• 인화점 −20℃ 이하이고 비점이 40℃ 이하 |
| 제1석유류 | • 아세톤  • 휘발유 | • 인화점 21℃ 미만. |
| 알코올류 | $C_1 \sim C_3$까지 포화 1가 알코올(변성알코올 포함)<br>• 메틸알코올   • 에틸알코올   • 프로필알코올 | |
| 제2석유류 | • 등유  • 경유 | • 인화점 21℃ 이상 70℃ 미만 |
| 제3석유류 | • 중유  • 크레오소트유 | • 인화점 70℃ 이상 200℃ 미만 |
| 제4석유류 | • 기어유  • 실린더유 | • 인화점 200℃ 이상 250℃ 미만 |
| 동식물유류 | • 동물의 지육 등 또는 식물의 종자나 과육으로부터 추출한 것으로서 인화점이 250℃ 미만인 것 | |

---

**08** 제5류 위험물 중 지정수량이 100kg에 해당하는 위험물의 품명을 3가지만 쓰시오.

**해답** 하이드록실아민염류, 다이아조화합물, 아조화합물, 하이드라진유도체

**상세해설**

- 제5류 위험물 및 지정수량

| 성질 | 품명 | | 지정수량 | 위험등급 |
|---|---|---|---|---|
| 자기<br>반응성<br>물질 | • 유기과산화물<br>• 나이트로화합물<br>• 아조화합물<br>• 하이드라진 유도체<br>• 하이드록실아민염류 | • 질산에스터류<br>• 나이트로소화합물<br>• 다이아조화합물<br>• 하이드록실아민 | 1종 : 10kg<br>2종 : 100kg | 1종 : Ⅰ<br>2종 : Ⅱ |
| 종판단<br>완료 | • 질산에스터류(대부분)(1종)<br>• 셀룰로이드(2종)<br>• 트라이나이트로톨루엔(1종)<br>• 트라이나이트로페놀(1종)<br>• 테트릴(1종)<br>• 유기과산화물(대부분)(2종) | | | |

**09** 다음은 지하저장탱크에 대한 설치기준이다. 각 물음에 답하시오.

(물음 1) 지하저장탱크의 윗부분은 지면으로부터 몇 m이상 아래에 있어야 하는가?

(물음 2) 지하철·지하가 또는 지하터널로부터 수평거리 몇 m이내의 장소에 설치하지 아니하여야 하는가?

(물음 3) 탱크를 지하의 가장 가까운 벽·피트·가스관 등의 시설물 및 대지경계선으로부터 몇 m이상 떨어진 곳에 매설하여야 하는가?

**해답**
(물음 1) 0.6m 이상
(물음 2) 10m 이내
(물음 3) 0.6m 이상

**상세해설**

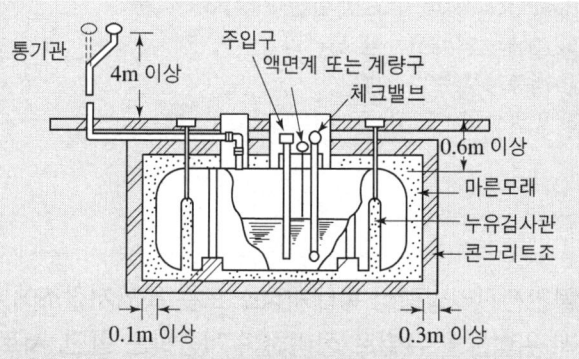

[탱크를 직접 매설한 경우]

- 지하탱크저장소의 기준
  ① 지하철·지하가 또는 지하터널로부터 **수평거리 10m 이내**의 장소 또는 지하건축물내의 장소에 설치하지 아니할 것
  ② 수평투영의 세로 및 가로보다 각각 **0.6m 이상** 크고 두께가 **0.3m 이상**인 철근콘크리트조의 뚜껑으로 덮을 것
  ③ 탱크를 지하의 가장 가까운 벽·피트·가스관 등의 시설물 및 **대지경계선으로부터 0.6m 이상** 떨어진 곳에 매설할 것
  ④ 탱크전용실은 지하의 가장 가까운 벽·피트·가스관 등의 시설물 및 **대지경계선으로부터 0.1m 이상** 떨어진 곳에 설치하고, 지하저장탱크와 탱크전용실의 안쪽과의 사이는 **0.1m 이상의 간격**을 유지하도록 하며, 당해 탱크의 주위에 마른 모래 또는 습기 등에 의하여 응고되지 아니하는 입자지름 5mm 이하의 마른 자갈분을 채워야 한다.
  ⑤ 지하저장탱크의 윗부분은 **지면으로부터 0.6m 이상 아래**에 있어야 한다.

**10** 제4류 위험물인 메틸알코올에 대한 다음 각 물음에 답하시오. (5점)

(물음 1) 완전연소 반응식을 쓰시오.
(물음 2) 메틸알코올 1몰이 완전연소 시 생성물질의 전체 몰(mol)수를 쓰시오.

**해답**
(물음 1) $2CH_3OH + 3O_2 \rightarrow 2CO_2 + 4H_2O$
(물음 2) $CH_3OH + 1.5O_2 \rightarrow CO_2 + 2H_2O$
    $CO_2$ 1몰 + $H_2O$ 2몰 = 3몰
    [답] 3몰

**상세해설**
- 메틸알코올($CH_3OH$) : 제4류 위험물 중 알코올류
  ① 무색, 투명한 술냄새가 나는 휘발성 액체로 목정 또는 메탄올이라고도 한다
  ② 흡입 시 실명 또는 사망할 수 있다
  ③ 물에는 무제한으로 녹는다
  ④ 비중이 물보다 작다
  ⑤ 연소범위 : 7.3 ~ 36%, 인화점 : 11℃

**11** 위험물안전관리법령상 옥내저장소 또는 옥외저장소에 위험물을 저장하는 경우로서 위험물을 유별로 정리하여 저장하는 한편, 서로 몇 m 이상의 간격을 두는 경우 동일한 저장소에 저장할 수 있는가?

**해답** 1m

**상세해설**
- 유별을 달리하는 위험물을 동일한 저장소에 저장할 수 있는 경우
  옥내저장소 또는 옥외저장소에 있어서 다음의 각목의 규정에 의한 위험물을 저장하는 경우로서 위험물을 유별로 정리하여 저장하는 한편, 서로 1m 이상의 간격을 두는 경우
  ① 제1류 위험물(알칼리금속의 과산화물 또는 이를 함유한 것을 제외한다)과 제5류 위험물을 저장하는 경우
  ② 제1류 위험물과 제6류 위험물을 저장하는 경우
  ③ 제1류 위험물과 제3류 위험물 중 자연발화성물질(황린 또는 이를 함유한 것에 한한다)을 저장하는 경우
  ④ 제2류 위험물 중 인화성고체와 제4류 위험물을 저장하는 경우
  ⑤ 제3류 위험물 중 알킬알루미늄등과 제4류 위험물(알킬알루미늄 또는 알킬리튬

을 함유한 것에 한한다)을 저장하는 경우
⑥ 제4류 위험물 중 유기과산화물 또는 이를 함유하는 것과 제5류 위험물 중 유기과산화물 또는 이를 함유한 것을 저장하는 경우

**12** 다음은 제4류 위험물에 대한 내용이다. 각 물음에 답하시오.

(물음 1) 아이오딘값의 정의를 쓰시오.
(물음 2) 동식물유류를 아이오딘값에 따라 분류하고 아이오딘값의 범위를 쓰시오.

| 구분 | 아이오딘값 |
|---|---|
|  |  |
|  |  |
|  |  |

 **(물음 1)** 100g의 유지에 의해서 흡수되는 아이오딘의 g수

**(물음 2)**

| 구분 | 아이오딘값 |
|---|---|
| 건성유 | 130 이상 |
| 반건성유 | 100~130 |
| 불건성유 | 100 이하 |

• 동식물유류 : 제4류 위험물
동물의 지육 또는 식물의 종자나 과육으로부터 추출한 것으로 1기압에서 인화점이 250℃ 미만인 것

[아이오딘값에 따른 동식물유류의 분류]

| 구 분 | 아이오딘값 | 종 류 |
|---|---|---|
| 건성유 | 130 이상 | 해바라기기름, 동유(오동기름), 정어리기름, 아마인유, 들기름 |
| 반건성유 | 100~130 | 채종유, 쌀겨기름, 참기름, 면실유(목화씨기름), 옥수수기름, 청어기름, 콩기름 |
| 불건성유 | 100 이하 | 야자유, 팜유, 올리브유, 피마자기름, 낙화생기름(땅콩기름), 돈지, 우지, 고래기름 |

• 아이오딘값
옥소가(沃素價)라고도 하며 100g의 유지에 의해서 흡수되는 아이오딘의 g수
• 비누화값의 정의
유지 1g을 비누화하는데 필요한 KOH mg수

# 위험물산업기사 실기
## 2015년 11월 8일 시행

**01** 위험물의 저장량이 지정수량의 $\frac{1}{10}$을 초과하는 경우 혼재하여서는 안 되는 위험물의 유별을 모두 쓰시오.

○ 제1류 :   ○ 제2류 :   ○ 제3류 :   ○ 제4류 :   ○ 제5류 :   ○ 제6류 :

**해답**
○ 제1류 : 제2류, 제3류, 제4류, 제5류
○ 제2류 : 제1류, 제3류, 제6류
○ 제3류 : 제1류, 제2류, 제5류, 제6류
○ 제4류 : 제1류, 제6류
○ 제5류 : 제1류, 제3류, 제6류
○ 제6류 : 제2류, 제3류, 제4류, 제5류

**상세해설**

※ 유기과산화물 : 제5류 위험물
• 유별을 달리하는 위험물의 혼재기준

| 구 분 | 제1류 | 제2류 | 제3류 | 제4류 | 제5류 | 제6류 |
|---|---|---|---|---|---|---|
| 제1류 |  | × | × | × | × | ○ |
| 제2류 | × |  | × | ○ | ○ | × |
| 제3류 | × | × |  | ○ | × | × |
| 제4류 | × | ○ | ○ |  | ○ | × |
| 제5류 | × | ○ | × | ○ |  | × |
| 제6류 | ○ | × | × | × | × |  |

[비고]
1. "×" 표시는 혼재할 수 없음을 표시
2. "○" 표시는 혼재할 수 있음을 표시
3. 이 표는 지정수량의 $\frac{1}{10}$ 이하의 위험물에 대하여는 적용하지 아니한다.

쉬운 암기법
↓1 + 6↑   2 + 4
↓2 + 5↑   5 + 4
↓3 + 4↑

**02** 다음은 간이저장탱크에 관한 내용이다. (   )안에 알맞은 답을 쓰시오.

> 간이저장탱크는 두께( ① )mm 이상의 강판으로 하여야하고 용량은 ( ② )L 이하로 하여야 한다.

 ① 3.2   ② 600

• 간이탱크저장소의 위치 · 구조 및 설비기준
① 하나의 간이탱크저장소에 설치하는 간이저장탱크는 그 수를 **3 이하로 하고, 동일한 품질의 위험물의 간이저장탱크를 2 이상 설치하지 아니하여야 한다.**
② 간이저장탱크는 옥외에 설치하는 경우에는 그 탱크의 주위에 너비 1m 이상의 공지를 두고, 전용실안에 설치하는 경우에는 탱크와 전용실의 벽과의 사이에 0.5m 이상의 간격을 유지하여야 한다.
③ 간이저장탱크의 **용량은 600L 이하**
④ 간이저장탱크는 **두께 3.2mm 이상의 강판, 70kPa의 압력으로 10분간의 수압시험을 실시**
⑤ 간이저장탱크에는 밸브 없는 통기관을 설치
  ㉠ 통기관의 **지름은 25mm 이상**
  ㉡ 통기관은 옥외에 설치하되, 그 끝부분의 높이는 **지상 1.5m 이상**
  ㉢ 통기관의 끝부분은 수평면에 대하여 아래로 **45도 이상 구부려** 빗물 등이 침투하지 아니하도록 할 것
  ㉣ 가는 눈의 구리망 등으로 인화방지장치를 할 것

**03** 다음은 옥내저장소의 저장창고의 지붕에 대한 기준이다. (   )안에 알맞은 답을 쓰시오.

> • 중도리 또는 서까래의 간격은 ( ① )cm 이하로 할 것
> • 지붕의 아래쪽 면에는 한 변의 길이가 ( ② )cm 이하의 환강 · 경량형강 등으로 된 강제의 격자를 설치할 것
> • 두께 ( ③ )cm 이상, 너비 ( ④ )cm 이상의 목재로 만든 받침대를 설치할 것

 ① 30,   ② 45,   ③ 5,   ④ 30

**상세해설**
- 옥내저장소의 저장창고의 지붕 설치기준
  ① 중도리 또는 서까래의 간격은 30cm 이하로 할 것
  ② 지붕의 아래쪽 면에는 한 변의 길이가 45cm 이하의 환강·경량형강 등으로 된 강제의 격자를 설치할 것
  ③ 지붕의 아래쪽 면에 철망을 쳐서 불연재료의 도리·보 또는 서까래에 단단히 결합할 것
  ④ 두께 5cm 이상, 너비 30cm 이상의 목재로 만든 받침대를 설치할 것

**04** 위험물 중 과산화벤조일을 옮기고 있다. 이 운반용기의 외부에 표시하여야 하는 사항 중 수납하는 위험물에 따른 주의사항을 모두 쓰시오.

**해답** 화기엄금 및 충격주의

**상세해설**
- 과산화벤조일=벤조일퍼옥사이드(BPO)[$(C_6H_5CO)_2O_2$] : 제5류(자기반응성 물질)
- 위험물 운반용기의 외부 표시 사항
  ① 위험물의 품명, 위험등급, 화학명 및 수용성(제4류 위험물의 수용성인 것에 한함)
  ② 위험물의 수량
  ③ 수납하는 위험물에 따른 주의사항

| 유별 | 성질에 따른 구분 | 표시사항 |
| --- | --- | --- |
| 제1류 위험물 | 알칼리금속의 과산화물 | 화기·충격주의, 물기엄금 및 가연물접촉주의 |
|  | 그 밖의 것 | 화기·충격주의 및 가연물접촉주의 |
| 제2류 위험물 | 철분·금속분·마그네슘 | 화기주의 및 물기엄금 |
|  | 인화성고체 | 화기엄금 |
|  | 그 밖의 것 | 화기주의 |
| 제3류 위험물 | 자연발화성물질 | 화기엄금 및 공기접촉엄금 |
|  | 금수성물질 | 물기엄금 |
| 제4류 위험물 | 인화성 액체 | 화기엄금 |
| 제5류 위험물 | 자기반응성 물질 | 화기엄금 및 충격주의 |
| 제6류 위험물 | 산화성 액체 | 가연물접촉주의 |

**05** 제5류 위험물인 트라이나이트로페놀과 트라이나이트로톨루엔의 시성식을 쓰시오.

  ○ 트라이나이트로페놀 :     ○ 트라이나이트로톨루엔 :

○ 트라이나이트로페놀 : $C_6H_2(NO_2)_3OH$
○ 트라이나이트로톨루엔 : $C_6H_2CH_3(NO_2)_3$

- 피크르산[$C_6H_2(NO_2)_3OH$](TNP : Tri Nitro Phenol) : **제5류 위험물 중 나이트로화합물**
  ① 페놀에 황산을 작용시켜 다시 진한 질산으로 나이트로화 하여 만든 노란색 결정
  ② 침상결정이며 냉수에는 약간 녹고 더운물, 알코올, 벤젠 등에 잘 녹는다.
  ③ 쓴맛과 독성이 있다.
  ④ 피크르산[picric acid] 또는 트라이나이트로페놀(Tri Nitro phenol)의 약자로 TNP라고도 한다.
  ⑤ 단독으로 타격, 마찰에 비교적 둔감하다.
  ⑥ 연소 시 검은 연기를 내고 폭발성은 없다.
  ⑦ 휘발유, 알코올, 황과 혼합된 것은 마찰, 충격에 폭발한다.
  ⑧ 화약, 불꽃놀이에 이용된다.

  > **피크르산(트라이나이트로페놀)의 구조식**
  >
  > (구조식: 벤젠고리에 OH 1개, $NO_2$ 3개)
  >
  > **피크르산의 열분해 반응식**
  > $2C_6H_2OH(NO_2)_3 \rightarrow 2C + 3N_2\uparrow + 3H_2\uparrow + 4CO_2\uparrow + 6CO\uparrow$

- 트라이나이트로톨루엔[$C_6H_2CH_3(NO_2)_3$] : **제5류 위험물 중 나이트로화합물**
  ① 물에는 녹지 않고 알코올, 아세톤, 벤젠에 녹는다.
  ② 톨루엔과 질산을 반응시켜 얻는다.

  > $C_6H_5CH_3 + 3HNO_3 \xrightarrow[\text{(탈수작용)}]{C-H_2SO_4} C_6H_2CH_3(NO_2)_3 + 3H_2O$
  > (톨루엔)　(질산)　　　　　　　　(트라이나이트로톨루엔)　(물)

  ③ Tri Nitro Toluene의 약자로 TNT라고도 한다.
  ④ **담황색의 주상결정**이며 햇빛에 다갈색으로 변색된다.
  ⑤ 강력한 폭약이며 급격한 타격에 폭발한다.

  > • 트라이나이트로톨루엔의 구조식
  >
  > (구조식: 벤젠고리에 $CH_3$ 1개, $NO_2$ 3개)
  >
  > • 트라이나이트로톨루엔의 열분해 반응식
  > $2C_6H_2CH_3(NO_2)_3 \rightarrow 2C + 3N_2\uparrow + 5H_2\uparrow + 12CO\uparrow$

  ⑥ 연소 시 연소속도가 너무 빠르므로 소화가 곤란하다.
  ⑦ 무기 및 다이너마이트, 질산폭약제 제조에 이용된다.

**06** 표준상태(0℃, 1atm)에서 아세톤 200g을 공기 중에서 완전연소 시켰다. 다음 각 물음에 답하시오.(단, 공기 중 산소의 농도는 부피농도로 21%이다)

(물음 1) 아세톤의 완전연소 반응식을 쓰시오.
(물음 2) 완전연소에 필요한 이론공기량(L)을 계산하시오.
(물음 3) 완전연소 시 발생하는 이산화탄소의 부피(L)를 계산하시오.

**해답** (물음 1) $CH_3COCH_3 + 4O_2 \rightarrow 3CO_2 + 3H_2O$

(물음 2) [계산식]

$$CH_3COCH_3 + 4O_2 \rightarrow 3CO_2 + 3H_2O$$

58g ───── 4×22.4L
200g ───── $X$

$\therefore X = \dfrac{200 \times 4 \times 22.4}{58} = 308.97L$ (필요한 산소량)

이론공기량 $= \dfrac{308.97}{0.21} = 1471.29L$

[답] 1471.29L

(물음 3) [계산식]

$$CH_3COCH_3 + 4O_2 \rightarrow 3CO_2 + 3H_2O$$

58g ───── 3×22.4L
200g ───── $X$

$\therefore X = \dfrac{200 \times 3 \times 22.4}{58} = 231.72L$

[답] 231.72L

**상세해설**
- 완전연소에 필요한 이론공기량 계산방법
  ① 이상기체 상태방정식

$$PV = \dfrac{W}{M}RT = nRT$$

여기서, $P$ : 압력(atm), $V$ : 부피(L), $\dfrac{W}{M}(n)$ : mol, $W$ : 무게(g), $M$ : 분자량
$R$ : 기체상수(0.082atm·L/mol·K), $T$ : 절대온도(273+$t$℃)K

② $CH_3COCH_3 + 4O_2 \rightarrow 3CO_2 + 3H_2O$
    58g    4×22.4L

$\therefore V = \dfrac{WRT}{PM} \times 4 = \dfrac{200 \times 0.082 \times (273+0)}{1 \times 58} \times 4 \times \dfrac{1}{0.21} = 1470.34L$

- 발생하는 이산화탄소의 부피(L) 계산

$V = \dfrac{WRT}{PM} \times 3 = \dfrac{200 \times 0.082 \times (273+0)}{1 \times 58} \times 3 = 231.58L$

**07** 다음 위험물에 대한 지정수량을 쓰시오.

① 탄화알루미늄  ② 황린  ③ 트라이에틸알루미늄  ④ 리튬

① 탄화알루미늄 : 300kg
② 황린 : 20kg
③ 트라이에틸알루미늄 : 10kg
④ 리튬 : 50kg

① 탄화알루미늄-알루미늄의 탄화물-300kg   ② 황린-20kg
③ 트라이에틸알루미늄-알킬알루미늄-10kg   ④ 리튬-알칼리금속-50kg

• 제3류 위험물의 품명 및 지정수량 ★★★

| 성 질 | 품 명 | 지정수량 | 위험등급 |
|---|---|---|---|
| 자연발화성 및 금수성 물질 | 1. 칼륨 | 10kg | I |
| | 2. 나트륨 | | |
| | 3. 알킬알루미늄 | | |
| | 4. 알킬리튬 | | |
| | 5. 황린 | 20kg | |
| | 6. 알칼리금속(칼륨 및 나트륨 제외) 및 알칼리토금속 | 50kg | II |
| | 7. 유기금속화합물 (알킬알루미늄 및 알킬리튬 제외) | | |
| | 8. 금속의 수소화물 | 300kg | III |
| | 9. 금속의 인화물 | | |
| | 10. 칼슘 또는 알루미늄의 탄화물 | | |

**08** 다음과 같은 성질을 갖는 위험물의 시성식을 쓰시오.

① 환원력이 매우 강하다.
② 산화하여 아세트산을 생성한다.
③ 증기비중은 약 1.5이다.

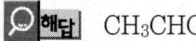 CH$_3$CHO

- 아세트알데하이드($CH_3CHO$) : 제4류 위험물 중 특수인화물
  ① 휘발성이 강하고 과일냄새가 있는 무색 액체
  ② 물, 에탄올에 잘 녹는다.
  ③ 산화되어 초산($CH_3COOH$)이 된다.

  $$CH_3CHO + \frac{1}{2}O_2 \rightarrow CH_3COOH(초산)$$

  ④ 연소범위는 약 4~60%이다.
  ⑤ 저장용기 사용 시 구리(Cu), 마그네슘(Mg), 은(Ag), 수은(Hg) 및 합금용기는 사용금지.(중합반응 때문)
  ⑥ 다량의 물로 주수 소화한다.
  ⑦ 아세트알데하이드 등을 취급하는 설비에는 연소성 혼합기체의 생성에 의한 폭발을 방지하기 위한 불활성기체 또는 수증기를 봉입하는 장치를 갖출 것

- 증기비중 계산식

  $$S = \frac{M(분자량)}{29(공기평균분자량)}$$

**09** 제3류 위험물 중 자연발화성인 황린은 물속에 보관한다. 그러나 물의 액성이 강알칼리성인 경우 기체를 발생한다. 생성되는 기체의 명칭을 쓰시오.

포스핀

- 황린($P_4$)[별명 : 백린] : 제3류 위험물(자연발화성 물질)
  ① 공기 중 약 40~50℃에서 자연발화한다.
  ② 저장 시 자연발화성이므로 반드시 물속에 저장한다.
  ③ 인화수소($PH_3$)의 생성을 방지하기 위하여 물의 pH=9(약알칼리)가 안전한계이다.
  ④ 연소 시 오산화인($P_2O_5$)의 흰 연기가 발생한다.

  $$P_4 + 5O_2 \rightarrow 2P_2O_5(오산화인)$$

  ⑤ 강알칼리의 용액에서는 유독기체인 포스핀($PH_3$)을 발생한다.

  $$P_4 + 3NaOH + 3H_2O \rightarrow 3NaH_2PO_2 + PH_3\uparrow \text{(인화수소=포스핀)}$$

**10** 제4류 위험물 중 특수인화물의 저장 운반 시 아래 내장용기의 종류에 따른 최대용적을 쓰시오.

① 금속제    ② 유리    ③ 플라스틱

**해답** ① 금속제 : 30L    ② 유리 : 5L    ③ 플라스틱 : 10L

**상세해설** [부표] 운반용기의 최대용적 또는 중량(별표 18 관련)
① 특수인화물은 위험등급 Ⅰ에 해당한다.
② 액체위험물

| 운 반 용 기 | | 수납위험물의 종류 | | |
|---|---|---|---|---|
| 내장 용기 | | 제4류 | | |
| 용기의 종류 | 최대 용적 또는 중량 | Ⅰ | Ⅱ | Ⅲ |
| 유리용기 | 5L | ○ | ○ | ○ |
| | 10L | | ○ | ○ |
| | | | | ○ |
| | 5L | ○ | ○ | ○ |
| | 10L | | | |
| 플라스틱용기 | 10L | ○ | ○ | ○ |
| | | | ○ | ○ |
| | | | | ○ |
| | | ○ | ○ | ○ |
| | | | | ○ |
| 금속제용기 | 30L | ○ | ○ | ○ |
| | | | | ○ |
| | | | ○ | ○ |
| | | | | ○ |
| | | ○ | ○ | |

[비고] 1. "○"표시는 수납위험물의 종류별 각란 정한 위험물에 대하여 당해 각란에 정한 운반용기가 적응성이 있음을 표시한다.

**11** 제1종 분말소화약제에 대한 다음 각 물음에 답하시오.

(물음 1) A~D등급 화재 중 어느 화재에 적응성이 있는지 2가지만 쓰시오.
(물음 2) 주성분의 화학식을 쓰시오.

**[해답]**
(물음 1) B급, C급
(물음 2) $NaHCO_3$

**[상세해설]**
- 분말약제의 종류

| 종별 | 약제명 | 화학식 | 착색 | 열분해 반응식 | 적응화재 |
|---|---|---|---|---|---|
| 제1종 | 탄산수소나트륨 중탄산나트륨 중조 | $NaHCO_3$ | 백색 | 270℃ $2NaHCO_3$ → $Na_2CO_3+CO_2+H_2O$<br>850℃ $2NaHCO_3$ → $Na_2O+2CO_2+H_2O$ | B,C급 |
| 제2종 | 탄산수소칼륨 중탄산칼륨 | $KHCO_3$ | 담회색 | 190℃ $2KHCO_3$ → $K_2CO_3+CO_2+H_2O$<br>590℃ $2KHCO_3$ → $K_2O+2CO_2+H_2O$ | B,C급 |
| 제3종 | 제1인산암모늄 | $NH_4H_2PO_4$ | 담홍색 | $NH_4H_2PO_4$ → $HPO_3+NH_3+H_2O$ | A,B,C급 |
| 제4종 | 중탄산칼륨+요소 | $KHCO_3+$ $(NH_2)_2CO$ | 회(백)색 | $2KHCO_3+(NH_2)_2CO$ → $K_2CO_3+2NH_3+2CO_2$ | B,C급 |

**12** 다음과 같은 원통형 탱크의 용량은 몇 $m^3$ 인가? (단, 탱크의 공간용적은 10%로 한다.) (5점)

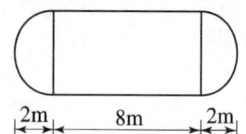

**[해답]** [계산과정]

① 탱크의 내용적 $V = \pi \times 3^2 \times \left(8 + \dfrac{2+2}{3}\right) = 263.89 m^3$

② 탱크의 공간용적 $V = 263.89 m^3 \times 0.1 = 26.39 m^3$

③ 탱크의 용적 = 탱크의 내용적 - 탱크의 공간용적
$V = 263.89 - 26.39 = 237.50 m^3$

**[답]** $237.50 m^3$

**[상세해설]**
1. 원통형 탱크의 내용적(횡으로 설치한 것)

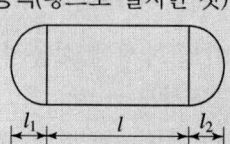

내용적 $= \pi r^2 \left(l + \dfrac{l_1+l_2}{3}\right)$

2. 탱크용적의 산출기준
   탱크의 용량탱크의 내용적에서 공간용적을 뺀 용적
   > 탱크의 용적 = 탱크의 내용적 - 탱크의 공간용적

3. 탱크의 공간용적
   탱크용적의 $\frac{5}{100}$ 이상 $\frac{10}{100}$ 이하의 용적

## 13 위험물안전관리법령에서 정한 위험물제조소등 중 옥외탱크저장소 중에서 소화난이등급 Ⅰ에 해당하는 것을 모두 고르시오

① 질산 60000kg을 저장하는 옥외탱크저장소
② 과산화수소 액표면적이 40m² 이상인 옥외탱크저장소
③ 이황화탄소 500L를 저장하는 옥외탱크저장소
④ 황 14000kg을 저장하는 지중탱크
⑤ 휘발유 100000kg을 저장하는 해상탱크

해답 ④, ⑤

| 구 분 | ① 질산 | ② 과산화수소 | ③ 이황화탄소 | ④ 황 | ⑤ 휘발유 |
|---|---|---|---|---|---|
| 유별 | 제6류 위험물 | 제6류 위험물 | 제4류 위험물 | 제2류 위험물 | 제4류 위험물 |
| 지정수량의 배수 | - | - | $\frac{500}{50}=10$배 | $\frac{14000}{100}=140$배 | $\frac{100000}{200}=500$배 |
| 소화난이등급 Ⅰ 해당여부 | 제외대상 | 제외대상 | 제외대상 | 해당 | 해당 |

- 소화난이등급 Ⅰ에 해당하는 옥외탱크 저장소
  ① **액표면적이 40m² 이상인 것**(제6류 위험물을 저장하는 것 및 고인화점위험물만을 100℃ 미만의 온도에서 저장하는 것은 **제외**)
  ② 지반면으로부터 탱크 옆판의 상단까지 높이가 6m 이상인 것(제6류 위험물을 저장하는 것 및 고인화점위험물만을 100℃ 미만의 온도에서 저장하는 것은 제외)
  ③ **지중탱크 또는 해상탱크로서 지정수량의 100배 이상**인 것(제6류 위험물을 저장하는 것 및 고인화점위험물만을 100℃ 미만의 온도에서 저장하는 것은 제외)
  ④ 고체위험물을 저장하는 것으로서 지정수량의 100배 이상인 것

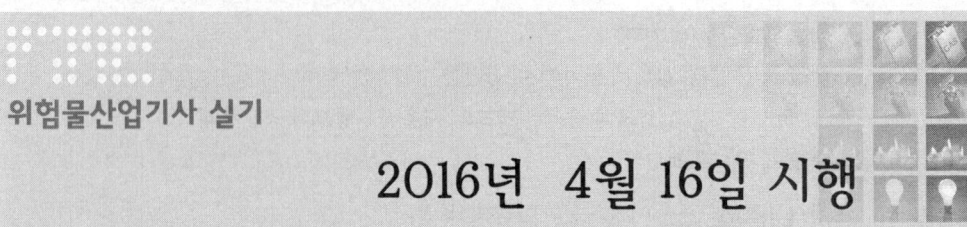

# 2016년 4월 16일 시행

**01** 다음 표에 혼재가 가능한 위험물은 O, 혼재가 불가능한 위험물은 ×로 표시하시오.(단, 지정수량의 $\frac{1}{10}$을 초과하는 위험물에 적용하는 경우이다).(4점)

| 구 분 | 제1류 | 제2류 | 제3류 | 제4류 | 제5류 | 제6류 |
|---|---|---|---|---|---|---|
| 제1류 |  | × | × |  | × |  |
| 제2류 |  |  | × |  | O |  |
| 제3류 |  | × |  |  | × |  |
| 제4류 |  | O | O |  | O |  |
| 제5류 |  | O | × |  |  |  |
| 제6류 |  | × | × |  | × |  |

| 구 분 | 제1류 | 제2류 | 제3류 | 제4류 | 제5류 | 제6류 |
|---|---|---|---|---|---|---|
| 제1류 |  | × | × | × | × | O |
| 제2류 | × |  | × | O | O | × |
| 제3류 | × | × |  | O | × | × |
| 제4류 | × | O | O |  | O | × |
| 제5류 | × | O | × | O |  | × |
| 제6류 | O | × | × | × | × |  |

- 쉬운 암기법

  ↓1 + 6↑   2 + 4
  ↓2 + 5↑   5 + 4
  ↓3 + 4↑

## 02
제1류 위험물인 염소산칼륨은 400℃ 부근에서 분해가 시작되어 540~560℃에서 완전 열분해가 이루어진다. 완전 열분해 반응식을 쓰시오. (4점)

**해답** $2KClO_3 \rightarrow 2KCl + 3O_2$

**상세해설**

염소산칼륨($KClO_3$) : 제1류 위험물 중 염소산염류

| 화학식 | 분자량 | 비중 | 물리적 상태 | 색상 | 분해온도 |
|---|---|---|---|---|---|
| $KClO_3$ | 122.55 | 2.34 | 고체 | 무색 | 400℃ |

① 완전 열분해 반응식

$$2KClO_3 \rightarrow 2KCl + 3O_2 \uparrow$$
(염소산칼륨) (염화칼륨) (산소)

② 염소산칼륨과 황산의 반응식

$$6KClO_3 + 3H_2SO_4 \rightarrow 2HClO_4 + 3K_2SO_4 + 4ClO_2 + 2H_2O$$

## 03
제5류 위험물 중 피크르산의 구조식과 지정수량을 쓰시오. (5점)

**해답**

① 구조식 :

(구조식 : 페놀 고리에 OH, $O_2N$, $NO_2$, $NO_2$ 치환)

② 지정수량 : 10kg

**상세해설**

• 피크르산[$C_6H_2(NO_2)_3OH$](TNP : Tri Nitro Phenol) : 제5류 위험물 중 나이트로화합물

| 화학식 | 분자량 | 비중 | 비점 | 융점 | 인화점 | 착화점 |
|---|---|---|---|---|---|---|
| $C_6H_2OH(NO_2)_3$ | 229 | 1.8 | 255℃ | 122℃ | 150℃ | 300℃ |

① 페놀에 황산을 작용시켜 다시 진한 질산으로 나이트로화 하여 만든 노란색 결정

**페놀의 나이트로화반응**

$$C_6H_5OH + 3HONO_2 \xrightarrow{H_2SO_4} C_6H_2(NO_2)_3OH + 3H_2O$$
(페놀) (질산) (트라이나이트로페놀) (물)

② 침상결정이며 냉수에는 약간 녹고 더운물, 알코올, 벤젠 등에 잘 녹는다.
③ 쓴맛과 독성이 있다.
④ 트라이나이트로페놀(Tri Nitro phenol)의 약자로 TNP라고도 한다.

**피크르산의 열분해 반응식**

$$2C_6H_2OH(NO_2)_3 \rightarrow 2C + 3N_2\uparrow + 3H_2\uparrow + 4CO_2\uparrow + 6CO\uparrow$$

## 제 2 부 최근 기출문제

- 제5류 위험물 및 지정수량

| 성질 | 품명 | 지정수량 | 위험등급 |
|---|---|---|---|
| 자기 반응성 물질 | • 유기과산화물 • 질산에스터류<br>• 나이트로화합물 • 나이트로소화합물<br>• 아조화합물 • 다이아조화합물<br>• 하이드라진 유도체 • 하이드록실아민<br>• 하이드록실아민염류 | 1종 : 10kg<br>2종 : 100kg | 1종 : Ⅰ<br>2종 : Ⅱ |
| 종판단 완료 | • 질산에스터류(대부분)(1종)<br>• 셀룰로이드(2종)<br>• 트라이나이트로톨루엔(1종)<br>• 트라이나이트로페놀(1종)<br>• 테트릴(1종)<br>• 유기과산화물(대부분)(2종) | | |

**04** 다음은 위험물안전관리법에서 규정하고 있는 위험물에 대한 판단기준이다. ( )안에 알맞은 답을 쓰시오.

1. ( ① )라 함은 고형알코올 그 밖에 1기압에서 인화점이 40℃ 미만인 고체를 말한다.
2. ( ② )이라 함은 이황화탄소, 다이에틸에터 그 밖에 1기압에서 발화점이 100℃ 이하인 것 또는 인화점이 -20℃ 이하이고 비점이 40℃ 이하인 것을 말한다.
3. ( ③ )라 함은 아세톤, 휘발유 그 밖에 1기압에서 인화점이 21℃ 미만인 것을 말한다.

 ① 인화성고체  ② 특수인화물  ③ 제1석유류

- 위험물의 판단기준
  ① **황**
  순도가 60중량% 이상인 것을 말한다. 이 경우 순도측정에 있어서 불순물은 활석등 불연성물질과 수분에 한한다.
  ② **철분**
  철의 분말로서 53μm의 표준체를 통과하는 것이 50중량% 미만인 것은 **제외**
  ③ **금속분**
  알칼리금속 · 알칼리토금속 · 철 및 마그네슘 외의 금속의 분말을 말하고, 구리분 · 니켈분 및 150μm의 체를 통과하는 것이 50중량% 미만인 것은 **제외**
  ④ 마그네슘은 다음 각목의 1에 해당하는 것은 **제외**한다.
  ㉮ 2mm의 체를 통과하지 아니하는 덩어리 상태의 것
  ㉯ **직경 2mm 이상의 막대 모양의 것**

⑤ 인화성고체
     고형알코올 그 밖에 1기압에서 인화점이 40℃ 미만인 고체
  ⑥ 제6류 위험물의 판단 기준

| 종 류 | 과산화수소 | 질산 |
|---|---|---|
| 기준 | 농도 36중량% 이상 | 비중 1.49 이상 |

• 제4류 위험물 (인화성 액체)

| 구 분 | 지정품목 | 기타 조건 (1atm에서) |
|---|---|---|
| 특수인화물 | • 이황화탄소<br>• 다이에틸에터 | • 발화점이 100℃ 이하<br>• 인화점 −20℃ 이하이고 비점이 40℃ 이하 |
| 제1석유류 | • 아세톤  • 휘발유 | • 인화점 21℃ 미만 |
| 알코올류 | $C_1$~$C_3$까지 포화 1가 알코올(변성알코올 포함)<br>• 메틸알코올   • 에틸알코올   • 프로필알코올 | |
| 제2석유류 | • 등유   • 경유 | • 인화점 21℃ 이상 70℃ 미만 |
| 제3석유류 | • 중유   • 크레오소트유 | • 인화점 70℃ 이상 200℃ 미만 |
| 제4석유류 | • 기어유   • 실린더유 | • 인화점 200℃ 이상 250℃ 미만 |
| 동식물유류 | • 동물의 지육 등 또는 식물의 종자나 과육으로부터 추출한 것으로서 인화점이 250℃ 미만인 것 | |

## 05 인화성액체 위험물의 옥외탱크저장소에는 높이가 몇 m를 넘는 방유제 및 간막이 둑의 안팎에는 방유제 내에 출입하기 위한 계단 또는 경사로를 설치하는가?

 1m

인화성액체위험물(이황화탄소를 제외)의 옥외탱크저장소의 방유제
(1) 방유제의 용량

| 탱크가 하나인 때 | 탱크 용량의 110% 이상, |
|---|---|
| 2기 이상인 때 | 탱크 중 용량이 최대인 것의 **용량의 110% 이상** |

(2) **방유제의 높이는 0.5m 이상 3m 이하, 두께 0.2m 이상, 지하매설깊이 1m 이상**
(3) **방유제 내의 면적은 8만$m^2$ 이하로 할 것**
(4) 방유제 내에 설치하는 옥외저장탱크의 수는 10이하로 할 것.
(5) 방유제는 탱크의 옆판으로부터 거리를 유지할 것.

| 지름이 15m 미만인 경우 | 탱크 높이의 3분의 1 이상 |
|---|---|
| 지름이 15m 이상인 경우 | 탱크 높이의 2분의 1 이상 |

(6) **용량이 1,000만L 이상인 옥외저장탱크**의 주위에 설치하는 방유제에는 당해 탱크마다 **간막이 둑**을 설치할 것
   ① 간막이 둑의 높이는 0.3m(방유제 내에 설치되는 옥외저장탱크의 용량의 합계

가 2억L를 넘는 방유제에 있어서는 1m) 이상으로 하되, 방유제의 높이보다 0.2m 이상 낮게 할 것
② 간막이 둑은 흙 또는 철근콘크리트로 할 것
③ 간막이 둑의 용량은 간막이 둑안에 설치된 탱크가 용량의 10% 이상일 것
(7) 방유제의 **높이가 1m를 넘는 방유제 및 간막이둑**의 안팎에는 방유제 내에 출입하기 위한 **계단 또는 경사로**를 약 50m마다 설치할 것.

**06** 에틸알코올에 진한 황산을 가하고 가열하는 축합반응으로 생성되는 것으로서 마취성이 있으며 직사광선에 노출시 과산화물을 생성하는 이 물질의 화학식을 쓰시오. **(4점)**

 $C_2H_5OC_2H_5$

- 축합반응
  에틸알코올에 진한 황산 소량을 가하여 130℃로 가열하면 2분자에서 물 1분자가 탈수되어 에테르가 생성된다. 이와 같이 2분자에서 간단한 물분자와 같은 것이 떨어지면서 큰분자가 생기는 반응

$$2C_2H_5OH \xrightarrow{H_2SO_4} C_2H_5OC_2H_5 + H_2O$$
  (에틸알코올)        (다이에틸에터)   (물)

- 다이에틸에터($C_2H_5OC_2H_5$) : 제4류 위험물 중 **특수인화물**

| 화학식 | 분자량 | 비중 | 비점 | 인화점 | 착화점 | 연소범위 |
|---|---|---|---|---|---|---|
| $C_2H_5OC_2H_5$ | 74.12 | 0.72 | 34℃ | -40℃ | 180℃ | 1.7~48% |

① 알코올에는 녹지만 물에는 녹지 않는다.
② 직사광선에 장시간 노출 시 과산화물 생성

| 과산화물 생성 확인방법 |
|---|
| 다이에틸에터 + KI용액(10%) → 황색변화(1분 이내) |

③ 용기는 갈색 병을 사용하며 냉암소에 보관

**07** 제4류 위험물 중 이황화탄소의 완전연소반응식과 지정수량을 쓰시오. **(5점)**

① 완전연소반응식 : $CS_2 + 3O_2 \rightarrow 2SO_2 + CO_2$
② 지정수량 : 50L

- 이황화탄소($CS_2$) : 제4류 위험물 중 특수인화물

| 화학식 | 분자량 | 비중 | 비점 | 인화점 | 착화점 | 연소범위 |
|---|---|---|---|---|---|---|
| $CS_2$ | 76.1 | 1.26 | 46℃ | -30℃ | 100℃ | 1.0~50% |

① 연소 시 아황산가스($SO_2$) 및 $CO_2$를 생성한다.

$$CS_2 + 3O_2 \rightarrow 2SO_2(\text{이산화황}) + CO_2(\text{이산화탄소})$$

② 저장 시 저장탱크를 물속에 넣어 저장한다.
③ 4류 위험물중 착화온도(100℃)가 가장 낮다.
④ 화재 시 다량의 포를 방사하여 질식 및 냉각 소화한다.

- 제4류 위험물의 지정수량

| 성 질 | 품 명 | | 지정수량 | 위험등급 |
|---|---|---|---|---|
| 인화성액체 | 1. 특수인화물 | | 50L | I |
| | 2. 제1석유류 | 비수용성액체 | 200L | II |
| | | 수용성액체 | 400L | |
| | 3. 알코올류 | | 400L | |
| | 4. 제2석유류 | 비수용성액체 | 1,000L | III |
| | | 수용성액체 | 2,000L | |
| | 5. 제3석유류 | 비수용성액체 | 2,000L | |
| | | 수용성액체 | 4,000L | |
| | 6. 제4석유류 | | 6,000L | |
| | 7. 동식물유류 | | 10,000L | |

**08** 가연성의 증기 또는 미분이 체류할 우려가 있는 건축물에는 그 증기 또는 미분을 옥외의 높은 곳으로 배출할 수 있도록 배출설비를 설치하여야 한다. 배출능력은 1시간당 배출장소 용적의 몇 배 이상인 것으로 하여야 하는가?

(3점)

 20배 이상

**배출설비의 설치기준** ★★
① 배출설비는 **국소방식**으로 할 것
② 배출설비는 배풍기, 배출닥트, 후드 등을 이용한 **강제배출방식**으로 할 것
③ 배출능력은 **1시간당** 배출장소 **용적의 20배 이상**인 것으로 할 것
  (단, **전역방식**의 경우에는 바닥면적 **1m² 당 18m³ 이상**으로 할 수 있다)
④ 배출설비의 급기구 및 배출구 설치 기준
  ㉮ **급기구**는 높은 곳에 설치하고, 가는 눈의 구리망 등으로 **인화방지망**을 설치

㈐ 배출구는 지상 2m 이상으로서 연소의 우려가 없는 장소에 설치하고, 배출 닥트가 관통하는 벽부분의 바로 가까이에 화재시 자동으로 폐쇄되는 **방화댐퍼를 설치할 것**
⑤ 배풍기는 **강제배기방식**으로 하고, 옥내닥트의 내압이 대기압 이상이 되지 아니하는 위치에 설치할 것.

**09** 트라이나이트로톨루엔(TNT)이 폭발하는 경우 발생하는 가스의 명칭을 3가지 쓰시오.

**해답** ① 일산화탄소 ② 질소 ③ 수소

**상세해설** 트라이나이트로톨루엔[$C_6H_2CH_3(NO_2)_3$](TNT : Tri Nitro Toluene) ★★★★★

| 화학식 | 분자량 | 비중 | 비점 | 융점 | 착화점 |
|---|---|---|---|---|---|
| $C_6H_2CH_3(NO_2)_3$ | 227 | 1.7 | 280℃ | 81℃ | 300℃ |

① 물에는 녹지 않고 알코올, 아세톤, 벤젠에 녹는다.
② 담황색의 주상결정이며 햇빛에 다갈색으로 변색된다.
③ 톨루엔과 질산을 반응시켜 얻는다.

$$C_6H_5CH_3 + 3HNO_3 \xrightarrow[\text{(나이트로화)}]{C-H_2SO_4} C_6H_2CH_3(NO_2)_3 + 3H_2O$$
(톨루엔)    (질산)                        (트라이나이트로톨루엔)   (물)

④ 강력한 폭약이며 급격한 타격에 폭발한다.

$$2C_6H_2CH_3(NO_2)_3 \rightarrow 2C + 12CO\uparrow + 3N_2\uparrow + 5H_2\uparrow$$
(탄소) (일산화탄소) (질소) (수소)

★생성물질 암기법 : **일**(일산화탄소), **수**(수소), **질**(질소), **탄**(탄소)

**10** 제2류 위험물인 오황화인과 물이 반응하는 경우 생성되는 물질을 모두 쓰시오.
(4점)

① 인산  ② 황화수소

오황화인($P_2S_5$) : 제2류 위험물
① 담황색 결정이고 조해성이 있다.
② 이황화탄소($CS_2$)에 잘 녹는다.
③ 물, 알칼리와 반응하여 인산과 황화수소를 발생한다.

$$P_2S_5 + 8H_2O \rightarrow 2H_3PO_4(인산) + 5H_2S\uparrow(황화수소)$$

**11** 열분해 시 주위의 열을 흡수하는 냉각작용과 메타인산에 의한 방진작용, 유리된 암모늄이온에 의한 부촉매작용을 하는 분말소화약제의 종별 및 화학식을 쓰시오. (4점)

 ① 제3종 분말  ② 화학식 : $NH_4H_2PO_4$

분말소화약제

| 종별 | 약제명 | 화학식 | 착색 | 열분해 반응식 |
|---|---|---|---|---|
| 제1종 | 탄산수소나트륨<br>중탄산나트륨<br>중조 | $NaHCO_3$ | 백색 | 270℃ $2NaHCO_3 \rightarrow Na_2CO_3+CO_2+H_2O$<br>850℃ $2NaHCO_3 \rightarrow Na_2O+2CO_2+H_2O$ |
| 제2종 | 탄산수소칼륨<br>중탄산칼륨 | $KHCO_3$ | 담회색 | 190℃ $2KHCO_3 \rightarrow K_2CO_3+CO_2+H_2O$<br>590℃ $2KHCO_3 \rightarrow K_2O+2CO_2+H_2O$ |
| 제3종 | 제1인산암모늄 | $NH_4H_2PO_4$ | 담홍색 | $NH_4H_2PO_4 \rightarrow HPO_3+NH_3+H_2O$ |
| 제4종 | 중탄산칼륨+요소 | $KHCO_3+$<br>$(NH_2)_2CO$ | 회(백)색 | $2KHCO_3+(NH_2)_2CO$<br>　　$\rightarrow K_2CO_3+2NH_3+2CO_2$ |

**12** 다음과 같은 원통형 탱크의 내용적은 몇 $m^3$인지 계산하시오. (단, 계산과정을 반드시 쓰시오.) (4점)

 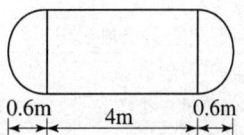

**해답** [계산과정] $V = \pi \times 1^2 \times \left(4 + \dfrac{0.6 + 0.6}{3}\right) = 13.82 \text{m}^3$

[답] $13.82 \text{m}^3$

**상세해설** 원통형 탱크의 내용적

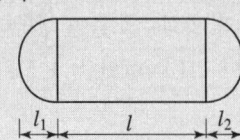

$V[\text{m}^3] = \pi \times r^2 \times \left(l + \dfrac{l_1 + l_2}{3}\right)$

## 13 다음 보기에서 불활성가스소화설비에 적응성이 있는 위험물을 모두 쓰시오.
(4점)

[보기] ① 제1류 위험물 중 알칼리금속과산화물 등
② 제2류 위험물 중 인화성고체   ③ 제3류 위험물 중 금수성 물품
④ 제4류 위험물         ⑤ 제5류 위험물
⑥ 제6류 위험물

**해답** ② 제2류 위험물 중 인화성고체
④ 제4류 위험물

**상세해설**

| 소화설비의 적응성 | | 제1류 위험물 | | 제2류 위험물 | | | 제3류 위험물 | | 제4류 위험물 | 제5류 위험물 | 제6류 위험물 |
|---|---|---|---|---|---|---|---|---|---|---|---|
| 소화설비의 구분 | 대상물 구분 | 알칼리금속과산화물등 | 그 밖의 것 | 철분·금속분·마그네슘등 | 인화성고체 | 그 밖의 것 | 금수성물품 | 그 밖의 것 | | | |
| 옥내소화전 또는 옥외소화전설비 | | | ○ | | ○ | ○ | | ○ | | ○ | ○ |
| 스프링클러설비 | | | ○ | | ○ | ○ | | ○ | △ | ○ | ○ |
| 물분무등 소화 설비 | 물분무소화설비 | | ○ | | ○ | ○ | | ○ | ○ | ○ | ○ |
| | 포소화설비 | | ○ | | ○ | ○ | | ○ | ○ | ○ | ○ |
| | 불활성가스소화설비 | | | | ○ | | | | ○ | | |
| | 할로젠화합물소화설비 | | | | ○ | | | | ○ | | |
| | 분말소화설비 | 인산염류등 | | ○ | | ○ | ○ | | ○ | ○ | | ○ |
| | | 탄산수소염류등 | ○ | | ○ | ○ | | ○ | | ○ | | |
| | | 그 밖의 것 | ○ | | ○ | | | ○ | | | | |

**14** 아래 각류의 저장 또는 취급하는 위험물에 따른 주의사항 표시에 대하여 쓰시오. (4점)

① 제2류(인화성고체)   ② 제3류(금수성물품)
③ 제4류 위험물        ④ 제5류 위험물

**해답**
① 제2류(인화성고체) : 화기엄금
② 제3류(금수성물품) : 물기엄금
③ 제4류 위험물     : 화기엄금
④ 제5류 위험물     : 화기엄금

**상세해설**

(1) 위험물제조소의 표지 및 게시판
  ① 표지는 한 변의 길이가 0.3m 이상, 다른 한 변의 길이가 0.6m 이상인 직사각형으로 할 것
  ② 바탕은 백색, 문자는 흑색

(2) 게시판의 설치기준
  ① 한 변의 길이가 0.3m 이상, 다른 한 변의 길이가 0.6m 이상인 직사각형으로 할 것
  ② 위험물의 유별·품명 및 저장최대수량 또는 취급최대수량, 지정수량의 배수 및 안전 관리자의 성명 또는 직명을 기재할 것
  ③ 게시판의 바탕은 백색으로, 문자는 흑색으로 할 것
  ④ 저장 또는 취급하는 위험물에 따라 주의사항 게시판을 설치 할 것

| 위험물의 종류 | 주의사항 표시 | 게시판의 색 |
|---|---|---|
| • 제1류(알칼리금속 과산화물)<br>• 제3류(금수성 물품) | 물기 엄금 | 청색바탕에 백색문자 |
| • 제2류(인화성 고체 제외) | 화기 주의 | 적색바탕에 백색문자 |
| • 제2류(인화성 고체)<br>• 제3류(자연발화성 물품)<br>• 제4류<br>• 제5류 | 화기 엄금 | 적색바탕에 백색문자 |

# 제 2 부 최근 기출문제

## 위험물산업기사 실기
### 2016년 6월 26일 시행

**01** 인화칼슘에 대한 다음 각 물음에 대하여 답하시오. (4점)

(물음 1) 물과의 반응식을 쓰시오.
(물음 2) 물과 접촉하는 경우 위험한 이유를 쓰시오.

**해답**
(물음 1) $Ca_3P_2 + 6H_2O \rightarrow 3Ca(OH)_2 + 2PH_3$
(물음 2) 물과 격렬히 반응하여 가연성이고 독성인 인화수소(포스핀)기체를 발생하기 때문

**상세해설**
• 인화칼슘($Ca_3P_2$)[별명 : 인화석회] : 제3류 위험물(금수성 물질)

| 화학식 | 분자량 | 융점 | 비중 |
|---|---|---|---|
| $Ca_3P_2$ | 182 | 1,600℃ | 2.5 |

① 적갈색의 괴상고체
② 물 및 약산과 격렬히 반응, 분해하여 인화수소(포스핀)($PH_3$)을 생성한다.
  • $Ca_3P_2 + 6H_2O \rightarrow 3Ca(OH)_2 + 2PH_3$(포스핀=인화수소)
  • $Ca_3P_2 + 6HCl \rightarrow 3CaCl_2 + 2PH_3$(포스핀=인화수소)
③ 포스핀은 맹독성가스이므로 취급 시 방독마스크를 착용한다.
④ 물계통에 의한 소화는 절대 금하고 마른모래 등으로 소화한다.

**02** 다음 보기에서 설명하는 물질에 대한 각 물음에 답하시오. (6점)

[보기] 고형알코올 및 1기압에서 인화점이 40℃미만인 고체

(물음 1) 몇 류 위험물인지 쓰시오.
(물음 2) 품명을 쓰시오.
(물음 3) 지정수량은 얼마인가?

**(물음 1)** 제2류 위험물
**(물음 2)** 인화성고체
**(물음 3)** 1000kg

**제2류 위험물의 품명 및 지정수량 ★★★**

| 성질 | 품 명 | 지정수량 | 위험등급 | 비 고 |
|---|---|---|---|---|
| 가연성고체 | ① 황화인 | 100kg | Ⅱ | |
| | ② 적 린 | | | |
| | ③ 유 황 | | | • 순도가 60중량% 이상인 것 |
| | ④ 철 분 | 500kg | Ⅲ | • 53μm의 표준체 통과 50중량% 미만인 것 제외 |
| | ⑤ 금속분 | | | • 알칼리금속, 알칼리토금속, 철, 마그네슘 제외<br>• 구리분, 니켈분 및 150μm의 표준체를 통과하는 것이 50중량% 미만인 것 제외 |
| | ⑥ 마그네슘 | | | • 2mm체 통과 못하는 덩어리 제외<br>• 직경 2mm 이상 막대모양 제외 |
| | ⑦ 인화성고체 | 1000kg | | • 고형알코올 및 1기압에서 인화점이 40℃ 미만인 고체 |

**03** 탄화알루미늄이 물과 반응하는 경우 생성되는 물질명을 2가지 쓰시오.

(4점)

 ① 수산화알루미늄   ② 메탄

**탄화알루미늄 : 제3류 위험물(금수성 물질)**

| 화학식 | 분자량 | 융점 | 비중 |
|---|---|---|---|
| $Al_4C_3$ | 143 | 2100℃ | 2.36 |

① 물과 접촉 시 수산화알루미늄과 메탄가스를 생성하고 발열반응을 한다.

$$Al_4C_3 + 12H_2O \rightarrow 4Al(OH)_3(수산화알루미늄) + 3CH_4(메탄)$$

② 황색 결정 또는 백색분말로 1400℃ 이상에서는 분해가 된다.
③ 물계통의 소화는 절대 금하고 마른모래 등으로 피복 소화한다.

**04** 위험물탱크 시험자가 되고자 하는 자는 대통령령이 정하는 기술능력·시설 및 장비를 갖추어 시·도지사에게 등록하여야 한다. 기술능력 중 필수인력에 해당 되는 사람을 보기에서 골라 번호로 답하시오. (4점)

[보기]
① 위험물기능장  ② 위험물산업기사  ③ 측량기능사  ④ 누설비파괴검사기사

 ①, ②

탱크시험자의 기술능력
(1) **필수인력**
　① **위험물기능장·위험물산업기사** 또는 **위험물기능사** 중 1명 이상
　② **비파괴검사기술사** 1명 이상 또는 **초음파**비파괴검사·**자기**비파괴검사 및 **침투**비파괴검사별로 기사 또는 산업기사 각 1명 이상
(2) **필요한 경우에 두는 인력**
　① **충·수압시험, 진공시험, 기밀시험** 또는 **내압시험**의 경우 : **누설비파괴검사기사, 산업기사** 또는 **기능사**
　② **수직·수평도시험**의 경우 : **측량 및 지형공간정보** 기술사, 기사, 산업기사 또는 **측량기능사**
　③ **방사선투과시험**의 경우 : **방사선비파괴검사** 기사 또는 산업기사
　④ 필수 인력의 보조 : 방사선비파괴검사·초음파비파괴검사·자기비파괴검사 또는 침투비파괴검사 기능사

**05** 다음의 위험물이 물과 반응하는 경우 생성되는 기체의 명칭을 쓰시오. (6점)
　① 칼륨　② 트라이에틸알루미늄　③ 인화알루미늄

 ① 칼륨 : 수소
　② 트라이에틸알루미늄 : 에탄
　③ 인화알루미늄 : 인화수소(포스핀)

(1) **칼륨** ★★★★★

| 화학식 | 원자량 | 비점 | 융점 | 비중 | 불꽃색상 |
|---|---|---|---|---|---|
| K | 39 | 762℃ | 63.5℃ | 0.857 | 보라색 |

① 가열시 보라색 불꽃을 내면서 연소한다.

② 물과 반응하여 수소 및 열을 발생한다.(금수성 물질)

$$2K + 2H_2O \rightarrow 2KOH + H_2 \uparrow + 92.8kcal$$

③ 보호액으로 파라핀·경유·등유 등을 사용한다.
④ 마른모래 등으로 질식 소화한다.
⑤ 화학적으로 활성이 대단히 크고 알코올과 반응하여 수소를 발생시킨다.

$$2K + 2C_2H_5OH \rightarrow 2C_2H_5OK + H_2 \uparrow$$

(2) 트라이에틸알루미늄(TEA : Tri Eethyl Aluminium)

| 화학식 | 분자량 | 비점 | 융점 | 비중 | 인화점 |
|---|---|---|---|---|---|
| $(C_2H_5)_3Al$ | 114.17 | 128℃ | -50℃ | 0.835 | -22℃ |

① 물과 반응하여 에탄기체를 발생한다.

$$(C_2H_5)_3Al + 3H_2O \rightarrow Al(OH)_3 + 3C_2H_6 \uparrow (에탄)$$

② 메틸알코올과 반응하여 에탄기체를 발생한다.

(3) 인화알루미늄

| 화학식 | 분자량 | 융점 | 비점 |
|---|---|---|---|
| AlP | 58 | 2550℃ | 1000℃ |

① 황색 또는 암회색 분말
② 물과 작용하여 인화수소(포스핀)($PH_3$)의 유독성 가스를 발생

$$AlP + 3H_2O \rightarrow Al(OH)_3(수산화알루미늄) + PH_3 \uparrow (인화수소, 포스핀)$$

## 06 자기반응성 물질인 제5류 위험물 중 피크르산의 구조식을 쓰시오. (3점)

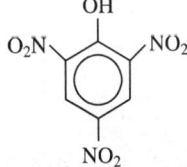

피크르산[$C_6H_2(NO_2)_3OH$](TNP : Tri Nitro Phenol)★★★★★

| 화학식 | 분자량 | 비중 | 비점 | 융점 | 인화점 | 착화점 |
|---|---|---|---|---|---|---|
| $C_6H_2OH(NO_2)_3$ | 229 | 1.8 | 255℃ | 122℃ | 150℃ | 300℃ |

① 페놀에 황산을 작용시켜 다시 진한 질산으로 나이트로화 하여 만든 노란색 결정
② 침상결정이며 냉수에는 약간 녹고 더운물, 알코올, 벤젠 등에 잘 녹는다.
③ 쓴맛과 독성이 있다.
④ 트라이나이트로페놀(Tri Nitro phenol)의 약자로 TNP라고도 한다.
⑤ 단독으로 타격, 마찰에 비교적 둔감하다.

## 제 2 부 최근 기출문제

```
피크르산(트라이나이트로페놀)의 구조
          OH
     O₂N     NO₂


          NO₂

피크르산의 열분해 반응식
  2C₆H₂OH(NO₂)₃  →  2C + 3N₂↑ + 3H₂↑ + 4CO₂↑ + 6CO↑
```

제5류 위험물 및 지정수량

| 성질 | 품명 | | 지정수량 | 위험등급 |
|---|---|---|---|---|
| 자기 반응성 물질 | • 유기과산화물<br>• 나이트로화합물<br>• 아조화합물<br>• 하이드라진 유도체<br>• 하이드록실아민염류 | • 질산에스터류<br>• 나이트로소화합물<br>• 다이아조화합물<br>• 하이드록실아민 | 1종 : 10kg<br>2종 : 100kg | 1종 : Ⅰ<br>2종 : Ⅱ |
| 종판단 완료 | • 질산에스터류(대부분)(1종)<br>• 셀룰로이드(2종)<br>• 트라이나이트로톨루엔(1종)<br>• 트라이나이트로페놀(1종)<br>• 테트릴(1종)<br>• 유기과산화물(대부분)(2종) | | | |

**07** 주유취급소에 설치하는 "주유 중 엔진정지"게시판의 바탕색과 문자색을 쓰시오.

**해답** 바탕 : 황색   문자 : 흑색

**상세해설** 주유취급소의 위치·구조 및 설비의 기준
(1) 주유공지 및 급유공지

| 주유공지 | 급유공지 |
|---|---|
| 너비 15m 이상, 길이 6m 이상의 콘크리트 등으로 포장한 공지 | 고정급유설비의 호스기기의 주위에 필요한 공지 |

※ 공지의 바닥은 주위 지면보다 높게 하고, 배수구·집유설비 및 유분리장치를 할 것

(2) 표지 및 게시판

| 표 지 | 게 시 판 |
|---|---|
| 위험물 주유취급소 | 1. 방화에 관하여 필요한 사항<br>2. **황색바탕에 흑색문자로 "주유 중 엔진정지"** ★★ |

※ 게시판은 한 변의 길이가 0.3m 이상, 다른 한 변의 길이가 0.6m 이상인 직사각형으로 할 것

**08** 옥외저장소의 경계표시의 주위에는 그 저장 또는 취급하는 위험물의 최대수량에 따라 다음 표에 의한 너비의 공지를 보유하여야 한다. ( )안에 알맞은 답을 쓰시오. (4점)

| 저장 또는 취급하는 위험물의 최대수량 | 공지의 너비 |
|---|---|
| 지정수량의 10배 이하 | ( ① ) 이상 |
| 지정수량의 10배 초과 20배 이하 | ( ② ) 이상 |
| 지정수량의 20배 초과 50배 이하 | 9m 이상 |
| 지정수량의 50배 초과 200배 이하 | 12m 이상 |
| 지정수량의 200배 초과 | 15m 이상 |

**해답** ① 3m  ② 5m

**09** 아래의 물질을 옥외저장탱크·옥내저장탱크 또는 지하저장탱크 중 압력탱크 외의 탱크에 저장하는 경우 저장온도는 몇 ℃ 이하로 유지하여야 하는지 쓰시오.

① 다이에틸에터  ② 아세트알데하이드  ③ 산화프로필렌

**해답**
① 다이에틸에터 : 30℃ 이하
② 아세트알데하이드 : 15℃ 이하
③ 산화프로필렌 : 30℃ 이하

**상세해설**
- 옥외저장탱크·옥내저장탱크 또는 지하저장탱크의 저장 유지온도

| 구 분 | 압력탱크 외의 탱크 | 구 분 | 압력탱크 |
|---|---|---|---|
| 산화프로필렌과 이를 함유한 것 또는 **다이에틸에터등** | 30℃ 이하 | **아세트알데하이드등** 또는 **다이에틸에터등** | 40℃ 이하 |
| 아세트알데하이드 또는 이를 함유한 것 | 15℃ 이하 | | |

- 이동저장탱크의 저장 유지온도

| 구 분 | 보냉장치가 있는 경우 | 보냉장치가 없는 경우 |
|---|---|---|
| 아세트알데하이드등 또는 다이에틸에터등 | 비점 이하 | 40℃ 이하 |

**10** 위험물제조소등에 보기와 같이 제4류 위험물을 저장하고 있는 경우 지정수량의 배수의 합은 얼마인가?

- 특수인화물 : 200L
- 제1석유류(수용성) : 400L
- 제2석유류(수용성) : 4,000L
- 제3석유류(수용성) : 12,000L
- 제4석유류 : 24,000L

[계산과정] ① 지정수량의 배수 = $\dfrac{\text{저장수량}}{\text{지정수량}}$

② 지정수량의 배수 = $\dfrac{200}{50} + \dfrac{400}{400} + \dfrac{4000}{2000} + \dfrac{12000}{4000} + \dfrac{24000}{6000} = 14$배

[답] 14배

**제4류 위험물의 지정수량**

| 성 질 | 품 명 | | 지정수량 | 위험등급 |
|---|---|---|---|---|
| 인화성액체 | 1. 특수인화물 | | 50L | I |
| | 2. 제1석유류 | 비수용성액체 | 200L | II |
| | | 수용성액체 | 400L | |
| | 3. 알코올류 | | 400L | |
| | 4. 제2석유류 | 비수용성액체 | 1,000L | III |
| | | 수용성액체 | 2,000L | |
| | 5. 제3석유류 | 비수용성액체 | 2,000L | |
| | | 수용성액체 | 4,000L | |
| | 6. 제4석유류 | | 6,000L | |
| | 7. 동식물유류 | | 10,000L | |

**11** 다음의 보기 물질 중에서 인화점이 낮은 것부터 순서대로 나열하시오. (3점)

[보기] ① 아세톤  ② 이황화탄소  ③ 다이에틸에터  ④ 산화프로필렌

③ 다이에틸에터 – ④ 산화프로필렌 – ② 이황화탄소 – ① 아세톤

**제4류 위험물의 물성**

| 품 명 | 다이에틸에터 | 아세트알데하이드 | 산화프로필렌 | 이황화탄소 | 아세톤 |
|---|---|---|---|---|---|
| 화학식 | $C_2H_5OC_2H_5$ | $CH_3CHO$ | $CH_3CH_2CHO$ | $CS_2$ | $CH_3COCH_3$ |
| 류 별 | 특수인화물 | 특수인화물 | 특수인화물 | 특수인화물 | 제1석유류 |
| 인화점 | -40℃ | -38℃ | -37.0℃ | -30℃ | -18℃ |

**12** 제4류 위험물인 아세트알데하이드에 대한 다음 각 물음에 답하시오. (6점)

(물음 1) 시성식을 쓰시오.
(물음 2) 증기비중을 계산하시오.(계산식 포함)

 **(물음 1)** $CH_3CHO$
**(물음 2) [계산과정]** ① 분자량 계산 $M = 12 \times 2 + 1 \times 4 + 16 = 44$
② 증기비중 $S = \dfrac{44}{29} = 1.52$

[답] 1.52

- 아세트알데하이드($CH_3CHO$) : 제4류 위험물 중 특수인화물

| 화학식 | 분자량 | 비중 | 비점 | 인화점 | 착화점 | 연소범위 |
|---|---|---|---|---|---|---|
| $CH_3CHO$ | 44 | 0.78 | 21℃ | -38℃ | 185℃ | 4~60% |

① 휘발성이 강하고 과일냄새가 있는 무색 액체
② 산화되어 초산($CH_3COOH$)이 된다.

$$CH_3CHO + \dfrac{1}{2}O_2 \rightarrow CH_3COOH(초산)$$

③ 저장용기 사용 시 구리(Cu), 마그네슘(Mg), 은(Ag), 수은(Hg) 및 합금용기는 사용금지
④ 아세트알데하이드 등을 취급하는 설비에는 불활성기체 또는 수증기를 봉입하는 장치를 갖출 것

- 증기비중 계산식 $S = \dfrac{M(분자량)}{29(공기평균분자량)}$

**13** 제3종 분말 소화약제의 열분해 반응식 중 오르토인산이 생성되는 열분해반응식을 쓰시오. (3점)

 $NH_4H_2PO_4 \rightarrow H_3PO_4 + NH_3$

 제3종 분말의 온도에 따른 열분해 반응식
① 190℃에서 열분해 $NH_4H_2PO_4 \rightarrow H_3PO_4(오르토인산) + NH_3$
② 215℃에서 열분해 $2H_3PO_4 \rightarrow H_4P_2O_7(피로인산) + H_2O$
③ 300℃에서 열분해 $H_4P_2O_7 \rightarrow 2HPO_3(메타인산) + H_2O$

위·험·물·산·업·기·사·실·기

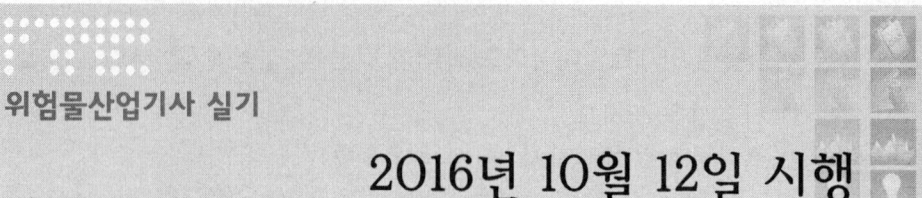

**01** 표준상태 (0℃, 1atm)에서 톨루엔의 증기밀도(g/L)를 계산하시오. (4점)

**해답** [계산과정] 톨루엔($C_6H_5CH_3$)의 분자량 = $12 \times 7 + 1 \times 8 = 92$

$$\frac{92}{22.4} = 4.11 \text{g/L}$$

[답] 4.11g/L

**상세해설**
① 표준상태 : 0℃, 1atm
② 증기밀도 $\rho = \dfrac{PM}{RT} = \dfrac{1 \times M}{0.082 \times (273+0)} = \dfrac{M(\text{g})}{22.4\text{L}}$

여기서, $P$ : 압력[atm], $M$ : 분자량, $R$ : 기체상수(0.082atm · L/mol · K)
$T$ : 절대온도(273+$t$℃)K

**02** 제4류 위험물인 휘발유와 혼재 할 수 있는 위험물의 유별을 모두 적으시오.
(단, 지정수량의 $\dfrac{1}{10}$ 이상을 저장하는 경우이다.) (5점)

**해답** 제2류 위험물, 제3류 위험물, 제5류 위험물

**상세해설**
• 유별을 달리하는 위험물의 혼재기준

| 구 분 | 제1류 | 제2류 | 제3류 | 제4류 | 제5류 | 제6류 |
|---|---|---|---|---|---|---|
| 제1류 |  | × | × | × | × | ○ |
| 제2류 | × |  | × | ○ | ○ | × |
| 제3류 | × | × |  | ○ | × | × |
| 제4류 | × | ○ | ○ |  | ○ | × |
| 제5류 | × | ○ | × | ○ |  | × |
| 제6류 | ○ | × | × | × | × |  |

**03** 제3류 위험물 중 인화칼슘과 물의 반응식을 쓰시오.

 $Ca_3P_2 + 6H_2O \rightarrow 3Ca(OH)_2 + 2PH_3$

- 인화칼슘($Ca_3P_2$)[별명 : 인화석회] : 제3류 위험물(금수성 물질)

| 화학식 | 분자량 | 융점 | 비중 |
|---|---|---|---|
| $Ca_3P_2$ | 182 | 1,600℃ | 2.5 |

① 적갈색의 괴상고체
② 물 및 약산과 격렬히 반응, 분해하여 인화수소(포스핀)($PH_3$)을 생성한다.
  - $Ca_3P_2 + 6H_2O \rightarrow 3Ca(OH)_2 + 2PH_3$(포스핀 = 인화수소)
  - $Ca_3P_2 + 6HCl \rightarrow 3CaCl_2 + 2PH_3$(포스핀 = 인화수소)
③ 포스핀은 맹독성가스이므로 취급 시 방독마스크를 착용한다.
④ 물계통에 의한 소화는 절대 금하고 마른모래 등으로 소화한다.

**04** 아래 보기의 동식물유류를 보고 아이오딘값에 따른 건성유, 반건성유, 불건성유로 분류하시오.

[보기] 아마인유, 야자유, 들기름, 쌀겨유, 목화씨유, 땅콩유

 ① 건성유 – 아마인유, 들기름
② 반건성유 – 목화씨유, 쌀겨유
③ 불건성유 – 야자유, 땅콩유

동식물유류 : 제4류 위험물
동물의 지육 또는 식물의 종자나 과육으로부터 추출한 것으로 1기압에서 인화점이 250℃ 미만인 것

[아이오딘값에 따른 동식물유류의 분류]

| 구 분 | 아이오딘값 | 종 류 |
|---|---|---|
| 건성유 | 130 이상 | 해바라기기름, 동유(오동기름), 정어리기름, **아마인유**, **들기름** |
| 반건성유 | 100~130 | 채종유, **쌀겨기름**, 참기름, **면실유(목화씨기름)**, 옥수수기름, 청어기름, 콩기름 |
| 불건성유 | 100 이하 | **야자유**, 팜유, 올리브유, 피마자기름, 낙화생기름(**땅콩기름**), 돈지, 우지, 고래기름 |

**아이오딘값**
옥소가(沃素價)라고도 하며 100g의 유지에 의해서 흡수되는 아이오딘의 g수

**05** 질산암모늄의 구성성분 중 질소와 수소 및 산소의 함량을 wt%(중량퍼센트)로 구하시오.(단, 계산과정을 답과 함께 쓸 것) (4점)

**해답** [계산과정] ① $NH_4NO_3$ 분자량 $= (14 \times 2) + (1 \times 4) + (16 \times 3) = 80$

② $N_2 = \dfrac{14 \times 2}{80} \times 100 = 35\text{wt}\%$

③ $H_2 = \dfrac{1 \times 4}{80} \times 100 = 5\text{wt}\%$

④ $O_2 = \dfrac{16 \times 3}{80} \times 100 = 60\text{wt}\%$

[답] $N_2$ : 35wt%, $H_2$ : 5wt%, $O_2$ : 60wt%

---

**06** 제2류 위험물인 마그네슘에 대한 각 물음에 답하시오. (4점)

(물음 1) 마그네슘이 완전 연소 시 생성되는 물질의 화학식을 쓰시오.
(물음 2) 마그네슘과 황산이 반응하는 경우 발생되는 기체의 화학식을 쓰시오.

**해답** (물음 1) MgO

마그네슘의 연소식 : $2Mg + O_2 \rightarrow 2MgO$

(물음 2) $H_2$

마그네슘과 황산의 반응식 : $Mg + H_2SO_4 \rightarrow MgSO_4 + H_2$

**상세해설** 마그네슘(Mg)-제2류 위험물
① 2mm체 통과 못하는 덩어리는 위험물에서 제외한다.
② 직경 2mm 이상 막대모양은 위험물에서 제외한다.
③ 은백색의 광택이 나는 가벼운 금속이다.
④ 수증기와 작용하여 수소를 발생시킨다.(주수소화금지)

$$Mg + 2H_2O \rightarrow Mg(OH)_2 + H_2 \uparrow$$

⑤ 이산화탄소 소화약제를 방사하면 폭발적으로 반응하기 때문에 위험하다.
⑥ 산과 작용하여 수소를 발생시킨다.

$$Mg + 2HCl \rightarrow MgCl_2 + H_2 \uparrow$$

⑦ 주수소화는 엄금이며 마른모래 등으로 피복 소화한다.

**07** 알칼리금속으로 은백색의 연한 경금속에 속하고 2차전지로 이용되며 비중 0.53, 융점 180℃, 비점은 1,336℃인 물질의 명칭을 쓰시오.

 리튬

리튬[lithium](Li)-제3류 위험물

| 화학식 | 비점 | 융점 | 비중 | 불꽃색상 |
|---|---|---|---|---|
| Li | 1336℃ | 180℃ | 0.543 | 적색 |

① 은백색의 가벼운 알칼리금속으로 칼륨(K), 나트륨(Na)과 성질이 비슷하다.
② 물과 극렬히 반응하여 수소($H_2$)를 발생한다.

$$2Li + 2H_2O \rightarrow 2LiOH + H_2 \uparrow$$

③ 주기율표 1족에 속하는 알칼리금속원소
④ 2차 전지 생산의 원료로 사용

**08** 옥외에 있는 위험물(액체위험물) 취급탱크의 용량이 200m³와 100m³인 탱크가 있다. 이 2개의 탱크 주위에 방유제를 설치하는 경우 방유제의 용량(m³)은 얼마 이상으로 하여야 하는가?

 [계산과정] $Q = 200 \times 0.5 + 100 \times 0.1 = 110 m^3$
[답] $110 m^3$ 이상

옥외 위험물취급탱크의 방유제 설치기준 ★★

| 구 분 | 방유제의 용량 |
|---|---|
| 하나의 탱크 주위에 설치하는 경우 | 탱크용량의 50% 이상 |
| 2 이상의 탱크 주위에 설치하는 경우 | 탱크 중 용량이 최대인 것의 50%+ 나머지 탱크용량 합계의 10% 이상 |

**09** 다음은 위험물의 운반기준이다. 빈칸을 채우시오.

(가) 고체위험물은 운반용기 내용적의 ( ① )% 이하의 수납율로 수납할 것

(나) 액체위험물은 운반용기 내용적의 ( ② )% 이하의 수납율로 수납하되, ( ③ )℃의 온도에서 누설되지 아니하도록 충분한 공간용적을 유지하도록 할 것

해답 ① 95  ② 98  ③ 55

상세해설
위험물의 운반에 관한 기준 – 적재방법
(1) 고체위험물은 운반용기 내용적의 95% 이하의 수납율로 수납할 것
(2) 액체위험물은 운반용기 내용적의 98% 이하의 수납율로 수납하되, 55도의 온도에서 누설되지 아니하도록 충분한 공간용적을 유지하도록 할 것
(3) 제3류 위험물은 다음의 기준에 따라 운반용기에 수납할 것
  ① 자연발화성물질에 있어서는 불활성 기체를 봉입하여 밀봉하는 등 공기와 접하지 아니하도록 할 것
  ② 자연발화성물질외의 물품에 있어서는 파라핀·경유·등유 등의 보호액으로 채워 밀봉하거나 불활성 기체를 봉입하여 밀봉하는 등 수분과 접하지 아니하도록 할 것
  ③ 자연발화성물질중 알킬알루미늄 등은 운반용기의 내용적의 90% 이하의 수납율로 수납하되, 50℃의 온도에서 5% 이상의 공간용적을 유지하도록 할 것

**10** 다음과 같은 성질을 갖는 위험물의 시성식을 쓰시오.

① 환원력이 매우 강하다.
② 산화하여 아세트산을 생성한다.
③ 증기비중은 약 1.5이다.

해답 CH₃CHO

상세해설
아세트알데하이드(CH₃CHO) : 제4류 위험물 중 특수인화물
① 휘발성이 강하고 과일냄새가 있는 무색 액체
② 물, 에탄올에 잘 녹는다.

③ 산화되어 초산($CH_3COOH$)이 된다.

$$CH_3CHO + \frac{1}{2}O_2 \rightarrow CH_3COOH(초산)$$

④ 연소범위는 약 4~60%이다.
⑤ 저장용기 사용 시 구리, 마그네슘, 은, 수은 및 합금용기는 사용금지(중합반응 때문)
⑥ 다량의 물로 주수 소화한다.
⑦ 아세트알데하이드 등을 취급하는 설비에는 연소성 혼합기체의 생성에 의한 폭발을 방지하기 위한 불활성기체 또는 수증기를 봉입하는 장치를 갖출 것

**11** 다음 보기의 위험물중 지정수량이 같은 위험물의 품명을 3가지만 쓰시오.

[보기]  ① 철분   ② 하이드록실아민   ③ 적린   ④ 황
         ⑤ 질산에스터류   ⑥ 하이드라진유도체   ⑦ 알칼리토금속

 ② 하이드록실아민  ③ 적린  ④ 황  ⑥ 하이드라진유도체

• 제2류 위험물의 품명 및 지정수량

| 성질 | 품명 | 지정수량 | 위험등급 |
|---|---|---|---|
| 가연성 고체 | ① 황화인 ② **적린** ③ **황** | 100kg | Ⅱ |
| | ④ **철분** ⑤ 금속분 ⑥ 마그네슘 | 500kg | Ⅲ |
| | ⑦ 인화성고체 | 1000kg | |

• 제5류 위험물의 품명 및 지정수량

| 성질 | 품명 | | 지정수량 | 위험등급 |
|---|---|---|---|---|
| 자기 반응성 물질 | • 유기과산화물<br>• 나이트로화합물<br>• 아조화합물<br>• 하이드라진 유도체<br>• 하이드록실아민염류 | • 질산에스터류<br>• 나이트로소화합물<br>• 다이아조화합물<br>• 하이드록실아민 | 1종 : 10kg<br>2종 : 100kg | 1종 : Ⅰ<br>2종 : Ⅱ |
| 종판단 완료 | • 질산에스터류(대부분)(1종)<br>• 셀룰로이드(2종)<br>• 트라이나이트로톨루엔(1종)<br>• 트라이나이트로페놀(1종)<br>• 테트릴(1종)<br>• 유기과산화물(대부분)(2종) | | | |

**12** 분말소화약제중 A, B, C급 화재에 모두 적응성이 있는 분말소화약제의 화학식을 쓰시오. (4점)

**해답** $NH_4H_2PO_4$

**상세해설**

- 분말약제의 주성분 및 열분해

| 종 별 | 약제명 | 화학식 | 착색 | 열분해 반응식 |
|---|---|---|---|---|
| 제1종 | 탄산수소나트륨<br>중탄산나트륨<br>중조 | $NaHCO_3$ | 백색 | 270℃ $2NaHCO_3$<br>　　　$\to Na_2CO_3+CO_2+H_2O$<br>850℃ $2NaHCO_3$<br>　　　$\to Na_2O+2CO_2+H_2O$ |
| 제2종 | 탄산수소칼륨<br>중탄산칼륨 | $KHCO_3$ | 담회색 | 190℃ $2KHCO_3$<br>　　　$\to K_2CO_3+CO_2+H_2O$<br>590℃ $2KHCO_3$<br>　　　$\to K_2O+2CO_2+H_2O$ |
| 제3종 | 제1인산암모늄 | $NH_4H_2PO_4$ | 담홍색 | $NH_4H_2PO_4 \to HPO_3+NH_3+H_2O$ |
| 제4종 | 중탄산칼륨+요소 | $KHCO_3+$<br>$(NH_2)_2CO$ | 회(백)색 | $2KHCO_3+(NH_2)_2CO$<br>　　　$\to K_2CO_3+2NH_3+2CO_2$ |

**13** 다음의 보기 물질 중에서 제4류 위험물이며 인화점이 21℃ 이상 70℃ 미만이고 수용성인 물질을 모두 고르시오. (4점)

[보기] 초산에틸, 아세트산, 크실렌, 포름산, 에틸렌글리콜, 나이트로벤젠

**해답** 아세트산, 포름산

**상세해설**

제4류 위험물의 물성

| 품 명 | 초산에틸 | 아세트산 | 크실렌 | 포름산<br>(의산) | 에틸렌<br>글리콜 | 나이트로<br>벤젠 |
|---|---|---|---|---|---|---|
| 류 별 | 제1석유류 | 제2석유류 | 제2석유류 | 제2석유류 | 제3석유류 | 제3석유류 |
| 물성에서<br>수용성여부 | 수용성 | 수용성 | 비수용성 | 수용성 | 수용성 | 비수용성 |
| 지정수량에서<br>수용성여부 | 비수용성 | 수용성 | 비수용성 | 수용성 | 수용성 | 비수용성 |

**14** 다음의 보기 물질 중에서 인화점이 낮은 것부터 순서대로 나열하시오.

(3점)

[보기] ① 이황화탄소 ② 클로로벤젠 ③ 글리세린 ④ 초산에틸

**해답** ① 이황화탄소 - ④ 초산에틸 - ② 클로로벤젠 - ③ 글리세린

**상세해설** 제4류 위험물의 물성

| 품 명 | 이황화탄소 | 클로로벤젠 | 글리세린 | 초산에틸 |
|---|---|---|---|---|
| 화학식 | $CS_2$ | $C_6H_5Cl$ | $C_3H_5(OH)_3$ | $CH_3COOC_2H_5$ |
| 류 별 | 특수인화물 | 제2석유류 | 제3석유류 | 제1석유류 |
| 인화점 | -30℃ | 32℃ | 160℃ | -4℃ |

# 위험물산업기사 실기

## 2017년 4월 16일 시행

**01** 제2류 위험물인 오황화인의 완전연소식과 발생하는 기체의 명칭을 쓰시오.
(4점)

 ① 완전연소식 : $2P_2S_5 + 15O_2 \rightarrow 2P_2O_5 + 10SO_2$
② 발생하는 기체 : 이산화황

황화인(제2류 위험물) : 황과 인의 화합물
- **삼황화인**($P_4S_3$)
  ① 황색결정으로 물, 염산, 황산에 녹지 않으며 질산, 알칼리, 이황화탄소에 녹는다.
  ② 연소하면 오산화인과 이산화황이 생긴다.

  $$P_4S_3 + 8O_2 \rightarrow 2P_2O_5 + 3SO_2 \uparrow$$

- **오황화인**($P_2S_5$)
  ① 담황색 결정이고 조해성이 있으며 수분을 흡수하면 분해된다.
  ② 이황화탄소($CS_2$)에 잘 녹는다.
  ③ 물, 알칼리와 반응하여 인산과 황화수소를 발생한다.

  $$P_2S_5 + 8H_2O \rightarrow 2H_3PO_4 + 5H_2S \uparrow$$

  ④ 연소하면 오산화인과 이산화황이 생긴다.

  $$2P_2S_5 + 15O_2 \rightarrow 2P_2O_5 + 10SO_2 \uparrow$$

- **칠황화인**($P_4S_7$)
  ① 담황색 결정이고 조해성이 있으며 수분을 흡수하면 분해된다.
  ② 이황화탄소($CS_2$)에 약간 녹는다.
  ③ 냉수에는 서서히 분해가 되고 더운물에는 급격히 분해된다.

**02** 아래 그림을 보고 탱크의 내용적($m^3$)을 계산하시오.

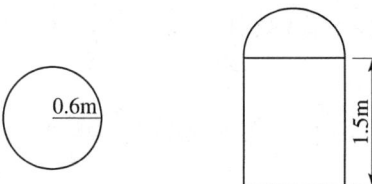

**[계산과정]** 탱크의 내용적 $V = \pi r^2 l = \pi \times 0.6^2 \times 1.5 = 1.70 m^3$
**[답]** $1.70 m^3$

1. 탱크용적의 산출기준
   탱크의 내용적에서 공간용적을 뺀 용적
   
   탱크의 용적 = 탱크의 내용적 − 탱크의 공간용적

2. 탱크의 공간용적
   탱크용적의 $\dfrac{5}{100}$ 이상 $\dfrac{10}{100}$ 이하의 용적

3. 원통형 탱크의 내용적
   ① 횡으로 설치한 것
   
   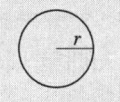 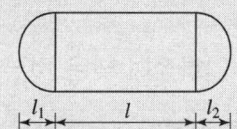
   
   내용적 $= \pi r^2 \left( l + \dfrac{l_1 + l_2}{3} \right)$
   
   ② 종으로 설치한 것
   
   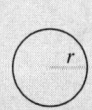 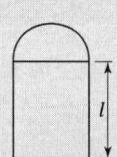
   
   내용적 $= \pi r^2 l$

**03** 탄화칼슘에 대한 다음 각 물음에 답하시오.

(물음 1) 물과 접촉할 경우 반응식을 쓰시오.
(물음 2) 물과 반응하여 생성되는 기체의 명칭과 연소범위를 쓰시오.
(물음 3) 생성된 기체의 완전 연소반응식을 쓰시오.

(물음 1) $CaC_2 + 2H_2O \rightarrow Ca(OH)_2 + C_2H_2 \uparrow$
(물음 2) ① 기체의 명칭 : 아세틸렌
② 기체의 연소범위 : 2.5~81%
(물음 3) $2C_2H_2 + 5O_2 \rightarrow 4CO_2 + 2H_2O$

상세해설 탄화칼슘($CaC_2$)-제3류 위험물-칼슘탄화물

| 화학식 | 분자량 | 융점 | 비중 |
|---|---|---|---|
| $CaC_2$ | 64 | 2370℃ | 2.21 |

① 물과 접촉 시 아세틸렌을 생성하고 열을 발생시킨다.

$CaC_2 + 2H_2O \rightarrow Ca(OH)_2$(수산화칼슘) $+ C_2H_2 \uparrow$(아세틸렌)

② 아세틸렌의 폭발범위는 2.5~81%로 대단히 넓어서 폭발위험성이 크다.
③ 장기 보관시 불활성기체($N_2$ 등)를 봉입하여 저장한다.
④ 고온(700℃)에서 질화되어 석회질소($CaCN_2$)가 생성된다.

$CaC_2 + N_2 \rightarrow CaCN_2$(석회질소) $+ C$(탄소)

⑤ 물 및 포 약제에 의한 소화는 절대 금하고 마른모래 등으로 피복 소화한다.

**04** 다음의 보기 물질 중에서 인화점이 낮은 것부터 순서대로 나열하시오.

[보기] ① 초산에틸, ② 메틸알콜, ③ 에틸렌글리콜, ④ 나이트로벤젠

 ① 초산에틸 - ② 메틸알콜 - ④ 나이트로벤젠 - ③ 에틸렌글리콜

상세해설
• 제4류 위험물의 물성

| 품 명 | 초산에틸 | 메틸알콜 | 에틸렌글리콜 | 나이트로벤젠 |
|---|---|---|---|---|
| 유 별 | 제1석유류 | 알코올류 | 제3석유류 | 제3석유류 |
| 인화점 | -4℃ | 11℃ | 111℃ | 88℃ |

**05** 제5류 위험물인 피크르산(트라이나이트로페놀)의 구조식 과 지정수량을 쓰시오. (4점)

① 지정수량 : 10kg  ② 구조식 :

**상세해설**

- 피크르산[$C_6H_2(NO_2)_3OH$](TNP : Tri Nitro Phenol) : 제5류 위험물 중 나이트로화합물

| 화학식 | 분자량 | 비중 | 비점 | 융점 | 인화점 | 착화점 |
|---|---|---|---|---|---|---|
| $C_6H_2(OH)(NO_2)_3$ | 229 | 1.8 | 255℃ | 122℃ | 150℃ | 300℃ |

① 페놀에 황산을 작용시켜 다시 진한 질산으로 나이트로화 하여 만든 노란색 결정
② 침상결정이며 냉수에는 약간 녹고 더운물, 알코올, 벤젠 등에 잘 녹는다.
③ 쓴맛과 독성이 있다.
④ 트라이나이트로페놀(Tri Nitro phenol)의 약자로 TNP라고도 한다.

피크르산(트라이나이트로페놀)의 구조식

피크르산의 열분해 반응식
$$2C_6H_2OH(NO_2)_3 \rightarrow 2C + 3N_2\uparrow + 3H_2\uparrow + 4CO_2\uparrow + 6CO\uparrow$$

- 제5류 위험물 및 지정수량

| 성질 | 품명 | 지정수량 | 위험등급 |
|---|---|---|---|
| 자기<br>반응성<br>물질 | • 유기과산화물  • 질산에스터류<br>• 나이트로화합물  • 나이트로소화합물<br>• 아조화합물  • 다이아조화합물<br>• 하이드라진 유도체  • 하이드록실아민<br>• 하이드록실아민염류 | 1종 : 10kg<br>2종 : 100kg | 1종 : Ⅰ<br>2종 : Ⅱ |
| 종판단<br>완료 | • 질산에스터류(대부분)(1종)<br>• 셀룰로이드(2종)<br>• 트라이나이트로톨루엔(1종)<br>• 트라이나이트로페놀(1종)<br>• 테트릴(1종)<br>• 유기과산화물(대부분)(2종) | | |

**06** 제1류 위험물인 과산화나트륨에 대한 다음 각 물음에 답하시오. (5점)

(물음 1) 열분해하는 경우 생성물질을 화학식으로 쓰시오.
(물음 2) 과산화나트륨 화재 시 이산화탄소소화약제로 소화는 더 위험하다.
과산화나트륨과 이산화탄소의 반응식을 쓰시오.

**(물음 1)** $Na_2O$, $O_2$

**(물음 2)** $2Na_2O_2 + 2CO_2 \rightarrow 2Na_2CO_3 + O_2$

**상세해설**

과산화나트륨($Na_2O_2$) : 제1류위험물 중 무기과산화물(금수성)

| 화학식 | 분자량 | 비중 | 융점 | 분해온도 |
|---|---|---|---|---|
| $Na_2O_2$ | 78 | 2.8 | 460℃ | 460℃ |

① 상온에서 물과 격렬히 반응하여 산소($O_2$)를 방출하고 폭발하기도 한다.

$$2Na_2O_2 + 2H_2O \rightarrow 4NaOH + O_2 \uparrow$$

② 공기 중 이산화탄소($CO_2$)와 반응하여 산소($O_2$)를 방출한다.

$$2Na_2O_2 + 2CO_2 \rightarrow 2Na_2CO_3 + O_2 \uparrow$$

③ 산과 반응하여 과산화수소($H_2O_2$)를 생성시킨다.

$$Na_2O_2 + 2CH_3COOH \rightarrow 2CH_3COONa + H_2O_2$$

④ 열분해 시 산소($O_2$)를 방출한다.

$$2Na_2O_2 \rightarrow 2Na_2O + O_2 \uparrow$$

⑤ 주수소화는 금물이고 마른모래(건조사) 등으로 소화한다.

**07** 위험물옥외저장소에 저장할 수 있는 제4류 위험물의 품명을 4가지만 쓰시오.

(4점)

 ① 제1석유류(인화점이 0℃이상)
② 알코올류
③ 제2석유류
④ 제3석유류
⑤ 제4석유류
⑥ 동식물유류 중 4가지

**상세해설**

옥외저장소에 저장할 수 있는 위험물
① 제2류 위험물 : 황, 인화성고체(인화점이 0℃이상)
② 제4류 위험물 : 제1석유류(인화점이 0℃이상), 제2석유류, 제3석유류, 제4석유류, 알코올류, 동식물유류
③ 제6류 위험물

## 08 제2류 위험물의 품명 4가지와 지정수량을 쓰시오. (4점)

**해답** 황화인-100kg, 적린-100kg, 황-100kg, 철분-500kg

**상세해설** 제2류 위험물의 지정수량

| 성질 | 품명 | 지정수량 | 위험등급 |
|---|---|---|---|
| 가연성고체 | 황화인, 적린, 황 | 100kg | II |
| | 철분, 금속분, 마그네슘 | 500kg | III |
| | 인화성고체 | 1,000kg | |

## 09 위험물제조소등에 설치하는 옥내소화전설비의 방수압력과 방수량의 기준을 쓰시오. (4점)

**해답** 방수압력 : 350kPa 이상, 방수량 : 260L/min 이상

**상세해설** 위험물제조소등의 소화설비 설치기준

| 소화설비 | 수평거리 | 방사량 | 방사압력 | 수원의 양 |
|---|---|---|---|---|
| 옥내 | 25m 이하 | 260(L/min) 이상 | 350(kPa) 이상 | $Q=N$(소화전개수 : 최대 5개) $\times 7.8m^3$(260L/min×30min) |
| 옥외 | 40m 이하 | 450(L/min) 이상 | 350(kPa) 이상 | $Q=N$(소화전개수 : 최대 4개) $\times 13.5m^3$(450L/min×30min) |
| 스프링클러 | 1.7m 이하 | 80(L/min) 이상 | 100(kPa) 이상 | $Q=N$(헤드수 : 최대30개) $\times 2.4m^3$(80L/min×30min) |
| 물분무 | | 20 (L/m²·min) | 350(kPa) 이상 | $Q=A$(바닥면적 m²) $\times 6m^3$(20L/m²·min×30min) |

## 10 어느 위험물제조소등에 다음과 같은 물질이 한 장소에 저장되어 있다. 저장량은 지정수량의 몇 배에 해당하는지 계산하시오.(단, 계산식을 쓰시오.) (4점)

[보기] 메틸에틸케톤 1000L, 메틸알코올 1000L, 클로로벤젠 1500L

[계산과정] 지정수량의 배수 = $\dfrac{저장수량}{지정수량}$ = $\dfrac{1000}{200}+\dfrac{1000}{400}+\dfrac{1500}{1000}$ = 9배

[답] 9배

① 메틸에틸케톤(Methyl Ethyl Ketone) - 제1석유류 - 비수용성 - 200L
　(메틸에틸케톤은 물에 어느 정도는 용해되지만 비수용성으로 분류됨)
② 메틸알코올 - 알코올류 - 400L
③ 클로로벤젠 - 제2석유류 - 비수용성 - 1000L

• 제4류 위험물의 지정수량

| 성 질 | 품　　명 | | 지정수량 | 위험등급 |
|---|---|---|---|---|
| 인화성액체 | 1. 특수인화물 | | 50L | Ⅰ |
| | 2. 제1석유류 | 비수용성액체 | 200L | Ⅱ |
| | | 수용성액체 | 400L | |
| | 3. 알코올류 | | 400L | |
| | 4. 제2석유류 | 비수용성액체 | 1,000L | Ⅲ |
| | | 수용성액체 | 2,000L | |
| | 5. 제3석유류 | 비수용성액체 | 2,000L | |
| | | 수용성액체 | 4,000L | |
| | 6. 제4석유류 | | 6,000L | |
| | 7. 동식물유류 | | 10,000L | |

**11** 다음은 위험물의 이동저장탱크에 관한 사항이다. (　)안에 알맞는 답을 쓰시오. (4점)

위험물을 저장, 취급하는 이동탱크는 두께( ① )mm 이상의 강철판으로 위험물이 새지 아니하게 제작하고, 압력탱크에 있어서는 최대상용압력의 ( ② )배의 압력으로, 압력탱크를 제외한 탱크에 있어서는 ( ③ )kPa의 압력으로 각각 ( ④ )분간 행하는 수압시험에서 새거나 변형되지 아니하여야 한다.

① 3.2　② 1.5　③ 70　④ 10

이동저장탱크의 구조
① 탱크(맨홀 및 주입관의 뚜껑을 포함)는 두께 **3.2mm 이상의 강철판**
② 압력탱크(최대상용압력이 46.7kPa 이상인 탱크) 외의 탱크는 **70kPa의 압력**으로, 압력탱크는 최대상용압력의 **1.5배의 압력**으로 각각 **10분간의 수압시험**을 실

시하여 새거나 변형되지 아니할 것.
③ 이동저장탱크는 그 내부에 4,000L 이하마다 3.2mm 이상의 강철판 또는 이와 동등 이상의 강도·내열성 및 내식성이 있는 금속성의 것으로 **칸막이**를 설치

**12** 분말소화약제중 제2종 분말소화약제의 190℃에서 열분해 반응식을 쓰시오.
(4점)

 $2KHCO_3 \rightarrow K_2CO_3 + CO_2 + H_2O$

분말약제의 열분해

| 종별 | 약제명 | 착색 | 열분해 반응식 |
|---|---|---|---|
| 제1종 | 탄산수소나트륨<br>중탄산나트륨 | 백색 | 270℃ $2NaHCO_3 \rightarrow Na_2CO_3+CO_2+H_2O$<br>850℃ $2NaHCO_3 \rightarrow Na_2O+2CO_2+H_2O$ |
| 제2종 | 탄산수소칼륨<br>중탄산칼륨 | 담회색 | 190℃ $2KHCO_3 \rightarrow K_2CO_3+CO_2+H_2O$<br>590℃ $2KHCO_3 \rightarrow K_2O+2CO_2+H_2O$ |
| 제3종 | 제1인산암모늄 | 담홍색 | $NH_4H_2PO_4 \rightarrow HPO_3+NH_3+H_2O$<br>• 190℃에서 분해 :<br>　$NH_4H_2PO_4 \rightarrow NH_3+H_3PO_4$(오르토인산)<br>• 215℃에서 분해 :<br>　$2H_3PO_4 \rightarrow H_2O+H_4P_2O_7$(피로인산)<br>• 300℃에서 분해 :<br>　$H_4P_2O_4 \rightarrow H_2O+2HPO_3$(메타인산) |
| 제4종 | 중탄산칼륨+요소 | 회(백)색 | $2KHCO_3+(NH_2)_2CO \rightarrow K_2CO_3+2NH_3+2CO_2$ |

**13** 알칼리금속의 과산화물 운반용기에 표시하여야 하는 주의사항을 4가지 쓰시오.
(4점)

① 화기주의
② 충격주의
③ 물기엄금
④ 가연물접촉주의

- 위험물 운반용기의 외부 표시 사항
  ① 위험물의 품명, 위험등급, 화학명 및 수용성(제4류 위험물의 수용성인 것에 한함)
  ② 위험물의 수량
  ③ 수납하는 위험물에 따른 주의사항

| 류 별 | 성질에 따른 구분 | 표시사항 |
|---|---|---|
| 제1류 위험물 | 알칼리금속의 과산화물 | 화기·충격주의, 물기엄금 및 가연물접촉주의 |
|  | 그 밖의 것 | 화기·충격주의 및 가연물접촉주의 |
| 제2류 위험물 | 철분·금속분·마그네슘 | 화기주의 및 물기엄금 |
|  | 인화성고체 | 화기엄금 |
|  | 그 밖의 것 | 화기주의 |
| 제3류 위험물 | 자연발화성물질 | 화기엄금 및 공기접촉엄금 |
|  | 금수성물질 | 물기엄금 |
| 제4류 위험물 | 인화성 액체 | 화기엄금 |
| 제5류 위험물 | 자기반응성 물질 | 화기엄금 및 충격주의 |
| 제6류 위험물 | 산화성 액체 | 가연물접촉주의 |

# 위험물산업기사 실기

## 2017년 6월 24일 시행

**01** 이황화탄소 100kg이 완전 연소할 때 발생하는 이산화황의 부피($m^3$)를 계산하시오. (단, 기준온도는 30°C이고 압력은 800mmHg 로 한다)

**[해답]** [계산과정] ① $CS_2$의 완전연소 반응식 : $CS_2 + 3O_2 \rightarrow 2SO_2 + CO_2$
② $CS_2$의 분자량 = 12+32×2 = 76
③ 압력의 단위를 atm(기압)으로 환산

$$P = 800\text{mmHg} \times \frac{1\text{atm}}{760\text{mmHg}} = 1.0526\text{atm}$$

④ $V = \frac{WRT}{PM} \times (생성기체몰수) = \frac{100 \times 0.082 \times (273+30)}{1.0526 \times 76} \times 2$
$= 62.12m^3$

[답] $62.12m^3$

**상세해설**
- 이황화탄소($CS_2$) : 제4류 위험물-특수인화물

| 화학식 | 분자량 | 비중 | 비점 | 인화점 | 착화점 | 연소범위 |
|---|---|---|---|---|---|---|
| $CS_2$ | 76.1 | 1.26 | 46°C | -30°C | 100°C | 1.0~50% |

① 무색투명한 액체이며 물에는 녹지 않고 알코올, 에테르, 벤젠 등 유기용제에 녹는다.
② 햇빛에 방치하면 황색을 띤다.
③ 연소 시 아황산가스($SO_2$) 및 $CO_2$를 생성한다.

$CS_2 + 3O_2 \rightarrow 2SO_2(이산화황) + CO_2(이산화탄소)$

④ 저장 시 저장탱크를 물속에 넣어 저장한다.
- 이상기체상태방정식으로 생성기체 부피계산
① 반응식에서 연소하는 물질의 몰수는 항상 **1몰을 기준**으로 하여야 한다.
② 생성기체의 몰수를 곱하여야 한다.

$$V = \frac{WRT}{PM} \times (생성기체몰수)$$

여기서, $P$ : 압력(atm), $V$ : 부피($m^3$), $n$ : mol수, $M$ : 분자량
$W$ : 무게(kg), $R$ : 기체상수(0.082 atm · $m^3$/kmol · K)
$T$ : 절대온도(273+$t$°C)K

**02** 제3류 위험물인 칼륨과 보기의 위험물이 반응하는 경우 반응식을 쓰시오.

[보기] ① 이산화탄소  ② 에탄올

**해답**
① 이산화탄소 : $4K + 3CO_2 \rightarrow 2K_2CO_3 + C$
② 에탄올 : $2K + 2C_2H_5OH \rightarrow 2C_2H_5OK + H_2$

**상세해설**
- 금속칼륨 및 금속나트륨 : 제3류 위험물(금수성)
  ① 물과 반응하여 수소기체 발생

    $2Na + 2H_2O \rightarrow 2NaOH(수산화나트륨) + H_2 \uparrow (수소발생)$
    $2K + 2H_2O \rightarrow 2KOH(수산화칼륨) + H_2 \uparrow (수소발생)$

  ② 금속나트륨과 $CO_2$의 반응식

    $4Na + 3CO_2 \rightarrow 2Na_2CO_3 + C$
    (금속나트륨과 이산화탄소는 폭발적으로 반응하기 때문에 위험)

- 에틸알코올($C_2H_5OH$) : 제4류 위험물 중 알코올류

| 화학식 | 분자량 | 비중 | 비점 | 인화점 | 착화점 | 연소범위 |
|---|---|---|---|---|---|---|
| $C_2H_5OH$ | 46 | 0.8 | 78.3℃ | 13℃ | 423℃ | 4.3~19% |

  ① 무색 투명한 액체이며 술 속에 포함되어 있어 주정이라고 한다.
  ② 물에 아주 잘 녹으며 유기용제이다.
  ③ 연소 시 주간에는 불꽃이 잘 보이지 않는다.

    $C_2H_5OH + 3O_2 \rightarrow 2CO_2 + 3H_2O$

  ④ 금속나트륨, 금속칼륨을 가하면 수소($H_2$)가 발생한다.

    $2C_2H_5OH + 2Na \rightarrow 2C_2H_5ONa + H_2 \uparrow$
    $2C_2H_5OH + 2K \rightarrow 2C_2H_5OK + H_2 \uparrow$

  ⑤ 아이오딘포름 반응을 하므로 에탄올검출에 이용된다.

  **에틸알코올의 반응식**
  - 알칼리금속과 반응    $2Na + 2C_2H_5OH \rightarrow 2C_2H_5ONa + H_2 \uparrow$
  - 산화, 환원반응식    $C_2H_5OH \xrightarrow[환원]{산화} CH_3CHO \xrightarrow[환원]{산화} CH_3COOH$

**03** 옥외저장소에 황을 지정수량의 150배 저장하는 경우 공지의 너비는 얼마 이상인가?

**해답** 12m 이상

**상세해설**

**옥외저장소의 공지의 너비**
경계표시의 주위에는 그 저장 또는 취급하는 위험물의 최대수량에 따라 다음 표에 의한 너비의 공지를 보유할 것. 다만, 제4류 위험물 중 **제4석유류와 제6류 위험물**을 저장 또는 취급하는 옥외저장소의 보유공지는 다음 표에 의한 공지의 너비의 **3분의 1이상의 너비**로 할 수 있다.

| 저장 또는 취급하는 위험물의 최대수량 | 공지의 너비 |
|---|---|
| 지정수량의 10배 이하 | 3m 이상 |
| 지정수량의 10배 초과 20배 이하 | 5m 이상 |
| 지정수량의 20배 초과 50배 이하 | 9m 이상 |
| 지정수량의 50배 초과 200배 이하 | 12m 이상 |
| 지정수량의 200배 초과 | 15m 이상 |

**04** 다음은 아세트알데하이드등의 옥외탱크저장소에 관한 내용이다. ( )안에 알맞은 답을 쓰시오.

(1) 옥외저장탱크의 설비는 동ㆍ( ① )ㆍ은ㆍ( ② ) 또는 이들을 성분으로 하는 합금으로 만들지 아니할 것
(2) 옥외저장탱크에는 ( ③ ) 또는 ( ④ ), 그리고 연소성 혼합기체의 생성에 의한 폭발을 방지하기 위한 불활성의 기체를 봉입하는 장치를 설치할 것

**해답** ① 마그네슘  ② 수은  ③ 냉각장치  ④ 보냉장치

**상세해설**

**위험물의 성질에 따른 옥외탱크저장소의 특례**
(1) 알킬알루미늄등의 옥외탱크저장소
 ① 옥외저장탱크의 주위에는 누설범위를 국한하기 위한 설비 및 누설된 알킬알루미늄 등을 안전한 장소에 설치된 조에 이끌어 들일 수 있는 설비를 설치할 것
 ② 옥외저장탱크에는 **불활성의 기체**를 봉입하는 장치를 설치할 것
(2) **아세트알데하이드등의 옥외탱크저장소**
 ① 옥외저장탱크의 설비는 **동ㆍ마그네슘ㆍ은ㆍ수은** 또는 이들을 성분으로 하는 합금으로 만들지 아니할 것
 ② 옥외저장탱크에는 **냉각장치** 또는 **보냉장치**, 그리고 연소성 혼합기체의 생성에 의한 폭발을 방지하기 위한 **불활성의 기체**를 봉입하는 장치를 설치할 것
(3) **하이드록실아민등의 옥외탱크저장소**
 ① 옥외탱크저장소에는 하이드록실아민등의 **온도의 상승**에 의한 위험한 반응을 방지하기 위한 조치를 강구할 것
 ② 옥외탱크저장소에는 **철이온** 등의 혼입에 의한 위험한 반응을 방지하기 위한 조치를 강구할 것

**05** 과염소산칼륨은 400℃에서 분해가 시작되어 600℃에서 완전 분해된다. 600℃에서 열분해 반응식을 쓰시오. (4점)

**해답** $KClO_4 \rightarrow KCl + 2O_2$

**상세해설**
- 과염소산칼륨($KClO_4$)
  ① 물에 녹기 어렵고 알코올, 에테르에 불용
  ② 진한 황산과 접촉 시 폭발성이 있다.
  ③ 황, 탄소, 유기물등과 혼합 시 가열, 충격, 마찰에 의하여 폭발한다.
  ④ 400℃에서 분해가 시작되어 600℃에서 완전 분해하여 산소를 발생한다.

$$KClO_4 \rightarrow KCl + 2O_2 \uparrow$$
(과염소산칼륨)  (염화칼륨)  (산소)

**06** 다음은 제4류 위험물인 특수인화물에 대한 정의이다. (  )안에 알맞은 답을 쓰시오. (3점)

"특수인화물"이라 함은 이황화탄소, 다이에틸에터 그 밖에 1기압에서 발화점이 섭씨 ( ① )도 이하인 것 또는 인화점이 섭씨 영하 ( ② )도 이하이고 비점이 섭씨 ( ③ )도 이하인 것을 말한다.

**해답** ① 100  ② 20  ③ 40

**상세해설**
- 제4류 위험물 (인화성 액체)

| 구 분 | 지정품목 | 기타 조건 (1atm에서) |
|---|---|---|
| 특수인화물 | • 이황화탄소<br>• 다이에틸에터 | • 발화점이 100℃ 이하<br>• 인화점 −20℃이하 이고 비점이 40℃ 이하 |
| 제1석유류 | • 아세톤  • 휘발유 | • 인화점 21℃ 미만. |
| 알코올류 | $C_1 \sim C_3$까지 포화 1가 알코올(변성알코올 포함)<br>• 메틸알코올  • 에틸알코올  • 프로필알코올 | |
| 제2석유류 | • 등유  • 경유 | • 인화점 21℃ 이상 70℃ 미만 |
| 제3석유류 | • 중유  • 크레오소트유 | • 인화점 70℃ 이상 200℃ 미만 |
| 제4석유류 | • 기어유  • 실린더유 | • 인화점 200℃ 이상 250℃ 미만 |
| 동식물유류 | • 동물의 지육 등 또는 식물의 종자나 과육으로부터 추출한 것으로서 인화점이 250℃ 미만인 것 | |

**07** 다음은 소화난이도등급Ⅰ에 해당하는 제조소의 기준이다. ( )안에 알맞은 답을 쓰시오.

- 연면적 ( ① )m² 이상인 것
- 지정수량의 ( ② )배 이상인 것
- 지반면으로 부터 ( ③ )m 이상의 높이에 위험물 취급설비가 있는 것

 ① 1000  ② 100  ③ 6

소화난이도등급Ⅰ에 해당하는 제조소등

| 구 분 | 제조소등의 규모, 저장 또는 취급하는 위험물의 품명 및 최대수량 등 |
|---|---|
| 제조소<br>일반취급소 | 연면적 1,000m² 이상인 것 |
| | 지정수량의 **100배 이상**인 것(고인화점위험물만을 100℃ 미만의 온도에서 취급하는 것 및 제48조의 위험물을 취급하는 것은 제외) |
| | 지반면으로 부터 **6m 이상**의 높이에 위험물 취급설비가 있는 것(고인화점위험물만을 100℃ 미만의 온도에서 취급하는 것은 제외) |
| | 일반취급소로 사용되는 부분 외의 부분을 갖는 건축물에 설치된 것(내화구조로 개구부 없이 구획 된 것 및 고인화점위험물만을 100℃ 미만의 온도에서 취급하는 것은 제외) |

**08** 다음은 지정 과산화물의 옥내저장소의 저장창고 격벽 설치기준이다. ( )안에 알맞은 답을 쓰시오.

저장창고는 ( ① )m² 이내마다 격벽으로 완전하게 구획할 것. 이 경우 당해 격벽은 두께 ( ② )cm 이상의 철근콘크리트조 또는 철골철근콘크리트조로 하거나 두께 ( ③ )cm 이상의 보강콘크리트블록조로 하고, 당해 저장창고의 양측의 외벽으로부터 ( ④ )m 이상, 상부의 지붕으로부터 ( ⑤ )cm 이상 돌출하게 하여야 한다.

 ① 150  ② 30  ③ 40  ④ 1  ⑤ 50

 지정과산화물 옥내저장소의 저장창고의 기준
(1) 저장창고는 150m² 이내마다 격벽으로 완전하게 구획할 것. 이 경우 당해 격벽은 두께 30cm 이상의 철근콘크리트조 또는 철골철근콘크리트조로 하거나 두께 40cm 이상의 보강콘크리트블록조로 하고, 당해 저장창고의 양측의 외벽으로부터 1m 이상, 상부의 지붕으로부터 50cm 이상 돌출하게 하여야 한다.
(2) 저장창고의 외벽은 두께 20cm 이상의 철근콘크리트조나 철골철근콘크리트조 또

는 두께 30cm 이상의 보강콘크리트블록조로 할 것
(3) 저장창고의 지붕은 다음 각목의 1에 적합할 것
  ① 중도리 또는 서까래의 간격은 30cm 이하로 할 것
  ② 지붕의 아래쪽 면에는 한 변의 길이가 45cm 이하의 환강·경량형강 등으로 된 강제의 격자를 설치할 것
  ③ 지붕의 아래쪽 면에 철망을 쳐서 불연재료의 도리·보 또는 서까래에 단단히 결합할 것
  ④ 두께 5cm 이상, 너비 30cm 이상의 목재로 만든 받침대를 설치할 것
(4) 저장창고의 출입구에는 60분+방화문 또는 60분방화문을 설치할 것
(5) 저장창고의 창은 바닥면으로부터 2m 이상의 높이에 두되, 하나의 벽면에 두는 창의 면적의 합계를 당해 벽면의 면적의 80분의 1 이내로 하고, 하나의 창의 면적을 $0.4m^2$ 이내로 할 것

## 09 다음 보기의 제6류 위험물에 대하여 위험물안전관리법령상 위험물이 되기 위한 농도 및 비중의 기준을 쓰시오.(단, 없으면 없음으로 쓰시오)

[보기] ① 과염소산  ② 과산화수소  ③ 질산

**해답** ① 없음  ② 농도가 36중량 % 이상인 것  ③ 비중이 1.49 이상인 것

**상세해설**

위험물의 판단기준
① **황**
  순도가 60중량% 이상인 것을 말한다. 이 경우 순도측정에 있어서 불순물은 활석 등 불연성물질과 수분에 한한다.
② **철분**
  철의 분말로서 53μm의 표준체를 통과하는 것이 50중량% 미만인 것은 제외
③ **금속분**
  알칼리금속·알칼리토금속·철 및 마그네슘 외의 금속의 분말을 말하고, 구리분·니켈분 및 150μm의 체를 통과하는 것이 50중량% 미만인 것은 제외
④ **마그네슘은 다음 각목의 1에 해당하는 것은 제외한다.**
  ㉠ 2mm의 체를 통과하지 아니하는 덩어리 상태의 것
  ㉡ 직경 2mm 이상의 막대 모양의 것
⑤ **인화성고체**
  고형알코올 그 밖에 1기압에서 인화점이 40℃ 미만인 고체
⑥ **위험물의 판단 기준**

| 종 류 | 과산화수소 | 질산 |
|---|---|---|
| 기준 | 농도 36중량% 이상 | 비중 1.49 이상 |

**10** 위험물을 취급하는 제조소등에 옥내소화전이 3개 설치되어 있을 때 수원의 양은 얼마($m^3$) 이상으로 하여야 하는가?

[계산과정] $Q = 3 \times 7.8 = 23.4 m^3$
[답] $23.4 m^3$

• 위험물제조소등의 소화설비 설치기준

| 소화설비 | 수평거리 | 방사량 | 방사압력 | 수원의 양 |
|---|---|---|---|---|
| 옥내 | 25m 이하 | 260(L/min) 이상 | 350(kPa) 이상 | $Q = N$(소화전개수 : 최대 5개) $\times 7.8 m^3$ (260L/min $\times$ 30min) |
| 옥외 | 40m 이하 | 450(L/min) 이상 | 350(kPa) 이상 | $Q = N$(소화전개수 : 최대 4개) $\times 13.5 m^3$ (450L/min $\times$ 30min) |
| 스프링클러 | 1.7m 이하 | 80(L/min) 이상 | 100(kPa) 이상 | $Q = N$(헤드수 : 최대 30개) $\times 2.4 m^3$ (80L/min $\times$ 30min) |
| 물분무 | | 20 (L/$m^2 \cdot$min) | 350(kPa) 이상 | $Q = A$(바닥면적 $m^2$) $\times 6 m^3$ (20L/$m^2 \cdot$min $\times$ 30min) |

• 옥내소화전설비의 수원의 양
$Q = N$(소화전개수 : 최대 5개) $\times 7.8 m^3$

**11** 다음 보기에서 설명하는 제5류 위험물에 대한 다음 각 물음에 답하시오.

[보기]
• 휘황색의 침상결정이다.
• 인화점이 150℃, 비중이 1.8이다.
• 쓴맛과 독성이 있으며 비중이 약1.8이며 물보다 무겁다.
• 분자량이 229이다.

(물음 1) 보기에서 설명하는 물질명을 쓰시오.
(물음 2) 보기에서 설명하는 물질의 지정수량을 쓰시오.

(물음 1) 트라이나이트로페놀
(물음 2) 10kg

• 피크르산[$C_6H_2(NO_2)_3OH$](TNP : Tri Nitro Phenol) : 제5류 위험물 중 나이트로화합물

| 화학식 | 분자량 | 비중 | 비점 | 융점 | 인화점 | 착화점 |
|---|---|---|---|---|---|---|
| $C_6H_2(OH)(NO_2)_3$ | 229 | 1.8 | 255℃ | 122℃ | 150℃ | 300℃ |

① 페놀에 황산을 작용시켜 다시 진한 질산으로 나이트로화 하여 만든 노란색 결정
② 침상결정이며 냉수에는 약간 녹고 더운물, 알코올, 벤젠 등에 잘 녹는다.
③ 쓴맛과 독성이 있다.
④ 트라이나이트로페놀(Tri Nitro phenol)의 약자로 TNP라고도 한다.
⑤ 단독으로 타격, 마찰에 비교적 둔감하다.

피크르산(트라이나이트로페놀)의 구조식

$$\begin{array}{c}\text{OH}\\O_2N\diagup\diagdown NO_2\\ \diagdown\diagup \\ NO_2\end{array}$$

피크르산의 열분해 반응식

$$2C_6H_2OH(NO_2)_3 \rightarrow 2C + 3N_2\uparrow + 3H_2\uparrow + 4CO_2\uparrow + 6CO\uparrow$$

• 제5류 위험물 및 지정수량

| 성질 | 품명 | 지정수량 | 위험등급 |
|---|---|---|---|
| 자기 반응성 물질 | • 유기과산화물<br>• 나이트로화합물<br>• 아조화합물<br>• 하이드라진 유도체<br>• 하이드록실아민염류 • 질산에스터류<br>• 나이트로소화합물<br>• 다이아조화합물<br>• 하이드록실아민 | 1종 : 10kg<br>2종 : 100kg | 1종 : Ⅰ<br>2종 : Ⅱ |
| 종판단 완료 | • 질산에스터류(대부분)(1종)<br>• 셀룰로이드(2종)<br>• 트라이나이트로톨루엔(1종)<br>• 트라이나이트로페놀(1종)<br>• 테트릴(1종)<br>• 유기과산화물(대부분)(2종) | | |

**12** 다음 보기에서 불활성가스소화설비에 적응성이 있는 위험물을 모두 쓰시오.

(4점)

[보기] ① 제1류 위험물 중 알칼리금속과산화물 등
② 제2류 위험물 중 인화성고체  ③ 제3류 위험물 중 금수성 물품
④ 제4류 위험물      ⑤ 제5류 위험물
⑥ 제6류 위험물

② 제2류 위험물 중 인화성고체
④ 제4류 위험물

**소화설비의 적응성**

| 소화설비의 구분 | | 대상물 구분 | 제1류 위험물 | | 제2류 위험물 | | | 제3류 위험물 | | 제4류 위험물 | 제5류 위험물 | 제6류 위험물 |
|---|---|---|---|---|---|---|---|---|---|---|---|---|
| | | | 과알칼리금속등 | 그 밖의 것 | 철분·마그네슘등 | 인화성고체 | 그 밖의 것 | 금수성물품 | 그 밖의 것 | | | |
| 옥내소화전 또는 옥외소화전설비 | | | | ○ | | ○ | ○ | | ○ | | ○ | ○ |
| 스프링클러설비 | | | | ○ | | ○ | ○ | | ○ | △ | ○ | ○ |
| 물분무 등 소화 설비 | | 물분무소화설비 | | ○ | | ○ | ○ | | ○ | ○ | ○ | ○ |
| | | 포소화설비 | | ○ | | ○ | ○ | | ○ | ○ | ○ | ○ |
| | | 불활성가스소화설비 | | | | ○ | | | | ○ | | |
| | | 할로젠화합물소화설비 | | | | ○ | | | | ○ | | |
| | 분말소화설비 | 인산염류등 | | ○ | | ○ | ○ | | | ○ | | ○ |
| | | 탄산수소염류등 | ○ | | ○ | ○ | | ○ | | ○ | | |
| | | 그 밖의 것 | ○ | | ○ | | | ○ | | | | |

**13** 다음 보기 중에서 제2석유류에 대한 정의에 맞는 것을 모두 고르시오.

[보기]
① 등유, 경유
② 1기압에서 인화점이 섭씨 21도 미만인 것을 말한다.
③ 1기압에서 인화점이 섭씨 70도 이상 섭씨 200도 미만인 것을 말한다.
④ 1기압에서 인화점이 섭씨 200도 이상 섭씨 250도 미만의 것을 말한다.
⑤ 1기압에서 인화점이 섭씨 21도 이상 70도 미만인 것을 말한다.
⑥ 도료류 그 밖의 물품은 가연성 액체량이 40중량퍼센트 이하인 것은 제외한다.

 ①, ⑤

- 제2석유류의 정의
  등유, 경유 그 밖에 1기압에서 인화점이 섭씨 21도 이상 70도 미만인 것을 말한다. 다만, 도료류 그 밖의 물품에 있어서 가연성 액체량이 40중량퍼센트 이하이면서 인화점이 섭씨 40도 이상인 동시에 연소점이 섭씨 60도 이상인 것은 제외한다.

위·험·물·산·업·기·사·실·기

위험물산업기사 실기

## 2017년 11월 12일 시행

**01** 다음 표는 유별을 달리하는 위험물의 혼재기준이다. 빈칸에 혼재할 수 없으면 "×" 표시를 혼재할 수 있으면 "○" 표시를 하여 표를 완성하시오(단, 이 표는 지정수량의 $\frac{1}{10}$ 이상의 위험물을 혼재하는 경우이다.)   (5점)

| 구 분 | 제1류 | 제2류 | 제3류 | 제4류 | 제5류 | 제6류 |
|---|---|---|---|---|---|---|
| 제1류 |  | × | × | × | × | ○ |
| 제2류 | × |  | × |  | ○ | × |
| 제3류 | × | × |  | ○ | × | × |
| 제4류 | × |  | ○ |  | ○ | × |
| 제5류 | × | ○ | × |  |  | × |
| 제6류 | ○ | × | × | × | × |  |

**해답**

| 구 분 | 제1류 | 제2류 | 제3류 | 제4류 | 제5류 | 제6류 |
|---|---|---|---|---|---|---|
| 제1류 |  | × | × | × | × | ○ |
| 제2류 | × |  | × | ○ | ○ | × |
| 제3류 | × | × |  | ○ | × | × |
| 제4류 | × | ○ | ○ |  | ○ | × |
| 제5류 | × | ○ | × | ○ |  | × |
| 제6류 | ○ | × | × | × | × |  |

**상세해설**

- 쉬운 암기법
  ↓1 + 6↑   2 + 4
  ↓2 + 5↑   5 + 4
  ↓3 + 4↑

**02** 다음은 제1류 위험물 중 염소산칼륨에 대한 열분해 과정에 관한 사항이다. 다음 각 물음에 답하시오. (6점)

(물음 1) 염소산칼륨의 완전 열분해 반응식을 쓰시오.
(물음 2) 염소산칼륨 24.5kg이 열분해하는 경우 발생하는 산소의 부피($m^3$)는 표준상태에서 얼마인가?(단, 칼륨의 원자량은 39, 염소의 원자량은 35.5이다)

**해답** (물음 1) $2KClO_3 \rightarrow 2KCl + 3O_2$

(물음 2) [계산과정]
① 염소산칼륨($KClO_3$)의 분자량 = $39 + 35.5 + 16 \times 3 = 122.5$
② $KClO_3 \rightarrow KCl + 1.5O_2$ (열분해물질 염소산칼륨 1몰 기준)
③ $V = \dfrac{WRT}{PM} \times$ (생성기체몰수), 표준상태 : 0℃, 1기압

$= \dfrac{24.5 \times 0.082 \times (273+0)}{1 \times 122.5} \times 1.5 = 6.72m^3$

[답] $6.72m^3$

**상세해설**

• **이상기체상태방정식으로 생성기체 부피계산**
① 반응식에서 열분해하는 물질의 몰수는 항상 **1몰을 기준**으로 하여야 한다.
② 생성기체의 몰수를 곱하여야 한다.

$$V = \dfrac{WRT}{PM} \times (생성기체몰수)$$

여기서, $P$ : 압력(atm), $V$ : 부피($m^3$), $n$ : mol수, $M$ : 분자량
$W$ : 무게(kg), $R$ : 기체상수(0.082atm · $m^3$/kmol · K)
$T$ : 절대온도(273+$t$℃)K

• **염소산칼륨($KClO_3$)** : 제1류 위험물(산화성고체) 중 염소산염류

| 화학식 | 분자량 | 물리적 상태 | 색상 | 분해온도 |
|---|---|---|---|---|
| $KClO_3$ | 122.55 | 고체 | 무색 | 400℃ |

① 무색 또는 **백색분말**이며 산화력이 강하다.
② **이산화망가니즈**($MnO_2$)과 접촉 시 **분해가 촉진**되어 산소를 방출한다.
③ 온수, 글리세린에 잘 녹으며 냉수, 알코올에는 용해하기 어렵다.
④ 완전 열 분해되어 **염화칼륨과 산소를 방출**

$2KClO_3 \rightarrow 2KCl + 3O_2$
(염소산칼륨) (염화칼륨) (산소)

**03** 보기에서 설명하는 위험물의 화학식과 지정수량을 쓰시오. (4점)

[보기]
- 무색투명한 액체로서 분자량이 58이다.
- 인화점이 −37℃, 연소범위가 2.8~37%이다.
- 저장용기 사용 시 구리, 마그네슘, 은, 수은 및 합금용기는 사용하지 않아야 한다.

해답
① 화학식 : $CH_3CHCH_2O$
② 지정수량 : 50L

상세해설

- 산화프로필렌($CH_3CH_2CHO$) : 제4류 위험물 중 특수인화물

$$\begin{array}{c} H\ \ H\ \ H \\ |\ \ \ |\ \ \ | \\ H-C-C-C-H \\ |\ \ \ \diagdown\!\diagup\ \ \ | \\ H\ \ \ O \end{array}$$

| 화학식 | 분자량 | 비중 | 비점 | 인화점 | 착화점 | 연소범위 |
|---|---|---|---|---|---|---|
| $CH_3CHCH_2O$ | 58 | 0.83 | 34℃ | −37℃ | 465℃ | 2.8~37% |

① 휘발성이 강하고 에테르냄새가 나는 액체이다.
② 물, 알코올, 벤젠 등 유기용제에는 잘 녹는다.
③ 저장용기 사용 시 구리, 마그네슘, 은, 수은 및 합금용기 사용금지(아세틸라이트 생성)
④ 저장 용기 내에 질소($N_2$) 등 불연성가스를 채워둔다.
⑤ 소화는 포 약제로 질식 소화한다.

- 제4류 위험물 및 지정수량

| 유별 | 성질 | 품명 | | 지정수량 |
|---|---|---|---|---|
| 제4류 | 인화성액체 | 1. 특수인화물 | | 50L |
| | | 2. 제1석유류 | 비수용성액체 | 200L |
| | | | 수용성액체 | 400L |
| | | 3. 알코올류 | | 400L |
| | | 4. 제2석유류 | 비수용성액체 | 1,000L |
| | | | 수용성액체 | 2,000L |
| | | 5. 제3석유류 | 비수용성액체 | 2,000L |
| | | | 수용성액체 | 4,000L |
| | | 6. 제4석유류 | | 6,000L |
| | | 7. 동식물유류 | | 10,000L |

**04** 외벽이 내화구조인 위험물제조소의 건축물 연면적이 450m²인 경우 소요단위를 계산하시오.

[계산과정] $N = \dfrac{450}{100} = 4.5$단위

[답] 4.5단위

소요단위의 계산방법
① 제조소 또는 취급소의 건축물

| 외벽이 내화구조인 것 | 외벽이 내화구조가 아닌 것 |
|---|---|
| 연면적 100m² : 1소요단위 | 연면적 50m² : 1소요단위 |

② 저장소의 건축물

| 외벽이 내화구조인 것 | 외벽이 내화구조가 아닌 것 |
|---|---|
| 연면적 150m² : 1소요단위 | 연면적 75m² : 1소요단위 |

③ 위험물은 지정수량의 10배를 1소요단위로 할 것

**05** 위험물안전관리법령에 따른 위험물의 유별 저장ㆍ취급의 공통기준(중요기준)이다. 다음 ( )안에 알맞은 답을 쓰시오. (4점)

① 제4류 위험물은 불티ㆍ불꽃ㆍ고온체와의 접근 또는 과열을 피하고, 함부로 ( )를 발생시키지 아니하여야 한다.
② 제6류 위험물은 가연물과의 접촉ㆍ혼합이나 분해를 촉진하는 물품과의 접근 또는 ( )을 피하여야 한다.

① 증기 ② 과열

위험물의 유별 저장ㆍ취급의 공통기준(중요기준)
① **제1류 위험물**은 가연물과의 접촉ㆍ혼합이나 분해를 촉진하는 물품과의 접근 또는 과열ㆍ충격ㆍ마찰 등을 피하는 한편, 알카리금속의 과산화물 및 이를 함유한 것에 있어서는 물과의 접촉을 피하여야 한다.
② **제2류 위험물**은 산화제와의 접촉ㆍ혼합이나 불티ㆍ불꽃ㆍ고온체와의 접근 또는 과열을 피하는 한편, 철분ㆍ금속분ㆍ마그네슘 및 이를 함유한 것에 있어서는 물이나 산과의 접촉을 피하고 인화성 고체에 있어서는 함부로 증기를 발생시키지 아

니하여야 한다.
③ 제3류 위험물 중 자연발화성물질에 있어서는 불티·불꽃 또는 고온체와의 접근·과열 또는 공기와의 접촉을 피하고, 금수성물질에 있어서는 물과의 접촉을 피하여야 한다.
④ 제4류 위험물은 불티·불꽃·고온체와의 접근 또는 과열을 피하고, 함부로 **증기**를 발생시키지 아니하여야 한다.
⑤ 제5류 위험물은 불티·불꽃·고온체와의 접근이나 과열·충격 또는 마찰을 피하여야 한다.
⑥ 제6류 위험물은 가연물과의 접촉·혼합이나 분해를 촉진하는 물품과의 접근 또는 **과열**을 피하여야 한다.

## 06 다음은 제1종 판매취급소의 위험물을 배합하는 실의 기준이다. ( )안에 알맞은 답을 쓰시오.

[보기] (1) 바닥면적은 ( ① )$m^2$ 이상 ( ② )$m^2$ 이하로 할 것
(2) ( ③ ) 또는 ( ④ )로 된 벽으로 구획할 것
(3) 바닥은 위험물이 침투하지 아니하는 구조로 하여 적당한 경사를 두고 ( ⑤ )를 설치할 것
(4) 출입구 문턱의 높이는 바닥면으로부터 ( ⑥ )m 이상으로 할 것

**해답** ① 6  ② 15  ③ 내화구조
④ 불연재료  ⑤ 집유설비  ⑥ 0.1

**상세해설**
판매취급소의 위치·구조 및 설비의 기준(제38조관련)
자. 위험물을 배합하는 실은 다음에 의할 것
 (1) 바닥면적은 6$m^2$ 이상 15$m^2$ 이하로 할 것
 (2) 내화구조 또는 불연재료로 된 벽으로 구획할 것
 (3) 바닥은 위험물이 침투하지 아니하는 구조로 하여 적당한 경사를 두고 집유설비를 할 것
 (4) 출입구에는 수시로 열 수 있는 자동폐쇄식의 60분+방화문 또는 60분방화문을 설치할 것
 (5) 출입구 문턱의 높이는 바닥면으로부터 0.1m 이상으로 할 것
 (6) 내부에 체류한 가연성의 증기 또는 가연성의 미분을 지붕 위로 방출하는 설비를 할 것

**07** 트라이에틸알루미늄에 대한 다음 각 물음에 답하시오. (6점)

(물음 1) 물과 접촉하는 경우 반응식을 쓰시오.
(물음 2) 연소 시 반응식을 쓰시오.

**해답** (물음 1) $(C_2H_5)_3Al + 3H_2O \rightarrow Al(OH)_3 + 3C_2H_6$
(물음 2) $2(C_2H_5)_3Al + 21O_2 \rightarrow Al_2O_3 + 12CO_2 + 15H_2O$

**상세해설**
- 알킬알루미늄$[(C_nH_{2n+1}) \cdot Al]$ : 제 3류 위험물(금수성 물질)
  ① 알킬기$(C_nH_{2n+1})$에 알루미늄(Al)이 결합된 화합물이다.
  ② $C_1 \sim C_4$는 자연발화의 위험성이 있다.
  ③ 물과 접촉 시 가연성 가스 발생하므로 주수소화는 절대 금지한다.
  ④ 트라이메틸알루미늄(TMA : Tri Methyl Aluminium)

  $$(CH_3)_3Al + 3H_2O \rightarrow Al(OH)_3(수산화알루미늄) + 3CH_4 \uparrow (메탄)$$

  ⑤ 트라이에틸알루미늄(TEA : Tri Eethyl Aluminium)
  - $(C_2H_5)_3Al + 3CH_3OH \rightarrow Al(CH_3O)_3(트라이메톡시알루미늄) + 3C_2H_6(에탄)$
  - $(C_2H_5)_3Al + 3H_2O \rightarrow Al(OH)_3(수산화알루미늄) + 3C_2H_6 \uparrow (에탄)$

  ⑥ 저장용기에 불활성기체$(N_2)$를 봉입한다.
  ⑦ 피부접촉 시 화상을 입히고 연소 시 흰 연기가 발생한다.

  $$2(C_2H_5)_3Al + 21O_2 \rightarrow Al_2O_3 + 12CO_2 + 15H_2O$$

  ⑧ 소화 시 주수소화는 절대 금하고 팽창질석, 팽창진주암 등으로 피복소화한다.

**08** 아세트산(초산)과 과산화나트륨의 화학반응식을 쓰시오.

**해답** $2CH_3COOH + Na_2O_2 \rightarrow 2CH_3COONa + H_2O_2$

**상세해설** 과산화나트륨$(Na_2O_2)$ : 제1류위험물 중 무기과산화물(금수성)

| 화학식 | 분자량 | 비중 | 융점 | 분해온도 |
|---|---|---|---|---|
| $Na_2O_2$ | 78 | 2.8 | 460℃ | 460℃ |

① 상온에서 물과 격렬히 반응하여 산소$(O_2)$를 방출하고 폭발하기도 한다.

$$2Na_2O_2 + 2H_2O \rightarrow 4NaOH + O_2 \uparrow$$
$$(과산화나트륨) \quad (물) \quad (수산화나트륨)(산소)$$

② 공기 중 이산화탄소$(CO_2)$와 반응하여 산소$(O_2)$를 방출한다.

$$2Na_2O_2 + 2CO_2 \rightarrow 2Na_2CO_3 + O_2 \uparrow$$

③ 산과 반응하여 과산화수소($H_2O_2$)를 생성시킨다.

$$Na_2O_2 + 2CH_3COOH \rightarrow 2CH_3COONa + H_2O_2$$

④ 열분해 시 산소($O_2$)를 방출한다.

$$2Na_2O_2 \rightarrow 2Na_2O + O_2 \uparrow$$

⑤ 주수소화는 금물이고 마른모래(건조사) 등으로 소화한다.

## 09 다음 보기는 위험물의 일반적인 성질이다. 제2류 위험물의 성질로 옳은 것을 모두 선택하여 번호를 쓰시오. (4점)

[보기] ① 황화인, 적린, 황은 위험등급이 Ⅱ등급이다.
② 고형알코올은 가연성고체에 해당되며 지정수량은 1000kg이다.
③ 대부분 물에 녹는 수용성이다.
④ 대부분 산화성 고체이다.

**해답** ①, ②

**상세해설**

• 제2류 위험물의 공통적 성질
 ① 낮은 온도에서 착화가 쉬운 가연성 고체
 ② 연소속도가 빠른 고체
 ③ 연소 시 유독가스를 발생하는 것도 있다.
 ④ 금속분은 물 또는 산과 접촉시 발열된다.

• 제2류 위험물의 지정수량

| 성 질 | 품 명 | 지정수량 | 위험등급 |
|---|---|---|---|
| 가연성고체 | 황화인, 적린, 황 | 100kg | Ⅱ |
| | 철분, 금속분, 마그네슘 | 500kg | Ⅲ |
| | 인화성고체 | 1,000kg | |

• 인화성고체
 고형알코올 그 밖에 1기압에서 인화점이 40℃ 미만인 고체

**10** 제3류 위험물 중 위험등급 Ⅰ에 해당하는 품명을 3가지만 쓰시오. (3점)

**해답** 칼륨, 나트륨, 알킬알루미늄, 알킬리튬, 황린 중 3가지

**상세해설**

제3류 위험물 및 지정수량

| 성 질 | 품 명 | 지정수량 | 위험등급 |
|---|---|---|---|
| 자연발화성 및 금수성물질 | 1. 칼륨, 나트륨, 알킬알루미늄, 알킬리튬 | 10kg | Ⅰ |
| | 2. 황린 | 20kg | |
| | 3. 알칼리금속(칼륨 및 나트륨 제외) 및 알칼리토금속 유기금속화합물(알킬알루미늄 및 알킬리튬 제외) | 50kg | Ⅱ |
| | 4. 금속의 수소화물, 금속의 인화물 칼슘 또는 알루미늄의 탄화물, 염소화규소화합물 | 300kg | Ⅲ |

**11** 다음은 제4류 위험물의 인화점에 관한 내용이다. ( )안에 알맞은 답을 쓰시오. (3점)

제1석유류 : 인화점이 섭씨 ( ① )도 미만인 것
제2석유류 : 인화점이 섭씨 ( ② )도 이상 ( ③ )도 미만인 것

**해답** ① 21  ② 21  ③ 70

**상세해설**

제4류 위험물의 품명 및 지정수량 ★★★★★

| 성질 | 품 명 | | 지정수량 | 위험등급 | 비 고 |
|---|---|---|---|---|---|
| 인화성액체 | 특수인화물 | | 50L | Ⅰ | • 발화점 100℃ 이하<br>• 인화점 −20℃ 이하 & 비점 40℃ 이하<br>• 이황화탄소, 다이에틸에터 |
| | 제1석유류 | 비수용성 | 200L | Ⅱ | • 인화점 21℃ 미만<br>• 아세톤, 휘발유 |
| | | 수용성 | 400L | | |
| | 알코올류 | | 400L | | • $C_1$~$C_3$ 포화1가 알코올<br>  (변성알코올포함) |
| | 제2석유류 | 비수용성 | 1000L | Ⅲ | • 인화점 21℃ 이상 70℃ 미만<br>• 등유, 경유 |
| | | 수용성 | 2000L | | |
| | 제3석유류 | 비수용성 | 2000L | | • 인화점 70℃ 이상 200℃ 미만<br>• 중유, 크레오소트유 |
| | | 수용성 | 4000L | | |
| | 제4석유류 | | 6000L | | • 인화점이 200℃ 이상 250℃ 미만인 것 |
| | 동식물유류 | | 10000L | | • 동물의 지육 또는 식물의 종자나 과육으로부터 추출한 것으로 1기압에서 인화점이 250℃ 미만인 것 |

**12** 적재하는 위험물의 성질에 따라 일광의 직사 또는 빗물의 침투를 방지하기 위하여 유효하게 피복하는 등 기준에 따른 조치를 하여야 한다. 차광성이 있는 피복으로 가려야하는 위험물의 유별 또는 품명을 3가지만 쓰시오. (3점)

**해답**
① 제1류 위험물
② 제3류위험물 중 자연발화성물질
③ 제4류 위험물 중 특수인화물
④ 제5류 위험물
⑤ 제6류 위험물 중 3가지

**상세해설**
적재하는 위험물의 성질에 따른 조치
(1) **차광성**이 있는 피복으로 가려야하는 위험물
  ① 제1류 위험물
  ② 제3류위험물 중 자연발화성물질
  ③ 제4류 위험물 중 특수인화물
  ④ 제5류 위험물
  ⑤ 제6류 위험물
(2) **방수성**이 있는 피복으로 덮어야 하는 것
  ① 제1류 위험물 중 알칼리금속의 과산화물
  ② 제2류 위험물 중 철분·금속분·마그네슘 또는 이들 중 어느 하나 이상을 함유한 것
  ③ 제3류 위험물 중 금수성 물질

**13** 다음 보기의 위험물이 각각 1몰씩 완전 열분해하는 경우 발생하는 산소의 부피가 큰 것부터 번호로 나열하시오.

[보기] ① 과염소산암모늄 ② 염소산칼륨 ③ 염소산암모늄 ④ 과염소산나트륨

**해답** ④-②-①-③

**상세해설**
열분해 반응식(열분해 물질 1몰기준)
① 과염소산암모늄(1몰의 $O_2$ 발생)
  $2NH_4ClO_4 \rightarrow N_2 + Cl_2 + 4H_2O + 2O_2$
  $NH_4ClO_4 \rightarrow 0.5N_2 + 0.5Cl_2 + 2H_2O + O_2$

② 염소산칼륨(1.5몰의 $O_2$ 발생)
  $2KClO_3 \rightarrow 2KCl + 3O_2$
  $KClO_3 \rightarrow KCl + 1.5O_2$
③ 염소산암모늄(0.5몰의 $O_2$ 발생)
  $2NH_4ClO_3 \rightarrow N_2 + Cl_2 + 4H_2O + O_2$
  $NH_4ClO_3 \rightarrow 0.5N_2 + 0.5Cl_2 + 2H_2O + 0.5O_2$
④ 과염소산나트륨(2몰의 $O_2$ 발생)
  $NaClO_4 \rightarrow NaCl + 2O_2$

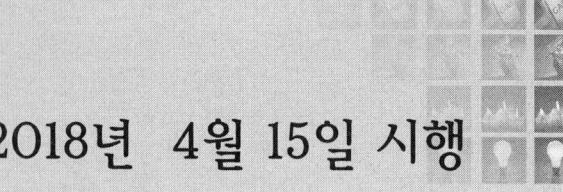

2018년 4월 15일 시행

**01** 에틸렌과 산소를 $CuCl_2$의 촉매 하에 생성된 물질로 분자식이 $C_2H_4O$, 인화점이 -38℃, 비점이 21℃, 연소범위가 4~60%인 특수인화물에 대한 다음 각 물음에 답하시오. (6점)

(물음 1) 시성식을 쓰시오.
(물음 2) 증기비중을 계산하시오.
(물음 3) 위의 물질이 산화되어 생성되는 4류 위험물의 명칭을 쓰시오.

**해답** (물음 1) $CH_3CHO$

(물음 2) [계산과정] $S = \dfrac{44}{29} = 1.52$

[답] 1.52

(물음 3) 초산(아세트산)

**상세해설**
• 아세트알데하이드($CH_3CHO$) : 제4류 위험물 중 특수인화물

| 화학식 | 분자량 | 비중 | 비점 | 인화점 | 착화점 | 연소범위 |
|---|---|---|---|---|---|---|
| $CH_3CHO$ | 44 | 0.78 | 21℃ | -38℃ | 185℃ | 4~60% |

① 휘발성이 강하고 과일냄새가 있는 무색 액체이며 물, 에탄올에 잘 녹는다.
② 산화되어 초산($CH_3COOH$)이 된다.

$$2CH_3CHO + O_2 \rightarrow 2CH_3COOH(초산)$$

③ 저장용기 사용 시 구리(Cu), 마그네슘(Mg), 은(Ag), 수은(Hg) 및 그 합금용기는 사용금지
④ 아세트알데하이드 등을 취급하는 설비에는 연소성 혼합기체의 생성에 의한 폭발을 방지하기 위한 불활성기체 또는 수증기를 봉입하는 장치를 갖출 것

• 증기비중
① $S = \dfrac{M(분자량)}{29(공기평균분자량)}$
② 아세트알데하이드($CH_3CHO$)의 분자량 $= 12 \times 2 + 1 \times 4 + 16 \times 1 = 44$

**02** 제3류 위험물과 혼재할 수 있는 위험물의 유별을 모두 쓰시오.
(단, 지정수량의 $\frac{1}{10}$ 이상을 저장하는 경우이다.) (3점)

 제4류 위험물

- 쉬운 암기법
  1 + 6    2 + 4
  2 + 5    5 + 4
  3 + 4

- 유별을 달리하는 위험물의 혼재기준

| 구 분 | 제1류 | 제2류 | 제3류 | 제4류 | 제5류 | 제6류 |
|---|---|---|---|---|---|---|
| 제1류 |  | × | × | × | × | ○ |
| 제2류 | × |  | × | ○ | ○ | × |
| 제3류 | × | × |  | ○ | × | × |
| 제4류 | × | ○ | ○ |  | ○ | × |
| 제5류 | × | ○ | × | ○ |  | × |
| 제6류 | ○ | × | × | × | × |  |

**03** 과산화나트륨의 운반용기 외부에 수납하는 위험물에 따른 주의사항을 모두 쓰시오. (3점)

 화기·충격주의, 물기엄금 및 가연물접촉주의

위험물 운반용기의 외부 표시 사항
① 위험물의 품명, 위험등급, 화학명 및 수용성(제4류 위험물의 수용성인 것에 한함)
② 위험물의 수량
③ 수납하는 위험물에 따른 주의사항

| 유 별 | 성질에 따른 구분 | 표시사항 |
|---|---|---|
| 제1류 위험물 | 알칼리금속의 과산화물 | 화기·충격주의, 물기엄금 및 가연물접촉주의 |
|  | 그 밖의 것 | 화기·충격주의 및 가연물접촉주의 |
| 제2류 위험물 | 철분·금속분·마그네슘 | 화기주의 및 물기엄금 |
|  | 인화성고체 | 화기엄금 |
|  | 그 밖의 것 | 화기주의 |

| 유별 | 성질에 따른 구분 | 표시사항 |
|---|---|---|
| 제3류 위험물 | 자연발화성물질 | 화기엄금 및 공기접촉엄금 |
| | 금수성물질 | 물기엄금 |
| 제4류 위험물 | 인화성 액체 | 화기엄금 |
| 제5류 위험물 | 자기반응성 물질 | 화기엄금 및 충격주의 |
| 제6류 위험물 | 산화성 액체 | 가연물접촉주의 |

**04** 분말소화약제 중 제1종 분말소화약제의 열분해 반응식을 270℃와 850℃로 구분하여 쓰시오. (6점)

○ 270℃ : $2NaHCO_3 \rightarrow Na_2CO_3 + CO_2 + H_2O$
○ 850℃ : $2NaHCO_3 \rightarrow Na_2O + 2CO_2 + H_2O$

- 분말약제의 주성분 및 열분해

| 종별 | 약제명 | 화학식 | 착색 | 열분해 반응식 |
|---|---|---|---|---|
| 제1종 | 탄산수소나트륨<br>중탄산나트륨 | $NaHCO_3$ | 백색 | 270℃ $2NaHCO_3 \rightarrow Na_2CO_3+CO_2+H_2O$<br>850℃ $2NaHCO_3 \rightarrow Na_2O+2CO_2+H_2O$ |
| 제2종 | 탄산수소칼륨<br>중탄산칼륨 | $KHCO_3$ | 담회색 | 190℃ $2KHCO_3 \rightarrow K_2CO_3+CO_2+H_2O$<br>590℃ $2KHCO_3 \rightarrow K_2O+2CO_2+H_2O$ |
| 제3종 | 제1인산암모늄 | $NH_4H_2PO_4$ | 담홍색 | $NH_4H_2PO_4 \rightarrow HPO_3+NH_3+H_2O$ |
| 제4종 | 중탄산칼륨+요소 | $KHCO_3+$<br>$(NH_2)_2CO$ | 회(백)색 | $2KHCO_3+(NH_2)_2CO$<br>$\rightarrow K_2CO_3+2NH_3+2CO_2$ |

**05** 제4류 위험물인 에틸알코올의 완전연소 반응식을 쓰시오. (4점)

 $C_2H_5OH + 3O_2 \rightarrow 2CO_2 + 3H_2O$

- 에틸알코올($C_2H_5OH$) : 제4류 위험물 중 알코올류

| 화학식 | 분자량 | 비중 | 비점 | 인화점 | 착화점 | 연소범위 |
|---|---|---|---|---|---|---|
| $C_2H_5OH$ | 46 | 0.8 | 78.3℃ | 13℃ | 423℃ | 4.3~19% |

① 무색 투명한 액체이며 술 속에 포함되어 있어 주정이라고 한다.
② 물에 아주 잘 녹으며 유기용제이다.
③ 연소 시 주간에는 불꽃이 잘 보이지 않는다.

$$C_2H_5OH + 3O_2 \rightarrow 2CO_2 + 3H_2O$$

④ 금속나트륨, 금속칼륨을 가하면 수소($H_2$)가 발생한다.

$$2C_2H_5OH + 2Na \rightarrow 2C_2H_5ONa + H_2\uparrow$$
$$2C_2H_5OH + 2K \rightarrow 2C_2H_5OK + H_2\uparrow$$

⑤ 아이오딘포름 반응을 하므로 에탄올검출에 이용된다.

**에틸알코올의 반응식**
- 알칼리금속과 반응    $2Na + 2C_2H_5OH \rightarrow 2C_2H_5ONa + H_2\uparrow$
- 산화, 환원반응식    $C_2H_5OH \xrightarrow[\text{환원}]{\text{산화}} CH_3CHO \xrightarrow[\text{환원}]{\text{산화}} CH_3COOH$

**06** 경유탱크용량 15,000리터, 휘발유탱크용량 8,000리터인 2기의 지하저장탱크를 인접하여 설치하는 경우에 탱크 상호간에 유지하여야 할 간격(m)은 얼마 이상인가? (4점)

[계산과정]  ○ 경유탱크의 지정수량    $N = \dfrac{15000}{1000} = 15$배

○ 휘발유탱크의 지정수량    $N = \dfrac{8000}{200} = 40$배

○ 지정수량의 배수 합계    $N_T = 15 + 40 = 55$배

지정수량의 100배 이하이므로 탱크상호간의 간격은 0.5m 이상

[답] 0.5m 이상

**지하탱크저장소의 위치 · 구조 및 설비의 기준** ★★
① 지하탱크를 지하의 가장 가까운 벽, 피트, 가스관 등 시설물 및 **대지경계선으로 부터 0.6m 이상** 떨어진 곳에 매설할 것 ★★★
② 탱크전용실은 지하의 가장 가까운 벽·피트·가스관 등의 시설물 및 **대지경계선으로 부터 0.1m 이상** 떨어진 곳에 설치하고, 지하저장탱크와 탱크전용실의 안쪽과의 사이는 0.1m 이상의 간격을 유지하도록 하며, 당해 탱크의 주위에 마른 모래 또는 습기등에 의하여 응고되지 아니하는 입자지름 5mm이하의 **마른 자갈분**을 채울 것
③ 지하저장탱크의 윗 부분은 지면으로부터 0.6m 이상 아래에 있을 것.
④ **지하저장탱크를 2 이상 인접해 설치하는 경우에는 그 상호간에 1m(당해 2 이상의**

지하저장탱크의 용량의 합계가 지정수량의 100배 이하인 때에는 0.5m 이상의 간격을 유지할 것.

[지하저장탱크를 2 이상 인접해 설치하는 경우]

| 2 이상의 지하저장탱크의 용량의 합계 | 지정수량의 100배 초과 | 지정수량의 100배 이하 |
|---|---|---|
| 탱크상호간 간격 | 1m 이상 | 0.5m 이상 |

⑤ 지하저장탱크의 재질은 **두께 3.2mm이상의 강철판**으로 하여 완전용입용접 또는 양면겹침 이음용접으로 틈이 없도록 만드는 동시에, **압력탱크(최대상용압력이 46.7kPa이상인 탱크)** 외의 탱크에 있어서는 **70kPa의 압력으로, 압력탱크에 있어서는 최대상용압력의 1.5배의 압력**으로 각각 10분간 수압시험을 실시하여 새거나 변형되지 아니 할 것.

## 07 다음 보기의 위험물 중 위험물에서 제외되는 물질을 모두 고르시오.

[보기]
① 황산  ② 질산구아니딘  ③ 금속의 아지화합물  ④ 구리분  ⑤ 과아이오딘산

  ①, ④

① 황산 - 유독물  ② 질산구아니딘 - 제5류  ③ 금속의 아지화합물 - 제5류
④ 구리분 - 제3류 위험물에서 제외  ⑤ 과아이오딘산 - 제1류

• 제3조(위험물 품명의 지정) 행정안전부령으로 지정하는 것

| 구분 | 제1류 | 제3류 | 제5류 | 제6류 |
|---|---|---|---|---|
| 품명 | ① 과아이오딘산염류<br>② **과아이오딘산**<br>③ 크로뮴, 납 또는 아이오딘의 산화물<br>④ 아질산염류<br>⑤ 차아염소산염류<br>⑥ 염소화아이소시아눌산<br>⑦ 퍼옥소이황산염류<br>⑧ 퍼옥소붕산염류 | 염소화규소화합물 | ① **금속의 아지화합물**<br>② **질산구아니딘** | 할로젠간화합물<br>① 삼불화브로민<br>② 오불화브로민<br>③ 오불화아이오딘 |

• 위험물의 판단기준
① **황**
순도가 60중량% 이상인 것을 말한다. 이 경우 순도측정에 있어서 불순물은 활석 등 불연성물질과 수분에 한한다.

② 철분
　철의 분말로서 53㎛의 표준체를 통과하는 것이 **50중량%** 미만인 것은 **제외**
③ 금속분
　알칼리금속·알칼리토금속·철 및 마그네슘 외의 금속의 분말을 말하고, **구리분·니켈분** 및 150㎛의 체를 통과하는 것이 **50중량%** 미만인 것은 **제외**
④ 마그네슘은 다음 각목의 1에 해당하는 것은 제외한다.
　㉮ 2mm의 체를 통과하지 아니하는 덩어리 상태의 것
　㉯ 직경 2mm 이상의 막대 모양의 것
⑤ 인화성고체
　고형알코올 그 밖에 1기압에서 인화점이 40℃ 미만인 고체
⑥ 제6류 위험물의 판단 기준

| 종류 | 과산화수소 | 질산 |
|---|---|---|
| 기준 | • 농도 36중량% 이상 | • 비중 1.49 이상 |

## 08 탄화칼슘이 물과 접촉할 경우 반응식을 쓰시오. (4점)

 $CaC_2 + 2H_2O \rightarrow Ca(OH)_2 + C_2H_2$

 탄화칼슘($CaC_2$)–제3류 위험물–칼슘탄화물

| 화학식 | 분자량 | 융점 | 비중 |
|---|---|---|---|
| $CaC_2$ | 64 | 2370℃ | 2.21 |

① **물과 접촉 시 아세틸렌을 생성**하고 열을 발생시킨다.

　　$CaC_2 + 2H_2O \rightarrow Ca(OH)_2(수산화칼슘) + C_2H_2\uparrow(아세틸렌)$

② 아세틸렌의 폭발범위는 2.5~81%로 대단히 넓어서 폭발위험성이 크다.
③ 장기 보관시 불활성기체($N_2$ 등)를 봉입하여 저장한다.
④ 고온(700℃)에서 질화되어 석회질소($CaCN_2$)가 생성된다.

　　$CaC_2 + N_2 \rightarrow CaCN_2(석회질소) + C(탄소)$

⑤ 물 및 포 약제에 의한 소화는 절대 금하고 마른모래 등으로 피복 소화한다.

**09** 아래의 위험물은 주의사항이 물기엄금인 물질이다. 만약 물과 접촉하였다고 가정하고 물과의 반응식을 쓰시오.

① 과산화칼륨    ② 마그네슘    ③ 나트륨

**해답**
① $2K_2O_2 + 2H_2O \rightarrow 4KOH + O_2$
② $Mg + 2H_2O \rightarrow Mg(OH)_2 + H_2$
③ $2Na + 2H_2O \rightarrow 2NaOH + H_2$

**상세해설**

- 과산화칼륨($K_2O_2$) : 제1류 위험물 중 무기과산화물
  ① 상온에서 물과 격렬히 반응하여 산소($O_2$)를 방출하고 폭발하기도 한다.
  $$2K_2O_2 + 2H_2O \rightarrow 4KOH + O_2 \uparrow$$
  ② 공기 중 이산화탄소($CO_2$)와 반응하여 산소($O_2$)를 방출한다.
  $$2K_2O_2 + 2CO_2 \rightarrow 2K_2CO_3 + O_2 \uparrow$$
  ④ 산과 반응하여 과산화수소($H_2O_2$)를 생성시킨다.
  $$K_2O_2 + 2CH_3COOH \rightarrow 2CH_3COOK + H_2O_2$$
  ⑤ 열분해시 산소($O_2$)를 방출한다.
  $$2K_2O_2 \rightarrow 2K_2O + O_2 \uparrow$$
  ⑥ 주수소화는 금물이고 마른모래(건조사)등으로 소화한다.

- 마그네슘(Mg)-제2류 위험물-금속분
  ① 2mm체 통과 못하는 덩어리 및 직경 2mm 이상 막대모양은 위험물에서 제외한다.
  ② 수증기와 작용하여 수소를 발생시킨다.(주수소화금지)
  $$Mg + 2H_2O \rightarrow Mg(OH)_2 + H_2 \uparrow$$
  ③ 산과 작용하여 수소를 발생시킨다.
  $$Mg + 2HCl \rightarrow MgCl_2 + H_2 \uparrow$$
  ④ 주수소화는 엄금이며 마른모래 등으로 피복 소화한다.

- 금속칼륨 및 금속나트륨 : 제3류 위험물(금수성)
  ① 물과 반응하여 수소기체 발생
  $$2Na + 2H_2O \rightarrow 2NaOH(수산화나트륨) + H_2 \uparrow (수소발생)$$
  $$2K + 2H_2O \rightarrow 2KOH(수산화칼륨) + H_2 \uparrow (수소발생)$$
  ② 파라핀, 경유, 등유 속에 저장
    - 칼륨(K), 나트륨(Na)은 파라핀, 경유, 등유 속에 저장
    - 황린(3류) 및 이황화탄소(4류)는 물속에 저장

**10** 다음과 같은 원통형 탱크 중 종으로 설치한 탱크의 내용적을 계산하시오.
(5점)

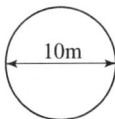 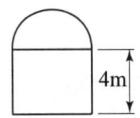

**[계산과정]** 탱크의 내용적 $V = \pi r^2 l = \pi \times 5^2 \times 4 = 314.16 \text{m}^3$
**[답]** $314.16 \text{m}^3$

① 탱크용적의 산출기준
  탱크의 내용적에서 공간용적을 뺀 용적
  | 탱크의 용적 = 탱크의 내용적 − 탱크의 공간용적 |

② 탱크의 공간용적
  탱크용적의 $\dfrac{5}{100}$ 이상 $\dfrac{10}{100}$ 이하의 용적

③ 타원형 탱크의 내용적
  ㉠ 양쪽이 볼록한 것

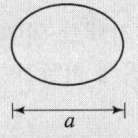 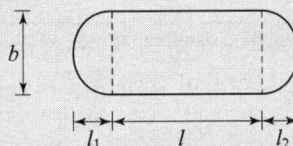

내용적 $= \dfrac{\pi ab}{4}\left(l + \dfrac{l_1 + l_2}{3}\right)$

  ㉡ 한쪽은 볼록하고 다른 한쪽은 오목한 것

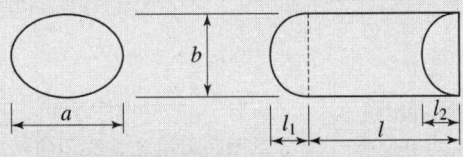

내용적 $= \dfrac{\pi ab}{4}\left(l + \dfrac{l_1 - l_2}{3}\right)$

④ 원통형 탱크의 내용적
  ㉠ 횡으로 설치한 것

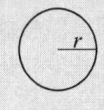 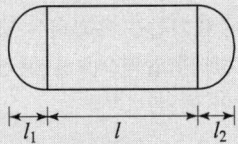

내용적 $= \pi r^2\left(l + \dfrac{l_1 + l_2}{3}\right)$

  ㉡ 종으로 설치한 것

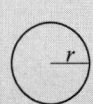 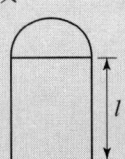

내용적 $= \pi r^2 l$

**11** 제3종 분말소화약제의 주성분을 화학식으로 쓰시오. (5점)

해답: $NH_4H_2PO_4$

상세해설: 분말약제의 열분해 반응식

| 종 별 | 약제명 | 착색 | 열분해 반응식 |
|---|---|---|---|
| 제1종 | 탄산수소나트륨 | 백색 | 270℃ $2NaHCO_3 \rightarrow Na_2CO_3+CO_2+H_2O$<br>850℃ $2NaHCO_3 \rightarrow Na_2O+2CO_2+H_2O$ |
| 제2종 | 탄산수소칼륨 | 담회색 | 190℃ $2KHCO_3 \rightarrow K_2CO_3+CO_2+H_2O$<br>590℃ $2KHCO_3 \rightarrow K_2O+2CO_2+H_2O$ |
| 제3종 | 제1인산암모늄 | 담홍색 | $NH_4H_2PO_4 \rightarrow HPO_3+NH_3+H_2O$ |
| 제4종 | 탄산수소칼륨+요소 | 회(백)색 | $2KHCO_3+(NH_2)_2CO \rightarrow K_2CO_3+2NH_3+2CO_2$ |

**12** 다음은 옥외탱크저장소의 설치기준에 관한 내용이다. ( )안에 알맞은 답을 쓰시오.

옥외저장탱크는 특정옥외저장탱크 및 준 특정옥외저장탱크 외에는 두께 ( ) 이상의 강철판 또는 소방청장이 정하여 고시하는 규격에 적합한 재료로 제작하여야 한다.

해답: 3.2mm

상세해설: 옥외저장탱크의 외부구조 및 설비
① 옥외저장탱크는 특정옥외저장탱크 및 준특정옥외저장탱크 외에는 **두께 3.2mm 이상의 강철판** 또는 소방청장이 정하여 고시하는 규격에 적합한 재료로 제작 하여야 한다.
② 압력탱크(최대상용압력이 대기압을 초과하는 탱크)외의 탱크는 충수시험, 압력탱크는 최대상용압력의 1.5배의 압력으로 10분간 실시하는 수압시험에서 각각 새거나 변형되지 아니하여야 한다.

**13** 아래 보기의 위험물에 대한 지정수량을 쓰시오. (5점)

[보기] ① 수소화나트륨   ② 나이트로글리세린   ③ 다이크로뮴산암모늄

**해답**
① 수소화나트륨 : 300kg
② 나이트로글리세린 : 10kg
③ 다이크로뮴산암모늄 : 1000kg

**상세해설**

| 품 명 | 유 별 | 지정수량 |
| --- | --- | --- |
| ① 수소화나트륨 | 제3류 위험물 중 금속의 수소화물 | 300kg |
| ② 나이트로글리세린 | 제5류 위험물 중 질산에스터류 | 10kg |
| ③ 다이크로뮴산암모늄 | 제1류 위험물 중 다이크로뮴산염류 | 1000kg |

# 위험물산업기사 실기

## 2018년 7월 1일 시행

**01** 불활성가스 소화설비의 기준 중 다음 보기의 소화약제에 대한 성분과 구성 비율을 쓰시오. (4점)

[보기] ① IG-55  ② IG-541

**해답**
① IG-55    $N_2$ : 50%, Ar : 50%
② IG-541   $N_2$ : 52%, Ar : 40%, $CO_2$ : 8%

**상세해설**

불활성가스소화설비의 기준
① 이산화탄소를 방사하는 분사헤드

| 구 분 | 고압식 | 저압식 |
| --- | --- | --- |
| 헤드의 방사압력 | 2.1MPa 이상 | 1.05MPa 이상 |

② 소화약제의 성분과 구성 비율

| 약제명 | 구성성분과 비율 |
| --- | --- |
| IG-01 | Ar : 100% |
| IG-100 | $N_2$ : 100% |
| IG-541 | $N_2$ : 52%, Ar : 40%, $CO_2$ : 8% |
| IG-55 | $N_2$ : 50%, Ar : 50% |

**02** 제3류 위험물인 인화알루미늄 580g이 표준상태에서 물과 반응하여 생성되는 기체의 부피(L)를 계산하시오. (4점)

**해답** (방법 1) ① 인화알루미늄(AlP)과 물의 반응식
$$AlP + 3H_2O \rightarrow Al(OH)_3(고체) + PH_3(기체)$$
② 생성되는 기체의 부피(표준상태 0℃, 1atm)
AlP의 분자량 = 27 + 31 = 58

$$AlP + 3H_2O \rightarrow Al(OH)_3 + PH_3$$

58g ───────→ 1×22.4L
580g ──────→ $x$

$$x = \frac{580g \times 1 \times 22.4L}{58g} = 224L$$

[답] 224L

**(방법 2)** ① 인화알루미늄(AlP)과 물의 반응식

$$AlP + 3H_2O \rightarrow Al(OH)_3(고체) + PH_3(기체)$$

② 생성되는 기체의 부피(표준상태 0℃, 1atm)

AlP의 분자량 = 27+31 = 58

$$V = \frac{nRT}{P} = \frac{\frac{W}{M}RT}{P} = \frac{\frac{580}{58} \times 0.08205 \times (273+0)}{1} = 224L$$

[답] 224L

**상세해설**

• 인화알루미늄(AlP)-제3류 위험물-금속의 인화합물
  ① 황색 또는 암회색 분말
  ② 물과 작용하여 포스핀($PH_3$)의 유독성 가스를 발생

$$AlP + 3H_2O \rightarrow Al(OH)_3(수산화알루미늄) + PH_3\uparrow(포스핀)$$

• 이상기체상태방정식

$$PV = nRT = \frac{W}{M}RT$$

여기서, $P$ : 입력(atm), $V$ : 부피(L), $n$ : mol수, $M$ : 분자량, $W$ : 무게(g)
$R$ : 기체상수(0.082atm·L/mol·K), $T$ : 절대온도(273+$t$℃)K

---

**03** 제3류 위험물 중 나트륨에 대한 다음 각 물음에 답하시오. (4점)

(물음 1) 나트륨과 물의 반응식을 쓰시오.
(물음 2) 나트륨의 지정수량을 쓰시오.
(물음 3) 나트륨의 보호액 중 1가지만 쓰시오.

**해답** (물음 1) $2Na + 2H_2O \rightarrow 2NaOH + H_2$
(물음 2) 10kg
(물음 3) 파라핀, 경유, 등유 중 1가지

**상세해설**

칼륨 및 나트륨 : 제3류 위험물(금수성)
① 물과 반응하여 수소기체 발생

$$2Na + 2H_2O \rightarrow 2NaOH + H_2$$
$$2K + 2H_2O \rightarrow 2KOH + H_2$$

② 보호액속에 저장

★★자주출제(필수정리)★★
① 칼륨(K), 나트륨(Na)은 파라핀, 경유, 등유 속에 저장
② 황린(3류) 및 이황화탄소(4류)는 물속에 저장

제3류 위험물의 지정수량

| 성 질 | 품 명 | 지정수량 |
|---|---|---|
| 자연발화성 및 금수성물질 | • 칼륨  • 나트륨  • 알킬알루미늄  • 알킬리튬 | 10kg |
| | • 황린 | 20kg |
| | • 알칼리금속(칼륨 및 나트륨 제외) 및 알칼리토금속<br>• 유기금속화합물(알킬알루미늄 및 알킬리튬 제외) | 50kg |
| | • 금속의 수소화물   • 금속의 인화물<br>• 칼슘 또는 알루미늄의 탄화물 | 300kg |

**04** 이황화탄소에 대한 다음 각 물음에 답하시오. (3점)

(물음 1) 이황화탄소가 연소하는 경우 불꽃색을 쓰시오.
(물음 2) 이황화탄소가 완전 연소하는 경우 생성되는 물질을 2가지만 쓰시오.

**해답** (물음 1) 푸른색
(물음 2) 이산화탄소, 이산화황(아황산가스)

**상세해설**

• 이황화탄소($CS_2$) : 제4류 위험물 중 특수인화물

| 화학식 | 분자량 | 비중 | 비점 | 인화점 | 착화점 | 연소범위 |
|---|---|---|---|---|---|---|
| $CS_2$ | 76.1 | 1.26 | 46℃ | -30℃ | 100℃ | 1.0~50% |

① 무색투명한 액체이다.
② 물에는 녹지 않고 알코올, 에테르, 벤젠 등 유기용제에 녹는다.
③ 완전 연소 시 이산화탄소($CO_2$)와 이산화황($SO_2$)을 생성한다.

$$CS_2 + 3O_2 \rightarrow CO_2(이산화탄소) + 2SO_2(이산화황) + 푸른색 불꽃$$

④ 저장 시 저장탱크를 물속에 넣어 저장한다.

## 05

유별을 달리하는 위험물의 혼재기준 중 위험물의 저장량이 지정수량의 $\frac{1}{10}$ 을 초과하는 경우 빈칸에 알맞은 위험물의 유별을 모두 쓰시오. (4점)

| 유 별 | 혼재가 가능한 유별 |
|---|---|
| 제2류 위험물 | |
| 제3류 위험물 | |
| 제4류 위험물 | |

**해답**

| 유 별 | 혼재가 가능한 유별 |
|---|---|
| 제2류 위험물 | 제4류 위험물, 제5류 위험물 |
| 제3류 위험물 | 제4류 위험물 |
| 제4류 위험물 | 제2류 위험물, 제3류 위험물, 제5류 위험물 |

**상세해설**

• 유별을 달리하는 위험물의 혼재기준

| 구 분 | 제1류 | 제2류 | 제3류 | 제4류 | 제5류 | 제6류 |
|---|---|---|---|---|---|---|
| 제1류 |  | × | × | × | × | ○ |
| 제2류 | × |  | × | ○ | ○ | × |
| 제3류 | × | × |  | ○ | × | × |
| 제4류 | × | ○ | ○ |  | ○ | × |
| 제5류 | × | ○ | × | ○ |  | × |
| 제6류 | ○ | × | × | × | × |  |

## 06

다음과 같은 원통형탱크의 용량은 몇 L인가? (단, 탱크의 공간용적은 5%로 한다.) (5점)

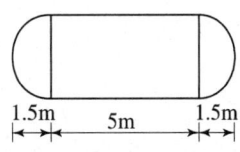

**해답**

[계산과정] (1) 탱크의 내용적 $V = \pi r^2 \left( l + \dfrac{l_1 + l_2}{3} \right)$

$= \pi \times 2^2 \times \left( 5 + \dfrac{1.5 + 1.5}{3} \right) \times 1000$

$= 75398.22 \text{L}$

(2) 탱크의 공간용적  $V = 75398.22L \times 0.05 = 3769.91L$
(3) 탱크의 용적(용량) = 탱크의 내용적 − 탱크의 공간용적
  $V = 75398.22 − 3769.91 = 71628.31L$

[답] 71628.31L

**상세해설**

- 원통형 탱크의 내용적 − 횡으로 설치한 것

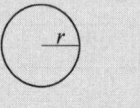 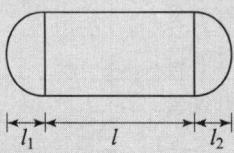

$$내용적 = \pi r^2 \left( l + \frac{l_1 + l_2}{3} \right)$$

- 탱크용적의 산출기준
  탱크의 내용적에서 공간용적을 뺀 용적

  탱크의 용적(용량) = 탱크의 내용적 − 탱크의 공간용적

- 탱크의 공간용적
  탱크용적의 $\frac{5}{100}$ 이상 $\frac{10}{100}$ 이하의 용적

---

**07** 다음은 주유취급소에 대한 탱크종류이다. 탱크의 종류에 따른 용량을 쓰시오.
(4점)

① 자동차등에 주유하기 위한 위험물 탱크
② 고속국도의 도로변에 설치된 주유취급소의 탱크

**해답**
① 5만L 이하
② 6만L 이하

**상세해설**
(1) 주유취급소의 탱크
  ① 자동차 등에 주유하기 위한 고정주유설비에 직접 접속하는 전용탱크 : 50,000L 이하
  ② 고정급유설비에 직접 접속하는 전용탱크 : 50,000L 이하
  ③ 보일러 등에 직접 접속하는 전용탱크 : 10,000L 이하

④ 폐유탱크로서 용량(2 이상 설치하는 경우에는 각 용량의 합계)이 2,000L 이하인 탱크
⑤ 고정주유설비 또는 고정급유설비에 직접 접속하는 3기 이하의 간이탱크

(2) 고속국도주유취급소의 특례
고속국도의 도로변에 설치된 주유취급소에 있어서는 탱크의 용량을 60,000L까지 할 수 있다.

## 08 아이오딘값에 따른 동식물유류를 분류하고 각각의 범위를 쓰시오. (6점)

| 구 분 | 아이오딘값 |
|---|---|
| ① | |
| ② | |
| ③ | |

**해답**

| 구 분 | 아이오딘값 |
|---|---|
| ① 건성유 | 130 이상 |
| ② 반건성유 | 100~130 |
| ③ 불건성유 | 100 이하 |

**상세해설**

**동식물유류 ★★★★**
동물의 지육 또는 식물의 종자나 과육으로부터 추출한 것으로 1기압에서 인화점이 250℃ 미만인 것
① 돈지(돼지기름), 우지(소기름) 등이 있다.
② 아이오딘값이 130 이상인 건성유는 자연발화위험이 있다.
③ 인화점이 46℃인 개자유는 저장, 취급 시 특별히 주의한다.

[아이오딘값에 따른 동식물유류의 분류]

| 구 분 | 아이오딘값 | 종 류 |
|---|---|---|
| 건성유 | 130 이상 | 해바라기기름, 동유, 정어리기름, 아마인유, 들기름 |
| 반건성유 | 100~130 | 채종유, 쌀겨기름, 참기름, 면실유, 옥수수기름, 청어기름, 콩기름 |
| 불건성유 | 100 이하 | 야자유, 팜유, 올리브유, 피마자기름, 낙화생기름, 돈지, 우지, 고래기름 |

**아이오딘값**
옥소가(沃素價)라고도 하며 100g의 유지에 의해서 흡수되는 아이오딘의 g수

## 09
위험물의 운반기준에 따라 다음 보기의 위험물을 운반하는 경우 수납율에 따른 운반용기의 내용적은 몇%이하로 하여야 하는지 각각 쓰시오. (3점)

① 염소산칼륨  ② 톨루엔  ③ 트라이메틸알루미늄

**해답**
① 염소산칼륨 : 95% 이하
② 톨루엔 : 98% 이하
③ 트라이메틸알루미늄 : 90% 이하

**상세해설**
① 염소산칼륨-제1류-염소산염류-산화성고체
② 톨루엔-제4류-제1석유류-인화성액체
③ 트라이메틸알루미늄-제3류-알킬알루미늄

위험물의 운반에 관한 기준 - 적재방법
(1) **고체위험물**은 운반용기 **내용적의 95% 이하**의 수납율로 수납할 것
(2) **액체위험물**은 운반용기 **내용적의 98% 이하**의 수납율로 수납하되, 55도의 온도에서 누설되지 아니하도록 충분한 공간용적을 유지하도록 할 것
(3) **제3류 위험물**은 다음의 기준에 따라 운반용기에 수납할 것
  ① **자연발화성물질**에 있어서는 **불활성 기체**를 봉입하여 밀봉하는 등 공기와 접하지 아니하도록 할 것
  ② **자연발화성물질외**의 물품에 있어서는 **파라핀·경유·등유** 등의 **보호액**으로 채워 밀봉하거나 불활성 기체를 봉입하여 밀봉하는 등 수분과 접하지 아니하도록 할 것
  ③ 자연발화성 물질 중 **알킬알루미늄** 등은 운반용기의 **내용적의 90% 이하**의 수납율로 수납하되, 50℃의 온도에서 5% **이상의 공간용적**을 유지하도록 할 것

## 10
다음은 위험물의 저장, 취급의 공통기준이다. ( ) 안에 알맞은 답을 쓰시오. (6점)

○ 제1류 위험물은 ( ① )과의 접촉·혼합이나 분해를 촉진하는 물품과의 접근 또는 과열·충격·마찰 등을 피하는 한편, 알카리금속의 과산화물 및 이를 함유한 것에 있어서는 ( ② )과의 접촉을 피하여야 한다.
○ 제3류 위험물 중 자연발화성물질에 있어서는 불티·불꽃 또는 고온체와의 접근·과열 또는 ( ③ )와의 접촉을 피하고, 금수성물질에 있어서는 ( ④ )과의 접촉을 피하여야 한다.
○ 제6류 위험물은 ( ⑤ )과의 접촉·혼합이나 ( ⑥ )를 촉진하는 물품과의 접근 또는 과열을 피하여야 한다.

① 가연물  ② 물  ③ 공기  ④ 물  ⑤ 가연물  ⑥ 분해

위험물의 유별 저장·취급의 공통기준(중요기준)
① 제1류 위험물은 가연물과의 접촉·혼합이나 분해를 촉진하는 물품과의 접근 또는 과열·충격·마찰 등을 피하는 한편, 알카리금속의 과산화물 및 이를 함유한 것에 있어서는 물과의 접촉을 피하여야 한다.
② 제2류 위험물은 산화제와의 접촉·혼합이나 불티·불꽃·고온체와의 접근 또는 과열을 피하는 한편, 철분·금속분·마그네슘 및 이를 함유한 것에 있어서는 물이나 산과의 접촉을 피하고 인화성 고체에 있어서는 함부로 증기를 발생시키지 아니하여야 한다.
③ 제3류 위험물 중 자연발화성물질에 있어서는 불티·불꽃 또는 고온체와의 접근·과열 또는 공기와의 접촉을 피하고, 금수성물질에 있어서는 물과의 접촉을 피하여야 한다.
④ 제4류 위험물은 불티·불꽃·고온체와의 접근 또는 과열을 피하고, 함부로 증기를 발생시키지 아니하여야 한다.
⑤ 제5류 위험물은 불티·불꽃·고온체와의 접근이나 과열·충격 또는 마찰을 피하여야 한다.
⑥ 제6류 위험물은 가연물과의 접촉·혼합이나 분해를 촉진하는 물품과의 접근 또는 과열을 피하여야 한다.

**11** 다음 보기의 위험물을 분해온도가 낮은 것부터 순서대로 나열 하시오. (4점)

① 염소산칼륨  ② 과염소산암모늄  ③ 과산화바륨

 ② 과염소산암모늄 – ① 염소산칼륨 – ③ 과산화바륨

| 구 분 | 염소산칼륨 | 과염소산암모늄 | 과산화바륨 |
|---|---|---|---|
| 화학식 | $KClO_3$ | $NH_4ClO_4$ | $BaO_2$ |
| 유 별 | 제1류 염소산염류 | 제1류 과염소산염류 | 제1류 무기과산화물 |
| 분해온도 | 400°C | 130°C | 840°C |
| 분해반응식 | $2KClO_3 \rightarrow 2KCl + 3O_2$ | $2NH_4ClO_4 \rightarrow N_2 + Cl_2 + 2O_2 + 4H_2O$ | $2BaO_2 \rightarrow 2BaO + O_2$ |

**12** 알칼리금속의 과산화물 운반용기에 표시하여야 하는 주의사항을 4가지 쓰시오. (4점)

**해답** ① 화기주의 ② 충격주의
③ 물기엄금 ④ 가연물접촉주의

**상세해설**
- 위험물 운반용기의 외부 표시 사항
  ① 위험물의 품명, 위험등급, 화학명 및 수용성(제4류 위험물의 수용성인 것에 한함)
  ② 위험물의 수량
  ③ 수납하는 위험물에 따른 주의사항

| 류 별 | 성질에 따른 구분 | 표시사항 |
|---|---|---|
| ・제1류 위험물 | 알칼리금속의 과산화물 | 화기・충격주의, 물기엄금 및 가연물접촉주의 |
| | 그 밖의 것 | 화기・충격주의 및 가연물접촉주의 |
| ・제2류 위험물 | 철분・금속분・마그네슘 | 화기주의 및 물기엄금 |
| | 인화성고체 | 화기엄금 |
| | 그 밖의 것 | 화기주의 |
| ・제3류 위험물 | 자연발화성물질 | 화기엄금 및 공기접촉엄금 |
| | 금수성물질 | 물기엄금 |
| ・제4류 위험물 | 인화성 액체 | 화기엄금 |
| ・제5류 위험물 | 자기반응성 물질 | 화기엄금 및 충격주의 |
| ・제6류 위험물 | 산화성 액체 | 가연물접촉주의 |

**13** 주유취급소에 대한 다음 각 물음에 대하여 답하시오. (4점)

(물음 1) "주유 중 엔진정지" 게시판의 바탕색과 문자색을 쓰시오.
(물음 2) 게시판의 규격을 쓰시오.

**해답** (물음 1) 바탕색 : 황색  문자색 : 흑색
(물음 2) 한 변의 길이가 0.3m 이상, 다른 한 변의 길이가 0.6m 이상인 직사각형

**상세해설** 주유취급소의 위치・구조 및 설비의 기준
(1) 주유공지 및 급유공지

| 주유공지 | 급유공지 |
|---|---|
| 너비 15m 이상, 길이 6m 이상의 콘크리트 등으로 포장한 공지 | 고정급유설비의 호스기기의 주위에 필요한 공지 |

※ 공지의 바닥은 주위 지면보다 높게 하고, 배수구·집유설비 및 유분리장치를 할 것

(2) **표지 및 게시판**

| 표 지 | 게 시 판 |
|---|---|
| 위험물 주유취급소 | 1. 방화에 관하여 필요한 사항<br>2. **황색바탕에 흑색문자로 "주유 중 엔진정지"** ★★ |

※ 게시판은 한 변의 길이가 0.3m 이상, 다른 한 변의 길이가 0.6m 이상인 직사각형으로 할 것

# 위험물산업기사 실기

## 2018년 11월 10일 시행

**01** 위험물 옥외저장소 주위에 옥외소화전을 6개 설치한 경우 최소 필요한 수원의 양($m^3$)은 얼마인지 계산하시오.

[계산과정] $Q = N(\text{최대 } 4\text{개}) \times 13.5m^3 = 4 \times 13.5m^3 = 54m^3$

[답] $54m^3$

위험물제조소등의 소화설비 설치기준

| 소화설비 | 수평거리 | 방사량 | 방사압력 | 수원의 양 |
|---|---|---|---|---|
| 옥내 | 25m 이하 | 260(L/min) 이상 | 350(kPa) 이상 | $Q=N$(소화전개수 : 최대 5개) $\times 7.8m^3$(260L/min $\times$ 30min) |
| 옥외 | 40m 이하 | 450(L/min) 이상 | 350(kPa) 이상 | $Q=N$(소화전개수 : 최대 4개) $\times 13.5m^3$(450L/min $\times$ 30min) |
| 스프링클러 | 1.7m 이하 | 80(L/min) 이상 | 100(kPa) 이상 | $Q=N$(헤드수 : 최대 30개) $\times 2.4m^3$(80L/min $\times$ 30min) |
| 물분무 | | 20 (L/$m^2 \cdot$ min) | 350(kPa) 이상 | $Q=A$(바닥면적 $m^2$) $\times 0.6m^3$(20L/$m^2 \cdot$ min $\times$ 30min) |

**02** 제2류 위험물 중 삼황화인과 오황화인이 연소할 때 공통적으로 생성되는 물질을 화학식으로 쓰시오.

$P_2O_5$, $SO_2$

황화인(제2류 위험물) : 황과 인의 화합물
- 삼황화인($P_4S_3$)
  ① 황색결정으로 물, 염산, 황산에 녹지 않으며 질산, 알칼리, 이황화탄소에 녹는다.
  ② 연소하면 오산화인과 이산화황이 생긴다.

$$P_4S_3 + 8O_2 \rightarrow 2P_2O_5 + 3SO_2 \uparrow$$

- 오황화인($P_2S_5$)
  ① 담황색 결정이고 조해성이 있으며 수분을 흡수하면 분해된다.
  ② 이황화탄소($CS_2$)에 잘 녹는다.
  ③ 물, 알칼리와 반응하여 인산과 황화수소를 발생한다.

  $$P_2S_5 + 8H_2O \rightarrow 2H_3PO_4 + 5H_2S\uparrow$$

  ④ 연소하면 오산화인과 이산화황이 생긴다.

  $$2P_2S_5 + 15O_2 \rightarrow 2P_2O_5 + 10SO_2\uparrow$$

- 칠황화인($P_4S_7$)
  ① 담황색 결정이고 조해성이 있으며 수분을 흡수하면 분해된다.
  ② 이황화탄소($CS_2$)에 약간 녹는다.
  ③ 냉수에는 서서히 분해가 되고 더운물에는 급격히 분해된다.

**03** 다음은 위험물안전관리법령에서 정한 불활성가스소화약제의 구성성분이다. ( )안에 알맞은 답을 쓰시오.

(1) IG-55 : ( ① )50%, ( ② )50%
(2) IG-541 : ( ③ )52%, ( ④ )40%, ( ⑤ )8%

**해답** ① $N_2$  ② $Ar$  ③ $N_2$  ④ $Ar$  ⑤ $CO_2$

**상세해설**  불활성가스소화약제

| 약제명 | 구성성분과 비율 |
|---|---|
| IG-100 | $N_2$ : 100% |
| IG-55 | $N_2$ : 50%, Ar : 50% |
| IG-541 | $N_2$ : 52%, Ar : 40%, $CO_2$ : 8% |

**04** 다음은 제조소등에서의 위험물의 저장 및 취급에 관한 저장기준이다. ( )안에 알맞은 답을 쓰시오.  (4점)

옥내저장소에서 동일 품명의 위험물이더라도 자연발화 할 우려가 있는 위험물 또는 재해가 현저하게 증대할 우려가 있는 위험물을 다량 저장하는 경우에는 지정수량의 ( ① )배 이하마다 구분하여 상호간 ( ② )m 이상의 간격을 두어 저장하여야 한다.

## 제 2 부 최근 기출문제

**해답** ① 10  ② 0.3

**상세해설** 제조소등에서의 위험물의 저장 및 취급에 관한 기준 – 저장의 기준
옥내저장소에서 동일 품명의 위험물이더라도 **자연발화** 할 우려가 있는 위험물 또는 재해가 현저하게 증대할 우려가 있는 위험물을 다량 저장하는 경우에는 **지정수량의 10배 이하마다** 구분하여 **상호간 0.3m 이상의 간격**을 두어 저장하여야 한다. 다만, 제48조의 규정에 의한 위험물 또는 기계에 의하여 하역하는 구조로 된 용기에 수납한 위험물에 있어서는 그러하지 아니하다(중요기준).

---

**05** 트라이에틸알루미늄과 메탄올이 접촉하는 경우 폭발적으로 반응한다. 이때의 화학반응식을 쓰시오. (4점)

**해답** $(C_2H_5)_3Al + 3CH_3OH \rightarrow Al(CH_3O)_3 + 3C_2H_6$

**상세해설**
- 알킬알루미늄$[(C_nH_{2n+1}) \cdot Al]$ : 제3류 위험물(금수성 물질)
  ① 알킬기$(C_nH_{2n+1})$에 알루미늄(Al)이 결합된 화합물이다.
  ② $C_1 \sim C_4$는 자연발화의 위험성이 있다.
  ③ 물과 접촉 시 가연성 가스 발생하므로 주수소화는 절대 금지한다.
  ④ 트라이메틸알루미늄(TMA : Tri Methyl Aluminium)
  $$(CH_3)_3Al + 3H_2O \rightarrow Al(OH)_3(수산화알루미늄) + 3CH_4 \uparrow (메탄)$$
  ⑤ 트라이에틸알루미늄(TEA : Tri Eethyl Aluminium)
  $$(C_2H_5)_3Al + 3CH_3OH \rightarrow Al(CH_3O)_3(트라이메톡시알루미늄) + 3C_2H_6 \uparrow (에탄)$$
  $$(C_2H_5)_3Al + 3H_2O \rightarrow Al(OH)_3(수산화알루미늄) + 3C_2H_6 \uparrow (에탄)$$
  ⑥ 저장용기에 불활성기체$(N_2)$를 봉입한다.
  ⑦ 피부접촉 시 화상을 입히고 연소 시 흰 연기가 발생한다.
  ⑧ 소화 시 주수소화는 절대 금하고 팽창질석, 팽창진주암 등으로 피복 소화한다.

---

**06** 제5류 위험물 중 피크르산의 구조식과 지정수량을 쓰시오. (4점)

**해답** ① 구조식 :

② 지정수량 : 10kg

**상세해설**

- 피크르산[C₆H₂(NO₂)₃OH](TNP : Tri Nitro Phenol) : 제5류 위험물 중 나이트로화합물

| 화학식 | 분자량 | 비중 | 비점 | 융점 | 인화점 | 착화점 |
|---|---|---|---|---|---|---|
| C₆H₂OH(NO₂)₃ | 229 | 1.8 | 255℃ | 122℃ | 150℃ | 300℃ |

① 페놀에 황산을 작용시켜 다시 진한 질산으로 나이트로화하여 만든 노란색 결정

페놀의 나이트로화반응

$$C_6H_5OH + 3HONO_2 \xrightarrow{H_2SO_4} C_6H_2(NO_2)_3OH + 3H_2O$$
(페놀)    (질산)              (트라이나이트로페놀)  (물)

② 침상결정이며 냉수에는 약간 녹고 더운물, 알코올, 벤젠 등에 잘 녹는다.
③ 쓴맛과 독성이 있다.
④ 트라이나이트로페놀(Tri Nitro phenol)의 약자로 TNP라고도 한다.

피크르산의 열분해 반응식

$$2C_6H_2OH(NO_2)_3 \rightarrow 2C + 3N_2\uparrow + 3H_2\uparrow + 4CO_2\uparrow + 6CO\uparrow$$

- 제5류 위험물 및 지정수량

| 성질 | 품명 | | 지정수량 | 위험등급 |
|---|---|---|---|---|
| 자기<br>반응성<br>물질 | • 유기과산화물<br>• 나이트로화합물<br>• 아조화합물<br>• 하이드라진 유도체<br>• 하이드록실아민염류 | • 질산에스터류<br>• 나이트로소화합물<br>• 다이아조화합물<br>• 하이드록실아민 | 1종 : 10kg<br>2종 : 100kg | 1종 : Ⅰ<br>2종 : Ⅱ |
| 종판단<br>완료 | • 질산에스터류(대부분)(1종)<br>• 셀룰로이드(2종)<br>• 트라이나이트로톨루엔(1종)<br>• 트라이나이트로페놀(1종)<br>• 테트릴(1종)<br>• 유기과산화물(대부분)(2종) | | | |

**07** 다음 보기의 제조소등에서 위험물안전관리법령상 소화난이등급Ⅰ에 해당하는 것을 골라 번호로 답하시오.(단, 해당사항이 없으면 없음으로 표기하시오.)

[보기] ① 지하탱크저장소
② 연면적1000m² 이상인 제조소
③ 처마높이 6m이상인 옥내저장소(단층건물)
④ 제2종 판매취급소
⑤ 간이탱크저장소
⑥ 이송취급소
⑦ 이동탱크저장소

 ② ③ ⑥

**상세해설**

소화난이등급 I 에 해당하는 제조소등

| 제조소등의 구분 | 제조소등의 규모, 저장 또는 취급하는 위험물의 품명 및 최대수량 등 |
|---|---|
| 제조소 일반취급소 | **연면적 1,000m² 이상** |
| | 지정수량의 100배 이상인 것 |
| | 지반면으로부터 6m 이상의 높이에 위험물 취급설비가 있는 것 |
| | 일반취급소로 사용되는 부분 외의 부분을 갖는 건축물에 설치된 것 |
| 주유취급소 | 별표 13 Ⅴ제2호에 따른 면적의 합이 500m²를 초과하는 것 |
| 옥내저장소 | 지정수량의 150배 이상인 것 |
| | 연면적 150m²를 초과하는 것 |
| | **처마높이가 6m 이상인 단층건물의 것** |
| | 옥내저장소로 사용되는 부분 외의 부분이 있는 건축물에 설치된 것 |
| 옥외탱크 저장소 | 액표면적이 40m² 이상인 것 |
| | 지반면으로부터 탱크 옆판의 상단까지 높이가 6m 이상인 것 |
| | 지중탱크 또는 해상탱크로서 지정수량의 100배 이상인 것 |
| | 고체위험물을 저장하는 것으로서 지정수량의 100배 이상인 것 |
| 옥내탱크 저장소 | 액표면적이 40m² 이상인 것 |
| | 바닥면으로부터 탱크 옆판의 상단까지 높이가 6m 이상인 것 |
| | 탱크전용실이 단층건물 외의 건축물에 있는 것으로서 인화점 38℃ 이상 70℃ 미만의 위험물을 지정수량의 5배 이상 저장하는 것 |
| 옥외저장소 | 덩어리 상태의 황을 저장하는 것으로서 경계표시 내부의 면적이 100m² 이상인 것 |
| | 별표 11 Ⅲ의 위험물을 저장하는 것으로서 지정수량의 100배 이상인 것 |
| 암반탱크 저장소 | 액표면적이 40m² 이상인 것(제6류 위험물을 저장하는 것 및 고인화점위험물만을 100℃ 미만의 온도에서 저장하는 것은 제외) |
| | 고체위험물만을 저장하는 것으로서 지정수량의 100배 이상인 것 |
| 이송취급소 | 모든 대상 |

**08** 다음 보기는 위험물의 성질에 대한 것이다. 제1류 위험물의 특성에 해당되는 것을 골라 번호로 답하시오.

[보기] ① 무기화합물   ② 유기화합물   ③ 산화제   ④ 인화점이 0℃ 이하
       ⑤ 인화점이 0℃ 이상   ⑥ 고체

 ① ③ ⑥

**상세해설** 제1류 위험물의 일반적 성질
① **산화성 고체**이며 대부분 수용성이다.
② **무기화합물**이며 불연성이지만 다량의 산소를 함유하고 있다.
③ 분해 시 산소를 방출하여 남의 연소를 돕는다.(조연성)
④ 열·타격·충격, 마찰 및 다른 화학물질과 접촉 시 쉽게 분해된다.
⑤ 분해속도가 대단히 빠르고, 조해성이 있는 것도 포함한다.

## 09 다음 보기의 위험물에 대한 위험등급을 분류하시오. (4점)

[보기] ① 칼륨  ② 나트륨  ③ 알칼리금속(칼륨, 나트륨 제외)
④ 알칼리토금속  ⑤ 알킬알루미늄  ⑥ 알킬리튬  ⑦ 황린

**해답** 위험등급 Ⅰ : ①, ②, ⑤, ⑥, ⑦
위험등급 Ⅱ : ③, ④

**상세해설** 위험물의 등급 분류 ★★★

| 위험등급 | 해당 위험물 |
|---|---|
| 위험등급 Ⅰ | (1) 제1류 위험물 중 아염소산염류, 염소산염류, 과염소산염류, 무기과산화물 그 밖에 지정수량이 50kg인 위험물<br>(2) 제3류 위험물 중 칼륨, 나트륨, 알킬알루미늄, 알킬리튬, 황린 그 밖에 지정수량이 10kg 또는 20kg인 위험물<br>(3) 제4류 위험물 중 특수인화물<br>(4) 제5류 위험물 중 유기과산화물, 질산에스터류 그 밖에 지정수량이 10kg인 위험물<br>(5) 제6류 위험물 |
| 위험등급 Ⅱ | (1) 제1류 위험물 중 브로민산염류, 질산염류, 아이오딘산염류 그 밖에 지정수량이 300kg인 위험물<br>(2) 제2류 위험물 중 황화인, 적린, 황 그 밖에 지정수량이 100kg인 위험물<br>(3) 제3류 위험물 중 알칼리금속(칼륨, 나트륨 제외) 및 알칼리토금속, 유기금속화합물(알킬알루미늄 및 알킬리튬은 제외) 그 밖에 지정수량이 50kg인 위험물<br>(4) 제4류 위험물 중 제1석유류, 알코올류<br>(5) 제5류 위험물 중 위험등급 Ⅰ 위험물 외의 것 |
| 위험등급 Ⅲ | 위험등급 Ⅰ, Ⅱ 이외의 위험물 |

## 10. 제4류 위험물인 아세톤에 대한 다음 각 물음에 답하시오. (6점)

(물음 1) 시성식을 쓰시오.
(물음 2) 품명 및 지정수량을 쓰시오.
(물음 3) 증기비중을 계산하시오.

**해답**
(물음 1) $CH_3COCH_3$
(물음 2) 품명 : 제1석유류, 지정수량 : 400L
(물음 3) [계산과정] ① 아세톤의($CH_3COCH_3$) 분자량 = $12 \times 3 + 1 \times 6 + 16 = 58$
② 증기비중 = $\dfrac{M}{29} = \dfrac{58}{29} = 2$

[답] 2

**상세해설**

- 아세톤($CH_3COCH_3$) : 제4류 1석유류-수용성
  ① 무색의 휘발성 액체이다.
  ② 물 및 유기용제에 잘 녹는다.
  ③ **아이오딘포름 반응을 한다.**
  ④ 아세틸렌을 잘 녹이므로 아세틸렌(용해가스) 저장시 아세톤에 용해시켜 저장한다.
  ⑤ 보관 중 황색으로 변색되며 햇빛에 분해가 된다.
  ⑥ 피부 접촉 시 탈지작용을 한다.
  ⑦ 다량의물 또는 알코올포로 소화한다.

  - 아이오딘포름 반응
    아세톤, 아세트알데하이드, 에틸알코올에 수산화칼륨(KOH)과 아이오딘를 반응시키면 노란색의 아이오딘포름($CHI_3$)의 침전물이 생성된다.

    아세톤, 아세트알데하이드, 에틸알코올 $\xrightarrow{KOH+I_2}$ 아이오딘포름($CHI_3$)(노란색)

  - 아이오딘포름 반응식
    아세톤 : $CH_3COCH_3 + 3I_2 + 4NaOH \rightarrow CH_3COONa + 3NaI + CHI_3 \downarrow + 3H_2O$
    아세트알데하이드 : $CH_3CHO + 3I_2 + 4NaOH \rightarrow HCOONa + 3NaI + CHI_3 \downarrow + 3H_2O$
    에틸알코올 : $C_2H_5OH + 4I_2 + 6NaOH \rightarrow HCOONa + 5NaI + CHI_3 \downarrow + 5H_2O$

**11** 위험물의 저장량이 지정수량의 $\frac{1}{10}$을 초과하는 경우 혼재하여서는 안 되는 위험물의 유별을 모두 쓰시오. (5점)

○ 제1류 :   ○ 제2류 :   ○ 제3류 :   ○ 제4류 :   ○ 제5류 :   ○ 제6류 :

**해답**
○ 제1류 : 제2류, 제3류, 제4류, 제5류
○ 제2류 : 제1류, 제3류, 제6류
○ 제3류 : 제1류, 제2류, 제5류, 제6류
○ 제4류 : 제1류, 제6류
○ 제5류 : 제1류, 제3류, 제6류
○ 제6류 : 제2류, 제3류, 제4류, 제5류

**상세해설**
※ 유기과산화물 : 제5류 위험물
• 유별을 달리하는 위험물의 혼재기준

| 구 분 | 제1류 | 제2류 | 제3류 | 제4류 | 제5류 | 제6류 |
|---|---|---|---|---|---|---|
| 제1류 |  | × | × | × | × | ○ |
| 제2류 | × |  | × | ○ | ○ | × |
| 제3류 | × | × |  | ○ | × | × |
| 제4류 | × | ○ | ○ |  | ○ | × |
| 제5류 | × | ○ | × | ○ |  | × |
| 제6류 | ○ | × | × | × | × |  |

[비고]
1. "×" 표시는 혼재할 수 없음을 표시
2. "○" 표시는 혼재할 수 있음을 표시
3. 이 표는 지정수량의 $\frac{1}{10}$ 이하의 위험물에 대하여는 적용하지 아니한다.

• 쉬운 암기법
　↓1 + 6↑　2 + 4
　↓2 + 5↑　5 + 4
　↓3 + 4↑

## 12. 다이에틸에터 2,000리터에 대한 소화설비의 소요단위는 얼마인가? (4점)

[계산과정] ① 지정수량의 배수 $N = \dfrac{2000}{50} = 40$배

다이에틸에터–제4류–특수인화물–50L

② 소요단위 $= \dfrac{40}{10} = 4$

[답] 4단위

• 제4류 위험물 및 지정수량

| 유별 | 성질 | 품 명 | | 지정수량 |
|---|---|---|---|---|
| 제4류 | 인화성액체 | 1. 특수인화물 | | 50L |
| | | 2. 제1석유류 | 비수용성액체 | 200L |
| | | | 수용성액체 | 400L |
| | | 3. 알코올류 | | 400L |
| | | 4. 제2석유류 | 비수용성액체 | 1,000L |
| | | | 수용성액체 | 2,000L |
| | | 5. 제3석유류 | 비수용성액체 | 2,000L |
| | | | 수용성액체 | 4,000L |
| | | 6. 제4석유류 | | 6,000L |
| | | 7. 동식물유류 | | 10,000L |

(1) 지정수량의 배수 $= \dfrac{\text{저장수량}}{\text{지정수량}}$

(2) 소요단위 $= \dfrac{\text{지정수량의 배수}}{10}$

## 13. 아세트산(초산)의 완전 연소반응식을 쓰시오. (4점)

$CH_3COOH + 2O_2 \rightarrow 2CO_2 + 2H_2O$

초산(아세트산)($CH_3COOH$) : 제4류 제2석유류
① 무색 투명한 액체이다.
② 수용성이다.
③ 16.7℃ 이하에서 얼음과 같이 되어 빙초산이라고도 한다.
④ 3~4%의 수용액이 식초이다.
⑤ 물에 잘 혼합되고 피부접촉 시 수포가 발생한다.

# 위험물산업기사 실기

## 2019년 4월 13일 시행

**01** 어느 위험물제소소등에 다음 [보기]와 같은 위험물이 저장되어 있다. 위험물의 지정수량의 배수 합을 구하시오. (3점)

[보기] 황 100kg, 철분 500kg, 질산염류 600kg

[계산과정] 지정수량의 배수 = $\dfrac{\text{저장수량}}{\text{지정수량}}$ = $\dfrac{100}{100} + \dfrac{500}{500} + \dfrac{600}{300}$ = 4배

[답] 4배

- 제1류 위험물의 지정수량

| 성질 | 품 명 | 지정수량 | 위험등급 |
|---|---|---|---|
| 산화성 고체 | 1. 아염소산염류, 염소산염류, 과염소산염류, 무기과산화물 | 50kg | I |
| | 2. 브로민산염류, **질산염류**, 아이오딘산염류 | 300kg | II |
| | 3. 과망가니즈산염류, 다이크로뮴산염류 | 1000kg | III |

- 제2류 위험물의 지정수량

| 성 질 | 품 명 | 지정수량 | 위험등급 |
|---|---|---|---|
| 가연성 고체 | 1. 황화인, 적린, **황** | 100kg | II |
| | 2. **철분**, 금속분, 마그네슘 | 500kg | III |
| | 3. 인화성고체 | 1000kg | |

**02** 다음은 옥내저장탱크 중 압력탱크외의 탱크(제4류 위험물의 옥내저장탱크)에 설치하는 밸브 없는 통기관의 설치기준이다. (  )안에 알맞은 답을 쓰시오.
(3점)

통기관의 끝부분은 건축물의 창·출입구 등의 개구부로부터 ( ① )m 이상 떨어진 옥외의 장소에 지면으로부터 ( ② )m 이상의 높이로 설치하되, 인화점이 40℃ 미만인 위험물의 탱크에 설치하는 통기관에 있어서는 부지경계선으로부터 ( ③ )m 이상 이격할 것.

**해답** ① 1  ② 4  ③ 1.5

**상세해설** 제4류 위험물의 옥내저장탱크 중 밸브 없는 통기관 설치기준
① 통기관의 끝부분은 건축물의 창·출입구 등의 개구부로부터 **1m 이상** 떨어진 옥외의 장소에 지면으로부터 **4m 이상의 높이**로 설치하되, 인화점이 40℃ 미만인 위험물의 탱크에 설치하는 통기관에 있어서는 부지경계선으로부터 **1.5m 이상** 이격할 것. 다만, 고인화점 위험물만을 100℃ 미만의 온도로 저장 또는 취급하는 탱크에 설치하는 통기관은 그 끝부분을 탱크전용실 내에 설치할 수 있다.
② 통기관은 가스 등이 체류할 우려가 있는 굴곡이 없도록 할 것

**03** 제4류 위험물로서 흡입할 경우 시신경 마비 또는 사망할 수도 있다. 그리고 인화점 11℃, 발화점 464℃, 분자량 32 인 이 위험물의 명칭 및 지정수량을 쓰시오.
(4점)

**해답** ① 위험물의 명칭 : 메틸알코올(메탄올)
② 지정수량 : 400L

**상세해설**
- 메틸알코올($CH_3OH$) : 제 4류 위험물 중 알코올류
① 무색, 투명한 술냄새가 나는 휘발성 액체로 목정 또는 메탄올이라고도 한다.
② 흡입 시 실명 또는 사망할 수 있다.
③ 물에는 무제한으로 녹는다.
④ 비중이 물보다 작다.
⑤ 연소범위 : 7.3~36%, 인화점 : 11℃

**04** 제3류 위험물인 인화알루미늄의 물과의 반응식을 쓰시오. (4점)

**해답** AlP + 3H₂O → Al(OH)₃ + PH₃

**상세해설**
인화알루미늄(AlP) : 제3류 위험물
① 황색 또는 암회색 분말
② 물과 작용하여 포스핀(PH₃)의 유독성 가스를 발생

> AlP + 3H₂O → Al(OH)₃(수산화알루미늄) + PH₃↑(포스핀)

**05** 질산암모늄 800g이 완전 열분해 하는 경우 생성되는 기체의 부피(L)는 표준 상태에서 전부 얼마가 되겠는가? (4점)

**해답** (방법1)
① NH₄NO₃(질산암모늄)의 열분해 반응식(표준상태 : 0℃, 1기압)
② NH₄NO₃(질산암모늄)의 분자량 = 14+(1×4)+14+(16×3) = 80
③ 2NH₄NO₃ → 2N₂ + O₂ + 4H₂O
   2×80g ——→ (2+1+4)7몰 × 22.4L
   800g ——→ $X$
④ ∴ $X = \dfrac{800 \times 7 \times 22.4}{2 \times 80} = 784L$ (생성된 기체부피)

(방법2)
① 이상기체 상태방정식

$$PV = \dfrac{W}{M}RT = nRT$$

여기서, $P$ : 압력(atm), $V$ : 부피(L), $\dfrac{W}{M}$(n) : mol, $W$ : 무게(g)

$M$ : 분자량, $R$ : 기체상수(0.082atm · L/mol · K)

$T$ : 절대온도(273+$t$℃)K

② NH₄NO₃(질산암모늄)의 분자량 = 14+(1×4)+14+(16×3) = 80
③ NH₄NO₃(질산암모늄)의 열분해 반응식(표준상태 : 0℃, 1기압)

> 2NH₄NO₃ → 2N₂ + O₂ + 4H₂O

④ NH₄NO₃ → N₂ + 0.5O₂ + 2H₂O

- 이상기체상태방정식을 적용하려면
  반응식에서 열분해하는 물질의 몰수는 1몰을 기준으로 하여야한다

⑤ ∴ $V = \dfrac{WRT}{PM} \times$ 생성기체 몰 수 $= \dfrac{800 \times 0.082 \times (273+0)}{1 \times 80} \times 3.5$

　　　　 $= 783.51\text{L}$

[답] 783.51L

**상세해설**

- 질산암모늄의 열분해 반응식

  $$2NH_4NO_3 \rightarrow 2N_2 + O_2 + 4H_2O$$

---

**06** 위험물안전관리법령에서 정한 다음의 할로젠화합물소화설비의 방사압력을 쓰시오. (4점)

① 할론 2402　　　　　　② 할론 1211

**해답**　① 0.1MPa 이상　　② 0.2MPa 이상

**상세해설**

할로젠화합물소화설비의 분사헤드의 방사압력(전역방출방식)

| 구분 | 방사압력 |
|---|---|
| 할론 2402 | 0.1MPa 이상 |
| 할론 1211 | 0.2MPa 이상 |
| 할론 1301 | 0.9MPa 이상 |
| HFC-23, HFC-125 | 0.9MPa 이상 |
| HFC-227ea, FK-5-1-12 | 0.3MPa 이상 |

---

**07** 제6류 위험물과 혼재할 수 있는 위험물의 유별을 모두 적으시오. (단, 지정수량의 $\dfrac{1}{10}$ 이상을 저장하는 경우이다) (3점)

**해답**　제1류 위험물

**상세해설**

- 유별을 달리하는 위험물의 혼재기준

  ↓1 + 6↑　　2 + 4
  ↓2 + 5↑　　5 + 4
  ↓3 + 4↑

**08** 황화인의 종류 3가지를 화학식으로 쓰시오. (3점)

 ① $P_4S_3$   ② $P_2S_5$   ③ $P_4S_7$

- 황화인(제2류 위험물) : 황과 인의 화합물
  ① 삼황화인($P_4S_3$)
    - 황색결정으로 물, 염산, 황산에 녹지 않으며 질산, 알칼리, 이황화탄소에 녹는다.
    - 조해성이 없다
    - 연소하면 오산화인과 이산화황이 생긴다.
    $$P_4S_3 + 8O_2 \rightarrow 2P_2O_5 + 3SO_2 \uparrow$$
  ② 오황화인($P_2S_5$)
    - 담황색 결정이고 조해성이 있다.
    - 수분을 흡수하면 분해된다.
    - 이황화탄소($CS_2$)에 잘 녹는다.
    - 물, 알칼리와 반응하여 인산과 황화수소를 발생한다.
    $$P_2S_5 + 8H_2O \rightarrow 2H_3PO_4 + 5H_2S \uparrow$$
  ③ 칠황화인($P_4S_7$)
    - 담황색 결정이고 조해성이 있다.
    - 수분을 흡수하면 분해된다.
    - 이황화탄소($CS_2$)에 약간 녹는다.
    - 냉수에는 서서히 분해가 되고 더운물에는 급격히 분해된다.

**09** 황린이 완전연소하는 경우 반응식을 쓰시오. (4점)

 $P_4 + 5O_2 \rightarrow 2P_2O_5$

- 황린($P_4$)[별명 : 백린] : 제 3류 위험물(자연발화성물질)
  ① 공기 중 약 40~50℃에서 자연 발화한다.
  ② 저장 시 자연 발화성이므로 반드시 물속에 저장한다.
  ③ 인화수소($PH_3$)의 생성을 방지하기 위하여 물의 pH=9(약알칼리)가 안전한계이다.
  ④ 연소 시 오산화인($P_2O_5$)의 흰 연기가 발생한다.
  $$P_4 + 5O_2 \rightarrow 2P_2O_5(오산화인)$$
  ⑤ 강알칼리의 용액에서는 유독기체인 포스핀($PH_3$)을 발생한다.
  $$P_4 + 3NaOH + 3H_2O \rightarrow 3NaH_2PO_2 + PH_3 \uparrow (인화수소=포스핀)$$

**10** 아래의 물질을 옥외저장탱크 · 옥내저장탱크 또는 지하저장탱크 중 압력탱크 외의 탱크에 저장하는 경우 저장온도는 몇 ℃ 이하로 유지하여야 하는지 쓰시오. (3점)

① 다이에틸에터   ② 아세트알데하이드   ③ 산화프로필렌

**해답**
① 다이에틸에터 : 30℃ 이하
② 아세트알데하이드 : 15℃ 이하
③ 산화프로필렌 : 30℃ 이하

**상세해설**
• 옥외저장탱크 · 옥내저장탱크 또는 지하저장탱크의 저장 유지온도

| 구 분 | 압력탱크 외의 탱크 | 구 분 | 압력탱크 |
|---|---|---|---|
| 산화프로필렌과 이를 함유한 것 또는 다이에틸에터등 | 30℃ 이하 | 아세트알데하이드등 또는 다이에틸에터등 | 40℃ 이하 |
| 아세트알데하이드 또는 이를 함유한 것 | 15℃ 이하 | | |

• 이동저장탱크의 저장 유지온도

| 구 분 | 보냉장치가 있는 경우 | 보냉장치가 없는 경우 |
|---|---|---|
| 아세트알데하이드등 또는 다이에틸에터등 | 비점 이하 | 40℃ 이하 |

**11** 에틸렌과 산소를 $CuCl_2$의 촉매하에 생성된 물질로 인화점이 −38℃, 비점이 21℃, 연소범위가 4~60%인 특수인화물의 (1) 명칭 및 표준상태(STP)에서 (2) 증기밀도(g/L), (3) 증기비중을 기술하시오. (8점)

**해답**
(1) **명칭** : 아세트알데하이드($CH_3CHO$)
(2) **증기밀도** = $\dfrac{분자량}{22.4L} = \dfrac{44g}{22.4L} = 1.96g/L$
(3) **증기비중** = $\dfrac{M(분자량)}{29(공기 평균 분자량)} = \dfrac{44}{29} = 1.52$

**상세해설**
• 아세트알데하이드($CH_3CHO$)의 분자량 = $12 \times 2 + 1 \times 4 + 16 \times 1 = 44$
  ① 표준상태 : 0℃, 1atm
  ② 증기밀도 : $\rho = \dfrac{PM}{RT} = \dfrac{1 \times M}{0.082 \times (273+0)} = \dfrac{M(g)}{22.4L}$

여기서, $P$ : 압력(atm)
$M$ : 분자량
$R$ : 기체상수(0.082atm · L/mol · K)
$T$ : 절대온도(273+$t$ ℃)K

③ 증기비중 = $\dfrac{M(분자량)}{29(공기평균분자량)}$

- 원칙적인 공기의 조성과 평균분자량
  ① 산소($O_2$) : 20.99%  ② 질소($N_2$) : 78.03%
  ③ 아르곤(Ar) : 0.94%  ④ 이산화탄소($CO_2$) : 0.03%
  
  ※ 공기 중 산소의 부피(%) = 21%   ※ 공기 중 산소의 중량(무게)(%) = 23%

- 공기의 평균 분자량
  28($N_2$)×0.7803+32($O_2$)×0.2099+40(Ar)×0.0094+44($CO_2$)×0.0003
  =28.95≒29

---

**12** 제5류 위험물인 트라이나이트로톨루엔에 대한 다음 각 물음에 답하시오.

(3점)

(가) 트라이나이트로톨루엔의 제조과정에 대한 반응식을 쓰시오.
(나) 트라이나이트로톨루엔의 구조식을 그리시오.

**해답**

(가) $C_6H_5CH_3 + 3HNO_3 \xrightarrow{C-H_2SO_4} C_6H_2CH_3(NO_2)_3 + 3H_2O$

(나)

```
        CH₃
    O₂N   NO₂
       ⌬
        NO₂
```

**상세해설**

- 트라이나이트로톨루엔[$C_6H_2CH_3(NO_2)_3$] : 제5류 위험물 중 나이트로화합물
  ① 물에는 녹지 않고 알코올, 아세톤, 벤젠에 녹는다.
  ② 톨루엔과 질산을 반응시켜 얻는다.

  $\underset{(톨루엔)}{C_6H_5CH_3} + \underset{(질산)}{3HNO_3} \xrightarrow[(탈수작용)]{C-H_2SO_4} \underset{(트라이나이트로톨루엔)}{C_6H_2CH_3(NO_2)_3} + \underset{(물)}{3H_2O}$

  ③ Tri Nitro Toluene의 약자로 TNT라고도 한다.
  ④ **담황색의 주상결정**이며 햇빛에 다갈색으로 변색된다.
  ⑤ 강력한 폭약이며 급격한 타격에 폭발한다.

- 트라이나이트로톨루엔의 구조식

$$\text{C}_6\text{H}_2\text{CH}_3(\text{NO}_2)_3$$

- 트라이나이트로톨루엔의 열분해 반응식
  $2C_6H_2CH_3(NO_2)_3 \rightarrow 2C + 3N_2\uparrow + 5H_2\uparrow + 12CO\uparrow$

ⓖ 연소 시 연소속도가 너무 빠르므로 소화가 곤란하다.
ⓗ 무기 및 다이너마이트, 질산폭약제 제조에 이용된다.

**13** 옥외저장탱크의 주위에는 그 저장 또는 취급하는 위험물의 최대수량에 따라 옥외저장탱크의 측면으로부터 다음 표에 의한 너비의 공지를 보유하여야 한다. 빈칸에 알맞은 답을 쓰시오.                     (5점)

| 저장 또는 취급하는 위험물의 최대수량 | 공지의 너비 |
|---|---|
| 지정수량의 500배 이하 | ( ① )m 이상 |
| 지정수량의 500배 초과 1,000배 이하 | ( ② )m 이상 |
| 지정수량의 1,000배 초과 2,000배 이하 | ( ③ )m 이상 |
| 지정수량의 2,000배 초과 3,000배 이하 | ( ④ )m 이상 |
| 지정수량의 3,000배 초과 4,000배 이하 | ( ⑤ )m 이상 |

**해답** ① 3   ② 5   ③ 9   ④ 12   ⑤ 15

**상세해설**

옥외저장탱크의 보유공지

| 저장 또는 취급하는 위험물의 최대수량 | 공지의 너비 |
|---|---|
| • 지정수량의 500배 이하 | 3m 이상 |
| • 지정수량의 500배 초과 1000배 이하 | 5m 이상 |
| • 지정수량의 1000배 초과 2000배 이하 | 9m 이상 |
| • 지정수량의 2000배 초과 3000배 이하 | 12m 이상 |
| • 지정수량의 3000배 초과 4000배 이하 | 15m 이상 |
| • 지정수량의 4000배 초과 | 당해 탱크의 수평단면의 최대지름(횡형인 경우에는 긴변)과 높이 중 큰 것과 지정수량의 4,000배 초과 같은 거리 이상. 다만, 30m 초과의 경우에는 30m 이상으로 할 수 있고, 15m 미만의 경우에는 15m 이상으로 하여야 한다. |

**14** 탄화칼슘에 대한 다음 각 물음에 답하시오. (6점)

(물음 1) 물과 접촉할 경우 반응식을 쓰시오.
(물음 2) 물과 반응하여 생성되는 기체의 명칭과 연소범위를 쓰시오.
(물음 3) 생성된 기체의 완전 연소반응식을 쓰시오.

**해답**
(물음 1) $CaC_2 + 2H_2O \rightarrow Ca(OH)_2 + C_2H_2 \uparrow$
(물음 2) ① 기체의 명칭 : 아세틸렌  ② 기체의 연소범위 : 2.5~81%
(물음 3) $2C_2H_2 + 5O_2 \rightarrow 4CO_2 + 2H_2O$

**상세해설**
탄화칼슘($CaC_2$) : 제3류 위험물 중 칼슘탄화물
① 물과 접촉 시 아세틸렌을 생성하고 열을 발생시킨다.
$$CaC_2 + 2H_2O \rightarrow Ca(OH)_2(수산화칼슘) + C_2H_2 \uparrow (아세틸렌)$$
② 아세틸렌의 폭발범위는 2.5~81%로 대단히 넓어서 폭발위험성이 크다.
③ 장기 보관시 불활성기체($N_2$ 등)를 봉입하여 저장한다.
④ 별명은 카바이드, 탄화석회, 칼슘카바이드 등이다.
⑤ 고온(700℃)에서 질화되어 석회질소($CaCN_2$)가 생성된다.
$$CaC_2 + N_2 \rightarrow CaCN_2(석회질소) + C(탄소)$$
⑥ 물 및 포 약제에 의한 소화는 절대 금하고 마른모래 등으로 피복 소화한다.

# 위험물산업기사 실기
## 2019년 6월 29일 시행

**01** 위험물안전관리법령에 따른 고인화점위험물의 정의를 쓰시오. (3점)

**해답** 인화점이 100℃ 이상인 제4류 위험물

**02** 유별을 달리하는 위험물의 혼재기준 중 제4류 위험물과 혼재가 불가능한 위험물을 모두 쓰시오. (4점)

**해답** 제1류 위험물, 제6류 위험물

**상세해설**
- 쉬운 암기법
  1 + 6    2 + 4
  2 + 5    5 + 4
  3 + 4

**03** 제3류 위험물인 황린 20kg이 연소할 때 연소에 필요한 공기의 부피($m^3$)는 얼마인가? (단, 공기 중 산소의 농도는 21%(v/v), 황린의 분자량은 124이다.) (5점)

**해답** (방법1) [계산과정]
① $P_4$(황린)의 연소 반응식
$P_4$  +  $5O_2$  →  $2P_2O_5$
124kg ⟶ $5 \times 22.4 m^3$
20kg ⟶ $X$

($P_4$ 1kmol(124kg)이 연소할 때 0℃, 1atm 상태에서 $5 \times 22.4 \text{m}^3$의 산소($O_2$)가 필요)

$$\therefore X = \frac{20 \times 5 \times 22.4}{124} = 18.06 \text{m}^3$$

(산소농도가 100%인 경우 필요한 산소의 부피)

② 공기 중 산소의 농도는 21%이므로

$$\text{필요한 공기의 부피}(\text{m}^3) = \frac{18.06}{0.21} = 86.00 \text{m}^3$$

[답] $86.00 \text{m}^3$

**(방법2) [계산과정]**

① 이상기체 상태방정식

$$PV = \frac{W}{M}RT = nRT$$

여기서, $P$ : 압력(atm), $V$ : 부피($\text{m}^3$), $\frac{W}{M}$(n) : mol, $W$ : 무게(kg)

$M$ : 분자량, $R$ : 기체상수($0.082 \text{atm} \cdot \text{m}^3/\text{mol} \cdot \text{K}$)

$T$ : 절대온도($273+t$℃)K

② $\therefore V = \frac{WRT}{PM} \times \text{공기 몰 수} = \frac{20 \times 0.082 \times (273+0)}{1 \times 124} \times 5 \times \frac{1}{0.21}$

$= 85.97 \text{m}^3$

[답] $85.97 \text{m}^3$

---

**04** 제1류 위험물인 질산암모늄은 열분해하여 $N_2$, $O_2$, $H_2O$를 생성한다. 다음 각 물음에 답하시오. (5점)

⑺ 질산암모늄의 열분해 반응식을 쓰시오.

⑻ 질산암모늄 1몰이 0.9기압 300℃에서 열분해하는 경우 생성되는 $H_2O$(수증기)의 부피(L)는 얼마인가?

⑺ $2NH_4NO_3 \rightarrow 2N_2 + O_2 + 4H_2O$

⑻ **[계산과정]**

① $NH_4NO_3$(질산암모늄)의 분자량 $= 14+(1 \times 4)+14+(16 \times 3)=80$

② $NH_4NO_3$(질산암모늄)의 열분해 반응식(열분해물질 1몰 기준)

$NH_4NO_3 \rightarrow N_2 + 0.5O_2 + 2H_2O$

③ 질산암모늄 1몰은 80g이다.

$$V = \frac{WRT}{PM} \times \text{생성기체 몰 수} = \frac{80 \times 0.082 \times (273+300)}{0.9 \times 80} \times 2$$
$$= 104.41 \text{L}$$

[답] 104.41L

**이상기체 상태방정식**

$$PV = \frac{W}{M}RT = nRT$$

여기서, $P$ : 압력(atm), $V$ : 부피(L), $\frac{W}{M}(n)$ : mol, $W$ : 무게(g), $M$ : 분자량
$R$ : 기체상수(0.082atm · L/mol · K), $T$ : 절대온도(273+$t$℃)K

**05** 제3류 위험물인 트라이에틸알루미늄의 완전 연소반응식을 쓰시오. (3점)

해답 $2(C_2H_5)_3Al + 21O_2 \rightarrow Al_2O_3 + 12CO_2 + 15H_2O$

알킬알루미늄[$(C_nH_{2n+1}) \cdot Al$] : 제 3류 위험물(금수성 물질)
① 알킬기($C_nH_{2n+1}$)에 알루미늄(Al)이 결합된 화합물이다.
② $C_1$~$C_4$는 자연발화의 위험성이 있다.
③ 물과 접촉 시 가연성 가스 발생하므로 주수소화는 절대 금지한다.
④ 트라이메틸알루미늄(TMA : Tri Methyl Aluminium)

$(CH_3)_3Al + 3H_2O \rightarrow Al(OH)_3$(수산화알루미늄) + $3CH_4 \uparrow$(메탄)

⑤ 트라이에틸알루미늄(TEA : Tri Eethyl Aluminium)

$(C_2H_5)_3Al + 3CH_3OH \rightarrow Al(CH_3O)_3$(트라이메톡시알루미늄) + $3C_2H_6$(에탄)

$(C_2H_5)_3Al + 3H_2O \rightarrow Al(OH)_3$(수산화알루미늄) + $3C_2H_6 \uparrow$(에탄)

⑥ 저장용기에 불활성기체($N_2$)를 봉입한다.
⑦ 피부접촉 시 화상을 입히고 연소 시 흰 연기가 발생한다.

$2(C_2H_5)_3Al + 21O_2 \rightarrow Al_2O_3 + 12CO_2 + 15H_2O$

⑧ 소화 시 주수소화는 절대 금하고 팽창질석, 팽창진주암 등으로 피복소화한다.

**06** 옥내저장소에서 위험물을 저장하는 경우 기준에 의한 높이를 초과하여 용기를 겹쳐 쌓지 아니하여야 한다. 다음 (  )안에 알맞은 답을 쓰시오.  (6점)

(개) 기계에 의하여 하역하는 구조로 된 용기만을 겹쳐 쌓는 경우 :
(   )m 이하

(내) 제4류 위험물 중 제3석유류를 수납하는 용기만을 겹쳐 쌓는 경우 :
(   )m 이하

(대) 제4류 위험물 중 동식물유류를 수납하는 용기만을 겹쳐 쌓는 경우 :
(   )m 이하

  (개) 6   (내) 4   (대) 4

- 옥내저장소에서 위험물을 저장하는 경우 높이 제한
  ① 기계에 의하여 하역하는 구조로 된 용기만을 겹쳐 쌓는 경우 : 6m
  ② 제4류 위험물 중 제3석유류, 제4석유류 및 동식물유류를 수납하는 용기만을 겹쳐 쌓는 경우 : 4m
  ③ 그 밖의 경우 : 3m

**07** 다음 보기에서 설명하는 위험물에 대한 각 물음에 답하시오.  (6점)

[보기]
- 휘발성이 있는 무색 투명한 액체이다.
- 물에 아주 잘 녹으며 유기용제이다.
- 아이오딘포름반응을 한다.
- 연소 시 주간에는 불꽃이 잘 보이지 않는다.
- 산화하여 아세트알데하이드가 생성된다.

(개) 보기에서 설명하는 물질의 화학식을 쓰시오.
(내) 보기에서 설명하는 물질의 지정수량을 쓰시오.
(대) 보기에서 설명하는 물질이 진한 황산과 축합반응 후 생성되는 제4류 위험물의 명칭을 화학식으로 쓰시오.

(개) $C_2H_5OH$
(내) 400L
(대) $C_2H_5OC_2H_5$

**상세해설**

• 에틸알코올($C_2H_5OH$) : 제4류 위험물 중 알코올류

| 화학식 | 분자량 | 비중 | 비점 | 인화점 | 착화점 | 연소범위 |
|--------|--------|------|------|--------|--------|----------|
| $C_2H_5OH$ | 46 | 0.8 | 78.3℃ | 13℃ | 423℃ | 4.3~19% |

① 무색 투명한 액체이며 술 속에 포함되어 있어 주정이라고 한다.
② 물에 아주 잘 녹으며 유기용제이다.
③ 연소 시 주간에는 불꽃이 잘 보이지 않는다.

$$C_2H_5OH + 3O_2 \rightarrow 2CO_2 + 3H_2O$$

④ 금속나트륨, 금속칼륨을 가하면 수소($H_2$)가 발생한다.

$$2C_2H_5OH + 2Na \rightarrow 2C_2H_5ONa + H_2 \uparrow$$
$$2C_2H_5OH + 2K \rightarrow 2C_2H_5OK + H_2 \uparrow$$

⑤ 아이오딘포름 반응을 하므로 에탄올검출에 이용된다.

**에틸알코올의 반응식**
- 알칼리금속과 반응    $2Na + 2C_2H_5OH \rightarrow 2C_2H_5ONa + H_2 \uparrow$
- 산화, 환원반응식    $C_2H_5OH \xrightarrow[\text{환원}]{\text{산화}} CH_3CHO \xrightarrow[\text{환원}]{\text{산화}} CH_3COOH$

• 다이에틸에터($C_2H_5OC_2H_5$) : 제4류 위험물 중 특수인화물
① 에탄올에 진한 황산을 가하여 제조한다.(탈수 및 축합반응)

**다이에틸에터 제조방법**
$$C_2H_5OH + C_2H_5OH \xrightarrow{C-H_2SO_4} C_2H_5OC_2H_5 + H_2O$$

② 직사광선에 장시간 노출 시 과산화물 생성

**과산화물 생성 확인방법**
다이에틸에터 + KI용액(10%) → 황색변화(1분 이내)

③ 용기에는 5% 이상 10% 이하의 안전공간을 확보할 것
④ 용기는 갈색 병을 사용하며 냉암소에 보관
⑤ 정전기 방지를 위하여 약간의 $CaCl_2$를 넣어준다.
⑥ 폭발성의 과산화물 생성방지를 위해 용기 내에 40mesh 구리 망을 넣어준다.

## 08 다음 보기의 위험물에 대한 지정수량을 쓰시오. (4점)

[보기] ① 중유   ② 경유   ③ 다이에틸에터   ④ 아세톤

 ① 2000L   ② 1000L   ③ 50L   ④ 400L

**상세해설**
① 중유-제4류-제3석유류-비수용성
② 경유-제4류-제2석유류-비수용성

③ 다이에틸에터－제4류－특수인화물
④ 아세톤－제4류－제1석유류－수용성

• 제4류 위험물의 지정수량

| 성 질 | 품 명 | | 지정수량 | 위험등급 |
|---|---|---|---|---|
| 인화성액체 | 1. 특수인화물 | | 50L | I |
| | 2. 제1석유류 | 비수용성액체 | 200L | II |
| | | 수용성액체 | 400L | |
| | 3. 알코올류 | | 400L | |
| | 4. 제2석유류 | 비수용성액체 | 1,000L | III |
| | | 수용성액체 | 2,000L | |
| | 5. 제3석유류 | 비수용성액체 | 2,000L | |
| | | 수용성액체 | 4,000L | |
| | 6. 제4석유류 | | 6,000L | |
| | 7. 동식물유류 | | 10,000L | |

**09** 제4류 위험물 중에서 위험등급 II에 해당하는 품명 2가지를 쓰시오. (4점)

**해답** 제1석유류, 알코올류

**상세해설**

위험물의 등급 분류 ★★★

| 위험등급 | 해당 위험물 |
|---|---|
| 위험등급 I | ① 제1류 위험물 중 아염소산염류, 염소산염류, 과염소산염류, 무기과산화물 그 밖에 지정수량이 50kg인 위험물<br>② 제3류 위험물 중 칼륨, 나트륨, 알킬알루미늄, 알킬리튬, 황린 그 밖에 지정수량이 10kg 또는 20kg인 위험물<br>③ 제4류 위험물 중 특수인화물<br>④ 제5류 위험물 중 유기과산화물, 질산에스터류 그 밖에 지정수량이 10kg인 위험물<br>⑤ 제6류 위험물 |
| 위험등급 II | ① 제1류 위험물 중 브로민산염류, 질산염류, 아이오딘산염류 그 밖에 지정수량이 300kg인 위험물<br>② 제2류 위험물 중 황화인, 적린, 황 그 밖에 지정수량이 100kg인 위험물<br>③ 제3류 위험물 중 알칼리금속(칼륨, 나트륨 제외) 및 알칼리토금속, 유기금속화합물(알킬알루미늄 및 알킬리튬은 제외) 그 밖에 지정수량이 50kg인 위험물<br>④ 제4류 위험물 중 제1석유류, 알코올류<br>⑤ 제5류 위험물 중 위험등급 I 위험물 외의 것 |
| 위험등급 III | 위험등급 I, II 이외의 위험물 |

**10** 다음 보기에서 불활성가스소화설비에 적응성이 있는 위험물을 모두 쓰시오.

(4점)

[보기] ① 제1류 위험물 중 알칼리금속과산화물 등
② 제2류 위험물 중 인화성고체    ③ 제3류 위험물 중 금수성 물품
④ 제4류 위험물               ⑤ 제5류 위험물
⑥ 제6류 위험물

**해답**  ② 제2류 위험물 중 인화성고체
④ 제4류 위험물

**상세해설**

소화설비의 적응성

| 소화설비의 구분 | | 대상물 구분 | 제1류 위험물 | | 제2류 위험물 | | | 제3류 위험물 | | 제4류 위험물 | 제5류 위험물 | 제6류 위험물 |
|---|---|---|---|---|---|---|---|---|---|---|---|---|
| | | | 알칼리금속과산화물등 | 그 밖의 것 | 철분·금속분·마그네슘등 | 인화성고체 | 그 밖의 것 | 금수성물품 | 그 밖의 것 | | | |
| 옥내소화전 또는 옥외소화전설비 | | | | ○ | | ○ | ○ | | ○ | | ○ | ○ |
| 스프링클러설비 | | | | ○ | | ○ | ○ | | ○ | △ | ○ | ○ |
| 물분무등 소화설비 | 물분무소화설비 | | | ○ | | ○ | ○ | | ○ | ○ | ○ | ○ |
| | 포소화설비 | | | ○ | | ○ | ○ | | ○ | ○ | ○ | ○ |
| | 불활성가스소화설비 | | | | | ○ | | | | ○ | | |
| | 할로젠화합물소화설비 | | | | | ○ | | | | ○ | | |
| | 분말소화설비 | 인산염류등 | | ○ | | ○ | ○ | | ○ | ○ | | ○ |
| | | 탄산수소염류등 | ○ | | ○ | ○ | | ○ | | ○ | | |
| | | 그 밖의 것 | ○ | | ○ | | | ○ | | | | |

**11** 유별을 달리하는 위험물은 동일한 저장소에 저장하지 아니하여야한다. 다만 옥내저장소 또는 옥외저장소에 있어서 적절한 조치를 한 경우에는 저장이 가능하다. 옥내저장소에서 동일한 실에 저장할 수 있는 유별을 바르게 연결한 것을 모두 고르시오.

(4점)

[보기] ① 무기과산화물-유기과산화물      ② 질산염류-과염소산
③ 황린-제1류 위험물            ④ 인화성고체-제1석유류
⑤ 황-제4류 위험물

② ③ ④

① 무기과산화물(알칼리금속의 과산화물 포함) - 유기과산화물(제5류위험물) - **저장불가**
② 질산염류(제1류)-과염소산(제6류) - 저장가능
③ 황린(제3류)-제1류 위험물 - 저장가능
④ 인화성고체(제2류)-제1석유류 - 저장가능
⑤ 황(제2류)-제4류 위험물 - **저장불가**

- 유별을 달리하는 위험물을 동일한 저장소에 저장할 수 있는 경우
  옥내저장소 또는 옥외저장소에 있어서 다음의 각목의 규정에 의한 위험물을 저장하는 경우로서 위험물을 유별로 정리하여 저장하는 한편, **서로 1m 이상의 간격을 두는 경우**
  ① 제1류 위험물(알칼리금속의 과산화물 또는 이를 함유한 것을 제외한다)과 제5류 위험물을 저장하는 경우
  ② **제1류 위험물과 제6류 위험물을 저장하는 경우**
  ③ 제1류 위험물과 제3류 위험물 중 자연발화성물질(황린 또는 이를 함유한 것에 한한다)을 저장하는 경우
  ④ 제2류 위험물 중 인화성고체와 제4류 위험물을 저장하는 경우
  ⑤ 제3류 위험물 중 알킬알루미늄등과 제4류 위험물(알킬알루미늄 또는 알킬리튬을 함유한 것에 한한다)을 저장하는 경우
  ⑥ 제4류 위험물 중 유기과산화물 또는 이를 함유하는 것과 제5류 위험물 중 유기과산화물 또는 이를 함유한 것을 저장하는 경우

**12** 위험물에 대한 유별 및 지정수량에 대한 빈칸을 채우시오. (4점)

| 품 명 | 유 별 | 지정수량 |
|---|---|---|
| 질산 | ① | ② |
| 칼륨 | 제3류 위험물 | 10kg |
| 질산염류 | ③ | ④ |
| 트라이나이트로페놀 | ⑤ | ⑥ |

 ① 제6류 위험물  ② 300kg
③ 제1류 위험물  ④ 300kg
⑤ 제5류 위험물  ⑥ 10kg

- 제1류 위험물의 지정수량

| 성질 | 품명 | 지정수량 |
|---|---|---|
| 산화성 고체 | 아염소산염류, **염소산염류**, 과염소산염류, 무기과산화물 | 50kg |
| | 브로민산염류, 질산염류, 아이오딘산염류 | 300kg |
| | 과망가니즈산염류, 다이크로뮴산염류 | 1000kg |

- 제2류 위험물의 지정수량

| 성질 | 품명 | 지정수량 |
|---|---|---|
| 가연성 고체 | 1. 황화인, 적린, 황 | 100kg |
| | 2. 철분, 금속분, 마그네슘 | 500kg |
| | 3. 인화성고체 | 1000kg |

- 제3류 위험물의 지정수량

| 성질 | 품명 | 지정수량 |
|---|---|---|
| 자연발화성 및 금수성물질 | • 칼륨  • 나트륨  • 알킬알루미늄  • 알킬리튬 | 10kg |
| | • 황린 | 20kg |
| | • 알칼리금속(칼륨 및 나트륨 제외) 및 알칼리토금속<br>• 유기금속화합물(알킬알루미늄 및 알킬리튬 제외) | 50kg |
| | • 금속의 수소화물  • 금속의 인화물<br>• 칼슘 또는 알루미늄의 탄화물 | 300kg |

- 제4류 위험물의 지정수량

| 성질 | 품명 | | 지정수량 |
|---|---|---|---|
| 인화성액체 | 1. **특수인화물** | | 50L |
| | 2. 제1석유류 | 비수용성액체 | 200L |
| | | 수용성액체 | 400L |
| | 3. 알코올류 | | 400L |
| | 4. 제2석유류 | 비수용성액체 | 1,000L |
| | | 수용성액체 | 2,000L |
| | 5. 제3석유류 | 비수용성액체 | 2,000L |
| | | 수용성액체 | 4,000L |
| | 6. 제4석유류 | | 6,000L |
| | 7. 동식물유류 | | 10,000L |

- 제5류 위험물의 지정수량

| 성질 | 품명 | 지정수량 | 위험등급 |
|---|---|---|---|
| 자기반응성 물질 | • 유기과산화물  • 질산에스터류<br>• 나이트로화합물  • 나이트로소화합물<br>• 아조화합물  • 다이아조화합물<br>• 하이드라진 유도체  • 하이드록실아민<br>• 하이드록실아민염류 | 1종 : 10kg<br>2종 : 100kg | 1종 : I<br>2종 : II |
| 종판단 완료 | • 질산에스터류(대부분)(1종)<br>• 셀룰로이드(2종)<br>• 트라이나이트로톨루엔(1종)<br>• 트라이나이트로페놀(1종)<br>• 테트릴(1종)<br>• 유기과산화물(대부분)(2종) | | |

- 제6류 위험물의 지정수량

| 성질 | 품명 | 지정수량 |
|---|---|---|
| 산화성 액체 | • 과염소산  • 과산화수소  • 질산 | 300kg |

**13** 다음은 위험물안전관리법령에 따른 이동탱크저장소의 주입설비(주입호스의 끝부분에 개폐밸브를 설치한 것)를 설치하는 경우 기준이다. 다음 ( )안에 알맞은 답을 쓰시오. (4점)

㈎ 위험물이 ( ① ) 우려가 없고 화재예방상 안전한 구조로 할 것
㈏ 주입설비의 길이는 ( ② ) 이내로 하고, 그 끝부분에 축적되는 ( ③ )를 유효하게 제거할 수 있는 장치를 할 것
㈐ 분당 토출량은 ( ④ ) 이하로 할 것

  ① 샐  ② 50m  ③ 정전기  ④ 200L

  이동탱크저장소에 주입설비를 설치하는 경우
① 위험물이 샐 우려가 없고 화재예방상 안전한 구조로 할 것
② 주입설비의 길이는 **50m 이내**로 하고, 그 끝부분에 축적되는 정전기를 유효하게 제거할 수 있는 장치를 할 것
③ 분당 토출량은 **200L 이하**로 할 것

## 위험물산업기사 실기
### 2019년 11월 9일 시행

**01** 제4류 위험물인 톨루엔의 증기비중을 구하시오. (4점)

[계산과정]
① 톨루엔($C_6H_5CH_3$)의 분자량 = $12 \times 7 + 1 \times 8 = 92$
② $S = \dfrac{92}{29} = 3.17$

[답] 3.17

- 증기비중 = $\dfrac{M(분자량)}{29(공기평균분자량)}$

- 원칙적인 공기의 조성과 평균분자량
  ① 산소($O_2$) : 20.99%    ② 질소($N_2$) : 78.03%
  ③ 아르곤(Ar) : 0.94%    ④ 이산화탄소($CO_2$) : 0.03%
  ※ 공기 중 산소의 부피(%) = 21%    ※ 공기 중 산소의 중량(무게)(%) = 23%

- 공기의 평균 분자량
  $28(N_2) \times 0.7803 + 32(O_2) \times 0.2099 + 40(Ar) \times 0.0094 + 44(CO_2) \times 0.0003$
  $= 28.95 ≒ 29$

**02** 과산화나트륨 화재 시 이산화탄소소화약제로 소화는 더 위험하다. 과산화나트륨과 이산화탄소의 반응식을 쓰시오. (4점)

$2Na_2O_2 + 2CO_2 \rightarrow 2Na_2CO_3 + O_2$

과산화나트륨($Na_2O_2$) : 제1류위험물 중 무기과산화물(금수성)

| 화학식 | 분자량 | 비중 | 융점 | 분해온도 |
|---|---|---|---|---|
| $Na_2O_2$ | 78 | 2.8 | 460℃ | 460℃ |

① 상온에서 물과 격렬히 반응하여 산소($O_2$)를 방출하고 폭발하기도 한다.

$$2Na_2O_2 + 2H_2O \rightarrow 4NaOH + O_2 \uparrow$$

② 공기 중 이산화탄소($CO_2$)와 반응하여 산소($O_2$)를 방출한다.

$$2Na_2O_2 + 2CO_2 \rightarrow 2Na_2CO_3 + O_2 \uparrow$$

③ 산과 반응하여 과산화수소($H_2O_2$)를 생성시킨다.

$$Na_2O_2 + 2CH_3COOH \rightarrow 2CH_3COONa + H_2O_2$$

④ 열분해 시 산소($O_2$)를 방출한다.

$$2Na_2O_2 \rightarrow 2Na_2O + O_2 \uparrow$$

⑤ 주수소화는 금물이고 마른모래(건조사) 등으로 소화한다.

## 03  주유취급소에 설치하는 "주유 중 엔진정지" 게시판의 바탕색과 문자색을 쓰시오. (4점)

**해답**  바탕색 : 황색    문자색 : 흑색

**상세해설**

주유취급소의 위치·구조 및 설비의 기준
(1) 주유공지 및 급유공지

| 주유공지 | 급유공지 |
|---|---|
| 너비 15m 이상, 길이 6m 이상의 콘크리트 등으로 포장한 공지 | 고정급유설비의 호스기기의 주위에 필요한 공지 |

※ 공지의 바닥은 주위 지면보다 높게 하고, 배수구·집유설비 및 유분리장치를 할 것

(2) 표지 및 게시판

| 표 지 | 게 시 판 |
|---|---|
| 위험물 주유취급소 | 1. 방화에 관하여 필요한 사항<br>2. **황색바탕에 흑색문자로 "주유 중 엔진정지"** ★★ |

※ 게시판은 한 변의 길이가 0.3m 이상, 다른 한 변의 길이가 0.6m 이상인 직사각형으로 할 것

**04** 다음은 제조소등에서의 위험물의 저장기준이다. (   )안에 알맞은 답을 쓰시오.
(4점)

> 옥외저장탱크·옥내저장탱크 또는 지하저장탱크 중 압력탱크 외의 탱크에 저장하는 다이에틸에터등 또는 아세트알데하이드등의 온도는 산화프로필렌과 이를 함유한 것 또는 다이에틸에터등에 있어서는 ( ① ) 이하로, 아세트알데하이드 또는 이를 함유한 것에 있어서는 ( ② ) 이하로 각각 유지할 것

**해답** ① 30℃   ② 15℃

**상세해설** 알킬알루미늄, 아세트알데하이드등 및 다이에틸에터등의 저장기준

| 탱크의 종류 | 물질명 | 저장기준 |
| --- | --- | --- |
| 이동저장탱크 | 알킬알루미늄 | 20kPa 이하의 압력으로 불활성의 기체를 봉입 |
| | 아세트알데하이드 | 불활성의 기체를 봉입 |
| 옥외·옥내. 지하 저장탱크 중 압력탱크 외의 탱크 | 산화프로필렌과 이를 함유한 것 또는 다이에틸에터 | 30℃ 이하 |
| | 아세트알데하이드 또는 이를 함유한 것 | 15℃ 이하 |
| 옥외·옥내 또는 지하 저장탱크 중 압력 탱크에 저장하는 경우 | 아세트알데하이드등 또는 다이에틸에터 | 40℃ 이하 |
| 보냉장치가 있는 이동 저장탱크 | 아세트알데하이드등 또는 다이에틸에터 | 비점 이하 |
| 보냉장치가 없는 이동 저장탱크 | 아세트알데하이드등 또는 다이에틸에터 | 40℃ 이하 |

**05** 제5류 위험물로서 담황색의 주상결정이며 분자량이 227, 융점이 81℃, 물에 녹지 않고 알콜, 벤젠, 아세톤에 녹는다. 이 물질에 대한 다음 각 물음에 답하시오.
(6점)

(물음 1) 화학식을 쓰시오.
(물음 2) 제조하는 과정에 대한 화학 반응식을 쓰시오.
(물음 3) 지정수량을 쓰시오.

**해답** (물음 1) $C_6H_2CH_3(NO_2)_3$

(물음 2) $C_6H_5CH_3 + 3HNO_3 \xrightarrow{C-H_2SO_4} C_6H_2CH_3(NO_2)_3 + 3H_2O$

(물음 3) 10kg

**상세해설**

- 트라이나이트로톨루엔[$C_6H_2CH_3(NO_2)_3$] : 제5류 위험물 중 나이트로화합물
  ① 물에는 녹지 않고 알코올, 아세톤, 벤젠에 녹는다.
  ② 톨루엔과 질산을 반응시켜 얻는다.

  $$C_6H_5CH_3 + 3HNO_3 \xrightarrow[\text{탈수작용}]{C-H_2SO_4} C_6H_2CH_3(NO_2)_3 + 3H_2O$$
  (톨루엔)  (질산)              (트라이나이트로톨루엔)  (물)

  ③ Tri Nitro Toluene의 약자로 TNT라고도 한다.
  ④ 담황색의 주상결정이며 햇빛에 다갈색으로 변색된다.
  ⑤ 강력한 폭약이며 급격한 타격에 폭발한다.

  - 트라이나이트로톨루엔의 구조식

  $O_2N$-〔벤젠고리, $CH_3$ 상단, $NO_2$ 우상, $NO_2$ 하단〕

  - 트라이나이트로톨루엔의 열분해 반응식
  $2C_6H_2CH_3(NO_2)_3 \rightarrow 2C + 3N_2\uparrow + 5H_2\uparrow + 12CO\uparrow$

  ⑥ 연소 시 연소속도가 너무 빠르므로 소화가 곤란하다.
  ⑦ 무기 및 다이나마이트, 질산폭약제 제조에 이용된다.

- 제5류 위험물 및 지정수량

| 성질 | 품명 | | 지정수량 | 위험등급 |
|---|---|---|---|---|
| 자기<br>반응성<br>물질 | • 유기과산화물<br>• 나이트로화합물<br>• 아조화합물<br>• 하이드라진 유도체<br>• 하이드록실아민염류 | • 질산에스터류<br>• 나이트로소화합물<br>• 다이아조화합물<br>• 하이드록실아민 | 1종 : 10kg<br>2종 : 100kg | 1종 : I<br>2종 : Ⅱ |
| 종판단<br>완료 | • 질산에스터류(대부분)(1종)<br>• 셀룰로이드(2종)<br>• 트라이나이트로톨루엔(1종)<br>• 트라이나이트로페놀(1종)<br>• 테트릴(1종)<br>• 유기과산화물(대부분)(2종) | | | |

**06** 제3류 위험물 중 지정수량이 50kg인 품명을 모두 쓰시오. (4점)

① 알칼리금속(칼륨, 나트륨, 제외) 및 알칼리토금속
② 유기금속화합물(알킬알루미늄, 알킬리튬 제외)

**상세해설**

제3류 위험물의 지정수량

| 성 질 | 품 명 | 지정수량 | 위험등급 |
|---|---|---|---|
| 자연발화성 및 금수성물질 | • 칼륨  • 나트륨  • 알킬알루미늄  • 알킬리튬 | 10kg | I |
| | • 황린 | 20kg | I |
| | • 알칼리금속(칼륨 및 나트륨 제외) 및 알칼리토금속<br>• 유기금속화합물(알킬알루미늄 및 알킬리튬 제외) | 50kg | II |
| | • 금속의 수소화물  • 금속의 인화물<br>• 칼슘 또는 알루미늄의 탄화물 | 300kg | III |

**07** 다음의 보기 물질 중에서 인화점이 낮은 것부터 순서대로 나열하시오. (4점)

[보기] ① 초산에틸, ② 메틸알콜, ③ 에틸렌글리콜, ④ 나이트로벤젠

**해답** ① 초산에틸 – ② 메틸알콜 – ④ 나이트로벤젠 – ③ 에틸렌글리콜

**상세해설**

• 제4류 위험물의 물성

| 품 명 | 초산에틸 | 메틸알콜 | 에틸렌글리콜 | 나이트로벤젠 |
|---|---|---|---|---|
| 유 별 | 제1석유류 | 알코올류 | 제3석유류 | 제3석유류 |
| 인화점 | −4℃ | 11℃ | 111℃ | 88℃ |

**08** 다음 [보기]는 가연성 물질이다. 연소의 형태에 따른 종류 중 표면연소, 증발연소, 자기연소로 분류하시오. (6점)

〈보기〉 ① 나트륨  ② 트라이나이트로톨루엔  ③ 에탄올
       ④ 금속분  ⑤ 다이에틸에터  ⑥ 피크르산

**해답**
**표면연소** : 나트륨, 금속분
**증발연소** : 에탄올, 다이에틸에터
**자기연소** : 트라이나이트로톨루엔, 피크르산

**상세해설**
- 연소의 형태 ★★★ 자주출제(필수암기) ★★★
  ① 표면연소(surface reaction) : 숯, 코크스, 목탄, 금속분
  ② 증발 연소(evaporating combustion) : 파라핀(양초), 황, 나프탈렌, 왁스, 휘발유, 등유, 경유, 아세톤 등 제4류 위험물
  ③ 분해연소(decomposing combustion) : 석탄, 목재, 플라스틱, 종이, 합성수지(고분자), 중유
  ④ 자기연소(내부연소) : 질화면(나이트로셀룰로오스), 셀룰로이드, 나이트로글리세린등 제5류 위험물
  ⑤ 확산연소(diffusive burning) : 아세틸렌, LPG, LNG 등 가연성 기체
  ⑥ 불꽃연소+표면연소 : 목재, 종이, 셀룰로오스, 열경화성 합성수지

**09** 트라이에틸알루미늄과 물의 반응식을 쓰고 트라이에틸알루미늄 228g과 물이 반응할 때 발생하는 기체의 부피(L)를 계산하시오.(단, 알루미늄의 분자량은 27이다)  (6점)

 (1) **물과 반응식** $(C_2H_5)_3Al + 3H_2O \rightarrow Al(OH)_3 + 3C_2H_6$

(2) **발생하는 기체의 부피**

**(방법1)**
① $(C_2H_5)_3Al$(트라이에틸알루미늄)의 물과 반응식
② $(C_2H_5)_3Al$(트라이에틸알루미늄)의 분자량 $= 12 \times 6 + 1 \times 15 + 27 = 114$

$(C_2H_5)_3Al + 3H_2O \rightarrow Al(OH)_3 + 3C_2H_6 \uparrow$

114g ───────────→ $3 \times 22.4$L
228g ───────────→ $X$

$\therefore X = \dfrac{228 \times 3 \times 22.4}{114} = 134.4$L  (생성된 에탄의 부피)

**(방법2)**
① $(C_2H_5)_3Al$(트라이에틸알루미늄)의 물과 반응식
② $(C_2H_5)_3Al + 3H_2O \rightarrow Al(OH)_3 + 3C_2H_6 \uparrow$
③ 이상기체 상태방정식

$$PV = \dfrac{W}{M}RT = nRT$$

여기서, $P$ : 압력(atm), $V$ : 부피(L), $\dfrac{W}{M}$(n) : mol, $W$ : 무게(g)
$M$ : 분자량, $R$ : 기체상수(0.082atm·L/mol·K)
$T$ : 절대온도(273+$t$℃)K

(3) ∴ $V = \dfrac{WRT}{PM} \times 생성기체\ 몰\ 수 = \dfrac{228 \times 0.082 \times (273+0)}{1 \times 114} \times 3 = 134.32 L$

[답] 134.32L

**상세해설**

- 알킬알루미늄[$(C_nH_{2n+1}) \cdot Al$] : 제3류 위험물(금수성 물질)
  ① 알킬기($C_nH_{2n+1}$)에 알루미늄(Al)이 결합된 화합물이다.
  ② $C_1 \sim C_4$는 자연발화의 위험성이 있다.
  ③ 물과 접촉 시 가연성 가스 발생하므로 주수소화는 절대 금지한다.
  ④ 트라이메틸알루미늄(TMA : Tri Methyl Aluminium)

  $(CH_3)_3Al + 3H_2O \rightarrow Al(OH)_3(수산화알루미늄) + 3CH_4 \uparrow (메탄)$

  ⑤ 트라이에틸알루미늄(TEA : Tri Eethyl Aluminium)

  - $(C_2H_5)_3Al + 3CH_3OH \rightarrow Al(CH_3O)_3(트라이메톡시알루미늄) + 3C_2H_6(에탄)$
  - $(C_2H_5)_3Al + 3H_2O \rightarrow Al(OH)_3(수산화알루미늄) + 3C_2H_6 \uparrow (에탄)$

  ⑥ 저장용기에 불활성기체($N_2$)를 봉입한다.
  ⑦ 피부접촉 시 화상을 입히고 연소 시 흰 연기가 발생한다.
  ⑧ 소화 시 주수소화는 절대 금하고 팽창질석, 팽창진주암 등으로 피복소화한다.

**10** 위험물안전관리법령상 적재하는 위험물의 성질에 따른 조치사항으로서 차광성과 방수성이 모두 있는 피복으로 가려야하는 위험물을 보기에서 골라 쓰시오. (3점)

〈보기〉 ① 제1류 위험물 중 알칼리금속의 과산화물
② 제2석유류
③ 제2류 위험물 중 금속분
④ 제5류 위험물
⑤ 제6류 위험물

**해답** 제1류 위험물 중 알칼리금속의 과산화물

**상세해설**

적재하는 위험물의 성질에 따른 조치
① 차광성이 있는 피복으로 가려야하는 위험물
  ㉠ 제1류 위험물
  ㉡ 제3류 위험물 중 자연 발화성 물질
  ㉢ 제4류 위험물 중 특수인화물
  ㉣ 제5류 위험물
  ㉤ 제6류 위험물

② 방수성이 있는 피복으로 덮어야 하는 것
  ㉠ 제1류 위험물 중 알칼리금속의 과산화물
  ㉡ 제2류 위험물 중 철분·금속분·마그네슘 또는 이들 중 어느 하나 이상을 함유한 것
  ㉢ 제3류 위험물 중 금수성 물질

**11** ABC분말소화약제 중 오르토인산이 생성되는 열분해반응식을 쓰시오. (4점)

 $NH_4H_2PO_4 \rightarrow H_3PO_4 + NH_3$

- 인산암모늄의 열분해
  ① 166℃에서의 분해반응
     $NH_4H_2PO_4 \rightarrow NH_3(암모니아) + H_3PO_4(오르토인산)$
  ② 360℃에서의 분해반응
     $NH_4H_2PO_4 \rightarrow NH_3(암모니아) + H_2O(물) + HPO_3(메타인산)$

**12** 위험물안전관리법령상 [보기]의 위험물을 저장하는 경우 옥내저장소의 저장창고 바닥면적은 몇 $m^2$ 이하로 하여야 하는지 쓰시오. (3점)

〈보기〉 ① 염소산염류  ② 제2석유류  ③ 유기과산화물

 ① $1000m^2$ 이하  ② $2000m^2$ 이하  ③ $1000m^2$ 이하

- 옥내저장소의 저장창고 바닥면적 설치기준 ★★

| 위험물의 종류 | 바닥면적 |
|---|---|
| • 제1류 위험물 중 아염소산염류, 염소산염류, 과염소산염류, 무기과산화물, 그 밖에 지정수량 50kg인 위험물<br>• 제3류 위험물 중 칼륨, 나트륨, 알킬알루미늄, 알킬리튬, 그 밖에 지정수량이 10kg인 위험물 및 **황린**<br>• 제4류 위험물 중 특수인화물, 제1석유류 및 알코올류<br>• 제5류 위험물 중 유기과산화물, 질산에스터류, 그 밖에 지정수량이 10kg인 위험물<br>• 제6류 위험물 | $1000m^2$ 이하 |
| • 위 이외의 위험물을 저장하는 창고 | $2000m^2$ 이하 |
| • 내화구조의 격벽으로 완전히 구획된 실에 각각 저장하는 창고 | $1500m^2$ 이하 |

**13** 위험물안전관리법령상 위험물의 시험 및 판정기준 중 연소시간의 측정시험 기준이다. ( )안에 알맞은 답을 쓰시오. (3점)

> 시험물품과 ( ① )과의 혼합물의 연소시간이 ( ② ) 90% 수용액과 ( ① )과의 혼합물의 연소시간 이하인 경우에는 산화성액체에 해당하는 것으로 한다.

**해답** ① 목분  ② 질산

**상세해설**
위험물안전관리에 관한 세부기준
제2장 위험물의 시험 및 판정 – 제23조(연소시간의 측정시험)
시험물품과 목분과의 혼합물의 연소시간이 표준물질(질산 90% 수용액)과 목분과의 혼합물의 연소시간 이하인 경우에는 산화성액체에 해당하는 것으로 한다.

# 위험물산업기사 실기

## 2020년 5월 24일 시행

**01** 이황화탄소 100kg이 완전 연소할 때 발생하는 이산화황의 부피($m^3$)를 계산하시오. (단, 기준온도는 30℃이고 압력은 800mmHg 로 한다)

[계산과정] ① $CS_2$의 완전연소 반응식 : $CS_2 + 3O_2 \rightarrow 2SO_2 + CO_2$
② $CS_2$의 분자량 = $12 + 32 \times 2 = 76$
③ 압력의 단위를 atm(기압)으로 환산

$$P = 800 \text{mmHg} \times \frac{1 \text{atm}}{760 \text{mmHg}} = 1.0526 \text{atm}$$

④ $V = \dfrac{WRT}{PM} \times (\text{생성기체몰수}) = \dfrac{100 \times 0.082 \times (273+30)}{1.0526 \times 76} \times 2$

$\quad = 62.12 m^3$

[답] $62.12 m^3$

• 이황화탄소($CS_2$) : 제4류 위험물-특수인화물

| 화학식 | 분자량 | 비중 | 비점 | 인화점 | 착화점 | 연소범위 |
|---|---|---|---|---|---|---|
| $CS_2$ | 76.1 | 1.26 | 46℃ | -30℃ | 100℃ | 1.0~50% |

① 무색투명한 액체이며 물에는 녹지 않고 알코올, 에테르, 벤젠 등 유기용제에 녹는다.
② 햇빛에 방치하면 황색을 띤다.
③ 연소 시 아황산가스($SO_2$) 및 $CO_2$를 생성한다.

$$CS_2 + 3O_2 \rightarrow 2SO_2(\text{이산화황}) + CO_2(\text{이산화탄소})$$

④ 저장 시 저장탱크를 물속에 넣어 저장한다.
• 이상기체상태방정식으로 생성기체 부피계산
① 반응식에서 연소하는 물질의 몰수는 항상 **1몰을 기준**으로 하여야 한다.
② 생성기체의 몰수를 곱하여야 한다.

$$V = \frac{WRT}{PM} \times (\text{생성기체몰수})$$

여기서, $P$ : 압력(atm), $V$ : 부피($m^3$), $M$ : 분자량
$W$ : 무게(kg), $R$ : 기체상수(0.082 atm · $m^3$/mol · K)
$T$ : 절대온도(273+$t$℃)K

**02** 다음은 제1류 위험물 중 염소산칼륨에 관한 사항이다. 다음 각 물음에 답하시오.

(물음 1) 염소산칼륨의 완전 열분해 반응식을 쓰시오.
(물음 2) 염소산칼륨 1kg이 열분해하는 경우 발생하는 산소의 부피($m^3$)는 표준상태에서 얼마인가? (단, 염소산칼륨의 분자량은 123이다)

**해답** (물음 1) $2KClO_3 \rightarrow 2KCl + 3O_2$

(물음 2) [계산과정] ① $KClO_3 \rightarrow KCl + 1.5O_2$ (염소산칼륨 1몰 기준)
② 표준상태(0℃, 1atm)

$$V = \frac{WRT}{PM} \times (생성기체 \ 몰수)$$

$$= \frac{1 \times 0.082 \times (273+0)}{1 \times 123} \times 1.5 = 0.27 m^3$$

[답] $0.27 m^3$

**상세해설**
- 이상기체상태방정식으로 생성기체 부피계산
  ① 반응식에서 열분해하는 물질의 몰수는 항상 **1몰을 기준**으로 하여야 한다.
  ② 생성기체의 몰수를 곱하여야 한다.

$$V = \frac{WRT}{PM} \times (생성기체몰수)$$

여기서, $P$ : 압력(atm), $V$ : 부피($m^3$), $n$ : mol수, $M$ : 분자량
$W$ : 무게(kg), $R$ : 기체상수(0.082 atm · $m^3$/mol · K)
$T$ : 절대온도(273+t℃)K

- 염소산칼륨($KClO_3$) : 제1류 위험물(산화성고체) 중 염소산염류

| 화학식 | 분자량 | 물리적 상태 | 색상 | 분해온도 |
|---|---|---|---|---|
| $KClO_3$ | 122.55 | 고체 | 무색 | 400℃ |

① 무색 또는 **백색분말**이며 산화력이 강하다.
② **이산화망가니즈**($MnO_2$)과 접촉 시 **분해가 촉진**되어 산소를 방출한다.
③ 온수, 글리세린에 잘 녹으며 냉수, 알코올에는 용해하기 어렵다.
④ 완전 열 분해되어 **염화칼륨과 산소를 방출**

$$\underset{(염소산칼륨)}{2KClO_3} \rightarrow \underset{(염화칼륨)}{2KCl} + \underset{(산소)}{3O_2}$$

## 03 과산화나트륨의 완전 열분해 반응식과 과산화나트륨 1kg이 열분해 하는 경우 표준상태에서 산소의 부피(L)를 구하시오.

(1) 완전분해 반응식 : $2Na_2O_2 \rightarrow 2Na_2O + O_2$
(2) 산소의 부피
① 과산화나트륨($Na_2O_2$)의 분자량 = $23 \times 2 + 16 \times 2 = 78$
② 0℃, 1기압(표준상태)에서 모든 기체 1mol은 22.4L의 부피를 차지한다.
③ 산소의 부피 계산

$2Na_2O_2 \rightarrow 2Na_2O + O_2$
$2 \times 78g \longrightarrow 1 \times 22.4L$
$1000g \longrightarrow X$

$X = \dfrac{1000 \times 1 \times 22.4}{2 \times 78} = 143.59L$

과산화나트륨($Na_2O_2$) : 제1류위험물 중 무기과산화물(금수성)
① 상온에서 물과 격렬히 반응하여 산소($O_2$)를 방출하고 폭발하기도 한다.

$2Na_2O_2 + 2H_2O \rightarrow 4NaOH + O_2 \uparrow$

② 공기 중 이산화탄소($CO_2$)와 반응하여 산소($O_2$)를 방출한다.

$2Na_2O_2 + 2CO_2 \rightarrow 2Na_2CO_3 + O_2 \uparrow$

③ 산과 반응하여 과산화수소($H_2O_2$)를 생성시킨다.

$Na_2O_2 + 2CH_3COOH \rightarrow 2CH_3COONa + H_2O_2$

④ 열분해 시 산소($O_2$)를 방출한다.

$2Na_2O_2 \rightarrow 2Na_2O + O_2 \uparrow$

⑤ 주수소화는 금물이고 마른모래(건조사), 팽창질석, 팽창진주암, 탄산수소염류 등으로 소화한다.

## 04 알루미늄에 대한 다음 각 물음에 답하시오.

(물음 1) 알루미늄의 산화반응식을 쓰시오.
(물음 2) 알루미늄과 염산의 반응식을 쓰시오.
(물음 3) 알루미늄과 물의 반응식을 쓰시오.

**해답** (물음 1) $4Al + 3O_2 \rightarrow 2Al_2O_3$
(물음 2) $2Al + 6HCl \rightarrow 2AlCl_3 + 3H_2$
(물음 3) $2Al + 6H_2O \rightarrow 2Al(OH)_3 + 3H_2$

**상세해설**
(1) 알루미늄의 산화반응식
  $4Al(알루미늄) + 3O_2(산소) \rightarrow 2Al_2O_3(삼산화알루미늄)$
(2) 알루미늄과 염산의 반응식
  $2Al(알루미늄) + 6HCl(염산) \rightarrow 2AlCl_3(염화알루미늄) + 3H_2(수소)$
(3) 알루미늄분(Al) : 제2류 금속분
  ① 할로젠원소(F, Cl, Br, I)와 접촉 시 자연발화 위험이 있다.
  ② 분진폭발 위험성이 있다.
  ③ 가열된 알루미늄은 수증기와 반응하여 수소를 발생시킨다.(주수소화금지)

  $$2Al + 6H_2O \rightarrow 2Al(OH)_3 + 3H_2 \uparrow$$

  ④ 주수소화는 엄금이며 마른모래 등으로 피복 소화한다.

**05** 다음 위험물을 저장하는 경우 보호액을 쓰시오.
  ① 황린    ② 칼륨    ③ 이황화탄소

**해답**
① 물
② 파라핀, 경유, 등유
③ 물

**상세해설**
• 금속칼륨 및 금속나트륨 : 제3류 위험물(금수성)
  ① 물과 반응하여 수소기체 발생

  $$2Na + 2H_2O \rightarrow 2NaOH(수산화나트륨) + H_2 \uparrow (수소발생)$$
  $$2K + 2H_2O \rightarrow 2KOH(수산화칼륨) + H_2 \uparrow (수소발생)$$

  ② 파라핀, 경유, 등유 속에 저장

★★자주출제(필수정리)★★
① 칼륨(K), 나트륨(Na)은 파라핀, 경유, 등유 속에 저장
② 황린(3류) 및 이황화탄소(4류)는 물속에 저장

**06** 다음은 제4류 위험물에 대한 내용이다. 각 물음에 답하시오.

(물음 1) 아이오딘값의 정의를 쓰시오.

(물음 2) 동식물유류를 아이오딘값에 따라 분류하고 아이오딘값의 범위를 쓰시오.

| 구 분 | 아이오딘값 |
|---|---|
|  |  |
|  |  |
|  |  |

**해답** (물음 1) 100g의 유지에 의해서 흡수되는 아이오딘의 g수

(물음 2)

| 구 분 | 아이오딘값 |
|---|---|
| 건성유 | 130 이상 |
| 반건성유 | 100~130 |
| 불건성유 | 100 이하 |

**상세해설**
- 동식물유류 : 제4류 위험물
  동물의 지육 또는 식물의 종자나 과육으로부터 추출한 것으로 1기압에서 인화점이 250℃ 미만인 것

[아이오딘값에 따른 동식물유류의 분류]

| 구 분 | 아이오딘값 | 종 류 |
|---|---|---|
| 건성유 | 130 이상 | 해바라기기름, 동유(오동기름), 정어리기름, 아마인유, 들기름 |
| 반건성유 | 100~130 | 채종유, 쌀겨기름, 참기름, 면실유(목화씨기름), 옥수수기름, 청어기름, 콩기름 |
| 불건성유 | 100 이하 | 야자유, 팜유, 올리브유, 피마자기름, 낙화생기름(땅콩기름), 돈지, 우지, 고래기름 |

- 아이오딘값
  옥소가(沃素價)라고도 하며 100g의 유지에 의해서 흡수되는 아이오딘의 g수
- 비누화값의 정의
  유지 1g을 비누화하는데 필요한 KOH mg수

**07** 제2류 위험물 중 황화인에 대한 다음 각 물음에 답하시오.

(물음 1) 오황화인과 물의 반응식을 쓰시오.
(물음 2) 오황화인이 물과 반응하여 생성되는 기체의 완전연소반응식을 쓰시오.

**(물음 1)** $P_2S_5 + 8H_2O \rightarrow 2H_3PO_4 + 5H_2S$
**(물음 2)** $2H_2S + 3O_2 \rightarrow 2SO_2 + 2H_2O$

황화인(제2류 위험물) : 황과 인의 화합물
- **삼황화인**($P_4S_3$)
  ① 황색결정으로 물, 염산, 황산에 녹지 않으며 질산, 알칼리, 이황화탄소에 녹는다.
  ② 연소하면 오산화인과 이산화황이 생긴다.

$$P_4S_3 + 8O_2 \rightarrow 2P_2O_5 + 3SO_2 \uparrow$$

- **오황화인**($P_2S_5$)
  ① 담황색 결정이고 조해성이 있으며 수분을 흡수하면 분해된다.
  ② 이황화탄소($CS_2$)에 잘 녹는다.
  ③ 물, 알칼리와 반응하여 인산과 황화수소를 발생한다.

$$P_2S_5 + 8H_2O \rightarrow 2H_3PO_4 + 5H_2S \uparrow$$

  ④ **연소하면 오산화인과 이산화황이 생긴다.**

$$2P_2S_5 + 15O_2 \rightarrow 2P_2O_5 + 10SO_2 \uparrow$$

- **칠황화인**($P_4S_7$)
  ① 담황색 결정이고 조해성이 있으며 수분을 흡수하면 분해된다.
  ② 이황화탄소($CS_2$)에 약간 녹는다.
  ③ 냉수에는 서서히 분해가 되고 더운물에는 급격히 분해된다.

**08** 아래의 제3류 위험물과 물이 반응하는 경우 반응식을 쓰시오.

① 수소화알루미늄리튬
② 수소화칼륨
③ 수소화칼슘

① $LiAlH_4 + 4H_2O \rightarrow LiOH + Al(OH)_3 + 4H_2$

② KH + H$_2$O → KOH + H$_2$
③ CaH$_2$ + 2H$_2$O → Ca(OH)$_2$ + 2H$_2$

**상세해설**

금속의 수소화물
(1) 수소화알루미늄리튬(LiAlH$_4$)
  ① 흰색의 결정성 분말이며 가연성이다.
  ② 물과 반응하여 수소(H$_2$)를 발생하고 발화한다.

  LiAlH$_4$ + 4H$_2$O → LiOH + Al(OH)$_3$ + 4H$_2$↑

  ③ 125℃에서 분해하기 시작하여 리튬, 알루미늄 및 수소로 분해된다.
(2) 수소화칼륨(KH)
  ① 물과 격렬히 반응하여 수소(H$_2$)를 발생한다.

  KH + H$_2$O → KOH + H$_2$↑

  ② 물 및 포약제의 소화는 절대 금하고 마른모래 등으로 피복소화한다.
(3) 수소화칼슘(CaH$_2$)
  ① 물과 반응하여 수소를 발생한다.

  CaH$_2$ + 2H$_2$O → Ca(OH)$_2$ + 2H$_2$

  ② 물 및 포약제 소화는 절대 금하고 마른모래 등으로 피복소화한다.

---

**09** 보기에서 설명하는 위험물의 화학식과 지정수량을 쓰시오.

[보기]
• 무색투명한 액체로서 분자량이 58이다.
• 인화점이 -37℃, 연소범위가 2.8~37%이다.
• 저장용기 사용 시 구리, 마그네슘, 은, 수은 및 합금용기는 사용하지 않아야 한다.

① 화학식 : CH$_3$CHCH$_2$O
② 지정수량 : 50L

**상세해설**

• 산화프로필렌(CH$_3$CH$_2$CHO) : 제4류 위험물 중 특수인화물

```
      H   H   H
      |   |   |
  H - C - C - C - H
      |    \ /
      H     O
```

| 화학식 | 분자량 | 비중 | 비점 | 인화점 | 착화점 | 연소범위 |
|---|---|---|---|---|---|---|
| CH$_3$CHCH$_2$O | 58 | 0.83 | 34℃ | -37℃ | 465℃ | 2.8~37% |

① 휘발성이 강하고 에테르냄새가 나는 액체이다.

② 물, 알코올, 벤젠 등 유기용제에는 잘 녹는다.
③ 저장용기 사용 시 구리, 마그네슘, 은, 수은 및 합금용기 사용금지(아세틸라이트 생성)
④ 저장 용기 내에 질소($N_2$) 등 불연성가스를 채워둔다.
⑤ 소화는 포 약제로 질식 소화한다.

- 제4류 위험물 및 지정수량

| 유별 | 성질 | 품 명 | | 지정수량 |
|---|---|---|---|---|
| 제4류 | 인화성액체 | 1. 특수인화물 | | 50L |
| | | 2. 제1석유류 | 비수용성액체 | 200L |
| | | | 수용성액체 | 400L |
| | | 3. 알코올류 | | 400L |
| | | 4. 제2석유류 | 비수용성액체 | 1,000L |
| | | | 수용성액체 | 2,000L |
| | | 5. 제3석유류 | 비수용성액체 | 2,000L |
| | | | 수용성액체 | 4,000L |
| | | 6. 제4석유류 | | 6,000L |
| | | 7. 동식물유류 | | 10,000L |

**10** 인화성액체의 인화점 측정기를 3가지만 쓰시오.

① 태그밀폐식 인화점측정기
② 신속평형법 인화점측정기
③ 클리브랜드개방컵 인화점측정기

**11** 제3류 위험물인 나트륨에 대한 다음 각 물음에 답하시오.

(물음 1) 나트륨과 물의 반응식을 쓰시오.
(물음 2) 나트륨의 완전연소 반응식을 쓰시오.
(물음 3) 나트륨이 연소하는 경우 불꽃의 색상을 쓰시오.

(물음 1) $2Na + 2H_2O \rightarrow 2NaOH + H_2$
(물음 2) $4Na + O_2 \rightarrow 2Na_2O$
(물음 3) 노란색

1. 금속나트륨 : 제3류 위험물(금수성)
   (1) 은백색의 금속
   (2) 연소 시 노란색 불꽃 내면서 연소

   $$4Na + O_2 \rightarrow 2Na_2O$$

   (3) 물과 반응하여 수소기체 발생

   $$2Na + 2H_2O \rightarrow 2NaOH(수산화나트륨) + H_2\uparrow (수소)$$

   (4) 보호액으로 파라핀, 경유, 등유를 사용한다.
   (5) 피부와 접촉 시 화상을 입는다.
   (6) 마른모래 등으로 질식 소화한다.
   (7) 화학적으로 활성이 대단히 크고 알코올과 반응하여 수소를 발생시킨다.

   $$2Na + 2C_2H_5OH(에틸알코올) \rightarrow 2C_2H_5ONa(나트륨에틸레이트) + H_2\uparrow$$

2. 불꽃반응 시 색상

| 구 분 | 칼륨(K) | 나트륨(Na) | 칼슘(Ca) | 리튬(Li) | 바륨(Ba) |
|---|---|---|---|---|---|
| 불꽃 색상 | 보라색 | 노란색 | 주홍색 | 적 색 | 황록색 |

**12** 다음 보기의 위험물에 대한 운반용기 외부에 수납하는 위험물에 따른 주의사항을 쓰시오.

[보기] ① 제1류 위험물 중 알칼리금속의 과산화물
② 제3류 위험물 중 자연발화성물질
③ 제5류 위험물

**해답**
① 화기주의, 충격주의, 물기엄금 및 가연물접촉주의
② 화기엄금 및 공기접촉엄금
③ 화기엄금 및 충격주의

**상세해설**

위험물 운반용기의 외부 표시 사항
① 위험물의 품명, 위험등급, 화학명 및 수용성(제4류 위험물의 수용성인 것에 한함)
② 위험물의 수량
③ 수납하는 위험물에 따른 주의사항

| 유 별 | 성질에 따른 구분 | 표시사항 |
|---|---|---|
| 제1류 위험물 | 알칼리금속의 과산화물 | 화기·충격주의, 물기엄금 및 가연물접촉주의 |
| | 그 밖의 것 | 화기·충격주의 및 가연물접촉주의 |

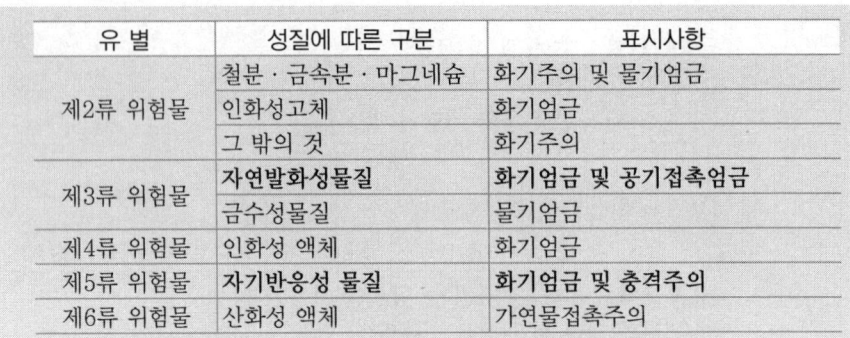

**13** 다음은 제4류 위험물의 분류에 대한 내용이다. ( )안에 알맞은 답을 쓰시오.

- 특수인화물 : 1기압에서 발화점이 섭씨 ( ① )도 이하인 것 또는 인화점이 섭씨 영하 20도 이하이고 비점이 섭씨 40도 이하인 것
- 제1석유류 : 인화점이 섭씨( ② )도 미만인 것
- 제2석유류 : 인화점이 섭씨( ② )도 이상 섭씨( ③ )도 미만인 것
- 제3석유류 : 인화점이 섭씨( ③ )도 이상 섭씨( ④ )도 미만인 것
- 제4석유류 : 인화점이 섭씨( ④ )도 이상 섭씨( ⑤ )도 미만인 것

**해답** ① 100  ② 21  ③ 70  ④ 200  ⑤ 250

**상세해설**

- 제4류 위험물 (인화성 액체)

| 구 분 | 지정품목 | 기타 조건 (1atm에서) |
|---|---|---|
| 특수인화물 | • 이황화탄소<br>• 다이에틸에터 | • 발화점이 100℃ 이하<br>• 인화점 −20℃ 이하이고 비점이 40℃ 이하 |
| 제1석유류 | • 아세톤  • 휘발유 | • 인화점 21℃ 미만 |
| 알코올류 | $C_1$~$C_3$까지 포화 1가 알코올(변성알코올 포함)<br>• 메틸알코올  • 에틸알코올  • 프로필알코올 | |
| 제2석유류 | • 등유  • 경유 | • 인화점 21℃ 이상 70℃ 미만 |
| 제3석유류 | • 중유  • 크레오소트유 | • 인화점 70℃ 이상 200℃ 미만 |
| 제4석유류 | • 기어유  • 실린더유 | • 인화점 200℃ 이상 250℃ 미만 |
| 동식물유류 | • 동물의 지육 등 또는 식물의 종자나 과육으로부터 추출한 것으로서 인화점이 250℃ 미만인 것 | |

**14** 크실렌의 이성질체 3가지에 대한 명칭과 구조식을 쓰시오.

**해답** ① 오르토(ortho)-크실렌  ② 메타(meta)-크실렌  ③ 파라(para)-크실렌

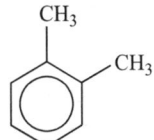 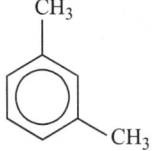 

**상세해설**
- 크실렌(자이렌)($C_6H_4(CH_3)_2$)의 이성질체
  ① 오르토(ortho)-크실렌(인화점 : 32℃) : 제2석유류
  ② 메타(meta)-크실렌(인화점 : 27.5℃) : 제2석유류
  ③ 파라(para)-크실렌(인화점 : 27.2℃) : 제2석유류

---

**15** 다음은 위험물안전관법령에서 정한 안전관리자에 대한 내용이다. 각 물음에 답하시오.

(물음 1) 안전관리자 선임의무가 있는 자를 보기에서 고르시오(단, 없으면 없음이라 표기하시오)
① 제조소등의 관계인  ② 제조소등의 설치자  ③ 소방서장
④ 소방청장  ⑤ 시, 도지사

(물음 2) 안전관리자를 해임한 경우 해임한 날부터 몇 일 이내에 다시 안전관리자를 선임하여야 하는가? (제한이 없으면 없음이라 표기)

(물음 3) 안전관리자가 퇴직한 경우 퇴직한 날부터 몇 일 이내에 다시 안전관리자를 선임하여야 하는가? (제한이 없으면 없음이라 표기)

(물음 4) 안전관리자 선임한 경우 몇 일 이내에 신고하여야 하는가? (제한이 없으면 없음이라 표기)

(물음 5) 안전관리자가 여행, 질병, 그 밖의 사유로 인하여 일시적으로 직무를 수행할 수 없을 경우 대리자가 직무를 대행하는 기간은 몇 일을 초과할 수 없는가? (제한이 없으면 없음이라 표기)

**해답** (물음 1) ① 제조소등의 관계인    (물음 2) 30일
(물음 3) 30일    (물음 4) 14일
(물음 5) 30일

**상세해설** 위험물안전관리법 제15조(위험물안전관리자)
① 제조소등의 **관계인**은 위험물의 안전관리에 관한 직무를 수행하게 하기 위하여 제조소등마다 위험물취급자격자를 위험물안전관리자로 선임하여야 한다.
② 안전관리자를 선임한 제조소등의 **관계인**은 그 안전관리자를 **해임**하거나 안전관리자가 **퇴직**한 때에는 **해임하거나 퇴직한 날부터 30일 이내**에 다시 안전관리자를 **선임**하여야 한다.
③ 제조소등의 **관계인**은 안전관리자를 선임한 경우에는 **선임한 날부터 14일 이내**에 행정안전부령으로 정하는 바에 따라 **소방본부장 또는 소방서장에게 신고**하여야 한다.
④ 안전관리자를 선임한 제조소등의 **관계인**은 안전관리자가 여행·질병 그 밖의 사유로 인하여 일시적으로 직무를 수행할 수 없거나 안전관리자의 해임 또는 퇴직과 동시에 다른 안전관리자를 선임하지 못하는 경우에는 행정안전부령이 정하는 자를 대리자로 지정하여 그 직무를 대행하게 하여야 한다. 이 경우 대리자가 안전관리자의 **직무를 대행하는 기간은 30일을 초과할 수 없다.**

**16** 위험물제조소에 옥내소화전설비를 아래와 같이 설치한다면 수원의 양($m^3$)을 구하시오.

(물음 1) 옥내소화전의 개수가 1층에 1개, 2층에 3개 설치하는 경우
(물음 2) 옥내소화전의 개수가 1층에 1개, 2층에 6개 설치하는 경우

**해답** (물음 1) [계산과정] $Q = 3 \times 7.8 = 23.4 m^3$
　　　[답] $23.4 m^3$
(물음 2) [계산과정] $Q = 5 \times 7.8 = 39 m^3$
　　　[답] $39 m^3$

**상세해설** 위험물제조소등의 소화설비 설치기준

| 소화설비 | 수평거리 | 방사량 | 방사압력 | 수원의 양 |
|---|---|---|---|---|
| 옥내 | 25m 이하 | 260(L/min) 이상 | 350(kPa) 이상 | $Q = N$(소화전개수 : 최대 5개) $\times 7.8 m^3$(260L/min × 30min) |
| 옥외 | 40m 이하 | 450(L/min) 이상 | 350(kPa) 이상 | $Q = N$(소화전개수 : 최대 4개) $\times 13.5 m^3$(450L/min × 30min) |
| 스프링클러 | 1.7m 이하 | 80(L/min) 이상 | 100(kPa) 이상 | $Q = N$(헤드수 : 최대 30개) $\times 2.4 m^3$(80L/min × 30min) |
| 물분무 | | 20 (L/$m^2$·min) | 350(kPa) 이상 | $Q = A$(바닥면적 $m^2$) $\times 0.6 m^3$(20L/$m^2$·min × 30min) |

**17** 제6류 위험물인 과산화수소에 대한 다음 각 물음에 답하시오.

(물음 1) 과산화수소는 그 농도가 얼마 이상인 것에 한하며 위험물에 해당하는가?
(물음 2) 하이드라진과 접촉 시 분해반응식을 쓰시오.

**해답** (물음 1) 36중량% 이상
(물음 2) $NH_2 \cdot NH_2 + 2H_2O_2 \rightarrow 4H_2O + N_2$

**상세해설**
- 과산화수소($H_2O_2$)의 일반적인 성질
  ① 분해 시 산소($O_2$)를 발생시킨다.
  ② **분해안정제로 인산($H_3PO_4$) 및 요산($C_5H_4N_4O_3$)을 첨가한다.**
  ③ 시판품은 일반적으로 30~40% 수용액이다.
  ④ 저장용기는 밀폐하지 말고 구멍이 있는 마개를 사용한다.
  ⑤ 강산화제이면서 환원제로도 사용한다.
  ⑥ 60% 이상의 고농도에서는 단독으로 폭발위험이 있다.
  ⑦ 하이드라진($NH_2 \cdot NH_2$)과 접촉 시 분해 작용으로 폭발위험이 있다.
  $$NH_2 \cdot NH_2 + 2H_2O_2 \rightarrow 4H_2O + N_2 \uparrow$$
  ⑧ 3%용액은 옥시풀이라 하며 표백제 또는 살균제로 이용한다.
  ⑨ 무색인 아이오딘칼륨 녹말종이와 반응하여 청색으로 변화시킨다.

**18** 다음 보기를 보고 각 물음에 답하시오.

[보기] 나이트로글리세린, 트라이나이트로톨루엔, 트라이나이트로페놀, 과산화벤조일, 다이나이트로벤젠

(물음 1) 질산에스터류에 속하는 물질을 모두 쓰시오.
(물음 2) 상온에서는 액체이지만 겨울철에는 동결하는 물질의 열분해반응식을 쓰시오.

**해답** (물음 1) 나이트로글리세린
(물음 2) $4C_3H_5(ONO_2)_3 \rightarrow 12CO_2 + 6N_2 + O_2 + 10H_2O$

**상세해설**
(1) 질산에스터류
  ① 질산메틸($CH_3ONO_2$)
  ② 질산에틸($C_2H_5ONO_2$)

③ 나이트로글리세린($C_3H_5(ONO_2)_3$)
④ 나이트로셀룰로오스(Nitro Cellulose) : $[(C_6H_7O_2(ONO_2)_3]_n$

(2) 나이트로글리세린(Nitro Glycerine)$(C_3H_5(ONO_2)_3$ –제5류–질산에스터류
① 상온에서는 액체이지만 겨울철에는 동결한다.
② 진한질산과 진한 황산을 가하면 나이트로화 하여 나이트로글리세린으로 된다.

> **글리세린의 나이트로화반응**
>
> $$C_3H_5(OH)_3 + 3HONO_2 \xrightarrow{H_2SO_4} C_3H_5(ONO_2)_3 + 3H_2O$$
> (글리세린)　　(질산)　　　　　　(나이트로글리세린)　(물)

③ 비수용성이며 메탄올, 아세톤 등에 녹는다.
④ 가열, 마찰, 충격에 예민하여 대단히 위험하다.

> **나이트로글리세린의 열분해 반응식**
>
> $$4C_3H_5(ONO_2)_3 \rightarrow 12CO_2\uparrow + 6N_2\uparrow + O_2\uparrow + 10H_2O$$

⑤ 다이나마이트(규조토+나이트로글리세린), 무연화약 제조에 이용된다.

## 19 다음은 위험물안전관리법령상 제조소등에서의 위험물의 저장 및 취급에 관한 기준이다. ( )안에 알맞은 답을 쓰시오.

(1) 위험물을 저장 또는 취급하는 건축물 그 밖의 공작물 또는 설비는 당해 위험물의 성질에 따라 차광 또는 ( ① )를 실시하여야 한다.
(2) 위험물은 온도계, 습도계, 압력계 그 밖의 계기를 감시하여 당해 위험물의 성질에 맞는 적정한 온도, 습도 또는 ( ② )을 유지하도록 저장 또는 취급하여야 한다.
(3) 위험물을 용기에 수납하여 저장 또는 취급할 때에는 그 용기는 당해 위험물의 성질에 적응하고 파손·( ③ )·균열 등이 없는 것으로 하여야 한다.
(4) ( ④ )의 액체·증기 또는 가스가 새거나 체류할 우려가 있는 장소 또는 가연성의 미분이 현저하게 부유할 우려가 있는 장소에서는 전선과 전기기구를 완전히 접속하고 불꽃을 발하는 기계·기구·공구·신발 등을 사용하지 아니하여야 한다.
(5) 위험물을 ( ⑤ )중에 보존하는 경우에는 당해 위험물이 보호액으로부터 노출되지 아니하도록 하여야 한다.

**해답** ① 환기　② 압력　③ 부식　④ 가연성　⑤ 보호액

상세해설 제조소등에서의 위험물의 저장 및 취급에 관한 기준
① 위험물을 저장 또는 취급하는 건축물 그 밖의 공작물 또는 설비는 당해 위험물의 성질에 따라 **차광** 또는 **환기**를 실시하여야 한다.
② 위험물은 **온도계, 습도계, 압력계** 그 밖의 계기를 감시하여 당해 위험물의 성질에 맞는 적정한 **온도, 습도 또는 압력**을 유지하도록 저장 또는 취급하여야 한다.
③ 위험물을 저장 또는 취급하는 경우에는 위험물의 **변질, 이물의 혼입** 등에 의하여 당해 위험물의 위험성이 증대되지 아니하도록 필요한 조치를 강구하여야 한다.
④ 위험물이 남아 있거나 남아 있을 우려가 있는 설비, 기계·기구, 용기 등을 수리하는 경우에는 안전한 장소에서 위험물을 완전하게 제거한 후에 실시하여야 한다.
⑤ 위험물을 용기에 수납하여 저장 또는 취급할 때에는 그 용기는 당해 위험물의 성질에 적응하고 **파손·부식·균열** 등이 없는 것으로 하여야 한다.
⑥ 가연성의 액체·증기 또는 가스가 새거나 체류할 우려가 있는 장소 또는 가연성의 미분이 현저하게 부유할 우려가 있는 장소에서는 전선과 전기기구를 완전히 접속하고 불꽃을 발하는 기계·기구·공구·신발 등을 사용하지 아니하여야 한다.
⑦ 위험물을 **보호액 중**에 보존하는 경우에는 당해 위험물이 **보호액으로부터 노출되지 아니하도록** 하여야 한다.

## 20 다음은 위험물안전관리법령에 대한 내용이다. 각 물음에 답하시오.

(물음 1) 위험물을 저장 또는 취급하는 탱크로서 허가를 받은 자가 변경공사를 하는 때에는 완공검사를 받기 전에 기술기준에 적합한지의 여부를 확인하기 위하여 시·도지사가 실시하는 어떤 검사를 받아야 하는가?

(물음 2) 다음 제소소등의 완공검사신청 시기를 쓰시오.
① 지하탱크가 있는 제조소등의 경우
② 이동탱크저장소의 경우

(물음 3) 시·도지사는 제조소등에 대하여 완공검사를 실시하고, 완공검사를 실시한 결과 당해 제조소등이 기술기준에 적합하다고 인정하는 때에는 무엇을 교부 교부하여야 하는가?

해답 (물음 1) 탱크안전성능검사
(물음 2) ① 당해 지하탱크를 매설하기 전
② 이동저장탱크를 완공하고 상시설치장소를 확보한 후
(물음 3) 완공검사합격확인증

### 상세해설

(1) 탱크안전성능검사

**위험물을 저장 또는 취급하는 탱크**로서 허가를 받은 자가 변경공사를 하는 때에는 완공검사를 받기 전에 기술기준에 적합한지의 여부를 확인하기 위하여 시·도지사가 실시하는 **탱크안전성능검사**를 받아야 한다.

(2) 완공검사의 신청 등

① 제조소등에 대한 **완공검사를 받고자 하는 자는 이를 시·도지사에게 신청**하여야 한다.

② 시·도지사는 제조소등에 대하여 완공검사를 실시하고, 완공검사를 실시한 결과 당해 제조소등이 기술기준에 적합하다고 인정하는 때에는 **완공검사합격확인증을 교부**하여야 한다.

(3) 완공검사의 신청시기

① **지하탱크**가 있는 제조소등의 경우 : 당해 **지하탱크를 매설하기 전**

② **이동탱크저장소**의 경우 : 이동저장탱크를 완공하고 상시설치장소를 확보한 후

③ **이송취급소**의 경우 : 이송배관 공사의 전체 또는 일부를 **완료한 후**. 다만, 지하·하천 등에 매설하는 이송배관의 공사의 경우에는 이송배관을 매설하기 전

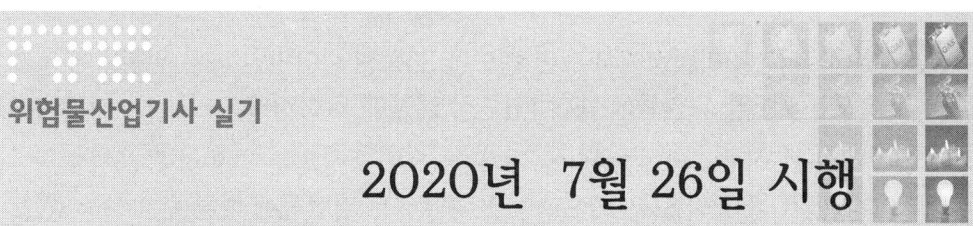

## 위험물산업기사 실기
### 2020년 7월 26일 시행

**01** 제4류 위험물로서 무색의 휘발성 액체이며 분자량이 27, 끓는점이 26℃, 물, 에탄올, 에테르에 잘 녹으며 맹독성이다. 이 물질에 대한 다음 각 물음에 답하시오.

(물음 1) 화학식을 쓰시오.
(물음 2) 증기비중을 구하시오.

 **(물음 1)** 화학식 : HCN

**(물음 2)** [계산과정] 증기 비중 : $S = \dfrac{27}{29} = 0.93$

[답] 0.93

사이안화수소(HCN) [hydrogen cyanide]-수용성

| 화학식 | 분자량 | 비중 | 비점 | 인화점 | 착화점 | 연소범위 |
|---|---|---|---|---|---|---|
| HCN | 27 | 0.69 | 26℃ | 18℃ | 540℃ | 6~41% |

① 무색의 휘발성 액체이다.
② 약한 산성인 수용액을 사이안화수소산 또는 청산이라고 한다.
③ 연소 시 질소와 이산화탄소를 생성한다.

$$4HCN + 5O_2 \rightarrow 2H_2O + 2N_2 + 4CO_2$$
(사이안화수소) (산소)  (물)  (질소) (이산화탄소)

④ 물·에탄올·에테르 등과 임의의 비율로 섞인다.
⑤ 맹독성가스로 공기 중의 허용농도를 10ppm으로 규제

## 02

위험물안전관리법령에서 정한 농도가 36중량% 미만인 경우 위험물에서 제외되는 제6류 위험물에 대한 다음 각 물음에 답하시오.

(물음 1) 이 물질이 분해하는 경우 산소가 생성되는 반응식을 쓰시오.
(물음 2) 이 물질을 운반하는 경우 수납하는 위험물에 따른 주의사항 중 표시사항을 쓰시오.
(물음 3) 이 물질의 위험등급을 쓰시오.

**해답**
(물음 1) $2H_2O_2 \rightarrow 2H_2O + O_2$
(물음 2) 가연물접촉주의
(물음 3) Ⅰ등급

**상세해설**

- 과산화수소($H_2O_2$) : 제6류 위험물-산화성액체

| 화학식 | 분자량 | 비중 | 비점 | 융점 |
|---|---|---|---|---|
| $H_2O_2$ | 34 | 1.463 | 150.2℃(pure) | -0.43℃(pure) |

① 물, 에탄올, 에테르에 잘 녹으며 벤젠에 녹지 않는다.
② 분해 시 산소($O_2$)를 발생시킨다.

$$2H_2O_2 \xrightarrow{MnO_2(정촉매)} 2H_2O + O_2 \uparrow (산소)$$

③ 분해안정제로 인산($H_3PO_4$) 또는 요산($C_5H_4N_4O_3$)을 첨가한다.
④ 저장용기는 밀폐하지 말고 **구멍이 있는 마개**를 사용한다.
⑤ 하이드라진($NH_2 \cdot NH_2$)과 접촉 시 분해 작용으로 폭발위험이 있다.

$$NH_2 \cdot NH_2 + 2H_2O_2 \rightarrow 4H_2O + N_2 \uparrow$$

- 위험물 운반용기의 외부 표시 사항
① 위험물의 품명, 위험등급, 화학명 및 수용성(제4류 위험물의 수용성인 것에 한함)
② 위험물의 수량
③ 수납하는 위험물에 따른 주의사항

| 유 별 | 성질에 따른 구분 | 표시사항 |
|---|---|---|
| 제1류 위험물 | 알칼리금속의 과산화물 | 화기·충격주의, 물기엄금 및 가연물접촉주의 |
| | 그 밖의 것 | 화기·충격주의 및 가연물접촉주의 |
| 제2류 위험물 | 철분·금속분·마그네슘 | 화기주의 및 물기엄금 |
| | 인화성고체 | 화기엄금 |
| | 그 밖의 것 | 화기주의 |
| 제3류 위험물 | 자연발화성물질 | 화기엄금 및 공기접촉엄금 |
| | 금수성물질 | 물기엄금 |
| 제4류 위험물 | 인화성 액체 | 화기엄금 |
| 제5류 위험물 | 자기반응성 물질 | 화기엄금 및 충격주의 |
| 제6류 위험물 | **산화성 액체** | **가연물접촉주의** |

• 위험물의 등급 분류 ★★★

| 위험등급 | 해당 위험물 |
|---|---|
| 위험등급 I | (1) 제1류 위험물 중 아염소산염류, 염소산염류, 과염소산염류, 무기과산화물 그 밖에 지정수량이 50kg인 위험물<br>(2) 제3류 위험물 중 칼륨, 나트륨, 알킬알루미늄, 알킬리튬, 황린 그 밖에 지정수량이 10kg 또는 20kg인 위험물<br>(3) 제4류 위험물 중 특수인화물<br>(4) 제5류 위험물 중 유기과산화물, 질산에스터류 그 밖에 지정수량이 10kg인 위험물<br>(5) 제6류 위험물 |
| 위험등급 II | (1) 제1류 위험물 중 브로민산염류, 질산염류, 아이오딘산염류 그 밖에 지정수량이 300kg인 위험물<br>(2) 제2류 위험물 중 황화인, 적린, 황 그 밖에 지정수량이 100kg인 위험물<br>(3) 제3류 위험물 중 알칼리금속(칼륨, 나트륨 제외) 및 알칼리토금속, 유기금속화합물(알킬알루미늄 및 알킬리튬은 제외) 그 밖에 지정수량이 50kg인 위험물<br>(4) 제4류 위험물 중 제1석유류, 알코올류<br>(5) 제5류 위험물 중 위험등급 I 위험물 외의 것 |
| 위험등급 III | 위험등급 I, II 이외의 위험물 |

**03** 탄화칼슘 32g이 물과 반응하여 생성되는 기체가 완전연소하기 위한 산소의 부피(L)을 구하시오.

**[계산과정]**

① 탄화칼슘 32g이 물과 반응하여 생성되는 아세틸렌의 부피를 계산
$CaC_2$(탄화칼슘)의 물과 반응식
$CaC_2 + 2H_2O \rightarrow Ca(OH)_2 + C_2H_2 \uparrow$
64g ──────────→ 1 × 22.4L
32g ──────────→ X

$\therefore X = \dfrac{32 \times 1 \times 22.4}{64} = 11.2L$ (생성 아세틸렌부피)

② 아세틸렌의 완전연소 반응식
$2C_2H_2 + 5O_2 \rightarrow 4CO_2 + 2H_2O$
2 × 22.4L ──→ 5 × 22.4L
11.2L ──→ X

$\therefore X = \dfrac{11.2 \times 5 \times 22.4}{2 \times 22.4} = 28L$ (완전연소를 위한 산소의 부피)

**[답]** 28L

**상세해설**

탄화칼슘($CaC_2$) : 제3류 위험물 중 칼슘탄화물
① 물과 접촉 시 아세틸렌을 생성하고 열을 발생시킨다.

$$CaC_2 + 2H_2O \rightarrow Ca(OH)_2(수산화칼슘) + C_2H_2 \uparrow (아세틸렌)$$

② 아세틸렌의 폭발범위는 2.5~81%로 대단히 넓어서 폭발위험성이 크다.
③ 장기 보관시 불활성기체($N_2$ 등)를 봉입하여 저장한다.
④ 별명은 카바이드, 탄화석회, 칼슘카바이드 등이다.
⑤ 고온(700℃)에서 질화되어 석회질소($CaCN_2$)가 생성된다.

$$CaC_2 + N_2 \rightarrow CaCN_2(석회질소) + C(탄소)$$

⑥ 물 및 포 약제에 의한 소화는 절대 금하고 마른모래 등으로 피복 소화한다.

**04** 벤젠($C_6H_6$)16g이 완전히 증발하는 경우 1atm, 90℃에서 기체의 부피는 몇 L 인지 구하시오.

**해답** [계산과정] ① 벤젠($C_6H_6$)의 분자량 $= 12 \times 6 + 1 \times 6 = 78$

② $V = \dfrac{WRT}{PM} = \dfrac{16 \times 0.082 \times (273+90)}{1 \times 78} = 6.11L$

[답] 6.11L

**상세해설**

• 이상기체상태방정식

$$PV = nRT = \frac{W}{M}RT$$

여기서, $P$ : 입력(atm), $V$ : 부피(L), $\dfrac{W}{M}(n)$ : mol, $M$ : 분자량, $W$ : 무게(g)
$R$ : 기체상수(0.082atm · L/mol · K), $T$ : 절대온도(273+$t$℃)K

**05** 제5류 위험물인 [보기]의 물질이 물과 반응하는 경우 반응식을 쓰시오.

[보기]  ① 트라이메틸알루미늄
         ② 트라이에틸알루미늄

**해답** ① $(CH_3)_3Al + 3H_2O \rightarrow Al(OH)_3 + 3CH_4$
② $(C_2H_5)_3Al + 3H_2O \rightarrow Al(OH)_3 + 3C_2H_6$

- 알킬알루미늄[$(C_nH_{2n+1}) \cdot Al$] : 제3류 위험물(금수성 물질)
  ① 알킬기($C_nH_{2n+1}$)에 알루미늄(Al)이 결합된 화합물이다.
  ② $C_1 \sim C_4$는 자연발화의 위험성이 있다.
  ③ 물과 접촉 시 가연성 가스 발생하므로 주수소화는 절대 금지한다.
  ④ 트라이메틸알루미늄(TMA : Tri Methyl Aluminium)

  $$(CH_3)_3Al + 3H_2O \rightarrow Al(OH)_3(수산화알루미늄) + 3CH_4 \uparrow (메탄)$$

  ⑤ 트라이에틸알루미늄(TEA : Tri Eethyl Aluminium)

  $$(C_2H_5)_3Al + 3CH_3OH \rightarrow Al(CH_3O)_3(트라이메톡시알루미늄) + 3C_2H_6 \uparrow (에탄)$$
  $$(C_2H_5)_3Al + 3H_2O \rightarrow Al(OH)_3(수산화알루미늄) + 3C_2H_6 \uparrow (에탄)$$

  ⑥ 저장용기에 불활성기체($N_2$)를 봉입한다.
  ⑦ 피부접촉 시 화상을 입히고 연소 시 흰 연기가 발생한다.
  ⑧ 소화 시 주수소화는 절대 금하고 팽창질석, 팽창진주암 등으로 피복 소화한다.

**06** 적린과 염소산칼륨이 접촉하는 경우 폭발의 위험성이 있다. 다음 각 물음에 답하시오.

(물음 1) 적린과 염소산칼륨이 접촉하여 폭발적으로 반응하는 화학반응식을 쓰시오.

(물음 2) 반응식에서 생성되는 기체가 물과 반응하여 생성되는 물질의 명칭을 쓰시오.

 **(물음 1)** $6P + 5KClO_3 \rightarrow 5KCl + 3P_2O_5$
**(물음 2)** 인산($H_3PO_4$)

적린(P)-제2류 위험물-가연성고체
① 적린은 염소산칼륨과 반응하여 염화칼륨과 맹독성기체인 오산화인을 생성한다.

$$6P + 5KClO_3 \rightarrow 5KCl(염화칼륨) + 3P_2O_5 (오산화인)$$

② 생성된 오산화인은 물과 반응하여 인산을 만든다.

$$P_2O_5 + 3H_2O \rightarrow 2H_3PO_4(인산)$$

③ 적린은 공기 중에서 연소시키면 오산화인이 생성된다.

$$4P + 5O_2 \rightarrow 2P_2O_5$$

## 07 트라이나이트로페놀에 대한 다음 각 물음에 답하시오.

(물음 1) 구조식은?   (물음 2) 품명은?
(물음 3) 지정수량은?

**해답** (물음 1) 구조식:

(물음 2) 품명: 나이트로화합물
(물음 3) 지정수량: 10kg

**상세해설**

- 피크르산[$C_6H_2(NO_2)_3OH$](TNP: Tri Nitro Phenol): 제5류 위험물 중 나이트로화합물

| 화학식 | 분자량 | 비중 | 비점 | 융점 | 인화점 | 착화점 |
|---|---|---|---|---|---|---|
| $C_6H_2OH(NO_2)_3$ | 229 | 1.8 | 255℃ | 122℃ | 150℃ | 300℃ |

① 페놀에 **황산**을 작용시켜 다시 **진한 질산**으로 나이트로화 하여 만든 노란색 결정
② 침상결정이며 냉수에는 약간 녹고 더운물, **알코올, 벤젠** 등에 잘 녹는다.
③ 쓴맛과 독성이 있다.
④ **트라이나이트로페놀**(Tri Nitro phenol)의 약자로 **TNP**라고도 한다.
⑤ 단독으로 타격, 마찰에 비교적 둔감하다.

> 피크르산(트라이나이트로페놀)의 구조식
>
> 피크르산의 열분해 반응식
> $2C_6H_2OH(NO_2)_3 \rightarrow 2C + 3N_2\uparrow + 3H_2\uparrow + 4CO_2\uparrow + 6CO\uparrow$

- 제5류 위험물 및 지정수량

| 성질 | 품명 | | 지정수량 | 위험등급 |
|---|---|---|---|---|
| 자기 반응성 물질 | • 유기과산화물<br>• 나이트로화합물<br>• 아조화합물<br>• 하이드라진 유도체<br>• 하이드록실아민류 | • 질산에스터류<br>• 나이트로소화합물<br>• 다이아조화합물<br>• 하이드록실아민 | 1종: 10kg<br>2종: 100kg | 1종: Ⅰ<br>2종: Ⅱ |
| 종판단 완료 | • 질산에스터류(대부분)(1종)<br>• 셀룰로이드(2종)<br>• 트라이나이트로톨루엔(1종)<br>• 트라이나이트로페놀(1종)<br>• 테트릴(1종)<br>• 유기과산화물(대부분)(2종) | | | |

**08** 다음 [보기]의 물질이 열분해하여 산소를 발생시키는 반응식을 쓰시오.

[보기] ① 아염소산나트륨
② 염소산나트륨
③ 과염소산나트륨

① $NaClO_2 \rightarrow NaCl + O_2$
② $2NaClO_3 \rightarrow 2NaCl + 3O_2$
③ $NaClO_4 \rightarrow NaCl + 2O_2$

**09** 다음 [보기]의 제5류 위험물에 대하여 해당하는 위험등급을 쓰시오. (단, 없으면 없음이라 표기하시오.)

[보기] 하이드라진유도체, 나이트로글리세린, 트라이나이트로톨루엔, 아조화합물, 유기과산화물, 하이드록실아민

① Ⅰ등급　　　　　　　　② Ⅱ등급
③ Ⅲ등급

① Ⅰ등급 : 나이트로글리세린, 트라이나이트로톨루엔
② Ⅱ등급 : 하이드라진유도체, 아조화합물, 유기과산화물, 하이드록실아민
③ Ⅲ등급 : 없음

• 제5류 위험물 및 지정수량

| 성질 | 품명 | | 지정수량 | 위험등급 |
|---|---|---|---|---|
| 자기<br>반응성<br>물질 | • 유기과산화물<br>• 나이트로화합물<br>• 아조화합물<br>• 하이드라진 유도체<br>• 하이드록실아민염류 | • 질산에스터류<br>• 나이트로소화합물<br>• 다이아조화합물<br>• 하이드록실아민 | 1종 : 10kg<br>2종 : 100kg | 1종 : Ⅰ<br>2종 : Ⅱ |
| 종판단<br>완료 | • 질산에스터류(대부분)(1종)<br>• 셀룰로이드(2종)<br>• 트라이나이트로톨루엔(1종)<br>• 트라이나이트로페놀(1종)<br>• 테트릴(1종)<br>• 유기과산화물(대부분)(2종) | | | |

**10** 위험물안전관리법령에서 정한 유별을 달리하는 위험물의 혼재기준이다. 지정수량의 $\frac{1}{10}$ 이상을 취급하는 경우 다음 빈칸에 ○, × 표를 하시오.

| 구 분 | 제1류 | 제2류 | 제3류 | 제4류 | 제5류 | 제6류 |
|---|---|---|---|---|---|---|
| 제1류 |  |  |  |  |  | ○ |
| 제2류 |  |  |  | ○ |  |  |
| 제3류 |  |  |  |  |  |  |
| 제4류 |  | ○ |  |  |  |  |
| 제5류 |  |  |  |  |  |  |
| 제6류 | ○ |  |  |  |  |  |

**해답**

| 구 분 | 제1류 | 제2류 | 제3류 | 제4류 | 제5류 | 제6류 |
|---|---|---|---|---|---|---|
| 제1류 |  | × | × | × | × | ○ |
| 제2류 | × |  | × | ○ | ○ | × |
| 제3류 | × | × |  | ○ | × | × |
| 제4류 | × | ○ | ○ |  | ○ | × |
| 제5류 | × | ○ | × | ○ |  | × |
| 제6류 | ○ | × | × | × | × |  |

**11** 위험물안전관리법령에 따른 소화설비의 적응성에 관한 내용이다. 다음 소화설비의 적응성이 있는 경우 빈칸에 ○표를 하시오.

| 소화설비의 구분 \ 대상물 구분 | 제1류 위험물 | | 제2류 위험물 | | | 제3류 위험물 | | 제4류 위험물 | 제5류 위험물 | 제6류 위험물 |
|---|---|---|---|---|---|---|---|---|---|---|
| | 알칼리금속과산화물등 | 그 밖의 것 | 철분·금속분·마그네슘등 | 인화성고체 | 그 밖의 것 | 금수성물품 | 그 밖의 것 | | | |
| 옥내소화전 또는 옥외소화전설비 |  |  |  |  |  |  |  |  |  |  |
| 물분무소화설비 |  |  |  |  |  |  |  |  |  |  |
| 포소화설비 |  |  |  |  |  |  |  |  |  |  |
| 불활성가스소화설비 |  |  |  |  |  |  |  |  |  |  |
| 할로젠화합물소화설비 |  |  |  |  |  |  |  |  |  |  |

### 해답

| 소화설비의 구분 \ 대상물 구분 | 제1류 위험물 알칼리금속과산화물등 | 제1류 위험물 그 밖의 것 | 제2류 위험물 철분·마그네슘분등 | 제2류 위험물 인화성고체 | 제2류 위험물 그 밖의 것 | 제3류 위험물 금수성물품 | 제3류 위험물 그 밖의 것 | 제4류 위험물 | 제5류 위험물 | 제6류 위험물 |
|---|---|---|---|---|---|---|---|---|---|---|
| 옥내소화전 또는 옥외소화전설비 | | ○ | | ○ | ○ | | ○ | | ○ | ○ |
| 물분무소화설비 | | ○ | | ○ | ○ | | ○ | ○ | ○ | ○ |
| 포소화설비 | | ○ | | ○ | ○ | | ○ | ○ | ○ | ○ |
| 불활성가스소화설비 | | | | ○ | | | | ○ | | |
| 할로젠화합물소화설비 | | | | ○ | | | | ○ | | |

### 상세해설

**위험물안전관리법령에 따른 소화설비의 적응성**

| 소화설비의 구분 \ 대상물 구분 | 건축물·그밖의 공작물 | 전기설비 | 제1류 알칼리금속과산화물등 | 제1류 그 밖의 것 | 제2류 철분·마그네슘분등 | 제2류 인화성고체 | 제2류 그 밖의 것 | 제3류 금수성물품 | 제3류 그 밖의 것 | 제4류 위험물 | 제5류 위험물 | 제6류 위험물 |
|---|---|---|---|---|---|---|---|---|---|---|---|---|
| 옥내소화전 또는 옥외소화전설비 | ○ | | | ○ | | ○ | ○ | | ○ | | ○ | ○ |
| 스프링클러설비 | ○ | | | ○ | | ○ | ○ | | ○ | △ | ○ | ○ |
| 물분무등소화설비 / 물분무소화설비 | ○ | ○ | | ○ | | ○ | ○ | | ○ | ○ | ○ | ○ |
| 물분무등소화설비 / 포소화설비 | ○ | | | ○ | | ○ | ○ | | ○ | ○ | ○ | ○ |
| 물분무등소화설비 / 불활성가스소화설비 | | ○ | | | | ○ | | | | ○ | | |
| 물분무등소화설비 / 할로젠화합물소화설비 | | ○ | | | | ○ | | | | ○ | | |
| 물분무등소화설비 / 분말소화설비 / 인산염류등 | ○ | ○ | | ○ | | ○ | ○ | | | ○ | | ○ |
| 물분무등소화설비 / 분말소화설비 / 탄산수소염류등 | | ○ | ○ | | ○ | ○ | | ○ | | ○ | | |
| 물분무등소화설비 / 분말소화설비 / 그 밖의 것 | | | ○ | | ○ | | | ○ | | | | |
| 대형·소형수동식소화기 / 봉상수(棒狀水)소화기 | ○ | | | ○ | | ○ | ○ | | ○ | | ○ | ○ |
| 대형·소형수동식소화기 / 무상수(霧狀水)소화기 | ○ | ○ | | ○ | | ○ | ○ | | ○ | | ○ | ○ |
| 대형·소형수동식소화기 / 봉상강화액소화기 | ○ | | | ○ | | ○ | ○ | | ○ | | ○ | ○ |
| 대형·소형수동식소화기 / 무상강화액소화기 | ○ | ○ | | ○ | | ○ | ○ | | ○ | ○ | ○ | ○ |
| 대형·소형수동식소화기 / 포소화기 | ○ | | | ○ | | ○ | ○ | | ○ | ○ | ○ | ○ |
| 대형·소형수동식소화기 / 이산화탄소소화기 | | ○ | | | | ○ | | | | ○ | | △ |
| 대형·소형수동식소화기 / 할로젠화합물소화기 | | ○ | | | | ○ | | | | ○ | | |
| 대형·소형수동식소화기 / 분말소화기 / 인산염류소화기 | ○ | ○ | | ○ | | ○ | ○ | | | ○ | | ○ |
| 대형·소형수동식소화기 / 분말소화기 / 탄산수소염류소화기 | | ○ | ○ | | ○ | ○ | | ○ | | ○ | | |
| 대형·소형수동식소화기 / 분말소화기 / 그 밖의 것 | | | ○ | | ○ | | | ○ | | | | |
| 기타 / 물통 또는 수조 | ○ | | | ○ | | ○ | ○ | | ○ | | ○ | ○ |
| 기타 / 건조사 | | | ○ | ○ | ○ | ○ | ○ | ○ | ○ | ○ | ○ | ○ |
| 기타 / 팽창질석 또는 팽창진주암 | | | ○ | ○ | ○ | ○ | ○ | ○ | ○ | ○ | ○ | ○ |

[비고] "○"표시는 당해 소방대상물 및 위험물에 대하여 소화설비가 적응성이 있음을 표시하고, "△"표시는 제4류 위험물을 저장 또는 취급하는 장소의 살수기준면적에 따라 스프링클러설비의 살수밀도가 다음 표에 정하는 기준 이상인 경우에는 당해 스프링클러설비가 제4류 위험물에 대하여 적응성이 있음을, 제6류 위험물을 저장 또는 취급하는 장소로서 폭발의 위험이 없는 장소에 한하여 이산화탄소소화기가 제6류 위험물에 대하여 적응성이 있음을 각각 표시한다.

**12** 제4류 위험물인 아세트알데하이드에 대한 다음 각 물음에 답하시오.

(물음 1) 옥외저장탱크(압력탱크외의 탱크)에 저장하는 경우 저장유지 온도를 쓰시오.
(물음 2) 아세트알데하이드의 연소범위가 4~60%일 경우 위험도를 계산하시오.
(물음 3) 아세트알데하이드가 공기 중에서 산화하는 경우 생성되는 물질의 명칭을 쓰시오.

**해답** (물음 1) 15℃ 이하

(물음 2) [계산과정] 위험도 $H = \dfrac{UFL - LFL}{LFL} = \dfrac{60 - 4}{4} = 14$

[답] 14

(물음 3) 아세트산(초산)

**상세해설**

- 옥외저장탱크 · 옥내저장탱크 또는 지하저장탱크의 저장 유지온도

| 구 분 | 압력탱크 외의 탱크 | 구 분 | 압력탱크 |
|---|---|---|---|
| 산화프로필렌과 이를 함유한 것 또는 **다이에틸에터등** | 30℃ 이하 | **아세트알데하이드등** 또는 **다이에틸에터등** | 40℃ 이하 |
| 아세트알데하이드 또는 이를 함유한 것 | 15℃ 이하 | | |

- 이동저장탱크의 저장 유지온도

| 구 분 | 보냉장치가 있는 경우 | 보냉장치가 없는 경우 |
|---|---|---|
| 아세트알데하이드등 또는 다이에틸에터등 | 비점 이하 | 40℃ 이하 |

- 위험도 $H = \dfrac{UFL - LFL}{LFL}$ (여기서, UFL : 연소상한, LFL : 연소하한)

- 아세트알데하이드($CH_3CHO$) : 제4류 위험물 중 특수인화물

| 화학식 | 분자량 | 비중 | 비점 | 인화점 | 착화점 | 연소범위 |
|---|---|---|---|---|---|---|
| $CH_3CHO$ | 44 | 0.78 | 21℃ | −38℃ | 185℃ | 4~60% |

① 휘발성이 강하고 과일냄새가 있는 무색 액체이며 물, 에탄올에 잘 녹는다.
② 산화되어 초산($CH_3COOH$)이 된다.

$$2CH_3CHO + O_2 \rightarrow 2CH_3COOH(초산)$$

③ 저장용기 사용 시 구리(Cu), 마그네슘(Mg), 은(Ag), 수은(Hg) 및 그 합금용기는 사용금지
④ 아세트알데하이드 등을 취급하는 설비에는 연소성 혼합기체의 생성에 의한 폭발을 방지하기 위한 불활성기체 또는 수증기를 봉입하는 장치를 갖출 것

## 13

위험물안전관리법령에 따른 위험물의 유별 저장·취급기준의 공통기준이다. 다음 (  )안에 알맞은 답을 쓰시오.

(1) ( ① )위험물은 불티·불꽃·고온체와의 접근이나 과열·충격 또는 마찰을 피하여야 한다.
(2) ( ② )위험물은 가연물과의 접촉·혼합이나 분해를 촉진하는 물품과의 접근 또는 과열을 피하여야 한다.
(3) ( ③ )위험물은 불티·불꽃·고온체와의 접근 또는 과열을 피하고, 함부로 증기를 발생시키지 아니하여야 한다.

**해답**  ① 제5류  ② 제6류  ③ 제4류

**상세해설**
- 위험물의 유별 저장·취급의 공통기준(중요기준)
  ① **제1류 위험물**은 가연물과의 접촉·혼합이나 분해를 촉진하는 물품과의 접근 또는 과열·충격·마찰 등을 피하는 한편, **알카리금속의 과산화물** 및 이를 함유한 것에 있어서는 물과의 접촉을 피하여야 한다.
  ② **제2류 위험물**은 산화제와의 접촉·혼합이나 불티·불꽃·고온체와의 접근 또는 과열을 피하는 한편, **철분·금속분·마그네슘** 및 이를 함유한 것에 있어서는 물이나 산과의 접촉을 피하고 인화성 고체에 있어서는 함부로 증기를 발생시키지 아니하여야 한다.
  ③ **제3류 위험물** 중 자연발화성물질에 있어서는 불티·불꽃 또는 고온체와의 접근·과열 또는 공기와의 접촉을 피하고, 금수성물질에 있어서는 물과의 접촉을 피하여야 한다.

④ 제4류 위험물은 불티·불꽃·고온체와의 접근 또는 과열을 피하고, 함부로 증기를 발생시키지 아니하여야 한다.
⑤ 제5류 위험물은 불티·불꽃·고온체와의 접근이나 과열·충격 또는 마찰을 피하여야 한다.
⑥ 제6류 위험물은 가연물과의 접촉·혼합이나 분해를 촉진하는 물품과의 접근 또는 과열을 피하여야 한다.

**14** 다음 위험물에 대하여 품명, 지정수량을 쓰시오.

① $KIO_3$   ② $AgNO_3$   ③ $KMnO_4$

해답 ① 아이오딘산염류 300kg  ② 질산염류 300kg  ③ 과망가니즈산염류 1000kg

- 제1류 위험물의 지정수량

| 성질 | 품 명 | 지정수량 | 위험등급 |
|---|---|---|---|
| 산화성 고체 | 1. 아염소산염류, 염소산염류, 과염소산염류, 무기과산화물 | 50kg | I |
| | 2. 브로민산염류, **질산염류**, **아이오딘산염류** | 300kg | II |
| | 3. **과망가니즈산염류**, 다이크로뮴산염류 | 1000kg | III |

**15** 다음 옥내저장소의 건축물에 대한 내용을 보고 각 물음에 답하시오.

[옥내저장소]  – 외벽이 내화구조인 것
　　　　　　– 연면적 150m²
　　　　　　– 에탄올 1,000L, 등유 1,500L, 동식물유류 20,000L, 특수인화물 500L

(물음 1) 옥내저장소의 소요단위를 구하시오.
(물음 2) 위 위험물을 저장할 경우 소요단위를 구하시오.

해답 (물음 1) 옥내저장소의 소요단위

[계산과정] $N = \dfrac{150\text{m}^2}{150\text{m}^2} = 1$ 단위

[답] 1단위

**(물음 2)** 위험물을 저장할 경우 소요단위

[계산과정]

| 구 분 | 에탄올 | 등유 | 동식물유류 | 특수인화물 |
|---|---|---|---|---|
| 품 명 | – | 제2석유류 | – | – |
| 지정수량 | 400L | 1,000L | 10,000L | 50L |

$$N = \frac{1,000L}{400L \times 10} + \frac{1,500L}{1,000L \times 10} + \frac{20,000L}{10,000L \times 10} + \frac{500L}{50L \times 10}$$
$$= 1.6$$

[답] 2단위

**소요단위의 계산방법**
① 제조소 또는 취급소의 건축물

| 외벽이 내화구조인 것 | 외벽이 내화구조가 아닌 것 |
|---|---|
| 연면적 100m² : 1소요단위 | 연면적 50m² : 1소요단위 |

② 저장소의 건축물

| 외벽이 내화구조인 것 | 외벽이 내화구조가 아닌 것 |
|---|---|
| 연면적 150m² : 1소요단위 | 연면적 75m² : 1소요단위 |

③ 위험물은 지정수량의 10배를 1소요단위로 할 것

**16** 다음 [보기]의 제4류 위험물 중 비수용성에 해당하는 위험물을 골라 번호를 쓰시오.

[보기]
① 이황화탄소  ② 아세트알데하이드  ③ 아세톤  ④ 스티렌  ⑤ 클로로벤젠

 ① ④ ⑤

| 구 분 | 이황화탄소 | 아세트알데하이드 | 아세톤 | 스티렌 | 클로로벤젠 |
|---|---|---|---|---|---|
| 품 명 | 특수인화물 | 특수인화물 | 제1석유류 | 제2석유류 | 제2석유류 |
| 수용성여부 | 비수용성 | 수용성 | 수용성 | 비수용성 | 비수용성 |
| 지정수량 | 50L | 50L | 400L | 1,000L | 1,000L |

## 17

위험물안전관리법령에서 정한 인화점 측정시험방법이다. 다음 ( )안에 알맞은 답을 쓰시오.

(1) ( ① )인화점측정기에 의한 인화점 측정시험
 - 시험장소는 1기압의 무풍의 장소로 할 것
 - 시료컵을 설정온도까지 가열 또는 냉각하여 시험물품 2g을 시료컵에 넣고 즉시 뚜껑 및 개폐기를 닫을 것
(2) ( ② )인화점측정기에 의한 인화점 측정시험
 - 시험장소는 1기압, 무풍의 장소로 할 것
 - 시료컵에 시험물품 $50cm^3$를 넣고 시험물품의 표면의 기포를 제거한 후 뚜껑을 덮을 것
 - 시험불꽃을 점화하고 화염의 크기를 직경이 4mm가 되도록 조정할 것
(3) ( ③ )인화점측정기에 의한 인화점 측정시험
 - 시험장소는 1기압, 무풍의 장소로 할 것
 - 시료컵의 표선까지 시험물품을 채우고 시험물품 표면의 기포를 제거할 것
 - 시험불꽃을 점화하고 화염의 크기를 직경 4mm가 되도록 조정할 것

**해답** ① 신속평형법　② 태그밀폐식　③ 클리브랜드 개방컵

## 18

다음은 제1종 판매취급소의 위험물을 배합하는 실에 대한 기준이다. 다음 ( )안에 알맞은 답을 쓰시오.

(1) 위험물을 배합하는 실은 바닥면적 (　)$m^2$ 이상 (　)$m^2$ 이하로 한다.
(2) (　) 또는 (　)의 벽으로 한다.
(3) 바닥은 위험물이 침투하지 아니하는 구조로 하여 적당한 경사를 두고 (　)를 설치해야 한다.
(4) 출입구에는 수시로 열 수 있는 자동폐쇄식의 (　)을 설치할 것
(5) 출입구 문턱의 높이는 바닥면으로부터 (　)m 이상으로 해야 한다.

**해답**
(1) 6, 15
(2) 내화구조, 불연재료
(3) 집유설비
(4) 60분+방화문 또는 60분방화문
(5) 0.1

**상세해설**

판매취급소의 위치·구조 및 설비의 기준(제38조관련)
자. 위험물을 배합하는 실은 다음에 의할 것
  (1) 바닥면적은 6m² 이상 15m² 이하로 할 것
  (2) 내화구조 또는 불연재료로 된 벽으로 구획할 것
  (3) 바닥은 위험물이 침투하지 아니하는 구조로 하여 적당한 경사를 두고 집유설비를 할 것
  (4) 출입구에는 수시로 열 수 있는 자동폐쇄식의 60분+방화문 또는 60분방화문을 설치할 것
  (5) 출입구 문턱의 높이는 바닥면으로부터 0.1m 이상으로 할 것
  (6) 내부에 체류한 가연성의 증기 또는 가연성의 미분을 지붕 위로 방출하는 설비를 할 것

**19** 위험물안전관리법령에 따른 자체소방대에 관한 내용이다. 다음 각 물음에 알맞은 답을 쓰시오.

(물음 1) 자체소방대를 두어야 하는 경우를 [보기]에서 모두 쓰시오.

[보기] ① 염소산염류 250톤을 취급하는 제조소
② 염소산염류 250톤을 취급하는 일반취급소
③ 특수인화물 250kL를 취급하는 제조소
④ 특수인화물 250kL를 충전하는 일반취급소

(물음 2) 자체소방대에 두는 화학소방자동차 1대 당 필요한 소방대원 인원수는 몇 명인지 쓰시오.

(물음 3) 다음 중 틀린 것을 고르시오. (단, 없으면 없음이라고 표기하시오.)

① 다른 사업소 등과 상호협정을 체결한 경우 그 모든 사업소를 하나의 사업소로 본다.
② 포수용액 방사 차에는 소화약액탱크 및 소화약액혼합장치를 비치할 것
③ 포수용액 방사 차는 자체 소방차 대수의 2/3 이상이어야 하고 포수용액의 방사능력은 매분 3,000L 이상일 것
④ 10만L 이상의 포수용액을 방사할 수 있는 양의 소화약제를 비치할 것

(물음 4) 자체소방대를 두지 아니한 관계인으로서 허가를 받은 자에 대한 벌칙을 쓰시오.

(1) ③
(2) 5명
(3) ③
(4) 1년 이하의 징역 또는 1천만원 이하의 벌금

**상세해설**

(1) 자체소방대를 설치하여야 하는 사업소
  ① 지정수량의 3천배 이상의 제4류 위험물을 취급하는 제조소 또는 **일반취급소**
  ② 지정수량의 **50만배 이상의** 제4류 위험물을 저장하는 **옥외탱크저장소**
(2) 자체소방대의 설치 제외대상인 일반취급소
  ① 보일러, 버너 그 밖에 이와 유사한 장치로 위험물을 **소비하는 일반취급소**
  ② 이동저장탱크 그 밖에 이와 유사한 것에 위험물을 **주입하는 일반취급소**
  ③ 용기에 위험물을 **옮겨 담는 일반취급소**
  ④ 유압장치, 윤활유순환장치 그 밖에 이와 유사한 장치로 위험물을 **취급하는 일반취급소**
  ⑤ 「**광산안전법**」의 적용을 받는 일반취급소
  ※ 제4류 특수인화물 250kL의 지정수량의 배수 $N = \dfrac{250 \times 10^3 L}{50L} = 5000$배
  ※ **자체소방대에 두는 화학소방자동차 및 인원**

| 사업소의 구분 | 화학 소방자동차 | 자체 소방대원의 수 |
|---|---|---|
| 1. 제조소 또는 일반취급소에서 취급하는 제4류 위험물의 최대수량의 합이 지정수량의 3천배 이상 12만배 미만인 사업소 | 1대 | 5인 |
| 2. 제조소 또는 일반취급소에서 취급하는 제4류 위험물의 최대수량의 합이 지정수량의 12만배 이상 24만배 미만인 사업소 | 2대 | 10인 |
| 3. 제조소 또는 일반취급소에서 취급하는 제4류 위험물의 최대수량의 합이 지정수량의 24만배 이상 48만배 미만인 사업소 | 3대 | 15인 |
| 4. 제조소 또는 일반취급소에서 취급하는 제4류 위험물의 최대수량의 합이 지정수량의 48만배 이상인 사업소 | 4대 | 20인 |
| 5. 옥외탱크저장소에 저장하는 제4류 위험물의 최대수량이 지정수량의 50만배 이상인 사업소 | 2대 | 10인 |

  [비고] 화학소방자동차에는 행정안전부령이 정하는 소화능력 및 설비를 갖추어야 하고, 소화활동에 필요한 소화약제 및 기구(방열복 등 개인장구를 포함한다)를 비치하여야 한다.
(3) 포수용액 방사차는 포수용액의 방사능력이 **매분 2,000L 이상**일 것
(4) 1년 이하의 징역 또는 1천만원 이하의 벌금
  ① 탱크시험자로 등록하지 아니하고 탱크시험자의 업무를 한 자
  ② 정기검사를 받지 아니한 관계인으로서 허가를 받은 자
  ③ **자체소방대를 두지 아니한 관계인으로서 허가를 받은 자**
  ④ 제조소등에 대한 긴급 사용정지·제한명령을 위반한 자

**20** 다음은 방유제 내에 옥외저장탱크가 설치된 그림이다. 조건을 참조하여 각 물음에 답하시오.

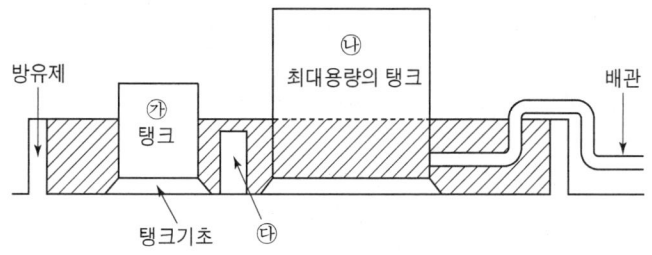

[조건] ① 탱크 ㉮는 내용적 5천만[L]이며 휘발유를 3천만[L] 저장한다.
② 탱크 ㉯는 내용적 1억2천만[L]이며 경유를 8천만[L] 저장한다.

(물음 1) 탱크 ㉮의 최대용량(L)을 구하시오.
(물음 2) 방유제의 용량을 구하시오.(단, 탱크의 공간용적은 내용적의 10%를 적용하며 방유제 내에 있는 모든 탱크의 지반면 이상 부분의 기초의 체적, 간막이 둑의 체적 및 배관 등의 체적은 무시한다.)
(물음 3) 그림 ㉰에서 지시하는 설비의 명칭을 쓰시오.

**해답** (물음 1) 탱크 ㉮의 최대용량(L)
[계산과정]
① 탱크의 최대용량 = 탱크의 내용적 − 최소공간용적(5/100(5%)적용)
② $Q = 50,000,000L - (50,000,000 \times 0.05(5\%)) = 47,500,000L$
[답] 47,500,000L

(물음 2) 방유제의 용량
[계산과정]
① 방유제안에 설치된 탱크가 2기 이상인 때에는 최대인 것의 용량의 110% 이상
② 탱크의 용량 = 내용적 − 공간용적
③ 공간용적 $Q = 120,000,000 \times \dfrac{10}{100}(10\%) = 12,000,000L$
④ 탱크의 용량 = 내용적 − 공간용적
   $= 120,000,000 - 12,000,000 = 108,000,000L$
⑤ 방유제의 용량 $Q = 108,000,000 \times 1.1(110\%) = 118,800,000L$
[답] 118,800,000L

(물음 3) 간막이 둑

**상세해설**

(1) 탱크의 용량 = 탱크의 내용적 − 공간용적(5/100 이상 10/100 이하)
(2) 방유제의 용량
　방유제안에 설치된 탱크가 하나인 때에는 그 탱크 용량의 110% 이상, 2기 이상인 때에는 그 탱크 중 용량이 최대인 것의 용량의 110% 이상으로 할 것.
(3) 간막이 둑
　**용량이 1,000만L 이상인 옥외저장탱크의 주위에 설치하는 방유제에는 탱크마다 간막이 둑을 설치할 것**
　① 간막이 둑의 높이는 0.3m(방유제 내에 설치되는 옥외저장탱크의 용량의 합계가 2억L를 넘는 방유제에 있어서는 1m) 이상으로 하되, 방유제의 높이보다 **0.2m 이상** 낮게 할 것
　② 간막이 둑은 흙 또는 철근콘크리트로 할 것
　③ 간막이 둑의 용량은 간막이 둑 안에 설치된 탱크의 용량의 **10% 이상**일 것

# 위험물산업기사 실기

## 2020년 10월 18일 시행

**01** 다음 그림과 같은 원통형탱크에 대한 다음 각 물음에 답하시오.

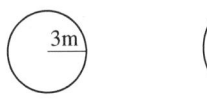 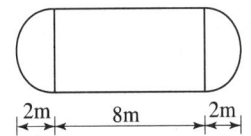

(물음 1) 탱크의 내용적($m^3$)을 계산하시오.
(물음 2) 탱크의 용량($m^3$)을 계산하시오.
    (단, 탱크의 공간용적은 10%로 한다)

**해답** (물음 1) 탱크의 내용적($m^3$)

[계산과정] $Q = \pi \times 3^2 \times \left(8 + \dfrac{2+2}{3}\right) = 263.89 m^3$

[답] $263.89 m^3$

(물음 2) 탱크의 용량($m^3$)

[계산과정] ① 탱크의 공간용적 $Q = 263.89 m^3 \times 0.1(10\%) = 26.39 m^3$
         ② 탱크의 용량 $Q = 263.89 - 26.39 = 237.50 m^3$

[답] $237.50 m^3$

**상세해설**
- 원통형 탱크의 내용적 – 횡으로 설치한 것

 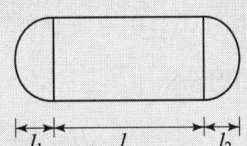

$$내용적 = \pi r^2 \left(l + \dfrac{l_1 + l_2}{3}\right)$$

- 탱크용적의 산출기준
  탱크의 내용적에서 공간용적을 뺀 용적

  $$\text{탱크의 용적(용량)} = \text{탱크의 내용적} - \text{탱크의 공간용적}$$

- 탱크의 공간용적
  탱크용적의 $\frac{5}{100}$ 이상 $\frac{10}{100}$ 이하의 용적

## 02 제3류 위험물인 탄화알루미늄이 물과 반응하여 생성되는 기체에 대한 다음 각 물음에 답하시오.

(물음 1) 기체의 완전연소반응식을 쓰시오.
(물음 2) 기체의 연소범위를 쓰시오.
(물음 3) 기체의 위험도를 계산하시오.

**해답** (물음 1) 기체의 완전연소반응식 : $CH_4 + 2O_2 \rightarrow CO_2 + 2H_2O$
(물음 2) 기체의 연소범위 : 5~15%
(물음 3) [계산과정] 기체의 위험도 $H = \dfrac{U-L}{L} = \dfrac{15-5}{5} = 2$

[답] 2

**상세해설**
- 탄화알루미늄 : 제3류 위험물(금수성 물질)

| 화학식 | 분자량 | 융점 | 비중 |
|---|---|---|---|
| $Al_4C_3$ | 143 | 2100℃ | 2.36 |

① 물과 접촉 시 수산화알루미늄과 메탄가스를 생성하고 발열반응을 한다.

$$Al_4C_3 + 12H_2O \rightarrow 4Al(OH)_3(\text{수산화알루미늄}) + 3CH_4(\text{메탄})$$

② 황색 결정 또는 백색분말로 1400℃ 이상에서는 분해가 된다.
③ 물계통의 소화는 절대 금하고 마른모래 등으로 피복 소화한다.

- 위험도 계산공식

$$H = \dfrac{U(\text{연소상한}) - L(\text{연소하한})}{L(\text{연소하한})}$$

**03** 4류 위험물인 아세트알데하이드에 대한 다음 각 물음에 답하시오.

(물음 1) 시성식을 쓰시오.
(물음 2) 증기비중을 계산하시오.(계산식 포함)
(물음 3) 공기 중에서 산화하는 경우 생성물질의 명칭과 시성식을 쓰시오.

**해답** (물음 1) $CH_3CHO$

(물음 2) [계산과정] ① 분자량 $M = 12 \times 2 + 1 \times 4 + 16 = 44$

② 증기비중 $S = \dfrac{44}{29} = 1.52$

[답] 1.52

(물음 3) 명칭 : 아세트산(초산), 시성식 : $CH_3COOH$

**상세해설**
- 아세트알데하이드($CH_3CHO$) : 제4류 위험물 중 특수인화물
  ① 휘발성이 강하고 과일냄새가 있는 무색 액체
  ② 물, 에탄올에 잘 녹는다.
  ③ 산화되어 초산($CH_3COOH$)이 된다.

$$CH_3CHO + \frac{1}{2}O_2 \rightarrow CH_3COOH(초산)$$

  ④ 연소범위는 약 4~60%이다.
  ⑤ 저장용기 사용 시 구리(Cu), 마그네슘(Mg), 은(Ag), 수은(Hg) 및 합금용기는 사용금지.(중합반응 때문)
  ⑥ 다량의 물로 주수 소화한다.
  ⑦ 아세트알데하이드 등을 취급하는 설비에는 연소성 혼합기체의 생성에 의한 폭발을 방지하기 위한 불활성기체 또는 수증기를 봉입하는 장치를 갖출 것

- 증기비중 계산식

$$S = \dfrac{M(분자량)}{29(공기평균분자량)}$$

**04** 과산화나트륨 1kg이 물과 반응 할 때 생성되는 기체는 350℃, 1기압 상태에서 체적은 몇 L인가? (단, Na의 원자량은 23이다.)

**[해답]** **[계산과정]** $Na_2O_2$  $W = 1kg = 1000g$, 분자량$(M) = 23 \times 2 + 16 \times 2 = 78$

$$V = \frac{WRT}{PM} \times (\text{생성기체몰수})$$

$$= \frac{1000g \times 0.082 \times (273+350)}{1 \times 78} \times 0.5 = 327.47L$$

**[답]** 327.47L

**상세해설**

① $Na_2O_2$과 물의 반응식

　　$2Na_2O_2 + 2H_2O \rightarrow 4NaOH + O_2$

　　$Na_2O_2 + H_2O \rightarrow 2NaOH + 0.5O_2$ (반응물질 1몰 기준)

② 생성기체 계산공식

$$V = \frac{WRT}{PM} \times K$$

여기서, $V$ : 생성기체 부피(L), $W$ : 반응물질의 무게(g)
　　　　$R$ : 기체상수(0.082atm·L/mol·K), $T$ : 절대온도(273+$t$℃)
　　　　$P$ : 압력(atm), $M$ : 분자량, $K$ : 생성기체 몰수(반응물질 1몰 기준)

---

**05** 분말소화약제 중 제1종 분말소화약제의 열분해 반응식을 270℃와 850℃로 구분하여 쓰시오.

**[해답]**
- 270℃ : $2NaHCO_3 \rightarrow Na_2CO_3 + CO_2 + H_2O$
- 850℃ : $2NaHCO_3 \rightarrow Na_2O + 2CO_2 + H_2O$

**상세해설**

- 분말약제의 주성분 및 열분해

| 종별 | 약제명 | 화학식 | 착색 | 열분해 반응식 |
|---|---|---|---|---|
| 제1종 | 탄산수소나트륨<br>중탄산나트륨 | $NaHCO_3$ | 백색 | 270℃ $2NaHCO_3$<br>　　$\rightarrow Na_2CO_3 + CO_2 + H_2O$<br>850℃ $2NaHCO_3$<br>　　$\rightarrow Na_2O + 2CO_2 + H_2O$ |
| 제2종 | 탄산수소칼륨<br>중탄산칼륨 | $KHCO_3$ | 담회색 | 190℃ $2KHCO_3$<br>　　$\rightarrow K_2CO_3 + CO_2 + H_2O$<br>590℃ $2KHCO_3$<br>　　$\rightarrow K_2O + 2CO_2 + H_2O$ |
| 제3종 | 제1인산암모늄 | $NH_4H_2PO_4$ | 담홍색 | $NH_4H_2PO_4 \rightarrow HPO_3 + NH_3 + H_2O$ |
| 제4종 | 중탄산칼륨+요소 | $KHCO_3 +$<br>$(NH_2)_2CO$ | 회(백)색 | $2KHCO_3 + (NH_2)_2CO$<br>　　$\rightarrow K_2CO_3 + 2NH_3 + 2CO_2$ |

**06** 제1류 위험물인 질산칼륨에 대한 다음 각 물음에 답하시오.

(물음 1) 품명은?
(물음 2) 지정수량은?
(물음 3) 위험등급은?
(물음 4) 제조소등의 표지판에 설치하여야하는 주의사항을 쓰시오.
 (단, 없으면 없음이라고 쓰시오.)
(물음 5) 열분해하였을 경우 산소가 생성되는 분해반응식을 쓰시오.

**해답** **(물음 1)** 품명 : 질산염류
**(물음 2)** 지정수량 : 300kg
**(물음 3)** 위험등급 : Ⅱ등급
**(물음 4)** 주의사항 : 없음
**(물음 5)** 열분해 반응식 : $2KNO_3 \rightarrow 2KNO_2 + O_2$

**상세해설**
- 질산칼륨($KNO_3$) : 제1류 위험물(산화성고체)

| 화학식 | 분자량 | 비중 | 융점 | 분해온도 |
|---|---|---|---|---|
| $KNO_3$ | 101 | 2.1 | 336℃ | 400℃ |

① 질산칼륨에 숯가루, 황가루를 혼합하여 **흑색화약제조**에 사용한다.
② 열분해하여 산소를 방출한다.

$$2KNO_3 \rightarrow 2KNO_2 + O_2 \uparrow$$

③ 물, 글리세린에는 잘 녹으나 알코올에는 잘 녹지 않는다.
④ 유기물 및 강산과 접촉 시 매우 위험하다.
⑤ 소화는 주수소화방법이 가장 적당하다.

- 위험물제조소의 주의사항 게시판

| 위험물의 종류 | 주의사항 표시 | 게시판의 색 |
|---|---|---|
| 제1류(알칼리금속 과산화물) 제3류(금수성 물품) | 물기 엄금 | 청색바탕에 백색문자 |
| 제2류(인화성 고체 제외) | 화기 주의 | 적색바탕에 백색문자 |
| 제2류(인화성 고체) 제3류(자연발화성 물품) 제4류 제5류 | 화기 엄금 | |

**07** 다음 보기의 제6류 위험물에 대하여 위험물안전관리법령상 위험물이 되기 위한 농도 및 비중의 기준을 쓰시오.(단, 없으면 없음으로 쓰시오)

[보기]  ① 과염소산   ② 과산화수소   ③ 질산

**해답**  ① 없음   ② 농도가 36중량 % 이상인 것   ③ 비중이 1.49 이상인 것

**상세해설**
위험물의 판단기준
① **황** : 순도가 60중량% 이상인 것을 말한다. 이 경우 순도측정에 있어서 불순물은 활석 등 불연성물질과 수분에 한한다.
② **철분** : 철의 분말로서 53$\mu$m의 표준체를 통과하는 것이 50중량% 미만인 것은 제외
③ **금속분** : 알칼리금속·알칼리토금속·철 및 마그네슘 외의 금속의 분말을 말하고, 구리분·니켈분 및 150$\mu$m의 체를 통과하는 것이 50중량% 미만인 것은 제외
④ **마그네슘**은 다음 각목의 1에 해당하는 것은 제외한다.
　㉠ 2mm의 체를 통과하지 아니하는 덩어리 상태의 것
　㉡ 직경 2mm 이상의 막대 모양의 것
⑤ **인화성고체**
　고형알코올 그 밖에 1기압에서 인화점이 40℃ 미만인 고체
⑥ 위험물의 판단기준

| 종류 | 과산화수소 | 질산 |
|---|---|---|
| 기준 | 농도 36중량% 이상 | 비중 1.49 이상 |

**08** 다음은 제4류 위험물의 인화점에 따른 석유류의 구분에 대한 내용이다. ( )안에 알맞은 답을 쓰시오.

(1) 제1석유류 : 1기압에서 인화점이 섭씨( ① )도 미만인 것을 말한다.
(2) 제2석유류 : 1기압에서 인화점이 섭씨( ① )도 이상 ( ② )도 미만인 것을 말한다.
(3) 제3석유류 : 1기압에서 인화점이 섭씨( ② )도 이상 ( ③ )도 미만인 것을 말한다.
(4) 제4석유류 : 1기압에서 인화점이 섭씨( ③ )도 이상 ( ④ )도 미만인 것을 말한다

**해답**  ① 21,   ② 70,   ③ 200,   ④ 250

**상세해설**

• 제4류 위험물 (인화성 액체)

| 구 분 | 지정품목 | 기타 조건 (1atm에서) |
|---|---|---|
| 특수인화물 | • 이황화탄소<br>• 다이에틸에터 | • 발화점이 100℃ 이하<br>• 인화점 −20℃ 이하이고 비점이 40℃ 이하 |
| 제1석유류 | • 아세톤  • 휘발유 | • 인화점 21℃ 미만 |
| 알코올류 | $C_1 \sim C_3$까지 포화 1가 알코올(변성알코올 포함)<br>• 메틸알코올  • 에틸알코올  • 프로필알코올 | |
| 제2석유류 | • 등유  • 경유 | • 인화점 21℃ 이상 70℃ 미만 |
| 제3석유류 | • 중유  • 크레오소트유 | • 인화점 70℃ 이상 200℃ 미만 |
| 제4석유류 | • 기어유  • 실린더유 | • 인화점 200℃ 이상 250℃ 미만 |
| 동식물유류 | • 동물의 지육 등 또는 식물의 종자나 과육으로부터 추출한 것으로서 인화점이 250℃ 미만인 것 | |

**09** 아래 그림은 탱크전용실에 설치된 지하저장탱크에 대한 것이다. 다음 각 물음에 답하시오.

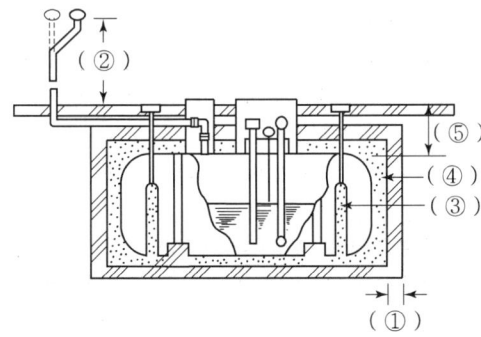

(1) ( ① ) 탱크전용실의 벽의 두께는 몇 m 이상으로 하여야하는가?
(2) ( ② ) 통기관의 끝부분은 지면으로부터 몇 m 이상의 높이로 설치하여야 하는가?
(3) ( ③ ) 액체위험물의 누설을 검사하기 위한 관은 몇 개소 이상 적당한 장소에 설치하여야하는가?
(4) ( ④ ) 탱크주위에는 어떤 물질로 채워야 하는가?
(5) ( ⑤ ) 지하저장탱크의 윗부분은 지면으로부터 몇 m 이상 아래에 있어야 하는가?

(1) 0.3m
(2) 4m

(3) 4개소
(4) 마른모래 또는 입자지름 5mm 이하의 마른 자갈분
(5) 0.6m

**상세해설** 탱크전용실에 설치된 지하저장탱크

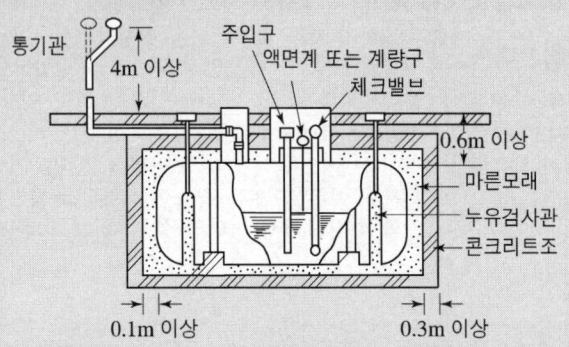

① 탱크전용실의 **벽·바닥 및 뚜껑의 두께는 0.3m 이상**일 것
② **통기관**의 끝부분은 지면으로부터 **4m 이상**의 높이로 설치 할 것,
③ 액체위험물의 **누설을 검사**하기 위한 관을 **4개소 이상** 적당한 위치에 설치 할 것,
④ 탱크주위에 마른모래 또는 습기 등에 의하여 응고되지 아니하는 **입자지름 5mm 이하의 마른 자갈분**을 채울 것
⑤ 지하저장탱크의 **윗부분**은 지면으로부터 **0.6m 이상 아래**에 있을 것
⑥ 지하탱크를 대지경계선으로 부터 **0.6m 이상** 떨어진 곳에 매설할 것
⑦ 탱크전용실은 대지경계선으로 부터 **0.1m 이상** 떨어진 곳에 설치 할 것,
⑧ 지하저장탱크와 탱크전용실의 안쪽과의 사이는 0.1m 이상의 간격을 유지하도록 할 것
⑨ 지하저장탱크를 2 이상 인접해 설치하는 경우에는 그 상호간에 1m(당해 2 이상의 지하저장탱크의 용량의 합계가 지정수량의 100배 이하인 때에는 0.5m) 이상의 간격을 유지할 것.

**10** 제3류 위험물인 트라이메틸알루미늄과 트라이에틸알루미늄에 대한 다음 각 물음에 답하시오.

(물음 1) 트라이메틸알루미늄과 물의 반응식을 쓰시오.
(물음 2) 트라이메틸알루미늄의 완전연소반응식을 쓰시오.
(물음 3) 트라이에틸알루미늄과 물의 반응식을 쓰시오.
(물음 4) 트라이에틸알루미늄의 완전연소반응식을 쓰시오.

**(물음 1)** $(CH_3)_3Al + 3H_2O \rightarrow Al(OH)_3 + 3CH_4$
**(물음 2)** $2(CH_3)_3Al + 12O_2 \rightarrow Al_2O_3 + 6CO_2 + 9H_2O$
**(물음 3)** $(C_2H_5)_3Al + 3H_2O \rightarrow Al(OH)_3 + 3C_2H_6$
**(물음 4)** $2(C_2H_5)_3Al + 21O_2 \rightarrow Al_2O_3 + 12CO_2 + 15H_2O$

**상세해설** 알킬알루미늄[$(C_nH_{2n+1}) \cdot Al$] : 제3류 위험물(금수성 물질)
① 알킬기($C_nH_{2n+1}$)에 알루미늄(Al)이 결합된 화합물이다.
② $C_1$~$C_4$는 자연발화의 위험성이 있다.
③ 물과 접촉 시 가연성 가스 발생하므로 주수소화는 절대 금지한다.
④ 트라이메틸알루미늄(TMA : Tri Methyl Aluminium)

$$(CH_3)_3Al + 3H_2O \rightarrow Al(OH)_3 + 3CH_4 \uparrow (메탄)$$

⑤ 트라이에틸알루미늄(TEA : Tri Eethyl Aluminium)

$$(C_2H_5)_3Al + 3H_2O \rightarrow Al(OH)_3 + 3C_2H_6 \uparrow (에탄) \quad \bigstar 에탄(폭발범위 : 3.0~12.4\%)$$

⑥ 저장용기에 불활성기체($N_2$)를 봉입한다.
⑦ 피부접촉 시 화상을 입히고 연소 시 흰 연기가 발생한다.
⑧ 소화 시 주수소화는 절대 금하고 팽창질석, 팽창진주암 등으로 피복소화한다.

**11** 다음 [보기]의 제4류 위험물 중에서 물리적 성질이 수용성인 것을 모두 골라 번호로 쓰시오.

[보기] ① 휘발유, ② 벤젠, ③ 톨루엔, ④ 클로로벤젠, ⑤ 아세트알데하이드, ⑥ 아세톤, ⑦ 메틸알코올

 ⑤, ⑥, ⑦

**상세해설** 제4류 위험물의 수용성 여부

| 품명 | 유별 | 물리적 성질 | 지정수량 구분 시 |
|---|---|---|---|
| 휘발유 | 제1석유류 | 비수용성 | 비수용성 |
| 벤젠 | 제1석유류 | 비수용성 | 비수용성 |
| 톨루엔 | 제1석유류 | 비수용성 | 비수용성 |
| 클로로벤젠 | 제2석유류 | 비수용성 | 비수용성 |
| 아세트알데하이드 | 특수 인화물 | **수용성** | – |
| 아세톤 | 제1석유류 | **수용성** | 수용성 |
| 메틸알코올 | 알코올류 | **수용성** | – |

**12** 다음은 위험물안전관리법령에 따른 옥내저장소의 저장기준이다. ( )안에 알맞은 답을 쓰시오.

> (1) 옥내저장소에서 동일 품명의 위험물이더라도 자연발화할 우려가 있는 위험물 또는 재해가 현저하게 증대할 우려가 있는 위험물을 다량 저장하는 경우에는 지정수량의 10배 이하마다 구분하여 상호간 ( ① )m 이상의 간격을 두어 저장하여야 한다.
> (2) 옥내저장소에서 위험물을 저장하는 경우에는 다음 규정에 의한 높이를 초과하여 용기를 겹쳐 쌓지 아니하여야 한다.
>   ① 기계에 의하여 하역하는 구조로 된 용기만을 겹쳐 쌓는 경우에 있어서는 ( ② )m
>   ② 제4류 위험물 중 제3석유류, 제4석유류 및 동식물유류를 수납하는 용기만을 겹쳐 쌓는 경우에 있어서는 ( ③ )m
>   ③ 그 밖의 경우에 있어서는 ( ④ )m
> (3) 옥내저장소에서는 용기에 수납하여 저장하는 위험물의 온도가 ( ⑤ )℃를 넘지 아니하도록 필요한 조치를 강구하여야 한다(중요기준).

**해답** ① 0.3  ② 6  ③ 4  ④ 3  ⑤ 55

**13** 위험물안전관리법령에 따른 소화설비의 구분에 따른 적응성이 있는 위험물을 [보기]에서 골라 쓰시오.

> [보기]   ○ 제1류 위험물 중 알칼리금속의 과산화물
>          ○ 제2류 위험물 중 인화성고체
>          ○ 제3류 위험물(금수성물품 제외)
>          ○ 제4류 위험물
>          ○ 제5류 위험물
>          ○ 제6류 위험물
>
> (1) 불활성가스소화설비 :
> (2) 옥외소화전설비 :
> (3) 포소화설비 :

**해답** (1) 불활성가스소화설비 : ○ 제2류 위험물 중 인화성고체
                                    ○ 제4류 위험물

(2) 옥외소화전설비 : ○ 제2류 위험물 중 인화성고체
　　　　　　　　　　○ 제3류 위험물(금수성물품 제외)
　　　　　　　　　　○ 제5류 위험물
　　　　　　　　　　○ 제6류 위험물
(3) 포소화설비 : ○ 제2류 위험물 중 인화성고체
　　　　　　　　○ 제3류 위험물(금수성물품 제외)
　　　　　　　　○ 제4류 위험물
　　　　　　　　○ 제5류 위험물
　　　　　　　　○ 제6류 위험물

**상세해설** 소화설비의 적응성

| 소화설비의 구분 | | | 제1류 위험물 | | 제2류 위험물 | | | 제3류 위험물 | | 제4류 위험물 | 제5류 위험물 | 제6류 위험물 |
|---|---|---|---|---|---|---|---|---|---|---|---|---|
| | | | 알칼리금속과산화물등 | 그 밖의 것 | 철분·금속분·마그네슘등 | 인화성고체 | 그 밖의 것 | 금수성물품 | 그 밖의 것 | | | |
| 옥내소화전 또는 옥외소화전설비 | | | | ○ | | ○ | ○ | | ○ | | ○ | ○ |
| 스프링클러설비 | | | | ○ | | ○ | ○ | | ○ | △ | ○ | ○ |
| 물분무등 소화 설비 | 물분무소화설비 | | | ○ | | ○ | ○ | | ○ | ○ | ○ | ○ |
| | 포소화설비 | | | ○ | | ○ | ○ | | ○ | ○ | ○ | ○ |
| | 불활성가스소화설비 | | | | | ○ | | | | ○ | | |
| | 할로젠화합물소화설비 | | | | | ○ | | | | ○ | | |
| | 분말소화설비 | 인산염류등 | | ○ | | ○ | ○ | | | ○ | | ○ |
| | | 탄산수소염류등 | ○ | | ○ | ○ | | ○ | | ○ | | |
| | | 그 밖의 것 | ○ | | ○ | | | ○ | | | | |

**14** 아래의 위험물은 주의사항이 물기엄금인 물질이다. 만약 물과 접촉하였다고 가정하고 물과의 반응식을 쓰시오.

① 과산화칼륨　　　② 마그네슘　　　③ 나트륨

 ① $2K_2O_2 + 2H_2O \rightarrow 4KOH + O_2$
② $Mg + 2H_2O \rightarrow Mg(OH)_2 + H_2$
③ $2Na + 2H_2O \rightarrow 2NaOH + H_2$

**상세해설**
・과산화칼륨($K_2O_2$) : 제1류 위험물 중 무기과산화물
① 상온에서 물과 격렬히 반응하여 산소($O_2$)를 방출하고 폭발하기도 한다.

$$2K_2O_2 + 2H_2O \rightarrow 4KOH + O_2 \uparrow$$

② 공기 중 이산화탄소($CO_2$)와 반응하여 산소($O_2$)를 방출한다.

$$2K_2O_2 + 2CO_2 \rightarrow 2K_2CO_3 + O_2 \uparrow$$

④ 산과 반응하여 과산화수소($H_2O_2$)를 생성시킨다.

$$K_2O_2 + 2CH_3COOH \rightarrow 2CH_3COOK + H_2O_2$$

⑤ 열분해시 산소($O_2$)를 방출한다.

$$2K_2O_2 \rightarrow 2K_2O + O_2 \uparrow$$

⑥ 주수소화는 금물이고 마른모래(건조사)등으로 소화한다.

- 마그네슘(Mg)-제2류 위험물-금속분
  ① 2mm체 통과 못하는 덩어리 및 직경 2mm 이상 막대모양은 위험물에서 제외한다.
  ② 수증기와 작용하여 수소를 발생시킨다.(주수소화금지)

$$Mg + 2H_2O \rightarrow Mg(OH)_2 + H_2 \uparrow$$

③ 산과 작용하여 수소를 발생시킨다.

$$Mg + 2HCl \rightarrow MgCl_2 + H_2 \uparrow$$

④ 주수소화는 엄금이며 마른모래 등으로 피복 소화한다.

- 금속칼륨 및 금속나트륨 : 제3류 위험물(금수성)
  ① 물과 반응하여 수소기체 발생

$$2Na + 2H_2O \rightarrow 2NaOH(수산화나트륨) + H_2 \uparrow (수소발생)$$
$$2K + 2H_2O \rightarrow 2KOH(수산화칼륨) + H_2 \uparrow (수소발생)$$

  ② 파라핀, 경유, 등유 속에 저장

  - 칼륨(K), 나트륨(Na)은 파라핀, 경유, 등유 속에 저장
  - 황린(3류) 및 이황화탄소(4류)는 물속에 저장

**15** 아래 보기의 동식물유류를 보고 아이오딘값에 따른 건성유, 반건성유, 불건성유로 분류하시오.

[보기] 아마인유, 야자유, 들기름, 쌀겨유, 목화씨유, 땅콩유

 ① 건성유 – 아마인유, 들기름
② 반건성유 – 목화씨유, 쌀겨유
③ 불건성유 – 야자유, 땅콩유

**상세해설**

**동식물유류 : 제4류 위험물**
동물의 지육 또는 식물의 종자나 과육으로부터 추출한 것으로 1기압에서 인화점이 250℃ 미만인 것

[아이오딘값에 따른 동식물유류의 분류]

| 구 분 | 아이오딘값 | 종 류 |
|---|---|---|
| 건성유 | 130 이상 | 해바라기기름, 동유(오동기름), 정어리기름, **아마인유**, 들기름 |
| 반건성유 | 100~130 | 채종유, **쌀겨기름**, 참기름, **면실유(목화씨기름)**, 옥수수기름, 청어기름, 콩기름 |
| 불건성유 | 100 이하 | **야자유**, 팜유, 올리브유, 피마자기름, **낙화생기름(땅콩기름)**, 돈지, 우지, 고래기름 |

**아이오딘값**
옥소가(沃素價)라고도 하며 100g의 유지에 의해서 흡수되는 아이오딘의 g수

---

**16** 제3류 위험물 중 물과 반응성이 없으며 공기 중에서 자연발화하여 흰 연기를 발생시키는 물질에 대한 다음 각 물음에 답하시오.

(물음 1) 물질의 명칭을 쓰시오.
(물음 2) (물음 1)의 물질을 저장하는 옥내저장소의 바닥면적은 몇 m² 이하로 하여야 하는지 쓰시오.
(물음 3) (물음 1)의 물질에 수산화칼륨 또는 수산화나트륨과 같은 강알칼리성 용액과 반응하면 생성되는 맹독성의 기체를 화학식으로 쓰시오.

(물음 1) 황린
(물음 2) 1000m²
(물음 3) $PH_3$

**상세해설**

- 황린($P_4$)[별명 : 백린] : 제 3류 위험물(자연발화성물질)
  ① 공기 중 약 40~50℃에서 자연 발화한다.
  ② 저장 시 자연 발화성이므로 반드시 물속에 저장한다.
  ③ 인화수소($PH_3$)의 생성을 방지하기 위하여 물의 pH=9(약알칼리)가 안전한계이다.
  ④ 연소 시 오산화인($P_2O_5$)의 흰 연기가 발생한다.

  $$P_4 + 5O_2 \rightarrow 2P_2O_5(\text{오산화인})$$

  ⑤ 강알칼리의 용액에서는 유독기체인 포스핀($PH_3$)을 발생한다.

  $$P_4 + 3NaOH + 3H_2O \rightarrow 3NaH_2PO_2 + PH_3\uparrow (\text{인화수소=포스핀})$$

• 옥내저장소의 저장창고 바닥면적 설치기준 ★★

| 위험물의 종류 | 바닥면적 |
|---|---|
| • 제1류 위험물 중 아염소산염류, 염소산염류, 과염소산염류, 무기과산화물, 그 밖에 지정수량 50kg인 위험물<br>• 제3류 위험물 중 칼륨, 나트륨, 알킬알루미늄, 알킬리튬, 그 밖에 지정수량이 10kg인 위험물 및 **황인**<br>• 제4류 위험물 중 특수인화물, 제1석유류 및 알코올류<br>• 제5류 위험물 중 유기과산화물, 질산에스터류, 그 밖에 지정수량이 10kg인 위험물<br>• 제6류 위험물 | 1000m² 이하 |
| • 위 이외의 위험물을 저장하는 창고 | 2000m² 이하 |
| • 내화구조의 격벽으로 완전히 구획된 실에 각각 저장하는 창고 | 1500m² 이하 |

## 17
다음은 위험물안전관리법령에서 정한 불활성가스소화설비의 설치기준에 대한 내용이다. ( )안에 알맞은 답을 쓰시오.

(1) 이산화탄소를 방사하는 분사헤드 중 고압식의 것에 있어서는 ( ① )MPa 이상, 저압식의 것에 있어서는 ( ② )MPa 이상일 것
(2) 이산화탄소를 저장하는 저압식저장용기에는 ( ③ )MPa 이상의 압력 및 ( ④ )MPa 이하의 압력에서 작동하는 압력경보장치를 설치할 것
(3) 이산화탄소를 저장하는 저압식저장용기에는 용기내부의 온도를 영하 ( ⑤ )℃ 이상 영하 ( ⑥ )℃ 이하로 유지할 수 있는 자동냉동기를 설치할 것

**해답** ① 2.1  ② 1.05  ③ 2.3  ④ 1.9  ⑤ 20  ⑥ 18

## 18
다음 [보기]의 위험물에 따른 위험물 운반용기의 외부 표시사항을 쓰시오.

[보기]  ① 제2류 위험물(인화성고체)    ② 제3류 위험물(금수성)
        ③ 제4류 위험물              ④ 제5류 위험물
        ⑤ 제6류 위험물

**해답** ① 화기엄금    ② 물기엄금    ③ 화기엄금
        ④ 화기엄금 및 충격주의       ⑤ 가연물접촉주의

**상세해설**

위험물 운반용기의 외부 표시 사항
① 위험물의 품명, 위험등급, 화학명 및 수용성(제4류 위험물의 수용성인 것에 한함)
② 위험물의 수량
③ 수납하는 위험물에 따른 주의사항

| 유 별 | 성질에 따른 구분 | 표시사항 |
|---|---|---|
| 제1류 위험물 | 알칼리금속의 과산화물 | 화기 · 충격주의, 물기엄금 및 가연물접촉주의 |
| | 그 밖의 것 | 화기 · 충격주의 및 가연물접촉주의 |
| 제2류 위험물 | 철분 · 금속분 · 마그네슘 | 화기주의 및 물기엄금 |
| | 인화성고체 | 화기엄금 |
| | 그 밖의 것 | 화기주의 |
| 제3류 위험물 | 자연발화성물질 | 화기엄금 및 공기접촉엄금 |
| | 금수성물질 | 물기엄금 |
| 제4류 위험물 | 인화성 액체 | 화기엄금 |
| 제5류 위험물 | 자기반응성 물질 | 화기엄금 및 충격주의 |
| 제6류 위험물 | 산화성 액체 | 가연물접촉주의 |

**19** 다음 [보기]의 제2류 위험물인 황화인에 대한 다음 각 물음에 답하시오.

[보기] ○ 삼황화인  ○ 오황화인  ○ 칠황화인

(물음 1) 조해성이 있는 것과 조해성이 없는 것을 구분하여 쓰시오.
(물음 2) 발화점이 가장 낮은 물질의 명칭을 쓰시오.
(물음 3) (물음 2)에서 답한 물질의 완전연소반응식을 쓰시오.

**해답** (물음 1) 조해성이 있는 것 : 오황화인, 칠황화인
조해성이 없는 것 : 삼황화인
(물음 2) 삼황화인
(물음 3) $P_4S_3 + 8O_2 \rightarrow 2P_2O_5 + 3SO_2$

**상세해설**

• 황화인(제2류 위험물) : 황과 인의 화합물
① **삼황화인**($P_4S_3$)
• 황색결정으로 물, 염산, 황산에 녹지 않으며 질산, 알칼리, 이황화탄소에 녹는다.
• 조해성이 없다
• 연소하면 오산화인과 이산화황이 생긴다.

$$P_4S_3 + 8O_2 \rightarrow 2P_2O_5 + 3SO_2 \uparrow$$

② **오황화인($P_2S_5$)**
- 담황색 결정이고 조해성이 있다.
- 수분을 흡수하면 분해된다.
- 이황화탄소($CS_2$)에 잘 녹는다.
- 물, 알칼리와 반응하여 인산과 황화수소를 발생한다.

$$P_2S_5 + 8H_2O \rightarrow 2H_3PO_4 + 5H_2S \uparrow$$

③ **칠황화인($P_4S_7$)**
- 담황색 결정이고 조해성이 있다.
- 수분을 흡수하면 분해된다.
- 이황화탄소($CS_2$)에 약간 녹는다.
- 냉수에는 서서히 분해가 되고 더운물에는 급격히 분해된다.

**20** 다음 [보기]의 위험물에 대한 화학식과 지정수량을 쓰시오.

[보기] (1) 과산화벤조일  (2) 과망가니즈산암모늄  (3) 인화아연

**해답**
(1) $(C_6H_5CO)_2O_2$, 10kg
(2) $NH_4MnO_4$, 1000kg
(3) $Zn_3P_2$, 300kg

**상세해설** 위험물의 유별 등

| 물질명 | 화학식 | 유별 및 품명 | 지정수량 |
|---|---|---|---|
| 과산화벤조일 | $(C_6H_5CO)_2O_2$ | 제5류 유기과산화물 | 10kg |
| 과망가니즈산암모늄 | $NH_4MnO_4$ | 제1류 과망가니즈산염류 | 1000kg |
| 인화아연 | $Zn_3P_2$ | 제3류 금속의 인화합물 | 300kg |

# 위험물산업기사 실기

## 2020년 11월 15일 시행

**01** 다음의 보기 물질 중에서 인화점이 낮은 것부터 순서대로 나열하시오.

[보기] ① 아세톤  ② 이황화탄소  ③ 다이에틸에터  ④ 산화프로필렌

**해답** ③ 다이에틸에터 - ④ 산화프로필렌 - ② 이황화탄소 - ① 아세톤

**상세해설** 제4류 위험물의 물성

| 품명 | 다이에틸에터 | 아세트알데하이드 | 산화프로필렌 | 이황화탄소 | 아세톤 |
|---|---|---|---|---|---|
| 화학식 | $C_2H_5OC_2H_5$ | $CH_3CHO$ | $CH_3CH_2CHO$ | $CS_2$ | $CH_3COCH_3$ |
| 유별 | 특수인화물 | 특수인화물 | 특수인화물 | 특수인화물 | 제1석유류 |
| 인화점 | -40℃ | -38℃ | -37.0℃ | -30℃ | -18℃ |

**02** 위험물안전관리법령상 [보기]에 해당하는 위험물에 대한 운반용기 외부에 표시하여야하는 주의사항을 쓰시오.

[보기] ① 질산칼륨  ② 철분  ③ 황린  ④ 아닐린  ⑤ 질산

**해답**
① 질산칼륨 : 화기주의, 충격주의, 가연물접촉주의
② 철분 : 화기주의, 물기엄금
③ 황린 : 화기엄금 및 공기접촉엄금
④ 아닐린 : 화기엄금
⑤ 질산 : 가연물접촉주의

**상세해설**
① 질산칼륨-제1류(그 밖의 것)
② 철분-제2류
③ 황린-제3류(자연발화성물질)
④ 아닐린(제4류-제3석유류)
⑤ 질산-제6류

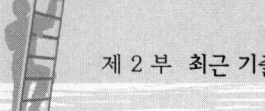

- 위험물 운반용기의 외부 표시 사항
  ① 위험물의 품명, 위험등급, 화학명 및 수용성(제4류 위험물의 수용성인 것에 한함)
  ② 위험물의 수량
  ③ 수납하는 위험물에 따른 주의사항

| 유 별 | 성질에 따른 구분 | 표시사항 |
|---|---|---|
| 제1류 위험물 | 알칼리금속의 과산화물 | 화기·충격주의, 물기엄금 및 가연물접촉주의 |
| | 그 밖의 것 | 화기·충격주의 및 가연물접촉주의 |
| 제2류 위험물 | 철분·금속분·마그네슘 | 화기주의 및 물기엄금 |
| | 인화성고체 | 화기엄금 |
| | 그 밖의 것 | 화기주의 |
| 제3류 위험물 | 자연발화성물질 | 화기엄금 및 공기접촉엄금 |
| | 금수성물질 | 물기엄금 |
| 제4류 위험물 | 인화성 액체 | 화기엄금 |
| 제5류 위험물 | 자기반응성 물질 | 화기엄금 및 충격주의 |
| 제6류 위험물 | 산화성 액체 | 가연물접촉주의 |

**03** 다음은 인화성액체위험물의 옥외탱크저장소의 방유제 설치기준이다. ( )안에 알맞은 답을 쓰시오.

(1) 방유제의 높이는 ( ① )m 이상 ( ② )m 이하로 할 것
(2) 방유제 내의 면적은 ( ③ )m² 이하로 할 것
(3) 방유제 내에 설치하는 옥외저장탱크의 수는 ( ④ ) 이하로 할 것

 해답  ① 0.5  ② 3  ③ 8만  ④ 10

상세해설  인화성액체위험물(이황화탄소를 제외)의 옥외탱크저장소의 방유제
(1) 방유제의 용량

| 탱크가 하나인 때 | 탱크 용량의 110% 이상, |
|---|---|
| 2기 이상인 때 | 탱크 중 용량이 최대인 것의 용량의 110% 이상 |

(2) **방유제의 높이는 0.5m 이상 3m 이하**, 두께 0.2m 이상, 지하매설깊이 1m 이상
(3) **방유제 내의 면적은 8만m²** 이하로 할 것
(4) 방유제 내에 설치하는 옥외저장탱크의 수는 10이하로 할 것.
(5) 방유제는 탱크의 옆판으로부터 거리를 유지할 것.

| 지름이 15m 미만인 경우 | 탱크 높이의 3분의 1 이상 |
|---|---|
| 지름이 15m 이상인 경우 | 탱크 높이의 2분의 1 이상 |

(6) 용량이 **1,000만L 이상인 옥외저장탱크**의 주위에 설치하는 방유제에는 당해 탱크마다 **간막이 둑**을 설치할 것
　① 간막이 둑의 높이는 0.3m(방유제 내에 설치되는 옥외저장탱크의 용량의 합계가 2억L를 넘는 방유제에 있어서는 1m) 이상으로 하되, 방유제의 높이보다 0.2m 이상 낮게 할 것
　② 간막이 둑은 흙 또는 철근콘크리트로 할 것
　③ 간막이 둑의 용량은 간막이 둑안에 설치된 탱크의 용량의 10% 이상일 것
(7) 방유제의 **높이가 1m를 넘는 방유제 및 간막이둑**의 안팎에는 방유제 내에 출입하기 위한 **계단 또는 경사로**를 약 50m마다 설치할 것.

## 04 위험물의 운반기준에 따라 다음 [보기]의 위험물을 운반하는 경우 수납율에 따른 운반용기의 내용적은 몇 % 이하로 하여야 하는지 각각 쓰시오.

[보기]　① 질산칼륨　② 질산　③ 알킬알루미늄　④ 알킬리튬　⑤ 과염소산

**해답**　① 95% 이하　② 98% 이하　③ 90% 이하　④ 90% 이하　⑤ 98% 이하

**상세해설**
① 질산칼륨-제1류-질산염류-산화성**고체**
② 질산-제6류-산화성**액체**
③ 알킬알루미늄-제3류-**자연발화성** 및 금수성
④ 알킬리튬-제3류-**자연발화성** 및 금수성
⑤ 과염소산-제6류--산화성**액체**

- 위험물의 운반에 관한 기준 - 적재방법
(1) **고체위험물**은 운반용기 **내용적의 95%** 이하의 수납율로 수납할 것
(2) **액체위험물**은 운반용기 내용적의 98% 이하의 수납율로 수납하되, 55도의 온도에서 누설되지 아니하도록 충분한 공간용적을 유지하도록 할 것
(3) 제3류 위험물은 다음의 기준에 따라 운반용기에 수납할 것
　① 자연발화성물질에 있어서는 **불활성** 기체를 봉입하여 밀봉하는 등 공기와 접하지 아니하도록 할 것
　② 자연발화성물질외의 물품에 있어서는 **파라핀 · 경유 · 등유** 등의 **보호액**으로 채워 밀봉하거나 불활성 기체를 봉입하여 밀봉하는 등 수분과 접하지 아니하도록 할 것
　③ 자연발화성 물질 중 **알킬알루미늄** 등은 운반용기의 **내용적의 90% 이하**의 수납율로 수납하되, 50℃의 온도에서 **5% 이상의 공간용적**을 유지하도록 할 것

**05** 다음은 제2류 위험물에 대한 판단기준이다. ( )안에 알맞은 답을 쓰시오.

(1) 황은 순도가 ( ① )중량퍼센트 이상인 것을 말한다. 이 경우 순도측정에 있어서 불순물은 활석 등 불연성물질과 수분에 한한다.
(2) "철분"이라 함은 철의 분말로서 ( ② )마이크로미터의 표준체를 통과하는 것이 ( ③ )중량퍼센트 미만인 것은 제외한다.
(3) "금속분"이라 함은 알칼리금속·알칼리토금속·철 및 마그네슘외의 금속의 분말을 말하고, 구리분·니켈분 및 ( ④ )마이크로미터의 체를 통과하는 것이 ( ⑤ )중량퍼센트 미만인 것은 제외한다.

**해답** ① 60  ② 53  ③ 50  ④ 150  ⑤ 50

**상세해설**
- 위험물의 판단기준
  ① **황** : 순도가 60중량% 이상인 것을 말한다. 이 경우 순도측정에 있어서 불순물은 활석등 불연성물질과 수분에 한한다.
  ② **철분** : 철의 분말로서 53μm의 표준체를 통과하는 것이 50중량% 미만인 것은 제외
  ③ **금속분** : 알칼리금속·알칼리토금속·철 및 마그네슘 외의 금속의 분말을 말하고, 구리분·니켈분 및 150μm의 체를 통과하는 것이 50중량% 미만인 것은 제외
  ④ 마그네슘은 다음 각목의 1에 해당하는 것은 제외한다.
    ㉮ 2mm의 체를 통과하지 아니하는 덩어리 상태의 것
    ㉯ 직경 2mm 이상의 막대 모양의 것
  ⑤ 인화성고체
    고형알코올 그 밖에 1기압에서 인화점이 40℃ 미만인 고체
  ⑥ 제6류 위험물의 판단기준

| 종 류 | 과산화수소 | 질산 |
|---|---|---|
| 기준 | 농도 36중량% 이상 | 비중 1.49 이상 |

- 제4류 위험물 (인화성 액체)

| 구 분 | 지정품목 | 기타 조건 (1atm에서) |
|---|---|---|
| 특수인화물 | • 이황화탄소<br>• 다이에틸에터 | • 발화점 100℃ 이하<br>• 인화점 −20℃ 이하이고 비점이 40℃ 이하 |
| 제1석유류 | • 아세톤 • 휘발유 | • 인화점 21℃ 미만 |
| 알코올류 | $C_1 \sim C_3$까지 포화 1가 알코올(변성알코올 포함)<br>• 메틸알코올 • 에틸알코올 • 프로필알코올 | |
| 제2석유류 | • 등유 • 경유 | • 인화점 21℃ 이상 70℃ 미만 |
| 제3석유류 | • 중유 • 크레오소트유 | • 인화점 70℃ 이상 200℃ 미만 |
| 제4석유류 | • 기어유 • 실린더유 | • 인화점 200℃ 이상 250℃ 미만 |
| 동식물유류 | • 동물의 지육 등 또는 식물의 종자나 과육으로부터 추출한 것으로서 인화점이 250℃ 미만인 것 | |

**06** 다음은 압력수조를 이용한 가압송수장치가 설치된 옥내소화전설비에서 압력수조의 필요한 압력 계산식이다. ( )안에 알맞은 내용을 기호로 답하시오.

$$P = (\ ) + (\ ) + (\ ) + (\ )$$

A : 소방용 호스의 마찰손실수두압 (단위 MPa)
B : 소방용 호스의 마찰손실수두 (단위 m)
C : 배관의 마찰손실수두압 (단위 MPa)
D : 배관의 마찰손실수두 (단위 m)
E : 낙차의 환산수두압 (단위 MPa)
F : 낙차 (단위 m)
G : 0.35[MPa]
H : 35[m]

 A, C, E, G

 위험물안전관리에 관한 세부기준 제129조(옥내소화전설비의 기준)
1. 고가수조를 이용한 가압송수장치
   (1) 낙차(수조의 하단으로부터 호스접속구까지의 수직거리) 계산식
   $H = h_1 + h_2 + 35m$
   여기서, $H$ : 필요낙차(단위 m)
   $h_1$ : 방수용 호스의 마찰손실수두(단위 m)
   $h_2$ : 배관의 마찰손실수두(단위 m)
   (2) 고가수조에는 수위계, 배수관, 오버플로우용 배수관, 보급수관 및 맨홀을 설치할 것
2. 압력수조를 이용한 가압송수장치
   (1) 압력수조의 압력 계산식
   $P = p_1 + p_2 + p_3 + 0.35MPa$
   여기서, $P$ : 필요한 압력(단위 MPa)
   $p_1$ : 소방용호스의 마찰손실수두압(단위 MPa)
   $p_2$ : 배관의 마찰손실수두압(단위 MPa)
   $p_3$ : 낙차의 환산수두압(단위 MPa)
   (2) 압력수조의 수량은 당해 압력수조 체적의 2/3 이하일 것
   (3) 압력수조에는 압력계, 수위계, 배수관, 보급수관, 통기관 및 맨홀을 설치할 것
3. 펌프를 이용한 가압송수장치
   (1) 펌프의 토출량은 옥내소화전의 설치개수가 가장 많은 층에 대해 당해 설치개수(설치개수가 5개 이상인 경우에는 5개)에 260L/min를 곱한 양 이상이 되도록 할 것

(2) 펌프의 전양정 계산식
$$H = h_1 + h_2 + h_3 + 35m$$
여기서, $H$ : 펌프의 전양정(단위 m)
$h_1$ : 소방용 호스의 마찰손실수두(단위 m)
$h_2$ : 배관의 마찰손실수두(단위 m)
$h_3$ : 낙차(단위 m)

**07** 위험물제조소등에 보기와 같이 제4류 위험물을 저장하고 있는 경우 지정수량의 배수의 합은 얼마인가?

○ 특수인화물 : 200L  ○ 제1석유류(수용성) : 400L
○ 제2석유류(수용성) : 4,000L  ○ 제3석유류(수용성) : 12,000L
○ 제4석유류 : 24,000L

**해답**

[계산과정] ① 지정수량의 배수 = $\dfrac{저장수량}{지정수량}$

② 지정수량의 배수 = $\dfrac{200}{50} + \dfrac{400}{400} + \dfrac{4000}{2000} + \dfrac{12000}{4000} + \dfrac{24000}{6000} = 14$배

[답] 14배

**상세해설**

제4류 위험물의 지정수량

| 성질 | 품명 | | 지정수량 | 위험등급 |
|---|---|---|---|---|
| 인화성액체 | 1. 특수인화물 | | 50L | I |
| | 2. 제1석유류 | 비수용성액체 | 200L | II |
| | | 수용성액체 | 400L | |
| | 3. 알코올류 | | 400L | |
| | 4. 제2석유류 | 비수용성액체 | 1,000L | III |
| | | 수용성액체 | 2,000L | |
| | 5. 제3석유류 | 비수용성액체 | 2,000L | |
| | | 수용성액체 | 4,000L | |
| | 6. 제4석유류 | | 6,000L | |
| | 7. 동식물유류 | | 10,000L | |

## 08 다음 각 위험물에 대한 위험 Ⅱ 등급 품명을 2가지씩만 쓰시오.

① 제1류 위험물  ② 제2류 위험물  ③ 제4류 위험물

**해답**
① 제1류 위험물 : 브로민산염류, 질산염류, 아이오딘산염류
② 제2류 위험물 : 황화인, 적린, 황
③ 제4류 위험물 : 제1석유류, 알코올류

**상세해설**

(1) 제1류 위험물의 품명 및 지정수량

| 성 질 | 품 명 | 지정수량 | 위험등급 |
|---|---|---|---|
| 산화성 고체 | 아염소산염류, 염소산염류, 과염소산염류, 무기과산화물 | 50kg | Ⅰ |
| | 브로민산염류, 질산염류, 아이오딘산염류 | 300kg | Ⅱ |
| | 과망가니즈산염류, 다이크로뮴산염류 | 1000kg | Ⅲ |

(2) 제2류 위험물의 품명 및 지정수량

| 성 질 | 품 명 | 지정수량 | 위험등급 |
|---|---|---|---|
| 가연성고체 | 황화인, 적린, 황 | 100kg | Ⅱ |
| | 철분, 금속분, 마그네슘 | 500kg | Ⅲ |
| | 인화성고체 | 1,000kg | |

(3) 제3류 위험물의 품명 및 지정수량

| 성 질 | 품 명 | 지정수량 | 위험등급 |
|---|---|---|---|
| 자연발화성 및 금수성 물질 | 칼륨, 나트륨, 알킬알루미늄, 알킬리튬 | 10kg | Ⅰ |
| | 황린 | 20kg | |
| | 알칼리금속(칼륨 및 나트륨 제외) 및 알칼리토금속, 유기금속화합물(알킬알루미늄 및 알킬리튬 제외) | 50kg | Ⅱ |
| | 금속의 수소화물, 금속의 인화물, 칼슘 또는 알루미늄의 탄화물 | 300kg | Ⅲ |

(4) 제4류 위험물의 품명 및 지정수량

| 성 질 | 품 명 | | 지정수량 | 위험등급 |
|---|---|---|---|---|
| 인화성 액체 | 특수인화물 | | 50L | Ⅰ |
| | 제1석유류 | 비수용성 | 200L | Ⅱ |
| | | 수용성 | 400L | |
| | 알코올류 | | 400L | |
| | 제2석유류 | 비수용성 | 1000L | Ⅲ |
| | | 수용성 | 2000L | |
| | 제3석유류 | 비수용성 | 2000L | |
| | | 수용성 | 4000L | |
| | 제4석유류 | | 6000L | |
| | 동식물유류 | | 10000L | |

### (5) 제5류 위험물의 품명 및 지정수량

| 성질 | 품명 | | 지정수량 | 위험등급 |
|---|---|---|---|---|
| 자기<br>반응성<br>물질 | • 유기과산화물<br>• 나이트로화합물<br>• 아조화합물<br>• 하이드라진 유도체<br>• 하이드록실아민염류 | • 질산에스터류<br>• 나이트로소화합물<br>• 다이아조화합물<br>• 하이드록실아민 | 1종 : 10kg<br>2종 : 100kg | 1종 : Ⅰ<br>2종 : Ⅱ |
| 종판단<br>완료 | • 질산에스터류(대부분)(1종)<br>• 셀룰로이드(2종)<br>• 트라이나이트로톨루엔(1종)<br>• 트라이나이트로페놀(1종)<br>• 테트릴(1종)<br>• 유기과산화물(대부분)(2종) | | | |

### (6) 제6류 위험물의 품명 및 지정수량

| 성질 | 품명 | 지정수량 | 위험등급 |
|---|---|---|---|
| 산화성 액체 | 과염소산, 과산화수소, 질산 | 300kg | Ⅰ |

---

**09** 제4류 위험물인 이황화탄소에 대한 다음 각 물음에 답하시오

(물음 1) 완전연소반응식을 쓰시오.
(물음 2) 해당 품명을 쓰시오.
(물음 3) 저장하는 철근콘크리트의 수조의 두께는 몇 m 이상인지 쓰시오.

**해답** (물음 1) $CS_2 + 3O_2 \rightarrow CO_2 + 2SO_2$
(물음 2) 특수인화물
(물음 3) 0.2m 이상

**상세해설**
• 이황화탄소($CS_2$) : 제4류 위험물 중 특수인화물

| 화학식 | 분자량 | 비중 | 비점 | 인화점 | 착화점 | 연소범위 |
|---|---|---|---|---|---|---|
| $CS_2$ | 76.1 | 1.26 | 46℃ | -30℃ | 100℃ | 1.0~50% |

① 무색투명한 액체이다.
② 물에는 녹지 않고 알코올, 에테르, 벤젠 등 유기용제에 녹는다.
③ 완전 연소 시 이산화탄소($CO_2$)와 이산화황($SO_2$)을 생성한다.

$$CS_2 + 3O_2 \rightarrow CO_2(\text{이산화탄소}) + 2SO_2(\text{이산화황}) + \text{푸른색 불꽃}$$

④ 저장 시 옥외저장탱크는 벽 및 바닥의 두께가 0.2m 이상이고 누수가 되지 아니하는 철근콘크리트의 수조에 넣어 보관하여야 한다.

**10** 다음 보기의 소화기구 중 나트륨 화재에 대하여 적응성이 있는 것을 모두 쓰시오.

[보기] 팽창질석, 마른모래, 포 소화기, 이산화탄소소화기, 인산염류 소화기

**해답** 팽창질석, 마른모래

**상세해설**
- 금속화재 적응소화약제
  ① 탄산수소염류  ② 마른모래  ③ 팽창질석 또는 팽창진주암
- 금속나트륨 : 제3류 위험물(금수성)
  ① 가열시 노란색 불꽃을 내면서 연소한다.
  ② 물과 반응하여 수소기체 발생한다.(금수성 물질)

$$2Na + 2H_2O \rightarrow 2NaOH + H_2 \uparrow (수소발생)$$

  ③ 보호액으로 파라핀, 경유, 등유를 사용한다.
  ④ 피부와 접촉 시 화상을 입는다.
  ⑤ 마른모래 등으로 질식 소화한다.

  금속나트륨 화재 시 $CO_2$소화기 사용금지 이유
  금속나트륨과 이산화탄소는 폭발적으로 반응하기 때문에 위험
  $4Na + 3CO_2 \rightarrow 2Na_2CO_3 + C$

---

**11** 제4류 위험물인 에틸알코올에 대한 다음 각 물음에 답하시오.

(물음 1) 에틸알코올의 완전연소 반응식을 쓰시오.
(물음 2) 에틸알코올과 칼륨이 반응하는 경우 생성기체의 명칭을 쓰시오.
(물음 3) 에틸알코올과 구조이성질체인 다이메틸에테르의 시성식을 쓰시오.

**해답** (물음 1) $C_2H_5OH + 3O_2 \rightarrow 2CO_2 + 3H_2O$
(물음 2) 수소($H_2$)
(물음 3) $CH_3OCH_3$

**상세해설**
에틸알코올($C_2H_5OH$) : 제4류 위험물 중 알코올류
① 술 속에 포함되어 있어 주정이라고 한다.
② 무색투명한 액체이다.
③ 물에 아주 잘 녹으며 유기용제이다.

④ 연소 시 주간에는 불꽃이 잘 보이지 않는다.

$$C_2H_5OH + 3O_2 \rightarrow 2CO_2 + 3H_2O$$

⑥ 금속나트륨, 금속칼륨을 가하면 수소($H_2$)가 발생한다.

$$2C_2H_5OH + 2Na \rightarrow 2C_2H_5ONa + H_2\uparrow$$
$$2C_2H_5OH + 2K \rightarrow 2C_2H_5OK + H_2\uparrow$$

⑦ 아이오딘포름 반응을 하므로 에탄올검출에 이용된다.

$$\text{에탄올} \xrightarrow{KOH+I_2} \text{아이오딘포름}(CHI_3)(\text{노란색})$$

**12** 다음 [보기]의 각 물질이 물과 반응하는 경우 생성되는 기체의 몰수를 구하시오.

[보기]　(1) 과산화나트륨 78g　　　(2) 수소화칼슘 42g

**해답** (1) [계산과정] $Na_2O_2$의 분자량 $= 23 \times 2 + 16 \times 2 = 78$

$$2Na_2O_2 + 2H_2O \rightarrow 4NaOH + O_2$$
$2 \times 78g \longrightarrow 1$몰
$78g \longrightarrow X$

$$X = \frac{78 \times 1}{2 \times 78} = 0.5\text{몰}$$

[답] 0.5몰

(2) [계산과정] $CaH_2$의 분자량 $= 40 + 2 = 42$

$$CaH_2 + 2H_2O \rightarrow Ca(OH)_2 + 2H_2$$
$42g \longrightarrow 2$몰
$42g \longrightarrow X$

$$X = \frac{42 \times 2}{42} = 2\text{몰}$$

[답] 2몰

**상세해설**
- 과산화나트륨($Na_2O_2$) : 제1류위험물 중 무기과산화물(금수성)

| 화학식 | 분자량 | 비중 | 융점 | 분해온도 |
|--------|--------|------|------|----------|
| $Na_2O_2$ | 78 | 2.8 | 460℃ | 460℃ |

① 상온에서 물과 격렬히 반응하여 산소($O_2$)를 방출하고 폭발하기도 한다.

$$2Na_2O_2 + 2H_2O \rightarrow 4NaOH + O_2\uparrow$$

② 공기 중 이산화탄소($CO_2$)와 반응하여 산소($O_2$)를 방출한다.

$$2Na_2O_2 + 2CO_2 \rightarrow 2Na_2CO_3 + O_2\uparrow$$

③ 산과 반응하여 과산화수소($H_2O_2$)를 생성시킨다.

$$Na_2O_2 + 2CH_3COOH \rightarrow 2CH_3COONa + H_2O_2$$

④ 열분해 시 산소($O_2$)를 방출한다.

$$2Na_2O_2 \rightarrow 2Na_2O + O_2 \uparrow$$

⑤ 주수소화는 금물이고 마른모래(건조사) 등으로 소화한다.

• 수소화칼슘($CaH_2$)
① 물과 반응하여 수소를 발생한다.

$$CaH_2 + 2H_2O \rightarrow Ca(OH)_2 + 2H_2 + 48kcal$$

② 물 및 포약제 소화는 절대 금하고 마른모래 등으로 피복소화한다.

**13** 다음은 제4류 위험물에 대한 품명 및 지정수량이다. 빈칸에 알맞은 답을 쓰시오.

| 화학식 | 품 명 | 지정수량 |
|---|---|---|
| HCN | | |
| $C_2H_4(OH)_2$ | | |
| $CH_3COOH$ | | |
| $C_3H_5(OH)_3$ | | |
| $N_2H_4$ | | |

| 화학식 | 품 명 | 지정수량 |
|---|---|---|
| HCN | 제1석유류 | 400L |
| $C_2H_4(OH)_2$ | 제3석유류 | 4000L |
| $CH_3COOH$ | 제2석유류 | 2000L |
| $C_3H_5(OH)_3$ | 제3석유류 | 4000L |
| $N_2H_4$ | 제2석유류 | 2000L |

상세해설

| 화학식 | 물질명 | 품 명 | 수용성여부 | 지정수량 |
|---|---|---|---|---|
| HCN | 사이안화수소 | 제1석유류 | 수용성 | 400L |
| $C_2H_4(OH)_2$ | 에틸렌글리콜 | 제3석유류 | 수용성 | 4000L |
| $CH_3COOH$ | 아세트산 | 제2석유류 | 수용성 | 2000L |
| $C_3H_5(OH)_3$ | 글리세린 | 제3석유류 | 수용성 | 4000L |
| $N_2H_4$ | 하이드라진 | 제2석유류 | 수용성 | 2000L |

**제4류 위험물의 품명 및 지정수량** ★★★★★

| 성질 | 품 명 | | 지정수량 | 위험등급 | 비 고 |
|---|---|---|---|---|---|
| 인화성액체 | 특수인화물 | | 50L | I | • 발화점 100℃ 이하<br>• 인화점 -20℃ 이하 & 비점 40℃ 이하<br>• 이황화탄소, 다이에틸에터 |
| | 제1석유류 | 비수용성 | 200L | II | • 인화점 21℃ 미만<br>• 아세톤, 휘발유 |
| | | 수용성 | 400L | | |
| | 알코올류 | | 400L | | • $C_1$~$C_3$ 포화1가 알코올<br>(변성알코올포함) |
| | 제2석유류 | 비수용성 | 1000L | III | • 인화점 21℃ 이상 70℃ 미만<br>• 등유, 경유 |
| | | 수용성 | 2000L | | |
| | 제3석유류 | 비수용성 | 2000L | | • 인화점 70℃ 이상 200℃ 미만<br>• 중유, 크레오소트유 |
| | | 수용성 | 4000L | | |
| | 제4석유류 | | 6000L | | • 인화점이 200℃이상 250℃미만인 것 |
| | 동식물유류 | | 10000L | | • 동물의 지육 또는 식물의 종자나 과육으로부터 추출한 것으로 1기압에서 인화점이 250℃ 미만인 것 |

**14** 인화칼슘에 대한 다음 각 물음에 답하시오.

(물음 1) 몇 류 위험물인지 쓰시오.
(물음 2) 지정수량을 쓰시오.
(물음 3) 물과의 반응식을 쓰시오.
(물음 4) 물과 반응 후 생성되는 가스의 명칭을 쓰시오.

**해답**
(물음 1) 제3류 위험물
(물음 2) 300kg
(물음 3) $Ca_3P_2 + 6H_2O \rightarrow 3Ca(OH)_2 + 2PH_3$
(물음 4) 포스핀(인화수소)

**상세해설**
• 제3류 위험물 및 지정수량

| 성 질 | 품 명 | 지정수량 | 위험등급 |
|---|---|---|---|
| 자연발화성 및 금수성 물질 | 칼륨, 나트륨, 알킬알루미늄, 알킬리튬 | 10kg | I |
| | 황린 | 20kg | |
| | 알칼리금속(칼륨 및 나트륨 제외)및 알칼리토금속, 유기금속화합물(알킬알루미늄 및 알킬리튬 제외) | 50kg | II |
| | 금속의 수소화물, 금속의 인화물, 칼슘 또는 알루미늄의 탄화물 | 300kg | III |

- 인화칼슘($Ca_3P_2$)[별명 : 인화석회] : 제3류 위험물(금수성 물질)
  ① 적갈색의 괴상고체
  ② 물 및 약산과 격렬히 반응, 분해하여 인화수소(포스핀)($PH_3$)를 생성한다.

  - $Ca_3P_2 + 6H_2O \rightarrow 3Ca(OH)_2 + 2PH_3$(포스핀 = 인화수소)
  - $Ca_3P_2 + 6HCl \rightarrow 3CaCl_2 + 2PH_3$(포스핀 = 인화수소)

  ③ 포스핀은 맹독성 가스이므로 취급 시 방독마스크를 착용한다.
  ④ 물 및 포 약제에 의한 소화는 절대 금하고 마른모래 등으로 피복하여 자연 진화 되도록 기다린다.

## 15  다음은 위험물 제2류에 대한 설명이다. 설명 중 옳은 내용을 모두 고르시오.

① 황화인, 적린, 황은 위험물 Ⅱ등급이다.
② 고형알코올의 지정수량은 1000kg이다.
③ 물에 대부분 잘 녹는다.
④ 비중은 1보다 작다.
⑤ 대부분 산화제이다.

 ①, ②

 제2류 위험물의 공통적 성질
① 대부분 물에 녹지 않는다.
② 비중은 1보다 크다.
③ 대부분 환원제이다.
④ 낮은 온도에서 착화가 쉬운 가연성 고체
⑤ 연소속도가 빠른 고체
⑥ 연소 시 유독가스를 발생하는 것도 있다.
⑦ 금속분은 물 또는 산과 접촉 시 발열된다.

제2류 위험물 품명 및 지정수량 ★★★

| 성 질 | 품 명 | 지정 수량 | 위험등급 |
|---|---|---|---|
| 가연성고체 | • 황화인, 적린, 황 | 100kg | Ⅱ |
| | • 철분, 금속분, 마그네슘 | 500kg | Ⅲ |
| | • 인화성고체 | 1,000kg | |

**16** 다음 표는 제3류 위험물에 대한 품명과 지정수량이다. 빈칸의 번호에 알맞은 답을 쓰시오.

| 품 명 | 지정수량 |
|---|---|
| 칼륨 | ① |
| 나트륨 | ② |
| 알킬알루미늄 | ③ |
| ④ | 10kg |
| ⑤ | 20kg |
| 알칼리금속(칼륨, 나트륨 제외) 및 알칼리토금속 | ⑥ |
| 유기금속화합물 (알킬알루미늄 및 알킬리튬 제외) | ⑦ |

**해답** ① 10kg  ② 10kg  ③ 10kg  ④ 알킬리튬  ⑤ 황린  ⑥ 50kg  ⑦ 50kg

**상세해설** 제3류 위험물 및 지정수량

| 성 질 | 품 명 | 지정수량 | 위험등급 |
|---|---|---|---|
| 자연발화성 및 금수성물질 | 1. 칼륨, 나트륨, 알킬알루미늄, 알킬리튬 | 10kg | I |
| | 2. 황린 | 20kg | I |
| | 3. 알칼리금속(칼륨 및 나트륨 제외) 및 알칼리토금속<br>유기금속화합물(알킬알루미늄 및 알킬리튬 제외) | 50kg | II |
| | 4. 금속의 수소화물, 금속의 인화물<br>칼슘 또는 알루미늄의 탄화물, 염소화규소화합물 | 300kg | III |

**17** 위험물안전관리법령상 고정주유설비 및 고정급유설비에 대한 다음 각 물음에 답하시오.

(1) 고정주유설비의 중심선을 기점으로 하여 도로경계선까지 유지하여야 하는 거리는 몇 m 이상인가?

(2) 고정주유설비의 중심선을 기점으로 하여 부지경계선까지 유지하여야 하는 거리는 몇 m 이상인가?

(3) 고정주유설비의 중심선을 기점으로 하여 건축물의 개구부가 없는 벽까지 유지하여야 하는 거리는 몇 m 이상인가?

(4) 고정급유설비의 중심선을 기점으로 하여 도로경계선까지 유지하여야 하는 거리는 몇 m 이상인가?

(5) 고정급유설비의 중심선을 기점으로 하여 부지경계선까지 유지하여야 하는 거리는 몇 m 이상인가?

(1) 4m 이상   (2) 2m 이상   (3) 1m 이상   (4) 4m 이상   (5) 1m 이상

- [별표 13] 주유취급소의 위치·구조 및 설비의 기준(제37조 관련)
  (1) 고정주유설비 또는 고정급유설비
    ① 주유관의 길이는 5m(현수식의 경우에는 지면 위 0.5m의 수평면에 반경 3m)이내로 할 것
    ② 끝부분에는 축적된 정전기를 유효하게 제거할 수 있는 장치를 설치
    ③ 고정주유설비 또는 고정급유설비의 설치위치
      ㉮ 고정주유설비의 중심선을 기점으로 하여
        • 도로경계선까지 4m 이상 거리를 유지
        • 부지경계선·담 및 건축물의 벽까지 2m(개구부가 없는 벽까지는 1m) 이상의 거리를 유지
      ㉯ 고정급유설비의 중심선을 기점으로 하여
        • 도로경계선까지 4m 이상 거리를 유지
        • 부지경계선 및 담까지 1m 이상 거리를 유지
        • 건축물의 벽까지 2m(개구부가 없는 벽까지는 1m) 이상의 거리를 유지
    ④ 고정주유설비와 고정급유설비의 사이에는 4m 이상의 거리를 유지

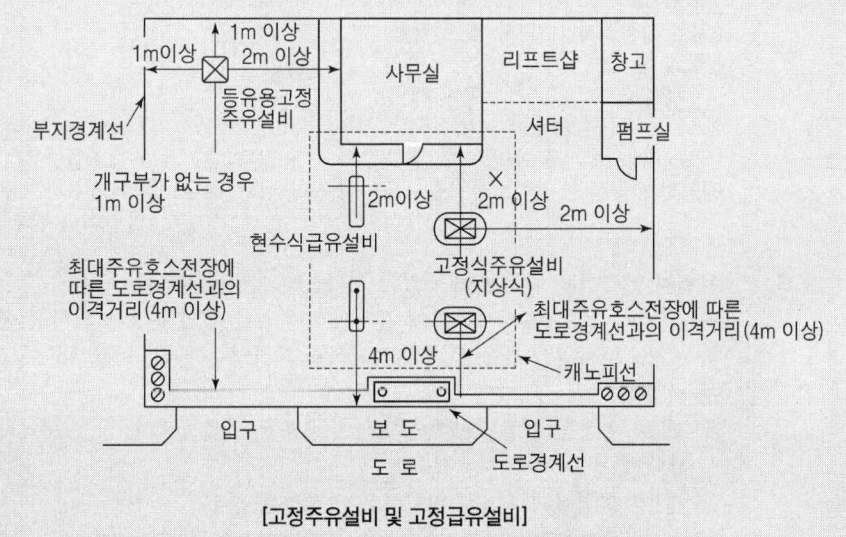

[고정주유설비 및 고정급유설비]

**18** 위험물안전관리법령상 위험물을 유별로 정리하여 저장하는 한편, 서로 1m 이상의 간격을 두는 경우 유별을 달리하는 위험물을 동일한 저장소에 저장할 수 있다. 다음 각 물음에 해당하는 물질과 동일한 저장소에 저장할 수 있는 것을 보기에서 골라 쓰시오.

[보기]
과염소산칼륨, 염소산칼륨, 과산화나트륨, 아세톤, 과염소산, 질산, 아세트산

(1) 질산메틸  (2) 인화성고체  (3) 황린

 해답

(1) 질산메틸 – 과염소산칼륨, 염소산칼륨
(2) 인화성고체 – 아세톤, 아세트산
(3) 황린 – 과염소산칼륨, 염소산칼륨, 과산화나트륨

**상세해설**

| 품 명 | 질산메틸 | 인화성고체 | 황린 |
|---|---|---|---|
| 유 별 | 제5류 | 제2류 | 제3류 |
| 동일한 저장소에 저장할 수 있는 위험물 | 제1류 위험물 (알칼리금속의 과산화물 제외) | 제4류 위험물 | 제1류 위험물 |
| [보기]에서 해당하는 물질 | • 과염소산칼륨(1류)<br>• 염소산칼륨(1류) | • 아세톤(4류)<br>• 아세트산(4류) | • 과염소산칼륨(1류)<br>• 염소산칼륨(1류)<br>• 과산화나트륨(1류)<br>(알칼리금속의 과산화물) |

- 유별을 달리하는 위험물을 동일한 저장소에 저장할 수 있는 경우
  옥내저장소 또는 옥외저장소에 있어서 다음의 각목의 규정에 의한 위험물을 저장하는 경우로서 위험물을 유별로 정리하여 저장하는 한편, **서로 1m 이상의 간격을 두는 경우**
  ① 제1류 위험물(알칼리금속의 과산화물 또는 이를 함유한 것을 제외한다)과 제5류 위험물을 저장하는 경우
  ② **제1류 위험물과 제6류 위험물을 저장하는 경우**
  ③ 제1류 위험물과 제3류 위험물 중 자연발화성물질(황린 또는 이를 함유한 것에 한한다)을 저장하는 경우
  ④ 제2류 위험물 중 인화성고체와 제4류 위험물을 저장하는 경우
  ⑤ 제3류 위험물 중 알킬알루미늄등과 제4류 위험물(알킬알루미늄 또는 알킬리튬을 함유한 것에 한한다)을 저장하는 경우
  ⑥ 제4류 위험물 중 유기과산화물 또는 이를 함유하는 것과 제5류 위험물 중 유기과산화물 또는 이를 함유한 것을 저장하는 경우

**19** AN-FO(안포폭약)의 주성분이며 분자량 80인 질산염류에 대한 각 물음에 답하시오.

(물음 1) 화학식을 쓰시오.　　(물음 2) 열분해 반응식을 쓰시오.

**해답** (물음 1) $NH_4NO_3$　　(물음 2) $2NH_4NO_3 \rightarrow 2N_2 + O_2 + 4H_2O$

**상세해설**
- AN-FO(Ammonium Nitrate Fuel Oil Explosives)-안포폭약
  ① 안포폭약은 질산암모늄($NH_4NO_3$)을 주성분으로 한다.
  ② 연료유를 혼합한 초안폭약의 일종이다.
  ③ 폭약류 중 가격이 가장 저렴하고 안정성이 우수한 저폭속 · 저비중 제품이다.
  ④ 주로 오픈(노천)발파에 이용되며, 사용처는 연암으로 형성된 현장에 매우 유리하다.
  ⑤ 대형석산이나 석회석 채석장에 널리 사용되고 있다.

  질산암모늄의 열분해 반응식 : $2NH_4NO_3 \rightarrow 2N_2 + O_2 + 4H_2O$

**20** 다음 그림과 같이 에틸알코올을 저장하는 옥내저장탱크 2기가 있다. 다음 각 물음에 답하시오.

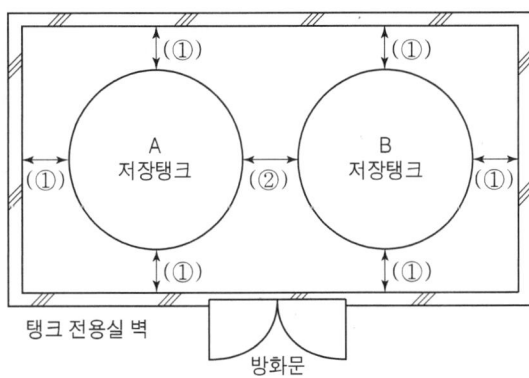

(물음 1) ( ① )에 해당하는 옥내저장탱크와 탱크전용실의 벽과의 사이는 몇 m 이상의 간격을 유지하여야 하는가?
(물음 2) ( ② )에 해당하는 옥내저장탱크의 상호간에는 몇 m 이상의 간격을 유지하여야 하는가?
(물음 3) 옥내저장탱크의 용량(각 탱크의 용량의 합계)은 몇 L 이하로 하여야 하는지 쓰시오

**해답** (물음 1) 0.5m
(물음 2) 0.5m
(물음 3) 16,000L

**상세해설**
- 에틸알코올(지정수량 400L)을 저장하는 옥내저장탱크의 용량은 지정수량의 40배 이하(단, 제4석유류 및 동식물유류 외의 제4류 위험물에 있어서 당해 수량이 20,000L를 초과할 때에는 20,000L 이하)
- $Q = 400L \times 40배 = 16,000L$
- 단서조항에 따라 알코올류는 제4석유류 및 동식물유류 외에 해당하므로 20,000L까지 저장할 수 있으나 계산결과 20,000L를 초과하지 않으므로 16,000L

**옥내탱크저장소의 기준**
(1) 위험물을 저장 또는 취급하는 옥내탱크("옥내저장탱크")는 단층건축물에 설치된 탱크전용실에 설치할 것
(2) **옥내저장탱크와 탱크전용실의 벽과의 사이 및 옥내저장탱크의 상호간에는 0.5m 이상의 간격을 유지할 것.** 다만, 탱크의 점검 및 보수에 지장이 없는 경우에는 그러하지 아니하다.
(3) 옥내탱크저장소에는 보기 쉬운 곳에 "**위험물 옥내탱크저장소**"라는 표시를 한 표지와 방화에 관하여 필요한 사항을 게시한 게시판을 설치하여야 한다.
(4) **옥내저장탱크의 용량(동일한 탱크전용실에 옥내저장탱크를 2 이상 설치하는 경우에는 각 탱크의 용량의 합계)**은 지정수량의 40배(제4석유류 및 동식물유류 외의 제4류 위험물에 있어서 당해 수량이 20,000L를 초과할 때에는 20,000L) 이하일 것

# 위험물산업기사 실기

## 2021년 4월 24일 시행

**01** 마그네슘 화재 시 이산화탄소로 소화하면 위험한 이유를 반응식과 함께 간단히 쓰시오.

**해답**
(1) **반응식** : $2Mg + CO_2 \rightarrow 2MgO + C$
(2) **위험한 이유** : 마그네슘은 이산화탄소와 폭발적으로 반응을 하기 때문

**상세해설**
- 마그네슘(Mg) : 제2류 위험물(금수성)
  ① 물과 반응하여 수소기체 발생
  $$Mg + 2H_2O \rightarrow Mg(OH)_2(수산화마그네슘) + H_2\uparrow(수소발생)$$
  ② 마그네슘과 $CO_2$의 반응식
  $2Mg + CO_2 \rightarrow 2MgO + C$(마그네슘과 이산화탄소는 폭발적으로 반응하기 때문에 위험)

**02** 제5류 위험물 중 지정수량이 100kg에 해당하는 위험물의 품명을 3가지 쓰시오.

**해답** 하이드록실아민, 다이아조화합물, 아조화합물, 하이드라진유도체, 금속의 아지화합물, 질산구아니딘

**상세해설**
- 제5류 위험물 및 지정수량

| 성질 | 품명 | 지정수량 | 위험등급 |
|---|---|---|---|
| 자기<br>반응성<br>물질 | • 유기과산화물   • 질산에스터류<br>• 나이트로화합물   • 나이트로소화합물<br>• 아조화합물   • 다이아조화합물<br>• 하이드라진 유도체   • 하이드록실아민<br>• 하이드록실아민염류 | 1종 : 10kg<br>2종 : 100kg | 1종 : Ⅰ<br>2종 : Ⅱ |
| 종판단<br>완료 | • 질산에스터류(대부분)(1종)<br>• 셀룰로이드(2종)<br>• 트라이나이트로톨루엔(1종)<br>• 트라이나이트로페놀(1종)<br>• 테트릴(1종)<br>• 유기과산화물(대부분)(2종) | | |

## 03 위험물안전관리법령에서 정한 다음 용어의 정의를 쓰시오.

(1) 인화성고체  (2) 철분

**해답**
(1) 인화성고체 : 고형알코올 그 밖에 1기압에서 인화점이 40℃ 미만인 고체
(2) 철분 : 철의 분말로서 53μm의 표준체를 통과하는 것이 50중량% 미만인 것은 제외

**상세해설**
- 위험물의 판단기준
  ① 황
    순도가 **60중량% 이상**인 것을 말한다. 이 경우 순도측정에 있어서 불순물은 활석 등 불연성물질과 수분에 한한다.
  ② 철분
    철의 분말로서 53μm의 표준체를 통과하는 것이 **50중량%** **미만인 것**은 **제외**
  ③ 금속분
    알칼리금속·알칼리토금속·철 및 마그네슘 외의 금속의 분말을 말하고, **구리분·니켈분 및 150μm의 체를 통과하는 것이 50중량% 미만인 것**은 **제외**
  ④ 마그네슘은 다음 각목의 1에 해당하는 것은 제외한다.
    ㉮ 2mm의 체를 통과하지 아니하는 덩어리 상태의 것
    ㉯ 직경 2mm 이상의 막대 모양의 것
  ⑤ 인화성고체
    고형알코올 그 밖에 1기압에서 인화점이 40℃ **미만인 고체**
  ⑥ 제6류 위험물의 판단 기준

| 종류 | 과산화수소 | 질산 |
|---|---|---|
| 기준 | • 농도 36중량% 이상 | • 비중 1.49 이상 |

- 제2류 위험물의 지정수량

| 성 질 | 품 명 | 지정수량 | 위험등급 |
|---|---|---|---|
| 가연성 고체 | 1. 황화인, 적린, **황** | 100kg | Ⅱ |
| | 2. **철분**, 금속분, 마그네슘 | 500kg | Ⅲ |
| | 3. 인화성고체 | 1000kg | |

## 04 다음 분말소화약제의 1차 열분해 반응식을 쓰시오.

(1) 제1종 분말약제  (2) 제2종 분말약제

**해답**
(1) $2NaHCO_3 \rightarrow Na_2CO_3 + CO_2 + H_2O$
(2) $2KHCO_3 \rightarrow K_2CO_3 + CO_2 + H_2O$

**상세해설**

• 분말약제의 주성분 및 열분해

| 종별 | 약제명 | 화학식 | 착색 | 열분해 반응식 |
|---|---|---|---|---|
| 제1종 | 탄산수소나트륨 중탄산나트륨 | $NaHCO_3$ | 백색 | 270℃ $2NaHCO_3 \rightarrow Na_2CO_3+CO_2+H_2O$<br>850℃ $2NaHCO_3 \rightarrow Na_2O+2CO_2+H_2O$ |
| 제2종 | 탄산수소칼륨 중탄산칼륨 | $KHCO_3$ | 담회색 | 190℃ $2KHCO_3 \rightarrow K_2CO_3+CO_2+H_2O$<br>590℃ $2KHCO_3 \rightarrow K_2O+2CO_2+H_2O$ |
| 제3종 | 제1인산암모늄 | $NH_4H_2PO_4$ | 담홍색 | $NH_4H_2PO_4 \rightarrow HPO_3+NH_3+H_2O$ |
| 제4종 | 중탄산칼륨+요소 | $KHCO_3+(NH_2)_2CO$ | 회(백)색 | $2KHCO_3+(NH_2)_2CO \rightarrow K_2CO_3+2NH_3+2CO_2$ |

---

**05** 다음 [보기]의 제4류 위험물 중 지정수량을 옳게 나타낸 것을 번호로 쓰시오.

[보기] ① 테레핀유-200L　② 기어유-6000L　③ 아닐린-2000L
　　　 ④ 피리딘-400L　⑤ 산화프로필렌-400L

 ② ③ ④

**상세해설**

| 구 분 | 품 명 | 수용성여부 | 지정수량 | 위험등급 |
|---|---|---|---|---|
| ① 테레핀유 | 제2석유류 | 비수용성 | 1000L | Ⅲ |
| ② 기어유 | 제4석유류 | 비수용성 | 6000L | Ⅲ |
| ③ 아닐린 | 제3석유류 | 비수용성 | 2000L | Ⅲ |
| ④ 피리딘 | 제1석유류 | 수용성 | 400L | Ⅱ |
| ⑤ 산화프로필렌 | 특수인화물 | 비수용성 | 50L | Ⅰ |

---

**06** 아이소프로필알코올을 산화시켜 만든 것으로 제4류 제1석유류 위험물이며 무색의 휘발성액체이고 아이오딘포름 반응을 하는 물질에 대한 다음 각 물음에 답하시오.

(1) 위에서 설명한 물질은 무엇인가?
(2) 아이오딘포름의 화학식을 쓰시오.
(3) 아이오딘포름의 색상을 쓰시오.

(1) 아세톤
(2) CHI$_3$
(3) 노란색

• 아세톤(CH$_3$COCH$_3$) : 제4류 1석유류-수용성
① 무색의 휘발성 액체이다.
② 물 및 유기용제에 잘 녹는다.
③ **아이오딘포름 반응을 한다.**
④ 아세틸렌을 잘 녹이므로 아세틸렌(용해가스) 저장시 아세톤에 용해시켜 저장한다.
⑤ 보관 중 황색으로 변색되며 햇빛에 분해가 된다.
⑥ 피부 접촉 시 탈지작용을 한다.
⑦ 다량의물 또는 알코올포로 소화한다.

• 아이오딘포름 반응
  아세톤, 아세트알데하이드, 에틸알코올에 수산화칼륨(KOH)과 아이오딘을 반응시키면 노란색의 아이오딘포름(CHI$_3$)의 침전물이 생성된다.

  아세톤, 아세트알데하이드, 에틸알코올 $\xrightarrow{KOH+I_2}$ 아이오딘포름(CHI$_3$)(노란색)

• 아이오딘포름 반응식
  아세톤 : CH$_3$COCH$_3$+3I$_2$+4NaOH → CH$_3$COONa+3NaI+CHI$_3$↓+3H$_2$O
  아세트알데하이드 : CH$_3$CHO+3I$_2$+4NaOH → HCOONa+3NaI+CHI$_3$↓+3H$_2$O
  에틸알코올 : C$_2$H$_5$OH+4I$_2$+6NaOH → HCOONa+5NaI+CHI$_3$↓+5H$_2$O

**07** 다음은 알콜류에 대한 위험물 기준이다. ( )안에 알맞은 답을 쓰시오.

"알코올류"라 함은 1분자를 구성하는 탄소원자의 수가 1개부터 ( ① )까지인 포화1가 알코올(변성알코올을 포함한다)을 말한다. 다만, 다음 각목의 1에 해당하는 것은 제외한다.
가. 1분자를 구성하는 탄소원자의 수가 1개 내지 3개의 포화1가 알코올의 함유량이 ( ② )중량퍼센트 미만인 수용액
나. 가연성액체량이 ( ③ )중량퍼센트 미만이고 인화점 및 연소점(태그개방식 인화점측정기에 의한 연소점을 말한다. 이하 같다)이 에틸알코올 60중량퍼센트 수용액의 인화점 및 연소점을 초과하는 것

 ① 3개  ② 60  ③ 60

 • 제4류 위험물의 판단기준
① "특수인화물"이라 함은 이황화탄소, 다이에틸에터 그 밖에 1기압에서 발화점이

섭씨 100도 이하인 것 또는 인화점이 섭씨 -20℃이하이고 비점이 40℃이하인 것을 말한다.
② "제1석유류"라 함은 아세톤, 휘발유 그 밖에 1기압에서 인화점이 21℃미만인 것을 말한다.
③ "알코올류"라 함은 1분자를 구성하는 탄소원자의 수가 1개부터 3개까지인 포화1가 알코올(변성알코올을 포함한다)을 말한다. 다만, 다음 각목의 1에 해당하는 것은 제외한다.
　가. 1분자를 구성하는 탄소원자의 수가 1개 내지 3개의 포화1가 알코올의 함유량이 60중량퍼센트 미만인 수용액
　나. 가연성액체량이 60중량퍼센트 미만이고 인화점 및 연소점(태그개방식인화점측정기에 의한 연소점)이 에틸알코올 60중량퍼센트 수용액의 인화점 및 연소점을 초과하는 것
④ "제2석유류"라 함은 등유, 경유 그 밖에 1기압에서 인화점이 21℃이상 70℃미만인 것을 말한다. 다만, 도료류 그 밖의 물품에 있어서 가연성 액체량이 40중량퍼센트 이하이면서 인화점이 섭씨 40도 이상인 동시에 연소점이 섭씨 60도 이상인 것은 제외한다.
⑤ "제3석유류"라 함은 중유, 크레오소트유 그 밖에 1기압에서 인화점이 70℃이상 200℃미만인 것을 말한다. 다만, 도료류 그 밖의 물품은 가연성 액체량이 40중량퍼센트 이하인 것은 제외한다.
⑥ "제4석유류"라 함은 기어유, 실린더유 그 밖에 1기압에서 인화점이 200℃이상 250℃미만의 것을 말한다. 다만 도료류 그 밖의 물품은 가연성 액체량이 40중량퍼센트 이하인 것은 제외한다.
⑦ "동식물유류"라 함은 동물의 지육 등 또는 식물의 종자나 과육으로부터 추출한 것으로서 1기압에서 인화점이 250℃미만인 것을 말한다.

## 08 위험물안전관리법령상 [보기]에 해당하는 위험물에 대한 운반용기 외부에 표시하여야하는 주의사항을 쓰시오.

[보기]　① 과산화나트륨　② 인화성고체　③ 황린

 해답
① 화기주의, 충격주의, 물기엄금, 가연물접촉주의
② 화기엄금
③ 화기엄금, 공기접촉엄금

상세해설
① 과산화나트륨-제1류(알칼리금속의 과산화물)
② 인화성고체-제2류(인화성고체)
③ 황린-제3류(자연발화성물질)

- 위험물 운반용기의 외부 표시 사항
  ① 위험물의 품명, 위험등급, 화학명 및 수용성(제4류 위험물의 수용성인 것에 한함)
  ② 위험물의 수량
  ③ 수납하는 위험물에 따른 주의사항

| 유 별 | 성질에 따른 구분 | 표시사항 |
|---|---|---|
| 제1류 위험물 | 알칼리금속의 과산화물 | 화기·충격주의, 물기엄금 및 가연물접촉주의 |
| | 그 밖의 것 | 화기·충격주의 및 가연물접촉주의 |
| 제2류 위험물 | 철분·금속분·마그네슘 | 화기주의 및 물기엄금 |
| | 인화성고체 | 화기엄금 |
| | 그 밖의 것 | 화기주의 |
| 제3류 위험물 | 자연발화성물질 | 화기엄금 및 공기접촉엄금 |
| | 금수성물질 | 물기엄금 |
| 제4류 위험물 | 인화성 액체 | 화기엄금 |
| 제5류 위험물 | 자기반응성 물질 | 화기엄금 및 충격주의 |
| 제6류 위험물 | 산화성 액체 | 가연물접촉주의 |

**09** 이황화탄소 5kg이 모두 증발하는 경우 발생하는 기체의 부피($m^3$)는 1기압 50℃에서 얼마가 되겠는가?

[계산과정] $V = \dfrac{WRT}{PM} = \dfrac{5 \times 0.082 \times (273+50)}{1 \times 76} = 1.74 m^3$

[답] $1.74 m^3$

- 이황화탄소($CS_2$)의 분자량($M$) = $12 + 32 \times 2 = 76$
- 이상기체상태방정식

$$PV = nRT = \dfrac{W}{M}RT$$

여기서, $P$ : 압력(atm), $V$ : 부피($m^3$), $n$ : mol수, $M$ : 분자량, $W$ : 무게(kg)
$R$ : 기체상수(0.082atm·$m^3$/mol·K), $T$ : 절대온도(273+$t$℃)K

**10** 다음 [표]는 위험물안전관리법령에서 정한 자체소방대에 두는 화학소방자동차 및 인원에 관한 것이다. 빈칸에 알맞은 답을 쓰시오.

| 사업소의 구분 | 화학소방 자동차 | 자체소방 대원의 수 |
|---|---|---|
| 1. 제조소 또는 일반취급소에서 취급하는 제4류 위험물의 최대수량의 합이 지정수량의 3천배 이상 12만배 미만인 사업소 | ( ① )대 | ( ② )인 |
| 2. 제조소 또는 일반취급소에서 취급하는 제4류 위험물의 최대수량의 합이 지정수량의 12만배 이상 24만배 미만인 사업소 | ( ③ )대 | ( ④ )인 |
| 3. 제조소 또는 일반취급소에서 취급하는 제4류 위험물의 최대수량의 합이 지정수량의 24만배 이상 48만배 미만인 사업소 | ( ⑤ )대 | ( ⑥ )인 |
| 4. 제조소 또는 일반취급소에서 취급하는 제4류 위험물의 최대수량의 합이 지정수량의 48만배 이상인 사업소 | ( ⑦ )대 | ( ⑧ )인 |

**해답** ① 1  ② 5  ③ 2  ④ 10  ⑤ 3  ⑥ 15  ⑦ 4  ⑧ 20

**상세해설**

• 자체소방대에 두는 화학소방자동차 및 인원(제4류 위험물)

| 사업소의 구분 | 취급하는 최대수량의 합 | 화학소방 자동차 | 자체소방 대원의 수 |
|---|---|---|---|
| 제조소 또는 일반취급소 | 지정수량의 3천배 이상 12만배 미만 | 1대 | 5인 |
| | 지정수량의 12만배 이상 24만배 미만 | 2대 | 10인 |
| | 지정수량의 24만배 이상 48만배 미만 | 3대 | 15인 |
| | 지정수량의 48만배 이상인 사업소 | 4대 | 20인 |
| 옥외탱크저장소 | 지정수량의 50만배 이상 | 2대 | 10인 |

**11** 다음은 지정과산화물의 옥내저장소의 저장창고 격벽 설치기준이다. ( )안에 알맞은 답을 쓰시오.

저장창고는 ( ① )m² 이내마다 격벽으로 완전하게 구획할 것. 이 경우 당해 격벽은 두께 ( ② )cm 이상의 철근콘크리트조 또는 철골철근콘크리트조로 하거나 두께 ( ③ )cm 이상의 보강콘크리트블록조로 하고, 당해 저장창고의 양측의 외벽으로부터 ( ④ )m 이상, 상부의 지붕으로부터 ( ⑤ )cm 이상 돌출하게 하여야 한다.

**해답** ① 150　② 30　③ 40　④ 1　⑤ 50

**상세해설**

지정과산화물 옥내저장소의 저장창고의 기준
(1) 저장창고는 150m² 이내마다 격벽으로 완전하게 구획할 것. 이 경우 당해 격벽은 두께 30cm 이상의 철근콘크리트조 또는 철골철근콘크리트조로 하거나 두께 40cm 이상의 보강콘크리트블록조로 하고, 당해 저장창고의 양측의 외벽으로부터 1m 이상, 상부의 지붕으로부터 50cm 이상 돌출하게 하여야 한다.
(2) 저장창고의 외벽은 두께 20cm 이상의 철근콘크리트조나 철골철근콘크리트조 또는 두께 30cm 이상의 보강콘크리트블록조로 할 것
(3) 저장창고의 지붕은 다음 각목의 1에 적합할 것
　① 중도리 또는 서까래의 간격은 30cm 이하로 할 것
　② 지붕의 아래쪽 면에는 한 변의 길이가 45cm 이하의 환강·경량형강 등으로 된 강제의 격자를 설치할 것
　③ 지붕의 아래쪽 면에 철망을 쳐서 불연재료의 도리·보 또는 서까래에 단단히 결합할 것
　④ 두께 5cm 이상, 너비 30cm 이상의 목재로 만든 받침대를 설치할 것
(4) 저장창고의 출입구에는 60분+방화문 또는 60분방화문을 설치할 것
(5) 저장창고의 창은 바닥면으로부터 2m 이상의 높이에 두되, 하나의 벽면에 두는 창의 면적의 합계를 당해 벽면의 면적의 80분의 1 이내로 하고, 하나의 창의 면적을 0.4m² 이내로 할 것

## 12 탄화칼슘과 물의 반응식을 쓰고 발생하는 기체의 연소반응식을 쓰시오.

**해답**
① 물과 반응식　$CaC_2 + 2H_2O \rightarrow Ca(OH)_2 + C_2H_2$
② 발생하는 기체의 연소반응식　$2C_2H_2 + 5O_2 \rightarrow 4CO_2 + 2H_2O$

**상세해설**

- 탄화칼슘($CaC_2$) : 제 3류 위험물 중 칼슘탄화물
　① 물과 접촉 시 아세틸렌을 생성하고 열을 발생시킨다.

$$CaC_2 + 2H_2O \rightarrow Ca(OH)_2(수산화칼슘) + C_2H_2 \uparrow (아세틸렌)$$

　② 아세틸렌의 폭발범위는 2.5~81%로 대단히 넓어서 폭발위험성이 크다.
　③ 장기 보관 시 불활성기체($N_2$ 등)를 봉입하여 저장한다.
　④ 별명은 카바이드, 탄화석회, 칼슘카바이드 등이다.
　⑤ 고온(700℃)에서 질화되어 석회질소($CaCN_2$)가 생성된다.

$$CaC_2 + N_2 \rightarrow CaCN_2(석회질소) + C(탄소)$$

　⑥ 물 및 포약제에 의한 소화는 절대 금하고 마른모래 등으로 피복 소화한다.

**13** 다음은 위험물 제조소에 대한 배출설비 기준이다. ( )안에 알맞은 답을 쓰시오.

(1) 배출능력은 1시간당 배출장소 용적의 ( ① )배 이상인 것으로 하여야 한다. 다만, 전역방식의 경우에는 바닥면적 $1m^2$당 ( ② )$m^3$ 이상으로 할 수 있다.
(2) 배출구는 지상 ( ③ )m 이상으로서 연소의 우려가 없는 장소에 설치하고, ( ④ )가 관통하는 벽부분의 바로 가까이에 화재시 자동으로 폐쇄되는 ( ⑤ )를 설치할 것

 ① 20  ② 18  ③ 2  ④ 배출덕트  ⑤ 방화댐퍼

**배출설비의 설치기준** ★★
① 배출설비는 **국소방식**으로 할 것
② 배출설비는 배풍기, 배출닥트, 후드 등을 이용한 **강제배출방식**으로 할 것
③ 배출능력은 1시간당 배출장소 **용적의 20배 이상**인 것으로 할 것
   (단, **전역방식의 경우에는 바닥면적 $1m^2$당 $18m^3$ 이상**으로 할 수 있다)
④ 배출설비의 급기구 및 배출구 설치 기준
   ㉮ **급기구**는 높은 곳에 설치하고, 가는 눈의 구리망 등으로 **인화방지망**을 설치
   ㉯ **배출구**는 **지상 2m 이상**으로서 연소의 우려가 없는 장소에 설치하고, 배출 닥트가 관통하는 벽부분의 바로 가까이에 화재시 자동으로 폐쇄되는 **방화댐퍼를 설치할 것**
⑤ **배풍기**는 **강제배기방식**으로 하고, 옥내닥트의 내압이 대기압 이상이 되지 아니하는 위치에 설치할 것.

**14** 과산화수소가 들어있는 비커에 이산화망가니즈($MnO_2$)을 넣으니 격렬하게 반응이 되면서 기체를 발생한다. 다음 각 물음에 답하시오.

(1) 반응식을 쓰시오.
(2) 생성되는 기체의 명칭을 쓰시오.

 (1) $2H_2O_2 \xrightarrow{MnO_2} 2H_2O + O_2$
(2) 산소

• 이산화망가니즈($MnO_2$)의 역할
  위의 반응에서 $MnO_2$의 역할은 정촉매 역할을 한 것이며 촉매는 반응에 참여하는

것이 아니고 단지 반응속도에만 영향을 준다.

- 과산화수소($H_2O_2$)의 일반적인 성질
  ① 분해 시 산소($O_2$)를 발생시킨다.

  $$2H_2O_2 \rightarrow 2H_2O + O_2$$

  ② 분해안정제로 인산($H_3PO_4$) 및 요산($C_5H_4N_4O_3$)을 첨가한다.
  ③ 저장용기는 밀폐하지 말고 구멍이 있는 마개를 사용한다.
  ④ 하이드라진($NH_2 \cdot NH_2$)과 접촉 시 분해 작용으로 폭발위험이 있다.

  $$NH_2 \cdot NH_2 + 2H_2O_2 \rightarrow 4H_2O + N_2\uparrow$$

  ⑤ 3%용액은 옥시풀이라 하며 표백제 또는 살균제로 이용한다.
  ⑥ 무색인 아이오딘칼륨 녹말종이와 반응하여 청색으로 변화시킨다.

- 과산화수소는 36%(중량) 이상만 위험물에 해당된다.
- 과산화수소는 표백제 및 살균제로 이용된다.

**15** 제4류 위험물인 메틸알코올에 대한 다음 각 물음에 답하시오.

(1) 완전연소 반응식을 쓰시오.
(2) 메틸알코올 1몰이 완전연소 시 생성물질의 전체 몰(mol)수를 쓰시오.

 (1) $2CH_3OH + 3O_2 \rightarrow 2CO_2 + 4H_2O$
(2) $CH_3OH + 1.5O_2 \rightarrow CO_2 + 2H_2O$
 $CO_2$ 1몰 + $H_2O$ 2몰 = 3몰
[답] 3몰

- 메틸알코올($CH_3OH$) : 제4류 위험물 중 알코올류
  ① 무색, 투명한 술 냄새가 나는 휘발성 액체로 목정 또는 메탄올이라고도 한다.
  ② 흡입 시 실명 또는 사망할 수 있다.
  ③ 물에는 무제한으로 녹는다.
  ④ 비중이 물보다 작다.
  ⑤ 연소범위 : 7.3 ~ 36%, 인화점 : 11℃

**16** 다음과 같은 원통형 탱크 중 종으로 설치한 탱크의 내용적을 계산하시오.

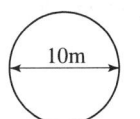 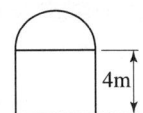

**[계산과정]** 탱크의 내용적 $V = \pi r^2 l = \pi \times 5^2 \times 4 = 314.16\text{m}^3$

**[답]** $314.16\text{m}^3$

① 탱크용적의 산출기준
   탱크의 내용적에서 공간용적을 뺀 용적

   | 탱크의 용적 = 탱크의 내용적 − 탱크의 공간용적 |

② 탱크의 공간용적

   탱크용적의 $\dfrac{5}{100}$ 이상 $\dfrac{10}{100}$ 이하의 용적

③ 타원형 탱크의 내용적
   ㉠ 양쪽이 볼록한 것

   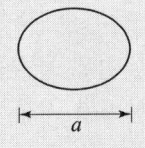 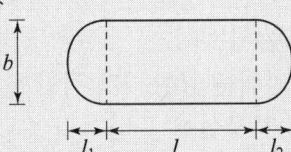   내용적 $= \dfrac{\pi ab}{4}\left(l + \dfrac{l_1 + l_2}{3}\right)$

   ㉡ 한쪽은 볼록하고 다른 한쪽은 오목한 것

   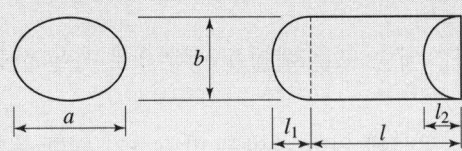   내용적 $= \dfrac{\pi ab}{4}\left(l + \dfrac{l_1 - l_2}{3}\right)$

④ 원통형 탱크의 내용적
   ㉠ 횡으로 설치한 것

   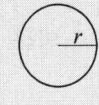 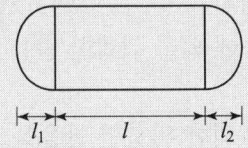   내용적 $= \pi r^2\left(l + \dfrac{l_1 + l_2}{3}\right)$

   ㉡ 종으로 설치한 것

    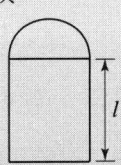   내용적 $= \pi r^2 l$

**17** 질산암모늄의 구성성분 중 질소와 수소 및 산소의 함량을 wt%(중량퍼센트)로 구하시오.(단, 계산과정을 답과 함께 쓸 것)

[계산과정] ① $NH_4NO_3$ 분자량 $= (14 \times 2) + (1 \times 4) + (16 \times 3) = 80$

② $N_2 = \dfrac{14 \times 2}{80} \times 100 = 35\text{wt}\%$

③ $H_2 = \dfrac{1 \times 4}{80} \times 100 = 5\text{wt}\%$

④ $O_2 = \dfrac{16 \times 3}{80} \times 100 = 60\text{wt}\%$

[답] $N_2$ : 35wt%, $H_2$ : 5wt%, $O_2$ : 60wt%

**18** 다음은 위험물의 성질에 따른 제조소의 특례기준이다. ( )안에 알맞은 답을 쓰시오.

(1) (　　)등을 취급하는 설비
 ① 주위에는 누설범위를 국한하기 위한 설비와 누설된 물질등을 안전한 장소에 설치된 저장실에 유입시킬 수 있는 설비를 갖출 것
 ② 불활성기체를 봉입하는 장치를 갖출 것
(2) (　　)등을 취급하는 설비
 ① 은·수은·동·마그네슘 또는 이들을 성분으로 하는 합금으로 만들지 아니할 것
 ② 연소성 혼합기체의 생성에 의한 폭발을 방지하기 위한 불활성기체 또는 수증기를 봉입하는 장치를 갖출 것
(3) (　　)등을 취급하는 설비
 ① 온도 및 농도의 상승에 의한 위험한 반응을 방지하기 위한 조치를 강구할 것
 ② 철이온 등의 혼입에 의한 위험한 반응을 방지하기 위한 조치를 강구할 것

(1) 알킬알루미늄  (2) 아세트알데하이드  (3) 하이드록실아민

**19** 위험물안전관리법령에서 정한 위험물제조소등 중 옥외탱크저장소 중에서 소화난이등급 Ⅰ에 해당하는 것을 모두 고르시오

① 질산 60000kg을 저장하는 옥외탱크저장소
② 과산화수소 액표면적이 40m² 이상인 옥외탱크저장소
③ 이황화탄소 500L를 저장하는 옥외탱크저장소
④ 황 14000kg을 저장하는 지중탱크
⑤ 휘발유 100000kg을 저장하는 해상탱크

**해답** ④, ⑤

**상세해설**

| 구 분 | ① 질산 | ② 과산화수소 | ③ 이황화탄소 | ④ 황 | ⑤ 휘발유 |
|---|---|---|---|---|---|
| 유별 | 제6류 위험물 | 제6류 위험물 | 제4류 위험물 | 제2류 위험물 | 제4류 위험물 |
| 지정수량의 배수 | - | - | $\frac{500}{50}=10$배 | $\frac{14000}{100}=140$배 | $\frac{100000}{200}=500$배 |
| 소화난이등급 Ⅰ 해당여부 | 제외대상 | 제외대상 | 제외대상 | 해당 | 해당 |

- 소화난이등급 Ⅰ에 해당하는 옥외탱크 저장소
  ① **액표면적이 40m² 이상**인 것(**제6류 위험물**을 저장하는 것 및 고인화점위험물만을 100℃ 미만의 온도에서 저장하는 것은 **제외**)
  ② 지반면으로부터 탱크 옆판의 상단까지 높이가 6m 이상인 것(제6류 위험물을 저장하는 것 및 고인화점위험물만을 100℃ 미만의 온도에서 저장하는 것은 제외)
  ③ **지중탱크 또는 해상탱크**로서 **지정수량의 100배 이상**인 것(제6류 위험물을 저장하는 것 및 고인화점위험물만을 100℃ 미만의 온도에서 저장하는 것은 제외)
  ④ 고체위험물을 저장하는 것으로서 지정수량의 100배 이상인 것

**20** 다음 [표]는 지정수량 이상의 위험물을 제조, 저장, 취급하기 위한 장소의 구분에 관한 것이다. 각 물음에 답하시오.

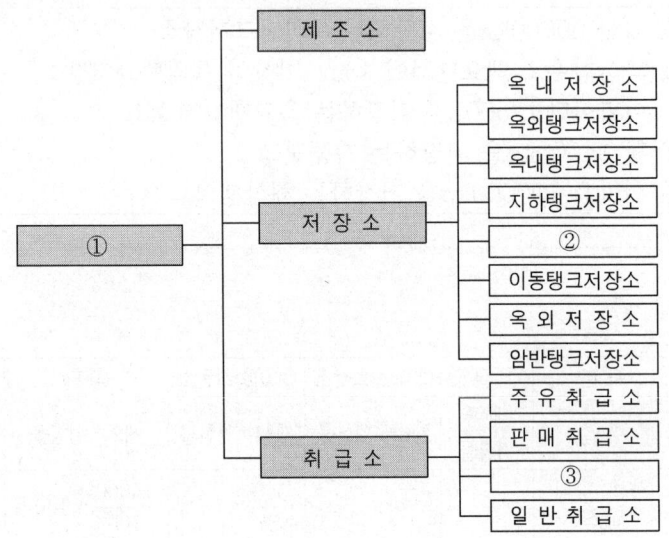

(1) 제조소 · 저장소 및 취급소를 모두 포함하는 ①의 명칭을 쓰시오.
(2) ②의 명칭을 쓰시오.
(3) ③의 명칭을 쓰시오.
(4) 위험물안전관리자를 선임하지 아니하여도 되는 저장소의 종류를 모두 쓰시오. (단, 없으면 없음으로 쓰시오)
(5) 일반취급소 중 액체위험물을 용기에 옮겨 담는 취급소의 명칭을 쓰시오.

**해답** (1) 제조소 등
(2) 간이탱크저장소
(3) 이송취급소
(4) 이동탱크저장소
(5) 충전하는 일반취급소

# 2021년 7월 10일 시행

**01** 표준상태(0℃, 1atm)에서 아세톤 200g을 공기 중에서 완전연소 시켰다. 다음 각 물음에 답하시오. (단, 공기 중 산소의 농도는 부피농도로 21%이다.)

(1) 아세톤의 완전연소 반응식을 쓰시오.
(2) 완전연소에 필요한 이론공기량(L)을 계산하시오.
(3) 완전연소 시 발생하는 이산화탄소의 부피(L)를 계산하시오.

**해답**

(1) 아세톤의 완전연소 반응식

　[답] $CH_3COCH_3 + 4O_2 \rightarrow 3CO_2 + 3H_2O$

(2) 완전연소에 필요한 이론 공기량(L)

　① $CH_3COCH_3(C_3H_6O)$의 분자량 $M = 12 \times 3 + 1 \times 6 + 16 \times 1 = 58$

　② 필요한 이론산소량 : $V = \dfrac{WRT}{PM} \times O_2 \, mol수$ (반응물질 1mol 기준)

　　$V = \dfrac{200g \times 0.082 atm \cdot L/mol \cdot K \times (273+0)K}{1atm \times 58} \times 4mol = 308.77L$

　③ 필요한 이론 공기량 : $V = \dfrac{이론산소량}{공기 중 산소부피농도}$

　　$V = \dfrac{308.77L}{0.21} = 1,470.33L$

　[답] 1,470.33L

(3) 완전연소 시 발생하는 이산화탄소의 부피(L)

　$V = \dfrac{WRT}{PM} \times 생성기체 \, mol수$ (반응물질 1mol 기준)

　$V = \dfrac{200g \times 0.082 atm \cdot L/mol \cdot K \times (273+0)K}{1atm \times 58} \times 3mol = 231.58L$

　[답] 231.58L

**상세해설**

• 이상기체상태방정식

$$PV = nRT = \frac{W}{M}RT$$

여기서, $P$ : 압력(atm), $V$ : 부피(L), $n$ : mol수, $M$ : 분자량, $W$ : 무게(g)
$R$ : 기체상수(0.082atm·L/mol·K), $T$ : 절대온도(273+$t$℃)K

**02** 위험물안전관리법령상 옥내소화전설비에 대한 다음 각 물음에 답하시오.

(1) 제조소등의 건축물의 층마다 당해 층의 각 부분에서 하나의 호스접속구까지의 수평거리(m)는 얼마 이하인가?
(2) 수원의 수량($m^3$)은 가장 많이 설치된 층의 옥내소화전 설치개수(최대 5개)에 얼마를 곱한 양 이상이 되도록 설치하여야 하는가?
(3) 당해 층의 모든 옥내소화전(최대5개)을 동시에 사용할 경우에 각 노즐 끝부분의 방수압력(kPa)과 방수량(L/min)은 얼마이상의 성능이 되어야 하는가?

**해답**
(1) 25m 이하
(2) 7.8$m^3$
(3) 방수압력 : 350kPa 이상, 방수량 : 260L/min 이상

**상세해설**

위험물제조소등의 소화설비 설치기준

| 소화설비 | 수평거리 | 방사량 | 방사압력 | 수원의 양 |
|---|---|---|---|---|
| 옥내 | 25m 이하 | 260(L/min) 이상 | 350(kPa) 이상 | $Q = N$(소화전개수 : 최대 5개) $\times 7.8m^3$(260L/min$\times$30min) |
| 옥외 | 40m 이하 | 450(L/min) 이상 | 350(kPa) 이상 | $Q = N$(소화전개수 : 최대 4개) $\times 13.5m^3$(450L/min$\times$30min) |
| 스프링클러 | 1.7m 이하 | 80(L/min) 이상 | 100(kPa) 이상 | $Q = N$(헤드수 : 최대30개) $\times 2.4m^3$(80L/min$\times$30min) |
| 물분무 | | 20 (L/$m^2$·min) | 350(kPa) 이상 | $Q = A$(바닥면적 $m^2$) $\times 0.6m^3$(20L/$m^2$·min$\times$30min) |

**03** 다음 [보기]의 위험물에 대한 각 물음에 답하시오.

[보기] 아세톤, 메틸에틸케톤, 아닐린, 클로로벤젠, 메탄올

(1) [보기]에서 인화점이 가장 낮은 물질을 쓰시오.
(2) (1)에서 답한 물질에 대한 구조식을 쓰시오.
(3) [보기]중 제1석유류를 모두 쓰시오.

 (1) 아세톤
(2)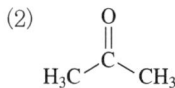
(3) 아세톤, 메틸에틸케톤

제4류 위험물의 구분

| 구 분 | 아세톤 | 메틸에틸케톤 | 아닐린 | 클로로벤젠 | 메탄올 |
|---|---|---|---|---|---|
| 화학식 | $CH_3COCH_3$ | $CH_3COC_2H_5$ | $C_6H_5NH_2$ | $C_6H_5Cl$ | $CH_3OH$ |
| 유 별 | 제1석유류 | 제1석유류 | 제3석유류 | 제2석유류 | 알코올류 |
| 인화점 | $-18℃$ | $-7℃$ | $70℃$ | $32℃$ | $11℃$ |

**04** 제3류 위험물인 칼륨과 보기의 위험물이 반응하는 경우 반응식을 쓰시오.

[보기] ① 물　② 이산화탄소　③ 에탄올

 ① $2K + 2H_2O \rightarrow 2KOH + H_2$
② $4K + 3CO_2 \rightarrow 2K_2CO_3 + C$
③ $2K + 2C_2H_5OH \rightarrow 2C_2H_5OK + H_2$

• 금속칼륨 및 금속나트륨 : 제3류 위험물(금수성)
① 물과 반응하여 수소기체 발생

$2Na + 2H_2O \rightarrow 2NaOH$(수산화나트륨) $+ H_2 \uparrow$ (수소발생)
$2K + 2H_2O \rightarrow 2KOH$(수산화칼륨) $+ H_2 \uparrow$ (수소발생)

② 금속나트륨과 $CO_2$의 반응식
$4Na + 3CO_2 \rightarrow 2Na_2CO_3 + C$
(금속나트륨과 이산화탄소는 폭발적으로 반응하기 때문에 위험)

- 에틸알코올($C_2H_5OH$) : 제4류 위험물 중 알코올류

| 화학식 | 분자량 | 비중 | 비점 | 인화점 | 착화점 | 연소범위 |
|---|---|---|---|---|---|---|
| $C_2H_5OH$ | 46 | 0.8 | 78.3℃ | 13℃ | 423℃ | 4.3~19% |

① 무색 투명한 액체이며 술 속에 포함되어 있어 주정이라고 한다.
② 물에 아주 잘 녹으며 유기용제이다.
③ 연소 시 주간에는 불꽃이 잘 보이지 않는다.

$$C_2H_5OH + 3O_2 \rightarrow 2CO_2 + 3H_2O$$

④ 금속나트륨, 금속칼륨을 가하면 수소($H_2$)가 발생한다.

$$2C_2H_5OH + 2Na \rightarrow 2C_2H_5ONa + H_2 \uparrow$$
$$2C_2H_5OH + 2K \rightarrow 2C_2H_5OK + H_2 \uparrow$$

⑤ 아이오딘포름 반응을 하므로 에탄올검출에 이용된다.

에틸알코올의 반응식
- 알칼리금속과 반응    $2Na + 2C_2H_5OH \rightarrow 2C_2H_5ONa + H_2 \uparrow$
- 산화, 환원반응식     $C_2H_5OH \underset{환원}{\overset{산화}{\rightleftarrows}} CH_3CHO \underset{환원}{\overset{산화}{\rightleftarrows}} CH_3COOH$

---

**05** 다음 [보기]의 위험물 중 염산과 반응하여 제6류 위험물을 생성하는 물질을 선택하여 물과의 반응식을 쓰시오.

[보기] 과염소산암모늄, 과산화나트륨, 과망가니즈산칼륨, 마그네슘

 $2Na_2O_2 + 2H_2O \rightarrow 4NaOH + O_2$

 과산화나트륨($Na_2O_2$) : 제1류위험물 중 무기과산화물(금수성)

| 화학식 | 분자량 | 비중 | 융점 | 분해온도 |
|---|---|---|---|---|
| $Na_2O_2$ | 78 | 2.8 | 460℃ | 460℃ |

① 상온에서 물과 격렬히 반응하여 산소($O_2$)를 방출하고 폭발하기도 한다.

$$2Na_2O_2 + 2H_2O \rightarrow 4NaOH + O_2 \uparrow$$

② 공기 중 이산화탄소($CO_2$)와 반응하여 산소($O_2$)를 방출한다.

$$2Na_2O_2 + 2CO_2 \rightarrow 2Na_2CO_3 + O_2 \uparrow$$

③ 산과 반응하여 과산화수소($H_2O_2$)를 생성시킨다.

$$Na_2O_2 + 2HCl \rightarrow 2NaCl + H_2O_2$$

④ 열분해 시 산소($O_2$)를 방출한다.

$$2Na_2O_2 \rightarrow 2Na_2O + O_2 \uparrow$$

⑤ 주수소화는 금물이고 마른모래(건조사) 등으로 소화한다.

**06** 제2류 위험물과 동소체 관계가 있으며 자연발화성인 제3류 위험물에 대한 다음 각 물음에 답하시오.

(1) 완전연소반응식을 쓰시오.
(2) 위험등급을 쓰시오.
(3) 옥내저장소에 저장하는 경우 바닥면적은 몇 $m^2$ 이하로 하여야 하는지 쓰시오.

**해답**
(1) $P_4 + 5O_2 \rightarrow 2P_2O_5$
(2) Ⅰ등급
(3) $1,000m^2$ 이하

**상세해설**

- **황린($P_4$)[별명 : 백린] : 제 3류 위험물(자연발화성물질)**
  ① 공기 중 약 40~50℃에서 자연 발화한다.
  ② 저장 시 자연 발화성이므로 반드시 물속에 저장한다.
  ③ 인화수소($PH_3$)의 생성을 방지하기 위하여 물의 pH=9(약알칼리)가 안전한계이다.
  ④ 연소 시 오산화인($P_2O_5$)의 흰 연기가 발생한다.

  $$P_4 + 5O_2 \rightarrow 2P_2O_5 (오산화인)$$

  ⑤ 강알칼리의 용액에서는 유독기체인 포스핀($PH_3$)을 발생한다.

  $$P_4 + 3NaOH + 3H_2O \rightarrow 3NaH_2PO_2 + PH_3 \uparrow (인화수소=포스핀)$$

- **옥내저장소의 저장창고 바닥면적 설치기준** ★★

| 위험물의 종류 | 바닥면적 |
|---|---|
| 제1류 위험물 중 아염소산염류, 염소산염류, 과염소산염류, 무기과산화물, 그 밖에 지정수량 50kg인 위험물 | $1000m^2$ 이하 |
| 제3류 위험물 중 칼륨, 나트륨, 알킬알루미늄, 알킬리튬, 그 밖에 지정수량이 10kg인 위험물 및 **황린** | |
| 제4류 위험물 중 특수인화물, 제1석유류 및 알코올류 | |
| 제5류 위험물 중 유기과산화물, 질산에스터류, 그 밖에 지정수량이 10kg인 위험물 | |
| 제6류 위험물 | |
| 위 이외의 위험물을 저장하는 창고 | $2000m^2$ 이하 |
| 내화구조의 격벽으로 완전히 구획된 실에 각각 저장하는 창고 | $1500m^2$ 이하 |

**07** 옥외저장탱크의 주위에는 그 저장 또는 취급하는 위험물의 최대수량에 따라 옥외저장탱크의 측면으로부터 다음 표에 의한 너비의 공지를 보유하여야 한다. 빈칸에 알맞은 답을 쓰시오.

| 저장 또는 취급하는 위험물의 최대수량 | 공지의 너비 |
|---|---|
| 지정수량의 500배 이하 | ( ① )m 이상 |
| 지정수량의 500배 초과 1,000배 이하 | ( ② )m 이상 |
| 지정수량의 1,000배 초과 2,000배 이하 | ( ③ )m 이상 |
| 지정수량의 2,000배 초과 3,000배 이하 | ( ④ )m 이상 |
| 지정수량의 3,000배 초과 4,000배 이하 | ( ⑤ )m 이상 |

 ① 3  ② 5  ③ 9  ④ 12  ⑤ 15

**옥외저장탱크의 보유공지**

| 저장 또는 취급하는 위험물의 최대수량 | 공지의 너비 |
|---|---|
| • 지정수량의 500배 이하 | 3m 이상 |
| • 지정수량의 500배 초과 1000배 이하 | 5m 이상 |
| • 지정수량의 1000배 초과 2000배 이하 | 9m 이상 |
| • 지정수량의 2000배 초과 3000배 이하 | 12m 이상 |
| • 지정수량의 3000배 초과 4000배 이하 | 15m 이상 |
| • 지정수량의 4000배 초과 | 당해 탱크의 수평단면의 최대지름(횡형인 경우에는 긴변)과 높이 중 큰 것과 지정수량의 4,000배 초과 같은 거리 이상. 다만, 30m 초과의 경우에는 30m 이상으로 할 수 있고, 15m 미만의 경우에는 15m 이상으로 하여야 한다. |

**08** 제4류 위험물 중 특수인화물에 속하며 물속에 저장하는 위험물에 대한 다음 각 물음에 답하시오.

(1) 연소하는 경우 생성되는 유독성 물질을 화학식으로 쓰시오.
(2) 증기비중을 구하시오.
(3) 옥외저장탱크에 저장하는 경우 철근콘크리트 수조의 벽 두께는 몇 m 이상으로 하여야 하는지 쓰시오.

(1) $SO_2$

(2) $S = \dfrac{76}{29} = 2.62$

(3) 0.2m 이상

**상세해설**

• 이황화탄소($CS_2$) : 제4류 위험물 중 특수인화물

| 화학식 | 분자량 | 비중 | 비점 | 인화점 | 착화점 | 연소범위 |
|---|---|---|---|---|---|---|
| $CS_2$ | 76.1 | 1.26 | 46℃ | -30℃ | 100℃ | 1.0~50% |

① 무색투명한 액체이다.
② 물에는 녹지 않고 알코올, 에테르, 벤젠 등 유기용제에 녹는다.
③ 완전 연소 시 이산화탄소($CO_2$)와 이산화황($SO_2$)을 생성한다.

$$CS_2 + 3O_2 \rightarrow CO_2(\text{이산화탄소}) + 2SO_2(\text{이산화황}) + \text{푸른색 불꽃}$$

④ 저장 시 옥외저장탱크는 벽 및 바닥의 두께가 0.2m 이상이고 누수가 되지 아니하는 철근콘크리트의 수조에 넣어 보관하여야 한다.

**09** 다음 표에 혼재가 가능한 위험물은 ○, 혼재가 불가능한 위험물은 ×로 표시하시오.(단, 지정수량의 $\dfrac{1}{10}$ 을 초과하는 위험물에 적용하는 경우이다).

| 구 분 | 제1류 | 제2류 | 제3류 | 제4류 | 제5류 | 제6류 |
|---|---|---|---|---|---|---|
| 제1류 |  | × | × |  | × |  |
| 제2류 |  |  | × |  | ○ |  |
| 제3류 |  | × |  |  | × |  |
| 제4류 |  | ○ | ○ |  | ○ |  |
| 제5류 |  | ○ | × |  |  |  |
| 제6류 |  | × | × |  | × |  |

| 구 분 | 제1류 | 제2류 | 제3류 | 제4류 | 제5류 | 제6류 |
|---|---|---|---|---|---|---|
| 제1류 |  | × | × | × | × | ○ |
| 제2류 | × |  | × | ○ | ○ | × |
| 제3류 | × | × |  | ○ | × | × |
| 제4류 | × | ○ | ○ |  | ○ | × |
| 제5류 | × | ○ | × | ○ |  | × |
| 제6류 | ○ | × | × | × | × |  |

- 쉬운 암기법

  ↓1 + 6↑    2 + 4
  ↓2 + 5↑    5 + 4
  ↓3 + 4↑

**10** 다음은 위험물안전관리법령상 옥외저장탱크·옥내저장탱크 또는 지하저장탱크에 저장하는 아세트알데하이드 등 및 다이에틸에터 등(다이에틸에터 또는 이를 함유한 것)의 저장기준이다. ( )안에 알맞은 답을 쓰시오.

(1) 산화프로필렌 : 압력탱크 외의 탱크에 저장하는 경우 ( ① )℃ 이하로 유지할 것

(2) 다이에틸에터 등 : 압력탱크 외의 탱크에 저장하는 경우 ( ② )℃ 이하로 유지할 것

(3) 아세트알데하이드 : 압력탱크 외의 탱크에 저장하는 경우 ( ③ )℃ 이하로 유지할 것

(4) 아세트알데하이드 등 : 압력탱크에 저장하는 경우 ( ④ )℃ 이하로 유지할 것

(5) 다이에틸에터 등 : 압력탱크에 저장하는 경우 ( ⑤ )℃ 이하로 유지할 것

 ① 30  ② 30  ③ 15  ④ 40  ⑤ 40

- 옥외저장탱크·옥내저장탱크 또는 지하저장탱크의 저장 유지온도

| 구 분 | 압력탱크 외의 탱크 | 구 분 | 압력탱크 |
|---|---|---|---|
| 산화프로필렌과 이를 함유한 것 또는 다이에틸에터등 | 30℃ 이하 | 아세트알데하이드등 또는 다이에틸에터등 | 40℃ 이하 |
| 아세트알데하이드 또는 이를 함유한 것 | 15℃ 이하 | | |

- 이동저장탱크의 저장 유지온도

| 구 분 | 보냉장치가 있는 경우 | 보냉장치가 없는 경우 |
|---|---|---|
| 아세트알데하이드등 또는 다이에틸에터등 | 비점 이하 | 40℃ 이하 |

**11** 다음은 위험물의 저장, 취급의 공통기준이다. ( ) 안에 알맞은 답을 쓰시오.

> (1) 제2류 위험물은 산화제와의 접촉·혼합이나 불티·불꽃·고온체와의 접근 또는 과열을 피하는 한편, ( ① ) ( ② ) ( ③ ) 및 이를 함유한 것에 있어서는 물이나 산과의 접촉을 피하고 인화성 고체에 있어서는 함부로 증기를 발생시키지 아니하여야 한다.
> (2) 제3류 위험물 중 자연발화성물질에 있어서는 불티·불꽃 또는 고온체와의 접근·과열 또는 ( ④ )와의 접촉을 피하고, 금수성물질에 있어서는 물과의 접촉을 피하여야 한다.
> (3) ( ⑤ ) 위험물은 불티·불꽃·고온체와의 접근이나 과열·충격 또는 마찰을 피하여야 한다.

 ① 철분 ② 금속분 ③ 마그네슘 ④ 공기 ⑤ 제5류

> 위험물의 유별 저장·취급의 공통기준(중요기준)
> ① **제1류 위험물**은 **가연물과의 접촉·혼합**이나 **분해를 촉진하는 물품**과의 접근 또는 과열·충격·마찰 등을 피하는 한편, 알카리금속의 과산화물 및 이를 함유한 것에 있어서는 **물과의 접촉을 피하여야 한다.**
> ② **제2류 위험물**은 산화제와의 접촉·혼합이나 **불티·불꽃·고온체**와의 접근 또는 과열을 피하는 한편, **철분·금속분·마그네슘** 및 이를 함유한 것에 있어서는 **물이나 산과의 접촉**을 피하고 **인화성 고체**에 있어서는 함부로 **증기**를 발생시키지 아니하여야 한다.
> ③ **제3류 위험물** 중 **자연발화성물질**에 있어서는 **불티·불꽃 또는 고온체와의 접근·**과열 또는 **공기**와의 접촉을 피하고, **금수성물질**에 있어서는 **물과의 접촉**을 피하여야 한다.
> ④ **제4류 위험물**은 불티·불꽃·고온체와의 접근 또는 과열을 피하고, 함부로 **증기**를 발생시키지 아니하여야 한다.
> ⑤ **제5류 위험물**은 불티·불꽃·고온체와의 접근이나 **과열·충격 또는 마찰**을 피하여야 한다.
> ⑥ **제6류 위험물**은 **가연물**과의 접촉·혼합이나 **분해를 촉진하는** 물품과의 접근 또는 과열을 피하여야 한다.

**12** 질산암모늄 800g이 완전 열분해 하는 경우 생성되는 기체의 부피(L)는 표준상태에서 전부 얼마가 되겠는가?

**해답** (방법1)

① NH₄NO₃(질산암모늄)의 열분해 반응식(표준상태 : 0℃, 1기압)
② NH₄NO₃(질산암모늄)의 분자량 = 14+(1×4)+14+(16×3) = 80
③ 2NH₄NO₃ → 2N₂ + O₂ + 4H₂O
　2×80g ――→ (2+1+4)7몰×22.4L
　800g ――→ X
④ ∴ $X = \dfrac{800 \times 7 \times 22.4}{2 \times 80} = 784L$ (생성된 기체부피)

(방법2)
① 이상기체 상태방정식

$$PV = \dfrac{W}{M}RT = nRT$$

여기서, $P$ : 압력(atm), $V$ : 부피(L), $\dfrac{W}{M}$(n) : mol, $W$ : 무게(g)
　　　　$M$ : 분자량, $R$ : 기체상수(0.082atm · L/mol · K)
　　　　$T$ : 절대온도(273+$t$℃)K

② NH₄NO₃(질산암모늄)의 분자량 = 14+(1×4)+14+(16×3) = 80
③ NH₄NO₃(질산암모늄)의 열분해 반응식(표준상태 : 0℃, 1기압)

$$2NH_4NO_3 \rightarrow 2N_2 + O_2 + 4H_2O$$

④ NH₄NO₃ → N₂ + 0.5O₂ + 2H₂O

- 이상기체상태방정식을 적용하려면
  반응식에서 열분해하는 물질의 몰수는 1몰을 기준으로 하여야 한다.

⑤ ∴ $V = \dfrac{WRT}{PM} \times$ 생성기체 몰 수 $= \dfrac{800 \times 0.082 \times (273+0)}{1 \times 80} \times 3.5$
　　= 783.51L

**[답]** 783.51L

**상세해설**

- 질산암모늄의 열분해 반응식

$$2NH_4NO_3 \rightarrow 2N_2 + O_2 + 4H_2O$$

**13** 98wt%인 질산(비중1.51)100mL를 68wt%(비중1.41)로 만들기 위해 첨가하여야 하는 물의 양(g)은 얼마인지 계산하시오. (단, 물의 밀도는 1g/cm³이다.

[계산과정] ① wt%(중량%)= $\dfrac{\text{순수한 질산의 무게}(X_1)}{\text{질산의 무게}(X_2)+\text{물의 무게}(Y)} \times 100$

② $\dfrac{X_1}{X_2+Y} \times 100 = 68\%$   $\dfrac{X_1}{X_2+Y} = 0.68$

③ $X_1$(순수한 질산의 무게)= $100\text{mL} \times 1.51 \times 0.98 = 147.98\text{g}$

④ $X_2$(질산의 무게)= $100\text{mL} \times 1.51 = 151\text{g}$

⑤ $\dfrac{147.98}{151+Y} = 0.68$

⑥ $0.68 \times (151+Y) = 147.98$   $0.68Y = 147.98 - (0.68 \times 151)$
   $Y = 66.62\text{g}$

[답] 66.62g

**14** 다음 [보기]의 위험물에 대한 완전연소반응식을 쓰시오.

[보기] ① 오황화인,   ② 마그네슘,   ③ 알루미늄

① $2P_2S_5 + 15O_2 \rightarrow 2P_2O_5 + 10SO_2$

② $2Mg + O_2 \rightarrow 2MgO$

③ $4Al + 3O_2 \rightarrow 2Al_2O_3$

**15** 다음은 위험물안전관리법령에서 정한 액체위험물의 옥외저장탱크의 주입구 기준이다. 각 물음에 답하시오.

( ① ), ( ② ) 그 밖에 정전기에 의한 재해가 발생할 우려가 있는 액체위험물의 옥외저장탱크의 주입구 부근에는 정전기를 유효하게 제거하기 위한 접지전극을 설치할 것

(1) (   )안의 번호에 알맞은 답을 쓰시오.
(2) 겨울철에 응고가 될 수 있고 인화점이 낮은 방향족탄화수소의 구조식을 쓰시오.

(1) ① 휘발유   ② 벤젠
(2)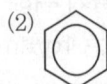

 액체위험물의 옥외저장탱크의 주입구 설치기준
① **휘발유, 벤젠** 그 밖에 정전기에 의한 재해가 발생할 우려가 있는 액체위험물의 옥외저장탱크의 주입구 부근에는 정전기를 유효하게 제거하기 위한 **접지전극**을 설치할 것
② 인화점이 21℃ 미만인 위험물의 옥외저장탱크의 주입구에는 보기 쉬운 곳에 다음의 기준에 의한 게시판을 설치할 것.
  • 게시판은 **한 변이 0.3m 이상, 다른 한 변이 0.6m 이상**인 직사각형으로 할 것
  • 게시판에는 "**옥외저장탱크 주입구**"라고 표시하는 것외에 취급하는 **위험물의 유별, 품명 및 주의사항**을 표시할 것
③ 게시판은 **백색바탕에 흑색문자(주의사항은 적색문자)**로 할 것

**16** 제4류 위험물인 메틸알코올이 산화하는 경우 포름알데하이드와 물이 생성된다. 이때 메틸알코올 320g이 산화하는 경우 생성되는 포름알데하이드의 양(g)을 구하시오.

[계산과정] $CH_3OH$의 분자량 = $12 + 1 \times 4 + 16 = 32$
HCHO의 분자량 = $1 \times 2 + 12 + 16 = 30$
$2CH_3OH + O_2 \rightarrow 2HCHO + 2H_2O$
$2 \times 32g \longrightarrow 2 \times 30g$
$320g \longrightarrow X$
$X = \dfrac{320 \times 2 \times 30}{2 \times 32} = 300g$

[답] 300g

**17** 화재가 발생하는 경우 소화방법에 대한 다음 각 물음에 답하시오.

(1) 소화방법의 분류 중 대표적인 소화방법 4가지를 쓰시오.
(2) 증발잠열을 이용하여 소화하는 방법은 (1)의 소화방법 중 어느 것인지 쓰시오.
(3) 산소의 농도를 감소시켜 소화하는 방법은 (1)의 소화방법 중 어느 것인지 쓰시오.
(4) 원료를 공급하는 배관의 밸브를 폐쇄시켜 소화하는 방법은 (1)의 소화방법 중 어느 것인지 쓰시오.

**해답**
(1) 냉각소화, 질식소화, 억제(부촉매)소화, 제거소화, 희석소화
(2) 냉각소화
(3) 질식소화
(4) 제거소화

**상세해설**
- 소화원리
  ① 냉각소화 : 가연성 물질을 발화점 이하로 온도를 냉각
    - 물이 소화약제로 사용되는 이유
      - 물의 기화열(539kcal/kg)이 크기 때문
      - 물의 비열 (1kcal/kg℃)이 크기 때문
  ② 질식소화 : 산소농도를 21%에서 15% 이하로 감소
    - 질식소화 시 산소의 유지농도 : 10~15%
  ③ 억제소화 (부촉매소화, 화학적소화) : 연쇄반응을 억제
    - 부촉매 : 화학적 반응의 속도를 느리게 하는 것
    - 부촉매 효과 : 할로젠화합물 소화약제
      (할로젠족원소 : 불소(F), 염소(Cl), 브로민(Br), 아이오딘(I))
  ④ 제거소화 : 가연성물질을 제거시켜 소화
    - 산불이 발생하면 화재의 진행방향을 앞질러 벌목.
    - 화학반응기의 화재 시 원료공급관의 밸브를 폐쇄.
    - 유전화재 시 폭약으로 폭풍을 일으켜 화염을 제거.
    - 촛불을 입김으로 불어 화염을 제거.
  ⑤ 피복소화 : 가연물 주위를 공기와 차단
  ⑥ 희석소화 : 수용성인 인화성액체 화재 시 물을 방사하여 가연물의 연소농도를 희석

**18** 위험물안전관리법령에서 정한 지정과산화물을 저장. 취급하는 옥내저장소의 저장창고의 기준에 대하여 다음 각 물음에 답하시오.

(1) 유기과산화물의 위험등급을 쓰시오.
(2) 지정과산화물을 저장 또는 취급하는 저장창고는 몇 $m^2$ 이내마다 격벽으로 완전하게 구획하여야 하는지 쓰시오.
(3) 저장창고의 외벽을 철근콘크리트조로 하는 경우 두께는 몇 cm 이상으로 하여야 하는지 쓰시오.

**해답**
(1) I 등급
(2) 150$m^2$ 이내
(3) 20cm 이상

**상세해설**

1. 지정과산화물
   제5류 위험물중 **유기과산화물** 또는 이를 함유하는 것으로서 **지정수량이 10kg**인 것

2. 지정과산화물을 저장 또는 취급하는 옥내저장소의 저장창고의 기준
   (1) 저장창고는 150$m^2$ 이내마다 **격벽**으로 완전하게 **구획**할 것. 이 경우 당해 격벽은 두께 30cm 이상의 철근콘크리트조 또는 철골철근콘크리트조로 하거나 두께 40cm 이상의 보강콘크리트블록조로 하고, 당해 저장창고의 양측의 외벽으로부터 1m 이상, 상부의 지붕으로부터 50cm 이상 돌출하게 하여야 한다.
   (2) 저장창고의 **외벽은 두께 20cm 이상의 철근콘크리트조나 철골철근콘크리트조** 또는 두께 30cm 이상의 보강콘크리트블록조로 할 것
   (3) 저장창고의 지붕은 다음 각목의 1에 적합할 것
     ① **중도리** 또는 서까래의 간격은 30cm 이하로 할 것
     ② 지붕의 아래쪽 면에는 한 변의 길이가 45cm 이하의 환강·경량형강 등으로 된 강제의 격자를 설치할 것
     ③ 지붕의 아래쪽 면에 철망을 쳐서 불연재료의 도리·보 또는 서까래에 단단히 결합할 것
     ④ **두께 5cm 이상, 너비 30cm 이상**의 목재로 만든 받침대를 설치할 것
   (4) 저장창고의 출입구에는 60분+방화문 또는 60분방화문을 설치할 것
   (5) 저장창고의 창은 바닥면으로부터 2m 이상의 높이에 두되, 하나의 벽면에 두는 창의 면적의 합계를 당해 벽면의 면적의 80분의 1 이내로 하고, 하나의 창의 면적을 0.4$m^2$ 이내로 할 것

**19** 덩어리 상태의 황 30,000kg을 지반면에 설치한 내부면적이 300m²인 옥외저장소에 저장하는 경우 다음 각 물음에 답하시오.

(1) 옥외저장소에 설치할 수 있는 경계표시는 몇 개인지 쓰시오.
(2) 경계표시와 경계표시 사이의 간격은 몇 m 이상으로 하여야 하는지 쓰시오.
(3) 제4류 위험물(인화점이 10℃ 이상)을 함께 저장할 수 있는지 유무를 쓰시오.

(1) $N = \dfrac{300\text{m}^2}{100\text{m}^2} = 3$개

**[답]** 3개

(2) 지정수량의 배수 $N = \dfrac{30,000\text{kg}}{100\text{kg}} = 300$배

※ 저장 또는 취급하는 위험물의 최대수량이 지정수량의 **200배 이상**인 경우에는 **10m 이상**

**[답]** 10m 이상

(3) 저장 불가능

옥외저장소 중 덩어리 상태의 황만을 지반면에 설치한 경계표시의 안쪽에서 저장 또는 취급하는 것의 위치·구조 및 설비의 기술기준
① 하나의 경계표시의 내부의 면적은 100m² 이하일 것
② 2 이상의 경계표시를 설치하는 경우에 있어서는 각각의 경계표시 내부의 면적을 합산한 면적은 1,000m² 이하로 하고, 인접하는 경계표시와 경계표시와의 간격을 규정에 의한 공지의 너비의 2분의 1 이상으로 할 것. 다만, 저장 또는 취급하는 위험물의 최대수량이 지정수량의 200배 이상인 경우에는 10m 이상으로 하여야 한다.
③ 경계표시는 불연재료로 만드는 동시에 황이 새지 아니하는 구조로 할 것
④ 경계표시의 **높이는 1.5m 이하**로 할 것
⑤ 경계표시에는 황이 넘치거나 비산하는 것을 방지하기 위한 천막 등을 고정하는 장치를 설치하되, 천막 등을 **고정하는 장치**는 경계표시의 **길이 2m마다 한 개 이상** 설치할 것
⑥ 황을 저장 또는 취급하는 장소의 주위에는 **배수구와 분리장치**를 설치할 것

**20** 다음은 위험물안전관리법령에서 정한 제조소등에서의 위험물의 저장 및 취급에 관한 중요기준이다. 맞는 것을 모두 골라 번호로 답하시오.

① 옥내저장소에서는 용기에 수납하여 저장하는 위험물의 온도가 45℃를 넘지 아니하도록 필요한 조치를 강구하여야 한다.
② 제3류 위험물 중 황린 그 밖에 물속에 저장하는 물품과 금수성물질은 동일한 저장소에 저장할 수 있다.
③ 컨테이너식 이동탱크저장소외의 이동탱크저장소에 있어서는 위험물을 저장한 상태로 이동저장탱크를 옮겨 싣지 아니하여야 한다.
④ 위험물을 이송하기 위한 배관·펌프 및 이에 부속한 설비의 안전을 확인하기 위한 순찰을 행하고, 위험물을 이송하는 중에는 이송하는 위험물의 온도 및 중량을 항상 감시할 것
⑤ 제조소등에서 규정에 의한 허가 및 신고와 관련되는 품명 외의 위험물 또는 이러한 허가 및 신고와 관련되는 수량 또는 지정수량의 배수를 초과하는 위험물을 저장 또는 취급하지 아니하여야 한다.

**해답** ③, ⑤

**상세해설**
① 옥내저장소에서는 용기에 수납하여 저장하는 위험물의 **온도가 55℃**를 넘지 아니하도록 필요한 조치를 강구하여야 한다.(중요기준)
② 제3류 위험물 중 황린 그 밖에 물속에 저장하는 물품과 금수성물질은 동일한 저장소에서 **저장하지 아니하여야 한다**.(중요기준)
③ 컨테이너식 이동탱크저장소외의 이동탱크저장소에 있어서는 위험물을 저장한 상태로 이동저장탱크를 옮겨 싣지 아니하여야 한다(중요기준).
④ 위험물을 이송하기 위한 배관·펌프 및 이에 부속한 설비의 안전을 확인하기 위한 순찰을 행하고, 위험물을 이송하는 중에는 이송하는 **위험물의 압력 및 유량**을 항상 감시할 것(중요기준)
⑤ 제조소등에서 규정에 의한 허가 및 신고와 관련되는 품명 외의 위험물 또는 이러한 허가 및 신고와 관련되는 수량 또는 지정수량의 배수를 초과하는 위험물을 저장 또는 취급하지 아니하여야 한다(중요기준)

# 위험물산업기사 실기

## 2021년 11월 14일 시행

**01** 아래의 종별 분말소화약제의 주성분을 화학식으로 쓰시오.
① 제1종 ② 제2종 ③ 제3종

**해답** ① $NaHCO_3$ ② $KHCO_3$ ③ $NH_4H_2PO_4$

**상세해설**
• 분말약제의 종류

| 종별 | 약제명 | 화학식 | 착색 | 열분해 반응식 | 적응화재 |
|---|---|---|---|---|---|
| 제1종 | 탄산수소나트륨<br>중탄산나트륨<br>중조 | $NaHCO_3$ | 백색 | 270℃ $2NaHCO_3$<br>→ $Na_2CO_3+CO_2+H_2O$<br>850℃ $2NaHCO_3$<br>→ $Na_2O+2CO_2+H_2O$ | B, C급 |
| 제2종 | 탄산수소칼륨<br>중탄산칼륨 | $KHCO_3$ | 담회색 | 190℃ $2KHCO_3$<br>→ $K_2CO_3+CO_2+H_2O$<br>590℃ $2KHCO_3$<br>→ $K_2O+2CO_2+H_2O$ | B, C급 |
| 제3종 | 제1인산암모늄 | $NH_4H_2PO_4$ | 담홍색 | $NH_4H_2PO_4$<br>→ $HPO_3+NH_3+H_2O$ | A, B, C급 |
| 제4종 | 중탄산칼륨+요소 | $KHCO_3+$<br>$(NH_2)_2CO$ | 회(백)색 | $2KHCO_3+(NH_2)_2CO$<br>→ $K_2CO_3+2NH_3+2CO_2$ | B, C급 |

**02** TNT(트라이나이트로톨루엔)를 제조하는 과정에 대한 화학 반응식을 쓰시오.

**해답**
$$C_6H_5CH_3 + 3HNO_3 \xrightarrow{C-H_2SO_4} C_6H_2CH_3(NO_2)_3 + 3H_2O$$

**상세해설**
**트라이나이트로톨루엔[$C_6H_2CH_3(NO_2)_3$]** : 제5류 위험물 중 나이트로화합물
① 물에는 녹지 않고 알코올, 아세톤, 벤젠에 녹는다.
② 톨루엔과 질산을 반응시켜 얻는다.

$$C_6H_5CH_3 + 3HNO_3 \xrightarrow[\text{(탈수작용)}]{C-H_2SO_4} C_6H_2CH_3(NO_2)_3 + 3H_2O$$
　　(톨루엔)　　　(질산)　　　　　　　　(트라이나이트로톨루엔)　(물)

③ Tri Nitro Toluene의 약자로 TNT라고도 한다.
④ 담황색의 주상결정이며 햇빛에 다갈색으로 변색된다.
⑤ 강력한 폭약이며 급격한 타격에 폭발한다.

㉠ 트라이나이트로톨루엔의 구조식

（구조식: 톨루엔 고리에 CH₃ (상단), O₂N (좌측), NO₂ (우측), NO₂ (하단)）

㉡ 트라이나이트로톨루엔의 열분해 반응식
$2C_6H_2CH_3(NO_2)_3 \rightarrow 2C + 3N_2\uparrow + 5H_2\uparrow + 12CO\uparrow$

⑥ 연소 시 연소속도가 너무 빠르므로 소화가 곤란하다.
⑦ 무기 및 다이나마이트, 질산폭약제 제조에 이용된다.

## 03. 다음 [보기]의 물질 중 연소범위가 가장 큰 물질에 대한 각 물음에 답하시오.

[보기] 아세톤, 메틸에틸케톤, 메탄올, 다이에틸에터, 톨루엔

(1) 물질의 명칭을 쓰시오.
(2) 위험도를 구하시오.

**해답** 
(1) 다이에틸에터
(2) $H = \dfrac{48 - 1.7}{1.7} = 27.24$

**상세해설**

- 물질별 연소범위

| 구 분 | LFL(%) | UFL(%) |
|---|---|---|
| 아세톤 | 2.5 | 12.8 |
| 메틸에틸케톤 | 1.4 | 11.4 |
| 메탄올 | 7.3 | 36 |
| 다이에틸에터 | 1.7 | 48 |
| 톨루엔 | 1.4 | 6.7 |

- 위험도 $H = \dfrac{UFL - LFL}{LFL}$ (여기서, UFL : 연소상한, LFL : 연소하한)

**04** 다음 물질이 물과 반응하는 경우 반응식을 쓰시오.

① 탄화칼슘　　　　② 탄화알루미늄

**해답**
① $CaC_2 + 2H_2O \rightarrow Ca(OH)_2 + C_2H_2$
② $Al_4C_3 + 12H_2O \rightarrow 4Al(OH)_3 + 3CH_4$

**상세해설**

• 탄화칼슘($CaC_2$)–제3류 위험물–칼슘탄화물
  ① **물과 접촉 시 아세틸렌을 생성**하고 열을 발생시킨다.

  $$CaC_2 + 2H_2O \rightarrow Ca(OH)_2(수산화칼슘) + C_2H_2 \uparrow (아세틸렌)$$

  ② **아세틸렌의 폭발범위는 2.5~81%**로 대단히 넓어서 폭발위험성이 크다.
  ③ **장기 보관시 불활성기체($N_2$ 등)를 봉입**하여 저장한다.
  ④ 별명은 카바이드, 탄화석회, 칼슘카바이드 등이다.
  ⑤ 고온(700℃)에서 질화되어 석회질소($CaCN_2$)가 생성된다.

  $$CaC_2 + N_2 \rightarrow CaCN_2(석회질소) + C(탄소)$$

  ⑥ 물 및 포 약제에 의한 소화는 절대 금하고 마른모래 등으로 피복 소화한다.

• 탄화알루미늄($Al_4C_3$) : 제3류 위험물(금수성 물질)
  ① 물과 접촉 시 메탄가스를 생성하고 발열반응을 한다.

  $$Al_4C_3 + 12H_2O \rightarrow 4Al(OH)_3(수산화알루미늄) + 3CH_4(메탄)$$

  ② 황색 결정 또는 백색분말로 1400℃ 이상에서는 분해가 된다.
  ③ 물 및 포약제에 의한 소화는 절대 금하고 마른모래 등으로 피복 소화한다.

**05** 다음과 같은 원통형탱크의 용량은 몇 L인가? (단, 탱크의 공간용적은 5%로 한다.)

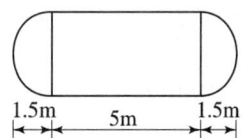

**해답**

[계산과정] (1) 탱크의 내용적 $V = \pi r^2 \left(l + \dfrac{l_1 + l_2}{3}\right)$

$= \pi \times 2^2 \times \left(5 + \dfrac{1.5 + 1.5}{3}\right) \times 1000$

$= 75398.22 L$

(2) 탱크의 공간용적 $V = 75398.22L \times 0.05 = 3769.91L$
(3) 탱크의 용적(용량) = 탱크의 내용적 − 탱크의 공간용적
$V = 75398.22 - 3769.91 = 71628.31L$

[답] 71628.31L

- 원통형 탱크의 내용적 − 횡으로 설치한 것

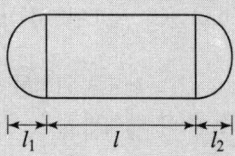

$$내용적 = \pi r^2 \left( l + \frac{l_1 + l_2}{3} \right)$$

- 탱크용적의 산출기준
  탱크의 내용적에서 공간용적을 뺀 용적

  탱크의 용적(용량) = 탱크의 내용적 − 탱크의 공간용적

- 탱크의 공간용적
  탱크용적의 $\frac{5}{100}$ 이상 $\frac{10}{100}$ 이하의 용적

**06** 위험물옥외저장소에 저장할 수 있는 제4류 위험물의 품명을 4가지만 쓰시오.

① 제1석유류(인화점이 0℃이상)
② 알코올류
③ 제2석유류
④ 제3석유류
⑤ 제4석유류
⑥ 동식물유류 중 4가지

옥외저장소에 저장할 수 있는 위험물
① 제2류 위험물 : 황, 인화성고체(인화점이 0℃이상)
② 제4류 위험물 : 제1석유류(인화점이 0℃이상), 제2석유류, 제3석유류, 제4석유류, 알코올류, 동식물유류
③ 제6류 위험물

**07** 위험물 옥외저장소 주위에 옥외소화전설비를 아래와 같이 설치할 경우 필요한 수원의 양($m^3$)은 얼마인지 계산하시오.

[옥외소화전의 설치개수]   ① 3개
　　　　　　　　　　　　② 6개

해답
① $Q = 3 \times 13.5 = 40.5 m^3$
② $Q = 4 \times 13.5 = 54 m^3$

상세해설

위험물제조소등의 소화설비 설치기준

| 소화설비 | 수평거리 | 방사량 | 방사압력 | 수원의 양 |
|---|---|---|---|---|
| 옥내 | 25m 이하 | 260(L/min) 이상 | 350(kPa) 이상 | $Q=N$(소화전개수 : 최대 5개) $\times 7.8 m^3$(260L/min×30min) |
| 옥외 | 40m 이하 | 450(L/min) 이상 | 350(kPa) 이상 | $Q=N$(소화전개수 : 최대 4개) $\times 13.5 m^3$(450L/min×30min) |
| 스프링클러 | 1.7m 이하 | 80(L/min) 이상 | 100(kPa) 이상 | $Q=N$(헤드수 : 최대30개) $\times 2.4 m^3$(80L/min×30min) |
| 물분무 |  | 20 (L/$m^2$·min) | 350(kPa) 이상 | $Q=A$(바닥면적 $m^2$) $\times 0.6 m^3$(20L/$m^2$·min×30min) |

**08** 제3류 위험물인 금속나트륨에 대한 다음 각 물음에 답하시오.

(1) 지정수량을 쓰시오.
(2) 저장할 때 보호액 중 1가지만 쓰시오.
(3) 물과의 반응식을 쓰시오.

해답
(1) 10kg
(2) 파라핀, 등유, 경유
(3) $2Na + 2H_2O \rightarrow 2NaOH + H_2$

상세해설

• 금속칼륨 및 금속나트륨 : 제3류 위험물(금수성)
　① 물과 반응하여 수소기체 발생

$$2Na + 2H_2O \rightarrow 2NaOH + H_2 \uparrow (수소발생)$$
$$2K + 2H_2O \rightarrow 2KOH + H_2 \uparrow (수소발생)$$

　② 파라핀, 경유, 등유 속에 저장

★★자주출제(필수정리)★★
❶ 칼륨(K), 나트륨(Na)은 파라핀, 경유, 등유 속에 저장
❷ $2K + 2H_2O \rightarrow 2KOH + H_2\uparrow$ (수소발생)
❸ 황린(3류) 및 이황화탄소(4류)는 물속에 저장

**09** 다음 [보기]에서 설명하는 위험물에 대하여 각 물음에 답하시오.

[보기]
- 제3류 위험물이며 지정수량은 300kg이다.
- 분자량은 약 64이며 비중은 2.2이다.
- 고온에서 질소와 반응하여 칼슘시아나이드(석회질소)가 생성된다.

(1) 해당 물질의 화학식을 쓰시오.
(2) 물과의 반응식을 쓰시오.
(3) 물과 반응하여 생성되는 기체의 완전연소반응식을 쓰시오.

**해답**
(1) $CaC_2$
(2) $CaC_2 + 2H_2O \rightarrow Ca(OH)_2 + C_2H_2$
(3) $2C_2H_2 + 5O_2 \rightarrow 4CO_2 + 2H_2O$

**상세해설**
- 탄화칼슘($CaC_2$) : 제 3류 위험물 중 칼슘탄화물
  ① 물과 접촉 시 아세틸렌을 생성하고 열을 발생시킨다.

  $CaC_2 + 2H_2O \rightarrow Ca(OH)_2$(수산화칼슘) $+ C_2H_2\uparrow$(아세틸렌)

  ② 아세틸렌의 폭발범위는 2.5~81%로 대단히 넓어서 폭발위험성이 크다.
  ③ 장기 보관 시 불활성기체($N_2$ 등)를 봉입하여 저장한다.
  ④ 별명은 카바이드, 탄화석회, 칼슘카바이드 등이다.
  ⑤ 고온(700℃)에서 질화되어 석회질소($CaCN_2$)가 생성된다.

  $CaC_2 + N_2 \rightarrow CaCN_2$(석회질소) $+ C$(탄소)

  ⑥ 물 및 포약제에 의한 소화는 절대 금하고 마른모래 등으로 피복 소화한다.

**10** 다음 [보기]에서 설명하는 위험물에 대한 각 물음에 답하시오.

[보기]
- 제6류 위험물이다.
- 저장용기는 직사광선을 피하고 찬 곳에 저장한다.
- 실험실에서는 갈색 병에 넣어 햇빛을 차단시킨다.
- 단백질과 크산토프로테인반응을 하여 노란색으로 변한다.

(1) 위험물의 화학식을 쓰시오.
(2) 위험등급을 쓰시오.
(3) 위험물이 되기 위한 조건을 쓰시오.(단 없으면 없음이라고 표기할 것)
(4) 빛에 의하여 분해되는 반응식을 쓰시오.

(1) $HNO_3$
(2) Ⅰ 등급
(3) 비중이 1.49 이상
(4) $4HNO_3 \rightarrow 2H_2O + 4NO_2 + O_2$

- 질산($HNO_3$) : 제6류 위험물(산화성 액체)
  ① 무색의 발연성 액체이다.
  ② 빛에 의하여 일부 분해되어 생긴 $NO_2$ 때문에 황갈색으로 된다.
  
  $4HNO_3 \rightarrow 2H_2O + 4NO_2\uparrow$(이산화질소) $+ O_2\uparrow$(산소)
  
  ③ 질산을 오산화인($P_2O_5$)과 작용시키면 오산화질소($N_2O_5$)가 된다.
  ④ 저장용기는 직사광선을 피하고 찬 곳에 저장한다.
  ⑤ 실험실에서는 갈색 병에 넣어 햇빛을 차단시킨다.
  ⑥ 환원성물질과 혼합하면 발화 또는 폭발한다.
  
  - 크산토프로테인반응(xanthoprotenic reaction)
    단백질에 진한질산을 가하면 노란색으로 변하고 알칼리를 작용시키면 오렌지색으로 변하며, 단백질 검출에 이용된다.
  
  ⑦ 마른모래 및 $CO_2$로 소화한다.
  ⑧ 위급 시에는 다량의 물로 냉각 소화한다.

**11** 위험물을 취급하는 건축물 그 밖의 시설의 주위에는 그 취급하는 위험물의 최대수량에 따라 보유공지를 보유하여야 한다. 다음 취급 위험물의 최대수량에 따른 공지의 너비 기준을 쓰시오.

(1) 지정수량의 1배  (2) 지정수량의 5배
(3) 지정수량의 10배  (4) 지정수량의 20배
(5) 지정수량의 200배

해답 (1) 3m 이상  (2) 3m 이상
     (3) 3m 이상  (4) 5m 이상
     (5) 5m 이상

상세해설 **제조소의 보유공지 ★★★**

(1) 취급 위험물의 최대수량에 따른 너비의 공지

| 취급 위험물의 최대수량 | 공지의 너비 |
|---|---|
| 지정수량의 10배 이하 | 3m 이상 |
| 지정수량의 10배 초과 | 5m 이상 |

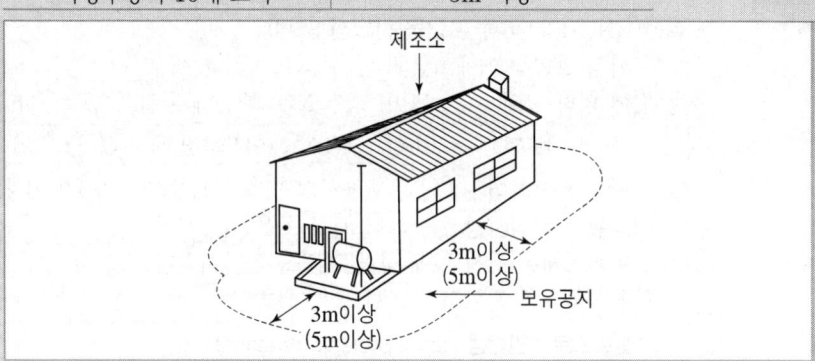

(2) 보유공지를 설치를 아니할 수 있는 격벽설치 기준
  ① 방화벽은 내화구조로 할 것. (제6류 위험물인 경우 불연재료)
  ② 방화벽에 설치하는 출입구 및 창 등의 개구부는 가능한 한 최소로 할 것
  ③ 출입구 및 창에는 자동폐쇄식의 60분+방화문 또는 60분방화문을 설치할 것
  ④ 방화벽의 양단 및 상단이 외벽 또는 지붕으로부터 50cm 이상 돌출하도록 할 것

## 12

다음 [보기]의 위험물 중 연소하는 경우 생성물질이 같은 위험물에 대한 연소 반응식을 쓰시오.

[보기] 적린, 삼황화인, 오황화인, 철, 마그네슘, 황

 $P_4S_3 + 8O_2 \rightarrow 2P_2O_5 + 3SO_2$

$2P_2S_5 + 15O_2 \rightarrow 2P_2O_5 + 10SO_2$

## 13

다음 보기는 위험물의 일반적인 성질이다. 제1류 위험물의 성질로 옳은 것을 모두 선택하여 번호를 쓰시오.

〈보기〉 ① 무기화합물  ② 유기화합물  ③ 산화제
      ④ 인화점이 0℃ 이하  ⑤ 인화점이 0℃ 이상  ⑥ 고체

 ① ③ ⑥

**제1류 위험물의 공통적 성질**
① 산화성 고체이며 대부분 수용성이다.
② 불연성이지만 다량의 산소를 함유하고 있다.
③ 분해 시 산소를 방출하여 남의 연소를 돕는다.(조연성)
④ 열·타격·충격, 마찰 및 다른 화학물질과 접촉 시 쉽게 분해된다.
⑤ 분해속도가 대단히 빠르고, 조해성이 있는 것도 포함한다.

**무기과산화물**
① 물에 의한 주수소화는 금한다.(산소발생)
② 물과 접촉 시 산소방출
③ 열분해 시 산소방출

## 14

제3류 위험물인 트라이에틸알루미늄에 대한 다음 각 물음에 답하시오.

(1) 물과의 반응식을 쓰시오.
(2) 물과 반응하여 생성되는 기체의 명칭을 쓰시오.

 (1) $(C_2H_5)_3Al + 3H_2O \rightarrow Al(OH)_3 + 3C_2H_6$
(2) 에탄

**상세해설**

- 알킬알루미늄$[(C_nH_{2n+1}) \cdot Al]$ : 제3류 위험물(금수성 물질)
  ① 알킬기$(C_nH_{2n+1})$에 알루미늄(Al)이 결합된 화합물이다.
  ② $C_1 \sim C_4$는 자연발화의 위험성이 있다.
  ③ 물과 접촉 시 가연성 가스 발생하므로 주수소화는 절대 금지한다.
  ④ 트라이메틸알루미늄(TMA : Tri Methyl Aluminium)
  $$(CH_3)_3Al + 3H_2O \rightarrow Al(OH)_3(\text{수산화알루미늄}) + 3CH_4 \uparrow (\text{메탄})$$
  ⑤ 트라이에틸알루미늄(TEA : Tri Eethyl Aluminium)
  $$(C_2H_5)_3Al + 3CH_3OH \rightarrow Al(CH_3O)_3(\text{트라이메톡시알루미늄}) + 3C_2H_6 \uparrow (\text{에탄})$$
  $$(C_2H_5)_3Al + 3H_2O \rightarrow Al(OH)_3(\text{수산화알루미늄}) + 3C_2H_6 \uparrow (\text{에탄})$$
  ⑥ 저장용기에 불활성기체$(N_2)$를 봉입한다.
  ⑦ 피부접촉 시 화상을 입히고 연소 시 흰 연기가 발생한다.
  ⑧ 소화 시 주수소화는 절대 금하고 팽창질석, 팽창진주암 등으로 피복 소화한다.

**15** 제4류 위험물인 알코올류가 산화·환원되는 과정이다. 다음 각 물음에 답하시오.

- 메틸알코올 ↔ 포름알데하이드 ↔ ( ① )
- 에틸알코올 ↔ ( ② ) ↔ 아세트산

(1) ( ① )에 해당하는 물질명 및 화학식을 쓰시오.
(2) ( ② )에 해당하는 물질명 및 화학식을 쓰시오.
(3) ①, ② 중에서 지정수량이 작은 물질의 연소반응식을 쓰시오.

(1) 포름산(개미산, 의산), HCOOH
(2) 아세트알데하이드, $CH_3CHO$
(3) $2CH_3CHO + 5O_2 \rightarrow 4CO_2 + 4H_2O$

**상세해설**

알코올의 산화 시 생성물 ★★★
① 1차 알코올 → 알데하이드 → 카복실산

- $C_2H_5OH(\text{에틸알코올}) \xrightarrow[-H_2O]{CuO} CH_3CHO(\text{아세트알데하이드}) \xrightarrow{+O} CH_3COOH(\text{초산})$

- $CH_3OH(\text{메틸알코올}) \xrightarrow[-H_2O]{+O} HCHO(\text{포름알데하이드}) \xrightarrow{+O} HCOOH(\text{포름산})$

② 2차 알코올 → 케톤

- $CH_3-\underset{\underset{OH}{|}}{CH}-CH_3(\text{아이소프로필 알코올}) \xrightarrow{+O} CH_3-CO-CH_3(\text{아세톤}) + H_2O(\text{물})$

**16** 다음의 [보기]는 제조소등에서의 위험물에 대한 저장 및 취급에 관한 중요기준이다. [보기]의 설명을 보고 각 물음에 답하시오.

> [보기]
> - 불티·불꽃·고온체와의 접근이나 과열·충격 또는 마찰을 피하여야 한다.
> - 55℃ 이하의 온도에서 분해될 우려가 있는 것은 보냉 컨테이너에 수납하는 등 적정한 온도관리를 할 것

(1) [보기]에서 설명하는 유별과 혼재가 가능한 위험물의 유별을 모두 쓰시오. (단, 저장량이 지정수량의 1/10을 초과하는 경우이다.)
(2) [보기]에서 설명하는 유별의 운반용기의 외부에 수납하는 위험물에 따른 주의사항을 쓰시오.
(3) [보기]에서 설명하는 유별에서 지정수량이 가장 적은 것의 품명을 1가지만 쓰시오.

**해답**
(1) 제2류 위험물, 제4류 위험물
(2) 화기엄금 및 충격주의
(3) 유기과산화물, 질산에스터류

**상세해설**
※ [보기]에서 설명하는 유별은 제5류 위험물이다.

위험물의 유별 저장·취급의 공통기준(중요기준)
① 제1류 위험물은 가연물과의 접촉·혼합이나 분해를 촉진하는 물품과의 접근 또는 과열·충격·마찰 등을 피하는 한편, 알카리금속의 과산화물 및 이를 함유한 것에 있어서는 물과의 접촉을 피하여야 한다.
② 제2류 위험물은 산화제와의 접촉·혼합이나 불티·불꽃·고온체와의 접근 또는 과열을 피하는 한편, 철분·금속분·마그네슘 및 이를 함유한 것에 있어서는 물이나 산과의 접촉을 피하고 인화성 고체에 있어서는 함부로 증기를 발생시키지 아니하여야 한다.
③ 제3류 위험물 중 자연발화성물질에 있어서는 불티·불꽃 또는 고온체와의 접근·과열 또는 공기와의 접촉을 피하고, 금수성물질에 있어서는 물과의 접촉을 피하여야 한다.
④ 제4류 위험물은 불티·불꽃·고온체와의 접근 또는 과열을 피하고, 함부로 증기를 발생시키지 아니하여야 한다.
⑤ 제5류 위험물은 불티·불꽃·고온체와의 접근이나 과열·충격 또는 마찰을 피하여야 한다.
⑥ 제6류 위험물은 가연물과의 접촉·혼합이나 분해를 촉진하는 물품과의 접근 또는 과열을 피하여야 한다.

**17** 다음은 지하탱크저장소에 대한 설치기준이다. ( )안에 알맞은 답을 쓰시오.

○ 탱크전용실은 지하의 가장 가까운 벽・피트・가스관 등의 시설물 및 대지경계선으로부터 ( ① )m 이상 떨어진 곳에 설치할 것.
○ 지하저장탱크의 윗부분은 지면으로부터 ( ② )m 이상 아래에 있어야 한다.
○ 지하저장탱크를 2 이상 인접해 설치하는 경우에는 그 상호간에 ( ③ )m(당해 2 이상의 지하저장탱크의 용량의 합계가 지정수량의 100배 이하인 때에는 ( ④ )m) 이상의 간격을 유지하여야 한다. 다만, 그 사이에 탱크전용실의 벽이나 두께 ( ⑤ )cm 이상의 콘크리트 구조물이 있는 경우에는 그러하지 아니하다.

**해답** ① 0.1  ② 0.6  ③ 1  ④ 0.5  ⑤ 20

**상세해설** 탱크전용실에 설치된 지하저장탱크

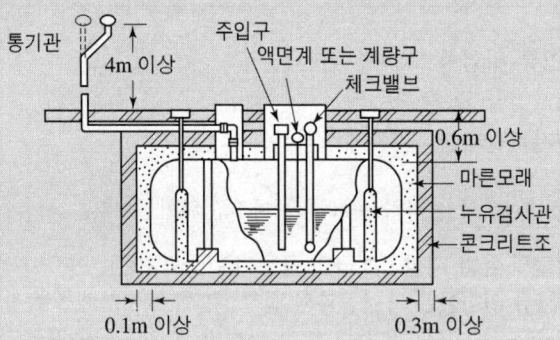

① 탱크전용실의 **벽・바닥 및 뚜껑의 두께는 0.3m 이상**일 것
② **통기관의** 끝부분은 지면으로부터 4m **이상의 높이**로 설치 할 것.
③ 액체위험물의 **누설을 검사**하기 위한 관을 **4개소 이상** 적당한 위치에 설치 할 것.
④ 탱크주위에 마른모래 또는 습기 등에 의하여 응고되지 아니하는 **입자지름 5mm 이하의 마른 자갈분**을 채울 것
⑤ 지하저장탱크의 **윗부분은** 지면으로부터 **0.6m 이상 아래**에 있을 것
⑥ 지하탱크를 대지경계선으로 부터 **0.6m 이상** 떨어진 곳에 매설할 것
⑦ 탱크전용실은 대지경계선으로 부터 **0.1m 이상** 떨어진 곳에 설치 할 것.
⑧ 지하저장탱크와 탱크전용실의 안쪽과의 사이는 0.1m 이상의 간격을 유지하도록 할 것
⑨ 지하저장탱크를 2 이상 인접해 설치하는 경우에는 그 상호간에 1m(당해 2 이상의 지하저장탱크의 용량의 합계가 지정수량의 100배 이하인 때에는 0.5m) 이상의 간격을 유지할 것. 다만, 그 사이에 탱크전용실의 벽이나 두께 20cm 이상의 콘크리트 구조물이 있는 경우에는 그러하지 아니하다.

**18** 다음 [보기]의 위험물 중 위험등급이 Ⅱ등급에 해당하는 물질을 모두 고르고 지정수량 배수의 합을 계산하시오.

> [보기] 황 : 100kg, 질산염류 : 600kg, 나트륨 : 100kg
> 등유 : 6000L, 철분 : 50kg

**해답**
(1) Ⅱ등급에 해당하는 물질 : 황, 질산염류
(2) 지정수량 배수의 합 : $N = \dfrac{100}{100} + \dfrac{600}{300} = 3$배

**상세해설**
① 황-제2류-Ⅱ등급
② 질산염류-제1류-Ⅱ등급
③ 나트륨-제3류-Ⅰ등급
④ 등유-제4류-제2석유류-Ⅲ등급
⑤ 철분-제2류-Ⅲ등급

**위험물의 등급 분류 ★★★**

| 위험등급 | 해당 위험물 |
|---|---|
| 위험등급 Ⅰ | (1) 제1류 위험물 중 아염소산염류, 염소산염류, 과염소산염류, 무기과산화물 그 밖에 지정수량이 50kg인 위험물<br>(2) 제3류 위험물 중 칼륨, 나트륨, 알킬알루미늄, 알킬리튬, 황린 그 밖에 지정수량이 10kg 또는 20kg인 위험물<br>(3) 제4류 위험물 중 특수인화물<br>(4) 제5류 위험물 중 유기과산화물, 질산에스터류 그 밖에 지정수량이 10kg인 위험물<br>(5) 제6류 위험물 |
| 위험등급 Ⅱ | (1) 제1류 위험물 중 브로민산염류, 질산염류, 아이오딘산염류 그 밖에 지정수량이 300kg인 위험물<br>(2) 제2류 위험물 중 황화인, 적린, 황 그 밖에 지정수량이 100kg인 위험물<br>(3) 제3류 위험물 중 알칼리금속(칼륨, 나트륨 제외) 및 알칼리토금속, 유기금속화합물(알킬알루미늄 및 알킬리튬은 제외) 그 밖에 지정수량이 50kg인 위험물<br>(4) 제4류 위험물 중 제1석유류, 알코올류<br>(5) 제5류 위험물 중 위험등급 Ⅰ 위험물 외의 것 |
| 위험등급 Ⅲ | 위험등급 Ⅰ, Ⅱ 이외의 위험물 |

**19** 다음은 탱크전용실이 있는 건축물에 설치하는 옥내저장탱크의 펌프설비 기준이다. 각 물음에 답하시오.

(1) 펌프실은 상층이 있는 경우에 있어서는 상층의 바닥을 내화구조로 하고, 상층이 없는 경우에 있어서는 지붕을 어떤 재료로 하여야 하는가?
(2) 펌프실의 출입구에는 어떤 것을 설치하여야 하는지 쓰시오.
(3) 탱크전용실에 펌프설비를 설치하는 경우에는 견고한 기초 위에 고정한 다음 그 주위에는 불연재료로 된 턱을 몇 m 이상의 높이로 설치하여야 하는지 쓰시오.
(4) 지면은 콘크리트 등 위험물이 스며들지 아니하는 재료로 적당히 경사지게 하여 그 최저부에 무엇을 설치하여야 하는지 쓰시오.
(5) 펌프실의 창 또는 출입구에 유리를 이용하는 경우 어떤 유리를 사용하는지 쓰시오.

**해답**
(1) 불연재료
(2) 60분+방화문 또는 60분방화문
(3) 0.2m
(4) 집유설비
(5) 망입유리

**상세해설**
탱크전용실이 있는 건축물에 설치하는 옥내저장탱크의 펌프설비 설치기준
(1) 탱크전용실외의 장소에 설치하는 경우
 ① 펌프실은 벽·기둥·바닥 및 보를 내화구조로 할 것
 ② 펌프실은 상층이 있는 경우에 있어서는 상층의 바닥을 내화구조로 하고, 상층이 없는 경우에 있어서는 지붕을 **불연재료**로 하며, 천장을 설치하지 아니할 것
 ③ 펌프실에는 창을 설치하지 아니할 것. 다만, 제6류 위험물의 탱크전용실에 있어서는 60분+방화문·60분방화문 또는 30분방화문이 있는 창을 설치할 수 있다.
 ④ 펌프실의 출입구에는 **60분+방화문 또는 60분방화문**을 설치할 것. 다만, 제6류 위험물의 탱크전용실에 있어서는 30분방화문을 설치할 수 있다.
 ⑤ 펌프실의 환기 및 배출의 설비에는 방화상 유효한 댐퍼 등을 설치할 것
 ⑥ 지반면은 콘크리트 등 위험물이 스며들지 아니하는 재료로 적당히 경사지게 하여 그 최저부에는 **집유설비**를 할 것
 ⑦ 펌프실의 창 및 출입구에 유리를 이용하는 경우에는 **망입유리**로 할 것

**20** 다음은 이동저장탱크의 주입설비(주입호스의 끝부분에 개폐밸브를 설치한 것) 설치기준이다. ( )안에 알맞은 답을 쓰시오.

- 위험물이 샐 우려가 없고 화재예방상 안전한 구조로 할 것
- 주입호스는 내경이 ( ① )mm 이상이고, ( ② )MPa 이상의 압력에 견딜 수 있는 것으로 하며, 필요 이상으로 길게 하지 아니할 것
- 주입설비의 길이는 ( ③ )m 이내로 하고, 그 끝부분에 축적되는 ( ④ )를 유효하게 제거할 수 있는 장치를 할 것
- 분당 배출량은 ( ⑤ )L 이하로 할 것

**해답** ① 23  ② 0.3  ③ 50  ④ 정전기  ⑤ 200

**상세해설**

1. 위험물안전관리에 관한 세부기준
   제108조(이동탱크저장소의 주유호스의 재질 등)
   주입호스는 내경이 **23mm 이상**이고, **0.3MPa 이상**의 압력에 견딜 수 있는 것으로 하며, 필요 이상으로 길게 하지 아니할 것

2. 이동탱크저장소에 주입설비 설치기준
   ① 위험물이 샐 우려가 없고 화재예방상 안전한 구조로 할 것
   ② 주입설비의 길이는 **50m 이내**로 하고, 그 끝부분에 축적되는 **정전기**를 유효하게 제거할 수 있는 장치를 할 것
   ③ 분당 배출량은 **200L 이하**로 할 것

제 2 부 최근 기출문제

위·험·물·산·업·기·사·실·기

**위험물산업기사 실기**

# 2022년 5월 7일 시행

**01** 다음 [보기]의 각 위험물에 대한 증기비중을 구하시오.

[보기] ① 이황화탄소  ② 아세트알데하이드  ③ 벤젠

**해답** ① 이황화탄소($CS_2$)의 분자량 $M = 12 + 32 \times 2 = 76$

$S = \dfrac{76}{29} = 2.62$

② 아세트알데하이드($CH_3CHO$)의 분자량 $M = 12 \times 2 + 1 \times 4 + 16 = 44$

$S = \dfrac{44}{29} = 1.52$

③ 벤젠($C_6H_6$)의 분자량 $M = 12 \times 6 + 1 \times 6 = 78$

$S = \dfrac{78}{29} = 2.69$

**상세해설**
- 증기비중 계산식

$S = \dfrac{M(분자량)}{29(공기평균분자량)}$

**02** 에틸렌과 산소를 $CuCl_2$의 촉매 하에 생성된 물질로 분자식이 $C_2H_4O$, 인화점이 -38℃, 비점이 21℃, 연소범위가 4~60%인 특수인화물에 대한 다음 각 물음에 답하시오.

(물음 1) 증기비중
(물음 2) 시성식
(물음 3) 보냉장치가 없는 이동저장탱크에 저장하는 경우 몇 ℃ 이하로 유지하여야 하는가?

**해답** (물음 1) 아세트알데하이드($C_2H_4O$)의 분자량 $M = 12 \times 2 + 1 \times 4 + 16 = 44$

$$S = \frac{44}{29} = 1.52$$

(물음 2) $CH_3CHO$

(물음 3) 40℃ 이하

**상세해설**

- 아세트알데하이드($CH_3CHO$) : 제4류 위험물 중 특수인화물

| 화학식 | 분자량 | 비중 | 비점 | 인화점 | 착화점 | 연소범위 |
|---|---|---|---|---|---|---|
| $CH_3CHO$ | 44 | 0.78 | 21℃ | -38℃ | 185℃ | 4~60% |

① 휘발성이 강하고 과일냄새가 있는 무색 액체이며 물, 에탄올에 잘 녹는다.
② 산화되어 초산($CH_3COOH$)이 된다.

$$2CH_3CHO + O_2 \rightarrow 2CH_3COOH(초산)$$

③ 저장용기 사용 시 구리(Cu), 마그네슘(Mg), 은(Ag), 수은(Hg) 및 그 합금용기는 사용금지
④ 아세트알데하이드 등을 취급하는 설비에는 연소성 혼합기체의 생성에 의한 폭발을 방지하기 위한 불활성기체 또는 수증기를 봉입하는 장치를 갖출 것

- 옥외저장탱크·옥내저장탱크 또는 지하저장탱크의 저장 유지온도

| 구 분 | 압력탱크 외의 탱크 | 구 분 | 압력탱크 |
|---|---|---|---|
| 산화프로필렌과 이를 함유한 것 또는 다이에틸에터등 | 30℃ 이하 | 아세트알데하이드등 또는 다이에틸에터등 | 40℃ 이하 |
| 아세트알데하이드 또는 이를 함유한 것 | 15℃ 이하 | | |

- 이동저장탱크의 저장 유지온도

| 구 분 | 보냉장치가 있는 경우 | 보냉장치가 없는 경우 |
|---|---|---|
| 아세트알데하이드등 또는 다이에틸에터등 | 비점 이하 | 40℃ 이하 |

**03** 분자량 39, 인화점 -11℃, 불꽃반응 시 보라색을 띠는 제3류 위험물과 물이 반응하여 생성된 과산화물로서 제1류 위험물에 해당하는 물질에 대한 다음 각 물음에 답하시오.

(물음 1) 물과의 반응식을 쓰시오.
(물음 2) 이산화탄소와의 반응식을 쓰시오.
(물음 3) 옥내저장소에 저장할 경우 바닥면적은 몇 $m^2$ 이하로 하여야 하는지 쓰시오.

**해답**
(물음 1) $2K_2O_2 + 2H_2O \rightarrow 4KOH + O_2$
(물음 2) $2K_2O_2 + 2CO_2 \rightarrow 2K_2CO_3 + O_2$
(물음 3) $1000m^2$ 이하

**상세해설**

- 과산화칼륨($K_2O_2$) : 제1류 위험물 중 무기과산화물
  ① 상온에서 물과 격렬히 반응하여 산소($O_2$)를 방출하고 폭발하기도 한다.

  $$2K_2O_2 + 2H_2O \rightarrow 4KOH + O_2 \uparrow$$

  ② 공기 중 이산화탄소($CO_2$)와 반응하여 산소($O_2$)를 방출한다.

  $$2K_2O_2 + 2CO_2 \rightarrow 2K_2CO_3 + O_2 \uparrow$$

  ④ 산과 반응하여 과산화수소($H_2O_2$)를 생성시킨다.

  $$K_2O_2 + 2CH_3COOH \rightarrow 2CH_3COOK + H_2O_2$$

  ⑤ 열분해시 산소($O_2$)를 방출한다.

  $$2K_2O_2 \rightarrow 2K_2O + O_2 \uparrow$$

  ⑥ 주수소화는 금물이고 마른모래(건조사)등으로 소화한다.

- 옥내저장소의 저장창고 바닥면적 설치기준 ★★

| 위험물의 종류 | 바닥면적 |
|---|---|
| • 제1류 위험물 중 아염소산염류, 염소산염류, 과염소산염류, **무기과산화물**, 그 밖에 지정수량 50kg인 위험물<br>• 제3류 위험물 중 칼륨, 나트륨, 알킬알루미늄, 알킬리튬, 그 밖에 지정수량이 10kg인 위험물 및 황린<br>• 제4류 위험물 중 특수인화물, 제1석유류 및 알코올류<br>• 제5류 위험물 중 유기과산화물, 질산에스테르류, 그 밖에 지정수량이 10kg인 위험물<br>• 제6류 위험물 | $1000m^2$ 이하 |
| • 위 이외의 위험물을 저장하는 창고 | $2000m^2$ 이하 |
| • 내화구조의 격벽으로 완전히 구획된 실에 각각 저장하는 창고 | $1500m^2$ 이하 |

**04** 위험물안전관리법령에 따른 옥외저장소의 경계표시의 주위에는 그 저장 또는 취급하는 위험물의 최대수량에 따라 다음 표에 의한 너비의 공지를 보유하여야한다. 빈칸에 알맞은 답을 쓰시오.

| 저장 또는 취급하는 위험물의 최대수량 | 저장 또는 취급하는 위험물 | 공지의 너비 |
|---|---|---|
| 지정수량 10배 이하 | 제1석유류 | ( ① )m 이상 |
|  | 제2석유류 | ( ② )m 이상 |
| 지정수량 20배 초과 50배 이하 | 제2석유류 | ( ③ )m 이상 |
|  | 제3석유류 | ( ④ )m 이상 |
|  | 제4석유류 | ( ⑤ )m 이상 |

 ① 3  ② 3  ③ 9  ④ 9  ⑤ 3

⑤ 지정수량 20배 초과 50배 이하의 제4석유류 $L = 9m \times \dfrac{1}{3} = 3m$ 이상

- **옥외저장소의 경계표시 주위의 공지의 너비**
  옥외저장소의 경계표시의 주위에는 그 저장 또는 취급하는 위험물의 최대수량에 따라 다음 표에 의한 너비의 공지를 보유할 것. 다만, 제4류 위험물 중 **제4석유류와 제6류 위험물**을 저장 또는 취급하는 옥외저장소의 보유공지는 다음 표에 의한 공지의 너비의 **3분의 1 이상**의 너비로 할 수 있다.

| 저장 또는 취급하는 위험물의 최대수량 | 공지의 너비 |
|---|---|
| **지정수량의 10배 이하** | **3m 이상** |
| 지정수량의 10배 초과 20배 이하 | 5m 이상 |
| **지정수량의 20배 초과 50배 이하** | **9m 이상** |
| 지정수량의 50배 초과 200배 이하 | 12m 이상 |
| 지정수량의 200배 초과 | 15m 이상 |

**05** 유별을 달리하는 위험물의 혼재기준 중 위험물의 저장량이 지정수량의 $\frac{1}{10}$을 초과하는 경우 빈칸에 알맞은 위험물의 유별을 모두 쓰시오. (4점)

| 유 별 | 혼재가 가능한 유별 |
|---|---|
| 제2류 위험물 | |
| 제3류 위험물 | |
| 제4류 위험물 | |

**해답**

| 유 별 | 혼재가 가능한 유별 |
|---|---|
| 제2류 위험물 | 제4류 위험물, 제5류 위험물 |
| 제3류 위험물 | 제4류 위험물 |
| 제4류 위험물 | 제2류 위험물, 제3류 위험물, 제5류 위험물 |

**상세해설**

• 유별을 달리하는 위험물의 혼재기준

| 구 분 | 제1류 | 제2류 | 제3류 | 제4류 | 제5류 | 제6류 |
|---|---|---|---|---|---|---|
| 제1류 |  | × | × | × | × | ○ |
| 제2류 | × |  | × | ○ | ○ | × |
| 제3류 | × | × |  | ○ | × | × |
| 제4류 | × | ○ | ○ |  | ○ | × |
| 제5류 | × | ○ | × | ○ |  | × |
| 제6류 | ○ | × | × | × | × |  |

• 쉬운 암기법
  ↓1 + 6↑    2 + 4
  ↓2 + 5↑    5 + 4
  ↓3 + 4↑

**06** 다음 4류 위험물인 알코올에 대한 완전 연소반응식을 쓰시오.

(1) 메틸알코올(메탄올)
(2) 에틸알코올(에탄올)

**해답** (1) $2CH_3OH + 3O_2 \rightarrow 2CO_2 + 4H_2O$
(2) $C_2H_5OH + 3O_2 \rightarrow 2CO_2 + 3H_2O$

**07** 다음 [보기] 중 위험물의 성질이 자연발화성 및 금수성물질인 것을 모두 고르시오. (단, 해당 없으면 "없음"이라고 쓰시오.)

[보기]
칼륨, 황린, 트라이나이트로페놀, 나이트로벤젠, 글리세린, 수소화나트륨

 칼륨, 수소화나트륨

**상세해설**
① 칼륨-제3류(자연발화성 및 금수성)
② 황린-제3류(자연발화성)
③ 트라이나이트로페놀-제5류(자기반응성)
④ 나이트로벤젠-제4류-제3석유류(인화성액체)
⑤ 글리세린-제4류-제3석유류(인화성액체)
⑥ **수소화나트륨-제3류(자연발화성 및 금수성)**

**08** 다음 [보기]의 반응에 대하여 생성되는 유독가스의 명칭을 쓰시오.
(단, 해당 없으면 "없음"이라고 쓰시오.)

[보기] (1) 황린의 완전연소
(2) 황린과 수산화칼륨수용액의 반응
(3) 아세트산의 완전연소
(4) 인화칼슘과 물의 반응
(5) 과산화바륨과 물의 반응

 (1) 오산화인($P_2O_5$)
(2) 포스핀($PH_3$)
(3) "없음"
(4) 포스핀($PH_3$)
(5) "없음"

**상세해설**
(1) 황린의 완전연소 : $P_4 + 5O_2 \rightarrow 2P_2O_5$
(2) 황린과 수산화칼륨수용액의 반응 : $P_4 + 3KOH + 3H_2O \rightarrow 3KH_2PO_2 + PH_3$
(3) 아세트산의 완전연소 : $CH_3COOH + 2O_2 \rightarrow 2CO_2 + 2H_2O$
(4) 인화칼슘과 물의 반응 : $Ca_3P_2 + 6H_2O \rightarrow 3Ca(OH)_2 + 2PH_3$
(5) 과산화바륨과 물의 반응 : $2BaO_2 + 2H_2O \rightarrow 2Ba(OH)_2 + O_2$

**09** 아래의 종별 분말소화약제의 주성분을 화학식으로 쓰시오.

(1) 제1종  (2) 제2종  (3) 제3종

해답 (1) $NaHCO_3$  (2) $KHCO_3$  (3) $NH_4H_2PO_4$

상세해설
- 분말약제의 열분해

| 종별 | 약제명 | 착색 | 열분해 반응식 |
|---|---|---|---|
| 제1종 | 탄산수소나트륨<br>중탄산나트륨<br>중조 | 백색 | 270℃  $2NaHCO_3 \rightarrow Na_2CO_3 + CO_2 + H_2O$<br>850℃  $2NaHCO_3 \rightarrow Na_2O + 2CO_2 + H_2O$ |
| 제2종 | 탄산수소칼륨<br>중탄산칼륨 | 담회색 | 190℃  $2KHCO_3 \rightarrow K_2CO_3 + CO_2 + H_2O$<br>590℃  $2KHCO_3 \rightarrow K_2O + 2CO_2 + H_2O$ |
| 제3종 | 제1인산암모늄 | 담홍색 | 190℃  $NH_4H_2PO_4 \rightarrow NH_3 + H_3PO_4$(오르토인산)<br>215℃  $2H_3PO_4 \rightarrow H_2O + H_4P_2O_7$(피로인산)<br>300℃  $H_4P_2O_7 \rightarrow H_2O + 2HPO_3$(메타인산) |
| 제4종 | 중탄산칼륨+요소 | 회(백)색 | $2KHCO_3 + (NH_2)_2CO \rightarrow K_2CO_3 + 2NH_3 + 2CO_2$ |

**10** 다음 표의 [보기]를 보고 빈칸에 알맞은 답을 쓰시오.

[보기]

| 구 분 | 유 별 | 지정수량 |
|---|---|---|
| 황린 | 제3류 | 20kg |
| 칼륨 | ① | ⑥ |
| 질산 | ② | ⑦ |
| 아조화합물 | ③ | ⑧ |
| 질산염류 | ④ | ⑨ |
| 피크린산 | ⑤ | ⑩ |

해답

| 구 분 | 유 별 | 지정수량 |
|---|---|---|
| 칼륨 | ① 제3류 | ⑥ 10kg |
| 질산 | ② 제6류 | ⑦ 300kg |
| 아조화합물 | ③ 제5류 | ⑧ 100kg |
| 질산염류 | ④ 제1류 | ⑨ 300kg |
| 피크린산 | ⑤ 제5류 | ⑩ 10kg |

**11** 제3류 위험물 중 위험등급 Ⅰ에 해당하는 위험물의 품명을 5가지만 쓰시오.

**해답** ① 칼륨  ② 나트륨  ③ 알킬알루미늄  ④ 알킬리튬  ⑤ 황린

**상세해설** 제3류 위험물 및 지정수량

| 성질 | 품명 | 지정수량 | 위험등급 |
|---|---|---|---|
| 자연발화성 및 금수성물질 | 1. 칼륨, 나트륨, 알킬알루미늄, 알킬리튬 | 10kg | Ⅰ |
| | 2. 황린 | 20kg | |
| | 3. 알칼리금속(칼륨 및 나트륨 제외) 및 알칼리토금속 유기금속화합물(알킬알루미늄 및 알킬리튬 제외) | 50kg | Ⅱ |
| | 4. 금속의 수소화물, 금속의 인화물 칼슘 또는 알루미늄의 탄화물, 염소화규소화합물 | 300kg | Ⅲ |

**12** 제2류 위험물인 마그네슘에 대한 다음 각 물음에 답하시오.

(1) 다음 (   )안에 공통적으로 들어가는 답을 쓰시오.
- (   )밀리미터의 체를 통과하지 아니하는 덩어리 상태의 것은 제외한다.
- 지름 (   )밀리미터 이상의 막대 모양의 것은 제외한다.

(2) 위험등급을 쓰시오.
(3) 염산과의 반응식을 쓰시오.
(4) 물과의 반응식을 쓰시오.

**해답**
(1) 2
(2) Ⅲ등급
(3) $Mg + 2HCl \rightarrow MgCl_2 + H_2$
(4) $Mg + 2H_2O \rightarrow Mg(OH)_2 + H_2$

**상세해설** 마그네슘(Mg)-제2류 위험물
① 2mm체 통과 못하는 덩어리는 위험물에서 제외한다.
② 직경 2mm 이상 막대모양은 위험물에서 제외한다.
③ 은백색의 광택이 나는 가벼운 금속이다.
④ 수증기와 작용하여 수소를 발생시킨다.(주수소화금지)

$$Mg + 2H_2O \rightarrow Mg(OH)_2 + H_2 \uparrow$$

⑤ 이산화탄소 소화약제를 방사하면 폭발적으로 반응하기 때문에 위험하다.
⑥ 산과 작용하여 수소를 발생시킨다.

$$Mg + 2HCl \rightarrow MgCl_2 + H_2 \uparrow$$

⑦ 주수소화는 엄금이며 마른모래 등으로 피복 소화한다.

**13** 다음은 제4류 위험물에 대한 내용이다. 각 물음에 답하시오.

(물음 1) 아이오딘값의 정의를 쓰시오.

(물음 2) 동식물유류를 아이오딘값에 따라 분류하고 아이오딘값의 범위를 쓰시오.

| 구 분 | 아이오딘값 |
|---|---|
|  |  |
|  |  |
|  |  |

**해답** (물음 1) 100g의 유지에 의해서 흡수되는 아이오딘의 g수

(물음 2)

| 구 분 | 아이오딘값 |
|---|---|
| 건성유 | 130 이상 |
| 반건성유 | 100~130 |
| 불건성유 | 100 이하 |

**상세해설**

• 동식물유류 : 제4류 위험물
동물의 지육 또는 식물의 종자나 과육으로부터 추출한 것으로 1기압에서 인화점이 250℃ 미만인 것

[아이오딘값에 따른 동식물유류의 분류]

| 구 분 | 아이오딘값 | 종 류 |
|---|---|---|
| 건성유 | 130 이상 | 해바라기기름, 동유(오동기름), 정어리기름, 아마인유, 들기름 |
| 반건성유 | 100~130 | 채종유, 쌀겨기름, 참기름, 면실유(목화씨기름), 옥수수기름, 청어기름, 콩기름 |
| 불건성유 | 100 이하 | 야자유, 팜유, 올리브유, 피마자기름, 낙화생기름(땅콩기름), 돈지, 우지, 고래기름 |

• 아이오딘값
옥소가(沃素價)라고도 하며 100g의 유지에 의해서 흡수되는 아이오딘의 g수
• 비누화값의 정의
유지 1g을 비누화하는데 필요한 KOH mg수

**14** 지하저장탱크 2기를 인접하여 설치하는 경우에 탱크 상호간에 유지하여야 할 간격(m)은 얼마 이상인가?

(물음 1) 경유 20,000L와 휘발유 8,000L
(물음 2) 경유 8,000L와 휘발유 20,000L
(물음 3) 경유 20,000L와 휘발유 20,000L

**해답** (물음 1) [계산과정]

- 경유탱크의 지정수량의 배수 $N = \dfrac{20,000}{1,000} = 20$배

- 휘발유탱크의 지정수량의 배수 $N = \dfrac{8,000}{200} = 40$배

- 지정수량의 배수 합계 $N_T = 20 + 40 = 60$배

(∴ 지정수량의 100배 이하)

[답] 0.5m 이상

(물음 2) [계산과정]

- 경유탱크의 지정수량의 배수 $N = \dfrac{8,000}{1,000} = 8$배

- 휘발유탱크의 지정수량의 배수 $N = \dfrac{20,000}{200} = 100$배

- 지정수량의 배수 합계 $N_T = 8 + 100 = 108$배

(∴ 지정수량의 100배 초과)

[답] 1m 이상

(물음 3) [계산과정]

- 경유탱크의 지정수량의 배수 $N = \dfrac{20,000}{1,000} = 20$배

- 휘발유탱크의 지정수량의 배수 $N = \dfrac{20,000}{200} = 100$배

- 지정수량의 배수 합계 $N_T = 20 + 100 = 120$배

(∴ 지정수량의 100배 초과)

[답] 1m 이상

**상세해설** 지하탱크저장소의 위치 · 구조 및 설비의 기준 ★★
① 지하탱크를 지하의 가장 가까운 벽, 피트, 가스관 등 시설물 및 **대지경계선으로부터 0.6m 이상** 떨어진 곳에 매설할 것 ★★★
② 탱크전용실은 지하의 가장 가까운 벽 · 피트 · 가스관 등의 시설물 및 **대지경계선**

으로 부터 0.1m 이상 떨어진 곳에 설치하고, 지하저장탱크와 탱크전용실의 안쪽과의 사이는 0.1m 이상의 간격을 유지하도록 하며, 당해 탱크의 주위에 마른 모래 또는 습기등에 의하여 응고되지 아니하는 입자지름 5mm이하의 마른 자갈분을 채울 것

③ 지하저장탱크의 윗 부분은 지면으로부터 0.6m 이상 아래에 있을 것.
④ 지하저장탱크를 2 이상 인접해 설치하는 경우에는 그 상호간에 1m(당해 2 이상의 지하저장탱크의 용량의 합계가 지정수량의 100배 이하인 때에는 0.5m) 이상의 간격을 유지할 것.

[지하저장탱크를 2 이상 인접해 설치하는 경우]

| 2 이상의 지하저장탱크의 용량의 합계 | 지정수량의 100배 초과 | 지정수량의 100배 이하 |
|---|---|---|
| 탱크상호간 간격 | 1m 이상 | 0.5m 이상 |

⑤ 지하저장탱크의 재질은 **두께 3.2mm이상의 강철판**으로 하여 완전용입용접 또는 양면겹침 이음용접으로 틈이 없도록 만드는 동시에, **압력탱크(최대상용압력이 46.7kPa이상인 탱크) 외의 탱크**에 있어서는 **70kPa의 압력**으로, **압력탱크**에 있어서는 **최대상용압력의 1.5배의 압력**으로 각각 **10분간 수압시험**을 실시하여 새거나 변형되지 아니 할 것.

**15** 다음은 인화성액체위험물 옥외탱크저장소의 탱크 주위에 설치하는 방유제의 설치기준에 관한 것이다. 각 물음에 답하시오.

(물음 1) 방유제 내의 면적($m^2$)은 얼마 이하로 하여야하는지 쓰시오.
(물음 2) 방유제내에 설치하는 옥외저장탱크의 수에 제한을 두지 않는 기준을 쓰시오.
(물음 3) 방유제내에 설치하는 모든 옥외저장탱크의 용량이 15만 리터이고 저장, 취급하는 위험물이 제1석유류인 경우 설치할 수 있는 탱크의 최대 개수를 쓰시오.

 (물음 1) 8만$m^2$ 이하
(물음 2) 인화점이 200℃ 이상인 위험물을 저장 또는 취급하는 옥외저장탱크
(물음 3) 10개

 • 옥외탱크저장소(이황화탄소 제외)의 방유제
 (1) 방유제의 용량
  ① 탱크가 하나인 때 : 탱크 용량의 **110% 이상**
  ② 2기 이상인 때 : 탱크 중 용량이 최대인 것의 용량의 **110% 이상**

(2) 방유제는 높이 0.5m 이상 3m 이하, 두께 0.2m 이상, 지하매설깊이 1m 이상
(3) 방유제내의 면적은 8만m² 이하로 할 것
(4) 방유제내의 설치하는 옥외저장탱크의 수는 10(방유제내에 설치하는 모든 옥외저장탱크의 용량이 20만L 이하이고, 당해 옥외저장탱크에 저장 또는 취급하는 위험물의 **인화점이 70℃ 이상 200℃ 미만인 경우에는 20**) 이하로 할 것. 다만, **인화점이 200℃ 이상인 위험물**을 저장 또는 취급하는 옥외저장탱크에 있어서는 그러하지 아니하다.

**16** 위험물안전관리법령에 따른 주유취급소에 설치할 수 있는 탱크의 기준이다. 다음 (   )안에 알맞은 답을 쓰시오.

(1) 자동차 등에 주유하기 위한 고정주유설비에 직접 접속하는 전용탱크로서 ( ① )L 이하의 것
(2) 고정급유설비에 직접 접속하는 전용탱크로서 ( ② )L 이하의 것
(3) 보일러 등에 직접 접속하는 전용탱크로서 ( ③ )L 이하의 것
(4) 자동차 등을 점검·정비하는 작업장 등에서 사용하는 폐유·윤활유 등의 위험물을 저장하는 탱크로서 용량이 ( ④ )L 이하인 탱크

  ① 50,000   ② 50,000   ③ 10,000   ④ 2,000

- **주유취급소의 탱크**
  ① 자동차 등에 주유하기 위한 고정주유설비에 직접 접속하는 전용탱크 : 50,000L 이하
  ② 고정급유설비에 직접 접속하는 전용탱크 : 50,000L 이하
  ③ 보일러 등에 직접 접속하는 전용탱크 : 10,000L 이하
  ④ 폐유탱크로서 용량(2 이상 설치하는 경우에는 각 용량의 합계)이 2,000L 이하인 탱크
  ⑤ 고정주유설비 또는 고정급유설비에 직접 접속하는 3기 이하의 간이탱크

- **고속국도주유취급소의 특례**
  고속국도의 도로변에 설치된 주유취급소에 있어서는 탱크의 용량을 60,000L까지 할 수 있다.

**17** 다음 [보기]에서 설명하는 위험물에 대한 각 물음에 답하시오.

[보기] ① 제4류 위험물에 해당하며 비수용성이며 알코올, 아세톤, 에테르에는 용해한다.
② 외관이 무색투명하고 방향성을 갖는 휘발성이 강한 액체이다.
③ 증기는 마취성 및 독성이 강하다.
④ 분자량 78, 인화점 −11℃이다.

(물음 1) 위험물의 명칭을 쓰시오.
(물음 2) 구조식을 쓰시오.
(물음 3) 위험물을 취급하는 설비에 있어서는 당해 위험물이 직접 배수구에 유입하지 아니하도록 집유설비에 무엇을 설치하여야 하는지 쓰시오. (단, 해당이 없으면 "없음"이라 쓰시오)

**해답** (물음 1) 벤젠

(물음 2)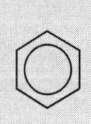

(물음 3) 유분리장치

**상세해설** • 벤젠($C_6H_6$)

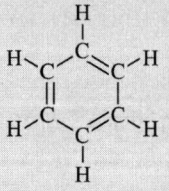

| 화학식 | 분자량 | 비중 | 비점 | 인화점 | 착화점 | 연소범위 |
|---|---|---|---|---|---|---|
| $C_6H_6$ | 78 | 0.9 | 80℃ | −11℃ | 562℃ | 1.4~8.0% |

① 무색 투명한 휘발성 액체이다.
② 착화온도 : 562℃(이황화탄소의 착화온도 100℃)
③ 방향성이 있으며 증기는 마취성 및 독성이 강하다.
④ 물에는 용해되지 않고 아세톤, 알코올, 에테르 등 유기용제에 용해된다.
⑤ 취급 시 정전기에 유의해야 한다.
⑥ 소화는 다량 포 약제로 질식 및 냉각 소화한다.

**18** 위험물안전관리법령상 위험물의 운송시에 준수하여야 하는 사항에 대한 다음 각 물음에 답하시오.

(물음 1) 운송책임자의 감독 또는 지원 방법 중 옳은 것을 모두 골라 번호로 답하시오. (단, 해당사항이 없으면 "없음"이라고 쓰시오)

① 이동탱크저장소에 동승하여 운전자에게 필요한 감독 또는 지원을 하는 방법
② 별도의 사무실에 운송책임자가 대기하면서 안전확보에 대한 사항을 이행하는 방법
③ 부득이한 경우에는 GPS로 감독, 지원하는 방법
④ 다른 차량을 이용하여 따라 다니면서 감독, 지원

(물음 2) 위험물운송자는 장거리에 걸치는 운송을 하는 때에는 2명 이상의 운전자로 하여야 한다. 다만, 어떠한 경우에 해당하는 경우 그러하지 아니하여도 되는지 모두 골라 번호로 답하시오. (단, 해당사항이 없으면 "없음"이라고 쓰시오)

① 운송책임자를 동승 시킨 경우
② 운송하는 위험물이 제2류 위험물인 경우
③ 운송하는 위험물이 제4류 위험물 중 제1석유류인 경우
④ 운송도중에 2시간 이내마다 20분 이상씩 휴식하는 경우

(물음 3) 위험물(제4류 위험물에 있어서는 특수인화물 및 제1석유류에 한한다)을 운송하게 하는 자가 휴대 또는 비치해야하는 것을 모두 골라 번호로 답하시오. (단, 없으면 "해당 없음"이라고 쓰시오)

① 완공검사 합격확인증     ② 정기검사 합격확인증
③ 설치허가 확인증         ④ 위험물안전카드

(물음 1) ① ②
(물음 2) ① ② ③ ④
(물음 3) ① ④

- 위험물 운송책임자의 감독 또는 지원방법과 위험물의 운송시 준수사항
  1. **운송책임자의 감독 또는 지원의 방법**
     (1) 운송책임자가 **이동탱크저장소에** 동승하여 운송 중인 위험물의 안전확보에 관하여 운전자에게 필요한 감독 또는 지원을 하는 방법
     (2) 운송의 감독 또는 지원을 위하여 마련한 **별도의 사무실**에 운송책임자가 대기하면서 다음의 사항을 이행하는 방법
        ① 운송경로를 미리 파악하고 관할소방관서 또는 관련업체에 대한 연락체계

를 갖추는 것
② 이동탱크저장소의 운전자에 대하여 **수시로 안전확보 상황을 확인**하는 것
③ 비상시의 응급처치에 관하여 **조언을 하는 것**
④ 그 밖에 위험물의 운송중 안전확보에 관하여 **필요한 정보를 제공**하고 감독 또는 지원하는 것

2. **이동탱크저장소에 의한 위험물의 운송시에 준수하여야 하는 기준**
   (1) 위험물운송자는 운송의 개시전에 이동저장탱크의 배출밸브 등의 밸브와 폐쇄장치, 맨홀 및 주입구의 뚜껑, 소화기 등의 점검을 충분히 실시할 것
   (2) 위험물운송자는 **장거리(고속국도 340km 이상, 그 밖의 도로 200km 이상)** 에 걸치는 운송을 하는 때에는 **2명 이상의 운전자**로 할 것.
   다만, 다음에 해당하는 경우에는 그러하지 아니하다.
   ① 운송책임자를 동승시킨 경우
   ② 운송하는 위험물이 제2류 위험물 · 제3류 위험물(칼슘 또는 알루미늄의 탄화물과 이것만을 함유한 것)또는 제4류 위험물(특수인화물을 제외)인 경우
   ③ 운송도중에 2시간 이내마다 20분 이상씩 휴식하는 경우
   (3) 위험물(제4류 위험물에 있어서는 특수인화물 및 제1석유류)을 운송하게 하는 자는 **위험물안전카드**를 위험물운송자로 하여금 휴대하게 할 것
   (4) **이동탱크저장소**에는 당해 이동탱크저장소의 **완공검사합격확인증 및 정기점검기록**을 비치하여야 한다.

**19** 제4류 위험물 중 인화점이 21℃ 이상 70℃ 미만이며 수용성인 위험물을 [보기]에서 선택하여 번호로 답하시오.

[보기]
① 메틸알코올  ② 아세트산  ③ 포름산  ④ 글리세린  ⑤ 나이트로벤젠

해답 ②, ③

상세해설

| 구 분 | 메틸알코올 | 아세트산(초산) | 포름산 | 글리세린 | 나이트로벤젠 |
|---|---|---|---|---|---|
| 화학식 | $CH_3OH$ | $CH_3COOH$ | $HCOOH$ | $C_3H_5(OH)_3$ | $C_6H_5NO_2$ |
| 유 별 | 제4류 알코올류 | 제4류 제2석유류 | 제4류 제2석유류 | 제4류 제3석유류 | 제4류 제3석유류 |
| 인화점(℃) | 11 | 40 | 69 | 160 | 88 |

**20** 위험물안전관리법령상 그림과 같은 옥외저장탱크에 대하여 다음 물음에 알맞은 답을 쓰시오.

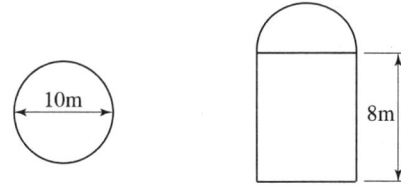

(물음 1) 탱크의 용량[L]을 구하시오.(단, 공간용적은 10/100 이다)
(물음 2) 기술검토를 받아야 하는지 쓰시오.
(물음 3) 완공검사를 받아야 하는지 쓰시오.
(물음 4) 정기검사를 받아야하는지 쓰시오.

 **해답** (물음 1) 탱크의 용량

[계산과정] $Q = \dfrac{\pi}{4} \times (10m)^2 \times 8m \times 0.9 \times \dfrac{1000L}{1m^3} = 565,486.56L$

[답] 565,486.56L

**(물음 2)** 저장용량이 50만L 이상 ∴ 기술검토를 받아야 한다.
**(물음 3)** 저장용량이 50만L 이상 ∴ 완공검사를 받아야 한다.
**(물음 4)** 저장용량이 50만L 이상 ∴ 정기검사를 받아야 한다.

**상세해설**
(1) 탱크의 용량= 탱크의 내용적−공간용적
(2) 시·도지사는 제조소등의 설치허가 또는 변경허가 신청 내용이 다음 각 호의 기준에 적합하다고 인정하는 경우에는 허가를 하여야 한다.
  ① 제조소등의 위치·구조 및 설비가 기술기준에 적합할 것
  ② 제조소등에서의 위험물의 저장 또는 취급이 공공의 안전유지 또는 재해의 발생방지에 지장을 줄 우려가 없다고 인정될 것
  ③ 다음의 제조소등은 **한국소방산업기술원**("**기술원**")의 **기술검토**를 받고 그 결과가 행정안전부령으로 정하는 기준에 적합한 것으로 인정될 것
    ㉠ 지정수량의 **1천배 이상**의 위험물을 취급하는 **제조소 또는 일반취급소** : 구조·설비에 관한 사항
    ㉡ **옥외탱크저장소**(저장용량이 **50만L 이상**인 것만 해당) 또는 **암반탱크저장소** : 위험물탱크의 기초·지반, 탱크본체 및 소화설비에 관한 사항
(3) 시·도지사는 다음 각 호의 업무를 기술원에 위탁한다.
  완공검사 중 다음 각 목의 **완공검사**
  ① 지정수량의 **3천배 이상**의 위험물을 취급하는 **제조소 또는 일반취급소**의 설치 또는 변경에 따른 **완공검사**

② **옥외탱크저장소**(저장용량이 50만L 이상인 것만 해당) 또는 암반탱크저장소의 설치 또는 변경에 따른 **완공검사**

(4) 정기검사의 대상인 제조소등
   액체위험물을 저장 또는 취급하는 **50만L 이상의 옥외탱크저장소**

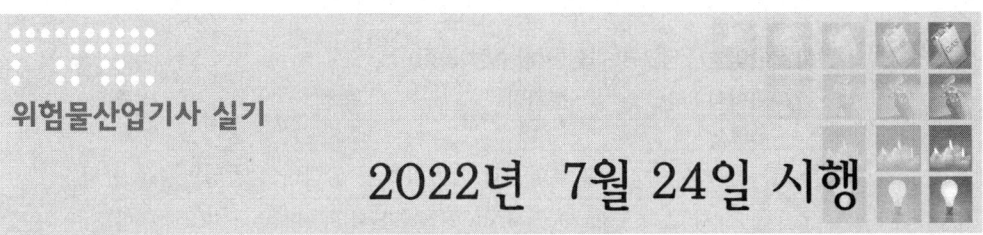

## 2022년 7월 24일 시행

**01** 제3류 위험물인 트라이에틸알루미늄에 대한 다음 각 물음에 답하시오.

(물음 1) 트라이에틸알루미늄과 메탄올의 반응식을 쓰시오.
(물음 2) (물음 1)의 반응식에서 생성된 기체의 완전연소반응식을 쓰시오.

**해답** (물음 1) $(C_2H_5)_3Al + 3CH_3OH \rightarrow Al(CH_3O)_3 + 3C_2H_6$
(물음 2) $2C_2H_6 + 7O_2 \rightarrow 4CO_2 + 6H_2O$

**상세해설**
- 알킬알루미늄[$(C_nH_{2n+1}) \cdot Al$] : 제3류 위험물(금수성 물질)
  ① 알킬기($C_nH_{2n+1}$)에 알루미늄(Al)이 결합된 화합물이다.
  ② $C_1 \sim C_4$는 자연발화의 위험성이 있다.
  ③ 물과 접촉 시 가연성 가스 발생하므로 주수소화는 절대 금지한다.
  ④ 트라이메틸알루미늄(TMA : Tri Methyl Aluminium)
  
  $(CH_3)_3Al + 3H_2O \rightarrow Al(OH)_3$(수산화알루미늄) $+ 3CH_4\uparrow$(메탄)
  
  ⑤ 트라이에틸알루미늄(TEA : Tri Eethyl Aluminium)
  
  $(C_2H_5)_3Al + 3CH_3OH \rightarrow Al(CH_3O)_3$(트라이메톡시알루미늄) $+ 3C_2H_6\uparrow$(에탄)
  $(C_2H_5)_3Al + 3H_2O \rightarrow Al(OH)_3$(수산화알루미늄) $+ 3C_2H_6\uparrow$(에탄)
  
  ⑥ 저장용기에 불활성기체($N_2$)를 봉입한다.
  ⑦ 피부접촉 시 화상을 입히고 연소 시 흰 연기가 발생한다.
  ⑧ 소화 시 주수소화는 절대 금하고 팽창질석, 팽창진주암 등으로 피복 소화한다.

**02** 제3류 위험물인 탄화알루미늄에 대한 다음 각 물음에 답하시오.

(물음 1) 탄화알루미늄과 물이 반응하는 경우 반응식을 쓰시오.
(물음 2) 탄화알루미늄과 염산이 반응하는 경우 반응식을 쓰시오.

**해답** (물음 1) $Al_4C_3 + 12H_2O \rightarrow 4Al(OH)_3 + 3CH_4$
(물음 2) $Al_4C_3 + 12HCl \rightarrow 4AlCl_3 + 3CH_4$

**상세해설**

• 탄화알루미늄 : 제3류 위험물(금수성 물질)

| 화학식 | 분자량 | 융점 | 비중 |
|---|---|---|---|
| $Al_4C_3$ | 143 | 2100℃ | 2.36 |

① 물과 접촉 시 수산화알루미늄과 메탄가스를 생성하고 발열반응을 한다.

$$Al_4C_3 + 12H_2O \rightarrow 4Al(OH)_3(\text{수산화알루미늄}) + 3CH_4(\text{메탄})$$

② 황색 결정 또는 백색분말로 1400℃ 이상에서는 분해가 된다.
③ 물계통의 소화는 절대 금하고 마른모래 등으로 피복 소화한다.

**03** 다음은 위험물안전관리법령에 따른 소화설비의 능력단위에 대한 기준이다. 빈칸에 알맞은 답을 쓰시오.

| 소화설비 | 용량 | 능력단위 |
|---|---|---|
| 소화전용 물통 | ① | 0.3 |
| 수조(소화전용 물통 3개 포함) | 80L | ② |
| 수조(소화전용 물통 6개 포함) | 190L | ③ |
| 마른 모래(삽 1개 포함) | ④ | 0.5 |
| 팽창질석 또는 팽창진주암(삽 1개 포함) | ⑤ | 1.0 |

**해답** ① 8L  ② 1.5  ③ 2.5  ④ 50L  ⑤ 160L

**04** 다음은 지정과산화물을 저장 또는 취급하는 옥내저장소에 대하여 강화되는 기준이다. 저장창고의 지붕에 대한 ( )안에 알맞은 답을 쓰시오.

• 중도리 또는 서까래의 간격은 ( ① )cm 이하로 할 것
• 지붕의 아래쪽 면에는 한 변의 길이가 ( ② )cm 이하의 환강·경량형강 등으로 된 강제의 격자를 설치할 것
• 지붕의 아래쪽 면에 ( ③ )을 쳐서 불연재료의 도리·보 또는 서까래에 단단히 결합할 것
• 두께 ( ④ )cm 이상, 너비 ( ⑤ )cm 이상의 목재로 만든 받침대를 설치할 것

① 30  ② 45  ③ 철망  ④ 5  ⑤ 30

- 옥내저장소의 저장창고의 지붕 설치기준
  ① 중도리 또는 서까래의 간격은 30cm 이하로 할 것
  ② 지붕의 아래쪽 면에는 한 변의 길이가 45cm 이하의 환강·경량형강 등으로 된 강제의 격자를 설치할 것
  ③ 지붕의 아래쪽 면에 철망을 쳐서 불연재료의 도리·보 또는 서까래에 단단히 결합할 것
  ④ 두께 5cm 이상, 너비 30cm 이상의 목재로 만든 받침대를 설치할 것

**05** 위험물안전관리법령에서 정한 다음 용어의 정의를 쓰시오.

(1) 인화성고체
(2) 철분
(3) 제2석유류

 (1) 고형알코올 그 밖에 1기압에서 인화점이 40℃ 미만인 고체
(2) 철의 분말로서 53μm의 표준체를 통과하는 것이 50중량% 미만인 것은 제외
(3) 등유, 경유 그 밖에 1기압에서 인화점이 21℃ 이상 70℃ 미만인 것

- 위험물의 판단기준
  ① **황** : **순도가 60중량% 이상**인 것을 말한다. 이 경우 순도측정에 있어서 불순물은 활석등 불연성물질과 수분에 한한다.
  ② **철분** : 철의 분말로서 53μm의 표준체를 통과하는 것이 **50중량% 미만**인 것은 **제외**
  ③ **금속분** : 알칼리금속·알칼리토금속·철 및 마그네슘 외의 금속의 분말을 말하고, 구리분·니켈분 및 150μm의 체를 통과하는 것이 **50중량% 미만**인 것은 **제외**
  ④ 마그네슘은 다음 각목의 1에 해당하는 것은 **제외**한다.
     ㉮ 2mm의 체를 통과하지 아니하는 덩어리 상태의 것
     ㉯ **직경 2mm 이상**의 막대 모양의 것
  ⑤ **인화성고체**
     고형알코올 그 밖에 1기압에서 인화점이 40℃ **미만인 고체**
  ⑥ 제6류 위험물의 판단기준

| 종 류 | 과산화수소 | 질산 |
|---|---|---|
| 기준 | 농도 36중량% 이상 | 비중 1.49 이상 |

- 용어의 정의
  ① 특수인화물
    이황화탄소, 다이에틸에터 그 밖에 1기압에서 발화점이 100℃ 이하인 것 또는 인화점이 -20℃ 이하이고 비점이 40℃ 이하인 것
  ② 제1석유류
    아세톤, 휘발유 그 밖에 1기압에서 인화점이 21℃ 미만인 것
  ③ 알코올류
    1분자를 구성하는 탄소원자의 수가 1개부터 3개까지인 포화1가 알코올(변성알코올 포함)
  ④ 제2석유류
    등유, 경유 그 밖에 1기압에서 인화점이 21℃ 이상 70℃ 미만인 것
  ⑤ 제3석유류
    중유, 크레오소트유 그 밖에 1기압에서 인화점이 70℃ 이상 200℃ 미만인 것
  ⑥ 제4석유류
    기어유, 실린더유 그 밖에 1기압에서 인화점이 200℃ 이상 250℃ 미만의 것
  ⑦ 동식물유류
    동물의 지육 등 또는 식물의 종자나 과육으로부터 추출한 것으로서 1기압에서 인화점이 250℃ 미만인 것

**06** 제2류 위험물인 삼황화인과 오황화인이 연소하는 경우 공통적으로 생성되는 물질의 명칭을 모두 쓰시오.

 ① 오산화인   ② 이산화황

- 연소반응식
  ① 삼황화인 $P_4S_3 + 8O_2 \rightarrow 2P_2O_5 + 3SO_2$
  ② 오황화인 $2P_2S_5 + 15O_2 \rightarrow 2P_2O_5 + 10SO_2$

**07** 불활성가스 소화설비의 기준 중 다음 보기의 소화약제에 대한 성분과 구성 비율을 쓰시오. (4점)

[보기]  ① IG-55   ② IG-541

① IG-55   $N_2$ : 50%, Ar : 50%
② IG-541   $N_2$ : 52%, Ar : 40%, $CO_2$ : 8%

**불활성가스소화설비의 기준**
① 이산화탄소를 방사하는 분사헤드

| 구 분 | 고압식 | 저압식 |
|---|---|---|
| 헤드의 방사압력 | 2.1MPa 이상 | 1.05MPa 이상 |

② 소화약제의 성분과 구성 비율

| 약제명 | 구성성분과 비율 |
|---|---|
| IG-01 | Ar : 100% |
| IG-100 | $N_2$ : 100% |
| IG-541 | $N_2$ : 52%, Ar : 40%, $CO_2$ : 8% |
| IG-55 | $N_2$ : 50%, Ar : 50% |

**08** 다음 물질이 물과 반응하는 경우 생성되는 기체의 명칭을 쓰시오.
(단, 발생되는 기체가 없으면 "없음"이라고 쓰시오).
① 인화칼슘   ② 질산암모늄
③ 과산화칼륨   ④ 금속리튬
⑤ 염소산칼륨

 ① 포스핀(인화수소)
② 없음
③ 산소
④ 수소
⑤ 없음

 ① 인화칼슘 : $Ca_3P_2 + 6H_2O \rightarrow 3Ca(OH)_2 + 2PH_3$(포스핀, 인화수소)
② 질산암모늄 : 물과 반응하지 않고 용해
③ 과산화칼륨 : $2K_2O_2 + 2H_2O \rightarrow 4KOH + O_2$ (산소)
④ 금속리튬 : $2Li + 2H_2O \rightarrow 2LiOH + H_2$ (수소)
⑤ 염소산칼륨 : 물과 반응하지 않고 용해

## 제 2 부 최근 기출문제

**09** 다음은 제1류 위험물 중 염소산칼륨에 대한 열분해 과정에 관한 사항이다. 다음 각 물음에 답하시오. (6점)

(물음 1) 염소산칼륨의 완전 열분해 반응식을 쓰시오.
(물음 2) 염소산칼륨 24.5kg이 열분해하는 경우 발생하는 산소의 부피($m^3$)는 표준상태에서 얼마인가?(단, 칼륨의 원자량은 39, 염소의 원자량은 35.5이다)

**해답** (물음 1) $2KClO_3 \rightarrow 2KCl + 3O_2$

(물음 2) [계산과정]

① 염소산칼륨($KClO_3$)의 분자량 = 39+35.5+16×3 = 122.5
② $KClO_3 \rightarrow KCl + 1.5O_2$ (열분해물질 염소산칼륨 1몰 기준)
③ $V = \dfrac{WRT}{PM} \times$ (생성기체몰수), 표준상태 : 0℃, 1기압

$$= \dfrac{24.5 \times 0.082 \times (273+0)}{1 \times 122.5} \times 1.5 = 6.72 m^3$$

[답] $6.72 m^3$

**상세해설**
- 이상기체상태방정식으로 생성기체 부피계산
① 반응식에서 열분해하는 물질의 몰수는 항상 **1몰**을 기준으로 하여야 한다.
② 생성기체의 몰수를 곱하여야 한다.

$$V = \dfrac{WRT}{PM} \times (생성기체몰수)$$

여기서, $P$ : 압력(atm), $V$ : 부피($m^3$), $n$ : mol수, $M$ : 분자량
$W$ : 무게(kg), $R$ : 기체상수(0.082 atm · $m^3$/mol · K)
$T$ : 절대온도(273+$t$℃)K

- 염소산칼륨($KClO_3$) : 제1류 위험물(산화성고체) 중 염소산염류

| 화학식 | 분자량 | 물리적 상태 | 색상 | 분해온도 |
|---|---|---|---|---|
| $KClO_3$ | 122.55 | 고체 | 무색 | 400℃ |

① 무색 또는 **백색분말**이며 산화력이 강하다.
② **이산화망가니즈**($MnO_2$)과 접촉 시 **분해가 촉진**되어 산소를 방출한다.
③ 온수, 글리세린에 잘 녹으며 냉수, 알코올에는 용해하기 어렵다.
④ 완전 열 분해되어 **염화칼륨과 산소를 방출**

$2KClO_3 \rightarrow 2KCl + 3O_2$
(염소산칼륨)　(염화칼륨)　(산소)

**10** 위험물안전관리법령상 건축물 그 밖의 공작물 또는 위험물의 소요단위의 계산방법의 기준에 따라 소요단위를 계산하시오.

(물음 1) 외벽이 내화구조로 된 연면적 300m²인 제조소
(물음 2) 외벽이 내화구조가 아닌 것으로 된 연면적 300m²인 제조소
(물음 3) 외벽이 내화구조로 된 연면적 300m²인 저장소

**해답**

(물음 1) [계산과정] $N = 300\text{m}^2 \times \dfrac{1\text{단위}}{100\text{m}^2} = 3\text{단위}$

[답] 3단위

(물음 2) [계산과정] $N = 300\text{m}^2 \times \dfrac{1\text{단위}}{50\text{m}^2} = 6\text{단위}$

[답] 6단위

(물음 3) [계산과정] $N = 300\text{m}^2 \times \dfrac{1\text{단위}}{150\text{m}^2} = 2\text{단위}$

[답] 2단위

**상세해설**

소요단위의 계산방법
① 제조소 또는 취급소의 건축물

| 외벽이 내화구조인 것 | 외벽이 내화구조가 아닌 것 |
|---|---|
| 연면적 100m² : 1소요단위 | 연면적 50m² : 1소요단위 |

② 저장소의 건축물

| 외벽이 내화구조인 것 | 외벽이 내화구조가 아닌 것 |
|---|---|
| 연면적 150m² : 1소요단위 | 연면적 75m² : 1소요단위 |

③ 위험물은 지정수량의 10배를 1소요단위로 할 것

---

**11** 제5류 위험물인 나이트로셀룰로오스에 대한 다음 각 물음에 답하시오.

(물음 1) 나이트로셀룰로오스의 제조방법을 쓰시오.
(물음 2) 품명을 쓰시오.
(물음 3) 지정수량을 쓰시오.
(물음 4) 이 물질을 운반 시 운반용기 외부에 표시하여야 할 주의사항을 모두 쓰시오.

**(물음 1)** 셀룰로오스에 진한질산과 진한황산의 혼합액을 작용시켜 제조
**(물음 2)** 질산에스터류
**(물음 3)** 10kg
**(물음 4)** 화기엄금, 충격주의

**상세해설**

나이트로셀룰로오스(Nitro Cellulose) : NC[$(C_6H_7O_2(ONO_2)_3)$]$_n$ -제5류-질산에스터류

| 화학식 | 비중 | 분해온도 | 인화점 | 착화점 |
|---|---|---|---|---|
| [$C_6H_7O_2(ONO_2)_3$]$_n$ | 1.7 | 130℃ | 13℃ | 160℃ |

셀룰로오스(섬유소)에 진한 질산과 진한 황산의 혼합액을 작용시켜서 만든 것이다.
① 비수용성이며 초산에틸, 초산아밀, 아세톤에 잘 녹는다.
② 건조상태에서는 폭발위험이 크나 수분함유 시 폭발위험성이 없어 저장·운반이 용이하다.
③ 셀룰로이드, 콜로디온에 이용 시 질화면이라 한다.
④ 질소함유율(질화도)이 높을수록 폭발성이 크다.
⑤ 저장, 운반 시 물(20%) 또는 알코올(30%)을 첨가 습윤시킨다.

나이트로셀룰로오스의 열분해 반응식
$2C_{24}H_{29}O_9(ONO_2)_{11} \rightarrow 24CO_2\uparrow + 24CO\uparrow + 12H_2O + 17H_2 + 11N_2$

---

**12** 다음은 위험물안전관리법령에 따른 옥내저장소의 저장기준이다. ( )안에 알맞은 답을 쓰시오.

(1) 옥내저장소에서 동일 품명의 위험물이더라도 자연발화 할 우려가 있는 위험물 또는 재해가 현저하게 증대할 우려가 있는 위험물을 다량 저장하는 경우에는 지정수량의 ( ① )배 이하 마다 구분하여 상호간 ( ② )m 이상의 간격을 두어 저장하여야 한다.

(2) 옥내저장소에서 위험물을 저장하는 경우에는 다음 규정에 의한 높이를 초과하여 용기를 겹쳐 쌓지 아니하여야 한다.
 ① 기계에 의하여 하역하는 구조로 된 용기만을 겹쳐 쌓는 경우에 있어서는 ( ③ )m
 ② 제4류 위험물 중 제3석유류, 제4석유류 및 동식물유류를 수납하는 용기만을 겹쳐 쌓는 경우에 있어서는 ( ④ )m
 ③ 그 밖의 경우에 있어서는 ( ⑤ )m

**해답** ① 10 ② 0.3 ③ 6 ④ 4 ⑤ 3

**13** 제4류 위험물인 산화프로필렌에 대한 다음 각 물음에 답하시오.

(물음 1) 증기비중을 구하시오.
(물음 2) 위험등급을 쓰시오.
(물음 3) 보냉장치가 없는 이동탱크저장소에 저장할 경우 유지온도를 쓰시오.

**해답** (물음 1) 산화프로필렌($CH_3CHCH_2O$)의 분자량 $M = 12 \times 3 + 1 \times 6 + 16 = 58$

$$S = \frac{M}{29} = \frac{58}{29} = 2$$

(물음 2) I 등급
(물음 3) 40℃ 이하

**상세해설**
- 옥외저장탱크 · 옥내저장탱크 또는 지하저장탱크의 저장 유지온도

| 구 분 | 압력탱크 외의 탱크 | 구 분 | 압력탱크 |
|---|---|---|---|
| 산화프로필렌과 이를 함유한 것 또는 다이에틸에터등 | 30℃ 이하 | 아세트알데하이드등 또는 다이에틸에터등 | 40℃ 이하 |
| 아세트알데하이드 또는 이를 함유한 것 | 15℃ 이하 | | |

- 이동저장탱크의 저장 유지온도

| 구 분 | 보냉장치가 있는 경우 | 보냉장치가 없는 경우 |
|---|---|---|
| 아세트알데하이드등 또는 다이에틸에터등 | 비점 이하 | 40℃ 이하 |

※ 아세트알데하이드등(아세트알데하이드, 산화프로필렌)

**14** 옥외에 있는 위험물취급탱크로서 제4류 위험물(이황화탄소 제외) 취급탱크가 100만L 1기, 50만L 2기, 10만L 3기 설치되어 있다. 설치된 취급탱크 중 50만L 1기를 다른 곳으로 옮겨 방유제를 설치하고 나머지 취급탱크에 하나의 방유제를 설치하는 경우 방유제 전체의 용량의 합계[L]를 구하시오.

**해답** [계산과정]
① 100만L 1기, 50만L 1기, 10만L 3기가 설치된 옥외위험물 취급탱크 방유제의 용량
$Q = 100만L \times 0.5(50\%) + (50만L + 10만L \times 3) \times 0.1(10\%) = 58만L$

② 50만L 1기가 설치된 옥외위험물 취급탱크 방유제의 용량
   $Q = 50만L \times 0.5(50\%) = 25만L$
③ 방유제 전체의 용량의 합계[L] = 58만L + 25만L = 83만L
[답] 83만L

**옥외 위험물취급탱크의 방유제 설치기준 ★★**

| 구 분 | 방유제의 용량 |
|---|---|
| 하나의 탱크 주위에 설치하는 경우 | 탱크용량의 50% 이상 |
| 2 이상의 탱크 주위에 설치하는 경우 | 탱크 중 용량이 최대인 것의 50% + 나머지 탱크용량 합계의 10% 이상 |

**15** 위험물안전관리법령상 위험물의 품명 및 지정수량에 대한 빈칸에 알맞은 답을 쓰시오.

| | | | | |
|---|---|---|---|---|
| 제1류 위험물 | 산화성고체 | 질산염류 | | 300kg |
| | | 아이오딘산염류 | | ④ |
| | | 과망가니즈산염류 | | 1000kg |
| | | ② | | |
| 제2류 위험물 | ① | 철분 | | 500kg |
| | | 금속분 | | |
| | | 마그네슘 | | |
| | | ③ | | 1000kg |
| 제4류 위험물 | 인화성액체 | 제2석유류 | 비수용성 | ⑤ |
| | | | 수용성 | 2000L |
| | | 제3석유류 | 비수용성 | 2000L |
| | | | 수용성 | ⑥ |

 ① 가연성고체  ② 다이크로뮴산염류  ③ 인화성고체
④ 300kg  ⑤ 1,000L  ⑥ 4,000L

## 16. 제3류 위험물인 칼륨과 보기의 위험물이 반응하는 경우 반응식을 쓰시오.

[보기]  ① 이산화탄소   ② 에탄올

**해답**
① 이산화탄소 : $4K + 3CO_2 \rightarrow 2K_2CO_3 + C$
② 에탄올 : $2K + 2C_2H_5OH \rightarrow 2C_2H_5OK + H_2$

**상세해설**

- 금속칼륨 및 금속나트륨 : 제3류 위험물(금수성)
  ① 물과 반응하여 수소기체 발생

  $2Na + 2H_2O \rightarrow 2NaOH(수산화나트륨) + H_2\uparrow (수소발생)$
  $2K + 2H_2O \rightarrow 2KOH(수산화칼륨) + H_2\uparrow (수소발생)$

  ② 금속나트륨과 $CO_2$의 반응식
  $4Na + 3CO_2 \rightarrow 2Na_2CO_3 + C$
  (금속나트륨과 이산화탄소는 폭발적으로 반응하기 때문에 위험)

- 에틸알코올($C_2H_5OH$) : 제4류 위험물 중 알코올류

| 화학식 | 분자량 | 비중 | 비점 | 인화점 | 착화점 | 연소범위 |
|---|---|---|---|---|---|---|
| $C_2H_5OH$ | 46 | 0.8 | 78.3℃ | 13℃ | 423℃ | 4.3~19% |

① 무색 투명한 액체이며 술 속에 포함되어 있어 주정이라고 한다.
② 물에 아주 잘 녹으며 유기용제이다.
③ 연소 시 주간에는 불꽃이 잘 보이지 않는다.

$C_2H_5OH + 3O_2 \rightarrow 2CO_2 + 3H_2O$

④ 금속나트륨, 금속칼륨을 가하면 수소($H_2$)가 발생한다.

$2C_2H_5OH + 2Na \rightarrow 2C_2H_5ONa + H_2\uparrow$
$2C_2H_5OH + 2K \rightarrow 2C_2H_5OK + H_2\uparrow$

⑤ 아이오딘포름 반응을 하므로 에탄올검출에 이용된다.

**에틸알코올의 반응식**
- 알칼리금속과 반응   $2Na + 2C_2H_5OH \rightarrow 2C_2H_5ONa + H_2\uparrow$
- 산화, 환원반응식   $C_2H_5OH \underset{환원}{\overset{산화}{\rightleftarrows}} CH_3CHO \underset{환원}{\overset{산화}{\rightleftarrows}} CH_3COOH$

**17** 아세트알데하이드가 산화하는 경우 생성되는 제4류 위험물에 대한 각 물음에 답하시오.

(물음 1) 시성식을 쓰시오.
(물음 2) 완전연소반응식을 쓰시오.
(물음 3) 이 물질을 옥내저장소에 저장하는 경우 저장창고의 바닥면적 기준을 쓰시오.

**해답**

(물음 1) $CH_3COOH$
(물음 2) $CH_3COOH + 2O_2 \rightarrow 2CO_2 + 2H_2O$
(물음 3) 초산(아세트산)은 제2석유류이므로 $2000m^2$ 이하

**상세해설**

- 아세트알데하이드($CH_3CHO$) : 제4류 위험물 중 특수인화물
  ① 휘발성이 강하고 과일냄새가 있는 무색 액체
  ② 물, 에탄올에 잘 녹는다.
  ③ 산화되어 초산($CH_3COOH$)이 된다.

$$CH_3CHO + \frac{1}{2}O_2 \rightarrow CH_3COOH(초산)$$

  ④ **연소범위는 약 4~60%이다.**
  ⑤ 저장용기 사용 시 구리(Cu), 마그네슘(Mg), 은(Ag), 수은(Hg) 및 합금용기는 사용금지.(중합반응 때문)
  ⑥ 다량의 물로 주수 소화한다.
  ⑦ 아세트알데하이드 등을 취급하는 설비에는 연소성 혼합기체의 생성에 의한 폭발을 방지하기 위한 불활성기체 또는 수증기를 봉입하는 장치를 갖출 것

- 옥내저장소의 저장창고 바닥면적 설치기준 ★★

| 위험물의 종류 | 바닥면적 |
|---|---|
| • 제1류 위험물 중 아염소산염류, 염소산염류, 과염소산염류, 무기과산화물, 그 밖에 지정수량 50kg인 위험물<br>• 제3류 위험물 중 칼륨, 나트륨, 알킬알루미늄, 알킬리튬, 그 밖에 지정수량이 10kg인 위험물 및 **황린**<br>• 제4류 위험물 중 특수인화물, 제1석유류 및 알코올류<br>• 제5류 위험물 중 유기과산화물, 질산에스터류, 그 밖에 지정수량이 10kg인 위험물<br>• 제6류 위험물 | $1000m^2$ 이하 |
| • 위 이외의 위험물을 저장하는 창고 | $2000m^2$ 이하 |
| • 내화구조의 격벽으로 완전히 구획된 실에 각각 저장하는 창고 | $1500m^2$ 이하 |

**18** 제1류 위험물 중 위험등급 I에 해당하는 품명을 3가지만 쓰시오.

**해답** 아염소산염류, 염소산염류, 과염소산염류, 무기과산화물, 차아염소산염류

**상세해설**
- 제1류 위험물의 지정수량

| 성질 | 품 명 | 지정수량 | 위험등급 |
|---|---|---|---|
| 산화성 고체 | 1. 아염소산염류, 염소산염류, 과염소산염류, 무기과산화물 | 50kg | I |
| | 2. 브로민산염류, **질산염류**, **아이오딘산염류** | 300kg | II |
| | 3. **과망가니즈산염류**, 다이크로뮴산염류 | 1000kg | III |
| | 4. 그밖에 행정안전부령이 정하는 것 ① 과아이오딘산염류 ② 과아이오딘산 ③ 크로뮴, 납 또는 아이오딘의 산화물 ④ 아질산염류 ⑤ 염소화아이소시아눌산 ⑥ 퍼옥소이황산염류 ⑦ 퍼옥소붕산염류 | 300kg | II |
| | ⑧ 차아염소산염류 | 50kg | I |

**19** 다음 [보기]에서 설명하는 위험물에 대한 각 물음에 답하시오.

[보기]
- 무색의 액체로서 물과 혼합하면 다량의 열을 발생한다.
- 분자량 100.5이며 비중은 1.76이다.
- 염소산 중 가장 강한 산이다.

(물음 1) 시성식을 쓰시오.
(물음 2) 위험물의 유별을 쓰시오.
(물음 3) 이 물질을 취급하는 제조소와 병원과의 안전거리를 쓰시오.
 (해당이 없으면 "없음"이라고 쓰시오)
(물음 4) 이 물질 5,000kg을 취급하는 제조소의 공지의 너비를 쓰시오.

**해답** (물음 1) $HClO_4$
(물음 2) 제6류
(물음 3) 없음
(물음 4) 지정수량의 배수 $N = \dfrac{5000kg}{300kg} = 17배$ ∴ 5m 이상

**상세해설**
- 과염소산($HClO_4$)-제6류 위험물
 ① 물과 혼합하면 다량의 열을 발생한다.

② 산화력이 강하여 종이, 나무조각 또는 유기물 등과 접촉 시 폭발한다.
③ 비중 1.768(22 ℃), 녹는점 −112 ℃, 끓는점 39℃(56mmHg)
④ 수용액도 부식력이 강하고, 유기물 등과 접촉하면 폭발하는 경우가 있다.
⑤ 산(酸) 중에서도 가장 강한 산이다.

- 산소산 중 산의 세기
  차아염소산($HClO$) < 아염소산($HClO_2$) < 염소산($HClO_3$) < 과염소산($HClO_4$)

- 제조소의 안전거리(제6류 위험물을 취급하는 제조소 제외)

| 구 분 | 안전거리 |
|---|---|
| • 사용전압이 7,000V 초과 35,000V 이하 | 3m 이상 |
| • 사용전압이 35,000V를 초과 | 5m 이상 |
| • 주거용 | 10m 이상 |
| • 고압가스, 액화석유가스, 도시가스 | 20m 이상 |
| • 학교 · 병원 · 극장 · 노유자시설 | 30m 이상 |
| • 지정문화유산 및 천연기념물 등 | 50m 이상 |

- 제조소의 보유공지 ★★★
  취급 위험물의 최대수량에 따른 너비의 공지

| 취급 위험물의 최대수량 | 공지의 너비 |
|---|---|
| 지정수량의 10배 이하 | 3m 이상 |
| 지정수량의 10배 초과 | 5m 이상 |

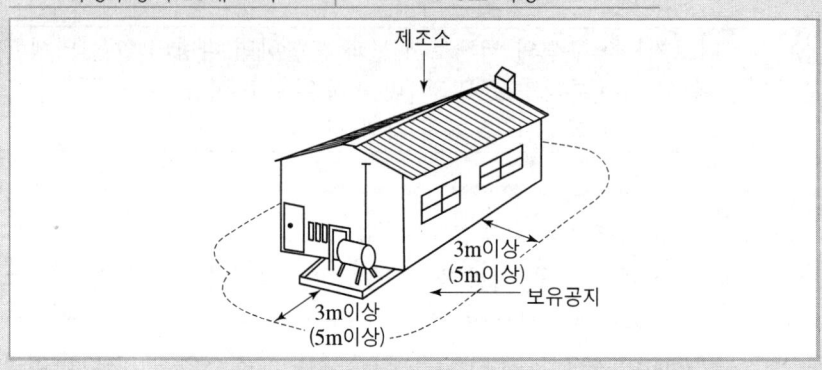

**20** 아래 그림과 같은 타원형 탱크에 위험물을 저장하는 경우 탱크 용량의 최댓값과 최솟값을 구하시오. (단, $a=2m$, $b=1.5m$, $l=3m$, $l_1=0.3m$이다)

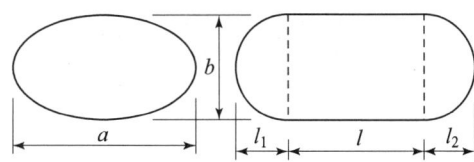

**[계산과정]** 탱크의 용량 = 탱크의 내용적 − 공간용적($\frac{5}{100}$ 이상 $\frac{10}{100}$ 이하)

최댓값 $Q_{\max} = \dfrac{\pi \times 2m \times 1.5m}{4} \times \left[3m + \left(\dfrac{0.3m + 0.3m}{3}\right)\right] \times 0.95$

$= 7.16 m^3$

최솟값 $Q_{\min} = \dfrac{\pi \times 2m \times 1.5m}{4} \times \left[3m + \left(\dfrac{0.3m + 0.3m}{3}\right)\right] \times 0.90$

$= 6.79 m^3$

**[답]** 최댓값 : $7.16 m^3$
최솟값 : $6.79 m^3$

- 타원형 탱크의 내용적
  양쪽이 볼록한 것

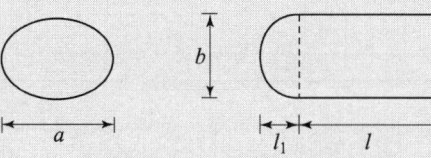

내용적 $= \dfrac{\pi ab}{4}\left(l + \dfrac{l_1 + l_2}{3}\right)$

- 탱크용적의 산출기준
  탱크의 내용적에서 공간용적을 뺀 용적

  탱크의 용적 = 탱크의 내용적 − 탱크의 공간용적

- 탱크의 공간용적
  탱크용적의 $\dfrac{5}{100}$ 이상 $\dfrac{10}{100}$ 이하의 용적

# 위험물산업기사 실기

## 2022년 11월 19일 시행

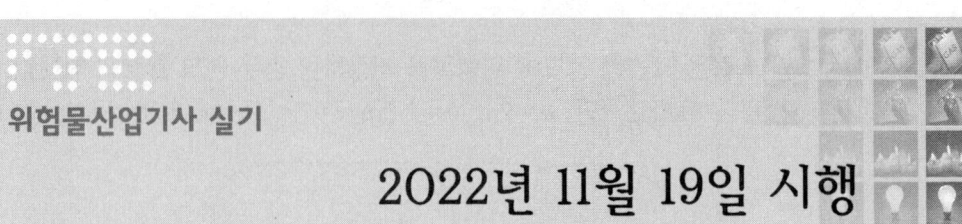

**01** 위험물안전관리법령에 따른 소화설비의 적응성에 관한 내용이다. 다음 소화설비의 적응성이 있는 경우 빈칸에 ○표를 하시오.

| 대상물 구분<br>소화설비의 구분 | 그 밖의 건축물·공작물 | 전기설비 | 제1류 위험물 | | 제2류 위험물 | | | 제3류 위험물 | | 제4류 위험물 | 제5류 위험물 | 제6류 위험물 |
|---|---|---|---|---|---|---|---|---|---|---|---|---|
| | | | 알칼리금속 과산화물등 | 그 밖의 것 | 철분·마그네슘·금속분 등 | 인화성고체 | 그 밖의 것 | 금수성물품 | 그 밖의 것 | | | |
| 옥내소화전 또는 옥외소화전설비 | | | | | | | | | | | | |
| 물분무소화설비 | | | | | | | | | | | | |
| 포소화설비 | | | | | | | | | | | | |
| 불활성가스소화설비 | | | | | | | | | | | | |
| 할로젠화합물소화설비 | | | | | | | | | | | | |

**해답**

| 대상물 구분<br>소화설비의 구분 | 그 밖의 건축물·공작물 | 전기설비 | 제1류 위험물 | | 제2류 위험물 | | | 제3류 위험물 | | 제4류 위험물 | 제5류 위험물 | 제6류 위험물 |
|---|---|---|---|---|---|---|---|---|---|---|---|---|
| | | | 알칼리금속 과산화물등 | 그 밖의 것 | 철분·마그네슘·금속분 등 | 인화성고체 | 그 밖의 것 | 금수성물품 | 그 밖의 것 | | | |
| 옥내소화전 또는 옥외소화전설비 | ○ | | | ○ | | ○ | ○ | | ○ | | ○ | ○ |
| 물분무소화설비 | ○ | ○ | | ○ | | ○ | ○ | | ○ | ○ | ○ | ○ |
| 포소화설비 | ○ | | | ○ | | ○ | ○ | | ○ | ○ | ○ | ○ |
| 불활성가스소화설비 | | ○ | | | | ○ | | | | ○ | | |
| 할로젠화합물소화설비 | | ○ | | | | ○ | | | | ○ | | |

**02** 크실렌의 이성질체 3가지에 대한 명칭과 구조식을 쓰시오.

**해답** ① 오르토(ortho)-크실렌  ② 메타(meta)-크실렌  ③ 파라(para)-크실렌

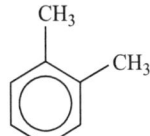 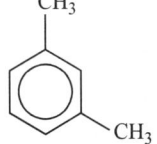 

**상세해설**
- 크실렌(자이렌)($C_6H_4(CH_3)_2$)의 이성질체
  ① 오르토(ortho)-크실렌(인화점 : 32℃) : 제2석유류
  ② 메타(meta)-크실렌(인화점 : 27.5℃) : 제2석유류
  ③ 파라(para)-크실렌(인화점 : 27.2℃) : 제2석유류

**03** 제5류 위험물로서 담황색의 주상결정이며 분자량이 227, 융점이 81℃, 물에 녹지 않고 알콜, 벤젠, 아세톤에 녹는다. 이 물질에 대한 다음 각 물음에 답하시오.

(물음 1) 화학식을 쓰시오.
(물음 2) 제조하는 과정에 대한 화학 반응식을 쓰시오.
(물음 3) 지정수량을 쓰시오.

**해답** (물음 1) $C_6H_2CH_3(NO_2)_3$

(물음 2) $C_6H_5CH_3 + 3HNO_3 \xrightarrow{C-H_2SO_4} C_6H_2CH_3(NO_2)_3 + 3H_2O$

(물음 3) 10kg

**상세해설**
- 트라이나이트로톨루엔[$C_6H_2CH_3(NO_2)_3$] : 제5류 위험물 중 나이트로화합물
  ① 물에는 녹지 않고 알코올, 아세톤, 벤젠에 녹는다.
  ② 톨루엔과 질산을 반응시켜 얻는다.

  $$C_6H_5CH_3 + 3HNO_3 \xrightarrow[\text{(탈수작용)}]{C-H_2SO_4} C_6H_2CH_3(NO_2)_3 + 3H_2O$$
  (톨루엔)  (질산)                (트라이나이트로톨루엔)  (물)

  ③ Tri Nitro Toluene의 약자로 TNT라고도 한다.
  ④ 담황색의 주상결정이며 햇빛에 다갈색으로 변색된다.
  ⑤ 강력한 폭약이며 급격한 타격에 폭발한다.

- 트라이나이트로톨루엔의 구조식

- 트라이나이트로톨루엔의 열분해 반응식

$2C_6H_2CH_3(NO_2)_3 \rightarrow 2C + 3N_2\uparrow + 5H_2\uparrow + 12CO\uparrow$

⑥ 연소 시 연소속도가 너무 빠르므로 소화가 곤란하다.
⑦ 무기 및 다이나마이트, 질산폭약제 제조에 이용된다.

• 제5류 위험물 및 지정수량

| 성질 | 품명 | | 지정수량 | 위험등급 |
|---|---|---|---|---|
| 자기<br>반응성<br>물질 | • 유기과산화물<br>• 나이트로화합물<br>• 아조화합물<br>• 하이드라진 유도체<br>• 하이드록실아민염류 | • 질산에스터류<br>• 나이트로소화합물<br>• 다이아조화합물<br>• 하이드록실아민 | 1종 : 10kg<br>2종 : 100kg | 1종 : Ⅰ<br>2종 : Ⅱ |
| 종판단<br>완료 | • 질산에스터류(대부분)(1종)<br>• 셀룰로이드(2종)<br>• 트라이나이트로톨루엔(1종)<br>• 트라이나이트로페놀(1종)<br>• 테트릴(1종)<br>• 유기과산화물(대부분)(2종) | | | |

## 04 다음의 보기 물질 중에서 인화점이 낮은 것부터 순서대로 나열하시오.

[보기]  ① 이황화탄소  ② 클로로벤젠  ③ 글리세린  ④ 초산에틸

**해답** ① 이황화탄소 – ④ 초산에틸 – ② 클로로벤젠 – ③ 글리세린

**상세해설**

제4류 위험물의 물성

| 품 명 | 이황화탄소 | 클로로벤젠 | 글리세린 | 초산에틸 |
|---|---|---|---|---|
| 화학식 | $CS_2$ | $C_6H_5Cl$ | $C_3H_5(OH)_3$ | $CH_3COOC_2H_5$ |
| 류 별 | 특수인화물 | 제2석유류 | 제3석유류 | 제1석유류 |
| 인화점 | -30℃ | 32℃ | 160℃ | -4℃ |

**05** 트라이에틸알루미늄과 물의 반응식을 쓰고 트라이에틸알루미늄 228g과 물이 반응할 때 발생하는 기체의 부피(L)를 계산하시오.(단, 알루미늄의 분자량은 27이다)

 **해답**

(1) **물과 반응식** $(C_2H_5)_3Al + 3H_2O \rightarrow Al(OH)_3 + 3C_2H_6$

(2) **발생하는 기체의 부피**

**(방법1)**

① $(C_2H_5)_3Al$(트라이에틸알루미늄)의 물과 반응식
② $(C_2H_5)_3Al$(트라이에틸알루미늄)의 분자량 $= 12 \times 6 + 1 \times 15 + 27 = 114$

$(C_2H_5)_3Al + 3H_2O \rightarrow Al(OH)_3 + 3C_2H_6 \uparrow$

114g ─────────→ $3 \times 22.4$L
228g ─────────→ $X$

∴ $X = \dfrac{228 \times 3 \times 22.4}{114} = 134.4$L (생성된 에탄의 부피)

**(방법2)**

① $(C_2H_5)_3Al$(트라이에틸알루미늄)의 물과 반응식
② $(C_2H_5)_3Al + 3H_2O \rightarrow Al(OH)_3 + 3C_2H_6 \uparrow$
③ 이상기체 상태방정식

$$PV = \frac{W}{M}RT = nRT$$

여기서, $P$ : 압력(atm), $V$ : 부피(L), $\dfrac{W}{M}$(n) : mol, $W$ : 무게(g)

$M$ : 분자량, $R$ : 기체상수(0.082atm · L/mol · K)

$T$ : 절대온도($273+t$℃)K

(3) ∴ $V = \dfrac{WRT}{PM} \times$ 생성기체 몰 수 $= \dfrac{228 \times 0.082 \times (273+0)}{1 \times 114} \times 3 = 134.32$L

**[답]** 134.32L

**상세해설**

- **알킬알루미늄**$[(C_nH_{2n+1}) \cdot Al]$ : 제 3류 위험물(금수성 물질)
  ① 알킬기($C_nH_{2n+1}$)에 알루미늄(Al)이 결합된 화합물이다.
  ② $C_1 \sim C_4$는 자연발화의 위험성이 있다.
  ③ 물과 접촉 시 가연성 가스 발생하므로 주수소화는 절대 금지한다.
  ④ 트라이메틸알루미늄(TMA : Tri Methyl Aluminium)

  $(CH_3)_3Al + 3H_2O \rightarrow Al(OH)_3$(수산화알루미늄) $+ 3CH_4 \uparrow$ (메탄)

  ⑤ 트라이에틸알루미늄(TEA : Tri Eethyl Aluminium)

  - $(C_2H_5)_3Al + 3CH_3OH \rightarrow Al(CH_3O)_3$(트라이메톡시알루미늄) $+ 3C_2H_6$(에탄)
  - $(C_2H_5)_3Al + 3H_2O \rightarrow Al(OH)_3$(수산화알루미늄) $+ 3C_2H_6 \uparrow$ (에탄)

ⓖ 저장용기에 불활성기체($N_2$)를 봉입한다.
ⓗ 피부접촉 시 화상을 입히고 연소 시 흰 연기가 발생한다.
ⓘ 소화 시 주수소화는 절대 금하고 팽창질석, 팽창진주암 등으로 피복소화한다.

**06** 다음과 같은 원통형탱크의 용량은 몇 L인가? (단, 탱크의 공간용적은 5%로 한다.) (5점)

 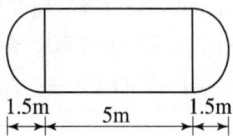

**[계산과정]** (1) 탱크의 내용적 $V = \pi r^2 \left( l + \dfrac{l_1 + l_2}{3} \right)$

$$= \pi \times 2^2 \times \left( 5 + \dfrac{1.5 + 1.5}{3} \right) \times 1000$$

$$= 75398.22 L$$

(2) 탱크의 공간용적 $V = 75398.22 L \times 0.05 = 3769.91 L$

(3) 탱크의 용적(용량) = 탱크의 내용적 - 탱크의 공간용적
$V = 75398.22 - 3769.91 = 71628.31 L$

**[답]** 71628.31L

- 원통형 탱크의 내용적 - 횡으로 설치한 것

 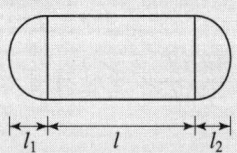

| 내용적 = $\pi r^2 \left( l + \dfrac{l_1 + l_2}{3} \right)$ |

- 탱크용적의 산출기준
  탱크의 내용적에서 공간용적을 뺀 용적
  
  | 탱크의 용적(용량) = 탱크의 내용적 - 탱크의 공간용적 |

- 탱크의 공간용적
  탱크용적의 $\dfrac{5}{100}$ 이상 $\dfrac{10}{100}$ 이하의 용적

**07** 위험물안전관리법령에 따라 다음 각 물음에 대한 소요단위를 구하시오.

(물음 1) 다이에틸에터 2000L
(물음 2) 연면적이 1500m²이고 외벽이 내화구조가 아닌 저장소
(물음 3) 연면적이 1500m²이고 외벽이 내화구조인 제조소

**해답** (물음 1) [계산과정] 다이에틸에터 : 제4류-특수인화물-50L

$$N = \frac{2000L}{50L \times 10} = 4단위$$

[답] 4단위

(물음 2) [계산과정] 내화구조가 아닌 저장소 : 75m², $N = \frac{1,500\text{m}^2}{75\text{m}^2} = 20단위$

[답] 20단위

(물음 3) [계산과정] 내화구조인 제조소 : 100m², $N = \frac{1,500\text{m}^2}{100\text{m}^2} = 15단위$

[답] 15단위

**상세해설**
- 소요단위의 계산방법
  ① 제조소 또는 취급소의 건축물

  | 외벽이 내화구조인 것 | 외벽이 내화구조가 아닌 것 |
  |---|---|
  | 연면적 100m² : 1소요단위 | 연면적 50m² : 1소요단위 |

  ② 저장소의 건축물

  | 외벽이 내화구조인 것 | 외벽이 내화구조가 아닌 것 |
  |---|---|
  | 연면적 150m² : 1소요단위 | 연면적 75m² : 1소요단위 |

  ③ 위험물은 지정수량의 10배를 1소요단위로 할 것

- 제4류 위험물 및 지정수량

  | 유 별 | 성 질 | 품 명 | | 지정수량 |
  |---|---|---|---|---|
  | 제4류 | 인화성액체 | 1. 특수인화물 | | 50L |
  | | | 2. 제1석유류 | 비수용성액체 | 200L |
  | | | | 수용성액체 | 400L |
  | | | 3. 알코올류 | | 400L |
  | | | 4. 제2석유류 | 비수용성액체 | 1,000L |
  | | | | 수용성액체 | 2,000L |
  | | | 5. 제3석유류 | 비수용성액체 | 2,000L |
  | | | | 수용성액체 | 4,000L |
  | | | 6. 제4석유류 | | 6,000L |
  | | | 7. 동식물유류 | | 10,000L |

**08** 에탄올과 금속나트륨이 반응하는 경우 가연성기체를 생성한다. 다음 각 물음에 답하시오. (단, 해당사항이 없으면 "없음"이라고 쓰시오.)

(물음 1) 금속나트륨과 에탄올의 반응식을 쓰시오.
(물음 2) (물음 1)의 반응에서 생성되는 가연성기체의 위험도를 구하시오.

**해답** (물음 1) $2C_2H_5OH + 2Na \rightarrow 2C_2H_5ONa + H_2$

(물음 2) [계산과정] 수소의 연소범위 : 4~75%   $H = \dfrac{75-4}{4} = 17.75$

[답] 17.75

**상세해설**
- 금속칼륨 및 금속나트륨 : 제3류 위험물(금수성)
  ① 물과 반응하여 수소기체 발생
  
  $2Na + 2H_2O \rightarrow 2NaOH(수산화나트륨) + H_2 \uparrow (수소발생)$
  $2K + 2H_2O \rightarrow 2KOH(수산화칼륨) + H_2 \uparrow (수소발생)$
  
  ② 금속나트륨과 $CO_2$의 반응식
  
  $4Na + 3CO_2 \rightarrow 2Na_2CO_3 + C$
  (금속나트륨과 이산화탄소는 폭발적으로 반응하기 때문에 위험)

- 에틸알코올($C_2H_5OH$) : 제4류 위험물 중 알코올류
  ① 술 속에 포함되어 있어 주정이라고 한다.
  ② 물에 아주 잘 녹으며 유기용제이다.
  ③ 연소 시 주간에는 불꽃이 잘 보이지 않는다.
  
  $C_2H_5OH + 3O_2 \rightarrow 2CO_2 + 3H_2O$
  
  ④ 금속나트륨, 금속칼륨을 가하면 수소($H_2$)가 발생한다.
  
  $2C_2H_5OH + 2Na \rightarrow 2C_2H_5ONa + H_2 \uparrow$
  $2C_2H_5OH + 2K \rightarrow 2C_2H_5OK + H_2 \uparrow$
  
  ⑤ 아이오딘포름 반응을 하므로 에탄올검출에 이용된다.
  
  에탄올 $\xrightarrow{KOH+I_2}$ 아이오딘포름($CHI_3$)(노란색)

**09** 제1류 위험물인 질산암모늄에 대한 다음 각 물음에 답하시오.

(물음 1) 질산암모늄의 폭발반응식을 쓰시오.
(물음 2) 질산암모늄 1몰이 0.9기압, 300℃에서 열분해하는 경우 생성되는 $H_2O$의 부피[L]를 구하시오.

해답 (물음 1) $2NH_4NO_3 \rightarrow 2N_2 + O_2 + 4H_2O$

(물음 2) [계산과정] $V = \dfrac{nRT}{P} \times (생성기체\,mol수)$

$= \dfrac{1mol \times 0.082 \times (273+300)K}{0.9am} \times 2 = 104.41L$

[답] 104.41L

상세해설

① 이상기체 상태방정식

$$PV = \dfrac{W}{M}RT = nRT$$

여기서, $P$ : 압력(atm), $V$ : 부피(L), $\dfrac{W}{M}$(n) : mol, $W$ : 무게(g)

$M$ : 분자량, $R$ : 기체상수(0.082atm·L/mol·K)

$T$ : 절대온도(273+$t$℃)K

② $NH_4NO_3$(질산암모늄)의 분자량 = $14+(1\times 4)+14+(16\times 3) = 80$

③ $NH_4NO_3$(질산암모늄)의 폭발반응식(표준상태 : 0℃, 1기압)

$$2NH_4NO_3 \rightarrow 2N_2 + O_2 + 4H_2O$$

④ $NH_4NO_3 \rightarrow N_2 + 0.5O_2 + 2H_2O$

이상기체상태방정식을 적용하려면
반응식에서 열분해하는 물질의 몰수는 1몰을 기준으로 하여야 한다.

⑤ $V = \dfrac{nRT}{P} \times$ 생성기체 mol수

## 10 다음 위험물에 대한 시성식을 쓰시오.

(1) 아세톤  (2) 의산(포름산, 개미산)
(3) 트라이나이트로페놀(피크르산)  (4) 초산에틸(아세트산에틸)
(5) 아닐린

 (1) $CH_3COCH_3$  (2) $HCOOH$
(3) $C_6H_2OH(NO_2)_3$  (4) $CH_3COOC_2H_5$
(5) $C_6H_5NH_2$

**11** 위험물안전관리법령상 적재하는 위험물의 성질에 따른 조치사항으로서 차광성과 방수성이 모두 있는 피복으로 가려야하는 위험물을 보기에서 선택하여 번호로 답하시오. (단, 없으면 "없음"이라고 쓰시오.)

[보기] ① 제1류 위험물 중 알칼리금속의 과산화물
② 금속분
③ 제4류 위험물 중 특수인화물
④ 제5류 위험물
⑤ 제6류 위험물
⑥ 인화성고체

**해답** ①

**상세해설**
적재하는 위험물의 성질에 따른 조치
① 차광성이 있는 피복으로 가려야하는 위험물
  ㉠ 제1류 위험물
  ㉡ 제3류 위험물 중 자연 발화성 물질
  ㉢ 제4류 위험물 중 특수인화물
  ㉣ 제5류 위험물
  ㉤ 제6류 위험물
② 방수성이 있는 피복으로 덮어야 하는 것
  ㉠ 제1류 위험물 중 알칼리금속의 과산화물
  ㉡ 제2류 위험물 중 철분·금속분·마그네슘 또는 이들 중 어느 하나 이상을 함유한 것
  ㉢ 제3류 위험물 중 금수성 물질

**12** 다음 [보기]의 위험물을 보고 각 물음에 알맞은 답을 쓰시오.

[보기] 질산나트륨, 과산화수소, 메틸에틸케톤, 염소산암모늄, 알루미늄분

(물음 1) [보기]에서 연소가 가능한 위험물을 모두 쓰시오.
(물음 2) (물음 1)의 위험물 중 완전연소반응식을 1가지만 쓰시오.

**해답** (물음 1) 메틸에틸케톤, 알루미늄분
(물음 2) ① $2CH_3COC_2H_5 + 11O_2 \rightarrow 8CO_2 + 8H_2O$
② $4Al + 3O_2 \rightarrow 2Al_2O_3$

**13** 아래 조건을 참조하여 방화벽의 설치 높이(m)는 얼마인가?

[조건] ① 제조소등과 인근 건축물과의 거리 = 10m
② 인근건축물 높이 = 40m
③ 제조소등의 외벽의 높이 = 30m
④ 제조소등과 방화상 유효한 담과의 거리 = 5m
⑤ $p$(상수) = 0.15

 (1) $H \leq pD^2 + a$ 인 경우 $h = 2$ 식을 적용한다.
(2) $40 \leq 0.15 \times 10^2 + 30 = 45$ 이므로 $h = 2\text{m}$

**상세해설**
- 방화상 유효한 담의 높이

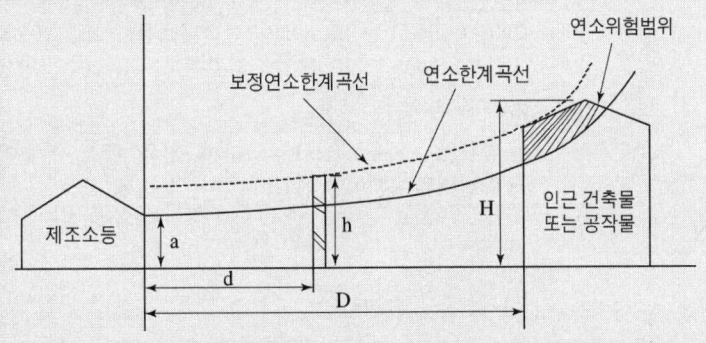

① $H \leq pD^2 + a$ 인 경우   $h = 2$
② $H > pD^2 + a$ 인 경우   $h = H - p(D^2 - d^2)$

여기서, $D$ : 제조소등과 인근 건축물 또는 공작물과의 거리(m)
$H$ : 인근 건축물 또는 공작물의 높이(m)
$a$ : 제조소등의 외벽의 높이(m)
$d$ : 제조소등과 방화상 유효한 담과의 거리(m)
$h$ : 방화상 유효한 담의 높이(m)
$p$ : 상수

**14** 제3류 위험물인 금속칼륨이 다음 물질과 반응하는 반응식을 쓰시오.
(단, 해당사항이 없으면 "없음"이라고 쓰시오.)

① 물
② 경유
③ 이산화탄소

해답  ① $2K + 2H_2O \rightarrow 2KOH + H_2$
② 없음
③ $4K + 3CO_2 \rightarrow 2K_2CO_3 + C$

상세해설
- 금속칼륨 및 금속나트륨 : 제3류 위험물(금수성)
  ① 물과 반응하여 수소기체 발생

  $2Na + 2H_2O \rightarrow 2NaOH$(수산화나트륨) $+ H_2\uparrow$ (수소발생)
  $2K + 2H_2O \rightarrow 2KOH$(수산화칼륨) $+ H_2\uparrow$ (수소발생)

  ② 파라핀, 경유, 등유 속에 저장
  - 칼륨(K), 나트륨(Na)은 파라핀, 경유, 등유 속에 저장
  - 황린(3류) 및 이황화탄소(4류)는 물속에 저장

**15** 다음 [보기]의 설명을 보고 각 물음에 답하시오.

[보기] ① 분자량이 34이며 표백작용과 살균작용을 한다.
② 일정 농도 이상인 것에 한하여 위험물로 판단한다.
③ 운반용기 외부에 표시하여야 하는 주의 사항은 가연물접촉주의이다.

(물음 1) 해당 위험물의 명칭을 쓰시오.
(물음 2) 시성식을 쓰시오.
(물음 3) 분해반응식을 쓰시오.
(물음 4) 제조소의 표지판에 설치하여야하는 주의사항을 쓰시오.
(단, 해당이 없으면 "없음"이라고 쓰시오.)

해답 (물음 1) 과산화수소
(물음 2) $H_2O_2$
(물음 3) $2H_2O_2 \rightarrow 2H_2O + O_2$
(물음 4) 없음

**상세해설**

- 과산화수소($H_2O_2$) : 제6류 위험물-산화성액체

| 화학식 | 분자량 | 비중 | 비점 | 융점 |
|---|---|---|---|---|
| $H_2O_2$ | 34 | 1.463 | 150.2℃(pure) | -0.43℃(pure) |

① 물, 에탄올, 에테르에 잘 녹으며 벤젠에 녹지 않는다.
② 분해 시 산소($O_2$)를 발생시킨다.

$$2H_2O_2 \xrightarrow{MnO_2(정촉매)} 2H_2O + O_2 \uparrow (산소)$$

③ 분해안정제로 인산($H_3PO_4$) 또는 요산($C_5H_4N_4O_3$)을 첨가한다.
④ 저장용기는 밀폐하지 말고 **구멍**이 있는 **마개**를 사용한다.
⑤ 하이드라진($NH_2 \cdot NH_2$)과 접촉 시 분해 작용으로 폭발위험이 있다.

$$NH_2 \cdot NH_2 + 2H_2O_2 \rightarrow 4H_2O + N_2 \uparrow$$

- 위험물제조소의 표지 및 게시판
  ① 표지는 한 변의 길이가 0.3m 이상, 다른 한 변의 길이가 0.6m 이상인 직사각형으로 할 것
  ② 바탕은 백색, 문자는 흑색

- 게시판의 설치기준
  ① 한 변의 길이가 0.3m 이상, 다른 한 변의 길이가 0.6m 이상인 직사각형으로 할 것
  ② 위험물의 유별·품명 및 저장최대수량 또는 취급최대수량, 지정수량의 배수 및 안전 관리자의 성명 또는 직명을 기재할 것
  ③ 게시판의 바탕은 백색으로, 문자는 흑색으로 할 것
  ④ 저장 또는 취급하는 위험물에 따라 주의사항 게시판을 설치 할 것

| 위험물의 종류 | 주의사항 표시 | 게시판의 색 |
|---|---|---|
| • 제1류(알칼리금속 과산화물)<br>• 제3류(금수성 물품) | 물기엄금 | 청색바탕에 백색문자 |
| • 제2류(인화성 고체 제외) | 화기주의 | 적색바탕에 백색문자 |
| • 제2류(인화성 고체)<br>• 제3류(자연발화성 물품)<br>• 제4류<br>• 제5류 | 화기엄금 | |

**16** 위험물안전관리법령에 따른 위험물의 유별 저장·취급기준의 공통기준과 유별을 달리하는 위험물을 동일한 저장소에 저장 할 수 있는 경우이다. 다음 ( )안에 알맞은 답을 쓰시오.

> - 위험물의 유별 저장·취급의 공통기준
>   (1) ( ① ) 위험물은 가연물과의 접촉·혼합이나 분해를 촉진하는 물품과의 접근 또는 과열을 피하여야 한다.
>   (2) ( ② ) 위험물은 불티·불꽃·고온체와의 접근 또는 과열을 피하고, 함부로 증기를 발생시키지 아니하여야 한다.
>   (3) ( ③ ) 위험물은 불티·불꽃·고온체와의 접근이나 과열·충격 또는 마찰을 피하여야 한다.
> - 유별을 달리하는 위험물은 동일한 저장소에 저장하지 아니하여야 한다. 다만, 옥내저장소 또는 옥외저장소에 있어서 다음의 규정에 의한 위험물을 저장하는 경우로서 위험물을 유별로 정리하여 저장하는 한편, 서로 1m 이상의 간격을 두는 경우에는 그러하지 아니하다.
>   (1) 제1류 위험물과 ( ④ ) 위험물을 저장하는 경우
>   (2) 제2류 위험물 중 인화성고체와 ( ⑤ ) 위험물을 저장하는 경우

**해답** ① 제6류  ② 제4류  ③ 제5류  ④ 제6류  ⑤ 제4류

**상세해설**
- 위험물의 유별 저장·취급의 공통기준(중요기준)
  ① **제1류 위험물**은 가연물과의 접촉·혼합이나 분해를 촉진하는 물품과의 접근 또는 과열·충격·마찰 등을 피하는 한편, **알카리금속의 과산화물** 및 이를 함유한 것에 있어서는 물과의 접촉을 피하여야 한다.
  ② **제2류 위험물**은 산화제와의 접촉·혼합이나 불티·불꽃·고온체와의 접근 또는 과열을 피하는 한편, **철분·금속분·마그네슘** 및 이를 함유한 것에 있어서는 물이나 산과의 접촉을 피하고 인화성 고체에 있어서는 함부로 증기를 발생시키지 아니하여야 한다.
  ③ **제3류 위험물** 중 자연발화성물질에 있어서는 불티·불꽃 또는 고온체와의 접근·과열 또는 공기와의 접촉을 피하고, 금수성물질에 있어서는 물과의 접촉을 피하여야 한다.
  ④ **제4류 위험물**은 불티·불꽃·고온체와의 접근 또는 과열을 피하고, 함부로 증기를 발생시키지 아니하여야 한다.
  ⑤ **제5류 위험물**은 불티·불꽃·고온체와의 접근이나 과열·충격 또는 마찰을 피하여야 한다.
  ⑥ **제6류 위험물**은 가연물과의 접촉·혼합이나 분해를 촉진하는 물품과의 접근 또는 과열을 피하여야 한다.

- **유별을 달리하는 위험물을 동일한 저장소에 저장할 수 있는 경우**
  옥내저장소 또는 옥외저장소에 있어서 다음의 각목의 규정에 의한 위험물을 저장하는 경우로서 위험물을 유별로 정리하여 저장하는 한편, 서로 1m 이상의 간격을 두는 경우
  ① 제1류 위험물(알칼리금속의 과산화물 또는 이를 함유한 것을 제외한다)과 제5류 위험물을 저장하는 경우
  ② 제1류 위험물과 제6류 위험물을 저장하는 경우
  ③ 제1류 위험물과 제3류 위험물 중 자연발화성물질(황린 또는 이를 함유한 것에 한한다)을 저장하는 경우
  ④ 제2류 위험물 중 인화성고체와 제4류 위험물을 저장하는 경우
  ⑤ 제3류 위험물 중 알킬알루미늄등과 제4류 위험물(알킬알루미늄 또는 알킬리튬을 함유한 것에 한한다)을 저장하는 경우
  ⑥ 제4류 위험물 중 유기과산화물 또는 이를 함유하는 것과 제5류 위험물 중 유기과산화물 또는 이를 함유한 것을 저장하는 경우

**17** 위험물안전관리법령에 의하여 소방청장은 안전교육을 강습교육과 실무교육으로 구분하여 실시한다. 다음은 안전교육의 과정·기간과 그 밖의 교육의 실시에 관한 사항이다. ( )안에 알맞은 답을 쓰시오.

| 교육과정 | 교육대상자 | 교육시간 |
|---|---|---|
| 강습교육 | ( ① )가 되려는 사람 | 24시간 |
|  | ( ② )가 되려는 사람 | 8시간 |
|  | ( ③ )가 되려는 사람 | 16시간 |
| 실무교육 | ( ① ) | 8시간 이내 |
|  | ( ② ) | 4시간 |
|  | ( ③ ) | 8시간 이내 |
|  | ( ④ )의 기술인력 | 8시간 이내 |

**해답** ① 안전관리자  ② 위험물운반자  ③ 위험물운송자  ④ 탱크시험자

**18** 동영상에서는 제조소와 주택, 고압가스시설, 특고압가공전선(50,000V)을 보여주면서 제조소는 건축물의 외벽 또는 이에 상당하는 공작물의 외측으로부터 안전거리를 두어야 한다. 다음 각 물음에 답하시오.

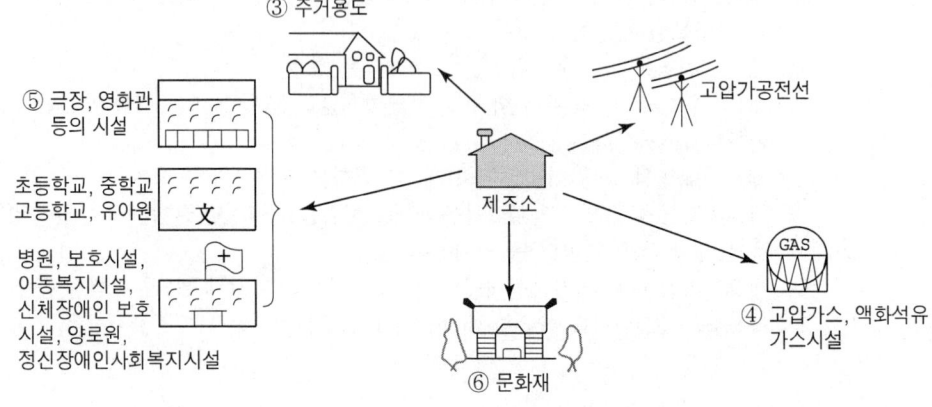

(물음 1) 제조소의 외벽으로 부터 주택의 외측까지의 안전거리(m)를 쓰시오.

(물음 2) 제조소와 특고압가공전선의 안전거리를 쓰시오.

**해답**
(물음 1) 10m 이상
(물음 2) 5m 이상

**상세해설**

제조소의 안전거리(제6류 위험물을 취급하는 제조소 제외)

| 구 분 | 안전거리 |
|---|---|
| • 사용전압이 7,000V 초과 35,000V 이하 | 3m 이상 |
| • 사용전압이 35,000V를 초과 | 5m 이상 |
| • 주거용 | 10m 이상 |
| • 고압가스, 액화석유가스, 도시가스 | 20m 이상 |
| • 학교 · 병원 · 극장 · 노유자시설 | 30m 이상 |
| • 지정문화유산 및 천연기념물 등 | 50m 이상 |

**19** 다음 [보기]의 설명을 보고 제2석유류에 해당하는 것을 모두 선택하여 번호로 답하시오.

[보기] ① 등유, 경유
② 중유, 크레오소트유
③ 1기압에서 인화점이 70℃ 이상 200℃ 미만인 것을 말한다.
④ 인화점이 200℃ 이상 250℃ 미만의 것을 말한다.
⑤ 도료류 그 밖의 물품에 있어서 가연성 액체량이 40중량% 이하이면서 인화점이 40℃ 이상인 동시에 연소점이 60℃ 이상인 것은 제외한다.

 ①, ⑤

- 제4류 위험물의 판단기준
  ① "특수인화물"이라 함은 이황화탄소, 다이에틸에터 그 밖에 1기압에서 발화점이 섭씨 100도 이하인 것 또는 인화점이 섭씨 -20℃ 이하이고 비점이 40℃ 이하인 것을 말한다.
  ② "제1석유류"라 함은 아세톤, 휘발유 그 밖에 1기압에서 인화점이 21℃ 미만인 것을 말한다.
  ③ "알코올류"라 함은 1분자를 구성하는 탄소원자의 수가 1개부터 3개까지인 포화1가 알코올(변성알코올을 포함한다)을 말한다. 다만, 다음 각목의 1에 해당하는 것은 제외한다.
     가. 1분자를 구성하는 탄소원자의 수가 1개 내지 3개의 포화1가 알코올의 함유량이 60중량퍼센트 미만인 수용액
     나. 가연성액체량이 60중량퍼센트 미만이고 인화점 및 연소점(태그개방식인화점측정기에 의한 연소점)이 에틸알코올 60중량퍼센트 수용액의 인화점 및 연소점을 초과하는 것
  ④ "제2석유류"라 함은 등유, 경유 그 밖에 1기압에서 인화점이 21℃ 이상 70℃ 미만인 것을 말한다. 다만, 도료류 그 밖의 물품에 있어서 가연성 액체량이 40중량퍼센트 이하이면서 인화점이 섭씨 40도 이상인 동시에 연소점이 섭씨 60도 이상인 것은 제외한다.
  ⑤ "제3석유류"라 함은 중유, 크레오소트유 그 밖에 1기압에서 인화점이 70℃ 이상 200℃ 미만인 것을 말한다. 다만, 도료류 그 밖의 물품은 가연성 액체량이 40중량퍼센트 이하인 것은 제외한다.
  ⑥ "제4석유류"라 함은 기어유, 실린더유 그 밖에 1기압에서 인화점이 200℃ 이상 250℃ 미만의 것을 말한다. 다만 도료류 그 밖의 물품은 가연성 액체량이 40중량퍼센트 이하인 것은 제외한다.
  ⑦ "동식물유류"라 함은 동물의 지육 등 또는 식물의 종자나 과육으로부터 추출한 것으로서 1기압에서 인화점이 250℃ 미만인 것을 말한다.

## 20 다음 [보기]에서 설명하는 물질에 대한 각 물음에 답하시오.

[보기] ① 분자량이 78이고 착화온도가 562℃이다.
② 증기는 마취성 및 독성이 강하며 독특한 냄새가 난다.
③ 니켈의 촉매 하에 300℃에서 수소첨가반응으로 시클로헥산을 제조한다.

(물음 1) 화학식을 쓰시오.
(물음 2) 위험등급을 쓰시오.
(물음 3) 위험물안전카드의 휴대여부를 쓰시오.
(단, 보기의 조건으로 알 수 없으면 "없음"으로 답하시오.)
(물음 4) 장거리에 걸치는 운송을 하는 때에는 2명 이상의 운전자로 하여야 한다. 이에 해당하는지 여부를 쓰시오.
(단, 보기의 조건으로 알 수 없으면 "없음"으로 답하시오.)

**해답**

(물음 1) $C_6H_6$
(물음 2) Ⅱ등급
(물음 3) 제4류 제1석유류 ∴ 휴대하여야 한다.
(물음 4) 제4류 제1석유류 ∴ 해당하지 않는다.

**상세해설**

- 벤젠(Benzene : $C_6H_6$) : 제4류 위험물 중 제1석유류
  ① 제4류 위험물 중 1석유류
  ② 착화온도 : 562℃(이황화탄소의 착화온도 100℃)
  ③ 벤젠증기는 마취성 및 독성이 강하다.
  ④ 비수용성이며 알코올, 아세톤, 에테르에는 용해
  ⑤ 취급 시 정전기에 유의해야 한다.

- 이동탱크저장소에 의한 위험물의 운송시에 준수하여야 하는 기준
  (1) 위험물운송자는 **장거리(고속국도 340km 이상, 그 밖의 도로 200km 이상)**에 걸치는 운송을 하는 때에는 **2명 이상의 운전자**로 할 것.
  다만, 다음에 해당하는 경우에는 그러하지 아니하다.
  ① **운송책임자를 동승시킨 경우**
  ② 운송하는 위험물이 **제2류 위험물·제3류 위험물**(칼슘 또는 알루미늄의 탄화물과 이것만을 함유한 것)또는 **제4류 위험물**(특수인화물을 제외)인 경우
  ③ 운송도중에 **2시간 이내마다 20분 이상씩 휴식**하는 경우
  (2) 위험물(제4류 위험물에 있어서는 **특수인화물 및 제1석유류**)을 운송하게 하는 자는 **위험물안전카드**를 위험물운송자로 하여금 **휴대**하게 할 것

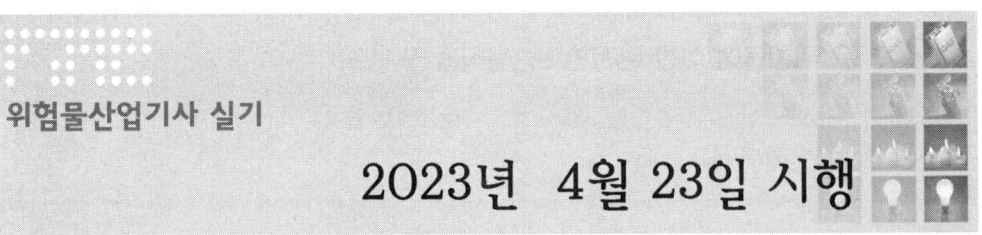

## 위험물산업기사 실기
## 2023년 4월 23일 시행

**01** 제6류 위험물인 과산화수소에 대한 각 물음에 답하시오.

(1) 저장 및 취급 시 분해를 방지하기 위하여 첨가하는 안정제를 1가지만 쓰시오.
(2) 분해 반응식을 쓰시오.
(3) 옥외저장소에 저장이 가능한지 여부를 쓰시오.

**해답**
(1) 인산 또는 요산
(2) $2H_2O_2 \rightarrow 2H_2O + O_2$
(3) 가능

**상세해설**

• 과산화수소($H_2O_2$) : 제6류 위험물-산화성액체

| 화학식 | 분자량 | 비중 | 비점 | 융점 |
|---|---|---|---|---|
| $H_2O_2$ | 34 | 1.463 | 150.2℃(pure) | -0.43℃(pure) |

① 물, 에탄올, 에테르에 잘 녹으며 벤젠에 녹지 않는다.
② 분해 시 산소($O_2$)를 발생시킨다.

$$2H_2O_2 \xrightarrow{MnO_2(정촉매)} 2H_2O + O_2 \uparrow (산소)$$

③ 분해안정제로 인산($H_3PO_4$) 또는 요산($C_5H_4N_4O_3$)을 첨가한다.
④ 저장용기는 밀폐하지 말고 **구멍**이 있는 **마개**를 사용한다.
⑤ 하이드라진($NH_2 \cdot NH_2$)과 접촉 시 분해 작용으로 폭발위험이 있다.

$$NH_2 \cdot NH_2 + 2H_2O_2 \rightarrow 4H_2O + N_2 \uparrow$$

• 옥외저장소에 저장할 수 있는 위험물
 ① 제2류 위험물 : 황, 인화성고체(인화점이 0℃이상)
 ② 제4류 위험물 : 제1석유류(인화점이 0℃이상), 제2석유류, 제3석유류, 제4석유류, 알코올류, 동식물유류
 ③ 제6류 위험물

**02** 다음 위험물에 대한 완전연소반응식을 쓰시오.
① 아세트산  ② 메탄올
③ 메틸에틸케톤

**해답**
① $CH_3COOH + 2O_2 \rightarrow 2CO_2 + 2H_2O$
② $2CH_3OH + 3O_2 \rightarrow 2CO_2 + 4H_2O$
③ $2CH_3COC_2H_5 + 11O_2 \rightarrow 8CO_2 + 8H_2O$

**03** 제조소 등에 설치하는 배출설비에 대한 다음 각 물음에 답하시오.
(1) 배출장소 용적이 300m³이고 국소방식인 경우 배출설비의 1시간당 배출능력(m³/hr)을 계산하시오.
(2) 바닥면적이 100m²이고 경우 전역방식인 경우 배출설비의 1시간당 배출능력(m³/hr)을 계산하시오.

**해답**
(1) [계산과정] $Q = 300m^3 \times 20/hr = 6{,}000 m^3/hr$
   [답] 6,000m³/hr 이상
(2) [계산과정] $Q = 100m^2 \times \dfrac{18m^3}{1m^2} = 1{,}800 m^3/hr$
   [답] 1,800m³/hr 이상

**상세해설**
배출설비의 설치기준 ★★
① 배출설비는 **국소방식**으로 할 것
② 배출설비는 배풍기, 배출닥트, 후드 등을 이용한 **강제배출방식**으로 할 것
③ 배출능력은 **1시간당 배출장소 용적의 20배 이상**인 것으로 할 것
   (단, **전역방식의 경우에는 바닥면적 1m²당 18m³ 이상**으로 할 수 있다)
④ 배출설비의 급기구 및 배출구 설치 기준
   ㉮ **급기구**는 높은 곳에 설치하고, 가는 눈의 구리망 등으로 **인화방지망**을 설치
   ㉯ **배출구**는 **지상 2m 이상**으로서 연소의 우려가 없는 장소에 설치하고, 배출 닥트가 관통하는 벽부분의 바로 가까이에 화재시 자동으로 폐쇄되는 **방화댐퍼를 설치할 것**
⑤ **배풍기는 강제배기방식**으로 하고, 옥내닥트의 내압이 대기압 이상이 되지 아니하는 위치에 설치할 것

## 04 다음은 제4류 위험물에 대한 내용이다. 각 물음에 답하시오.

(1) 아이오딘값의 정의를 쓰시오.
(2) 동식물유류를 아이오딘값에 따라 분류하고 아이오딘값의 범위를 쓰시오.

| 구 분 | 아이오딘값 |
|---|---|
|  |  |
|  |  |
|  |  |

**해답**

(1) 100g의 유지에 의해서 흡수되는 아이오딘의 g수

(2)

| 구 분 | 아이오딘값 |
|---|---|
| 건성유 | 130 이상 |
| 반건성유 | 100~130 |
| 불건성유 | 100 이하 |

**상세해설**

- 동식물유류 : 제4류 위험물
  동물의 지육 또는 식물의 종자나 과육으로부터 추출한 것으로 1기압에서 인화점이 250℃ 미만인 것

[아이오딘값에 따른 동식물유류의 분류]

| 구 분 | 아이오딘값 | 종 류 |
|---|---|---|
| 건성유 | 130 이상 | 해바라기기름, 동유(오동기름), 정어리기름, 아마인유, 들기름 |
| 반건성유 | 100~130 | 채종유, 쌀겨기름, 참기름, 면실유(목화씨기름), 옥수수기름, 청어기름, 콩기름 |
| 불건성유 | 100 이하 | 야자유, 팜유, 올리브유, 피마자기름, 낙화생기름(땅콩기름), 돈지, 우지, 고래기름 |

- 아이오딘값
  옥소가(沃素價)라고도 하며 100g의 유지에 의해서 흡수되는 아이오딘의 g수
- 비누화값의 정의
  유지 1g을 비누화하는데 필요한 KOH mg수

**05** 제3류 위험물인 인화알루미늄 580g이 표준상태에서 물과 반응하여 생성되는 기체의 부피(L)를 계산하시오. (4점)

**해답** (방법 1) ① 인화알루미늄(AlP)과 물의 반응식
$$AlP + 3H_2O \rightarrow Al(OH)_3(고체) + PH_3(기체)$$
② 생성되는 기체의 부피(표준상태 0℃, 1atm)
AlP의 분자량 = 27+31 = 58
$$AlP + 3H_2O \rightarrow Al(OH)_3 + PH_3$$
58g ─────────→ 1×22.4L
580g ────────→ $x$
$$x = \frac{580g \times 1 \times 22.4L}{58g} = 224L$$

[답] 224L

(방법 2) ① 인화알루미늄(AlP)과 물의 반응식
$$AlP + 3H_2O \rightarrow Al(OH)_3(고체) + PH_3(기체)$$
② 생성되는 기체의 부피(표준상태 0℃, 1atm)
AlP의 분자량 = 27+31 = 58

$$V = \frac{nRT}{P} \times mol(PH_3) = \frac{\frac{W}{M}RT}{P} \times mol(PH_3)$$

$$= \frac{\frac{580}{58} \times 0.08205 \times (273+0)}{1} \times 1mol = 224L$$

[답] 224L

**상세해설**
- 인화알루미늄(AlP)-제3류 위험물-금속의 인화합물
  ① 황색 또는 암회색 분말
  ② 물과 작용하여 포스핀($PH_3$)의 유독성 가스를 발생
$$AlP + 3H_2O \rightarrow Al(OH)_3(수산화알루미늄) + PH_3\uparrow(포스핀)$$

- 이상기체상태방정식
$$PV = nRT = \frac{W}{M}RT$$

여기서, $P$ : 압력(atm), $V$ : 부피(L), $n$ : mol수, $M$ : 분자량, $W$ : 무게(g)
$R$ : 기체상수(0.082atm·L/mol·K), $T$ : 절대온도(273+$t$℃)K

**06** 다음 [보기]의 위험물 중 지정수량 400L인 제4류 위험물과 제조소 등의 게시판에 설치하여야 할 주의사항 중 "화기엄금" 및 "물기엄금"에 해당하는 물질이 반응하는 화학반응식을 쓰시오. (단, 없으면 "없음"으로 쓰시오.)

[보기] 에틸알코올, 칼륨, 질산메틸, 톨루엔, 과산화나트륨

**해답** 지정수량 400L인 제4류 위험물 : 에틸알코올
반응식 : $2C_2H_5OH + 2K \rightarrow 2C_2H_5OK + H_2$

**상세해설**
- 지정수량 400L인 제4류 위험물 : 에틸알코올
- 게시판의 주의 사항 중 "화기엄금"과 "물기엄금"에 해당하는 물질 : 칼륨

---

**07** 다음 제2류 위험물에 대한 각 물음에 답하시오.

(1) 다음 빈칸에 알맞은 답을 쓰시오.

| 구 분 | 화학식 | 연소시 공통으로 생성되는 기체의 화학식 |
|---|---|---|
| 삼황화인 | ① | |
| 오황화인 | ② | |
| 칠황화인 | ③ | |

(2) 위의 위험물 중 1몰 당 산소 7.5몰을 필요로 하는 황화인의 종류를 선택하여 완전연소반응식을 쓰시오.
(3) 황화인을 수납 시 운반용기 외부에 표시하여야 할 주의사항을 쓰시오.

**해답** (1)

| 구 분 | 화학식 | 연소시 공통으로 생성되는 기체의 화학식 |
|---|---|---|
| 삼황화인 | ① $P_4S_3$ | |
| 오황화인 | ② $P_2S_5$ | $P_2O_5$, $SO_2$ |
| 칠황화인 | ③ $P_4S_7$ | |

(2) $2P_2S_5 + 15O_2 \rightarrow 2P_2O_5 + 10SO_2$
(3) 화기주의

**상세해설**
- 황화인의 완전연소 반응식
 ① 삼황화인 $P_4S_3 + 8O_2 \rightarrow 2P_2O_5 + 3SO_2$
 ② 오황화인 $2P_2S_5 + 15O_2 \rightarrow 2P_2O_5 + 10SO_2$
 ③ 칠황화인 $P_4S_7 + 12O_2 \rightarrow 2P_2O_5 + 7SO_2$

- 위험물 운반용기의 외부 표시 사항
  ① 위험물의 품명, 위험등급, 화학명 및 수용성(제4류 위험물의 수용성인 것에 한함)
  ② 위험물의 수량
  ③ 수납하는 위험물에 따른 주의사항

| 유 별 | 성질에 따른 구분 | 표시사항 |
|---|---|---|
| 제1류 위험물 | 알칼리금속의 과산화물 | 화기·충격주의, 물기엄금 및 가연물접촉주의 |
| | 그 밖의 것 | 화기·충격주의 및 가연물접촉주의 |
| 제2류 위험물 | 철분·금속분·마그네슘 | 화기주의 및 물기엄금 |
| | 인화성고체 | 화기엄금 |
| | 그 밖의 것 | 화기주의 |
| 제3류 위험물 | 자연발화성물질 | 화기엄금 및 공기접촉엄금 |
| | 금수성물질 | 물기엄금 |
| 제4류 위험물 | 인화성 액체 | 화기엄금 |
| 제5류 위험물 | 자기반응성 물질 | 화기엄금 및 충격주의 |
| 제6류 위험물 | 산화성 액체 | 가연물접촉주의 |

**08** 옥외저장소에 중유가 들어있는 드럼용기를 겹쳐 쌓는 경우 다음 각 물음에 답을 쓰시오. (6점)

(1) 기계에 의하여 하역하는 구조로 된 용기만을 겹쳐 쌓는 경우 저장높이는 몇 m를 초과할 수 없는가?
(2) 위험물을 수납한 용기를 선반에 저장하는 경우 저장높이는 몇 m를 초과할 수 없는가?
(3) 드럼용기만을 겹쳐 쌓는 경우 저장높이는 몇 m를 초과할 수 없는가?

**해답** (1) 6m
(2) 6m
(3) 4m

**상세해설**
- 옥외저장소에서 위험물을 저장하는 경우 높이 제한
  ① 기계에 의하여 하역하는 구조로 된 용기만을 겹쳐 쌓는 경우 : 6m
  ② 제4류 위험물 중 제3석유류, 제4석유류 및 동식물유류를 수납하는 용기만을 겹쳐 쌓는 경우 : 4m
  ③ 그 밖의 경우 : 3m
  ④ 위험물을 수납한 용기를 선반에 저장하는 경우 : 6m

**09** 제3류 위험물인 리튬 2몰이 물과 반응하는 경우 다음 각 물음에 답하시오.

(1) 반응식을 쓰시오.
(2) 반응 시 생성되는 기체의 부피(L)를 구하시오. (계산과정 포함)
  (단, 1atm, 25℃ 기준이다)

**해답**
(1) $2Li + 2H_2O \rightarrow 2LiOH + H_2$
(2) [계산과정] ① 반응물질 1몰 기준으로 생성기체($H_2$)의 몰수
  : $Li + H_2O \rightarrow LiOH + 0.5H_2$
  ② $V = \dfrac{nRT}{P} \times (생성기체 mol수)$
  $= \dfrac{2mol \times 0.082 \times (273+25)K}{1am} \times 0.5mol$
  $= 24.44L$

[답] 24.44L

**상세해설**

리튬[lithium](Li)-제3류 위험물

| 화학식 | 비점 | 융점 | 비중 | 불꽃색상 |
|---|---|---|---|---|
| Li | 1336℃ | 180℃ | 0.543 | 적색 |

① 은백색의 가벼운 알칼리금속으로 칼륨(K), 나트륨(Na)과 성질이 비슷하다.
② 물과 극렬히 반응하여 수소($H_2$)를 발생한다.

$2Li + 2H_2O \rightarrow 2LiOH + H_2 \uparrow$

③ 주기율표 1족에 속하는 알칼리금속원소
④ 2차 전지 생산의 원료로 사용

**10** 제1류 위험물인 과망가니즈산칼륨에 대한 각 물음에 답하시오.

(1) 지정수량을 쓰시오.
(2) 묽은 황산과 반응 또는 열분해 할 경우 공통적으로 생성되는 기체의 명칭을 쓰시오.
(3) 위험등급을 쓰시오.

(1) 1000kg
(2) 산소
(3) Ⅲ등급

- 과망가니즈산칼륨($KMnO_4$) : 제1류 위험물 중 과망가니즈산염류
  ① 흑자색의 주상결정으로 물에 녹아 진한보라색을 띠고 강한 산화력과 살균력이 있다.
  ② 염산과 반응 시 염소($Cl_2$)를 발생시킨다.
  ③ 240℃에서 산소를 방출한다.

  $$2KMnO_4 \rightarrow K_2MnO_4 + MnO_2 + O_2\uparrow$$
  (망가니즈산칼륨)(이산화망가니즈)(산소)

  ④ 황산과 반응하여 황산칼륨, 황산망가니즈, 물, 산소를 생성한다.

  $$4KMnO_4 + 6H_2SO_4 \rightarrow 2K_2SO_4 + 4MnSO_4 + 6H_2O + 5O_2$$
  (과망가니즈산칼륨) (황산)   (황산칼륨) (황산망가니즈) (물) (산소)

  ⑤ 알코올, 에테르, 글리세린, 황산과 접촉 시 폭발우려가 있다.
  ⑥ 주수소화 또는 마른모래로 피복소화한다.
  ⑦ 강알칼리와 반응하여 산소를 방출한다.

**11** 제2류 위험물인 적린이 완전 연소하는 경우 생성되는 기체에 대한 다음 각 물음에 답을 쓰시오.

(1) 기체의 명칭을 쓰시오.
(2) 기체의 명칭을 화학식으로 쓰시오.
(3) 기체의 색상을 쓰시오.

해답 (1) 오산화인
(2) $P_2O_5$
(3) 백색

 적린(P)
① 황린의 동소체이며 황린보다 안정하다.
② 공기 중에서 자연발화하지 않는다.(발화점 : 260℃, 승화점 : 460℃)
③ 황린을 공기차단상태에서 가열, 냉각 시 적린으로 변환다.

$$황린(P_4) \xrightarrow{공기차단(260℃가열, 냉각)} 적린(P)$$

④ 성냥, 불꽃놀이 등에 이용된다.
⑤ 연소 시 오산화인($P_2O_5$)이 생성된다.

$$4P + 5O_2 \rightarrow 2P_2O_5(오산화인)$$

⑥ 다량의 물을 주수하여 냉각 소화한다.

**12** 제5류 위험물인 트라이나이트로톨루엔에 대하여 다음 각 물음에 답하시오.

(1) 트라이나이트로톨루엔의 제조과정을 재료 중심으로 설명하시오.
　　(단, 나이트로화하여 제조한다)
(2) 구조식을 그리시오.

**해답** (1) 톨루엔에 진한황산과 진한질산으로 나이트로화하여 제조

(2)

$$\underset{\underset{NO_2}{|}}{\underset{|}{O_2N}}\!\!-\!\!\overset{CH_3}{\underset{}{\bigcirc}}\!\!-\!\!NO_2$$

**상세해설** 트라이나이트로톨루엔[$C_6H_2CH_3(NO_2)_3$](TNT : Tri Nitro Toluene) ★★★★★

| 화학식 | 분자량 | 비중 | 비점 | 융점 | 착화점 |
|---|---|---|---|---|---|
| $C_6H_2CH_3(NO_2)_3$ | 227 | 1.7 | 280℃ | 81℃ | 300℃ |

① 물에는 녹지 않고 알코올, 아세톤, 벤젠에 녹는다.
② Tri Nitro Toluene의 약자로 TNT라고도 한다.
③ 담황색의 주상결정이며 햇빛에 다갈색으로 변색된다.
④ 톨루엔과 질산을 반응시켜 얻는다.

$$C_6H_5CH_3 + 3HNO_3 \xrightarrow[\text{나이트로화}]{C-H_2SO_4} C_6H_2CH_3(NO_2)_3 + 3H_2O$$
(톨루엔)　(질산)　　　　　　(트라이나이트로톨루엔)　(물)

⑤ 강력한 폭약이며 급격한 타격에 폭발한다.

$$2C_6H_2CH_3(NO_2)_3 \rightarrow 2C + 12CO\uparrow + 3N_2\uparrow + 5H_2\uparrow$$

⑥ 연소시 연소속도가 너무 빠르므로 소화가 곤란하다.
⑦ 무기 및 다이너마이트, 질산폭약제 제조에 이용된다.

## 13 다음 소화약제에 대한 각 물음에 대하여 답하시오.

(1) 제2종 분말 소화약제의 주성분을 화학식으로 쓰시오.
(2) 제3종 분말 소화약제의 주성분을 화학식으로 쓰시오.
(3) IG-55의 구성성분과 비율을 쓰시오.
(4) IG-541의 구성성분과 비율을 쓰시오.
(5) IG-100의 구성성분과 비율을 쓰시오.

**해답**
(1) $KHCO_3$
(2) $NH_4H_2PO_4$
(3) $N_2$ : 50%, Ar : 50%
(4) $N_2$ : 52%, Ar : 40%, $CO_2$ : 8%
(5) $N_2$ : 100%

**상세해설**

• 분말약제의 열분해

| 종 별 | 약제명 | 착색 | 열분해 반응식 |
|---|---|---|---|
| 제1종 | 탄산수소나트륨<br>중탄산나트륨<br>중조 | 백색 | 270℃  $2NaHCO_3 \rightarrow Na_2CO_3 + CO_2 + H_2O$<br>850℃  $2NaHCO_3 \rightarrow Na_2O + 2CO_2 + H_2O$ |
| 제2종 | 탄산수소칼륨<br>중탄산칼륨 | 담회색 | 190℃  $2KHCO_3 \rightarrow K_2CO_3 + CO_2 + H_2O$<br>590℃  $2KHCO_3 \rightarrow K_2O + 2CO_2 + H_2O$ |
| 제3종 | 제1인산암모늄 | 담홍색 | 190℃  $NH_4H_2PO_4 \rightarrow NH_3 + H_3PO_4$(오르토인산)<br>215℃  $2H_3PO_4 \rightarrow H_2O + H_4P_2O_7$(피로인산)<br>300℃  $H_4P_2O_7 \rightarrow H_2O + 2HPO_3$(메타인산) |
| 제4종 | 중탄산칼륨+요소 | 회(백)색 | $2KHCO_3 + (NH_2)_2CO \rightarrow K_2CO_3 + 2NH_3 + 2CO_2$ |

• 불활성가스소화약제

| 약제명 | 구성성분과 비율 |
|---|---|
| IG-100 | $N_2$ : 100% |
| IG-55 | $N_2$ : 50%, Ar : 50% |
| IG-541 | $N_2$ : 52%, Ar : 40%, $CO_2$ : 8% |

**14** 제3류 위험물인 탄화칼슘에 대한 다음 각 물음에 답하시오.

(1) 탄화칼슘과 물의 반응식을 쓰시오.
(2) 물음 (1)의 반응식에서 생성되는 기체와 구리의 반응식을 쓰시오.
(3) 물과 반응한 탄화칼슘을 구리용기에 저장하면 위험한 이유를 쓰시오.

(1) $CaC_2 + 2H_2O \rightarrow Ca(OH)_2 + C_2H_2$
(2) $C_2H_2 + 2Cu \rightarrow Cu_2C_2 + H_2$
(3) 아세틸렌은 금속(Cu, Ag, Hg 등)과 반응하여 폭발성인 금속아세틸리드를 생성하기 때문

**상세해설**

**탄화칼슘($CaC_2$) : 제3류 위험물 중 칼슘탄화물**
① 물과 접촉 시 아세틸렌을 생성하고 열을 발생시킨다.

$$CaC_2 + 2H_2O \rightarrow Ca(OH)_2(수산화칼슘) + C_2H_2\uparrow (아세틸렌)$$

② 아세틸렌의 폭발범위는 2.5~81%로 대단히 넓어서 폭발위험성이 크다.
③ 장기 보관시 불활성기체($N_2$ 등)를 봉입하여 저장한다.
④ 별명은 카바이드, 탄화석회, 칼슘카바이드 등이다.
⑤ 고온(700℃)에서 질화되어 석회질소($CaCN_2$)가 생성된다.

$$CaC_2 + N_2 \rightarrow CaCN_2(석회질소) + C(탄소)$$

⑥ 물 및 포약제에 의한 소화는 절대 금하고 마른모래 등으로 피복소화한다.


**15** 다음은 위험물안전관리법령상 주유취급소에 관한 특례기준이다. 각 물음에 답하시오.

① 주유공지를 확보하지 않아도 된다.
② 지하저장탱크에서 직접 주유하는 경우 탱크용량에 제한을 두지 않아도 된다.
③ 고정주유설비 또는 고정급유설비의 주유관길이에 제한을 두지 않아도 된다.
④ 담 또는 벽을 설치하지 않아도 된다.
⑤ 캐노피를 설치하지 않아도 된다.

(1) 항공기주유취급소 특례기준에 해당하는 것을 모두 고르시오.
(2) 자가용주유취급소 특례기준에 해당하는 것을 모두 고르시오.
(3) 선박주유취급소 특례기준에 해당하는 것을 모두 고르시오.

(1) ① ② ③ ④ ⑤

(2) ①
(3) ① ② ③ ④

**상세해설**

(1) 항공기주유취급소 특례
　① 주유공지 및 급유공지에관한 규정을 적용하지 아니한다.
　② 탱크용량에 관한 규정을 적용하지 아니한다.
　③ 주유관 길이에 관한 규정을 적용하지 아니한다.
　④ 담 또는 벽에 관한 규정을 적용하지 아니한다.
　⑤ 캐노피에 관한 규정을 적용하지 아니한다.
(2) 자가용주유취급소 특례
　주유공지 및 급유공지 규정을 적용하지 아니한다.
(3) 선박주유취급소 특례
　① 주유공지 및 급유공지 규정을 적용하지 아니한다.
　② 탱크용량에 관한 규정을 적용하지 아니한다.
　③ 주유관 길이에 관한 규정을 적용하지 아니한다.
　④ 담 또는 벽에 관한 규정을 적용하지 아니한다.

**16** 위험물안전관리법령상 위험물의 저장 및 취급에 관한 기준이다. 다음 ( )안에 알맞은 답을 쓰시오.

- 옥외저장탱크·옥내저장탱크 또는 지하저장탱크 중 압력탱크 외의 탱크에 저장하는 다이에틸에터등 또는 아세트알데하이드등의 온도는 산화프로필렌과 이를 함유한 것 또는 다이에틸에터등에 있어서는 ( ① )℃ 이하로, 아세트알데하이드 또는 이를 함유한 것에 있어서는 ( ② )℃ 이하로 각각 유지할 것
- 옥외저장탱크·옥내저장탱크 또는 지하저장탱크 중 압력탱크에 저장하는 아세트알데하이드등 또는 다이에틸에터등의 온도는 ( ③ )℃ 이하로 유지할 것
- 보냉장치가 있는 이동저장탱크에 저장하는 아세트알데하이드등 또는 다이에틸에터등의 온도는 당해 위험물의 ( ④ ) 이하로 유지할 것
- 보냉장치가 없는 이동저장탱크에 저장하는 아세트알데하이드등 또는 다이에틸에터등의 온도는 ( ⑤ )℃ 이하로 유지할 것

 ① 30　② 15　③ 40　④ 비점　⑤ 40

**상세해설**
- 옥외저장탱크·옥내저장탱크 또는 지하저장탱크의 저장 유지온도

| 구 분 | 압력탱크<br>외의 탱크 | 구 분 | 압력탱크 |
|---|---|---|---|
| 산화프로필렌과 이를 함유한 것 또는<br>다이에틸에터등 | 30℃ 이하 | 아세트알데하이드등<br>또는 다이에틸에터등 | 40℃ 이하 |
| 아세트알데하이드 또는 이를 함유한 것 | 15℃ 이하 | | |

• 이동저장탱크의 저장 유지온도

| 구 분 | 보냉장치가 있는 경우 | 보냉장치가 없는 경우 |
|---|---|---|
| 아세트알데하이드등 또는<br>다이에틸에터등 | 비점 이하 | 40℃ 이하 |

## 17 다음 옥내저장소의 건축물에 대한 내용을 보고 각 물음에 답하시오.

[옥내저장소] – 외벽이 내화구조인 것
– 연면적 150m²
– 에탄올 1,000L, 등유 1,500L, 동식물유류 20,000L,
특수인화물 500L

(1) 옥내저장소의 소요단위를 구하시오.
(2) 위 위험물을 저장할 경우 소요단위를 구하시오.

**해답** (1) 옥내저장소의 소요단위

[계산과정] $N = \dfrac{150\text{m}^2}{150\text{m}^2} = 1$ 단위

[답] 1단위

(2) 위험물을 저장할 경우 소요단위

[계산과정]

| 구 분 | 에탄올 | 등유 | 동식물유류 | 특수인화물 |
|---|---|---|---|---|
| 품 명 | – | 제2석유류 | – | – |
| 지정수량 | 400L | 1,000L | 10,000L | 50L |

$N = \dfrac{1{,}000\text{L}}{400\text{L} \times 10} + \dfrac{1{,}500\text{L}}{1{,}000\text{L} \times 10} + \dfrac{20{,}000\text{L}}{10{,}000\text{L} \times 10} + \dfrac{500\text{L}}{50\text{L} \times 10}$
$= 1.6$

[답] 2단위

**상세해설** 소요단위의 계산방법
① 제조소 또는 취급소의 건축물

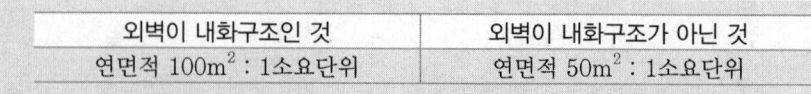

| 외벽이 내화구조인 것 | 외벽이 내화구조가 아닌 것 |
|---|---|
| 연면적 100m² : 1소요단위 | 연면적 50m² : 1소요단위 |

② 저장소의 건축물

| 외벽이 내화구조인 것 | 외벽이 내화구조가 아닌 것 |
|---|---|
| 연면적 150m² : 1소요단위 | 연면적 75m² : 1소요단위 |

③ 위험물은 지정수량의 10배를 1소요단위로 할 것

**18** 다음 설명하는 위험물에 대하여 각 물음에 답하시오.

> 옥외저장탱크는 벽 및 바닥의 두께가 0.2m 이상이고 누수가 되지아니하는 철근콘크리트의 수조에 넣어 보관하여야 한다. 이 경우 보유공지, 통기관 및 자동계량장치는 생략할 수 있다.

(1) 설명하는 위험물의 연소반응식을 쓰시오.
(2) 품명을 쓰시오.
(3) 물음 (2)의 위험물과 다음 [보기]의 위험물 중 혼재가 가능한 위험물을 모두 고르시오. (단, 없으면 "없음"이라 쓰시오)

> [보기] 과염소산, 과산화나트륨, 과망가니즈산칼륨, 삼불화브로민

(1) $CS_2 + 3O_2 \rightarrow CO_2 + 2SO_2$
(2) 특수인화물
(3) 없음

- 옥외탱크저장소의 위치·구조 및 설비의 기준
  Ⅵ. 옥외저장탱크의 외부구조 및 설비
  **이황화탄소**의 옥외저장탱크는 벽 및 바닥의 **두께가 0.2m 이상**이고 누수가 되지 아니하는 **철근콘크리트의 수조**에 넣어 보관하여야 한다. 이 경우 보유공지·통기관 및 자동계량장치는 생략할 수 있다.

- 제4류는 2류, 3류, 5류와 혼재할 수 있다.

- 이황화탄소($CS_2$) : 제4류 위험물-특수인화물

  | 화학식 | 분자량 | 비중 | 비점 | 인화점 | 착화점 | 연소범위 |
  |---|---|---|---|---|---|---|
  | $CS_2$ | 76.1 | 1.26 | 46℃ | -30℃ | 100℃ | 1.0~50% |

  ① 무색투명한 액체이다.
  ② 물에는 녹지 않고 알코올, 에테르, 벤젠 등 유기용제에 녹는다.
  ③ 완전연소 시 이산화탄소($CO_2$)와 이산화황($SO_2$)을 생성한다.

  $$CS_2 + 3O_2 \rightarrow CO_2(이산화탄소) + 2SO_2(이산화황) + 푸른색 불꽃$$

  ④ 저장 시 옥외저장탱크는 벽 및 바닥의 두께가 0.2m 이상이고 누수가 되지 아니하는 철근콘크리트의 수조에 넣어 보관하여야 한다.

**19** 다음은 제4류 위험물 중 알코올류에 관한 내용이다. 틀린 부분을 찾아 알맞게 수정하시오. (단, 없으면 "없음"이라고 쓰시오)

① 1분자를 구성하는 탄소원자의 수가 1개부터 3개까지인 포화1가 알코올(변성알코올을 포함)을 말한다.
② 1분자를 구성하는 탄소원자의 수가 1개 내지 3개의 포화1가 알코올의 함유량이 60부피퍼센트 미만인 수용액은 제외한다.
③ 지정수량이 400L이다.
④ 위험등급이 Ⅱ이다.
⑤ 옥내저장소에서 하나의 저장창고의 바닥면적은 $1000m^2$ 이하이다.

  ② 부피퍼센트 → 중량퍼센트

- 알코올류
  1분자를 구성하는 탄소원자의 수가 **1개부터 3개까지인 포화1가 알코올**(변성알코올을 포함한다)을 말한다. 다만, 다음 각목의 1에 해당하는 것은 제외한다.
  ① 1분자를 구성하는 탄소원자의 수가 1개 내지 3개의 포화1가 알코올의 함유량이 **60중량% 미만인 수용액**

② 가연성액체량이 **60중량%** **미만**이고 인화점 및 연소점(태그개방식인화점측정기에 의한 연소점)이 에틸알코올 60중량% 수용액의 인화점 및 연소점을 초과하는 것

- 알코올의 일반식 : $C_nH_{2n+1}OH$
  ① $n=1$일 때 $CH_3OH$ [methyl alcohol(메틸알코올)]
  ② $n=2$일 때 $C_2H_5OH$ [ethyl alcohol(에틸알코올)]
  ③ $n=3$일 때 $C_3H_7OH$ [propyl alcohol(프로필알코올)]

**20** 위험물안전관리법령상 위험물의 성질에 따른 제조소의 특례기준이다. ( )안에 알맞은 답을 쓰시오.

(1) ( ① )등을 취급하는 제조소의 특례기준
- ( ① )등을 취급하는 설비의 주위에는 누설범위를 국한하기 위한 설비와 누설된 ( ① )등을 안전한 장소에 설치된 저장실에 유입시킬 수 있는 설비를 갖출 것
- ( ① )등을 취급하는 설비에는 불활성기체를 봉입하는 장치를 갖출 것

(2) ( ② )등을 취급하는 제조소의 특례기준
- ( ② )등을 취급하는 설비는 은·수은·동·마그네슘 또는 이들을 성분으로 하는 합금으로 만들지 아니할 것
- ( ② )등을 취급하는 설비에는 연소성 혼합기체의 생성에 의한 폭발을 방지하기 위한 불활성기체 또는 수증기를 봉입하는 장치를 갖출 것
- ( ② )등을 취급하는 탱크(옥외에 있는 탱크 또는 옥내에 있는 탱크로서 그 용량이 지정수량의 5분의 1 미만의 것을 제외한다)에는 냉각장치 또는 저온을 유지하기 위한 장치(이하 "보냉장치"라 한다) 및 연소성 혼합기체의 생성에 의한 폭발을 방지하기 위한 불활성기체를 봉입하는 장치를 갖출 것. 다만, 지하에 있는 탱크가 ( ② )등의 온도를 저온으로 유지할 수 있는 구조인 경우에는 냉각장치 및 보냉장치를 갖추지 아니할 수 있다.

(3) ( ③ )등을 취급하는 제조소의 특례기준
- 지정수량 이상의 ( ③ )등을 취급하는 제조소의 위치는 건축물의 벽 또는 이에 상당하는 공작물의 외측으로부터 해당 제조소의 외벽 또는 이에 상당하는 공작물의 외측까지의 사이에 다음 식에 의하여 요구되는 거리 이상의 안전거리를 둘 것
  $D = 51.1 \sqrt[3]{N}$
  $D$ : 거리(m)
  $N$ : 해당 제조소에서 취급하는 하이드록실아민등의 지정수량의 배수

 해답
① 알킬알루미늄
② 아세트알데하이드
③ 하이드록실아민

제 2 부 최근 기출문제

위험물산업기사 실기

## 2023년 7월 22일 시행

**01** 옥외탱크저장소의 방유제 안에 제4류 위험물인 인화성액체탱크(이황화탄소 제외)가 300,000L 3개와 200,000L 9개로 총 12개가 있다. 다음 각 물음에 알맞은 답을 쓰시오.

(1) 설치하여야 하는 방유제의 최소 개수를 쓰시오.
(2) 300,000L 2개와, 200,000L 2개가 하나의 방유제 내에 있을 경우 방유제의 용량을 구하시오.
(3) 해당 방유제에 인화성액체 대신 제6류 위험물인 질산을 저장할 경우 방유제의 개수를 쓰시오.(해당 없음이면 "해당 없음"으로 쓰시오)

**해답** (1) 하나의 방유제 내에 설치하는 옥외저장탱크의 수는 10 이하

$N = \dfrac{12}{10} = 1.2$ (소수점 발생시 무조건 절상하여 정수로 표기)

∴ 2개

(2) $Q = 300,000 \times 1.1 (110\%) = 330,000L$

(3) 2개

**상세해설**
- 옥외탱크저장소(이황화탄소 제외)의 방유제
  (1) 방유제의 용량
    ① 탱크가 하나인 때 : 탱크 용량의 110% 이상
    ② 2기 이상인 때 : 탱크 중 용량이 최대인 것의 용량의 110% 이상
  (2) 방유제는 높이 0.5m 이상 3m 이하, 두께 0.2m 이상, 지하매설깊이 1m 이상
  (3) 방유제내의 면적은 8만$m^2$ 이하로 할 것
  (4) 방유제내의 설치하는 옥외저장탱크의 수는 10(방유제내에 설치하는 모든 옥외저장탱크의 용량이 20만L 이하이고, 당해 옥외저장탱크에 저장 또는 취급하는 위험물의 인화점이 70℃ 이상 200℃ 미만인 경우에는 20) 이하로 할 것. 다만, 인화점이 200℃ 이상인 위험물을 저장 또는 취급하는 옥외저장탱크에 있어서는 그러하지 아니하다.

## 02

트라이에틸알루미늄과 물의 반응식을 쓰고 트라이에틸알루미늄 228g과 물이 반응할 때 발생하는 기체의 부피(L)를 계산하시오.(단, 알루미늄의 분자량은 27이다) (6점)

 **해답**

(1) **물과 반응식** $(C_2H_5)_3Al + 3H_2O \rightarrow Al(OH)_3 + 3C_2H_6$

(2) **발생하는 기체의 부피**

**(방법1)**
① $(C_2H_5)_3Al$(트라이에틸알루미늄)의 물과 반응식
② $(C_2H_5)_3Al$(트라이에틸알루미늄)의 분자량 $= 12 \times 6 + 1 \times 15 + 27 = 114$

$(C_2H_5)_3Al + 3H_2O \rightarrow Al(OH)_3 + 3C_2H_6 \uparrow$
114g ─────────────→ $3 \times 22.4$L
228g ─────────────→ $X$

$\therefore X = \dfrac{228 \times 3 \times 22.4}{114} = 134.4$L  (생성된 에탄의 부피)

**(방법2)**
① $(C_2H_5)_3Al$(트라이에틸알루미늄)의 물과 반응식
② $(C_2H_5)_3Al + 3H_2O \rightarrow Al(OH)_3 + 3C_2H_6 \uparrow$
③ 이상기체 상태방정식

$$PV = \dfrac{W}{M}RT = nRT$$

여기서, $P$ : 압력(atm), $V$ : 부피(L), $\dfrac{W}{M}$(n) : mol, $W$ : 무게(g)
$M$ : 분자량, $R$ : 기체상수(0.082atm · L/mol · K)
$T$ : 절대온도(273+$t$℃)K

(3) $\therefore V = \dfrac{WRT}{PM} \times$ 생성기체 몰 수 $= \dfrac{228 \times 0.082 \times (273+0)}{1 \times 114} \times 3 = 134.32$L

**[답]** 134.32L

**상세해설**

- **알킬알루미늄[$(C_nH_{2n+1}) \cdot Al$] : 제 3류 위험물(금수성 물질)**
  ① 알킬기($C_nH_{2n+1}$)에 알루미늄(Al)이 결합된 화합물이다.
  ② $C_1 \sim C_4$는 자연발화의 위험성이 있다.
  ③ 물과 접촉 시 가연성 가스 발생하므로 주수소화는 절대 금지한다.
  ④ 트라이메틸알루미늄(TMA : Tri Methyl Aluminium)

  $(CH_3)_3Al + 3H_2O \rightarrow Al(OH)_3$(수산화알루미늄) $+ 3CH_4 \uparrow$(메탄)

  ⑤ 트라이에틸알루미늄(TEA : Tri Eethyl Aluminium)

  - $(C_2H_5)_3Al + 3CH_3OH \rightarrow Al(CH_3O)_3$(트라이메톡시알루미늄) $+ 3C_2H_6$(에탄)
  - $(C_2H_5)_3Al + 3H_2O \rightarrow Al(OH)_3$(수산화알루미늄) $+ 3C_2H_6 \uparrow$(에탄)

⑥ 저장용기에 불활성기체($N_2$)를 봉입한다.
⑦ 피부접촉 시 화상을 입히고 연소 시 흰 연기가 발생한다.
⑧ 소화 시 주수소화는 절대 금하고 팽창질석, 팽창진주암 등으로 피복소화한다.

**03** 다음 소화약제에 대한 화학식을 쓰시오.
(1) 제2종 분말약제
(2) 할론 1301
(3) IG-100

**해답** (1) $KHCO_3$ (2) $CF_3Br$ (3) $N_2$

**상세해설**

- 분말약제의 주성분 및 열분해

| 종별 | 약제명 | 화학식 | 착색 | 열분해 반응식 |
|---|---|---|---|---|
| 제1종 | 탄산수소나트륨<br>중탄산나트륨 | $NaHCO_3$ | 백색 | 270℃ $2NaHCO_3$<br>　　$\rightarrow Na_2CO_3+CO_2+H_2O$<br>850℃ $2NaHCO_3$<br>　　$\rightarrow Na_2O+2CO_2+H_2O$ |
| 제2종 | 탄산수소칼륨<br>중탄산칼륨 | $KHCO_3$ | 담회색 | 190℃ $2KHCO_3$<br>　　$\rightarrow K_2CO_3+CO_2+H_2O$<br>590℃ $2KHCO_3$<br>　　$\rightarrow K_2O+2CO_2+H_2O$ |
| 제3종 | 제1인산암모늄 | $NH_4H_2PO_4$ | 담홍색 | $NH_4H_2PO_4 \rightarrow HPO_3+NH_3+H_2O$ |
| 제4종 | 중탄산칼륨+요소 | $KHCO_3+$<br>$(NH_2)_2CO$ | 회(백)색 | $2KHCO_3+(NH_2)_2CO$<br>　　$\rightarrow K_2CO_3+2NH_3+2CO_2$ |

- 할로젠화합물 소화약제 명명법 : 할론 ⓐ ⓑ ⓒ ⓓ
  ⓐ : C 원자수　　ⓑ : F 원자수　　ⓒ : Cl 원자수　　ⓓ : Br 원자수

- 할로젠화합물 소화약제

| 구분＼종류 | 할론 2402 | 할론 1211 | 할론1301 | 할론1011 |
|---|---|---|---|---|
| 화학식 | $C_2F_4Br_2$ | $CF_2ClBr$ | $CF_3Br$ | $CH_2ClBr$ |

- 불활성가스소화약제

| 약제명 | 구성성분과 비율 |
|---|---|
| IG-100 | $N_2$ : 100% |
| IG-55 | $N_2$ : 50%, Ar : 50% |
| IG-541 | $N_2$ : 52%, Ar : 40%, $CO_2$ : 8% |

**04** 위험물의 저장량이 지정수량의 $\frac{1}{10}$을 초과하는 경우 혼재하여서는 안 되는 위험물의 유별을 모두 쓰시오.

○ 제1류 :   ○ 제2류 :   ○ 제3류 :   ○ 제4류 :   ○ 제5류 :   ○ 제6류 :

**해답**
○ 제1류 : 제2류, 제3류, 제4류, 제5류
○ 제2류 : 제1류, 제3류, 제6류
○ 제3류 : 제1류, 제2류, 제5류, 제6류
○ 제4류 : 제1류, 제6류
○ 제5류 : 제1류, 제3류, 제6류
○ 제6류 : 제2류, 제3류, 제4류, 제5류

**상세해설**
쉬운 암기법(혼재가능)
↓1 + 6↑   2 + 4
↓2 + 5↑   5 + 4
↓3 + 4↑

**05** 제4류 위험물인 클로로벤젠에 대한 다음에 답하시오.
① 화학식   ② 품명   ③ 지정수량

**해답** ① $C_6H_5Cl$   ② 제2석유류   ③ 1,000L

**상세해설**
• 클로로벤젠($C_6H_5Cl$)-제4류-제2석유류

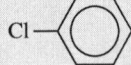

| 화학식 | 분자량 | 비중 | 인화점 | 착화점 | 연소범위 |
|---|---|---|---|---|---|
| $C_6H_5Cl$ | 112.6 | 1.11 | 32℃ | 638℃ | 1.3~7.1% |

① 무색의 액체로 물보다 무겁고 물에는 녹지 않고 유기용제에 녹는다.
② 철의 존재하에 벤젠을 염소화시켜 제조한다.
③ 벤젠치환제로 클로로벤졸이라고도 한다.
④ 살충제, DDT의 원료, 용제로 사용된다.

**06** 제1종 분말인 탄산수소나트륨에 대하여 다음 각 물음에 알맞은 답을 쓰시오.

(1) 탄산수소나트륨의 1차(270℃) 열분해 반응식을 쓰시오.
(2) 탄산수소나트륨 10kg이 열분해하는 경우 생성되는 이산화탄소의 부피(m³)는 표준상태에서 얼마가 되겠는가?

**해답**

(1) $2NaHCO_3 \rightarrow Na_2CO_3 + CO_2 + H_2O$

(2) **[계산과정]** ① 탄산수소나트륨($NaHCO_3$)의 분자량
$$M = 23 + 1 + 12 + 16 \times 3 = 84$$
② 반응물질 1몰이 열분해하는 반응식
$$NaHCO_3 \rightarrow 0.5Na_2CO_3 + 0.5CO_2 + 0.5H_2O$$
③ $V = \dfrac{nRT}{P} = \dfrac{\dfrac{W}{M} \times R \times T}{P} \times \text{mol(생성기체)}$

$$= \dfrac{\dfrac{10\text{kg}}{84} \times 0.08205 \times (273+0)}{1\text{atm}} \times 0.5$$

$$= 1.33\text{m}^3$$

**[답]** 1.33m³

**상세해설**

• 분말약제의 주성분 및 열분해

| 종 별 | 약제명 | 화학식 | 착색 | 열분해 반응식 |
|---|---|---|---|---|
| 제1종 | 탄산수소나트륨<br>중탄산나트륨 | $NaHCO_3$ | 백색 | 270℃ $2NaHCO_3$<br>$\rightarrow Na_2CO_3+CO_2+H_2O$<br>850℃ $2NaHCO_3$<br>$\rightarrow Na_2O+2CO_2+H_2O$ |
| 제2종 | 탄산수소칼륨<br>중탄산칼륨 | $KHCO_3$ | 담회색 | 190℃ $2KHCO_3$<br>$\rightarrow K_2CO_3+CO_2+H_2O$<br>590℃ $2KHCO_3$<br>$\rightarrow K_2O+2CO_2+H_2O$ |
| 제3종 | 제1인산암모늄 | $NH_4H_2PO_4$ | 담홍색 | $NH_4H_2PO_4 \rightarrow HPO_3+NH_3+H_2O$ |
| 제4종 | 중탄산칼륨+요소 | $KHCO_3+$<br>$(NH_2)_2CO$ | 회(백)색 | $2KHCO_3+(NH_2)_2CO$<br>$\rightarrow K_2CO_3+2NH_3+2CO_2$ |

**07** 20℃의 물 10kg이 100℃수증기로 변하는데 필요한 열량을 계산하시오.

(4점)

[계산과정] $Q = 10\text{kg} \times 1\text{kcal/kg} \cdot ℃ \times (100-20)℃ + 539\text{kcal/kg} \times 10\text{kg}$
$= 6190\text{kcal}$

[답] 6190kcal

- 필요한 열량

$$Q = mC\Delta t + rm$$

여기서, $Q$ : 필요한 열량(kcal), $m$ : 질량(kg), $C$ : 비열(kcal/kg · ℃)
$\Delta t$ : 온도차(℃), $r$ : 기화잠열 (kcal/kg)

- 물의 기화열(539kcal/kg)　　• 물의 비열 (1kcal/kg℃)


**08** 제4류 위험물인 톨루엔 1,000L, 스티렌 2,000L, 아닐린 4,000L, 실린더유 6,000L, 올리브유 20,000L가 저장되어 있을 경우 지정수량의 배수의 합을 계산하시오.

[계산과정] $N = \dfrac{1000}{200} + \dfrac{2,000}{1,000} + \dfrac{4,000}{2,000} + \dfrac{6,000}{6,000} + \dfrac{20,000}{10,000} = 12$배

[답] 12배

제4류 위험물의 지정수량

| 성 질 | 품 명 | | 지정수량 | 위험등급 |
|---|---|---|---|---|
| 인화성액체 | 1. 특수인화물 | | 50L | I |
| | 2. 제1석유류 | 비수용성액체 | 200L | II |
| | | 수용성액체 | 400L | |
| | 3. 알코올류 | | 400L | |
| | 4. 제2석유류 | 비수용성액체 | 1,000L | III |
| | | 수용성액체 | 2,000L | |
| | 5. 제3석유류 | 비수용성액체 | 2,000L | |
| | | 수용성액체 | 4,000L | |
| | 6. 제4석유류 | | 6,000L | |
| | 7. 동식물유류 | | 10,000L | |

| 물질명 | 품명 | 지정수량 | 물질명 | 품명 | 지정수량 |
|---|---|---|---|---|---|
| 톨루엔 | 제1석유류(비수용성) | 200L | 실린더유 | 제4석유류 | 6000L |
| 스티렌 | 제2석유류(비수용성) | 1000L | 올리브유 | 동식물유류 | 10000L |
| 아닐린 | 제3석유류(비수용성) | 2000L | | | |

**09** 다음 설명하는 제4류 위험물에 대하여 각 물음에 답하시오.

- 환원력이 강하다.
- 은거울반응과 펠링용액과 반응을 한다.
- 휘발성이 강하고 물, 에테르, 에틸알코올에 잘 녹는다.
- 산화되어 아세트산(초산)이 되기 쉽다.

(1) 명칭  (2) 화학식
(3) 지정수량  (4) 위험등급

 (1) 아세트알데하이드  (2) $CH_3CHO$
(3) 50L  (4) Ⅰ등급

- 아세트알데하이드($CH_3CHO$) : 제4류 위험물 중 특수인화물

| 화학식 | 분자량 | 비중 | 비점 | 인화점 | 착화점 | 연소범위 |
|---|---|---|---|---|---|---|
| $CH_3CHO$ | 44 | 0.78 | 21℃ | -38℃ | 185℃ | 4~60% |

① 휘발성이 강하고 과일냄새가 있는 무색 액체이며 물, 에탄올에 잘 녹는다.
② 산화되어 초산($CH_3COOH$)이 된다.

$$2CH_3CHO + O_2 \rightarrow 2CH_3COOH(초산)$$

③ 저장용기 사용 시 구리(Cu), 마그네슘(Mg), 은(Ag), 수은(Hg) 및 그 합금용기는 사용금지
④ 아세트알데하이드 등을 취급하는 설비에는 연소성 혼합기체의 생성에 의한 폭발을 방지하기 위한 불활성기체 또는 수증기를 봉입하는 장치를 갖출 것

- 증기비중
① $S = \dfrac{M(분자량)}{29(공기평균분자량)}$
② 아세트알데하이드($CH_3CHO$)의 분자량 $= 12 \times 2 + 1 \times 4 + 16 \times 1 = 44$

- 은거울반응
① 암모니아성 질산은 용액을 환원하여 은을 유리시키는 것

$$R-CHO + 2Ag(NH_3)_2OH \rightarrow RCOOH + 2Ag + 4NH_3 + H_2O$$
(알데하이드기) (암모니아성 질산은) (카복실기) (은) (암모니아) (물)

② 은거울반응을 하는 물질 : 알데하이드(aldehyde) R-CHO
  ㉠ 포름알데하이드 : HCHO  ㉡ 아세트알데하이드 : $CH_3CHO$
③ 아세트알데하이드의 은거울반응
$CH_3CHO + 2Ag(NH_3)_2OH \rightarrow CH_3COOH + 2Ag + 4NH_3 + H_2O$

**10** 다음은 흑색화약의 원료로 사용되는 물질에 대한 표이다. 빈칸에 알맞은 답을 쓰시오. (단, 위험물이 아닌 경우 해당 없음으로 쓰시오)

| 번호 | 화학식 | 품명 |
|---|---|---|
| (1) | | |
| (2) | | |
| (3) | | |

| 번호 | 화학식 | 품명 |
|---|---|---|
| (1) | $KNO_3$ | 질산염류 |
| (2) | S | 황 |
| (3) | C | 해당 없음 |

• 질산칼륨($KNO_3$) : 제1류 위험물(산화성고체)

| 화학식 | 분자량 | 비중 | 융점 | 분해온도 |
|---|---|---|---|---|
| $KNO_3$ | 101 | 2.1 | 336℃ | 400℃ |

① 질산칼륨에 숯가루, 황가루를 혼합하여 **흑색화약제조**에 사용한다.

> 흑색화약(Black Power)
> ㉠ 원료 : 질산칼륨, 숯, 황
> ㉡ 조성 : 75%$KNO_3$+15%C+10%S
> ㉢ 폭발반응식 : $38KNO_3+64C+16S \rightarrow 3K_2CO_3+16K_2S+19N_2+44CO_2+17CO$

② 열분해하여 산소를 방출한다.

$$2KNO_3 \rightarrow 2KNO_2 + O_2 \uparrow$$

③ 물, 글리세린에는 잘 녹으나 알코올에는 잘 녹지 않는다.

---

**11** 인화성액체의 인화점 측정기를 3가지만 쓰시오.

① 태그밀폐식 인화점측정기
② 신속평형법 인화점측정기
③ 클리브랜드개방컵 인화점측정기

**12** 제5류 위험물로서 규조토에 흡수시켜 다이너마이트를 제조하는 물질에 대하여 다음 물음에 알맞은 답을 쓰시오.

(1) 구조식
(2) 품명 및 지정수량
(3) 이산화탄소, 수증기, 질소, 산소가 발생하는 완전열분해 반응식을 쓰시오.

**해답**

(1)
```
     H   H   H
     |   |   |
 H - C - C - C - H
     |   |   |
     O   O   O
     |   |   |
    NO₂ NO₂ NO₂
```

(2) 질산에스터류, 10kg

(3) $4C_3H_5(ONO_2)_3 \rightarrow 12CO_2 + 6N_2 + O_2 + 10H_2O$

**상세해설**

나이트로글리세린(Nitro Glycerine)[$(C_3H_5(ONO_2)_3$]—제5류 위험물 중 질산에스터류

```
     H   H   H
     |   |   |
 H - C - C - C - H
     |   |   |
     O   O   O
     |   |   |
    NO₂ NO₂ NO₂
```

| 화학식 | 분자량 | 비중 | 융점 | 비점 | 착화점 |
|---|---|---|---|---|---|
| $C_3H_5(ONO_2)_3$ | 227 | 1.6 | 13℃ | 160℃ | 210℃ |

① 상온에서는 액체이지만 겨울철에는 동결한다.
② 글리세린에 진한 질산과 진한 황산을 가하면 나이트로화 하여 나이트로글리세린으로 된다.

글리세린의 나이트로화반응
$$C_3H_5(OH)_3 + 3HONO_2 \xrightarrow{H_2SO_4} C_3H_5(ONO_2)_3 + 3H_2O$$
(글리세린)    (질산)         (나이트로글리세린)  (물)

③ 비수용성이며 메탄올, 아세톤 등에 녹는다.
④ 가열, 마찰, 충격에 예민하여 대단히 위험하다.

나이트로글리세린의 열분해 반응식
$$4C_3H_5(ONO_2)_3 \rightarrow 12CO_2\uparrow + 6N_2\uparrow + O_2\uparrow + 10H_2O$$

⑤ 다이너마이트(규조토+나이트로글리세린), 무연화약 제조에 이용된다.

**13** 제3류 위험물인 탄화칼슘에 대한 다음 각 물음 답하시오.

(1) 탄화칼슘이 산화 반응을 하는 경우 산화칼슘과 이산화탄소를 생성하는 반응식을 쓰시오.
(2) 고온에서 질소와 반응하는 경우 생성되는 물질 2가지 쓰시오.

 해답
(1) $2CaC_2 + 5O_2 \rightarrow 2CaO + 4CO_2$
(2) 석회질소($CaCN_2$)와 탄소(C)

**상세해설**
탄화칼슘($CaC_2$) : 제3류 위험물 중 칼슘탄화물
① 물과 접촉 시 아세틸렌을 생성하고 열을 발생시킨다.
$$CaC_2 + 2H_2O \rightarrow Ca(OH)_2(수산화칼슘) + C_2H_2\uparrow(아세틸렌)$$
② 아세틸렌의 폭발범위는 2.5~81%로 대단히 넓어서 폭발위험성이 크다.
③ 장기 보관시 불활성기체($N_2$ 등)를 봉입하여 저장한다.
④ 별명은 카바이드, 탄화석회, 칼슘카바이드 등이다.
⑤ 고온(700℃)에서 질화되어 석회질소($CaCN_2$)가 생성된다.
$$CaC_2 + N_2 \rightarrow CaCN_2(석회질소) + C(탄소)$$
⑥ 물 및 포 약제에 의한 소화는 절대 금하고 마른모래 등으로 피복 소화한다.

**14** 과산화칼륨과 아세트산(초산)이 반응하는 경우 생성되는 물질 중 위험물에 해당하는 물질에 대한 다음 각 물음에 답하시오.

(1) 분해 시 산소가 생성되는 반응식을 쓰시오.
(2) 수납하는 운반용기의 외부 표시사항 중 주의사항을 쓰시오.
(3) 이 물질을 저장하는 장소와 학교와의 안전거리를 쓰시오.
 (단, 해당이 없으면 "해당 없음"이라 쓰시오.)

 해답
(1) $2H_2O_2 \rightarrow 2H_2O + O_2$
(2) 생성되는 위험물은 과산화수소(6류)이므로 가연물접촉주의
(3) 생성되는 위험물은 과산화수소(6류)이므로 제조소의 안전거리 제외
 ∴ 해당 없음

**상세해설**
• 과산화칼륨($K_2O_2$) : 제1류 위험물 중 무기과산화물
① 상온에서 물과 격렬히 반응하여 산소($O_2$)를 방출하고 폭발하기도 한다.
$$2K_2O_2 + 2H_2O \rightarrow 4KOH + O_2\uparrow$$

② 공기 중 이산화탄소($CO_2$)와 반응하여 산소($O_2$)를 방출한다.
$$2K_2O_2 + 2CO_2 \rightarrow 2K_2CO_3 + O_2 \uparrow$$
④ 산과 반응하여 과산화수소($H_2O_2$)를 생성시킨다.
$$K_2O_2 + 2CH_3COOH \rightarrow 2CH_3COOK + H_2O_2$$
⑤ 열분해시 산소($O_2$)를 방출한다.
$$2K_2O_2 \rightarrow 2K_2O + O_2 \uparrow$$
⑥ 주수소화는 금물이고 마른모래(건조사)등으로 소화한다.

**15** 알칼리금속으로 은백색의 연한 경금속에 속하고 2차전지로 이용되며 비중 0.53, 융점 180℃, 비점은 1,336℃인 물질에 대한 다음 각 물음에 답하시오.

(1) 물과의 반응식을 쓰시오.
(2) 위험등급을 쓰시오.
(3) 물질 1000kg을 제조소에서 취급 시 공지의 너비를 쓰시오.

**해답** (1) $2Li + 2H_2O \rightarrow 2LiOH + H_2$
(2) Ⅱ등급
(3) 지정수량의 배수 $N = \dfrac{1000kg}{50kg(알칼리금속)} = 20배$

∴ 5m 이상

**상세해설**
• 리튬[lithium](Li)-제3류 위험물

| 화학식 | 비점 | 융점 | 비중 | 불꽃색상 |
|---|---|---|---|---|
| Li | 1336℃ | 180℃ | 0.543 | 적색 |

① 은백색의 가벼운 알칼리금속으로 칼륨(K), 나트륨(Na)과 성질이 비슷하다.
② 물과 극렬히 반응하여 수소($H_2$)를 발생한다.
$$2Li + 2H_2O \rightarrow 2LiOH + H_2 \uparrow$$
③ 주기율표 1족에 속하는 알칼리금속원소
④ 2차 전지 생산의 원료로 사용

• 제조소의 보유공지 ★★★
취급 위험물의 최대수량에 따른 너비의 공지

| 취급 위험물의 최대수량 | 공지의 너비 |
|---|---|
| 지정수량의 10배 이하 | 3m 이상 |
| 지정수량의 10배 초과 | 5m 이상 |

**16** 다음 [보기]위험물에 대하여 수납하는 위험물에 따른 운반용기 외부에 표시하여야 하는 주의사항을 모두 쓰시오.

[보기]  ① 벤조일퍼옥사이드   ② 마그네슘   ③ 과산화나트륨
        ④ 인화성고체    ⑤ 기어유

**해답**
① 화기엄금, 충격주의
② 화기주의, 물기엄금
③ 화기주의, 충격주의, 물기엄금, 가연물접촉주의
④ 화기엄금
⑤ 화기엄금

**상세해설**
① 벤조일퍼옥사이드-제5류-유기과산화물(자기반응성물질)
② 마그네슘-제2류
③ 과산화나트륨-제1류-무기과산화물(금수성)
④ 인화성고체-제2류
⑤ 기어유-제4류-제4석유류(인화성액체)

위험물 운반용기의 외부 표시 사항
① 위험물의 품명, 위험등급, 화학명 및 수용성(제4류 위험물의 수용성인 것에 한함)
② 위험물의 수량
③ 수납하는 위험물에 따른 주의사항

| 유 별 | 성질에 따른 구분 | 표시사항 |
| --- | --- | --- |
| 제1류 위험물 | 알칼리금속의 과산화물 | 화기·충격주의, 물기엄금 및 가연물접촉주의 |
| | 그 밖의 것 | 화기·충격주의 및 가연물접촉주의 |
| 제2류 위험물 | 철분·금속분·마그네슘 | 화기주의 및 물기엄금 |
| | 인화성고체 | 화기엄금 |
| | 그 밖의 것 | 화기주의 |
| 제3류 위험물 | 자연발화성물질 | 화기엄금 및 공기접촉엄금 |
| | 금수성물질 | 물기엄금 |
| 제4류 위험물 | 인화성 액체 | 화기엄금 |
| 제5류 위험물 | 자기반응성 물질 | 화기엄금 및 충격주의 |
| 제6류 위험물 | 산화성 액체 | 가연물접촉주의 |

**17** 다음은 제1류 위험물 중 염소산칼륨에 관한 사항이다. 다음 각 물음에 답하시오.

(1) 염소산칼륨의 완전 열분해 반응식을 쓰시오.
(2) 염소산칼륨 1kg이 열분해하는 경우 발생하는 산소의 부피($m^3$)는 표준상태에서 얼마인가? (단, 염소산칼륨의 분자량은 123이다)

**해답**
(1) $2KClO_3 \rightarrow 2KCl + 3O_2$
(2) **[계산과정]** ① $KClO_3 \rightarrow KCl + 1.5O_2$ (염소산칼륨 1몰 기준)
   ② 표준상태(0℃, 1atm)

$$V = \frac{WRT}{PM} \times (생성기체 몰수) = \frac{1 \times 0.082 \times (273+0)}{1 \times 123} \times 1.5$$
$$= 0.27 m^3$$

**[답]** $0.27 m^3$

**상세해설**

• 이상기체상태방정식으로 생성기체 부피계산
  ① 반응식에서 열분해하는 물질의 몰수는 항상 **1몰**을 기준으로 하여야 한다.
  ② 생성기체의 몰수를 곱하여야 한다.

$$V = \frac{WRT}{PM} \times (생성기체몰수)$$

여기서, $P$ : 압력(atm), $V$ : 부피($m^3$), $n$ : mol수, $M$ : 분자량
$W$ : 무게(kg), $R$ : 기체상수(0.082 atm · $m^3$/mol · K)
$T$ : 절대온도(273+$t$℃)K

• 염소산칼륨($KClO_3$) : 제1류 위험물(산화성고체) 중 염소산염류

| 화학식 | 분자량 | 물리적 상태 | 색상 | 분해온도 |
|---|---|---|---|---|
| $KClO_3$ | 122.55 | 고체 | 무색 | 400℃ |

① 무색 또는 **백색분말**이며 산화력이 강하다.
② **이산화망가니즈**($MnO_2$)과 접촉 시 **분해가 촉진**되어 산소를 방출한다.
③ 온수, 글리세린에 잘 녹으며 냉수, 알코올에는 용해하기 어렵다.
④ 완전 열 분해되어 **염화칼륨과 산소를 방출**

$$\underset{(염소산칼륨)}{2KClO_3} \rightarrow \underset{(염화칼륨)}{2KCl} + \underset{(산소)}{3O_2}$$

**18** 다음 [보기]의 설명을 보고 맞는 내용의 번호를 모두 골라 번호로 답하시오.

[보기]
① 제1류 위험물은 주수소화가 적응성이 있는 것과 적응성이 없는 것이 있다.
② 마그네슘 화재 시 물분무소화설비는 적응성이 없으며 이산화탄소소화기로 소화가 가능하다.
③ 제6류 위험물을 저장 또는 취급하는 장소로서 폭발의 위험이 없는 장소에 한하여 이산화탄소소화기는 적응성이 있다.
④ 건조사는 대상물 구분에서 모든 류별의 위험물에 적응성이 있다.
⑤ 에탄올은 물보다 비중이 높아 물로 소화 시 화재면이 확대되어 주수소화가 불가능하다.

**해답** ①, ③, ④

**상세해설**

위험물안전관리법령에 따른 소화설비의 적응성

| 소화설비의 구분 | | 대상물 구분 | 건축물·그밖의 공작물 | 전기설비 | 제1류 위험물 | | 제2류 위험물 | | | 제3류 위험물 | | 제4류 위험물 | 제5류 위험물 | 제6류 위험물 |
|---|---|---|---|---|---|---|---|---|---|---|---|---|---|---|
| | | | | | 알칼리금속과산화물등 | 그밖의 것 | 철분·마그네슘·금속분등 | 인화성고체 | 그밖의 것 | 금수성물품 | 그밖의 것 | | | |
| 옥내소화전 또는 옥외소화전설비 | | | ○ | | | ○ | | ○ | ○ | | ○ | | | ○ | ○ |
| 스프링클러설비 | | | ○ | | | ○ | | ○ | ○ | | △ | ○ | ○ |
| 물분무등소화설비 | 물분무소화설비 | | ○ | ○ | | ○ | | ○ | ○ | | ○ | ○ | ○ | ○ |
| | 포소화설비 | | ○ | | | ○ | | ○ | ○ | | ○ | ○ | ○ | ○ |
| | 불활성가스소화설비 | | | ○ | | | | ○ | | | | ○ | | |
| | 할로젠화합물소화설비 | | | ○ | | | | ○ | | | | ○ | | |
| | 분말소화설비 | 인산염류등 | ○ | ○ | | ○ | | ○ | ○ | | | ○ | | ○ |
| | | 탄산수소염류등 | | ○ | ○ | | ○ | | ○ | ○ | | ○ | | |
| | | 그 밖의 것 | | | ○ | | ○ | | | ○ | | | | |

**19** 위험물안전관리법령에서 정한 지하탱크저장소에 대한 내용이다. 다음 ( )안에 알맞은 답을 쓰시오.

(1) 지하저장탱크의 윗부분은 지면으로부터 ( ① )m 이상 아래에 있을 것.
(2) 지하저장탱크를 2 이상 인접해 설치하는 경우에는 그 상호간에 ( ② )m 이상의 간격을 유지할 것
(3) 지하탱크는 용량에 따라 기준에 적합하게 강철판 또는 동등 이상의 성능이 있는 금속재질로 ( ③ )용접 또는 ( ④ )용접으로 틈이 없도록 만드는 동시에, 압력탱크 외의 탱크에 있어서는 70kPa의 압력으로, 압력탱크에 있어서는 최대상용압력의 ( ⑤ )의 압력으로 각 각 ( ⑥ )간 수압시험을 실시하여 새거나 변형되지 아니할 것

**해답** ① 0.6  ② 1  ③ 완전용입  ④ 양면겹침이음  ⑤ 1.5배  ⑥ 10분

**상세해설**  **지하탱크저장소의 위치·구조 및 설비의 기준** ★★
① 지하탱크를 지하의 가장 가까운 벽, 피트, 가스관 등 시설물 및 **대지경계선으로부터 0.6m 이상 떨어진 곳에 매설할 것** ★★★
② 탱크전용실은 지하의 가장 가까운 벽·피트·가스관 등의 시설물 및 **대지경계선으로 부터 0.1m 이상** 떨어진 곳에 설치하고, 지하저장탱크와 탱크전용실의 안쪽과의 사이는 0.1m 이상의 간격을 유지하도록 하며, 당해 탱크의 주위에 마른 모래 또는 습기등에 의하여 응고되지 아니하는 입자지름 **5mm이하의 마른 자갈분을** 채울 것
③ 지하저장탱크의 윗 부분은 지면으로부터 0.6m 이상 아래에 있을 것.
④ **지하저장탱크를 2 이상 인접해 설치하는** 경우에는 그 상호간에 1m(당해 2 이상의 지하저장탱크의 용량의 합계가 지정수량의 100배 이하인 때에는 0.5m) 이상의 간격을 유지할 것.

[지하저장탱크를 2 이상 인접해 설치하는 경우]

| 2 이상의 지하저장탱크의 용량의 합계 | 지정수량의 100배 초과 | 지정수량의 100배 이하 |
|---|---|---|
| 탱크상호간 간격 | 1m 이상 | 0.5m 이상 |

⑤ 지하저장탱크의 재질은 **두께 3.2mm이상의 강철판**으로 하여 완전용입용접 또는 양면겹침 이음용접으로 틈이 없도록 만드는 동시에, **압력탱크(최대상용압력이 46.7kPa이상인 탱크)** 외의 탱크에 있어서는 **70kPa의 압력으로, 압력탱크**에 있어서는 **최대상용압력의 1.5배의 압력**으로 각각 **10분간 수압시험**을 실시하여 새거나 변형되지 아니 할 것.

**20** 다음은 위험물안전관리법령에 대한 내용이다. 각 물음에 답하시오.

(1) 위험물을 저장 또는 취급하는 탱크로서 허가를 받은 자가 변경공사를 하는 때에는 완공검사를 받기 전에 기술기준에 적합한지의 여부를 확인하기 위하여 시·도지사가 실시하는 어떤 검사를 받아야 하는가?

(2) 다음 제소소등의 완공검사신청 시기를 쓰시오.
① 지하탱크가 있는 제조소등의 경우
② 이동탱크저장소의 경우

(3) 시·도지사는 제조소등에 대하여 완공검사를 실시하고, 완공검사를 실시한 결과 당해 제조소등이 기술기준에 적합하다고 인정하는 때에는 무엇을 교부하여야 하는가?

**해답**
(1) 탱크안전성능검사
(2) ① 당해 지하탱크를 매설하기 전
② 이동저장탱크를 완공하고 상시설치장소를 확보한 후
(3) 완공검사합격확인증

**상세해설**
(1) **탱크안전성능검사**
**위험물을 저장 또는 취급하는 탱크**로서 허가를 받은 자가 변경공사를 하는 때에는 완공검사를 받기 전에 기술기준에 적합한지의 여부를 확인하기 위하여 시·도지사가 실시하는 **탱크안전성능검사**를 받아야 한다.

(2) 완공검사의 신청 등
① 제조소등에 대한 **완공검사**를 받고자 하는 자는 이를 **시·도지사에게 신청**하여야 한다.
② 시·도지사는 제조소등에 대하여 완공검사를 실시하고, 완공검사를 실시한 결과 당해 제조소등이 기술기준에 적합하다고 인정하는 때에는 **완공검사합격확인증을 교부**하여야 한다.

(3) 완공검사의 신청시기
① **지하탱크**가 있는 제조소등의 경우 : 당해 **지하탱크를 매설하기 전**
② **이동탱크저장소**의 경우 : 이동저장탱크를 **완공하고 상시설치장소를 확보한 후**
③ **이송취급소**의 경우 : 이송배관 공사의 전체 또는 일부를 **완료한 후**. 다만, 지하·하천 등에 매설하는 이송배관의 공사의 경우에는 이송배관을 매설하기 전

## 위험물산업기사 실기
### 2023년 11월 5일 시행

**01** 탄화칼슘 32g이 물과 반응하여 생성되는 기체가 완전연소하기 위한 산소의 부피(L)을 구하시오.

**[해답]** [계산과정]

① 탄화칼슘 32g이 물과 반응하여 생성되는 아세틸렌의 부피를 계산
$CaC_2$(탄화칼슘)의 물과 반응식

$$CaC_2 + 2H_2O \rightarrow Ca(OH)_2 + C_2H_2 \uparrow$$

64g ─────────→ 1×22.4L
32g ─────────→ X

∴ $X = \dfrac{32 \times 1 \times 22.4}{64} = 11.2L$ (생성 아세틸렌부피)

② 아세틸렌의 완전연소 반응식

$$2C_2H_2 + 5O_2 \rightarrow 4CO_2 + 2H_2O$$

2×22.4*l* ────→ 5×22.4L
11.2*l* ────→ X

∴ $X = \dfrac{11.2 \times 5 \times 22.4}{2 \times 22.4} = 28L$ (완전연소를 위한 산소의 부피)

**[답]** 28L

**상세해설**

탄화칼슘($CaC_2$) : 제3류 위험물 중 칼슘탄화물
① 물과 접촉 시 아세틸렌을 생성하고 열을 발생시킨다.

$$CaC_2 + 2H_2O \rightarrow Ca(OH)_2(수산화칼슘) + C_2H_2 \uparrow (아세틸렌)$$

② 아세틸렌의 폭발범위는 2.5~81%로 대단히 넓어서 폭발위험성이 크다.
③ 장기 보관시 불활성기체($N_2$ 등)를 봉입하여 저장한다.
④ 별명은 카바이드, 탄화석회, 칼슘카바이드 등이다.
⑤ 고온(700℃)에서 질화되어 석회질소($CaCN_2$)가 생성된다.

$$CaC_2 + N_2 \rightarrow CaCN_2(석회질소) + C(탄소)$$

⑥ 물 및 포 약제에 의한 소화는 절대 금하고 마른모래 등으로 피복 소화한다.

**02** 유별을 달리하는 위험물은 동일한 저장소에 저장하지 아니하여야한다. 다만 옥내저장소 또는 옥외저장소에 있어서 적절한 조치를 한 경우에는 저장이 가능하다. 옥내저장소에서 동일한 실에 저장할 수 있는 유별을 바르게 연결한 것을 모두 고르시오. (4점)

[보기]  ① 무기과산화물-유기과산화물    ② 질산염류-과염소산
        ③ 황린-제1류 위험물              ④ 인화성고체-제1석유류
        ⑤ 황-제4류 위험물

 ② ③ ④

① 무기과산화물(알칼리금속의 과산화물 포함) - 유기과산화물(제5류위험물) - **저장불가**
② 질산염류(제1류)-과염소산(제6류) - 저장가능
③ 황린(제3류)-제1류 위험물 - 저장가능
④ 인화성고체(제2류)-제1석유류 - 저장가능
⑤ 황(제2류)-제4류 위험물 - **저장불가**

- 유별을 달리하는 위험물을 동일한 저장소에 저장할 수 있는 경우
  옥내저장소 또는 옥외저장소에 있어서 다음의 각목의 규정에 의한 위험물을 저장하는 경우로서 위험물을 유별로 정리하여 저장하는 한편, **서로 1m 이상의 간격을 두는 경우**
  ① 제1류 위험물(알칼리금속의 과산화물 또는 이를 함유한 것을 제외한다)과 제5류 위험물을 저장하는 경우
  ② **제1류 위험물과 제6류 위험물을 저장하는 경우**
  ③ 제1류 위험물과 제3류 위험물 중 자연발화성물질(황린 또는 이를 함유한 것에 한한다)을 저장하는 경우
  ④ 제2류 위험물 중 인화성고체와 제4류 위험물을 저장하는 경우
  ⑤ 제3류 위험물 중 알킬알루미늄등과 제4류 위험물(알킬알루미늄 또는 알킬리튬을 함유한 것에 한한다)을 저장하는 경우
  ⑥ 제4류 위험물 중 유기과산화물 또는 이를 함유하는 것과 제5류 위험물 중 유기과산화물 또는 이를 함유한 것을 저장하는 경우

**03** 아래 보기의 동식물유류를 보고 아이오딘값에 따른 건성유, 반건성유, 불건성유로 분류하시오.

[보기] 아마인유, 야자유, 들기름, 쌀겨유, 목화씨유, 땅콩유

① 건성유 – 아마인유, 들기름
② 반건성유 – 목화씨유, 쌀겨유
③ 불건성유 – 야자유, 땅콩유

**동식물유류 : 제4류 위험물**
동물의 지육 또는 식물의 종자나 과육으로부터 추출한 것으로 1기압에서 인화점이 250℃ 미만인 것

[아이오딘값에 따른 동식물유류의 분류]

| 구 분 | 아이오딘값 | 종 류 |
|---|---|---|
| 건성유 | 130 이상 | 해바라기기름, 동유(오동기름), 정어리기름, **아마인유**, **들기름** |
| 반건성유 | 100~130 | 채종유, **쌀겨기름**, 참기름, **면실유(목화씨기름)**, 옥수수기름, 청어기름, 콩기름 |
| 불건성유 | 100 이하 | **야자유**, 팜유, 올리브유, 피마자기름, **낙화생기름(땅콩기름)**, 돈지, 우지, 고래기름 |

**아이오딘값**
옥소가(沃素價)라고도 하며 100g의 유지에 의해서 흡수되는 아이오딘의 g수

**04** 다음의 보기 물질 중에서 인화점이 낮은 것부터 순서대로 나열하시오.

[보기] ① 초산에틸, ② 메틸알콜, ③ 에틸렌글리콜, ④ 나이트로벤젠

① 초산에틸 – ② 메틸알콜 – ④ 나이트로벤젠 – ③ 에틸렌글리콜

• 제4류 위험물의 물성

| 품 명 | 초산에틸 | 메틸알콜 | 에틸렌글리콜 | 나이트로벤젠 |
|---|---|---|---|---|
| 유 별 | 제1석유류 | 알코올류 | 제3석유류 | 제3석유류 |
| 인화점 | -4℃ | 11℃ | 111℃ | 88℃ |

**05** 에틸렌과 산소를 CuCl₂의 촉매 하에 생성된 물질로 분자식이 C₂H₄O, 인화점이 −38℃, 비점이 21℃, 연소범위가 4~60%인 특수인화물에 대한 다음 각 물음에 답하시오.

(1) 위의 물질이 산화되어 생성되는 물질의 명칭을 쓰시오.
(2) 물음 (1)에서 답한 물질의 완전연소반응식을 쓰시오.
(3) 아세트알데하이드가 환원되었을 때 생되는 물질의 명칭을 쓰시오.
(4) 물음 (3)에서 답한 물질의 완전연소반응식을 쓰시오.

**해답**
(1) 아세트산(초산)
(2) $CH_3COOH + 2O_2 \rightarrow 2CO_2 + 2H_2O$
(3) 에틸알코올
(4) $C_2H_5OH + 3O_2 \rightarrow 2CO_2 + 3H_2O$

**상세해설**

• 아세트알데하이드($CH_3CHO$) : 제4류 위험물 중 특수인화물

| 화학식 | 분자량 | 비중 | 비점 | 인화점 | 착화점 | 연소범위 |
|---|---|---|---|---|---|---|
| $CH_3CHO$ | 44 | 0.78 | 21℃ | −38℃ | 185℃ | 4~60% |

① 휘발성이 강하고 과일냄새가 있는 무색 액체이며 물, 에탄올에 잘 녹는다.
② 산화되어 초산($CH_3COOH$)이 된다.

$$2CH_3CHO + O_2 \rightarrow 2CH_3COOH(초산)$$

③ 취급하는 설비는 은, 수은, 동, 마그네슘 또는 이들을 성분으로 하는 합금으로 만들지 아니할 것
④ 아세트알데하이드 등을 취급하는 설비에는 연소성 혼합기체의 생성에 의한 폭발을 방지하기 위한 불활성기체 또는 수증기를 봉입하는 장치를 갖출 것

**에탄올의 산화**

$$CH_3CH_2-OH \xrightarrow[-H_2]{산화} CH_3-CHO \xrightarrow[+O]{산화} CH_3-COOH$$

에탄올      아세트알데하이드      아세트산
ethanol      acetaldehyde      acetic acid

**06** 위험물제조소에 옥내소화전설비를 아래와 같이 설치한다면 수원의 양(m³)을 구하시오.

(1) 옥내소화전의 개수가 1층에 1개, 2층에 3개 설치하는 경우
(2) 옥내소화전의 개수가 1층에 1개, 2층에 6개 설치하는 경우

**해답** (1) [계산과정] $Q = 3 \times 7.8 = 23.4 \text{m}^3$
[답] $23.4 \text{m}^3$

(2) [계산과정] $Q = 5 \times 7.8 = 39 \text{m}^3$
[답] $39 \text{m}^3$

**상세해설** 위험물제조소등의 소화설비 설치기준

| 소화설비 | 수평거리 | 방사량 | 방사압력 | 수원의 양 |
|---|---|---|---|---|
| 옥내 | 25m 이하 | 260(L/min) 이상 | 350(kPa) 이상 | $Q = N$(소화전개수 : 최대 5개) $\times 7.8 \text{m}^3$(260L/min × 30min) |
| 옥외 | 40m 이하 | 450(L/min) 이상 | 350(kPa) 이상 | $Q = N$(소화전개수 : 최대 4개) $\times 13.5 \text{m}^3$(450L/min × 30min) |
| 스프링클러 | 1.7m 이하 | 80(L/min) 이상 | 100(kPa) 이상 | $Q = N$(헤드수 : 최대 30개) $\times 2.4 \text{m}^3$(80L/min × 30min) |
| 물분무 |  | 20 (L/m²·min) | 350(kPa) 이상 | $Q = A$(바닥면적 m²) $\times 0.6 \text{m}^3$(20L/m²·min × 30min) |

**07** 위험물안전관리법령에 따른 소화설비의 구분에 따른 적응성이 있는 위험물을 [보기]에서 골라 쓰시오.

[보기]
○ 제1류 위험물 중 알칼리금속의 과산화물
○ 제2류 위험물 중 인화성고체
○ 제3류 위험물(금수성물품 제외)
○ 제4류 위험물
○ 제5류 위험물
○ 제6류 위험물

(1) 불활성가스소화설비 :
(2) 옥외소화전설비 :
(3) 포소화설비 :

(1) 불활성가스소화설비 : ○ 제2류 위험물 중 인화성고체
　　　　　　　　　　 ○ 제4류 위험물
(2) 옥외소화전설비 : ○ 제2류 위험물 중 인화성고체
　　　　　　　　　 ○ 제3류 위험물(금수성물품 제외)
　　　　　　　　　 ○ 제5류 위험물
　　　　　　　　　 ○ 제6류 위험물
(3) 포소화설비 : ○ 제2류 위험물 중 인화성고체
　　　　　　　 ○ 제3류 위험물(금수성물품 제외)
　　　　　　　 ○ 제4류 위험물
　　　　　　　 ○ 제5류 위험물
　　　　　　　 ○ 제6류 위험물

**소화설비의 적응성**

| 소화설비의 구분 | | 제1류 위험물 | | 제2류 위험물 | | | 제3류 위험물 | | 제4류 위험물 | 제5류 위험물 | 제6류 위험물 |
|---|---|---|---|---|---|---|---|---|---|---|---|
| | | 알칼리금속 과산화물 등 | 그 밖의 것 | 철분·마그네슘·금속분 등 | 인화성고체 | 그 밖의 것 | 금수성물품 | 그 밖의 것 | | | |
| 옥내소화전 또는 옥외소화전설비 | | | ○ | | ○ | ○ | | ○ | | ○ | ○ |
| 스프링클러설비 | | | ○ | | ○ | ○ | | ○ | △ | ○ | ○ |
| 물분무등 소화설비 | 물분무소화설비 | | ○ | | ○ | ○ | | ○ | ○ | ○ | ○ |
| | 포소화설비 | | ○ | | ○ | ○ | | ○ | ○ | ○ | ○ |
| | 불활성가스소화설비 | | | | ○ | | | | ○ | | |
| | 할로젠화합물소화설비 | | | | ○ | | | | ○ | | |
| | 분말소화설비 | 인산염류등 | | ○ | | ○ | ○ | | | ○ | | ○ |
| | | 탄산수소염류등 | ○ | | ○ | ○ | | ○ | | ○ | | |
| | | 그 밖의 것 | ○ | | ○ | | | ○ | | | | |

## 08 다음 [보기]의 위험물에 대한 완전연소반응식을 쓰시오.

[보기] ① 오황화인,　② 마그네슘,　③ 알루미늄

① $2P_2S_5 + 15O_2 \rightarrow 2P_2O_5 + 10SO_2$
② $2Mg + O_2 \rightarrow 2MgO$
③ $4Al + 3O_2 \rightarrow 2Al_2O_3$

**09** 제4류 위험물인 하이드라진에 대한 다음 각 물음에 답하시오.

(1) 위험물의 품명을 쓰시오.
(2) 화학식을 쓰시오.
(3) 연소반응식을 쓰시오.

**해답**
(1) 제2석유류
(2) $N_2H_4$
(3) $N_2H_4 + O_2 \rightarrow N_2 + 2H_2O$

**상세해설**
• 하이드라진(Hydrazine, $H_2N-NH_2$)—수용성

| 화학식 | 분자량 | 비중 | 융점 | 인화점 |
|---|---|---|---|---|
| $N_2H_4$ | 32 | 1.01 | 2℃ | 37.8℃ |

① 무색의 맹독성 발연성 액체이며 물에 잘 녹는다.
② 고압 보일러의 탈산소제로서 이용된다.
③ 물, 알코올에 잘 용해되고 에테르에는 용해되지 않는다.
④ 약알칼리성으로 180℃에서 암모니아와 질소로 분해된다.

$$2N_2H_4 \rightarrow 2NH_3 + N_2 + H_2$$
(하이드라진)  (암모니아) (질소) (수소)

⑤ 과산화수소($H_2O_2$)와 접촉 시 폭발 우려가 있다.

$$N_2H_4 + 2H_2O_2 \rightarrow 4H_2O + N_2 \uparrow$$

⑥ 고농도의 과산화수소와 반응시켜 로켓의 추진제로 이용된다.

**10** 다음은 위험물 주유취급소의 캐노피 설치기준이다. ( )안에 알맞은 답을 쓰시오.

(1) 배관이 캐노피 내부를 통과할 경우에는 ( ① )를 설치할 것
(2) 캐노피 외부의 점검이 곤란한 장소에 배관을 설치하는 경우에는 ( ② )으로 할 것
(3) 캐노피 외부의 배관이 일광열의 영향을 받을 우려가 있는 경우에는 ( ③ )로 피복할 것

**해답** ① 1개 이상의 점검구  ② 용접이음  ③ 단열재

**11** 다음 [보기]의 물질이 열분해하여 산소를 발생시키는 반응식을 쓰시오.

[보기]  ① 아염소산나트륨
　　　　② 염소산나트륨
　　　　③ 과염소산나트륨

① $NaClO_2 \rightarrow NaCl + O_2$
② $2NaClO_3 \rightarrow 2NaCl + 3O_2$
③ $NaClO_4 \rightarrow NaCl + 2O_2$

**12** 할로젠화합물소화약제에 대한 다음 빈칸에 알맞은 답을 쓰시오.

| 구 분 | $C_2F_4Br_2$ | $CF_2ClBr$ | $CH_3I$ |
|---|---|---|---|
| 할론번호 | | | |

| 구 분 | $C_2F_4Br_2$ | $CF_2ClBr$ | $CH_3I$ |
|---|---|---|---|
| 할론번호 | 2402 | 1211 | 10001 |

• 할로젠화합물 소화약제 명명법 : 할론ⓐⓑⓒⓓⓔ
　ⓐ : C 원자수, ⓑ : F 원자수, ⓒ : Cl 원자수, ⓓ : Br 원자수, ⓔ : I 원자수
(1) 제일 앞에 Halon이란 명칭을 쓴다.
(2) 그 뒤에 구성 원소들의 개수를 C, F, Cl, Br, I의 순서대로 쓰되, 해당 원소가 없는 경우는 0으로 표시한다.
(3) 맨 끝의 숫자가 0으로 끝나면 0을 생략한다. 즉, I의 경우는 없어도 0을 표시하지 않는다.
[참고] 수소 원자의 개수＝(첫번째 숫자×2)+2-나머지 숫자의 합

• 할로젠화합물소화약제

| 구 분 | $C_2F_4Br_2$ | $CF_2ClBr$ | $CF_3Br$ | $CH_2ClBr$ | $CH_3I$ |
|---|---|---|---|---|---|
| 명명법 | 할론2402 | 할론1211 | 할론1301 | 할론1011 | 할론10001 |

## 13

제4류 위험물인 이황화탄소에 대한 다음 각 물음에 답하시오

(1) 완전연소반응식을 쓰시오.
(2) 해당 품명을 쓰시오.
(3) 저장하는 철근콘크리트의 수조의 두께는 몇 m 이상인지 쓰시오.

**해답**

(1) $CS_2 + 3O_2 \rightarrow CO_2 + 2SO_2$
(2) 특수인화물
(3) 0.2m 이상

**상세해설**

• 이황화탄소($CS_2$) : 제4류 위험물 중 특수인화물

| 화학식 | 분자량 | 비중 | 비점 | 인화점 | 착화점 | 연소범위 |
|---|---|---|---|---|---|---|
| $CS_2$ | 76.1 | 1.26 | 46℃ | −30℃ | 100℃ | 1.0~50% |

① 무색투명한 액체이다.
② 물에는 녹지 않고 알코올, 에테르, 벤젠 등 유기용제에 녹는다.
③ 완전 연소 시 이산화탄소($CO_2$)와 이산화황($SO_2$)을 생성한다.

$$CS_2 + 3O_2 \rightarrow CO_2(\text{이산화탄소}) + 2SO_2(\text{이산화황}) + 푸른색 불꽃$$

④ 저장 시 옥외저장탱크는 벽 및 바닥의 두께가 0.2m 이상이고 누수가 되지 아니하는 철근콘크리트의 수조에 넣어 보관하여야 한다.

## 14

다음 [보기]는 가연성 물질이다. 연소의 형태에 따른 종류 중 표면연소, 증발연소, 자기연소로 분류하시오. (6점)

[보기] ① 나트륨  ② 트라이나이트로톨루엔  ③ 에탄올
④ 금속분  ⑤ 다이에틸에터  ⑥ 피크르산

**해답**

**표면연소** : 나트륨, 금속분
**증발연소** : 에탄올, 다이에틸에터
**자기연소** : 트라이나이트로톨루엔, 피크르산

**상세해설**

• 연소의 형태★★★ 자주출제(필수암기) ★★★
① 표면연소(surface reaction) : 숯, 코크스, 목탄, 금속분
② 증발 연소(evaporating combustion) : 파라핀(양초), 황, 나프탈렌, 왁스, 휘발유, 등유, 경유, 아세톤 등 제4류 위험물
③ 분해연소(decomposing combustion) : 석탄, 목재, 플라스틱, 종이, 합성수지

   (고분자), 중유
  ④ 자기연소(내부연소) : 질화면(나이트로셀룰로오스), 셀룰로이드, 나이트로글리세린등 제5류 위험물
  ⑤ 확산연소(diffusive burning) : 아세틸렌, LPG, LNG 등 가연성 기체
  ⑥ 불꽃연소+표면연소 : 목재, 종이, 셀룰로오스, 열경화성 합성수지

## 15 다음 [보기]의 소화기구 중 나트륨 화재에 대하여 적응성이 있는 것을 모두 쓰시오.

[보기] 팽창질석, 마른모래, 포 소화기, 이산화탄소소화기, 인산염류 소화기

 팽창질석, 마른모래

- 금속화재 적응소화약제
 ① 탄산수소염류 ② 마른모래 ③ 팽창질석 또는 팽창진주암
- 금속나트륨 : 제3류 위험물(금수성)
 ① 가열시 노란색 불꽃을 내면서 연소한다.
 ② 물과 반응하여 수소기체 발생한다.(금수성 물질)

$$2Na + 2H_2O \rightarrow 2NaOH + H_2 \uparrow \text{(수소발생)}$$

 ③ 보호액으로 파라핀, 경유, 등유를 사용한다.
 ④ 피부와 접촉 시 화상을 입는다.
 ⑤ 마른모래 등으로 질식 소화한다.

금속나트륨 화재 시 $CO_2$소화기 사용금지 이유
금속나트륨과 이산화탄소는 폭발적으로 반응하기 때문에 위험
$$4Na + 3CO_2 \rightarrow 2Na_2CO_3 + C$$

## 16 하이드록실아민 200kg을 취급하는 제조소의 안전거리를 구하시오.

 [계산과정] ① 지정수량의 배수 $= \dfrac{200\text{kg}}{100\text{kg}} = 2$

     ② $D = 51.1\sqrt[3]{2} = 64.38\text{m}$

[답] 64.38m

- 하이드록실아민 등을 취급하는 제조소의 안전거리

$$D = 51.1\sqrt[3]{N}$$

여기서, $D$ : 거리(m)
$N$ : 해당 제조소에서 취급하는 하이드록실아민 등의 지정수량의 배수
★하이드록실아민($NH_2OH$)의 지정수량 : 100kg

**17** 제4류 위험물인 아세톤에 대한 다음 각 물음에 답하시오. (6점)

(1) 시성식을 쓰시오.
(2) 품명 및 지정수량을 쓰시오.
(3) 증기비중을 계산하시오.

**해답** (1) $CH_3COCH_3$
(2) 품명 : 제1석유류, 지정수량 : 400L
(3) **[계산과정]** ① 아세톤의($CH_3COCH_3$) 분자량 $= 12 \times 3 + 1 \times 6 + 16 = 58$
② 증기비중 $= \dfrac{M}{29} = \dfrac{58}{29} = 2$

**[답]** 2

- 아세톤($CH_3COCH_3$) : 제4류 1석유류-수용성
① 무색의 휘발성 액체이다.
② 물 및 유기용제에 잘 녹는다.
③ **아이오딘포름 반응을 한다.**
④ 아세틸렌을 잘 녹이므로 아세틸렌(용해가스) 저장시 아세톤에 용해시켜 저장한다.
⑤ 보관 중 황색으로 변색되며 햇빛에 분해가 된다.
⑥ 피부 접촉 시 탈지작용을 한다.
⑦ 다량의물 또는 알코올포로 소화한다.

- 아이오딘포름반응
아세톤, 아세트알데하이드, 에틸알코올에 수산화칼륨(KOH)과 아이오딘를 반응시키면 노란색의 아이오딘포름($CHI_3$)의 침전물이 생성된다.

아세톤, 아세트알데하이드, 에틸알코올 $\xrightarrow{KOH+I_2}$ 아이오딘포름($CHI_3$)(노란색)

- 아이오딘포름 반응식
아세톤 : $CH_3COCH_3 + 3I_2 + 4NaOH \rightarrow CH_3COONa + 3NaI + CHI_3\downarrow + 3H_2O$
아세트알데하이드 : $CH_3CHO + 3I_2 + 4NaOH \rightarrow HCOONa + 3NaI + CHI_3\downarrow + 3H_2O$
에틸알코올 : $C_2H_5OH + 4I_2 + 6NaOH \rightarrow HCOONa + 5NaI + CHI_3\downarrow + 5H_2O$

**18** 위험물의 저장량이 지정수량의 $\frac{1}{10}$ 을 초과하는 경우 혼재하여서는 안 되는 위험물의 유별을 모두 쓰시오. (5점)

○ 제1류 :　　○ 제2류 :　　○ 제3류 :　　○ 제4류 :　　○ 제5류 :　　○ 제6류 :

**해답**
○ 제1류 : 제2류, 제3류, 제4류, 제5류
○ 제2류 : 제1류, 제3류, 제6류
○ 제3류 : 제1류, 제2류, 제5류, 제6류
○ 제4류 : 제1류, 제6류
○ 제5류 : 제1류, 제3류, 제6류
○ 제6류 : 제2류, 제3류, 제4류, 제5류

**상세해설**
- 쉬운 암기법(혼재가능)
  ↓1 + 6↑　2 + 4
  ↓2 + 5↑　5 + 4
  ↓3 + 4↑

**19** 위험물안전관리법령에서 정한 농도가 36중량% 미만인 경우 위험물에서 제외되는 제6류 위험물에 대한 다음 각 물음에 답하시오.

(1) 이 물질이 분해하는 경우 산소가 생성되는 반응식을 쓰시오.
(2) 이 물질을 운반하는 경우 수납하는 위험물에 따른 주의사항 중 표시사항을 쓰시오.
(3) 이 물질의 위험등급을 쓰시오.

**해답**
(1) $2H_2O_2 \rightarrow 2H_2O + O_2$
(2) 가연물접촉주의
(3) Ⅰ등급

**상세해설**
- 과산화수소($H_2O_2$) : 제6류 위험물-산화성액체

| 화학식 | 분자량 | 비중 | 비점 | 융점 |
|---|---|---|---|---|
| $H_2O_2$ | 34 | 1.463 | 150.2℃(pure) | -0.43℃(pure) |

① 물, 에탄올, 에테르에 잘 녹으며 벤젠에 녹지 않는다.
② 분해 시 산소($O_2$)를 발생시킨다.

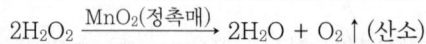

$$2H_2O_2 \xrightarrow{MnO_2(정촉매)} 2H_2O + O_2\uparrow (산소)$$

③ 분해안정제로 인산($H_3PO_4$) 또는 요산($C_5H_4N_4O_3$)을 첨가한다.
④ 저장용기는 밀폐하지 말고 **구멍**이 있는 **마개**를 사용한다.
⑤ 하이드라진($NH_2 \cdot NH_2$)과 접촉 시 분해 작용으로 폭발위험이 있다.

$$NH_2 \cdot NH_2 + 2H_2O_2 \rightarrow 4H_2O + N_2\uparrow$$

- 위험물 운반용기의 외부 표시 사항
  ① 위험물의 품명, 위험등급, 화학명 및 수용성(제4류 위험물의 수용성인 것에 한함)
  ② 위험물의 수량
  ③ 수납하는 위험물에 따른 주의사항

| 유 별 | 성질에 따른 구분 | 표시사항 |
|---|---|---|
| 제1류 위험물 | 알칼리금속의 과산화물 | 화기·충격주의, 물기엄금 및 가연물접촉주의 |
| | 그 밖의 것 | 화기·충격주의 및 가연물접촉주의 |
| 제2류 위험물 | 철분·금속분·마그네슘 | 화기주의 및 물기엄금 |
| | 인화성고체 | 화기엄금 |
| | 그 밖의 것 | 화기주의 |
| 제3류 위험물 | 자연발화성물질 | 화기엄금 및 공기접촉엄금 |
| | 금수성물질 | 물기엄금 |
| 제4류 위험물 | 인화성 액체 | 화기엄금 |
| 제5류 위험물 | 자기반응성 물질 | 화기엄금 및 충격주의 |
| 제6류 위험물 | **산화성 액체** | **가연물접촉주의** |

- 위험물의 등급 분류 ★★★

| 위험등급 | 해당 위험물 |
|---|---|
| 위험등급 I | (1) 제1류 위험물 중 아염소산염류, 염소산염류, 과염소산염류, 무기과산화물 그 밖에 지정수량이 50kg인 위험물<br>(2) 제3류 위험물 중 칼륨, 나트륨, 알킬알루미늄, 알킬리튬, 황린 그 밖에 지정수량이 10kg 또는 20kg인 위험물<br>(3) 제4류 위험물 중 특수인화물<br>(4) 제5류 위험물 중 유기과산화물, 질산에스터류 그 밖에 지정수량이 10kg인 위험물<br>(5) 제6류 위험물 |
| 위험등급 II | (1) 제1류 위험물 중 브로민산염류, 질산염류, 아이오딘산염류 그 밖에 지정수량이 300kg인 위험물<br>(2) 제2류 위험물 중 황화인, 적린, 황 그 밖에 지정수량이 100kg인 위험물<br>(3) 제3류 위험물 중 알칼리금속(칼륨, 나트륨 제외) 및 알칼리토금속, 유기금속화합물(알킬알루미늄 및 알킬리튬은 제외) 그 밖에 지정수량이 50kg인 위험물<br>(4) 제4류 위험물 중 제1석유류, 알코올류<br>(5) 제5류 위험물 중 위험등급 I 위험물 외의 것 |
| 위험등급 III | 위험등급 I, II 이외의 위험물 |

**20** 위험물제조소 등의 설치 및 변경의 허가 시 한국소방산업기술원의 기술검토를 받아야 하는 사항을 3가지만 쓰시오.

**해답**
① 지정수량의 1천배 이상의 위험물을 취급하는 제조소 또는 일반취급소 : 구조·설비에 관한 사항
② 옥외탱크저장소(저장용량이 50만L 이상인 것만 해당) : 위험물탱크의 기초·지반, 탱크본체 및 소화설비에 관한 사항
③ 암반탱크저장소 : 위험물탱크의 기초·지반, 탱크본체 및 소화설비에 관한 사항

**상세해설**
- 위험물안전관리법 시행령 제6조(제조소등의 설치 및 변경의 허가)
  다음 각 목의 제조소등은 해당 목에서 정한 사항에 대하여 「소방산업의 진흥에 관한 법률」 제14조에 따른 **한국소방산업기술원**(이하 "기술원"이라 한다)**의 기술검토**를 받고 그 결과가 행정안전부령으로 정하는 기준에 적합한 것으로 인정될 것. 다만, 보수 등을 위한 부분적인 변경으로서 소방청장이 정하여 고시하는 사항에 대해서는 기술원의 기술검토를 받지 아니할 수 있으나 행정안전부령으로 정하는 기준에는 적합하여야 한다.
    가. **지정수량의 1천배 이상**의 위험물을 취급하는 제조소 또는 일반취급소 : 구조·설비에 관한 사항
    나. **옥외탱크저장소**(저장용량이 50만 리터 이상인 것만 해당한다) 또는 암반탱크저장소 : 위험물탱크의 기초·지반, 탱크본체 및 소화설비에 관한 사항

위험물산업기사 실기

# 2024년 4월 27일 시행

**01** 다음 [표]는 위험물안전관리법령에서 정한 자체소방대에 두는 화학소방자동차 및 인원에 관한 것이다. 빈칸에 알맞은 답을 쓰시오.

| 사업소의 구분 | 화학소방자동차 | 자체소방대원의 수 |
|---|---|---|
| 1. 제조소 또는 일반취급소에서 취급하는 제4류 위험물의 최대수량의 합이 지정수량의 ( ① )천배 이상 12만배 미만인 사업소 | 1대 | 5인 |
| 2. 제조소 또는 일반취급소에서 취급하는 제4류 위험물의 최대수량의 합이 지정수량의 12만배 이상 ( ② )만배 미만인 사업소 | 2대 | 10인 |
| 3. 제조소 또는 일반취급소에서 취급하는 제4류 위험물의 최대수량의 합이 지정수량의 ( ② )만배 이상 ( ③ )만배 미만인 사업소 | 3대 | 15인 |
| 4. 제조소 또는 일반취급소에서 취급하는 제4류 위험물의 최대수량의 합이 지정수량의 ( ③ )만배 이상인 사업소 | 4대 | 20인 |
| 5. 옥외탱크저장소에 저장하는 제4류 위험물의 최대수량이 지정수량의 50만배 이상인 사업소 | ( ④ )대 | ( ⑤ )인 |

**해답** ① 3  ② 24  ③ 48  ④ 2  ⑤ 10

**상세해설**
- 자체소방대에 두는 화학소방자동차 및 인원(제4류 위험물)

| 사업소의 구분 | 취급하는 최대수량의 합 | 화학소방자동차 | 자체소방대원의 수 |
|---|---|---|---|
| 제조소 또는 일반취급소 | 지정수량의 3천배 이상 12만배 미만 | 1대 | 5인 |
| | 지정수량의 12만배 이상 24만배 미만 | 2대 | 10인 |
| | 지정수량의 24만배 이상 48만배 미만 | 3대 | 15인 |
| | 지정수량의 48만배 이상인 사업소 | 4대 | 20인 |
| 옥외탱크저장소 | 지정수량의 50만배 이상 | 2대 | 10인 |

**02** 트라이에틸알루미늄에 대한 다음 각 물음에 답하시오.

(1) 물과 접촉하는 경우 반응식을 쓰시오.
(2) 연소 시 반응식을 쓰시오.

**해답** (1) $(C_2H_5)_3Al + 3H_2O \rightarrow Al(OH)_3 + 3C_2H_6$
(2) $2(C_2H_5)_3Al + 21O_2 \rightarrow Al_2O_3 + 12CO_2 + 15H_2O$

**상세해설**
- **알킬알루미늄**$[(C_nH_{2n+1}) \cdot Al]$ : 제 3류 위험물(금수성 물질)
  ① 알킬기$(C_nH_{2n+1})$에 알루미늄(Al)이 결합된 화합물이다.
  ② $C_1 \sim C_4$는 자연발화의 위험성이 있다.
  ③ 물과 접촉 시 가연성 가스 발생하므로 주수소화는 절대 금지한다.
  ④ 트라이메틸알루미늄(TMA : Tri Methyl Aluminium)
  $$(CH_3)_3Al + 3H_2O \rightarrow Al(OH)_3(수산화알루미늄) + 3CH_4\uparrow(메탄)$$
  ⑤ 트라이에틸알루미늄(TEA : Tri Eethyl Aluminium)
  - $(C_2H_5)_3Al + 3CH_3OH \rightarrow Al(CH_3O)_3$(트라이메톡시알루미늄) $+ 3C_2H_6$(에탄)
  - $(C_2H_5)_3Al + 3H_2O \rightarrow Al(OH)_3$(수산화알루미늄) $+ 3C_2H_6\uparrow$(에탄)
  ⑥ 저장용기에 불활성기체$(N_2)$를 봉입한다.
  ⑦ 피부접촉 시 화상을 입히고 연소 시 흰 연기가 발생한다.
  $$2(C_2H_5)_3Al + 21O_2 \rightarrow Al_2O_3 + 12CO_2 + 15H_2O$$
  ⑧ 소화 시 주수소화는 절대 금하고 팽창질석, 팽창진주암 등으로 피복소화한다.

**03** 제5류 위험물인 과산화벤조일에 대하여 다음 물음에 알맞은 답을 쓰시오.

(1) 구조식을 쓰시오.
(2) 옥내저장소에 저장할 경우 옥내저장소의 바닥면적은 몇 $m^2$ 이하로 하여야 하는지 쓰시오.
(3) 위험등급을 쓰시오.

**해답** (1) **구조식**

(2) **바닥면적** : $1,000m^2$ 이하
(3) **위험등급** : Ⅰ등급

과산화벤조일(Benzoyl Peroxide, 벤조일퍼옥사이드, BPO)-제5류-유기과산화물

| 화학식 | 분자량 | 비중 | 융점 | 착화점 |
|---|---|---|---|---|
| $(C_6H_5CO)_2O_2$ | 242 | 1.33 | 105℃ | 125℃ |

① 무색 무취의 백색분말 또는 결정이다.
② 물에 녹지 않고 알코올에 약간 녹으며 에터 등 유기용제에 잘 녹는다.
③ 저장용기에 희석제[프탈산다이메틸(DMP), 프탈산다이부틸(DBP)]를 넣어 폭발 위험성을 낮춘다.
④ 다량의 물 또는 포소화약제로 소화한다.

## 04 알루미늄에 대한 다음 각 물음에 답하시오.

(1) 알루미늄과 물의 반응식을 쓰시오.
(2) (1)의 반응에서 생성되는 기체의 완전연소반응식을 쓰시오.
(3) (1)의 반응에서 생성되는 기체의 위험도를 계산하시오

**해답**
(1) $2Al + 6H_2O \rightarrow 2Al(OH)_3 + 3H_2$
(2) $2H_2 + O_2 \rightarrow 2H_2O$
(3) 수소($H_2$)의 연소범위 : 4~75%

$$위험도\ H = \frac{75-4}{4} = 17.75$$

(1) 알루미늄의 산화반응식
  4Al(알루미늄) + 3O₂(산소) → 2Al₂O₃(삼산화알루미늄)
(2) 알루미늄과 염산의 반응식
  2Al(알루미늄) + 6HCl(염산) → 2AlCl₃(염화알루미늄) + 3H₂(수소)
(3) 알루미늄분(Al) : 제2류 금속분
  ① 할로젠원소(F, Cl, Br, I)와 접촉 시 자연발화 위험이 있다.
  ② 분진폭발 위험성이 있다.
  ③ 가열된 알루미늄은 수증기와 반응하여 수소를 발생시킨다.(주수소화금지)

  $$2Al + 6H_2O \rightarrow 2Al(OH)_3 + 3H_2 \uparrow$$

  ④ 주수소화는 엄금이며 마른모래 등으로 피복 소화한다.

• 위험도 계산공식

$$H = \frac{U(연소상한) - L(연소하한)}{L(연소하한)}$$

**05** 제4류 위험물 중 특수인화물에 속하며 물속에 저장하는 위험물에 대한 다음 각 물음에 답하시오.

(1) 연소하는 경우 생성되는 유독성 물질을 화학식으로 쓰시오.
(2) 증기비중을 구하시오.
(3) 옥외저장탱크에 저장하는 경우 철근콘크리트 수조의 벽 두께는 몇 m 이상으로 하여야 하는지 쓰시오.

 (1) $SO_2$

(2) $S = \dfrac{76}{29} = 2.62$

(3) 0.2m 이상

- 이황화탄소($CS_2$) : 제4류 위험물 중 특수인화물

| 화학식 | 분자량 | 비중 | 비점 | 인화점 | 착화점 | 연소범위 |
|---|---|---|---|---|---|---|
| $CS_2$ | 76.1 | 1.26 | 46℃ | -30℃ | 100℃ | 1.0~50% |

① 무색투명한 액체이다.
② 물에는 녹지 않고 알코올, 에테르, 벤젠 등 유기용제에 녹는다.
③ 완전 연소 시 이산화탄소($CO_2$)와 이산화황($SO_2$)을 생성한다.

$$CS_2 + 3O_2 \rightarrow CO_2(\text{이산화탄소}) + 2SO_2(\text{이산화황}) + \text{푸른색 불꽃}$$

④ 저장 시 옥외저장탱크는 벽 및 바닥의 두께가 0.2m 이상이고 누수가 되지 아니하는 철근콘크리트의 수조에 넣어 보관하여야 한다.

**06** 다음 보기의 제조소등에서 위험물안전관리법령상 소화난이등급 Ⅰ에 해당하는 것을 골라 번호로 답하시오. (단, 해당사항이 없으면 없음으로 표기하시오.)

[보기] ① 지하탱크저장소
② 연면적 1000m² 이상인 제조소
③ 처마높이 6m이상인 옥내저장소(단층건물)
④ 제2종 판매취급소
⑤ 간이탱크저장소
⑥ 이송취급소
⑦ 이동탱크저장소

② ③ ⑥

**상세해설** 소화난이등급 I 에 해당하는 제조소등

| 제조소등의 구분 | 제조소등의 규모, 저장 또는 취급하는 위험물의 품명 및 최대수량 등 |
|---|---|
| 제조소<br>일반취급소 | **연면적 1,000m² 이상**<br>지정수량의 100배 이상인 것<br>지반면으로부터 6m 이상의 높이에 위험물 취급설비가 있는 것<br>일반취급소로 사용되는 부분 외의 부분을 갖는 건축물에 설치된 것 |
| 주유취급소 | 별표 13 V제2호에 따른 면적의 합이 500m²를 초과하는 것 |
| 옥내저장소 | 지정수량의 150배 이상인 것<br>연면적 150m²를 초과하는 것<br>**처마높이가 6m 이상인 단층건물의 것**<br>옥내저장소로 사용되는 부분 외의 부분이 있는 건축물에 설치된 것 |
| 옥외탱크<br>저장소 | 액표면적이 40m² 이상인 것<br>지반면으로부터 탱크 옆판의 상단까지 높이가 6m 이상인 것<br>지중탱크 또는 해상탱크로서 지정수량의 100배 이상인 것<br>고체위험물을 저장하는 것으로서 지정수량의 100배 이상인 것 |
| 옥내탱크<br>저장소 | 액표면적이 40m² 이상인 것<br>바닥면으로부터 탱크 옆판의 상단까지 높이가 6m 이상인 것<br>탱크전용실이 단층건물 외의 건축물에 있는 것으로서 인화점 38℃ 이상 70℃ 미만의 위험물을 지정수량의 5배 이상 저장하는 것 |
| 옥외저장소 | 덩어리 상태의 황을 저장하는 것으로서 경계표시 내부의 면적이 100m² 이상인 것<br>별표 11 Ⅲ의 위험물을 저장하는 것으로서 지정수량의 100배 이상인 것 |
| 암반탱크<br>저장소 | 액표면적이 40m² 이상인 것(제6류 위험물을 저장하는 것 및 고인화점위험물만을 100℃ 미만의 온도에서 저장하는 것은 제외)<br>고체위험물만을 저장하는 것으로서 지정수량의 100배 이상인 것 |
| 이송취급소 | 모든 대상 |

---

**07** 다음 제1류 위험물에 대한 분해반응식을 쓰시오.

(1) 과염소산칼륨     (2) 과산화칼슘     (3) 아염소산나트륨

 (1) $KClO_4 \rightarrow KCl + 2O_2$
(2) $2CaO_2 \rightarrow 2CaO + O_2$
(3) $NaClO_2 \rightarrow NaCl + O_2$

**08** 다음 표에 혼재가 가능한 위험물은 ○, 혼재가 불가능한 위험물은 ×로 표시하시오.(단, 지정수량의 $\frac{1}{10}$을 초과하는 위험물에 적용하는 경우이다).

| 구 분 | 제1류 | 제2류 | 제3류 | 제4류 | 제5류 | 제6류 |
|---|---|---|---|---|---|---|
| 제1류 |  | × | × |  | × |  |
| 제2류 |  |  | × |  | ○ |  |
| 제3류 |  | × |  |  | × |  |
| 제4류 |  | ○ | ○ |  | ○ |  |
| 제5류 |  | ○ | × |  |  |  |
| 제6류 |  | × | × |  | × |  |

**해답**

| 구 분 | 제1류 | 제2류 | 제3류 | 제4류 | 제5류 | 제6류 |
|---|---|---|---|---|---|---|
| 제1류 |  | × | × | × | × | ○ |
| 제2류 | × |  | × | ○ | ○ | × |
| 제3류 | × | × |  | ○ | × | × |
| 제4류 | × | ○ | ○ |  | ○ | × |
| 제5류 | × | ○ | × | ○ |  | × |
| 제6류 | ○ | × | × | × | × |  |

**상세해설**

- 쉬운 암기법
  ↓1 + 6↑   2 + 4
  ↓2 + 5↑   5 + 4
  ↓3 + 4↑

**09** 아래 보기의 동식물유류를 보고 아이오딘값에 따른 건성유, 반건성유, 불건성유로 분류하시오.

[보기] 아마인유, 야자유, 들기름, 쌀겨유, 목화씨유, 땅콩유

**해답**
① 건성유 – 아마인유, 들기름
② 반건성유 – 목화씨유, 쌀겨유
③ 불건성유 – 야자유, 땅콩유

**상세해설**

동식물유류 : 제4류 위험물
동물의 지육 또는 식물의 종자나 과육으로부터 추출한 것으로 1기압에서 인화점이 250℃ 미만인 것

[아이오딘값에 따른 동식물유류의 분류]

| 구 분 | 아이오딘값 | 종 류 |
|---|---|---|
| 건성유 | 130 이상 | 해바라기기름, 동유(오동기름), 정어리기름, **아마인유**, **들기름** |
| 반건성유 | 100~130 | 채종유, **쌀겨기름**, 참기름, **면실유(목화씨기름)**, 옥수수기름, 청어기름, 콩기름 |
| 불건성유 | 100 이하 | **야자유**, 팜유, 올리브유, 피마자기름, **낙화생기름(땅콩기름)**, 돈지, 우지, 고래기름 |

아이오딘값
옥소가(沃素價)라고도 하며 100g의 유지에 의해서 흡수되는 아이오딘의 g수

**10** 다음 [보기]의 위험물 중 염산과 반응하여 제6류 위험물을 생성하는 물질을 선택하여 물과의 반응식을 쓰시오.

[보기] 과염소산암모늄, 과산화나트륨, 과망가니즈산칼륨, 마그네슘

 $2Na_2O_2 + 2H_2O \rightarrow 4NaOH + O_2$

 과산화나트륨($Na_2O_2$) : 제1류위험물 중 무기과산화물(금수성)

| 화학식 | 분자량 | 비중 | 융점 | 분해온도 |
|---|---|---|---|---|
| $Na_2O_2$ | 78 | 2.8 | 460℃ | 460℃ |

① 상온에서 물과 격렬히 반응하여 산소($O_2$)를 방출하고 폭발하기도 한다.

$$2Na_2O_2 + 2H_2O \rightarrow 4NaOH + O_2\uparrow$$

② 공기 중 이산화탄소($CO_2$)와 반응하여 산소($O_2$)를 방출한다.

$$2Na_2O_2 + 2CO_2 \rightarrow 2Na_2CO_3 + O_2\uparrow$$

③ 산과 반응하여 과산화수소($H_2O_2$)를 생성시킨다.

$$Na_2O_2 + 2HCl \rightarrow 2NaCl + H_2O_2$$

④ 열분해 시 산소($O_2$)를 방출한다.

$$2Na_2O_2 \rightarrow 2Na_2O + O_2\uparrow$$

⑤ 주수소화는 금물이고 마른모래(건조사) 등으로 소화한다.

**11** 옥외탱크저장소에서 하나의 방유제안에 탱크용량이 50만L, 30만L, 20만L인 각각의 탱크에 톨루엔이 저장되어 있다. 방유제의 용량[$m^3$]을 구하시오.

 [계산과정] $Q = 500,000L \times 1.1(110\%) = 550000L = 550m^3$
[답] $550m^3$

- 옥외탱크저장소(이황화탄소 제외)의 방유제
  (1) 방유제의 용량
    ① 탱크가 하나인 때 : 탱크 용량의 110% 이상
    ② 2기 이상인 때 : 탱크 중 용량이 최대인 것의 용량의 110% 이상
  (2) 방유제는 **높이 0.5m 이상 3m 이하, 두께 0.2m 이상, 지하매설깊이 1m 이상**
  (3) 방유제내의 면적은 **8만$m^2$ 이하**로 할 것
  (4) 방유제내의 설치하는 **옥외저장탱크의 수는** 10(방유제내에 설치하는 모든 옥외저장탱크의 용량이 20만L 이하이고, 당해 옥외저장탱크에 저장 또는 취급하는 위험물의 **인화점이 70℃ 이상 200℃ 미만인 경우에는 20**) 이하로 할 것. 다만, 인화점이 200℃ 이상인 위험물을 저장 또는 취급하는 옥외저장탱크에 있어서는 그러하지 아니하다.

**12** 다음 [보기]의 위험물 중에서 지정수량의 단위가 L인 위험물의 지정수량이 큰 것부터 작은 것 순서대로 쓰시오.

[보기]
다이나이트로아닐린, 하이드라진, 피리딘, 피크르산, 글리세린, 클로로벤젠

 글리세린 − 하이드라진 − 클로로벤젠 − 피리딘

| 품명 | 화학식 | 유별 | 지정수량 |
|---|---|---|---|
| 다이나이트로아닐린 | $C_6H_3(NO_2)_2NH_2$ | 제5류 나이트로화합물 | 종판단 필요 |
| 하이드라진 | $NH_2NH_2$ | 제4류 2석유류(수용성) | 2000L |
| 피리딘 | $C_5H_5N$ | 제4류 1석유류(수용성) | 400L |
| 피크르산(TNP) | $C_6H_2OH(NO_2)_3$ | 제5류 나이트로화합물 | 10kg |
| 글리세린 | $C_3H_5(ONO_2)_3$ | 제4류 3석유류(수용성) | 4000L |
| 클로로벤젠 | $C_6H_5Cl$ | 제4류 2석유류 | 1000L |

**13** 제3류 위험물인 탄화알루미늄이 물과 반응하여 생성되는 기체에 대한 다음 각 물음에 답하시오.

(1) 명칭을 쓰시오.
(2) 증기비중을 구하시오.
(3) 완전연소반응식을 쓰시오.

**해답** (1) **명칭** : 메탄

(2) **증기비중** : $S = \dfrac{M}{29} = \dfrac{16}{29} = 0.55$

(3) **연소반응식** : $CH_4 + 2O_2 \rightarrow CO_2 + 2H_2O$

**상세해설**

• 탄화알루미늄 : 제3류 위험물(금수성 물질)

| 화학식 | 분자량 | 융점 | 비중 |
|---|---|---|---|
| $Al_4C_3$ | 143 | 2100℃ | 2.36 |

① 물과 접촉 시 수산화알루미늄과 메탄가스를 생성하고 발열반응을 한다.

$$Al_4C_3 + 12H_2O \rightarrow 4Al(OH)_3(수산화알루미늄) + 3CH_4(메탄)$$

② 황색 결정 또는 백색분말로 1400℃ 이상에서는 분해가 된다.
③ 물계통의 소화는 절대 금하고 마른모래 등으로 피복 소화한다.

---

**14** 다음 [보기]의 반응에 대하여 생성되는 유독가스의 명칭을 쓰시오.
(단, 해당 없으면 "해당없음"이라고 쓰시오.)

[보기]
(1) 염소산나트륨과 염산의 반응    (2) 염소산칼륨과 황산의 반응
(3) 과산화칼륨과 물의 반응    (4) 질산칼륨과 물의 반응
(5) 질산암모늄과 물의 반응

**해답** (1) 이산화염소($ClO_2$)
(2) 이산화염소($ClO_2$)
(3) "해당없음"
(4) "해당없음"
(5) "해당없음"

상세해설
(1) 염소산나트륨과 염산의 반응 : $2NaClO_3 + 2HCl \rightarrow 2NaCl + 2ClO_2 + H_2O_2$
(2) 염소산칼륨과 황산의 반응 : $6KClO_3 + 3H_2SO_4$
$\rightarrow 2HClO_4 + 3K_2SO_4 + 4ClO_2 + 2H_2O$
(3) 과산화칼륨과 물의 반응 : $2Na_2O_2 + 2H_2O \rightarrow 4NaOH + O_2$
(4) 질산칼륨과 물의 반응 : $KNO_3 + H_2O \rightarrow$ 용해
(5) 질산암모늄과 물의 반응 : $NH_4NO_3 + H_2O \rightarrow$ 용해

**15** 다음 [표]는 지정수량 이상의 위험물을 제조, 저장, 취급하기 위한 장소의 구분에 관한 것이다. 각 물음에 답하시오.

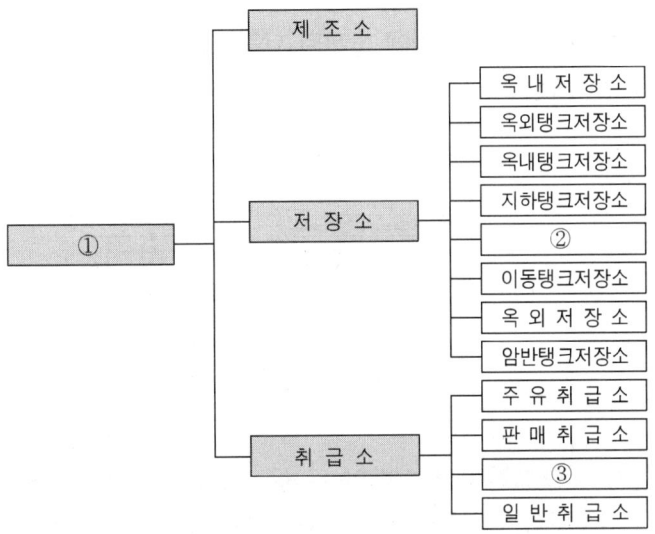

(1) 제조소·저장소 및 취급소를 모두 포함하는 ①의 명칭을 쓰시오.
(2) ②의 명칭을 쓰시오.
(3) ③의 명칭을 쓰시오.
(4) 위험물안전관리자를 선임하지 아니하여도 되는 저장소의 종류를 모두 쓰시오. (단, 없으면 없음으로 쓰시오)
(5) 일반취급소 중 액체위험물을 용기에 옮겨 담는 취급소의 명칭을 쓰시오.

🔍 해답
(1) 제조소 등
(2) 간이탱크저장소
(3) 이송취급소
(4) 이동탱크저장소
(5) 충전하는 일반취급소

**16** 다음 빈칸에 알맞은 답을 쓰시오.

| 명칭 | 화학식 | 지정수량 |
|---|---|---|
| ( ① ) | $C_6H_3(NO_2)_2CH_3$ | ( ② ) kg |
| 과망가니즈산암모늄 | ( ③ ) | 1000 kg |
| 인화아연 | ( ④ ) | ( ⑤ ) kg |

해답  ① 다이나이트로톨루엔  ② 종판단 필요  ③ $NH_4MnO_4$  ④ $Zn_3P_2$  ⑤ 300

**17** 아래 그림은 탱크전용실에 설치된 지하저장탱크에 대한 것이다. 다음 각 물음에 답하시오.

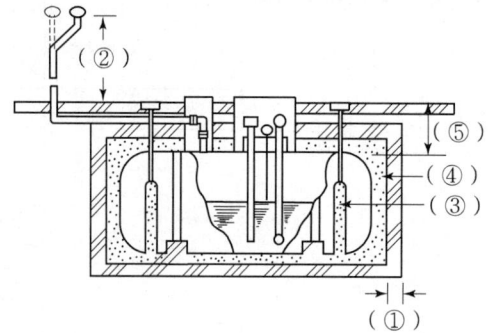

(1) ( ① ) 탱크전용실의 벽의 두께는 몇 m 이상으로 하여야하는가?
(2) ( ② ) 통기관의 끝부분은 지면으로부터 몇 m 이상의 높이로 설치하여야 하는가?
(3) ( ③ ) 액체위험물의 누설을 검사하기 위한 관은 몇 개소 이상 적당한 장소에 설치하여야하는가?
(4) ( ④ ) 탱크주위에는 어떤 물질로 채워야 하는가?
(5) ( ⑤ ) 지하저장탱크의 윗부분은 지면으로부터 몇 m 이상 아래에 있어야 하는가?

해답  (1) 0.3m
(2) 4m
(3) 4개소
(4) 마른모래 또는 입자지름 5mm 이하의 마른 자갈분
(5) 0.6m

상세해설 탱크전용실에 설치된 지하저장탱크

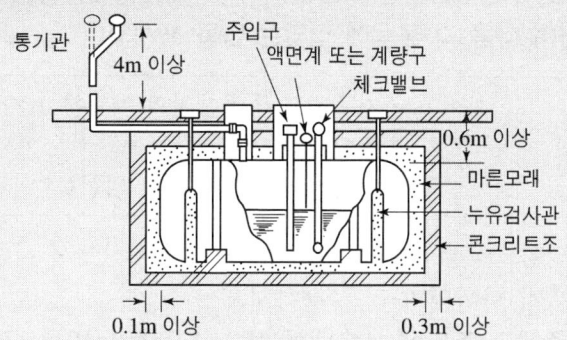

① 탱크전용실의 **벽**·바닥 및 뚜껑의 **두께**는 0.3m **이상**일 것
② **통기관**의 끝부분은 지면으로부터 4m **이상**의 높이로 설치 할 것.
③ 액체위험물의 **누설을 검사**하기 위한 관을 **4개소 이상** 적당한 위치에 설치 할 것.
④ 탱크주위에 마른모래 또는 습기 등에 의하여 응고되지 아니하는 **입자지름 5mm 이하의 마른 자갈분**을 채울 것
⑤ 지하저장탱크의 **윗부분**은 지면으로부터 **0.6m 이상 아래**에 있을 것
⑥ 지하탱크를 대지경계선으로 부터 **0.6m 이상** 떨어진 곳에 매설할 것
⑦ 탱크전용실은 대지경계선으로 부터 **0.1m 이상** 떨어진 곳에 설치 할 것.
⑧ 지하저장탱크와 탱크전용실의 안쪽과의 사이는 0.1m 이상의 간격을 유지하도록 할 것
⑨ 지하저장탱크를 2 이상 인접해 설치하는 경우에는 그 상호간에 1m(당해 2 이상의 지하저장탱크의 용량의 합계가 지정수량의 100배 이하인 때에는 0.5m) 이상의 간격을 유지할 것.

## 18 다음 [보기]의 위험물을 인화점이 낮은 것부터 순서대로 나열하시오. (단, 인화점이 없는 위험물은 제외하시오.)

[보기] 벤젠, 아세트알데하이드, 아세트산, 과염소산, 나이트로셀룰로오스

 아세트알데하이드 – 벤젠 – 나이트로셀룰로오스 – 아세트산

| 품명 | 유별 | 인화점 |
|---|---|---|
| 아세트알데하이드 | 제4류 특수인화물 | −38℃ |
| 벤젠 | 제4류 1석유류 | −11℃ |
| 나이트로셀룰로오스 | 제5류 질산에스터류 | 13℃ |
| 아세트산(초산) | 제4류 2석유류 | 40℃ |
| 과염소산 | 제6류 | 불연성 |

**19** 위험물안전관리법령상 지중탱크의 옥외탱크저장소에 대한 기준이다. 보기를 참조하여 다음 각 물음에 알맞은 답을 쓰시오.

[보기]
- 지중탱크 수평단면의 안지름 100m
- 높이 20m
- 인화점 10℃인 제4류 위험물

(1) 옥외탱크저장소가 보유하는 부지의 경계선에서 지중탱크의 지반면의 옆판까지 사이의 거리를 구하시오.
(2) 지중탱크 주위에 보유해야 할 보유공지 너비를 구하시오.

 해답

(1) [계산과정] 100m × 0.5 = 50m
[답] 50m

(2) [계산과정] 100m × 0.5 = 50m
[답] 50m

**상세해설**

- **지중탱크에 관계된 옥외탱크저장소의 특례**
  (1) 지중탱크의 옥외탱크저장소의 위치는 당해 옥외탱크저장소가 보유하는 부지의 경계선에서 지중탱크의 지반면의 옆판까지의 사이에, 당해 지중탱크 수평단면의 **안지름의 수치에 0.5를 곱하여 얻은 수치** 또는 50m(당해 지중탱크에 저장 또는 취급하는 위험물의 인화점이 21℃ **이상** 70℃ **미만**의 경우에 있어서는 **40m**, 70℃ **이상**의 경우에 있어서는 **30m**)중 큰 것과 동일한 거리 이상의 거리를 유지할 것
  (2) 지중탱크의 주위에는 당해 지중탱크 수평단면의 **안지름의 수치에 0.5를 곱하여** 얻은 수치 또는 지중탱크의 밑판표면에서 지반면까지 높이의 수치 중 큰 것과 동일한 거리 이상의 **너비의 공지를 보유할 것**

**20** 다음 보기에서 설명하는 위험물에 대한 각 물음에 알맞은 답을 쓰시오.

[보기]
- 담황색 주상결정
- 분자량 227
- 햇빛에 의해 다갈색으로 변한다.
- 물에 녹지 않고 알코올, 아세톤, 벤젠에 녹는다.

(1) 구조식을 쓰시오.
(2) 운반용기 외부에 표시하여야 할 주의사항을 모두 쓰시오.
(3) 제조소 게시판에 설치해야 할 주의사항을 모두 쓰시오.

**해답**

(1) 구조식

[구조식: 2,4,6-트라이나이트로톨루엔 - 벤젠고리에 CH₃와 3개의 NO₂가 결합된 구조]

(2) 운반용기 외부에 표시하여야 할 주의사항
화기엄금 및 충격주의

(3) 제조소 게시판에 설치해야 할 주의사항
화기엄금

**상세해설**

• 트라이나이트로톨루엔[$C_6H_2CH_3(NO_2)_3$](TNT : Tri Nitro Toluene) ★★★★★

| 화학식 | 분자량 | 비중 | 비점 | 융점 | 착화점 |
|---|---|---|---|---|---|
| $C_6H_2CH_3(NO_2)_3$ | 227 | 1.7 | 280℃ | 81℃ | 300℃ |

① 물에는 녹지 않고 알코올, 아세톤, 벤젠에 녹는다.
② Tri Nitro Toluene의 약자로 TNT라고도 한다.
③ 담황색의 주상결정이며 햇빛에 다갈색으로 변색된다.
④ 톨루엔과 질산을 반응시켜 얻는다.

$$C_6H_5CH_3 + 3HNO_3 \xrightarrow[\text{나이트로화}]{C-H_2SO_4} C_6H_2CH_3(NO_2)_3 + 3H_2O$$
(톨루엔)    (질산)              (트라이나이트로톨루엔)  (물)

⑤ 강력한 폭약이며 급격한 타격에 폭발한다.
$$2C_6H_2CH_3(NO_2)_3 \rightarrow 2C + 12CO\uparrow + 3N_2\uparrow + 5H_2\uparrow$$
⑥ 연소시 연소속도가 너무 빠르므로 소화가 곤란하다.
⑦ 무기 및 다이너마이트, 질산폭약제 제조에 이용된다.

- 위험물 운반용기의 외부 표시 사항
  ① 위험물의 품명, 위험등급, 화학명 및 수용성(제4류 위험물의 수용성인 것에 한함)
  ② 위험물의 수량
  ③ 수납하는 위험물에 따른 주의사항

| 유 별 | 성질에 따른 구분 | 표시사항 |
|---|---|---|
| 제1류 위험물 | 알칼리금속의 과산화물 | 화기·충격주의, 물기엄금 및 가연물접촉주의 |
|  | 그 밖의 것 | 화기·충격주의 및 가연물접촉주의 |
| 제2류 위험물 | 철분·금속분·마그네슘 | 화기주의 및 물기엄금 |
|  | 인화성고체 | 화기엄금 |
|  | 그 밖의 것 | 화기주의 |
| 제3류 위험물 | 자연발화성물질 | 화기엄금 및 공기접촉엄금 |
|  | 금수성물질 | 물기엄금 |
| 제4류 위험물 | 인화성 액체 | 화기엄금 |
| 제5류 위험물 | 자기반응성 물질 | 화기엄금 및 충격주의 |
| 제6류 위험물 | 산화성 액체 | 가연물접촉주의 |

- 위험물제조소의 주의사항 게시판

| 위험물의 종류 | 주의사항 표시 | 게시판의 색 |
|---|---|---|
| 제1류(알칼리금속 과산화물) 제3류(금수성 물품) | 물기 엄금 | 청색바탕에 백색문자 |
| 제2류(인화성 고체 제외) | 화기 주의 | 적색바탕에 백색문자 |
| 제2류(인화성 고체) 제3류(자연발화성 물품) 제4류 제5류 | 화기 엄금 | |

# 2024년 7월 28일 시행

**01** 다음 그림을 보고 다음 각 물음에 알맞은 답을 쓰시오.

(1) 원통형 탱크(횡으로 설치한 것)    (2) 원통형 탱크(종으로 설치한 것)

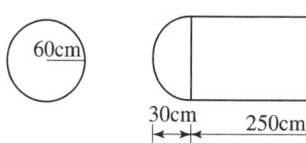
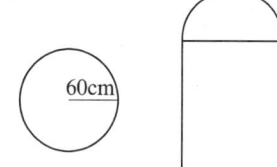

(1) 그림①의 탱크의 내용적을 구하시오.
(2) 그림②의 탱크의 내용적을 구하시오.

**해답**

(1) ①탱크의 내용적

[계산과정] $r = 60\text{cm} = 0.6\text{m}$, $l = 250\text{cm} = 2.5\text{m}$, $l_1, l_2 = 30\text{cm} = 0.3\text{m}$

$$\text{내용적 } V = \pi r^2 \left(l + \frac{l_1 + l_2}{3}\right) = \pi \times 0.6^2 \times \left(2.5 + \frac{0.3 + 0.3}{3}\right) = 3.05\text{m}^3$$

[답] $3.05\text{m}^3$

(2) ②탱크의 내용적

[계산과정] $r = 60\text{cm} = 0.6\text{m}$, $l = 250\text{cm} = 2.5\text{m}$

$$\text{내용적 } V = \pi r^2 l = \pi \times 0.6^2 \times 2.5 = 2.83\text{m}^3$$

[답] $2.83\text{m}^3$

**상세해설**

① 탱크용적의 산출기준

탱크의 내용적에서 공간용적을 뺀 용적

| 탱크의 용적 = 탱크의 내용적 − 탱크의 공간용적 |
|---|

② 탱크의 공간용적

탱크용적의 $\frac{5}{100}$ 이상 $\frac{10}{100}$ 이하의 용적

③ 타원형 탱크의 내용적
㉠ 양쪽이 볼록한 것

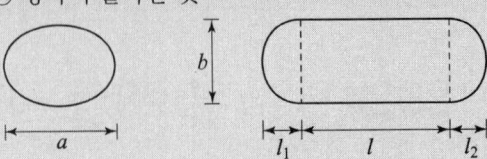

내용적 $= \dfrac{\pi ab}{4}\left(l + \dfrac{l_1 + l_2}{3}\right)$

㉡ 한쪽은 볼록하고 다른 한쪽은 오목한 것

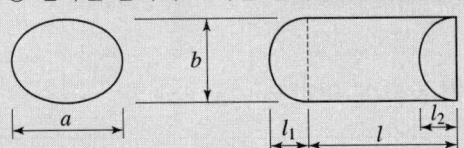

내용적 $= \dfrac{\pi ab}{4}\left(l + \dfrac{l_1 - l_2}{3}\right)$

④ 원통형 탱크의 내용적
㉠ 횡으로 설치한 것

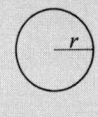 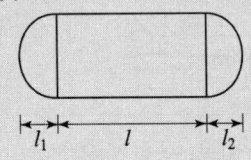

내용적 $= \pi r^2\left(l + \dfrac{l_1 + l_2}{3}\right)$

㉡ 종으로 설치한 것

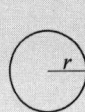 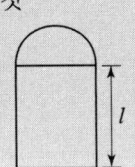

내용적 $= \pi r^2 l$

**02** 아이소프로필알코올을 산화시켜 만든 것으로 제4류 제1석유류 위험물이며 무색의 휘발성액체이고 아이오딘포름 반응을 하는 물질에 대한 다음 각 물음에 답하시오.

(1) 위에서 설명한 물질은 무엇인가?
(2) 아이오딘포름의 화학식을 쓰시오.
(3) 아이오딘포름의 색상을 쓰시오.

해답 (1) 아세톤
(2) $CHI_3$
(3) 노란색

**상세해설**

- 아세톤($CH_3COCH_3$) : 제4류 1석유류-수용성
  ① 무색의 휘발성 액체이며 물 및 유기용제에 잘 녹는다.
  ② **아이오딘포름 반응을 한다.**
  ③ 아세틸렌을 잘 녹이므로 아세틸렌(용해가스) 저장시 아세톤에 용해시켜 저장한다.
  ④ 보관 중 황색으로 변색되며 햇빛에 분해가 된다.
  ⑤ 피부 접촉 시 탈지작용을 한다.
  ⑥ 다량의 물 또는 알코올포로 소화한다.

  > - 아이오딘포름 반응
  >   아세톤, 아세트알데하이드, 에틸알코올에 수산화칼륨(KOH)과 아이오딘를 반응시키면 노란색의 아이오딘포름($CHI_3$)의 침전물이 생성된다.
  >
  >   아세톤, 아세트알데하이드, 에틸알코올 $\xrightarrow{KOH+I_2}$ 아이오딘포름($CHI_3$)(노란색)
  >
  > - 아이오딘포름 반응식
  >   아세톤 : $CH_3COCH_3 + 3I_2 + 4NaOH \rightarrow CH_3COONa + 3NaI + CHI_3 \downarrow + 3H_2O$
  >   아세트알데하이드 : $CH_3CHO + 3I_2 + 4NaOH \rightarrow HCOONa + 3NaI + CHI_3 \downarrow + 3H_2O$
  >   에틸알코올 : $C_2H_5OH + 4I_2 + 6NaOH \rightarrow HCOONa + 5NaI + CHI_3 \downarrow + 5H_2O$

**03** 제4류 위험물인 피리딘에 대한 각 물음에 답하시오.
 (1) 화학식을 쓰시오.  (2) 증기비중을 구하시오.

**해답** (1) $C_5H_5N$
(2) 피리딘($C_5H_5N$)의 분자량 $M = 12 \times 5 + 1 \times 5 + 14 = 79$

증기비중 $S = \dfrac{M}{29} = \dfrac{79}{29} = 2.72$

**상세해설**

- 피리딘(Pyridine)-제4류-제1석유류-수용성

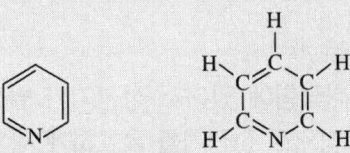

| 화학식 | 분자량 | 비중 | 비점 | 인화점 | 착화점 | 연소범위 |
|---|---|---|---|---|---|---|
| $C_5H_5N$ | 79.1 | 0.98 | 115.5℃ | 20℃ | 482℃ | 1.8~12.4% 이상 |

① 물, 알코올, 에테르에 잘 녹는다.
② 약알칼리성을 나타낸다.
③ 순수한 것은 무색 투명액체이며 악취와 독성을 갖고 있다.
④ 흡습성이 강하다.

**04** 유별을 달리하는 위험물의 혼재기준 중 위험물의 저장량이 지정수량의 $\frac{1}{10}$ 을 초과하는 경우 빈칸에 알맞은 위험물의 유별을 모두 쓰시오.

| 유별 | 혼재가 불가능한 유별 |
|---|---|
| 제1류 | |
| 제3류 | |
| 제6류 | |

**해답**

| 유별 | 혼재가 불가능한 유별 |
|---|---|
| 제1류 | 제2류, 제3류, 제4류, 제5류 |
| 제3류 | 제1류, 제2류, 제5류, 제6류 |
| 제6류 | 제2류, 제3류, 제4류, 제5류 |

**상세해설**

• 유별을 달리하는 위험물의 혼재기준

| 구 분 | 제1류 | 제2류 | 제3류 | 제4류 | 제5류 | 제6류 |
|---|---|---|---|---|---|---|
| 제1류 | | × | × | × | × | ○ |
| 제2류 | × | | × | ○ | ○ | × |
| 제3류 | × | × | | ○ | × | × |
| 제4류 | × | ○ | ○ | | ○ | × |
| 제5류 | × | ○ | × | ○ | | × |
| 제6류 | ○ | × | × | × | × | |

• 쉬운 암기법
 ↓1 + 6↑   2 + 4
 ↓2 + 5↑   5 + 4
 ↓3 + 4↑

**05** 위험물안전관리법령상 위험물을 취급함에 있어서 정전기가 발생할 우려가 있는 설비에는 법령에서 정하는 방법으로 정전기를 유효하게 제거할 수 있는 설비를 설치하여야 한다. 이에 해당하는 방법 3가지를 쓰시오.

**해답**
① 접지에 의한 방법
② 공기 중의 상대습도를 70% 이상으로 하는 방법
③ 공기를 이온화하는 방법

**06** 위험물안전관리법령에 따른 간이소화용구의 능력단위와 건축물 그 밖의 공작물 또는 위험물의 소요단위에 관한 내용이다. 각 물음에 알맞은 답을 쓰시오.

(1) 다음 소화설비의 능력단위에 대한 (   )안에 알맞은 답을 쓰시오.

| 소화설비 | 용량 | 능력단위 |
|---|---|---|
| 소화전용 물통 | ( ① ) | 0.3 |
| 수조(소화전용 물통 3개 포함) | 80L | ( ② ) |
| 수조(소화전용 물통 6개 포함) | ( ③ ) | 2.5 |

(2) 연면적 200m²으로 내화구조의 벽으로 된 제조소의 소요단위를 구하시오.
(3) 과산화수소 6,000kg의 소요단위를 구하시오.

**해답**

(1) ① 8   ② 1.5   ③ 190

(2) 제조소(내화구조)의 소요단위 $N = \dfrac{200}{100} = 2$단위

(3) 위험물의 소요단위 $N = \dfrac{6000}{300 \times 10} = 2$단위

**상세해설**

- 간이소화용구의 능력단위

| 소화설비 | 용량 | 능력단위 |
|---|---|---|
| • 소화 전용(전용) 물통 | 8L | 0.3 |
| • 수조(소화 전용 물통 3개 포함) | 80L | 1.5 |
| • 수조(소화 전용 물통 6개 포함) | 190L | 2.5 |
| • 마른 모래(삽 1개 포함) | 50L | 0.5 |
| • 팽창질석 또는 팽창진주암(삽 1개 포함) | 80L | 0.5 |

- 소요단위의 계산방법
  ① 제조소 또는 취급소의 건축물

| 외벽이 내화구조인 것 | 외벽이 내화구조가 아닌 것 |
|---|---|
| 연면적 100m² : 1소요단위 | 연면적 50m² : 1소요단위 |

  ② 저장소의 건축물

| 외벽이 내화구조인 것 | 외벽이 내화구조가 아닌 것 |
|---|---|
| 연면적 150m² : 1소요단위 | 연면적 75m² : 1소요단위 |

  ③ 위험물은 지정수량의 10배를 1소요단위로 할 것

**07** 다음 [보기] 중 위험물 중 지정수량이 같은 것을 3가지만 골라 쓰시오.

[보기] 적린, 과염소산, 황화인, 황, 브로민산염류, 철분, 알칼리토금속, 황린

(1) 황화인, 적린, 황

① 적린 – 2류 – 100kg　　② 과염소산 – 6류 – 300kg
③ 황화인 – 2류 – 100kg　　④ 황 – 2류 – 100kg
⑤ 브로민산염류 – 1류 – 300kg　　⑥ 철분 – 2류 – 500kg
⑦ 알칼리토금속 – 3류 – 50kg　　⑧ 황린 – 3류 – 20kg

**08** 위험물안전관리법령에 따른 소화설비의 구분에 따른 적응성이 있는 위험물을 [보기]에서 골라 쓰시오.

[보기]　○ 제1류 위험물 중 알칼리금속의 과산화물
　　　　○ 제2류 위험물 중 인화성고체
　　　　○ 제3류 위험물(금수성물품 제외)
　　　　○ 제4류 위험물
　　　　○ 제5류 위험물
　　　　○ 제6류 위험물

(1) 불활성가스소화설비 :
(2) 옥외소화전설비 :
(3) 포소화설비 :

(1) 불활성가스소화설비 : ○ 제2류 위험물 중 인화성고체
　　　　　　　　　　　　○ 제4류 위험물
(2) 옥외소화전설비 : ○ 제2류 위험물 중 인화성고체
　　　　　　　　　　○ 제3류 위험물(금수성물품 제외)
　　　　　　　　　　○ 제5류 위험물
　　　　　　　　　　○ 제6류 위험물
(3) 포소화설비 : ○ 제2류 위험물 중 인화성고체
　　　　　　　　○ 제3류 위험물(금수성물품 제외)
　　　　　　　　○ 제4류 위험물
　　　　　　　　○ 제5류 위험물
　　　　　　　　○ 제6류 위험물

**상세해설**

소화설비의 적응성

| 대상물 구분<br>소화설비의 구분 | | 제1류 위험물 | | 제2류 위험물 | | | 제3류 위험물 | | 제4류 위험물 | 제5류 위험물 | 제6류 위험물 |
|---|---|---|---|---|---|---|---|---|---|---|---|
| | | 알칼리금속과산화물등 | 그 밖의 것 | 철분·금속분·마그네슘등 | 인화성고체 | 그 밖의 것 | 금수성물품 | 그 밖의 것 | | | |
| 옥내소화전 또는 옥외소화전설비 | | | ○ | | ○ | ○ | | ○ | | ○ | ○ |
| 스프링클러설비 | | | ○ | | ○ | ○ | | ○ | △ | ○ | ○ |
| 물분무등소화설비 | 물분무소화설비 | | | | | | | | | | |
| | 포소화설비 | | ○ | | ○ | ○ | | ○ | ○ | ○ | ○ |
| | 불활성가스소화설비 | | | | ○ | | | | ○ | | |
| | 할로젠화합물소화설비 | | | | ○ | | | | ○ | | |
| | 분말소화설비 | 인산염류등 | | ○ | | ○ | ○ | | | ○ | | ○ |
| | | 탄산수소염류등 | ○ | | ○ | ○ | | ○ | | ○ | | |
| | | 그 밖의 것 | ○ | | ○ | | | ○ | | | | |

**09** 위험물을 취급하는 건축물 그 밖의 시설의 주위에는 그 취급하는 위험물의 최대수량에 따라 보유공지를 보유하여야 한다. 다음 취급 위험물의 최대수량에 따른 공지의 너비 기준을 쓰시오.

| 구분 | 취급 위험물의 최대수량 | 공지의 너비 |
|---|---|---|
| 아세톤 | 400L | ① |
| 사이안화수소 | 100,000L | ② |
| 톨루엔 | 15,000L | ③ |
| 메탄올 | 8,000L | ④ |
| 클로로벤젠 | 15,000L | ⑤ |

 **해답** ① 3m 이상  ② 5m 이상  ③ 5m 이상  ④ 5m 이상  ⑤ 5m 이상

**상세해설**

① 아세톤 – 제4류 – 1석유류 – 수용성 – 400L

지정수량의 배수 $N = \dfrac{400}{400} = 1$배 ∴ 3m 이상

② 사이안화수소 – 제4류 – 1석유류 – 수용성 – 400L

지정수량의 배수 $N = \dfrac{100,000}{400} = 250$배 ∴ 5m 이상

③ 톨루엔-제4류-1석유류-비수용성-200L

  지정수량의 배수 $N = \dfrac{150,000}{200} = 750$배  ∴ 5m 이상

④ 메탄올-제4류-알코올류-400L

  지정수량의 배수 $N = \dfrac{8,000}{400} = 20$배  ∴ 5m 이상

⑤ 클로로벤젠-제4류-2석유류-비수용성-1000L

  지정수량의 배수 $N = \dfrac{150,000}{1,000} = 150$배  ∴ 5m 이상

**제조소의 보유공지** ★★★

(1) 취급 위험물의 최대수량에 따른 너비의 공지

| 취급 위험물의 최대수량 | 공지의 너비 |
|---|---|
| 지정수량의 10배 이하 | 3m 이상 |
| 지정수량의 10배 초과 | 5m 이상 |

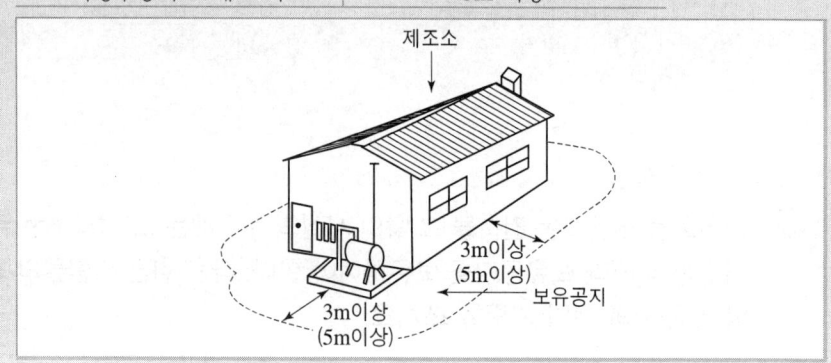

**10** 다음은 이동저장탱크의 주입설비(주입호스의 끝부분에 개폐밸브를 설치한 것) 설치기준이다. ( )안에 알맞은 답을 쓰시오.

- 위험물이 샐 우려가 없고 화재예방상 안전한 구조로 할 것
- 주입호스는 내경이 ( ① )mm 이상이고, ( ② )MPa 이상의 압력에 견딜 수 있는 것으로 하며, 필요 이상으로 길게 하지 아니할 것
- 주입설비의 길이는 ( ③ )m 이내로 하고, 그 끝부분에 축적되는 ( ④ )를 유효하게 제거할 수 있는 장치를 할 것
- 분당 배출량은 ( ⑤ )L 이하로 할 것

해답  ① 23  ② 0.3  ③ 50  ④ 정전기  ⑤ 200

1. 위험물안전관리에 관한 세부기준
   제108조(이동탱크저장소의 주유호스의 재질 등)
   주입호스는 내경이 23mm 이상이고, 0.3MPa 이상의 압력에 견딜 수 있는 것으로 하며, 필요 이상으로 길게 하지 아니할 것

2. 이동탱크저장소에 주입설비 설치기준
   ① 위험물이 샐 우려가 없고 화재예방상 안전한 구조로 할 것
   ② 주입설비의 길이는 **50m 이내**로 하고, 그 끝부분에 축적되는 **정전기**를 유효하게 제거할 수 있는 장치를 할 것
   ③ 분당 배출량은 **200L 이하**로 할 것

**11** 다음은 인화성액체위험물 옥외탱크저장소의 탱크 주위에 설치하는 방유제의 설치기준에 관한 것이다. ( )안에 알맞은 답을 쓰시오.

- 방유제의 용량은 방유제안에 설치된 탱크가 하나인 때에는 그 탱크 용량의 ( ① )% 이상, 2기 이상인 때에는 그 탱크 중 용량이 최대인 것의 용량의 ( ② )% 이상으로 할 것
- 방유제는 높이 0.5m 이상 ( ③ )m 이하, 두께 ( ④ )m 이상, 지하매설깊이 1m 이상으로 할 것
- 방유제 내의 면적은 ( ⑤ )m² 이하로 할 것

 ① 110  ② 110  ③ 3  ④ 0.2  ⑤ 8만

- 옥외탱크저장소(이황화탄소 제외)의 방유제
  (1) 방유제의 용량
     ① 탱크가 하나인 때 : 탱크 용량의 **110% 이상**
     ② 2기 이상인 때 : 탱크 중 용량이 최대인 것의 용량의 **110% 이상**
  (2) 방유제는 높이 0.5m 이상 3m 이하, 두께 0.2m 이상, 지하매설깊이 1m 이상
  (3) 방유제내의 면적은 **8만m² 이하**로 할 것
  (4) 방유제내의 설치하는 **옥외저장탱크의 수는 10**(방유제내에 설치하는 모든 옥외저장탱크의 용량이 20만L 이하이고, 당해 옥외저장탱크에 저장 또는 취급하는 위험물의 **인화점이 70℃ 이상 200℃ 미만**인 경우에는 20) 이하로 할 것. 다만, **인화점이 200℃ 이상**인 위험물을 저장 또는 취급하는 **옥외저장탱크**에 있어서는 그러하지 아니하다.

**12** 다음 보기의 위험물에 대한 운반용기 외부에 수납하는 위험물에 따른 주의사항을 쓰시오.

[보기] ① 제1류 위험물 중 알칼리금속의 과산화물
② 제3류 위험물 중 자연발화성물질
③ 제5류 위험물

**해답**
① 화기주의, 충격주의, 물기엄금 및 가연물접촉주의
② 화기엄금 및 공기접촉엄금
③ 화기엄금 및 충격주의

**상세해설**

위험물 운반용기의 외부 표시 사항
① 위험물의 품명, 위험등급, 화학명 및 수용성(제4류 위험물의 수용성인 것에 한함)
② 위험물의 수량
③ 수납하는 위험물에 따른 주의사항

| 유 별 | 성질에 따른 구분 | 표시사항 |
|---|---|---|
| 제1류 위험물 | 알칼리금속의 과산화물 | 화기 · 충격주의, 물기엄금 및 가연물접촉주의 |
| | 그 밖의 것 | 화기 · 충격주의 및 가연물접촉주의 |
| 제2류 위험물 | 철분 · 금속분 · 마그네슘 | 화기주의 및 물기엄금 |
| | 인화성고체 | 화기엄금 |
| | 그 밖의 것 | 화기주의 |
| 제3류 위험물 | 자연발화성물질 | 화기엄금 및 공기접촉엄금 |
| | 금수성물질 | 물기엄금 |
| 제4류 위험물 | 인화성 액체 | 화기엄금 |
| 제5류 위험물 | 자기반응성 물질 | 화기엄금 및 충격주의 |
| 제6류 위험물 | 산화성 액체 | 가연물접촉주의 |

**13** 다음 위험물이 열분해하는 경우 산소가 발생하는 반응식을 쓰시오.
(단, 없으면 "해당없음"으로 쓰시오.)

(1) 과염소산칼륨   (2) 질산칼륨   (3) 과산화칼륨

**해답**
(1) $KClO_4 \rightarrow KCl + 2O_2$
(2) $2KNO_3 \rightarrow 2KNO_2 + O_2$
(3) $2K_2O_2 \rightarrow 2K_2O + O_2$

**14** 제3류 위험물 중 물과 반응성이 없으며 공기 중에서 자연발화하여 흰 연기를 발생시키는 물질에 대한 다음 각 물음에 답하시오.

(1) 물질의 명칭을 쓰시오.
(2) 물음 (1)의 물질을 저장하는 옥내저장소의 바닥면적은 몇 $m^2$ 이하로 하여야 하는지 쓰시오.
(3) 물음 (1)의 물질에 수산화칼륨 또는 수산화나트륨과 같은 강알칼리성 용액과 반응하면 생성되는 맹독성의 기체를 화학식으로 쓰시오.

(1) 황린
(2) $1000m^2$
(3) $PH_3$

- 황린($P_4$)[별명 : 백린] : 제 3류 위험물(자연발화성물질)
  ① 공기 중 약 40~50℃에서 자연 발화한다.
  ② 저장 시 자연 발화성이므로 반드시 물속에 저장한다.
  ③ 인화수소($PH_3$)의 생성을 방지하기 위하여 물의 pH = 9(약알칼리)가 안전한계이다.
  ④ 연소 시 오산화인($P_2O_5$)의 흰 연기가 발생한다.

$$P_4 + 5O_2 \rightarrow 2P_2O_5 (오산화인)$$

  ⑤ 강알칼리의 용액에서는 유독기체인 포스핀($PH_3$)을 발생한다.

$$P_4 + 3NaOH + 3H_2O \rightarrow 3NaH_2PO_2 + PH_3\uparrow (인화수소 = 포스핀)$$

- 옥내저장소의 저장창고 바닥면적 설치기준 ★★

| 위험물의 종류 | 바닥면적 |
| --- | --- |
| • 제1류 위험물 중 아염소산염류, 염소산염류, 과염소산염류, 무기과산화물, 그 밖에 지정수량 50kg인 위험물<br>• 제3류 위험물 중 칼륨, 나트륨, 알킬알루미늄, 알킬리튬, 그 밖에 지정수량이 10kg인 위험물 및 **황린**<br>• 제4류 위험물 중 특수인화물, 제1석유류 및 알코올류<br>• 제5류 위험물 중 유기과산화물, 질산에스터류, 그 밖에 지정수량이 10kg인 위험물<br>• 제6류 위험물 | $1000m^2$ 이하 |
| • 위 이외의 위험물을 저장하는 창고 | $2000m^2$ 이하 |
| • 내화구조의 격벽으로 완전히 구획된 실에 각각 저장하는 창고 | $1500m^2$ 이하 |

**15** 다음 보기를 보고 각 물음에 답하시오.

> [보기] 나이트로글리세린, 트라이나이트로톨루엔, 트라이나이트로페놀, 과산화벤조일, 다이나이트로벤젠
>
> (1) 질산에스터류에 속하는 물질을 모두 쓰시오.
> (2) 상온에서는 액체이지만 겨울철에는 동결하는 물질의 열분해반응식을 쓰시오.

**해답** (1) 나이트로글리세린
(2) $4C_3H_5(ONO_2)_3 \rightarrow 12CO_2 + 6N_2 + O_2 + 10H_2O$

**상세해설**
(1) 질산에스터류
  ① 질산메틸($CH_3ONO_2$)
  ② 질산에틸($C_2H_5ONO_2$)
  ③ 나이트로글리세린($C_3H_5(ONO_2)_3$)
  ④ 나이트로셀룰로오스(Nitro Cellulose) : $[(C_6H_7O_2(ONO_2)_3]_n$

(2) 나이트로글리세린(Nitro Glycerine)($C_3H_5(ONO_2)_3$ -제5류-질산에스터류
  ① 상온에서는 액체이지만 겨울철에는 동결한다.
  ② 진한질산과 진한 황산을 가하면 나이트로화 하여 나이트로글리세린으로 된다.

  | 글리세린의 나이트로화반응 |
  |---|
  | $C_3H_5(OH)_3 + 3HONO_2 \xrightarrow{H_2SO_4} C_3H_5(ONO_2)_3 + 3H_2O$ |
  | (글리세린)    (질산)         (나이트로글리세린)    (물) |

  ③ 비수용성이며 메탄올, 아세톤 등에 녹는다.
  ④ 가열, 마찰, 충격에 예민하여 대단히 위험하다.

  | 나이트로글리세린의 열분해 반응식 |
  |---|
  | $4C_3H_5(ONO_2)_3 \rightarrow 12CO_2\uparrow + 6N_2\uparrow + O_2\uparrow + 10H_2O$ |

  ⑤ 다이나마이트(규조토+나이트로글리세린), 무연화약 제조에 이용된다.

**16** 다음 보기는 위험물의 성질에 대한 것이다. 제1류 위험물의 특성에 해당되는 것을 골라 번호로 답하시오.

> [보기] ① 무기화합물  ② 유기화합물  ③ 산화제  ④ 인화점이 0℃ 이하
>        ⑤ 인화점이 0℃ 이상  ⑥ 고체

① ③ ⑤

제1류 위험물의 일반적 성질
① **산화성 고체**이며 대부분 수용성이다.
② **무기화합물**이며 불연성이지만 다량의 산소를 함유하고 있다.
③ 분해 시 산소를 방출하여 남의 연소를 돕는다.(조연성)
④ 열·타격·충격, 마찰 및 다른 화학물질과 접촉 시 쉽게 분해된다.
⑤ 분해속도가 대단히 빠르고, 조해성이 있는 것도 포함한다.

**17** 제2류 위험물인 오황화인에 대한 다음 각 물음에 답하시오.

(1) 물과의 반응식을 쓰시오.
(2) (1)에서 생성되는 기체의 완전연소반응식을 쓰시오.

 (1) $P_2S_5 + 8H_2O \rightarrow 2H_3PO_4 + 5H_2S$
(2) $2H_2S + 3O_2 \rightarrow 2H_2O + 2SO_2$

- **황화인(제2류 위험물)** : 황과 인의 화합물
  ① **삼황화인**($P_4S_3$)
    - 황색 결정으로 물, 염산, 황산에 녹지 않고 질산, 알칼리, 이황화탄소에 녹는다.
    - **연소하면 오산화인과 이산화황이 생긴다.**

    $P_4S_3 + 8O_2 \rightarrow 2P_2O_5(오산화인) + 3SO_2(이산화황)\uparrow$

  ② **오황화인**($P_2S_5$)
    - 담황색 결정이고 조해성이 있다.
    - 수분을 흡수하면 분해된다.
    - 이황화탄소($CS_2$)에 잘 녹는다.
    - 연소하면 오산화인과 이산화황이 생긴다.

    $2P_2S_5 + 15O_2 \rightarrow 2P_2O_5 + 10SO_2\uparrow$

    - 물, 알칼리와 반응하여 인산과 황화수소를 발생한다.

    $P_2S_5 + 8H_2O \rightarrow 2H_3PO_4 + 5H_2S(황화수소)\uparrow$

  ③ **칠황화인**($P_4S_7$)
    - 담황색 결정이고 조해성이 있다.
    - 수분을 흡수하면 분해된다.
    - 이황화탄소($CS_2$)에 약간 녹는다.
    - 냉수에는 서서히 분해가 되고 더운물에는 급격히 분해된다.

    $P_4S_7 + 13H_2O \rightarrow H_3PO_4 + 7H_2S(황화수소) + 3H_3PO_3$

**18** 인화칼슘에 대한 다음 각 물음에 답하시오.

(1) 몇 류 위험물인지 쓰시오.
(2) 지정수량을 쓰시오.
(3) 물과의 반응식을 쓰시오.
(4) 물과 반응 후 생성되는 가스의 명칭을 쓰시오.

 (1) 제3류 위험물
(2) 300kg
(3) $Ca_3P_2 + 6H_2O \rightarrow 3Ca(OH)_2 + 2PH_3$
(4) 포스핀(인화수소)

- 제3류 위험물 및 지정수량

| 성 질 | 품 명 | 지정수량 | 위험등급 |
|---|---|---|---|
| 자연발화성 및 금수성 물질 | 칼륨, 나트륨, 알킬알루미늄, 알킬리튬 | 10kg | I |
| | 황린 | 20kg | |
| | 알칼리금속(칼륨 및 나트륨 제외)및 알칼리토금속, 유기금속화합물(알킬알루미늄 및 알킬리튬 제외) | 50kg | II |
| | 금속의 수소화물, 금속의 인화물, 칼슘 또는 알루미늄의 탄화물 | 300kg | III |

- 인화칼슘($Ca_3P_2$)[별명 : 인화석회] : 제3류 위험물(금수성 물질)
 ① 적갈색의 괴상고체
 ② 물 및 약산과 격렬히 반응, 분해하여 인화수소(포스핀)($PH_3$)를 생성한다.
  - $Ca_3P_2 + 6H_2O \rightarrow 3Ca(OH)_2 + 2PH_3$(포스핀=인화수소)
  - $Ca_3P_2 + 6HCl \rightarrow 3CaCl_2 + 2PH_3$(포스핀=인화수소)
 ③ 포스핀은 맹독성 가스이므로 취급 시 방독마스크를 착용한다.
 ④ 물 및 포 약제에 의한 소화는 절대 금하고 마른모래 등으로 피복하여 자연 진화되도록 기다린다.

**19** 위험물안전관리법령상 항공기주유취급소에서의 취급기준이다. 다음 각 물음에 알맞은 답을 쓰시오.

(1) 항공기의 연료탱크에 직접 주유하기 위하여 주유설비를 갖춘 이동탱크저장소의 명칭을 쓰시오.
(2) 비행장에서 항공기, 비행장에 소속된 차량 등에 주유하는 주유취급소에 대하여는 특례 적용이 가능한지 여부를 쓰시오.
(3) 다음은 항공기주유취급소에서의 취급기준이다. 취급기준에 맞는 번호를 선택하여 쓰시오.
  ① 고정주유설비에는 당해 주유설비에 접속한 전용탱크 또는 위험물을 저장 또는 취급하는 탱크의 배관외의 것을 통하여서는 위험물을 주입하지 아니할 것
  ② 주유호스차 또는 주유탱크차에 의하여 주유하는 때에는 주유호스의 끝부분을 항공기의 연료탱크의 급유구에 긴밀히 결합할 것
  ③ 주유호스차 또는 주유탱크차에서 주유하는 때에는 주유호스차의 호스기기 또는 주유탱크차의 주유설비를 항공기와 전기적으로 접속할 것

**해답**
(1) 주유탱크차
(2) 적용가능
(3) ① ② ③

**상세해설**

- **주유탱크차의 특례**
  항공기주유취급소에 있어서 항공기의 연료탱크에 직접 주유하기 위한 주유설비를 갖춘 이동탱크저장소("**주유탱크차**")에 대하여는 다음 각목의 기준에 적합하여야 한다.

- **항공기주유취급소에서의 취급기준**
  (1) 항공기에 주유하는 때에는 고정주유설비, 주유배관의 끝부분에 접속한 호스기기, 주유호스차 또는 **주유탱크차**를 사용하여 직접 주유할 것(중요기준)
  (2) **고정주유설비**에는 당해 주유설비에 접속한 전용탱크 또는 위험물을 저장 또는 취급하는 탱크의 **배관 외의 것을 통하여서는 위험물을 주입하지 아니할 것**
  (3) 주유호스차 또는 주유탱크차에 의하여 주유하는 때에는 주유호스의 끝부분을 항공기의 연료탱크의 **급유구에 긴밀히 결합할 것**. 다만, 주유탱크차에서 주유호스 끝부분에 수동개폐장치를 설치한 주유노즐에 의하여 주유하는 때에는 그러하지 아니하다.
  (4) **주유호스차** 또는 **주유탱크차**에서 주유하는 때에는 주유호스차의 호스기기 또는 주유탱크차의 주유설비를 **항공기와 전기적으로 접속할 것**

**20** 다음 [보기]의 물질 중에서 인화점이 낮은 순서대로 나열하시오.

[보기] 이황화탄소, 아세톤, 메탄올, 글리세린, 아닐린

**해답** 이황화탄소 − 아세톤 − 메탄올 − 아닐린 − 글리세린

**상세해설**

• 제4류 위험물의 물성

| 물질명 | 화학식 | 유 별 | 인화점(℃) |
|---|---|---|---|
| 이황화탄소 | $CS_2$ | 제4류 특수인화물 | −30 |
| 아세톤 | $CH_3COCH_3$ | 제4류 1석유류 | −18 |
| 메탄올 | $CH_3OH$ | 제4류 알코올류 | 11 |
| 글리세린 | $C_3H_5(OH)_3$ | 제4류 3석유류 | 160 |
| 아닐린 | $C_6H_6NH_2$ | 제4류 3석유류 | 75 |

# 위험물산업기사 실기

## 2024년 11월 2일 시행

**01** 다음 표에 혼재가 가능한 위험물은 ○, 혼재가 불가능한 위험물은 ×로 표시하시오.(단, 지정수량의 $\frac{1}{10}$을 초과하는 위험물에 적용하는 경우이다).

| 구 분 | 제1류 | 제2류 | 제3류 | 제4류 | 제5류 | 제6류 |
|---|---|---|---|---|---|---|
| 제1류 |  | × | × |  | × |  |
| 제2류 |  |  | × |  | ○ |  |
| 제3류 |  | × |  |  | × |  |
| 제4류 | ○ | ○ |  |  | ○ |  |
| 제5류 |  | ○ | × |  |  |  |
| 제6류 |  | × | × |  | × |  |

**해답**

| 구 분 | 제1류 | 제2류 | 제3류 | 제4류 | 제5류 | 제6류 |
|---|---|---|---|---|---|---|
| 제1류 |  | × | × | × | × | ○ |
| 제2류 | × |  | × | ○ | ○ | × |
| 제3류 | × | × |  | ○ | × | × |
| 제4류 | × | ○ | ○ |  | ○ | × |
| 제5류 | × | ○ | × | ○ |  | × |
| 제6류 | ○ | × | × | × | × |  |

**상세해설**

• 쉬운 암기법
  ↓1 + 6↑  2 + 4
  ↓2 + 5↑  5 + 4
  ↓3 + 4↑

## 02 다음 [보기]의 위험물 중 인화점이 낮은 순서로 번호를 나열하시오.

[보기] ① $C_6H_6$   ② $C_6H_5CH_3$   ③ $C_6H_5CH=CH_2$   ④ $C_6H_5C_2H_5$

**해답** ① - ② - ④ - ③

**상세해설**

| 구분 | 명칭 | 품명 | 인화점 |
|---|---|---|---|
| ① $C_6H_6$ | 벤젠 | 제1석유류 | -11℃ |
| ② $C_6H_5CH_3$ | 톨루엔 | 제1석유류 | 4℃ |
| ③ $C_6H_5CH=CH_2$ | 스티렌 | 제2석유류 | 32℃ |
| ④ $C_6H_5C_2H_5$ | 에틸벤젠 | 제1석유류 | 15℃ |

## 03 다음 보기의 제6류 위험물에 대하여 위험물안전관리법령상 위험물이 되기 위한 농도 및 비중의 기준을 쓰시오.(단, 없으면 없음으로 쓰시오)

[보기] ① 과염소산   ② 과산화수소   ③ 질산

**해답** ① 없음   ② 농도가 36중량 % 이상인 것   ③ 비중이 1.49 이상인 것

**상세해설**

위험물의 판단기준
① 황
  순도가 60중량% 이상인 것을 말한다. 이 경우 순도측정에 있어서 불순물은 활석 등 불연성물질과 수분에 한한다.
② 철분
  철의 분말로서 53μm의 표준체를 통과하는 것이 50중량% 미만인 것은 제외
③ 금속분
  알칼리금속·알칼리토금속·철 및 마그네슘 외의 금속의 분말을 말하고, 구리분·니켈분 및 150μm의 체를 통과하는 것이 50중량% 미만인 것은 제외
④ 마그네슘은 다음 각목의 1에 해당하는 것은 제외한다.
  ㉠ 2mm의 체를 통과하지 아니하는 덩어리 상태의 것
  ㉡ 직경 2mm 이상의 막대 모양의 것
⑤ 인화성고체
  고형알코올 그 밖에 1기압에서 인화점이 40℃ 미만인 고체
⑥ 위험물의 판단 기준

| 종류 | 과산화수소 | 질산 |
|---|---|---|
| 기준 | 농도 36중량% 이상 | 비중 1.49 이상 |

**04** 다음 [보기]의 위험물 중에서 물과 반응하거나 열분해하여 공통적으로 산소가 발생하는 위험물에 대하여 각 물음에 알맞은 답을 쓰시오.
(단, 없으면 "해당없음"이라고 쓰시오.)

[보기]
과산화나트륨, 염소산칼륨, 질산암모늄, 브로민산칼륨, 아이오딘산칼륨

(1) 열분해반응식
(2) 물과의 반응식

해답
(1) $2Na_2O_2 \rightarrow 2Na_2O + O_2$
(2) $2Na_2O_2 + 2H_2O \rightarrow 4NaOH + O_2$

**상세해설**

과산화나트륨($Na_2O_2$) : 제1류위험물 중 무기과산화물(금수성)
① 상온에서 물과 격렬히 반응하여 산소($O_2$)를 방출하고 폭발하기도 한다.
$$2Na_2O_2 + 2H_2O \rightarrow 4NaOH + O_2\uparrow$$
② 공기 중 이산화탄소($CO_2$)와 반응하여 산소($O_2$)를 방출한다.
$$2Na_2O_2 + 2CO_2 \rightarrow 2Na_2CO_3 + O_2\uparrow$$
③ 산과 반응하여 과산화수소($H_2O_2$)를 생성시킨다.
$$Na_2O_2 + 2CH_3COOH \rightarrow 2CH_3COONa + H_2O_2$$
④ 열분해 시 산소($O_2$)를 방출한다.
$$2Na_2O_2 \rightarrow 2Na_2O + O_2\uparrow$$
⑤ 주수소화는 금물이고 마른모래(건조사), 팽창질석, 팽창진주암, 탄산수소염류 등으로 소화한다.

**05** 다음 [보기]의 위험물을 각 물음에 해당하는 품명에 알맞게 구분하여 쓰시오.
(단, 없으면 "해당없음"이라고 쓰시오.)

[보기] 나이트로에탄, 나이트로메탄, 다이나이트로벤젠, 벤조일퍼옥사이드, 나이트로글리콜, 나이트로글리세린, 나이트로셀룰로오스

(1) 유기과산화물    (2) 질산에스터류
(3) 나이트로화합물  (4) 아조화합물
(5) 하이드라진유도체

**해답** (1) 유기과산화물 - 벤조일퍼옥사이드
(2) 질산에스터류 - 나이트로글리콜, 나이트로글리세린, 나이트로셀룰로오스
(3) 나이트로화합물 - 나이트로에탄, 나이트로메탄, 다이나이트로벤젠
(4) 해당없음
(5) 해당없음

**06** 제3류 위험물인 탄화알루미늄이 물과 반응하여 생성되는 기체에 대한 다음 각 물음에 답하시오.

(1) 기체의 완전연소반응식을 쓰시오.
(2) 기체의 연소범위를 쓰시오.
(3) 기체의 위험도를 계산하시오.

**해답** (1) 기체의 완전연소반응식 : $CH_4 + 2O_2 \rightarrow CO_2 + 2H_2O$
(2) 기체의 연소범위 : 5~15%
(3) **[계산과정]** 기체의 위험도 $H = \dfrac{U-L}{L} = \dfrac{15-5}{5} = 2$

**[답]** 2

**상세해설**
• 탄화알루미늄 : 제3류 위험물(금수성 물질)

| 화학식 | 분자량 | 융점 | 비중 |
|---|---|---|---|
| $Al_4C_3$ | 143 | 2100℃ | 2.36 |

① 물과 접촉 시 수산화알루미늄과 메탄가스를 생성하고 발열반응을 한다.

$$Al_4C_3 + 12H_2O \rightarrow 4Al(OH)_3(수산화알루미늄) + 3CH_4(메탄)$$

② 황색 결정 또는 백색분말로 1400℃ 이상에서는 분해가 된다.
③ 물계통의 소화는 절대 금하고 마른모래 등으로 피복 소화한다.

• 위험도 계산공식

$$H = \dfrac{U(\text{연소상한}) - L(\text{연소하한})}{L(\text{연소하한})}$$

**07** 다음은 제1류 위험물 중 염소산칼륨에 대한 열분해 과정에 관한 사항이다. 다음 각 물음에 답하시오. (6점)

(1) 염소산칼륨의 완전 열분해 반응식을 쓰시오.
(2) 염소산칼륨 24.5kg이 열분해하는 경우 발생하는 산소의 부피($m^3$)는 표준상태에서 얼마인가?(단, 칼륨의 원자량은 39, 염소의 원자량은 35.5이다)

 (1) $2KClO_3 \rightarrow 2KCl + 3O_2$

(2) [계산과정]
① 염소산칼륨($KClO_3$)의 분자량 = 39+35.5+16×3 = 122.5
② $KClO_3 \rightarrow KCl + 1.5O_2$ (열분해물질 염소산칼륨 1몰 기준)
③ $V = \dfrac{WRT}{PM} \times$ (생성기체몰수), 표준상태 : 0℃, 1기압

$= \dfrac{24.5 \times 0.082 \times (273+0)}{1 \times 122.5} \times 1.5 = 6.72 m^3$

[답] $6.72 m^3$

- 이상기체상태방정식으로 생성기체 부피계산
  ① 반응식에서 열분해하는 물질의 몰수는 항상 **1몰을 기준**으로 하여야 한다.
  ② 생성기체의 몰수를 곱하여야 한다.

$$V = \dfrac{WRT}{PM} \times (생성기체몰수)$$

여기서, $P$ : 압력(atm), $V$ : 부피($m^3$), $n$ : mol수, $M$ : 분자량
$W$ : 무게(kg), $R$ : 기체상수(0.082 atm·$m^3$/mol·K)
$T$ : 절대온도(273+$t$℃)K

- 염소산칼륨($KClO_3$) : 제1류 위험물(산화성고체) 중 염소산염류

| 화학식 | 분자량 | 물리적 상태 | 색상 | 분해온도 |
|---|---|---|---|---|
| $KClO_3$ | 122.55 | 고체 | 무색 | 400℃ |

① 무색 또는 **백색분말**이며 산화력이 강하다.
② **이산화망가니즈**($MnO_2$)과 접촉 시 **분해가 촉진**되어 산소를 방출한다.
③ 온수, 글리세린에 잘 녹으며 냉수, 알코올에는 용해하기 어렵다.
④ 완전 열 분해되어 **염화칼륨과 산소를 방출**

$2KClO_3 \rightarrow 2KCl + 3O_2$
(염소산칼륨)  (염화칼륨)  (산소)

**08** 다음은 위험물안전관법령에서 정한 안전관리자에 대한 내용이다. 각 물음에 답하시오.

(1) 안전관리자 선임의무가 있는 자를 보기에서 고르시오(단, 없으면 없음이라 표기하시오)
   ① 제조소등의 관계인  ② 제조소등의 설치자  ③ 소방서장
   ④ 소방청장  ⑤ 시, 도지사
(2) 안전관리자를 해임한 경우 해임한 날부터 몇 일 이내에 다시 안전관리자를 선임하여야 하는가? (제한이 없으면 없음이라 표기)
(3) 안전관리자가 퇴직한 경우 퇴직한 날부터 몇 일 이내에 다시 안전관리자를 선임하여야 하는가? (제한이 없으면 없음이라 표기)
(4) 안전관리자 선임한 경우 몇 일 이내에 신고하여야 하는가? (제한이 없으면 없음이라 표기)
(5) 안전관리자가 여행, 질병, 그 밖의 사유로 인하여 일시적으로 직무를 수행할 수 없을 경우 대리자가 직무를 대행하는 기간은 몇 일을 초과할 수 없는가? (제한이 없으면 없음이라 표기)

**해답** (1) ① 제조소등의 관계인 (2) 30일
(3) 30일 (4) 14일
(5) 30일

**상세해설**
위험물안전관리법 제15조(위험물안전관리자)
① 제조소등의 **관계인**은 위험물의 안전관리에 관한 직무를 수행하게 하기 위하여 제조소등마다 위험물취급자격자를 위험물안전관리자로 선임하여야 한다.
② 안전관리자를 선임한 제조소등의 **관계인**은 그 안전관리자를 **해임**하거나 안전관리자가 **퇴직한 때에는 해임하거나 퇴직한 날부터 30일 이내**에 다시 안전관리자를 **선임**하여야 한다.
③ 제조소등의 **관계인**은 안전관리자를 선임한 경우에는 **선임한 날부터 14일 이내**에 행정안전부령으로 정하는 바에 따라 **소방본부장 또는 소방서장에게 신고**하여야 한다.
④ 안전관리자를 선임한 제조소등의 **관계인**은 안전관리자가 여행·질병 그 밖의 사유로 인하여 일시적으로 직무를 수행할 수 없거나 안전관리자의 해임 또는 퇴직과 동시에 다른 안전관리자를 선임하지 못하는 경우에는 행정안전부령이 정하는 자를 대리자로 지정하여 그 직무를 대행하게 하여야 한다. 이 경우 대리자가 안전관리자의 **직무를 대행하는 기간은 30일을 초과할 수 없다.**

**09** 다음 분말소화기에 대하여 빈칸에 알맞은 답을 쓰시오.

| 종별 | 주성분 | 착색 | 적응화재 |
|---|---|---|---|
| 제1종 | $NaHCO_3$ | 백색 | ① |
| 제2종 | ② | ③ | B, C |
| 제3종 | ④ | 담홍색 | ⑤ |

**해답**  ① B, C  ② $KHCO_3$  ③ 담회색
④ $NH_4H_2PO_4$  ⑤ A, B, C

**상세해설**
- 분말약제의 종류

| 종별 | 약제명 | 화학식 | 착색 | 열분해 반응식 | 적응화재 |
|---|---|---|---|---|---|
| 제1종 | 탄산수소나트륨 중탄산나트륨 중조 | $NaHCO_3$ | 백색 | 270℃ $2NaHCO_3$ → $Na_2CO_3+CO_2+H_2O$<br>850℃ $2NaHCO_3$ → $Na_2O+2CO_2+H_2O$ | B,C급 |
| 제2종 | 탄산수소칼륨 중탄산칼륨 | $KHCO_3$ | 담회색 | 190℃ $2KHCO_3$ → $K_2CO_3+CO_2+H_2O$<br>590℃ $2KHCO_3$ → $K_2O+2CO_2+H_2O$ | B,C급 |
| 제3종 | 제1인산암모늄 | $NH_4H_2PO_4$ | 담홍색 | $NH_4H_2PO_4$ → $HPO_3+NH_3+H_2O$ | A,B,C급 |
| 제4종 | 중탄산칼륨+요소 | $KHCO_3+$ $(NH_2)_2CO$ | 회(백)색 | $2KHCO_3+(NH_2)_2CO$ → $K_2CO_3+2NH_3+2CO_2$ | B,C급 |

**10** 다음 [보기]에서 설명하는 위험물에 대한 각 물음에 답하시오.

[보기]
- 흡입 시 실명 또는 시신경 마비
- 인화점 11℃
- 지정수량 400L

(1) 해당 위험물의 연소반응식을 쓰시오.
(2) 해당 위험물을 옥내저장소에 저장할 경우 옥내저장소의 바닥면적[$m^2$] 기준을 쓰시오.
(3) 해당 위험물이 산화할 경우 최종적으로 생성되는 제2석유류에 해당하는 물질의 명칭을 쓰시오.

**해답**
(1) $2CH_3OH + 3O_2 \rightarrow 2CO_2 + 4H_2O$
(2) $1,000m^2$ 이하
(3) 의산(개미산, 포름산)

**상세해설**

- 메틸알코올($CH_3OH_2$)
  ① 무색, 투명한 술 냄새가 나는 휘발성 액체로 목정 또는 메탄올이라고도 한다.
  ② 물에 아주 잘 녹으며, 먹으면 실명 또는 사망할 수 있다.
  ③ 연소 시 주간에는 불꽃이 잘 보이지 않는다.
  ④ 공기 중에서 연소 시 연한 불꽃을 낸다.

  $$2CH_3OH + 3O_2 \rightarrow 2CO_2 + 4H_2O$$

  ⑤ 비중이 물보다 작다.
  ⑥ 연소범위 : 7.3~36%, 인화점 : 11℃

- 알코올의 산화 시 생성물
  ① 1차 알코올 → 알데하이드 → 카복실산

  - $C_2H_5OH$(에틸알코올) $\xrightarrow[-H_2]{CuO}$ $CH_3CHO$(아세트알데하이드) $\xrightarrow{+O}$ $CH_3COOH$(초산)

  - $CH_3OH$(메틸알코올) $\xrightarrow[-H_2]{+O}$ $HCHO$(포름알데하이드) $\xrightarrow{+O}$ $HCOOH$(포름산)

  ② 2차 알코올 → 케톤

  - $CH_3-\underset{\underset{OH}{|}}{CH}-CH_3$(아이소프로필알코올) $\xrightarrow{+O}$ $CH_3-CO-CH_3$(아세톤) $+ H_2O$(물)

---

**11** 옥내저장소에서 위험물을 저장하는 경우 기준에 의한 높이를 초과하여 용기를 겹쳐 쌓지 아니하여야 한다. 다음 (    )안에 알맞은 답을 쓰시오.

(1) 기계에 의하여 하역하는 구조로 된 용기만을 겹쳐 쌓는 경우 :
    (    )m 이하
(2) 제4류 위험물 중 제3석유류를 수납하는 용기만을 겹쳐 쌓는 경우 :
    (    )m 이하
(3) 제4류 위험물 중 동식물유류를 수납하는 용기만을 겹쳐 쌓는 경우 :
    (    )m 이하

 (1) 6    (2) 4    (3) 4

**상세해설**
- 옥내저장소에서 위험물을 저장하는 경우 높이 제한
  ① 기계에 의하여 하역하는 구조로 된 용기만을 겹쳐 쌓는 경우 : 6m
  ② 제4류 위험물 중 제3석유류, 제4석유류 및 동식물유류를 수납하는 용기만을 겹쳐 쌓는 경우 : 4m
  ③ 그 밖의 경우 : 3m

**12** 위험물안전관리법령에 따른 제조소등에서의 위험물의 저장 및 취급에 관한 기준에 관한 내용이다. 각 물음에 알맞은 답을 쓰시오.

(1) 휘발유, 벤젠 그 밖에 정전기에 의한 재해가 발생할 우려가 있는 액체위험물의 옥외저장탱크의 주입구 부근에는 정전기를 유효하게 제거하기위해 무엇을 설치하여야 하는지 쓰시오.
(2) 셀프용고정주유설비에서 휘발유의 1회 연속주유량은 몇 L 이하인지 쓰시오.
(3) 셀프용고정주유설비에서 휘발유의 1회 주유시간의 상한은 몇 분 이하인지 쓰시오.
(4) 이동저장탱크의 상부로부터 위험물을 주입할 때에는 위험물의 액표면이 주입관의 끝부분을 넘는 높이가 될 때까지 그 주입관의 유속을 몇 m/s 이하로 하여야 하는지 적으시오.
(5) 이동저장탱크의 밑부분으로부터 위험물을 주입할 때에는 위험물의 액표면이 주입관의 정상부분을 넘는 높이가 될 때까지 그 주입관 내의 유속을 몇 m/s 이하로 하여야 하는지 적으시오.

**해답**
(1) 접지전극   (2) 100L 이하
(3) 4분 이하   (4) 1m/s 이하
(5) 1m/s 이하

**상세해설**
- 액체위험물의 옥외저장탱크의 주입구 설치기준
  ① **휘발유, 벤젠** 그 밖에 정전기에 의한 재해가 발생할 우려가 있는 액체위험물의 옥외저장탱크의 주입구 부근에는 정전기를 유효하게 제거하기 위한 **접지전극**을 설치할 것
  ② **인화점이 21℃ 미만**인 위험물의 옥외저장탱크의 주입구에는 보기 쉬운 곳에 다음의 기준에 의한 게시판을 설치할 것
    • 게시판은 **한 변이 0.3m 이상, 다른 한 변이 0.6m 이상**인 직사각형으로 할 것
    • 게시판에는 "**옥외저장탱크 주입구**"라고 표시하는 것외에 취급하는 **위험물의**

유별, 품명 및 주의사항을 표시할 것
③ 게시판은 백색바탕에 흑색문자(주의사항은 적색문자)로 할 것

- 셀프용고정주유설비의 기준
1회의 연속주유량 및 주유시간의 상한

| 구분 | 연속주유량의 상한 | 주유시간의 상한 |
|---|---|---|
| 휘발유 | 100L 이하 | 4분 이하 |
| 경유 | 600L 이하 | 12분 이하 |

휘발유를 저장하던 이동저장탱크에 등유나 경유를 주입할 때 또는 등유나 경유를 저장하던 이동저장탱크에 휘발유를 주입할 때에는 다음의 기준에 따라 정전기 등에 의한 재해를 방지하기 위한 조치를 할 것
① 이동저장탱크의 **상부로부터** 위험물을 주입할 때에는 위험물의 액표면이 주입관의 끝부분을 넘는 높이가 될 때까지 그 주입관내의 유속을 **초당 1m 이하**로 할 것
② 이동저장탱크의 **밑부분**으로부터 위험물을 주입할 때에는 위험물의 액표면이 주입관의 정상부분을 넘는 높이가 될 때까지 그 주입배관내의 유속을 **초당 1m 이하**로 할 것

---

**13** 제3류 위험물인 금속나트륨에 대한 다음 각 물음에 답하시오.

(1) 지정수량을 쓰시오.
(2) 저장할 때 보호액 중 1가지만 쓰시오.
(3) 물과의 반응식을 쓰시오.

(1) 10kg
(2) 파라핀, 등유, 경유
(3) $2Na + 2H_2O \rightarrow 2NaOH + H_2$

- 금속칼륨 및 금속나트륨 : 제3류 위험물(금수성)
① 물과 반응하여 수소기체 발생

$$2Na + 2H_2O \rightarrow 2NaOH + H_2 \uparrow \text{(수소발생)}$$
$$2K + 2H_2O \rightarrow 2KOH + H_2 \uparrow \text{(수소발생)}$$

② 파라핀, 경유, 등유 속에 저장

★★자주출제(필수정리)★★
❶ 칼륨(K), 나트륨(Na)은 파라핀, 경유, 등유 속에 저장
❷ $2K + 2H_2O \rightarrow 2KOH + H_2 \uparrow$ (수소발생)
❸ 황린(3류) 및 이황화탄소(4류)는 물속에 저장

**14** 위험물안전관리법령상 옥외탱크저장소의 보유공지에 대한 내용이다. 다음 ( )안에 알맞은 답을 쓰시오.

| 취급하는 위험물의 최대수량 | 공지의 너비 |
|---|---|
| 지정수량의 500배 이상 | 3m 이상 |
| 지정수량의 500배 초과 1,000배 이하 | ( ① )m 이상 |
| 지정수량의 1,000배 초과 2,000배 이하 | 9m 이상 |
| 지정수량의 2,000배 초과 3,000배 이하 | ( ② )m 이상 |
| 지정수량의 3,000배 초과 ( ③ )배 이하 | 15m 이상 |
| 지정수량의 ( ③ )배 초과 | 당해 탱크의 수평단면의 최대지름(가로형인 경우에는 긴 변)과 높이 중 큰 것과 같은 거리 이상. 다만, ( ④ )m 초과의 경우에는 30m 이상으로 할 수 있고, 15m 미만의 경우에는 ( ⑤ )m 이상으로 하여야 한다. |

**해답** ① 5  ② 12  ③ 4,000  ④ 30  ⑤ 15

**상세해설**
- 옥외저장탱크의 보유공지

| 저장 또는 취급하는 위험물의 최대수량 | 공지의 너비 |
|---|---|
| 지정수량의 500배 이하 | 3m 이상 |
| 지정수량의 500배 초과 1000배 이하 | 5m 이상 |
| 지정수량의 1000배 초과 2000배 이하 | 9m 이상 |
| 지정수량의 2000배 초과 3000배 이하 | 12m 이상 |
| 지정수량의 3000배 초과 4000배 이하 | 15m 이상 |
| 지정수량의 4000배 초과 | 당해 탱크의 수평단면의 최대지름(횡형인 경우에는 긴변)과 높이 중 큰 것과 지정수량의 4,000배 초과 같은 거리 이상. 다만, 30m 초과의 경우에는 30m 이상으로 할 수 있고, 15m 미만의 경우에는 15m 이상으로 하여야 한다. |

## 15. 다음 할론소화약제 및 할로젠화합물소화약제의 화학식을 적으시오.

| 명칭 | Halon 2402 | Halon 1211 | HFC-23 | HFC-125 | FK-5-1-12 |
|---|---|---|---|---|---|
| 화학식 | | | | | |

**해답**

| 명칭 | Halon 2402 | Halon 1211 | HFC-23 | HFC-125 | FK-5-1-12 |
|---|---|---|---|---|---|
| 화학식 | $C_2F_4Br_2$ | $CF_2ClBr$ | $CHF_3$ | $CHF_2CF_3$ | $CF_3CF_2C(O)CF(CF_3)_2$ |

**상세해설**

- 할론소화약제 명명법 : 할론ⓐⓑⓒⓓ
  - ⓐ : C 원자수, ⓑ : F 원자수, ⓒ : Cl 원자수l, ⓓ : Br 원자수

- 할론소화약제

| 구분 \ 종류 | 할론2402 | 할론1211 | 할론1301 | 할론1011 |
|---|---|---|---|---|
| 분자식 | $C_2F_4Br_2$ | $CF_2ClBr$ | $CF_3Br$ | $CH_2ClBr$ |

- 할로겐화합물 및 불활성기체 소화약제의 종류

| | 소화약제 | 화학식 |
|---|---|---|
| 할로젠화합물 소화약제 | FC-3-1-10 | $C_4F_{10}$ |
| | HCFC BLEND A | HCFC-123($CHCl_2CF_3$) : 4.75%<br>HCFC-22($CHClF_2$) : 82%<br>HCFC-124($CHClFCF_3$) : 9.5%<br>$C_{10}H_{16}$ : 3.75% |
| | HCFC-124 | $CHClFCF_3$ |
| | HFC-125 | $CHF_2CF_3$ |
| | HFC-227ea | $CF_3CHFCF_3$ |
| | HFC-23 | $CHF_3$ |
| | HFC-236fa | $CF_3CH_2CF_3$ |
| | FIC-13I1 | $CF_3I$ |
| | FK-5-1-12 | $CF_3CF_2C(O)CF(CF_3)_2$ |
| 불연성·불활성 기체혼합가스 | IG-01 | Ar |
| | IG-100 | $N_2$ |
| | IG-541 | $N_2$ : 52%, Ar : 40%, $CO_2$ : 8% |
| | IG-55 | $N_2$ : 50%, Ar : 50% |

**16** 아래 그림과 같은 타원형 탱크에 위험물을 저장하는 경우 탱크 용량의 최댓값과 최솟값을 구하시오. (단, $a$=2m, $b$=1.5m, $l$=3m, $l_1$=0.3m이다)

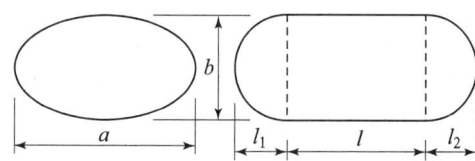

[계산과정] 탱크의 용량=탱크의 내용적−공간용적($\frac{5}{100}$ 이상 $\frac{10}{100}$ 이하)

최댓값 $Q_{max} = \frac{\pi \times 2m \times 1.5m}{4} \times \left[3m + \left(\frac{0.3m + 0.3m}{3}\right)\right] \times 0.95$
$= 7.16m^3$

최솟값 $Q_{min} = \frac{\pi \times 2m \times 1.5m}{4} \times \left[3m + \left(\frac{0.3m + 0.3m}{3}\right)\right] \times 0.90$
$= 6.79m^3$

[답] 최댓값 : $7.16m^3$
　　 최솟값 : $6.79m^3$

- 타원형 탱크의 내용적
  양쪽이 볼록한 것

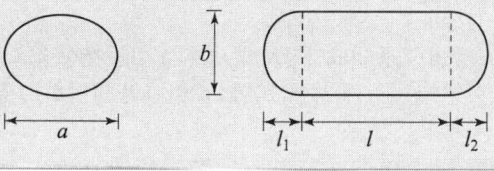

$$내용적 = \frac{\pi ab}{4}\left(l + \frac{l_1 + l_2}{3}\right)$$

- 탱크용적의 산출기준
  탱크의 내용적에서 공간용적을 뺀 용적

  탱크의 용적 = 탱크의 내용적 − 탱크의 공간용적

- 탱크의 공간용적
  탱크용적의 $\frac{5}{100}$ 이상 $\frac{10}{100}$ 이하의 용적

**17** 다음 [보기]의 위험물을 참조하여 각 물음에 알맞은 답을 쓰시오.
(단, 없으면 "해당없음"이라고 쓰시오.)

> [보기] 부틸리튬, 인화알루미늄, 황린, 나트륨

(1) 이동저장탱크로부터 꺼낼 때에는 동시에 200kPa 이하의 압력으로 불활성기체를 봉입해야 하는 위험물을 쓰시오.
(2) 옥내저장소의 바닥면적 1,000m² 이하로 저장해야 하는 위험물을 쓰시오.
(3) 물과 반응하는 경우 수소기체를 발생하는 위험물을 쓰시오.

**해답** (1) 부틸리튬
(2) 부틸리튬, 황린, 나트륨
(3) 나트륨

**상세해설**
① 부틸리튬($C_4H_9Li$)-제3류 알킬리튬-Ⅰ등급
② 인화알루미늄(AlP)-제3류 금속의 인화합물-Ⅲ등급
③ 황인($P_4$)-제3류-Ⅰ등급
④ 나트륨(Na)-제3류-Ⅰ등급, $2Na + 2H_2O \rightarrow 2NaOH + H_2$

- 제조소등에서의 위험물의 저장 및 취급에 관한 기준
  ① 알킬알루미늄등의 이동탱크저장소에 있어서 이동저장탱크로부터 **알킬알루미늄등**을 꺼낼 때에는 동시에 200kPa 이하의 압력으로 불활성의 기체를 봉입할 것
  ③ 아세트알데하이드등의 이동탱크저장소에 있어서 이동저장탱크로부터 **아세트알데하이드등**을 꺼낼 때에는 동시에 **100kPa** 이하의 압력으로 불활성의 기체를 봉입할 것

- 옥내저장소의 저장창고 바닥면적 설치기준 ★★

| 위험물의 종류 | 바닥면적 |
|---|---|
| • 제1류 위험물 중 아염소산염류, 염소산염류, 과염소산염류, 무기과산화물, 그 밖에 지정수량 50kg인 위험물 | 1000m² 이하 |
| • 제3류 위험물 중 칼륨, 나트륨, 알킬알루미늄, 알킬리튬, 그 밖에 지정수량이 10kg인 위험물 및 **황인** | |
| • 제4류 위험물 중 특수인화물, 제1석유류 및 알코올류 | |
| • 제5류 위험물 중 유기과산화물, 질산에스터류, 그 밖에 지정수량이 10kg인 위험물 | |
| • 제6류 위험물 | |
| • 위 이외의 위험물을 저장하는 창고 | 2000m² 이하 |
| • 내화구조의 격벽으로 완전히 구획된 실에 각각 저장하는 창고 | 1500m² 이하 |

**18** 제4류 위험물인 에틸알코올에 대한 각 물음에 알맞은 답을 쓰시오.

(1) 에틸알코올과 나트륨이 반응하여 생성되는 기체의 명칭을 쓰시오.
(2) 에틸알코올에 진한 황산을 가하여 축합반응 후 생성되는 제4류 위험물의 명칭을 쓰시오.
(3) 에틸알코올이 산화할 경우 생성되는 특수인화물의 명칭을 쓰시오.

**해답**
(1) 수소($H_2$)
(2) 다이에틸에터($C_2H_5OC_2H_5$)
(3) 아세트알데하이드($CH_3CHO$)

**상세해설**

- 에틸알코올($C_2H_5OH$) : 제4류 위험물 중 알코올류

| 화학식 | 분자량 | 비중 | 비점 | 인화점 | 착화점 | 연소범위 |
|---|---|---|---|---|---|---|
| $C_2H_5OH$ | 46 | 0.8 | 78.3℃ | 13℃ | 423℃ | 4.3~19% |

① 무색 투명한 액체이며 술 속에 포함되어 있어 주정이라고 한다.
② 물에 아주 잘 녹으며 유기용제이다.
③ 연소 시 주간에는 불꽃이 잘 보이지 않는다.

$$C_2H_5OH + 3O_2 \rightarrow 2CO_2 + 3H_2O$$

④ 금속나트륨, 금속칼륨을 가하면 수소($H_2$)가 발생한다.

$$2C_2H_5OH + 2Na \rightarrow 2C_2H_5ONa + H_2 \uparrow$$
$$2C_2H_5OH + 2K \rightarrow 2C_2H_5OK + H_2 \uparrow$$

⑤ 아이오딘포름 반응을 하므로 에탄올검출에 이용된다.

**에틸알코올의 반응식**
- 알칼리금속과 반응    $2Na + 2C_2H_5OH \rightarrow 2C_2H_5ONa + H_2 \uparrow$
- 산화, 환원반응식    $C_2H_5OH \xrightarrow[\text{환원}]{\text{산화}} CH_3CHO \xrightarrow[\text{환원}]{\text{산화}} CH_3COOH$

- 다이에틸에터($C_2H_5OC_2H_5$) : 제4류 위험물 중 특수인화물
① 에탄올에 진한 황산을 가하여 제조한다.(탈수 및 축합반응)

**다이에틸에터 제조방법**
$$C_2H_5OH + C_2H_5OH \xrightarrow{C-H_2SO_4} C_2H_5OC_2H_5 + H_2O$$

② 직사광선에 장시간 노출 시 과산화물 생성

**과산화물 생성 확인방법**
다이에틸에터 + KI용액(10%) → 황색변화(1분 이내)

③ 용기에는 5% 이상 10% 이하의 안전공간을 확보할 것
④ 용기는 갈색 병을 사용하며 냉암소에 보관
⑤ 정전기 방지를 위하여 약간의 $CaCl_2$를 넣어준다.
⑥ 폭발성의 과산화물 생성방지를 위해 용기 내에 40mesh 구리 망을 넣어준다.

**19** 위험물안전관리법령에 따른 제4류 위험물의 기준이다. 다음 ( )안에 알맞은 답을 쓰시오.

① "제1석유류"라 함은 아세톤, 휘발유 그 밖에 1기압에서 인화점이 섭씨 ( ① )도 미만인 것을 말한다.
② "제2석유류"라 함은 등유, 경유 그 밖에 1기압에서 인화점이 섭씨 ( ① )도 이상 ( ② )도 미만인 것을 말한다. 다만, 도료류 그 밖의 물품에 있어서 가연성 액체량이 ( ③ )중량퍼센트 이하이면서 인화점이 섭씨 40도 이상인 동시에 연소점이 섭씨 60도 이상인 것은 제외한다.
③ "제3석유류"란 중유, 크레오소트유, 그 밖에 1기압에서 인화점이 섭씨 ( ② )도 이상 섭씨 ( ④ )도 미만인 것을 말한다. 다만, 도료류 그 밖의 물품은 가연성 액체량이 ( ③ )중량퍼센트 이하인 것은 제외한다.
④ "제4석유류"라 함은 기어유, 실린더유 그 밖에 1기압에서 인화점이 섭씨 ( ④ )도 이상 섭씨 ( ⑤ )도 미만의 것을 말한다. 다만 도료류 그 밖의 물품은 가연성 액체량이 ( ③ )중량퍼센트 이하인 것은 제외한다.

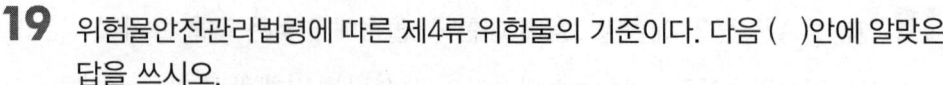

**해답** ① 21  ② 70  ③ 40  ④ 200  ⑤ 250

**상세해설**
- 제4류 위험물의 판단기준
  ① "특수인화물"이라 함은 이황화탄소, 다이에틸에터 그 밖에 1기압에서 발화점이 섭씨 100도 이하인 것 또는 인화점이 섭씨 -20℃이하이고 비점이 40℃이하인 것을 말한다.
  ② "제1석유류"라 함은 아세톤, 휘발유 그 밖에 1기압에서 인화점이 21℃미만인 것을 말한다.
  ③ "알코올류"라 함은 1분자를 구성하는 탄소원자의 수가 1개부터 3개까지인 포화 1가 알코올(변성알코올을 포함한다)을 말한다. 다만, 다음 각목의 1에 해당하는 것은 제외한다.
    가. 1분자를 구성하는 탄소원자의 수가 1개 내지 3개의 포화1가 알코올의 함유량이 60중량퍼센트 미만인 수용액
    나. 가연성액체량이 60중량퍼센트 미만이고 인화점 및 연소점(태그개방식인화점측정기에 의한 연소점)이 에틸알코올 60중량퍼센트 수용액의 인화점 및 연소점을 초과하는 것
  ④ "제2석유류"라 함은 등유, 경유 그 밖에 1기압에서 인화점이 21℃이상 70℃미만인 것을 말한다. 다만, 도료류 그 밖의 물품에 있어서 가연성 액체량이 40중량퍼센트 이하이면서 인화점이 섭씨 40도 이상인 동시에 연소점이 섭씨 60도 이상인 것은 제외한다.
  ⑤ "제3석유류"라 함은 중유, 크레오소트유 그 밖에 1기압에서 인화점이 70℃이상 200℃미만인 것을 말한다. 다만, 도료류 그 밖의 물품은 가연성 액체량이 40중

량퍼센트 이하인 것은 제외한다.
⑥ "제4석유류"라 함은 기어유, 실린더유 그 밖에 1기압에서 인화점이 200℃이상 250℃미만의 것을 말한다. 다만 도료류 그 밖의 물품은 가연성 액체량이 40중량퍼센트 이하인 것은 제외한다.
⑦ "동식물유류"라 함은 동물의 지육 등 또는 식물의 종자나 과육으로부터 추출한 것으로서 1기압에서 인화점이 250℃미만인 것을 말한다.

## 20 다음 제4류 위험물의 품명을 쓰시오.

① t-부탄올
② 아이소프로필알코올
③ n-부탄올
④ 아이소부틸알코올
⑤ 1-프로판올

**해답**
① 제1석유류  ② 알코올류
③ 제2석유류  ④ 제2석유류
⑤ 알코올류

**상세해설**

① t-부탄올(tert-부틸알코올)

$$CH_3-\underset{\underset{CH_3}{|}}{\overset{\overset{CH_3}{|}}{C}}-OH$$

② 아이소프로필알코올

$$H_3C-\underset{}{\overset{\overset{OH}{|}}{CH}}-CH_3$$

③ n-부탄올

$$H-\underset{\underset{H}{|}}{\overset{\overset{H}{|}}{C}}-\underset{\underset{H}{|}}{\overset{\overset{H}{|}}{C}}-\underset{\underset{H}{|}}{\overset{\overset{H}{|}}{C}}-\underset{\underset{H}{|}}{\overset{\overset{H}{|}}{C}}-OH$$

④ 아이소부틸알코올

$$HO-\underset{}{\overset{\overset{CH_3}{|}}{C}}-CH_3$$

⑤ 1-프로판올

$$H-\underset{\underset{H}{|}}{\overset{\overset{H}{|}}{C}}-\underset{\underset{H}{|}}{\overset{\overset{H}{|}}{C}}-\underset{\underset{H}{|}}{\overset{\overset{H}{|}}{C}}-O-H$$

| 물질명 | 화학식 | 품명 |
|---|---|---|
| t-부탄올(tert-부탄올) | $(CH_3)_3COH$ | 제1석유류(수용성) |
| 아이소프로필알코올 | $(CH_3)_2CHOH$ | 알코올류 |
| n-부탄올 | $CH_3(CH_2)_3OH$ | 제2석유류(비수용성) |
| 아이소부틸알코올 | $(CH_3)_2CHCH_2OH$ | 제2석유류(비수용성) |
| 1-프로판올 | $CH_3CH_2CH_2OH$ | 알코올류 |

[저자소개]

**강석민 교수**
- 서영대 소방안전과 겸임교수
- ㈜태경소방 대표이사
- 서울과학기술대학원 안전공학과
- 세진북스 소방 및 위험물분야 저자
  소방시설관리사/소방설비기사/위험물기능장
  /위험물산업기사/위험물기능사

**정진홍 교수**
- ㈜태경소방(현)
- 소방학교 외래교수(현)
- ㈜주경야독 소방 및 위험물분야 전임교수(현)
- ㈜OCI DAS(동양화학계열사) 인천공장 환경안전팀 23년근무(전)
- 세진북스 소방 및 위험물분야 저자
  소방시설관리사/소방설비기사/위험물기능장
  /위험물산업기사/위험물기능사

# 위험물산업기사 실기

| | |
|---|---|
| 초판 발행 | 2011년 3월 25일 |
| 개정2판 발행 | 2012년 4월 5일 |
| 개정3판 발행 | 2013년 3월 5일 |
| 개정4판 발행 | 2014년 2월 25일 |
| 개정5판 발행 | 2015년 2월 5일 |
| 개정6판 발행 | 2016년 2월 15일 |
| 개정7판 발행 | 2017년 1월 20일 |
| 개정8판 발행 | 2018년 1월 25일 |
| 개정9판 발행 | 2019년 1월 15일 |
| 개정10판 발행 | 2020년 1월 10일 |
| 개정11판 발행 | 2021년 1월 20일 |
| 개정12판 발행 | 2022년 1월 10일 |
| 개정13판 발행 | 2023년 2월 20일 |
| 개정14판 발행 | 2024년 2월 20일 |
| 개정15판 발행 | 2025년 1월 20일 |

지은이 ▪ 강석민 ▪ 정진홍
펴낸이 ▪ 홍세진
펴낸곳 ▪ 세진북스

주소 ▪ (우)10207 경기도 고양시 일산서구 산율길 56(구산동 145-1)
전화 ▪ 031-924-3092
팩스 ▪ 031-924-3093
홈페이지 ▪ http://www.sejinbooks.kr

출판등록 ▪ 제 315-2008-042호(2008.12.9)
ISBN ▪ 979-11-5745-691-8  13530

값 ▪ 25,000원

- 이 책의 출판권은 도서출판 세진북스가 가지고 있습니다.
- 이 책의 일부 또는 전체에 대한 무단 복제와 전재를 금합니다.

세진북스에는 당신과 나 그리고 우리의 미래가 있습니다.